Nr. 44 1953
S. 7221—7456 4. November

Chemisches Zentralblatt

Vollständiges Repertorium für alle Zweige der reinen und angewandten Chemie

1830 gegründet. 1897—1945 von der Deutschen Chemischen Gesellschaft fortgeführt.
Im Auftrage der Deutschen Akademie der Wissenschaften zu Berlin, der Chemischen Gesellschaft in der Deutschen Demokratischen Republik, der Akademie der Wissenschaften zu Göttingen und der Gesellschaft Deutscher Chemiker

herausgegeben von Prof. Dr. **Maximilian Pflücke**

124. Jahrgang

1953

Chefredakteure: Dr. Eugen Klever und Prof. Dr. Maximilian Pflücke

Akademie-Verlag GmbH., Berlin — Verlag Chemie, GmbH., Weinheim/Bergstr.

Inhalt

Namenregister

Chemisches Zentralblatt

1953 Nr. 44 4. November

A. Allgemeine und physikalische Chemie.

A_1. Kernphysik und Kernchemie.

Peter G. Bergmann und **Ralph Schiller,** *Klassische und Quantenfeldtheorien im Lagrangeschen Formalismus.* Vff. untersuchen die Beziehung zwischen den Transformationseigg. einer kovarianten Feldtheorie (nichtgequanteltes Feld) u. ihren Beschränkungen, wobei sie auf die Bedeutung von Größen, wie z. B. Erhaltungssätzen, Überpotentialen usw., für das Problem der Teilchenbewegung (Singularitäten) im Feld hinweisen. Die Diskussion schließt eine Darst. gegenwärtiger Berechnungsmethoden dieser Größen ein, die sich für eine sehr große Klasse von Theorien eignet. Bei der Diskussion der wahrscheinlichen Struktur einer kovarianten Feldtheorie (gequanteltes Feld) wird sowohl der HAMILTONsche als auch der LAGRANGEsche Formalismus herangezogen. Bei dem HAMILTONschen Formalismus wird angenommen, daß die Zustände eines Syst., die allein als HILBERT-Vektoren betrachtet werden können, mit allen der Theorie u. ihren Transformationseigg. anhaftenden Beschränkungen verträglich sind. (Physic. Rev. [2] **89.** 4—16. 1/1. 1953. Syracuse, N. Y., Syracuse Univ., Dep. of Phys.)
GERHARD SCHMIDT. 80

H. Salecker, *Quantenelektrodynamische Selbstenergie und exakte Lösungen der Schrödinger-Gleichung.* 2. Mitt. (1. vgl. C. **1952.** 3599.) Vf. bringt die SCHRÖDINGER-Gleichung in die analyt. einfachste Form als unendliches Differentialgleichungssyst. 1. Ordnung u. vergleicht dessen exakte Lsg. mit der störungstheoretischen. Vf. bedient sich zur exakten Lsg. der Produktintegration. Es ergibt sich, daß die gute Übereinstimmung der ersten nicht verschwindenden Näherung der störungstheoret. Lsg. mit dem Experiment bei den bisher untersuchten Energiebereichen auch zu erwarten ist, dagegen nicht bei den Mesonentheorien. Hierbei tritt die Notwendigkeit einer grundsätzlich divergenzfreien Theorie auf, wobei zusätzlich zu fordern ist, daß die Lösungsmeth. die Entwicklungen der Störungsrechnung vermeidet. Abschließend wird der Zusammenhang mit der TOMONAGA-SCHWINGERschen Masse–Ladungs-Normierung diskutiert. (Z. Naturforsch. **5a.** 480—92. Sept. 1950. Tübingen, Univ.) SPEER. 80

M. A. Clark, *Eine Analyse der harten Komponente der Höhenstrahlung in der oberen Atmosphäre.* (Sitzungsbericht.) Mittels einer aus Pb-Absorber, drei Gruppen von GEIGER-Zählern, Koinzidenzkreis u. Fernregistriereinrichtung bestehenden Anordnung wurde auf Ballonflügen die harte Komponente in zwei Gruppen unterteilt, je nachdem ob die Teilchen innerhalb 20 cm Pb eine Kernwechselwrkg. erleiden oder nicht. Die Häufigkeit wurde als Funktion der atmosphär. Tiefe von 16—400 g/cm^2 bestimmt. (Physic. Rev. [2] **86.** 589. 15/5.; Bull. Amer. physic. Soc. **27.** Nr. 1. 14. 31/1. 1952.)
WIEDEMANN. 85

Malcolm A. Clark, *Die harte Komponente der Höhenstrahlung in der oberen Atmosphäre.* Ausführliche Schilderung der Verss. des vorst. referierten Sitzungsberichtes. Die Kurve für die Häufigkeit 20 cm Pb durchdringender Teilchen als Funktion der Tiefe zwischen 16 u. 400 g/cm kann unter der Annahme gedeutet werden, daß die Protonen Kernwechselwirkungen erleiden u. die μ-Mesonen nicht. Für Protonen niedriger Energie (500—1000 MeV) u. für α-Teilchen werden Korrekturen angebracht. Dabei wird ein bestimmtes Spektr. der prim. Protonen u. eines für die Erzeugung der μ-Mesonen zugrunde gelegt. Die Absorptionsweglänge der energiereichen Protonen wird in Luft zu 110 g/cm^2 u. die Weglänge für Kernwechselwrkg. in Pb zu 168 g/cm^2 angenommen, für den Fluß der prim. Protonen wird 0,19 cm^{-2} sec^{-1} Raumwinkel^{-1} gesetzt. (Physic. Rev. [2] **87.** 87—89. 1/7. 1952. Cambridge, Mass., MIT, Dep. of Phys. u. Labor. for Nucl. Sci. and Engng.) WIEDEMANN. 85

Dana T. Warren, *Höheneffekte auf die Feinstruktur der Höhenstrahlung.* (Sitzungsbericht.) Die Feinstruktur der Höhenstrahlung, d. h. die Abhängigkeit der Intensität vom Zenitwinkel für verschied. Ost- u. Westazimute, zeigte bei einer Höhendifferenz von ca. 4000 ft keine wesentliche Veränderung. Als Vergleichsgrundlage eignete sich die atmosphär. Weglänge. (Physic. Rev. [2] **86.** 588. 15/5.; Bull. Amer. physic. Soc. **27.** Nr. 1. 13. 31/1. 1952. Colorado A. and M. Coll.) WIEDEMANN. 85

Max Morand und **Tsai-Chü,** *Über die Korndichteschwankungen bei in einer Kernemulsion beobachteten relativistischen Teilchen.* Unters. der Korndichte an 3394 relativist. Teilchen aus der Höhenstrahlung. Die Kurve hat ein scharfes Maximum bei 27 Körnern/100 μ; sie ist aber weniger asymm. als die theoret. Kurve der Energieverlustschwankung. (C. R. hebd. Séances Acad. Sci. **234**. 2534—36. 23/6. 1952.) EICHHOFF. 85

Jean Daudin und **Tsai-Chü,** *Beobachtung der Rossi-Schauer mit einer Wilson-Kammer.* Die Messungen werden mit einer WILSON-Kammer von 8 cm Tiefe durchgeführt, in der sich ein Pb-Schirm von 15 mm—12 cm Dicke über einer Anordnung von drei kleinen GEIGER-Zählern (je 6 cm^2) befindet. Die Koinzidenzen der drei Zähler steuern die Auslösung der Kammer, die sich in 2860 m Höhe befindet. Unter einem Betondach von ca. 50 g/cm^2 sind auf 150 von 400 Aufnahmen einfache Schauer zu erkennen. Auf den anderen Aufnahmen erscheint eine große Anzahl voneinander unabhängiger Teilchen. Selbst unter einem leichten Dach von 2 g/cm^2 sind auf der Hälfte der Aufnahmen inkohärente Bahnen von Luftschauern sichtbar. Ferner zeigen unter einem Betondach von 50 g/cm^2 86 von 400 Aufnahmen komplexe Schauer, die durch mehrere prim. unabhängige Teilchen erzeugt worden sind. Unter einem Dach von 2 g/cm^2 sind noch fünf Aufnahmen dieses Typs von 30 vorhanden. Die Anzahl dieser Primärteilchen, die zu Schauern aus der Luft oder des Daches gehören, kann 5 auf einer Pb-Oberfläche von 90 cm^2 erreichen. Die von einem Primärteilchen in Pb ausgelösten Schauer, die sämtliche drei Zähler durchqueren, besitzen 3—40 Bahnen. Die mittlere Anzahl der Sekundärteilchen ist 11. Unter Einschluß der Luftschauer ist auf allen Aufnahmen die mittlere Teilchenzahl, wenigstens zwischen dem Pb-Schirm u. den Zählern, 15. Die von verschied. Autoren durchgeführten Berechnungen zur Auffindung von ROSSI-Kurven nach der Kaskadentheorie können nach den vorliegenden experimentellen Ergebnissen keinen hohen Grad an Genauigkeit beanspruchen. (C. R. hebd. Séances Acad. Sci. **234**. 1277—78. 17/3. 1952.) GERHARD SCHMIDT. 85

Henry L. Kraybill, *Große Luftschauer in Flugzeughöhen.* (Sitzungsbericht.) Die Änderung der Zahl der ausgedehnten Schauer C mit der Zählerfläche A eines Dreifachkoinzidenzdetektors (vgl. C. **1952**. 1275) wurde auf Flügen in Höhen von 25000, 30000 u. 33000 ft bestimmt. A variierte zwischen 80 u. 560 cm^2. Für $\gamma = \ln C/d \ln A$ ergaben sich Werte von 1,45, 1,5 bzw. 1,56 in den drei Höhen. (Physic. Rev. [2] **86**. 590. 15/5.; Bull. Amer. physic. Soc. **27**. Nr. 1. 15. 31/1. 1952. Yale Univ.) WIEDEMANN. 85

K. Sitte, *Das Verhältnis der weichen zu den harten Teilchen in den Luftschauern.* (Sitzungsbericht.) Die durchdringenden Komponenten von 10^{12} eV-Schauern auf 4300 m u. von 10^{13} eV-Schauern auf 3260 m wurden verglichen. Für die Verhältnisse durchdringende Teilchen/Elektronen ergab sich $(2,0 \pm 0,11)$ bzw. $(1,30 \pm 0,12) \cdot 10^{-2}$, für N-Teilchen/$\mu$-Mesonen $\sim 2,0$ bzw. $\sim 0,7$. Wenn die Änderung in der Zus. infolge Kernwechselwirkungen u. Zerfall berücksichtigt wird, sprechen diese Resultate für Einheitlichkeit der Prozesse u. erfordern nur eine geringe Zunahme der Mesonenmultiplizität bei der höheren Primärenergie. (Physic. Rev. [2] **86**. 590. 15/5.; Bull. Amer. physic. Soc. **27**. Nr. 1. 15. 31/1. 1952. Syracuse Univ.) WIEDEMANN. 85

M. H. Kalos und **J. M. Blatt,** *Über die seitliche Struktur von Elektronenschauern in Luft.* (Sitzungsbericht.) Für die Winkelverteilung bei einer gegebenen Tiefe u. einer gegebenen Energie der Teilchen in Schauern wird eine Gleichung abgeleitet. Vff. erhalten eine explizite Formel für das 2n^te^ Moment der Bahnlänge des seitlichen Abstandes. Die ersten 8 Momente wurden berechnet. Die Verteilung besitzt gegenüber der MOLIÈRE-Funktion einen ausgeprägteren „Schwanz". (Physic. Rev. [2] **88**. 173. 1/10. 1952. Univ. of Illinois.) WIEDEMANN. 85

S. D. Chatterjee, *Nachweis langreichweitiger, die Höhenstrahlung begleitender Sekundärelektronen in einem Proportionalzähler.* Der Weg der Höhenstrahlung wurde durch drei GEIGER-Zähler definiert. Weitreichende sek. Elektronen konnten bei dieser Anordnung das Gitter des Proportionalzählers durchdringen u. Elektronenlawinen in der Nähe des Drahtes erzeugen. Das Verhältnis der Vierfachkoinzidenzen mit dem Proportionalzähler zu den Dreifachkoinzidenzen der GEIGER-Zähler wurde gegen die Spannung im Proportionalzähler aufgetragen. Die Kurve zeigt ein Absinken der Steigung bei 9%. Die Berechnung ergibt in guter Übereinstimmung hiermit, daß 11% der langreichweitigen Sekundärelektronen in der Anordnung nachgewiesen werden müßten. (Physic. Rev. [2] **82**. 114—15. 1/4. 1951. Ottawa, Ontario, Can., Nat. Res. Counc. of Canada, Div. of Phys.) WIEDEMANN. 85

Jean Crussard, Louis Leprince-Ringuet, Daniel Morellet, Agnès Orgin-Lecourtois und **Jacques Trembley,** *Von Höhenstrahlsternen emittierte langsame χ-Mesonen.* Bei einer systemat. Durchmusterung eines Vol. von 13 cm^3 Kernemulsion, das während 11 Std. unter 3 cm Cu in 25000 m Höhe exponiert wurde, fanden sich 3 χ-Mesonen, die ihren

Ursprung in einem Stern hatten u. in der Emulsion endeten. Aus den kombinierten Messungen von Streuung u. Ionisation ergibt sich für die M. dieser Teilchen ein Mittelwert von 940 ± 40 m_e. (C. R. hebd. Séances Acad. Sci. **236.** 872—74. 2/3. 1953.)
EICHHOFF. 85

E. Strick und **D. ter Haar,** *Erzeugung von π-Mesonen durch energiereiche Elektronen.* (Vgl. C. **1950.** II. 255.) Der Querschnitt für die Mesonenerzeugung durch schnelle Elektronen wurde nach der Störungsrechnung dritter Ordnung u. der WEIZSÄCKER-WILLIAMS-Meth. zu 10^{-31} cm² bei 300 MeV pro Nucleon abgeschätzt. (Physic. Rev. [2] **78.** 68—69. 1/4. 1950. Lafayette, Ind., Purdue Univ., Dep. of Phys.) E. REUBER. 90

J. S. Steller und **W. K. H. Panofsky,** *Photoerzeugung neutraler Mesonen aus Wasserstoff.* (Sitzungsbericht.) Die Bldg. neutraler Mesonen durch Photonen in fl. H_2 wurde mittels fl. Scintillatoren, 0,5% Terphenyl in Xylol, die die Zerfalls-γ-Strahlen nachweisen, untersucht. Der Korrelationswinkel zwischen den γ-Strahlen ist eine Funktion der π^0-Energie. Der Gesamtwirkungsquerschnitt je effektives Quant beträgt $1 \cdot 10^{-28}$ cm². Bei 320 MeV-Bremsstrahlung ist der Wirkungsquerschnitt für die Erzeugung geladener u. neutraler Mesonen in H_2 gleich. (Physic. Rev. [2] **81.** 649. 15/2. 1951; Bull. Amer. physic. Soc. **25.** Nr. 6. 6. 28/12. 1950. Berkeley, Calif., Univ. of California.)
WIEDEMANN. 90

V. Cocconi Tongiorgi und **D. A. Edwards,** *Bei der Absorption negativer ruhender π-Mesonen erzeugte Neutronen.* Durch Einfall von 315 MeV-Bremsstrahlung auf *Be* wurden π-Mesonen erzeugt u. mittels eines doppelt-fokussierenden Magnetsyst. negative Mesonen mit Energien zwischen 30 u. 75 MeV ausgesiebt. Mittels 20 BF_3-Proportionalzählern wurden die von ihnen in der Ruhe erzeugten Neutronen mit Energien zwischen 0,5 u. 15 MeV nachgewiesen. Die durchschnittliche Zahl der Neutronen beträgt bei der Absorption durch die verschied. Kerne 9,3 ± 0,5 in *Pb*, 6,1 ± 0,4 in *Sn*, 2,0 ± 0,2 in *Al* u. 1,6 ± 0,2 in *C*. Danach ist anzunehmen, daß die in Emulsionen beobachteten Mesonenbahnspuren ohne Sternerzeugung nur mit der Emission von Neutronen gekoppelt sind. (Physic. Rev. [2] **88.** 145—46. 1/10. 1952. Ithaca, N. Y., Cornell Univ.)
WIEDEMANN. 90

G. B. Arfken, L. C. Biedenharn und **M. E. Rose,** *Winkelbeziehung zwischen erstem und drittem γ-Strahl.* (Sitzungsbericht.) Die Winkelbeziehungen zwischen dem ersten u. dritten γ-Strahl einer Dreifachkaskade (vgl. C. **1952.** 3766) wurden berechnet. Diese Korrelation gestattet, unter Umständen zwischen zwei Zerfallsschemata zu entscheiden. (Physic. Rev. [2] **86.** 619. 15/5.; Bull. Amer. physic. Soc. **27.** Nr. 1. 44. 31/1. 1952. Oak Ridge Nat. Labor.) WIEDEMANN. 90

A. L. Latter, *Eine Streuungsapproximation.* Für die Streuung einer ebenen Welle durch eine rechteckige Potentialmulde vom Radius a u. der Tiefe V_0 wird eine Näherung abgeleitet, die bei niedrigen Energien besser stimmt als die BORNsche. Vf. geht von der Integralformel für die Streuamplitude aus u. ersetzt die sphär. BESSEL-Funktionen durch ihre asymptot. Formen. Als Beispiel wird V_0 = 30 MeV, a = $4,26 \cdot 10^{-13}$ cm u. eine Einfallsenergie von 18,26 MeV gewählt. Der totale Wirkungsquerschnitt ergibt sich je nach Wahl von a zu 1,7 bzw. 3,0 barn, gegenüber dem exakten Wert von 2,7 u. der BORNschen Näherung von 12,1 barn. (Physic. Rev. [2] **83.** 1056—57. 1/9. 1951. Los Angeles, Calif., Univ. of California, Phys. Dep.) WIEDEMANN. 90

I. Stanislaw Olbert, *Anwendung der Theorie der Mehrfachstreuung auf Nebelkammermessungen.* 1. Mitt. (Sitzungsbericht.) Die Anwendung der Theorie der Mehrfachstreuung auf Nebelkammerbilder wird behandelt. Dabei werden in die Theorie von MOLIÈRE endliche Kerndimensionen eingeführt u. somit ein Abfall der Verteilungsfunktion nach Art der GAUSS-Verteilung erreicht. Die Verteilungsfunktion des mittleren Streuwinkels in den Platten einer Nebelkammer wird ermittelt. (Physic. Rev. [2] **86.** 589—90. 15/5.; Bull. Amer. physic. Soc. **27.** Nr. 1. 14—15. 31/1. 1952. Massachusetts Inst. of Technol.) WIEDEMANN. 90

Martin Annis, Herbert S. Bridge und **Stanislaw Olbert,** *Anwendung der Theorie der Mehrfachstreuung auf Nebelkammermessungen.* 2. Mitt. (1. vgl. vorst. Ref.) (Sitzungsbericht.) Für Teilchen, die in einer Nebelkammer mit mehreren Platten zur Ruhe kommen, läßt sich eine Streuvariable definieren u. ihre Verteilungsfunktion aufstellen. Bei den Sekundärteilchen der energiereichen Kernwechselwirkungen werden zwei Verteilungsfunktionen erhalten u. aus ihnen die M. des Protons zu 1860 (+ 170, — 130) u. die des Mesons zu 230 (+ 32, — 29) m_e ermittelt. (Physic. Rev. [2] **86.** 590. 15/5.; Bull. Amer. physic. Soc. **27.** Nr. 1. 15. 31/1. 1952.) WIEDEMANN. 90

L. J. B. Goldfarb und **D. Feldman,** *Proton–Proton-Streuung hoher Energie und damit verbundene Polarisationseffekte.* Zur Beschreibung der (p—p)-Streuung bei Energien zwischen 210 u. 450 MeV benutzten Vff. die beiden Modelle mit Spin–Bahn-

Kopplung von CHRISTIAN u. NOYES (C. **1951.** II. 927) u. CASE u. PAIS (C. **1951.** I. 2993) sowie das JASTROWsche Modell (C. **1951.** II. 2980) mit hartem Kern, wobei die BORNsche Näherung zur Abschätzung der Triplettstreuquerschnitte bei hohen Energien verwendet wird. Während bei singulärem Potential sowohl BORNsche Näherung als auch eine genauere Durchrechnung der differentiellen Streuquerschnitte versagen oder zu großen Anisotropien führen, ist das Hartkernmodell in qualitativer Übereinstimmung mit dem Experiment. Rechnungsergebnisse von Polarisationseffekten bei der doppelten (p — p)-Streuung werden diskutiert. (Physic. Rev. [2] **88.** 1099—1109. 1/12. 1952. Rochester, N. Y., Univ. of Rochester, Dep. of Phys.) CONRAD. 90

John M. Blatt und **L. C. Biedenharn,** *Neutron–Proton-Streuung mit Spin–Bahn-Kopplung. Formale Theorie.* Sitzungsbericht zu der C. **1953.** 1596 referierten Arbeit. (Physic. Rev. [2] **86.** 610. 15/5.; Bull. Amer. physic. Soc. **27.** Nr. 1. 35. 31/1. 1952. Univ. of Illinois; Oak Ridge Nat. Labor.) WIEDEMANN. 90

Paul Baker jr. und **Arthur Waltner,** *Winkelverteilung von Neutronen der (d–d)-Reaktion.* Vff. messen die Winkelverteilung der Neutronen aus der Rk. $^2H(d,n)^3He$, indem sie auf ein D-Target, das durch Deuteronenbeschuß einer dünnen Cu-Platte bis zur Sättigung hergestellt wurde, 50 keV-Deuteronen auftreffen ließen u. die von den Neutronen verursachten Rückstoßprotonen auf ILFORD C 2-Kernplatten, die radial um das Target in Winkeln von 15, 30, 75, 90, 105, 120 u. 135° zum Primärstrahl angebracht waren, zählten. Die Meßergebnisse sind tabellar. für Laborsyst. u. Schwerpunktssyst. angegeben. Der Wert des Asymmetriekoeff. A ergab sich zu 0,25 ± 0,05. (Physic. Rev. [2] **88.** 1213—14. 1/12. 1952. Raleigh, N. C., North Carolina State Coll.) CONRAD. 90

L. M. Goldman, *Elastische Streuung von 6,5 MeV-Protonen an Kupfer.* 6,5 MeV-Cyclotronprotonen wurden im Zentrum einer kreisförmigen Streukammer an Cu-Folien von 0,95 ± 0,02 bzw. 2,07 ± 0,03 · 10^{-4} in. Dicke gestreut u. die gestreute Intensität mit einem von 0—160° schwenkbaren Scintillationszähler (NaJ-Phosphor mit Photomultiplier) von 5 zu 5° bzw. 10 zu 10° gemessen. Bei jedem gemessenen Winkel wurde das Impulsspektr. mit einem 30-Kanalanalysator aufgenommen. Es wurden beträchtliche Abweichungen von reiner COULOMB-Streuung mit Maxima bei 45 u. 125° u. einem Minimum bei 75° gefunden. Ebenso fand sich nur geringe Übereinstimmung mit den Voraussagen der schemat. Theorie von FESHBACH u. WEISSKOPF (C. **1950. II. 966**). (Physic. Rev. [2] **89.** 349—52. 15/1. 1953. Rochester, N. Y., Univ. of Rochester, Phys. Dep.) CONRAD. 90

L. C. Biedenharn, Keith Boyer und **R. A. Charpie,** *Winkelbeziehungen der Strahlungen aus Deuteron-Abstreifreaktionen.* Die Winkelbeziehungen der Strahlen bei Abstreif-Rkk. geben Aufschluß über Spin u. Parität des bei der Rk. gebildeten Kerns. Es können z. B. Koinzidenzen zwischen γ-Strahlen u. Protonen gemessen werden. (Physic. Rev. [2] **88.** 517—19. 1/11.; Sitzungsbericht: [2] **86.** 619—20. 15/5.; Bull. Amer. physic. Soc. **27.** Nr. 1. 44—45. 31/1. 1952. Oak Ridge Nat. Labor.) WIEDEMANN. 90

Norman M. Kroll und **Leslie L. Foldy,** *Die Wirkung der Ladungssymmetrie auf Kernreaktionen.* Die Energiedifferenzen in den Grundzuständen u. die allg. Gleichartigkeit der Energieniveaus in den verschied. Spiegelkernen zeigen an, daß die Neutron–Neutron- u. Proton–Proton-Kräfte, abgesehen von elektromagnet. Wechselwirkungen, äquivalent sind. Die Annahme einer solchen Ladungssymmetrie der Kernkräfte schließt bestimmte strenge Auswahlregeln ein, die sich auf eine experimentell wichtige Gruppe von Kern-Rkk. anwenden lassen. Der Operator, der Neutronen in Protonen u. Protonen in Neutronen überführt, kommutiert mit dem HAMILTON-Operator u. ist daher eine Konstante der Bewegung. Die Betrachtungen über die Ladungsparität führen zu Auswahlregeln bei Kern-Rkk., die selbstkonjugierte Kerne in den Anfangs- u. Endzuständen einschließen. Die Auswahlregeln, die sich aus der Ladungssymmetrie ergeben, koinzidieren häufig mit jenen der Ladungsunabhängigkeit, wobei sich zeigt, daß in solchen Fällen eine definitive Prüfung der Ladungsunabhängigkeitshypothese durch Anwendung dieser Auswahlregeln verhindert wird. (Physic. Rev. [2] **88.** 1177—79. 1/12. 1952. New York, N. Y., Columbia Univ.; Cleveland, O., Case Inst. of Technol.) GERHARD SCHMIDT. 95

J. A. Beun, *Das Richten von Atomkernen.* Übersicht über die in den letzten Jahren erschienenen Arbeiten auf dem Gebiete der Kernspinorientierung. — 20 Literaturangaben. (Nederl. Tijdschr. Natuurkunde **18.** 245—58. Okt. 1952. Leiden, Kamerlingh Onnes Labor.) WESLY. 95

Donald R. Yennie, *Quantenkorrektur an der klassischen nichtlinearen Mesonentheorie.* Die Energie der Wechselwrkg. des Feldes mit einer stat. Quelle wird in der nichtlinearen Mesonentheorie (vgl. SCHIFF, C. **1952.** 4404) sowohl nach der klass. als auch nach der Quantenversion berechnet. Das klass. Ergebnis gilt als erste Näherung der

Quantentheorie. Die Quantenkorrekturen umfassen neben unendlichen Renormalisierungen der ursprünglichen Parameter endliche Korrekturen an der Energie, die mit steigender Quellenstärke zunehmen u. daher nicht nach der Störungstheorie behandelt werden können. (Physic. Rev. [2] **88.** 527—36. 1/11. 1952. Princeton, N. J., Inst. for Adv. Stud.) WIEDEMANN. 95

K. Ogata und **H. Matsuda,** *Die Atommasse von ^{31}P.* Mit einem modifizierten Massenspektrographen nach BAINBRIDGE-JORDAN wurden folgende Dubletts gemessen (in $^1/_{10000}$ Masseneinheiten): $^{31}P^1H-^{32}S = 95{,}00 \pm 0{,}10$; $^{31}P(^1H)_2 - {}^{32}S^1H = 94{,}91 \pm 0{,}12$; $(^{16}O)_2 - {}^{31}P^1H = 82{,}45 \pm 0{,}12$. Hieraus u. aus den Atommassen $^1H = 1{,}008145 \pm 2$ u. $^{32}S = 31{,}98274 \pm 8$ errechnet sich die Atommasse $^{31}P = 30{,}983619 \pm 7$. (Physic. Rev. [2] **89.** 333—34. 1/1. 1953. Osaka, Univ., Fac. of Sci., Dep. of Phys.) CONRAD. 100

James S. Geiger, Benjamin G. Hogg, Henry E. Duckworth und **John W. Dewdney,** *Die Paare ^{92}Zr–^{92}Mo und ^{94}Zr–^{94}Mo und das Triplett ^{96}Zr–^{96}Mo–^{96}Ru.* Aus den mit einem Massenspektrographen vom DEMPSTER-Typ gemessenen Dubletts (in $^1/_{1000}$ Masseneinheiten): $\frac{1}{2}{}^{184}W-{}^{92}Zr = 69{,}79 \pm 0{,}14$; $\frac{1}{2}{}^{184}W-{}^{92}Mo = 68{,}45 \pm 0{,}22$; $\frac{1}{2}{}^{188}Os-{}^{94}Zr = 71{,}34 \pm 0{,}12$; $\frac{1}{2}{}^{188}Os-{}^{94}Mo = 72{,}56 \pm 0{,}16$; $\frac{1}{2}{}^{192}Os-{}^{96}Zr = 71{,}83 \pm 0{,}24$; $\frac{1}{2}{}^{192}Os-{}^{96}Mo = 75{,}46 \pm 0{,}14$; $\frac{1}{2}{}^{192}Os-{}^{96}Ru = 72{,}44 \pm 0{,}17$ ergeben sich die Massendifferenzen $^{92}Mo-{}^{92}Zr = 1{,}34 \pm 0{,}26$; $^{94}Zr-{}^{94}Mo = 1{,}22 \pm 0{,}20$; $^{96}Zr-{}^{96}Mo = 3{,}63 \pm 028$ u. $^{96}Ru-{}^{96}Mo = 3{,}02 \pm 0{,}22$. Die Werte werden mit den aus Kernreaktionsenergien berechneten verglichen. (Physic. Rev. [2] **89.** 621—23. 1/2. 1953. Hamilton, Ontario, Can., McMaster Univ., Dep. of Phys.) CONRAD. 100

L. Madansky, F. Lipps, P. Bolgiano und **T. H. Berlin,** *Winkelkorrelation der den β-Zerfall begleitenden kontinuierlichen Strahlung.* Vff. berechnen die Winkelkorrelation zwischen dem β-Teilchen u. dem damit verbundenen γ-Quant, um zwischen erlaubten u. verbotenen Übergängen zu entscheiden. Bei der Berechnung der Korrelation für erlaubte u. erstverbotene Übergänge wird die Tensorwechselwrkg. unter Vernachlässigung der Ladungsabhängigkeit benutzt. Die Berechnungen ergeben, daß es leichter ist, zwischen erlaubten u. verbotenen Übergängen zu unterscheiden, wenn die obere Grenze des β-Spektr. zunimmt. Es ergibt sich ferner, daß die Korrelationen für erlaubte Übergänge unabhängig von der Form der Wechselwrkg. sind u. daß die Matrixelemente des Kerns für erstverbotene Übergänge mit denen ident. sind, die beim gewöhnlichen β-Zerfall erhalten werden. Somit bestimmt der Verlauf des β-Spektr. allein die Winkelkorrelation. (Physic. Rev. [2] **84.** 596. 1/11. 1951. Baltimore, Md., Johns Hopkins Univ.) GERHARD SCHMIDT. 103

Vaughn Culler und **R. W. Waniek,** *Gesamtwirkungsquerschnitte für energiereiche Neutronen.* (Sitzungsbericht.) Vff. beschießen ein $^1/_4$ in.-Be-Target mit 110 MeV-Synchrocyclotronprotonen u. lassen die erzeugten Neutronen durch das zu untersuchende Element, das als Absorberfolie in den Weg des Bündels eingebracht worden ist, laufen. Die nichtabsorbierten Neutronen werden durch ihre Streuprotonen aus Polyäthylen nachgewiesen. Der Gesamtquerschnitt ergibt sich durch Vgl. der Primärintensität, gemessen mit einem Kristallscintillationszähler in Dreifachkoinzidenz, u. der Streuprotonenintensität, gemessen mit einem Fünfkristallscintillationszähler. (Physic. Rev. [2] **87.** 221. 1/7. 1952. Harvard Univ.) WEIGEL. 103

W. W. True und **L. Diesendruck,** *Deutung der Protonen langer Reichweite aus dem Beschuß von ^9Be mit Deuteronen.* Die Rk. $^9Be(d,p)^{10}Be$ wird für große Reichweiten der emittierten Protonen unter besonderer Berücksichtigung des Abstreifprozesses durch Deuteronen gedeutet. Dabei wird angenommen, daß die auftretenden Nebenquantenzahlen <4 sind, ^9Be den Spin 3/2 u. gerade Parität u. ^{10}Be den Spin 0 u. ungerade Parität haben. Die Winkelverteilung der Protonen aus dem Deuteronabstreifprozeß wird nach der Meth. von BUTLER für die auftretenden Energie- u. Q-Werte sowie unter der Annahme berechnet, daß die Quantenzahl für den Drehimpuls des Neutrons, das zur Umwandlung von ^9Be in ^{10}Be hinzugefügt werden muß, 1 ist. Diese Winkelverteilungskurve, die in Übereinstimmung mit Messungen von CANAVAN (C. **1953.** 4969) ein charakterist. Maximum bei kleinen Vorwärtswinkeln zeigt, wird mit der gemessenen Winkelverteilung verglichen. Daraus kann geschlossen werden, daß das bei der gemessenen Verteilungskurve beobachtete Maximum durch den Deuteronenabstreifprozeß verursacht wird. Die Verschiebung des gemessenen Maximums (einige Grad nach größeren Winkeln zu) gegenüber dem berechneten wird als Einfl. der vernachlässigten COULOMBschen Abstoßung gedeutet. (Physic. Rev. [2] **87.** 381—82. 15/7. 1952. Kingston, R. I., Univ. of Rhode Island, Dep. of Phys.) WERNER SCHULZ. 103

Pierre Bretonneau, *Messung der Halbwertszeit von ^{12}B und ^8Li.* Nach dem in der Meth. der prakt. Ausführung modifizierten Meßprinzip (vgl. LASCOUX u. VENDRYES, C. **1952.** 4091) wurden die Halbwertszeiten von ^{12}B u. ^8Li erneut gemessen. Für ^{12}B

ergab sich $T_{1/2}$ zu 22 ± 1 mSek., für ^{8}Li zu 0,875 ± 0,02 Sekunden. (C. R. hebd. Séances Acad. Sci. **236**. 913—14. 2/3. 1953.) EICHHOFF. 103

Fay Ajzenberg, *Deuteronenbeschuß von ^{9}Be und Klassifizierung der Niveaus von ^{10}B.* (Vgl. Physic. Rev. [2] **82**. [1951.] 43.) Die Messungen der Energieniveaus aus der ^{9}Be(d,n)^{10}B-Rk. wurden auf 10, 30 u. 45° ausgedehnt. Die Neutronengruppen entsprechen Niveaus in ^{10}B von 0,72, 1,75, 2,15, 3,53, 4,78, 5,14 (Dublett), 5,37 (?), 5,58, 5,72(?), 5,93, 6,12 (Dublett?) 6,38, 6,58 u. 6,77 MeV. Aus dem Vgl. der Winkelverteilung mit der Deuteron-stripping-Theorie von BUTLER ergibt sich, daß der Grundzustand u. die ersten vier angeregten Zustände von ^{10}B gerade Parität, dagegen beide Komponenten des 5,14 MeV-Dubletts ungerade Paritäten besitzen. Aus einer Aufnahme der ^{9}Be(d,p)^{10}Be-Rk. wird geschlossen, daß in ^{10}Be zwischen dem Grundzustand u. dem 3,37 MeV-Niveau keine weiteren Niveaus liegen. (Physic. Rev. [2] **88**. 298—304. 15/10. 1952. Madison, Wis., Univ. of Wisconsin.) GANS. 103

R. Lee Aamodt, Vincent Peterson und **Robert Phillips,** *^{12}C(p,pn)^{11}C-Wirkungsquerschnitt von dem Schwellenwert bis 340 MeV.* Die Anregungsfunktion der Rk. ^{12}C(p,pn) ^{11}C von ihrer Schwellenenergie bis 340 MeV wird bestimmt, wobei im Bereich von 93 bis 340 MeV dünne Polystyrolfolien 10—20 Min. mit einem 10^{-10} bis 10^{-12} A starken Cyclotron-Protonenstrom beschossen werden. Der auf die Folien auftreffende Protonenstrom wird von einem FARADAY-Käfig aufgefangen. Die in den Folien hervorgerufene ^{11}C-Aktivität wird mit einem Endfenster-GEIGER-MÜLLER-Zähler gemessen u. mit geeichten β-Standards verglichen. Absol. Messungen des Querschnitts der Rk. ^{12}C(p,pn) ^{11}C bei 8 verschied. Energien < 340 MeV ergeben in mbarn in ( ): bei 340 MeV (41,2 ± 0,6) 313 (47,6 ± 2,1), 293 (47,7 ± 1,0), 263 (50,5 ± 2,6), 245 (49,8 ± 1,2), 194 (52,0 ± 1,5), 144 (56,5 ± 1,5) u. 93 MeV (70,5 ± 3,6). Unterhalb 32 MeV werden Protonen aus einem Linearbeschleuniger zur Messung verwendet. Der Schwellenwert der Rk. ^{12}C(p,pn)^{11}C tritt bei (18,5 ± 0,3) MeV auf. Der Wirkungsquerschnitt für die Rk. ist bei 32 ± 0,1 MeV 89 ± 4 mbarn u. zeigt nahe 45 MeV ein breites Maximum von ~100 mbarn. Mit zunehmender Energie nimmt er angenähert wie $E^{-1/2}$ ab u. beträgt bei 340 MeV (43 ± 0,6) mbarn. (Physic. Rev. [2] **88**. 739—44. 15/11. 1952. Berkeley, Calif., Univ., Dep. of Phys., Radiat. Labor.) GERHARD SCHMIDT. 103

David E. Alburger, *Der β-Zerfall von ^{20}F.* Ein Linsenspektrometer mit Ringfokus diente zur Unters. der beim β-Zerfall von ^{20}F aus der Rk. ^{19}F(d, p)^{20}F auftretenden γ- u. β-Spektren durch Messung der Energie der COMPTON- u. Photoelektronen. Es tritt ein einfaches β-Spektr. mit einem Endpunkt bei 5,406 ± 0,017 MeV auf. Der β-Emission folgt eine γ-Strahlung von 1,63 ± 0,006 MeV, die durch Vgl. mit der γ-Strahlung von ^{124}Sb sichergestellt wurde. Die totale Zerfallsenergie von ^{20}F beträgt 7,038 ± 0,018 MeV; aus ihr ergibt sich für die M. von *^{20}Ne* der Wert 19,998794 ± 0,000026 in guter Übereinstimmung mit massenspektrograph. Messungen. (Physic. Rev. [2] **88**. 1257—61. 15/12. 1952. Upton, N. Y., Brookhaven Nat. Labor.) CONRAD. 103

Paul L. Roggenkamp, Charles H. Pruett und **Roger G. Wilkinson,** *Das Zerfallsschema von ^{48}V.* Vff. geben ein Zerfallsschema von ^{48}V, das durch Koinzidenzmessungen am Scintillationsspektrometer u. durch Unters. der Winkelbeziehungen an dem γ-Strahl-Kaskadenpaar mit Energien von 0,99 u. 1,32 MeV verifiziert wird. Die zu der Kaskade gehörenden Niveaus haben die Spin- u. Paritätswerte 0 +, 2 + u. 4 +. Das Positronen- u. Elektronenspektr. von ^{48}V wurde mit einem magnet. Spektrometer untersucht; innere Konversionslinien wurden nicht gefunden, woraus geschlossen wird, daß kein γ-Übergang zwischen den Niveaus bei 2,31 u. 2,22 MeV besteht. Dagegen findet Positronenemission auf ein Niveau von *^{48}Ti* bei 2,22 MeV über dem Grundzustand statt. Die Positronengruppe, die beim Zerfall zum 2,31 MeV-Niveau von ^{48}Ti auftritt, hat einen Endpunkt von 0,69 MeV. (Physic. Rev. [2] **88**. 1262—65. 15/12. 1952. Bloomington, Ind., Indiana Univ.) CONRAD. 103

Charles E. McFarland und **Franklin B. Shull,** *Magnetische Analyse der Reaktion ^{88}Sr(d, p)^{89}Sr.* Mit einem Magnetspektrometer u. Photoplatten als Auffänger wurden die Protonengruppen aus der Rk. ^{88}Sr(d, p)^{89}Sr an $SrCO_3$-Targets unter 90° zum einfallenden Strahl bei 10,43 MeV Deuteronenenergie analysiert. Neben dem Grundzustand wurden 3 angeregte Zustände gefunden. Die entsprechenden Q-Werte betragen 4,33, 3,26, 2,26 u. 1,79 MeV. (Physic. Rev. [2] **89**. 489. 15/1. 1953. St. Louis, Mo., Washington Univ., Phys. Dep.) CONRAD. 103

C. E. Mandeville, E. Shapiro, R. I. Mendenhall, E. R. Zucker und **G. L. Conklin,** *γ-Strahlungen von ^{95}Zr und ^{95}Nb.* Aus Messungen der Pb-Absorption u. der Energieverteilung mit Scintillationsspektrometer sowie β-γ-Koinzidenzmessungen an Präpp. aus reinem ^{95}Zr, ^{95}Nb u. einem Mischpräp. ^{95}Zr-^{95}Nb ergab sich, daß jedem β-Strahl von ^{95}Nb ein 0,76 ± 0,02 MeV-γ-Strahl folgt u. daß den meisten β-Strahlen von ^{95}Zr ein einzelner γ-Strahl bei 0,73 $\pm$0,02 MeV folgt. Es wird ein Zerfallsschema für ^{95}Zr–^{95}Nb vorgeschlagen. (Physic. Rev. [2] **89.** 559–61. 1/2. 1953. Swarthmore, Pa., Bartol Res. Found. of the Franklin Inst.) CONRAD. 103

W. C. Rutledge, J. M. Cork und **S. B. Burson,** *γ-Strahlen, die mit ausgewählten, neutroneninduzierten Radioaktivitäten verbunden sind.* Mit Hilfe von β-Magnetspektrographen unmittelbar am D_2O-Meiler werden untersucht: 17,5 Sek.-^{77m}*Se*, 3,5 Min.-^{79m}Se, 58 Min.-^{81m}Se, 17 Min.-^{81}Se, 69 Sek.-^{83}Se, 26 Min.-^{83}Se, 11,9 Tage-^{147}*Nd*, 1,8 Std.-^{149}Nd, 12 Min.-^{151}Nd, 50 Std.-^{149}*Pm*, 27,5 Std.-^{151}Pm (neu), 410 Tage-^{145}*Sm*, $>$20 Jahre-^{151}Sm, 46,5 Std.-^{153}Sm, 23,5 Min.-^{155}Sm, 1,7 Jahre-^{155}*Eu*, 14 Min.-^{101}*Mo*, 15 Min.-^{101}Tc u. 23,6 Min.^{233}-Th. Es wird eine Vakuumschleuse für die Spektrometerkamera beschrieben, die eine Unters. von Aktivitäten bis herunter zu $T^1/_2 \sim$ 10 Sek. ermöglicht. Auf Grund von Koinzidenz- u. Absorptionsmessungen u. einer spektrograph. Analyse der γ-Strahlung werden Zerfallsschemata für die untersuchten Kerne vorgeschlagen, aus Messungen der K/L-Verhältnisse der entsprechenden γ-Strahlen werden für viele Übergänge Spin- u. Paritätsänderungen bestimmt. (Physic. Rev. [2] **86.** 775–86. 1/6. 1952. Chicago, Ill., Argonne Nat. Labor.; Ann Arbor, Mich., Univ. of Michigan.) WEIGEL. 103

L. G. Elliott und **J. L. Wolfson,** *Der Zerfall von ^{198}Au.* (Sitzungsbericht.) Vff. untersuchen die Komponenten u. Enden der β- u. γ-Strahlen von ^{198}Au mit einem magnet. Spektrometer. Die Spins für den Grundzustand, das 0,4112 MeV- u. 1,087 MeV-Niveau werden zu 0,2 bzw. 2 angegeben. (Physic. Rev. [2] **82.** 333. 15/4.; Bull. Amer. physic. Soc. **26.** Nr. 1. 46. 1/2. 1951. Chalk River Labor.) H. HAUSWALD. 103

P. A. Macklin, L. I. Lidofsky und **C. S. Wu,** *Untersuchung des komplexen β-Spektrums durch das Koinzidenzspektrometer.* (Sitzungsbericht.) Mit dem β–γ-Koinzidenzspektrometer wurden bei 10% Auflösung die energiearmen Gruppen der komplexen β-Spektren von ^{198}*Au*, ^{86}*Rb* u. ^{122}*Sb* untersucht. (Physic. Rev. [2] **82.** 334. 15/4.; Bull. Amer. physic. Soc. **26.** Nr. 1. 47. 1/2. 1951. Columbia Univ.) H. HAUSWALD. 103

Bernard Hamermesh und **Virginia Hummel,** *Scintillationszähleruntersuchungen von Neutroneneinfang-γ-Strahlenspektren.* Vff. untersuchen die aus (n, γ)-Rkk. entstehenden γ-Gruppenspektren mittels eines NaJ-Scintillationszählers u. eines 20 Kanal-Impulsanalysators. Als Neutronenquelle diente ein D_2O-Meiler; geeicht wurde mit den γ-Strahlen von ^{198}*Au*, ^{137}*Cs* u. ^{24}*Na*. Für *Al, Cl, Fe* u. *Mn* werden die komplizierteren γ-Gruppenspektren angegeben u. zu deuten versucht. (Physic. Rev. [2] **83.** 663–64. 1/8. 1951. Chicago, Ill., Argonne Nat. Labor.) WEIGEL. 103

A. J. Allen, J. F. Nechaj, K.-H. Sun und **B. Jennings,** *Ausbeute an schnellen Neutronen aus dicken Targets bei Beschuß mit 15 MeV-Deuteronen und 30 MeV-α-Teilchen.* Vff. beschießen dicke Targets von reinem *Be, Al, Ti, Cr, Mn, Co, Nb, Mo, Ag, Cd, Ta, Au, Pb* u. *Bi* mit 15 MeV-Deuteronen u. 30 MeV-α-Teilchen u. messen die Gesamtausbeute u. Winkelverteilung der entstehenden schnellen Neutronen in Spaltungsionisationskammern mit Hilfe der Rk. ^{32}S(n, p)^{32}P als Schwellendetektor. Die Gesamtausbeute N pro Sek. pro μA sinkt mit wachsendem Z ab gemäß $\log N = 10{,}18 - 0{,}0234\,Z$ für Deuteronen u. $\log N = 9{,}68 - 0{,}0234\,Z$ für α-Teilchen. Die Winkelverteilung zeigt ein Maximum der Ausbeute in Vorwärtsrichtung. Die Ausbeutewerte sind tabellar. zusammengestellt. (Physic. Rev. [2] **81.** 536–39. 15/2. 1951. Pittsburgh, Pa., Univ. of Pittsburgh; East Pittsburgh, Pa., Westinghouse Res. Labors.) WEIGEL. 103

Paul Falk-Vairant und **Jean Teillac,** *Berechnung der Intensitäten der Feinstrukturlinien einiger gerade-gerade α-Strahler.* Berechnung der Intensitäten der Feinstrukturlinien im ersten Anregungszustand (J = 2) für ^{206}*Po*, ^{224}*ThX*, ^{226}*Ra*, ^{228}*RdTh*, ^{230}*Io*, ^{238}*Pu*, ^{240}*Pu* u. ^{242}*Cm* nach den Formeln von PRESTON u. GAMOW u. Vgl. mit den experimentellen Werten. Nach der PRESTON-Formel ergeben sich zu hohe Werte, während die Übereinstimmung nach der Theorie von GAMOW, bes. bei den untersuchten Transuranen, gut ist. (C. R. hebd. Séances Acad. Sci. **236.** 914–16. 2/3. 1953.) EICHHOFF. 103

P. R. Bell und **H. A. Straus,** *Elektronischer Meilersimulator.* Vff. konstruieren eine elektron. Anordnung, die der gleichen Reihe von kinet. Gleichungen wie ein Meiler folgt. Die Ausgangsspannung variiert als Funktion der Zeit in gleicher Weise wie der Neutronenstrom in einem Meiler. Die Schwankungen eines Potentiometers bestimmen den effektiven Multiplikationsfaktor, wodurch diese Anordnung die gleichen Eigg. wie eine Regelstange im Meiler besitzt. Die Anordnung arbeitet mit einer höheren Genauigkeit als 1%. (Rev. sci. Instruments **21.** 760–63. Aug. 1950. Oak Ridge, Tenn., Nat. Labor.) GERHARD SCHMIDT. 112

M. Celma, J. A. Garcia Fité und **R. Segovia Torres,** *Zähler mit äußerer Kathode.* Vff. erörtern die Gleichungen für den Äquivalentstrom des Zählers mit Außenkathode (nach

Maze), beschreiben Einzelheiten seiner Konstruktion u. teilen Unterss. über seine Lebensdauer (mindestens 10^7 Impulse) u. die „dead time“-Werte (in der Größenordnung 10^{-4} Sek.) mit. (An. Real Soc. espaň. Física Quím., Ser. A. **49.** 7—14. 2 Tafeln. Jan./Febr. 1953.) R. K. Müller. 112

G. P. Brouwer und **H. W. Horeman,** *Eine Bestimmung der elektrischen Tiefe einer Ionisationskammer.* Die elektr. Begrenzung einer Ionisationskammer deckt sich an der Eintrittsöffnung im allg. nicht mit der geometr. Begrenzung. Vff. bestimmen an Modellen von Ionisationskammern mit der von Hepp (Philips' techn. Rdsch. **4.** [1939.] 235) entwickelten Meth. des elektrolyt. Troges für verschied. geometr. Konfigurationen den Feldverlauf in der Nähe der Eintrittsöffnung. Die Messungen zeigen, daß die Abweichung der elektr. von der geometr. Begrenzung unter den üblichen geometr. Bedingungen so groß werden kann, daß zur genauen Auswertung von Ionisationsmessungen besondere Korrekturen erforderlich sind, die mit der beschriebenen Meth. bestimmt werden können. (Physica **17.** 821—29. Sept. 1951. Amsterdam, Vrije Univ., Natuurkundig Labor.) Conrad. 112

Geneviève Paquien und **Pierre Grivet,** *Theorie des β-Spektrographen vom Typ K. Siegbahn.* (Vgl. C. **1952.** 803.) Vff. berechneten die Eigg. des von Siegbahn (vgl. Philos. Mag. **37.** [1946.] 162) vorgeschlagenen verbesserten β-Spektrographen unter Verwendung der Formeln von Glaser (vgl. Z. Physik **117.** [1941.] 285). (C. R. hebd. Séances Acad. Sci. **230.** 65—67. 2/1. 1950.) Gottfried. 112

R. D. Birkhoff, *Konstruktion eines doppelten solenoidförmigen β-Spektrographen.* (Sitzungsbericht.) Das Solenoid enthält zwei Spektrographen nach DuMond in Serie. Der erste wählt durch einen Ringschlitz ein monoenerget. β-Bündel aus, dessen Energiespektr. nach Durchgang durch einen dünnen Absorber in dem zweiten Spektrographen analysiert wird. Damit in beiden Geräten dieselben Radien u. Blenden verwendet werden können, werden die Elektronen beim Durchgang durch den Absorber in einem elektrostat. Beschleuniger zentriert. (Physic. Rev. [2] **83.** 484. 15/7. 1951. Oak Ridge Nat. Labor., Univ. of Tennessee u. Health Phys. Div.) H. Hauswald. 112

Leonard Gross, *Quellenentladung in der β-Spektroskopie bei niedriger Energie.* (Sitzungsbericht.) Zur Entladung dünner organ. Filme in der β-Spektroskopie eignen sich in dem Bereich über 90 kV *Au,* für niedrigere Energien *Be*-Schichten u. die Emission eines Glühdrahtes. (Physic. Rev. [2] **82.** 332. 15/4.; Bull. Amer. physic. Soc. **26.** Nr. 1. 45. 1/2. 1951. Princeton Univ.) H. Hauswald. 112

Claude Mabboux, *Diskussion einer besonderen Meßmethode der Mehrfachstreuung von Teilchen großer Energie in der photographischen Emulsion.* Die Vorteile einer Messung der Mehrfachstreuung durch Best. der Streuung in der Ebene senkrecht zur Hauptebene der Emulsion werden diskutiert. Solche Messungen sind mit Mikroskopobjektiven geringer Tiefenschärfe mit großer Genauigkeit durchzuführen u. können bes. im Falle kurzer Bahnspuren mit Streuungsmessungen in der Hauptebene der Emulsion kombiniert werden. Mit einem elektr. Anzeigegerät, das über einen veränderlichen Kondensator arbeitet, kann die Lage der Fokalebene auf $\sim 0{,}1\ \mu$ genau bestimmt werden. (C. R. hebd. Séances Acad. Sci. **232.** 1091—92. 12/3. 1951.) Eichhoff. 112

Allen M. Goldstein und **Charles H. Sherman,** *Der Herschel-Effekt und selektive Auslöschung in Kernemulsionen.* An Eastman-Kodak NTA-Platten (25, 50 u. 100 μ dick) wird die selektive Auslöschung eines durch sichtbares Licht, Röntgenstrahlung, harte γ-Strahlung u. β-Strahlung hervorgerufenen Schleiers durch Bestrahlung mit infrarotem Licht untersucht. In allen Fällen gelingt eine kontrollierbare Herabsetzung des Schleiers, ohne daß gleichzeitig vorhandene Bahnspuren von Po-α-Teilchen merkbar beeinflußt werden. Die bei zulässigem Untergrund möglichen Expositionszeiten lassen sich bei Anwendung dieser Meth., welche nach der Theorie von Gurney u. Mott erklärt wird, um den Faktor 3—7 verlängern. (Rev. sci. Instruments **23.** 267—71. Juni 1952. Boston, Mass., Tracerlab Inc.) Eichhoff. 112

M. C. Walters, *Die Herkunft von Untergrundbahnspuren in abgeschirmten elektronenempfindlichen Emulsionen.* Die vom Vf. in 600 m Tiefe bei sorgfältigster Abschirmung beobachtete Anzahl von $2{,}6 \pm 0{,}1$ Elektronenbahnspuren pro Tag u. mm^2 übersteigt die theoret. aus der Höhenstrahlung zu erwartende Anzahl von $\sim 10^{-2}$ beträchtlich. Die Unterss. führten zu dem Ergebnis, daß der *Th*- u. ^{40}K-Geh. in der Glasunterlage 0,57 bzw. $1{,}0 \pm 0{,}05$ Bahnspuren/Tag u. mm^2 liefern, der ^{14}C-Geh. der Gelatine $0{,}83 \pm 0{,}06$ u. das Abschirmungsmaterial $0{,}14 \pm 0{,}02$. Mit einer Perspexunterlage ließen sich die Untergrundbahnspuren auf $0{,}86 \pm 0{,}11$ red., gemessen mit 200 μ dicken Emulsionen bei einer Exposition von 4 Monaten. (Proc. physic. Soc., Sect. A **65.** 959—60. 1/11. 1952. Birmingham, Univ., Phys. Dep.) Eichhoff. 112

W. Hälg und **L. Jenny,** *Zum Fading-Effekt in Kernspurplatten.* Diskussion der von SCHOPPER u. Mitarbeitern (C. **1952.** 2115) veröffentlichten Daten über das Abklingen von Protonenbahnspuren in ILFORD C 2-Platten unter der Einw. von Luft mit 90% relativer Feuchtigkeit u. Vgl. mit den an Emulsionen ohne Stabilisatoren für das latente Bild von Vff. (vgl. C. **1952.** 5516) erhaltenen Resultaten. Die Verwendung von Stabilisatoren bei der Herst. von Kernplatten ergibt eine Verminderung des erzeugten kurzlebigen Bildanteils zugunsten des langlebigen. (Helv. physica Acta **25.** 773—74. 15/12. 1952. Basel.) EICHHOFF. 112

J. Eugster, *Detektierung der kosmischen Strahlung mittels strahlenchemischer Methoden.* Der Nachw. energiereicher ionisierender Strahlen durch Färbung von *Methylenblau, Phenolindo-2.6-dichlorphenol, Bromkresolpurpur* u. *2.3.5-Triphenyltetrazoliumchlorid* sowie derjenige der Beeinflussung von Enzymen (*Phosphoglycerinaldehyddehydrogenase, Myosin, Succinoxydase* u. *Hexokinase*) wird zusammenfassend behandelt. Eingehend berichtet wird dann über Verss., die kosm. Strahlung (KS) durch Entfärbung von Methylenblau bzw. Färbung von *Folin–Phenol-Reagens* nachzuweisen. Die Farbstoffproben wurden auf Plexiglasplatten aufgetragen u. diese zum Teil auf dem Jungfraujoch, zum Teil in Versuchsballons in 28000 m Höhe exponiert. Ähnliche Verss. wurden mit Proben von *Triphenyltetrazoliumchloridrot* bzw. *-blau* (**I**) angestellt. Es gelang, vor allem bei dem letztgenannten Farbstoff energiereiche Schauer nachzuweisen. Das gelang auch bei mit **I** gefärbten menschlichen Hautschnitten, u. zwar bei Intensitäten, die mit der Photoemulsion noch nicht nachzuweisen sind. Erste Verss. über den Nachw. der KS durch Alterierung von Enzymen (*Östrol,* Myosin) ergaben ebenfalls positive Ergebnisse. (Radiol. clin. [Basel] **22.** 130—39. März 1953. Zürich.) REUSSE. 112

A₂. Optisches Verhalten der Materie.

E. E. Salpeter, *Kernreaktionen in den Sternen.* 1. Mitt. *Proton–Proton-Kette.* (Vgl. C. **1953.** 1758.) Die Proton–Proton-Kette in den Sternen der Hauptgruppe, die zur Umwandlung von 4 *H*-Atomen in 1 *He*-Atom führt, verläuft vermutlich über folgende Rkk.: 1. $H + H \rightarrow D + e^+ + \gamma$, 2. $H + D \rightarrow {}^3He + \gamma$, 3. ${}^3He + {}^3He \rightarrow {}^4He + 2H$. Die Geschwindigkeiten der einzelnen Rkk. werden in Abhängigkeit von Temp. u. D. berechnet, die mittleren Reaktionszeiten betragen bei $15 \cdot 10^6$ °K für 1. $8 \cdot 10^9$ Jahre, für 2. 4 Sek. u. für 3. $4 \cdot 10^5$ Jahre. Dabei sind die neuesten Daten über das 2 Nucleonensyst. u. über den β-Zerfall verwendet. Ferner wird das Verhältnis der Konzz. an H, D u. ${}^3He$ ermittelt sowie die Größe der Energieerzeugung, die bei $15 \cdot 10^6$ °K 3 erg/g/sec. beträgt. (Physic. Rev. [2] **88.** 547—53. 1/11. 1952. Ithaca, N. Y., Cornell Univ., Newman Labor. of Nucl. Stud.) WIEDEMANN. 113

Irving H. Blifford, Luther B. Lockhart jr. und **Herbert B. Rosenstock,** *Über die natürliche Radioaktivität in der Luft.* Vff. bestimmen die Konzz. von *Ra*-Zerfallsprodd. in der Luft, 1. durch Messung der β-Aktivität auf Filterpapier, durch das vorher ein gegebenes Vol. Luft gesaugt war, u. 2. durch Best. der Aktivität von aus derartigem Papier abgetrennten Radioisotopen. Die gefundenen Mengenverhältnisse der Einzelaktivitäten lang- u. kurzlebiger Zerfallsprodd. deuten darauf hin, daß außer dem n. Zerfall noch ein weiterer Prozeß zu existieren scheint, der radioakt. Teilchen aus der Luft entfernt. Die mittlere Lebensdauer der Teilchen bzgl. dieses zweiten Prozesses wird zu ca. 10 Tagen gefunden. Die Hypothese, daß es sich hierbei um den Einfang radioakt. Teilchen durch Regenwasser handelt, wird durch Aktivitätsmessungen gestützt. Die Entfernung ionisierter radioakt. Teilchen durch das elektr. Feld der Erde führt dagegen zu einem kleineren Effekt. (J. geophys. Res. **57.** 499—509. Dez. 1952. Washington, D. C., U. S. Naval Res. Labor.) WEIGEL. 113

O. Burkard, *Thermische Aufspaltung ionosphärischer Schichten.* Berechnet man die Ionisierung der Atmosphäre unter der Wrkg. einer einfallenden monochromat. Strahlung u. unter der Voraussetzung, daß nicht nur Ionisierung eintritt, sondern auch Wärme entwickelt wird, so daß sich ein schichtartiger Temperaturverlauf ergibt, so können unter Umständen Maxima der Ionenproduktion in zwei verschied. Höhen auftreten. Es erscheint möglich, daß die am Tage vorhandene Aufspaltung der F-Schicht auf einen solchen Mechanismus zurückzuführen ist. (Arch. Meteorol., Geophysik, Bioklimatol., Ser. A **2.** 308—14. 1950. Graz, Univ., Ionosphärenstat.) PIEPLOW. 113

K. H. Hellwege, *Dipol- und Quadrupolstrahlungsfelder in nichtkubischen Kristallen.* Die Strahlungsfelder für Dipol- u. Quadrupolstrahlung in nichtkub. Kristallen werden abgeleitet. Die Symmetrie des Dipolstrahlungsfeldes ist in Kristallen der Zähligkeit $p \leqq 2$ ebenfalls p-zählig, bei höheren Zähligkeiten der Kristallachse aber rotationssymmetrisch. Die Symmetrie des Quadrupolstrahlungsfeldes ist in Kristallen der Zähligkeit p ≦ 4 ebenfalls p-zählig u. erst bei noch höheren Zähligkeiten der Kristallachse rotationssymmetrisch. Es werden Verss. zur Trennung von elektr. Dipolstrahlung, magnet. Dipolstrahlung u. elektr. Quadrupolstrahlung sowie ein wahrscheinlicher Fall von Quadrupolstrahlung angegeben. (Z. Physik **131.** 98—112. 1951. Göttingen, II. Phys. Inst.) Eichhoff. 114

Ta-You Wu, *Das Spektrum diskreter Eigenwerte in einem negativen Atomion.* Es wird gezeigt, daß das gewöhnliche Argument für die Existenz einer endlichen Anzahl stabiler, diskreter Zustände in einem negativen Atomion nicht beweisend ist. Es wird angenommen, daß die Frage, ob in einem negativen Ion, z. B. H^-, unendlich viele diskrete Zustände existieren, die Unters. des Verh. des Spektr. der Eigenwerte des Hamilton-Operators für ein Zweielektronensyst. beim Punkt Z = 1 erforderlich macht. (Physic. Rev. [2] **89.** 629—30. 1/2. 1953. Ottawa, Can., Nat. Res. Counc., Div. of Phys.) Conrad. 114

Frank Matossi, *Ein modifiziertes Silberstein-Modell der optischen Anisotropie.* (Vgl. C. **1953.** 4812.) Durch die Einführung von Abschirmfaktoren für die Felder der einwirkenden induzierten Dipole wird es ermöglicht, das Silberstein-Modell für Mol.-Refr., Rayleigh-Streuung, Raman-Effekt, Dipolmoment, Infrarotintensitäten u. Kerr-Effekt anzuwenden. Für O_2, N_2, Cl_2, CO_2 u. CS_2 wird die numer. Auswertung angegeben. (J. chem. Physics **20.** 1934—35. Dez. 1952. White Oak, Md., U. S. Naval Ordnance Labor.) D. Hahn. 114

Loré Lindner, W. E. Scott und **E. R. Stephens,** *Bildung und Erregung von atomarem Natrium in Wasserstoffdiffusionsflammen.* In H_2-Diffusionsflammen erscheint die Na-D-Linie, ferner erregen sie Candoluminescenz in einem porösen Block, der mit CaO·Bi bedeckt ist. Zugabe von SO_2, Toluol, Bzl. u. a. zu der Flamme unterdrücken sowohl die Na-D-Emission wie die Luminescenz. Vff. finden, daß bei einer Zugabe von SO_2 (0—2,9%) die Absorption der Na-D-Linie abnimmt u. entsprechend die Emission der D-Linie sowie der Luminescenz des CaO·Bi abnimmt. Die Möglichkeit verschied. Anregungsmechanismen (H-Atome allein oder durch H-Atome angeregte Na-Atome) wird diskutiert. (J. chem. Physics **21.** 161—62. Jan. 1953. Philadelphia, Pa., Franklin Inst., Labors. for Res. and Developm.) D. Hahn. 118

Manuel Sales, *Neue Atomenergieniveaus im zweiten Spektrum des Eisens (Fe II).* Das Spektr. des Fe wird als Vakuumfunkenspektr. zwischen 1260 u. 2234 Å neu gemessen. Dabei werden im Fe II-Spektr. 8 gerade u. 28 ungerade neue Energieniveaus gefunden, die den Termen zugeordnet werden; sie entsprechen den Elektronenkonfigurationen $3d^6\,5s$, $3d^6\,4p$, $3d^6\,4d$ u. $3d^5\,4s\,4p$. In einer Tabelle werden 300 klassifizierte Linien zusammengefaßt. (An. Real Soc. españ. Física Quím., Ser. A **49.** 15—30. Jan./Febr. 1953. Madrid, Univ., Inst. de Optica Daza de Valdés.) R. K. Müller. 118

Dan Kessler, *Über die Konfigurationen fds + fs² von Th II.* Die experimentell bestimmten u. berechneten Energieniveaus u. g-Werte der Konfigurationen fds u. fs^2 des Th II werden bei Zwischenkopplung mit Wechselwrkg. zwischen den Konfigurationen miteinander verglichen. Für die Energieniveaus ergibt sich eine sehr gute Übereinstimmung, der mittlere Fehler beträgt 1,4% der Konfigurationsbreite. Die Übereinstimmung zwischen den g-Werten ist auch befriedigend. (Physica **17.** 913—19. Okt. 1951. Jerusalem, Hebräische Univ.) v. Harlem. 118

Marcel Larnaudie, *Verwendung der relativen Intensitäten der infraroten Absorptionsbanden zur Interpretation der Spektren.* Zur Erleichterung der Zuordnung von Absorptionsfrequenzen zu Grundschwingungen mehratomiger Moll. wird ein Verf. vorgeschlagen, das die leichte Auswertung der Änderung des elektr. Momentes während einer Schwingung als Funktion der Dipolmomente der verschied. Bindungen für symm. Moll. gestattet. Die Meth. wird für die infrarotakt. Schwingungen A_{2u} u. E_u des *Cyclohexans* angewandt. (C. R. hebd. Séances Acad. Sci. **234.** 1440—43. 31/3. 1952.) Rudolph. 120

D. R. J. Boyd und **H. W. Thompson,** *Die Grundschwingungsbande von Jodwasserstoff.* Mit Hilfe eines Gitterspektrographen (7200 Linien/inch) u. einer mit fl. Luft gekühlten Pb-Telluridzelle wird die Absorption von HJ im Gebiet der Grundschwingungsbande (4,5 μ) mit erhöhter Genauigkeit erneut gemessen. Verbesserte Werte für die Rotationskonstanten B_0, α, B_e u. D_0 werden erhalten, mit denen sich die Gleichung für die Linienfrequenzen der Bande zu $\nu = 2229{,}60 \pm 12{,}861\ m - 0{,}1715\ m^2 - 0{,}00080\ m^3$ ergibt. (Spectrochim. Acta [London] **5.** 308—12. Dez. 1952. Oxford, Phys. Chem. Labor.) Rudolph. 120

H. W. Thompson, R. L. Williams und **H. J. Callomon,** *Die Grundschwingungsbande des Bromwasserstoffes.* Mit der gleichen verbesserten Spektrographenmeth. (vgl. vorst. Ref.) wird die Absorption von HBr im Gebiet 4 μ gemessen. Die Isotopenaufspaltung der Linien der 1–0-Schwingungsbande kann dank des erhöhten Auflösungsvermögens befriedigend für $H^{81}Br$ u. $H^{79}Br$ analysiert werden. Die Rotationskonstanten werden bestimmt. Daraus ergeben sich für die Linien der Bande die Beziehungen: $H^{79}Br$: $\nu = 2558{,}79 + 16{,}4754\ m - 0{,}2313\ m^2 - 0{,}00153\ m^3 + 0{,}000008\ m^4$ u. $H^{81}Br$: $\nu = 2558{,}40 + 16{,}4703\ m - 0{,}2313\ m^2 - 0{,}00153\ m^3 + 0{,}000008\ m^4$. (Spectrochim. Acta [London] **5.** 313—18. Dez. 1952. Oxford, Phys. Chem. Labor.) RUDOLPH. 120

Hayami Yoneda, Shigeo Kida und **Masahisa Kobayashi,** *Absorptionsspektren von komplexen Kobalt(III)-Salzen im nahen Infrarot.* Für den Bereich 0,6—1,4 μ wurde die Absorption wss. Lsgg. von $[Co(NH_3)_6]Cl_3$, $[Co\ en_3](OH)_3$, $[Co(NH_3)_5NO_2]Cl$, $[Co(NH_3)_5 \cdot CO_3]Cl$, $K_3[Co(CN)_6]$, $[Co(NH_3)_4CO_3]NO_3$ (I), $K_3[Co(C_2O_4)_3]$ (II) bestimmt. Nur für I u. II wurden selektive Absorptionsbanden in der Nähe von 1 μ gefunden. Diese Banden sind nicht einem Elektronensprung zuzuschreiben, sondern den Schwingungen des O-Atoms des mit dem zentralen Co in Chelatbindung stehenden Liganden. (J. chem. Soc. Japan, pure Chem. Sect. [Nippon Kagaku Zassi] **73.** 518—19. Juli 1952. Wakayama Univ. [Orig.: japan.]) SCHULER. 120

E. A. Jones, T. F. Parkinson und **T. G. Burke,** *Ultrarot- und Raman-Spektrum von Chlormonofluorid.* Vff. schildern die Aufnahmetechnik für gasförmiges ClF im Ultrarot mit Steinsalzoptik u. Polyfluoräthylenzellen u. für fl. ClF bei 120° bei RAMAN-Aufnahmen u. nennen kurz das Ergebnis: Die ultrarote Grundbande (P- u. R-Zweig mit Isotopeneffekt) bei 772 cm^{-1}, die 1. Oberschwingung bei 1535 cm^{-1} u. die RAMAN-Linie bei 758 cm^{-1}. (J. chem. Physics **18.** 235—36. Febr. 1950. Oak Ridge, Tenn., Carbide and Carbon Chem. Corp., K 25 Labor.) A. REUTER. 120

I. Šimon und **H. O. McMahon,** *Untersuchung der Struktur von Quarz, Cristobalit und Quarzglas an Hand ihrer Infrarotreflexion.* Für α- u. β-Quarz, α- u. β-Cristobalit u. für Quarzglas wird in einem großen Temperaturbereich von 880° K bis zum Teil 4° K im Infrarot zwischen 700 u. 1400 cm^{-1} das Reflexionsvermögen r mit natürlichem u. polarisiertem Licht bei 2 verschied. Einfallswinkeln gemessen sowie der Brechungsindex n, der Absorptionskoeff. k u. der imaginäre Teil der Dielektrizitätskonstante ε″ daraus ermittelt. Untersucht wurden Platten des krist. Quarzes, die a) senkrecht zur opt. Achse, b) parallel zur opt. u. senkrecht zu einer zweizähligen Symmetrieachse u. c) parallel zur opt. u. zu einer zweizähligen Symmetrieachse geschnitten waren. Cristobalit lag als polykristalline Schicht, in der Hauptsache mit der (1 0 0)-Ebene parallel zur Oberfläche, vor. Die β-Modifikationen wurden durch Erhitzen der α-Proben erhalten. Die für r, n, k u. ε″ gefundenen Maxima werden mit den bekannten Infrarotfrequenzen verglichen u. — soweit möglich — klassifiziert. Die stärksten Banden von ε″, das zum direkt gemessenen Absorptionskoeff. in engster Beziehung steht, liegen für α-Quarz bei 1055—1065, für α-Cristobalit bei 1090 u. für Quarzglas bei ca. 1100 cm^{-1} u. können als antisymm. Valenzschwingungen der Art $\overleftarrow{Si}-\overrightarrow{O}-\overleftarrow{Si}$ aufgefaßt werden. (J. chem. Physics **21.** 23—30. Jan. 1953. Cambridge, Mass., A. D. Little, Inc.) RUDOLPH. 122

H. Lange, *Die optische Aktivität der Kristalle.* Es wird gezeigt, wie man ohne Zugrundelegung irgendeiner speziellen Licht- u. Gittertheorie auf rein anschaulichem Wege hinsichtlich der opt. Aktivität zu demselben Ergebnis kommt wie auf Grund der gitterdynam. Theorie von BORN (Z. Physik **8.** [1922.] 390) u. OSEEN (Ann. Physik [4] **48.** [1915.] 1). (Fortschr. Mineralog. **26.** 82—83. 1947, ausg. 1950. Düsseldorf.) GOTTFRIED. 122

A. Rousset, R. Lochet und **M. Pouchat,** *Die Molekulardiffusion des Lichtes in verdünnten Lösungen starker Elektrolyte (isotrope Ionen).* Wegen der leichteren Zugänglichkeit der Aktivitätskoeffizienten der Elektrolyte führen Vff. diese in die bekannte Berechnung der Intensität der auf Konzentrationsschwankungen zurückgehenden Diffusion des Lichtes ein. Die gleiche Berechnung wird für den Fall der Dichteschwankungen angedeutet. Zusammen mit früheren Messungen von LOCHET (Thèses, Bordeaux, 1951) werden die Ergebnisse neu durchgeführter Messungen der RAYLEIGHschen Konstanten der *Halogenide* des *Zn* u. *Cd* verglichen mit den theoret. Voraussagen u. die experimentellen Ergebnisse u. ihre Abweichungen von der Theorie u. von dem idealen Verh. im einzelnen unter besonderer Berücksichtigung der Solvatation interpretiert. — Diskussion. (J. Chim. physique Physico-Chim. biol. **49.** C49—56. Juli/Aug. 1952. Bordeaux, Fac. des Sci., Labor. de Phys. générale.) NIEMITZ. 122

Richard H. Bube und **Simon Larach,** *Luminescenz und Trapping in Gallium enthaltenden Phosphoren.* Unters. der Wrkg. von Ga-Zusätzen (0,5 Gew.-%) auf die Luminescenz u. die Haftstellenverteilung von *Zn-*, *Mg-* u. *Be-Silicaten* u. *Zn-Germanaten* mit u. ohne *Mn* als Aktivator (0,3 Gew.-%) sowie von verschied. *ZnS*-Phosphoren bei 6 kV-Kathodenstrahl- bzw. Hg-UV-Erregung. Gleichzeitig werden bei einigen dieser Luminescenzstoffe Glow-Kurven zwischen 23 u. 270° (Erwärmungsgeschwindigkeit

0,082°/Sek.) aufgenommen. Die Kathodenfluorescenzbande (Maximum 4100 Å) von reinem Zn_2SiO_4, $ZnO \cdot SiO_2$ u. Mg_2SiO_4 wird nahezu ebenso wie das Nachleuchten bei Raumtemp. durch Ga-Zusätze erhöht, maximal um den Faktor 6 bei 0,5 bis 5 Gew.-%. In Mn-aktivierten Proben wirkt Ga vergiftend. In Zn_2GeO_4 ruft Ga eine spezif. breite Emissionsbande (Maximum 5300 Å) hervor. Die Fluorescenz des Mn-aktivierten Germanats wird vermindert, die Phosphorescenz dagegen verstärkt. Die Emission von Be_2SiO_4 wird nicht merklich durch Ga beeinflußt. Die den Haftstellentiefen entsprechenden Glow-Kurvenmaxima werden für alle Luminescenzstoffe mit u. ohne Mn mit Ausnahme von Be_2SiO_4 durch Ga-Zusätze zum Teil beträchtlich erhöht. Durch Einstrahlung von UV (3650 Å; das nicht anregt) werden bei allen Stoffen Haftstellen, die vorher durch Kathodenstrahlerregung gefüllt waren, in verschied. von Stoff, Aktivator u. Haftstellentiefe abhängigem Maße geleert. Ga begünstigt die Ablösung der Elektronen aus Haftstellen durch Ultraviolett. Entsprechende Verss. über die Ga-Wrkg. mit Kathodenstrahl-erregtem, reinem ZnS sowie ZnS mit den Aktivatoren Ag, Cu bzw. Mn ergeben, daß in ZnS u. ZnS·Ag die Emission durch Ga-Zusätze (bis 1%) stark erhöht u. leicht spektral verschoben wird, in ZnS·Cu u. ZnS·Mn dagegen vermindert wird. Im Gegensatz hierzu wirkt bei UV-angeregten ZnS·Cu- u. ZnS·Mn-Phosphoren der Einbau von Ga sensibilisierend auf die Emission. In der Diskussion wird allg. die Intensivierung der Emission von Leuchtstoffen durch verschied. Zusätze u. durch das Herstellungsverf. behandelt. Die Wrkg. von Ga in nichtaktivierten Silicaten u. Germanaten wird dadurch erklärt, daß die Wirtsgitteremissionszentren u. Haftstellen mit gestörten tetraedr. Gruppen, z. B. SiO_4 für Leuchtzentren u. Haftstellen in Zn- u. Mg-Silicaten, BeO_4 für Zentren u. SiO_4 für Haftstellen in Be-Silicaten sowie GeO_4 für Zentren u. Haftstellen im Germanat, zusammenhängen u. daß Ga-Einbau die Störzentrenbldg., die sonst durch die therm. Darst. erfolgt, begünstigt. In ähnlicher Weise werden die Ga-Wirkungen in den Sulfiden mit der Stör- u. Fehlstellenbldg. im Kristall in Zusammenhang gebracht u. diskutiert. (J. chem. Physics **21.** 5—11. Jan. 1953. Princeton, N. J., RCA Labor. Div.)
RUDOLPH. 125

A_3. Elektrizität. Magnetimus. Elektrochemie.

A. I. Achijeser und **R. W. Polowin,** *Über die Plasmaschwingungen in gekreuzten elektrischen und magnetischen Feldern.* Die Wechselwrkg. des kompensierten Elektronenbündels mit langsamen elektromagnet. Wellen in gekreuzten elektr. u. magnet. Feldern wird betrachtet, u. die Bedingungen für die Unbeständigkeit des Bündels werden aufgeklärt. Für die Herst. ist notwendig, daß die Geschwindigkeit des Bündels die der freien Welle übertrifft, was auch für Bündel beliebiger Dichte zutrifft. (Журнал Технической Физики [J. techn. Physik] **22.** 1794—1802. Nov. 1952.) A. KUNZE. 131

L. Essen und **K. D. Froome,** *Die Brechungsindices und Dielektrizitätskonstanten von Luft und deren Hauptkomponenten bei 24000 MHz.* Ausführliche Mitt. zu der C. **1952.** 4888 referierten Arbeit. Das Dipolmoment von *W.* wurde zu $1,839 \pm 0,002$ bestimmt. (Proc. physic. Soc., Sect.B **64.** 862—75. 1/10. 1951. Teddington, Middlesex, Nat. Phys. Labor., Electric. Div.) FUCHS. 132

Homer D. Hagstrum, *Elektronenauslösung aus Mo durch He^+, He^{2+} und He_2^+.* (Vgl. C. **1953.** 6192.) Die aus sorgfältigst entgastem Mo beim Beschuß mit magnet. auf <1 eV homogenisierten He^+-, He^{2+}- u. He_2^+-Ionen von 10—1000 eV Energie freigemachten Elektronen wurden im Elektronenkollektor gesammelt, ihre Energieverteilung mit Hilfe von Verzögerungsspannungen gemessen. Die Anzahl γ der pro Ion das Mo-Blech verlassenden Elektronen ist im untersuchten Energiebereich nahezu unabhängig von der kinet. Energie der auftreffenden Ionen. Bei langsamen Ionen hat γ die Werte 0,25, 0,72 u. 0,13 für He^+ bzw. He^{2+} u. He_2^+. Dies läßt vermuten, daß die Elektronen durch einen Prozeß vom AUGER-Typ frei gemacht werden, dessen Energie nicht aus der kinet. Energie der auslösenden Ionen, sondern aus ihrem Potential stammt. Es wurden Elektronen mit einer kinet. Energie, die oberhalb der theoret. zu erwartenden Grenze lag, beobachtet. Der Grund wird in einer Verschiebung der Energieniveaus des Stoßions bei Annäherung an die Metalloberfläche gesehen. Der Mechanismus der Reflexionsprozesse an der Metalloberfläche u. der Elektronenauslösung durch He^{2+} u. He_2^+ wird diskutiert. (Physic. Rev. [2] **89.** 244—54. 1/1. 1953. Murray Hill, N. J., Bell Telephone Labors.) CONRAD. 135

Nobuji Sasaki und **Toshiyoshi Yuasa,** *Chemische Untersuchungen über Ionenemission.* 1. Mitt. *Einfluß von Berylliumoxyd auf die elektrische Emission von mit Aluminiumoxyd überzogenen Wolframelektroden.* Außer dem Einfl. von HNO_3 u. W. auf die positive Ionenemission wird der von Be nach Eintauchen u. 5 Min. Schütteln mit verschied. konz. alkalifreien $Be(NO_3)_2$-Lsgg. (maximal 31%ig.) durch Messung der Stromstärke ($i \cdot 10^{11} = 3—115$ A) bestimmt. Der Stromdurchgang ist von Anfang an sehr schwach, wenn 1 cm des kathod. W-Fadens ca. 0,8 mg Al_2O_3 u. 0,1 mg BeO trägt. — Apparatur- u. Schaltskizzen. (J. chem. Soc. Japan, pure Chem. Sect. [Nippon Kagaku Zassi] **73.** 273—75. April 1952. Kyoto Univ. [Orig.: japan.]) SCHULER. 135

N. Schaetti und **W. Baumgartner,** *Verhalten der Cs–Sb-Photokathoden bei verschiedenen Temperaturen.* An Sb–Cs-Photoschichten (Herst. durch Aufdampfen von Cs auf eine Sb-Schicht) wird bei Tempp. von 20 bis —196° die spektrale Lichtempfindlichkeit gemessen. Es lagen zwei Typen mit verschied. Empfindlichkeit vor: a) Maximum bei 4700—4800 Å, langwellige Grenze 6500 Å u. b) Maximum 5200 Å, Grenze 7000 Å. Die Ursache der Rotverschiebung kann ein Überschuß von Cs oder Oxydation der Schicht sein. Aufnahme der Strom–Spannungskurve der Zellen zeigt eine Sättigung des Stromes, die bei tiefen Tempp. schon bei kleineren Spannungen auftritt. Gleichzeitig wird an den Cs–Sb-Schichten die elektr. Leitfähigkeit σ als Funktion der Temp. T gemessen. Die Schichten zeigen typ. Halbleiterverh. in Form von Leitfähigkeitsgeraden mit Knickpunkt. Die lichtelektr. stärker rotempfindlichen Zellen besitzen Leitfähigkeitsgeraden geringerer Neigung. (Helv. physica Acta **24.** 614—19. 31/12. 1951. Zürich, ETH.) RUDOLPH. 135

N. Schaetti, W. Baumgartner und **Ch. Flury,** *Photoeffekt bei Cs–Ga-, Cs–In- und Cs–Tl-Photokathoden.* Die Unters. des lichtelektr. Verh. der Legierungsphotokathoden von Cs mit Ga, In u. Tl, die durch Eindest. von Cs auf die aufgedampften genannten Metallschichten hergestellt wurden, ergeben lichtelektr. Ausbeuten für Weißlicht (u. monochromat. Strahlung von 4200 u. 3660 Å) in der Größe 1,0 (Cs–Ga), 1,5 (Cs–In) bzw. 0,5 μA/Lumen (Cs–Tl). Die Empfindlichkeit der Zellen ist klein gegenüber der einer Cs–Sb-Zelle (ca. 30 μA/Lumen). Die für alle 3 Zellen ähnliche spektrale Verteilung der Empfindlichkeit zeigt einen Ausläufer von ca. 6500—5000 Å u. dann einen steilen Anstieg nach kurzen Wellen. Der langwellige Ausläufer dürfte auf Einw. von — unvermeidlichen — O_2- u. H_2O-Spuren zurückzuführen sein. Die Leitfähigkeit σ der Cs-freien Metallschichten in Abhängigkeit von der Lichtdurchlässigkeit D der Schicht ist bei Tl u. In merklich erst bei relativ kleinem D ($\sim$10%), bei Ga jedoch gut schon bei D = 70%. Cs-Aufdampfung erhöht σ für die schlechtleitenden Schichten (In, Tl) u. verringert σ der gutleitenden Ga-Schichten. Die spektrale Empfindlichkeit der Cs–Sb-Zellen kann durch Zulegieren einer dritten Komponente (bes. Tl) wesentlich verändert werden. (Helv. physica Acta **24.** 609—13. 31/12. 1951. Zürich, ETH.) RUDOLPH. 135

A. I. Gubanow, *Dynamische Theorie fester Gleichrichter.* 1. Mitt. *Anwendbarkeitsgrenzen der statischen Theorie.* Auf dem Wege über die Analyse nichtstationärer Diffusionsgleichungen werden die Grenzen der Anwendbarkeit der stat. Theorie fester Gleichrichter bestimmt. Es wird festgestellt, daß die Frequenz vor allem von der Festlegung des Gleichgewichts zwischen der Zahl beweglicher u. unbeweglicher Ladungsträger abhängt, was schon bei 50 Hz bemerkbar ist. Gleichzeitig hängt die Ausbreitung der beweglichen Ladungsträger in der Gleichrichtersperrschicht nicht von der Frequenz ab bis zu 10^6 Hz. (Журнал Технической Физики [J. techn. Physik] **22.** 1803—13. Nov. 1952.) A. KUNZE. 135

A. I. Gubanow, *Dynamische Theorie fester Gleichrichter.* 2. Mitt. *Frequenzcharakteristik.* (1. vgl. vorst. Ref.) Es wird der Einfl. der Frequenz der Wechselspannung von der Amplitude einiger Volt, welche an den festen Gleichrichter angelegt wird, auf die Verteilung unbeweglicher Ladungsträger in der Sperrschicht gezeigt. Die Potentialverteilung, der Leitungsstrom u. der Verschiebungsstrom wird in Abhängigkeit von der Frequenz berechnet. Es wird gezeigt, daß die Verschlechterung des Gleichrichterkoeff. bei Wechselstrom durch den Verschiebungsstrom, welcher mit der Frequenz wächst, verursacht wird. (Журнал Технической Физики [J. techn. Physik] **22.** 1814—26. Nov. 1952.) A. KUNZE. 135

E. Billig, *Die Physik des Transistors.* Vf. bespricht die wichtigsten Grundgedanken der Theorie des festen Zustandes, die für das Verständnis der Wirkungsweise des Transistors wichtig sind. Die großen Unterschiede in den physikal. Eigg. solcher fester Körper, wie Metalle, Isolatoren, der verschied. Halbleiter, können aus der Breite u. der relativen Lage ihrer Energiebänder erklärt werden. Wenn zwei verschied. feste Stoffe in Berührung gebracht werden, entstehen elektr. Schwellen, welche von Elektronen in einer Richtung leichter überwunden werden als in der anderen. Wenn Elektronen u. Löcher in einem Halbleiter gleichzeitig vorhanden sind, so können Wechselwirkungen zwischen ihnen auftreten, die den Transistoreffekt, d. h. die Steuerung relativ großer Ströme in einem festen Körper durch schwache opt. oder elektr. Signale, hervorrufen. (Brit. J. appl. Physics **3.** 241—48. Aug. 1952. Aldermaston, Berks., Assoc. Electric. Ind. Ltd., M. I. E. E. Res. Labor.) v. HARLEM. 135

M. J. Druyvesteyn, *Die Widerstandsänderung einiger Metalle bei elastischer Deformation.* Die Änderung des elektr. Widerstandes in Abhängigkeit von der elast. Defor-

mation wird für *Cu, Ag, Au, Al, Mo, W, Pt* u. einige Legierungen, wie *Ag–Au, Cu–Zn, Cu–Al, Konstantan* u. *Manganin*, an draht- u. folienförmigen Proben untersucht. An einem Al-Einkristall wurden die 3 Konstanten des Tensors, welcher die Beziehung zwischen der relativen Änderung des Widerstandes u. der Deformation wiedergibt, aus den Meßdaten berechnet. Bei den in Form von Folien mit Vorzugsorientierung vorliegenden Metallen Cu, Ag u. Au war das nicht exakt möglich, so daß die Anisotropie nicht bestimmt werden konnte. Hier wurden die Konstanten für polykristallines, isotropes Material u. der Texturgrad (Vorzugsorientierung) ermittelt. Aus den Messungen ergibt sich, daß die Anisotropie der einwertigen Metalle Cu, Ag u. Au positiv, die von Ag negativ ist. (Physica **17**. 748—60. Aug. 1951. Delft, Labor. voor Techn. Physica.)
WERNER SCHULZ. 136

N. Ss. Akulow und **G. Ss. Krintschik,** *Über die Eigenschaften von Ferromagnetika unter dynamischen Bedingungen. Über Mikrowirbelströme bei Verschiebungen der Grenzen zwischen den Domänen.* Die von Vff. entwickelte Formel für das logarithm. Dämpfungsdekrement δ ist mit den experimentellen Ergebnissen (*Fe, Ni*) von ROGERS u. JOHNSON (J. appl. Physics **21**. [1950.] 1067 u. früher) in Einklang. (Известия Академии Наук СССР, Серия Физическая [Nachr. Akad. Wiss. UdSSR, physik. Ser.] **16**. 523—32. Sept./Okt. 1952.)
AMBERGER. 137

Roger Bernier, *Thermomagnetische Untersuchung der Eisen- und Nickelcarbide.* Das untersuchte Ni-Carbid mit hexagonaler Struktur kann als heterogenes Carbidgemisch aufgefaßt werden, dessen C-reichste Komponente Ni_3C entspricht. Die paramagnet. Substanz zerfällt im Vakuum bei 210° in eine ferromagnet. feste Lsg. von C in Ni, außerdem entsteht ein kub. flächenzentriertes Carbid. Untersucht wird ferner ein hexagonales *Ni-Nitrid*, das bei 190° im Vakuum zerfällt. Ähnlich entsteht auch hierbei ein kub. flächenzentriertes Nitrid. *Zementit* wurde ähnlich wie Ni-Carbid durch Carburieren von *Fe*- oder Fe_2O_3-Pulver zwischen 560 u. 1000° in $CO–H_2O$-Gemisch erhalten. Die Eigg. dieses synthet. Zementits entsprechen denen des Zementits im Stahl. Eine Graphitisierung erfolgt langsam bei 900°. Andere Carbide als Fe_3C wurden nicht gefunden. Eine Unters. des Dreistoffsyst. Fe–Ni–C nach der gleichen Herstellungsmeth. ergibt zwischen 0 u. 40 % Ni die Existenz eines orthorhomb. Carbids, das dem Zementit sehr ähnlich ist. Es werden hier gegenüber dem reinen Zementit nur Fe-Atome im Zementitgitter durch Ni-Atome ersetzt, wobei eine schnellere Graphitisierung erfolgt. Zwischen 40 u. 70 % Ni werden zwei Phasen beobachtet, die als Gemisch von Zementitgitter u. Ni_3C-Gitter gedeutet werden können. Zwischen 70 u. 100 % Ni tritt dann endlich nur das hexagonale Ni_3C-Gitter auf, wobei Ni-Atome durch Fe ersetzt sind. (Ann. Chimie [12] **6**. 104—61. Jan./Febr. 1951.)
FAHLENBRACH. 137

H. P. J. Wijn und **J. J. Went,** *Der Magnetisierungsprozeß in Ferriten.* Bei der Messung der jungfräulichen Magnetisierungskurven verschied. weichmagnet. Ferrite bei Frequenzen zwischen 0,5 kHz u. 2 MHz stellte sich die Möglichkeit einer Unterscheidung in einen frequenzabhängigen u. in einen frequenzunabhängigen Anteil heraus, wobei der frequenzunabhängige Permeabilitätsanteil im Normalfall — Ausnahmen sind geschmolzene oder sehr hoch gesinterte Ferrite — gleich der Anfangspermeabilität ist. Es konnte überzeugend dargetan werden, daß der frequenzabhängige Permeabilitätsanteil irreversiblen Wandverschiebungen, der frequenzunabhängige Anteil reversiblen Drehprozessen der Elementarbereiche die Entstehung verdankt. Somit laufen die beiden genannten Elementarprozesse der Magnetisierung bei den Ferriten in umgekehrter Reihenfolge als bei den metall. Ferromagnetika ab. Die irreversiblen Wandverschiebungen besitzen eine Relaxationsfrequenz von 200 kHz, die nicht durch Wirbelstrom- oder andere Trägheitseffekte erklärt werden kann. (Physica **17**. 976—92. Nov./Dez. 1951. Eindhoven, Holland, N. V. Philips' Gloeilampenfabrieken, Labor. voor Wetenschappelijk Onderzoek.)
FAHLENBRACH. 137

K. F. Niessen, *Curie-Temperatur von Nickel–Zink-Ferriten als Funktion des Nickel-Zink-Verhältnisses.* Vf. zeigt, daß die CURIE-Tempp. Θ von Ni–Zn-Ferriten in Abhängigkeit vom NiO- u. ZnO-Geh. nach der alten WEISSschen Molekularfeldtheorie hergeleitet werden können, wenn man nach der NÉELschen Theorie des Ferrimagnetismus die Spinelle in tetragonale u. oktaedr. Untergitter aufteilt, in denen einzeln zwischen den paramagnet. Ionen Parallelstellung der magnet. Momente auftritt. Dagegen besteht Antiparallelstellung der Momente der Ionen in verschied. Untergittern. Zusätzlich wird hergeleitet, daß $ZnO \cdot Fe_2O_3$ antiferromagnet. ist. Es ergibt sich dabei eine Abhängigkeit der CURIE-Temp. vom Ni–Zn-Verhältnis. (Physica **17**. 1033—49. Nov./Dez. 1951. Eindhoven, Holland, N. V. Philips Gloeilampenfabrieken, Labor. voor Wetenschappelijk Onderzoek.)
FAHLENBRACH. 137

Kei Yosida, *Über die magnetischen Eigenschaften von Pyrrhotin, Chromsulfid und α-Hämatit.* Vf. gibt für die magnet. Eigg. von α-Fe_2O_3 wegen der großen Ähnlichkeit mit Pyrrhotin (FeS_n, n = 1,2) u. CrS_n die gleiche theoret. Deutung gemäß der NÉELschen Theorie. Reines FeS ist antiferromagnet., wie sich aus der gemessenen Susceptibilität–Temperatur-Kurve mit einem Knick bei 325° (antiferromagnet. CURIE-Punkt) ergibt; FeS_n wird bei größerem S-Geh. ferromagnet., verliert diesen Ferromagnetismus aber bei weiterer Vergrößerung des S-Geh. wieder unter Zerfall von FeS_n in 2 Phasen. Ferromagnetismus tritt hauptsächlich in der zur c-Achse des hexagonalen Kristallsyst. senkrechten Ebene, Paramagnetismus parallel zu dieser Achse auf. Es wird angenommen, daß die Spinvektoren in der senkrechten Ebene liegen u. bei einem S-Geh. über 50% zusätzlich zu den Fe^{2+}-Ionen Fe^{3+}-Ionen gebildet werden, wobei sich beide Ionenarten auf verschied. Untergitter verteilen. Das Verschwinden des Ferromagnetismus bei höherer Temp. (oberhalb der CURIE-Punkte) wird durch das Eintreten einer statist. Unordnung der Fe^{3+}-Ionen erklärt. Die Sättigungsmagnetisierung (23 Gauß für natürliches Pyrrhotin) erreicht ihren Höchstwert bei $FeS_{1,25}$. Hier besteht Gleichheit der Anzahl von Fe^{2+}- u. Fe^{3+}-Ionen. Aus dem Termschema (S = 2 für Fe^{2+}-Ionen u. S = 2,5, L = 0 für Fe^{3+}) wird das gyromagnet. Verhältnis zu 0,67 gegenüber einem experimentellen Wert von 0,63 errechnet. Der spektroskop. Aufspaltungsfaktor ist > 2. Ähnlich wird das magnet. Verh. von Fe_2O_3 gedeutet. Reines α-Fe_2O_3 ist ebenfalls antiferromagnet., u. es tritt die gleiche Zweiphasenbldg. der Fe-Ionen auf. Der ferromagnet. CURIE-Punkt fällt mit dem antiferromagnet. zusammen. (Physica **17**. 794—96. Aug. 1951. Osaka, Univ., Dep. of Phys.) WERNER SCHULZ. 137

Norman F. Ramsey, *Magnetische Abschirmung von Kernen in Molekülen.* (Vgl. C. **1952**. 4570.) Es wird ein Ausdruck für das magnet. Feld abgeleitet, das auf einen Kern in einem polyatomaren Mol. wirkt, dessen Bahn- u. Spinmomente sich in einem äußeren Feld aufheben. Das auf den Kern wirkende Feld ist wegen des durch die Bewegung der Elektronen herrührenden Feldes nicht gleich dem von außen angelegten Feld. Der Ausdruck für den Beitrag der Elektronen zum magnet. Feld besteht aus zwei Teilen. Der erste Teil ist ein einfaches Glied u. ähnlich dem in der diamagnet. Korrektion für Atome nach LAMB. Der zweite Teil ist etwas komplizierter u. rührt vom Paramagnetismus 2. Ordnung her, er ist analog dem Glied, das von dem Hochfrequenzmatrixelement in der Theorie des mol. Diamagnetismus abhängt. Unter gewissen Umständen kann das Glied für den Paramagnetismus 2. Ordnung unmittelbar verbunden sein mit der experimentell meßbaren Konstante der magnet. Spin–Rotation-Wechselwrkg. des Moleküls. Diese Beziehung ist speziell gültig für den wichtigen Fall des mol. H_2, wo die Korrektion für den Paramagnetismus 2. Ordnung $-0,56 \cdot 10^{-5}$ beträgt. Wenn dieser Wert zu dem Glied nach LAMB, wie von ANDERSON berechnet, addiert wird, ergibt sich die gesamte magnet. Abschirmungskonstante für mol. H_2 zu $2,68 \cdot 10^{-5}$. (Physica **17**. 303 bis 307. März/April 1951. Cambridge, Mass., Harvard Univ.) v. HARLEM. 137

Thomas Freund, Steven Adler und **Calvin Sparrow,** *Eine vorläufige magnetische Untersuchung von Purpurschwefel.* Messungen der magnet. Susceptibilität dieser neuen allotropen Form von S (vgl. C. **1953**. **5306**) sind in Übereinstimmung mit der Erklärung, daß dieser feste Stoff aus paramagnet. zweiatomigem S besteht. Die Messungen wurden mit einer magnet. Waage nach FARADAY bei einem Feld von 7500 Oe durchgeführt. Die (unreine) Purpurschwefelprobe hatte eine Grammsusceptibilität von $10 \cdot 10^{-6}$ bei $-196°$. Nach Umwandlung in den gewöhnlichen gelben S betrug sie $-0,43 \cdot 10^{-6}$ bei 25° u. $-0,40 \cdot 10^{-6}$ bei $-196°$, während für reinen diamagnet. gelben S der Wert $-0,49 \cdot 10^{-6}$ beträgt u. temperaturunabhängig ist. SCOTT (C. **1950**. II. 738) bestimmte die CURIE-Konstante des zweiatomigen S im Dampfzustand bei erhöhten Tempp. zu 0,93. Dies ist in Übereinstimmung mit dem berechneten Wert für zweiatomigen Schwefel in einem $^3\Sigma$-Zustand mit Multiplettstrukturen klein gegenüber kT. Für die Molsusceptibilität des zweiatomigen S bei $-196°$ berechnet sich aus der CURIE-Konstante von SCOTT der Wert $120 \cdot 10^{-4}$. Unter der Annahme, daß die untersuchte unreine Probe zweiatomiger S ist, ergibt sich der Wert $7 \cdot 10^{-4}$ bei $-196°$. Obwohl die gemessenen Werte für die paramagnet. Susceptibilität des unreinen Purpurschwefels zu klein für zweiatomigen S im $^3\Sigma$-Zustand sind, ist zu erwarten, daß durch gewisse Verbesserungen bei der Herstellungstechnik von Purpurschwefel der Wert sich erheblich vergrößern wird. (J. chem. Physics **21**. 180. Jan. 1953. Evanston, Ill., Northwestern Univ., Chem. Dep.) v. HARLEM. 137

A. Hickling, *Elektrochemie.* Überblick. Im einzelnen werden folgende Gebiete behandelt: Mechanismus von Elektrodenrkk., reversible Potentiale u. Ionengleichgewichte, elektrolyt. Leitfähigkeit u. verwandte Phänomene. — 79 Literaturzitate. (Annu. Rep. Progr. Chem. **47**. 68—75. **1950**, ausg. 1951.) H. W. LEVI. 138

J. Gilbert, *Verfahren zur Messung von Leitfähigkeiten in Hinblick auf die Bestimmung der Konzentrationen von Lösungen.* Vf. hat eine neue Meth. zur Best. der elektrolyt.

Leitfähigkeit entwickelt u. wendet sie auf die Best. der Konz. von KCl-Lsgg. an. Die Gefäßkonstante erweist sich als konzentrationsunabhängig. Bei dieser App. besitzen die Elektroden keine Schutzglocke mehr, sondern haben dafür auf der äußeren Seite der Pt-Bleche einen Glasüberzug. Die Ergebnisse stimmen innerhalb 0,5% überein. Für die Messung sind nur 6 cm^3 Lsg. erforderlich. Um den Einfl. der Gefäßwände auf die Elektroden möglichst klein zu halten (0,2%), genügt ein Abstand von 6 mm zwischen Elektrode u. Wand. Die optimale Konz. für genaue Messungen entspricht einer Leitfähigkeit von 1000 $\mu Ohm^{-1}/cm$. (Bull. Soc. chim. France, Mém. [5] **18.** 882—90. Nov./Dez. 1951. École Nat. des Mines, Labor. de M. Jolibois.) SURAWSKI. 138

Pierre Souchay, *Beitrag zur Untersuchung von Kondensationsphänomenen in der anorganischen Chemie.* 6. Mitt. *Verwendung von Löslichkeitsmessungen.* (Vgl. C. **1950.** I. 1322. 1702.) Der Kondensationszustand eines in Lsg. befindlichen Anions oder Kations ist durch die Unters. der Löslichkeit einer verd. Salzlsg. des betreffenden Ions zu bestimmen, wenn das Verhältnis von Kation zu Anion variiert wird. Dazu sind folgende Voraussetzungen notwendig: die feste Phase muß aus den gleichen Ionen, wie sie in der Lsg. vorhanden sind, bestehen u. eine definierte Zus. zeigen. Die Ionenstärke muß durch Zugabe eines geeigneten inerten Salzes konstant gehalten werden u. die Löslichkeit der zu untersuchenden Verb. groß genug sein, damit die Messungen noch mit genügender Genauigkeit durchzuführen sind. Vf. untersucht Lösungsgemische von $NaVO_3$ u. $AgNO_3$ in einem Konzentrationsbereich von $300 \cdot 10^{-3}$ bis $1,17 \cdot 10^{-3}$. Das ausgefällte $AgVO_3$ bleibt bis zur Gleichgewichtseinstellung einige Zeit stehen. Das Konstanthalten der Ionenstärke erfolgt durch eine entsprechende Menge $NaNO_3$. Die Best. der in Lsg. gebliebenen Ionen wird potentiometr. durchgeführt. In einem Diagramm wird der log c_{Ag} in Abhängigkeit vom log der Verdünnung aufgetragen. Es ergibt sich eine Gerade mit der Steigung $-1/3$ gemäß der Beziehung $[(VO_3)^{3-}][Ag^+]^3 = K_s$; d. h. die Metavanadate liegen in trikondensierter Form vor. $(V_2O_7)^{4-}$-Ionen dissoziieren in verd. wss. Lsgg. in $(HVO_4)^{2-}$. Das Löslichkeitsprod. der Pyrovanadate ergibt sich damit zu $[(HVO_4)^{2-}] \cdot [Ag^+]^2 = K_s$. Die graph. Darst. liefert eine Gerade mit der Steigung $-\frac{1}{2}$. Bei extrem hohen Verdünnungen (0,001 mol.) treten $(V_2O_7)^{4-}$-Ionen auf, die ein Löslichkeitsprod. $[(V_2O_7)^{4-}][(Ag^+)^{4+}] = K_s$ mit einer Geraden der Steigung $-1/4$ ergeben. Diese Ergebnisse stimmen gut mit den nach anderen Verff. ermittelten Werten überein. Ähnliche Verhältnisse liegen beim $Ba(VO_3)_2$ vor. Die Ionenstärke wird hierbei durch $Ca(NO_3)_2$ konstant gehalten. Aus der graph. Darst. resultiert eine Gerade mit der Steigung $-1/3$. Auf diese Weise werden im $Ba_2(V_6O_{17})$ das Hexavanadation $(V_6O_{17})^{4-}$, im *para-K-Wolframat* das Ion $(HW_6O_{21})^{5-}$, im *meta-ψ-Sr-Wolframat* das Ion $(H_3W_6O_{21})^{3-}$ u. in NH_4-*Chromimolybdaten* das Ion $(CrMo_6O_{21})^{3-}$ gefunden. Weiter wird mit Hilfe der Best. des Verteilungskoeff. bei Extraktion mit Octylalkohol die Struktur der BO_2^-- u. AsO_2^--Lsgg. ermittelt. In 0,1 mol. Lsg. bestehen nur die einfachen BO_2^--Ionen, während kondensierte Systeme sich erst bei höheren Konzz. bilden. Zum gleichen Ergebnis gelangt Vf. auch bei der Best. der Löslichkeit von As_2O_3 in NaOH-Lösungen. (Bull. Soc. chim. France, Mém. [5] **18.** 932—38. Nov./Dez. 1951.) SURAWSKI. 139

Pierre Souchay und **Monique Teyssèdre,** *Beitrag zur Untersuchung von Kondensationsphänomenen in der anorganischen Chemie.* 7. Mitt. *Verallgemeinerte Beziehungen zwischen kryoskopischen und potentiometrischen Titrationskurven.* (6. vgl. vorst. Ref.) Durch eine Verallgemeinerung der von BYÉ (C. R. hebd. Séances Acad. Sci. **221.** [1945.] 99) angegebenen Beziehung gelingt es Vff., aus den Änderungen des p_H-Wertes von Polysäuren in Abhängigkeit von der Verdünnung den Verlauf einer Titrationskurve u. somit auch die Änderung der in Lsg. befindlichen Teilchenzahl (also den Kondensationsgrad) als Funktion des Neutralisationsgrades herzuleiten. Es wird das regelmäßige Auftreten von isohydr. Punkten, worunter Schnittpunkte der p_H-Neutralisationskurven für verschied. Säurekonzz. verstanden werden, diskutiert u. gezeigt, daß diese Punkte einem Maximum oder einem Minimum der Neutralisationskurven entsprechen. So existiert z. B. die Ge-Säure in der Form H_2GeO_3. Durch Alkalizugabe bildet sich zunächst das $Ge_5O_{11}^{2-}$-Ion, bei höheren Alkalikonzz. dann das $HGeO_3^-$-Ion. (Bull. Soc. chim. France, Mém. [5] **18.** 938—45. Nov./Dez. 1951.) SURAWSKI. 139

Monique Teyssèdre und **Pierre Souchay,** *Beitrag zur Untersuchung von Kondensationsphänomenen in der anorganischen Chemie.* 8. Mitt. *Beziehungen zwischen kryoskopischen und potentiometrischen Titrationskurven in heterogenem Medium.* (7. vgl. vorst. Ref.) Mittels der im vorst. Ref. angegebenen Beziehung diskutieren Vff. den Verlauf der p_H-Neutralisationskurven in heterogenen Systemen in Hinblick auf die Zahl der bei der Bldg. unlösl. Ndd. in Lsg. gebliebenen Moleküle. Aus den p_H-Kurven, die bei Hinzufügen von NaOH zu Mischungen von 2 Teilen $HAsO_2$ u. 1 Teil $CuCl_2$ verschied. Konzz. erhalten werden, kann gefolgert werden, daß dem Nd. die Formel $CuHAsO_3$ u.

nicht $Cu[AsO_2]_2$, welches nicht existenzfähig ist, zugeschrieben werden muß. (Bull. Soc. chim. France, Mém. [5] **18.** 945—51. Nov./Dez. 1951.) SURAWSKI. 139

Jean-Arnaud Cabannes, *Das modifizierte p_H und seine Anwendungsmöglichkeiten.* (Vgl. DÉRIBÉRÉ, C. **1952.** 7227.) Ableitung des p_{Hp} (p_H pondéré)-Begriffs (LEVASSEUR, C. **1950. I.** 843), seiner Beziehung zum klass. p_H u. seiner Wichtigkeit bei der Unters. wasserarmer Medien. Beispiele: Lsgg. mit p_H 7,07, die 0,555 mol. an W. sind, reagieren sauer mit p_{Hp} 6,07; Mehl mit p_H 6 hat p_{Hp} 5,438; Eigelb mit p_H 6 hat p_{Hp} 5,858. Beide sind also stärker sauer, als die elektrometr. Messung anzuzeigen scheint. (Chim. analytique [4] **35.** 28—30. Febr. 1953.) METZENER. 139

G. Ss. Koschurnikow, *Über das Elektroden-Null-Potential.* Ausgehend von der abgeleiteten Beziehung zwischen dem Elektrodenpotential eines Metalles u. der Dicke der „Valenzelektronenatmosphäre" werden die n. Elektrodenpotentiale der Metalle aus dem Elektrodennullpotential (im Mittel +2,2 V zur H_2-Elektrode) errechnet u. eine entsprechende Reihe für die n. Elektrodenpotentiale aufgestellt. (Журнал Прикладной Химии [J. angew. Chem.] **25.** 561. Mai 1952.) A. KUNZE. 140

Ss. I. Rempel und **E. M. Malkowa,** *Entladungspotentiale einiger Anionen in geschmolzenen äquimolekularen Gemischen von Kalium- und Natriumchlorid.* Es wird die wechselseitige Lage der Anionen in der Spannungsreihe in geschmolzenen äquimol. Gemischen von *KCl* u. *NaCl* bei 700° aufgestellt. Eine Erhöhung des Geh. an Na_2SO_4 bis zu 45 Gew.-% ändert nicht die Reihenfolge der Lage der angegebenen Anionen in der Spannungsreihe. (Журнал Прикладной Химии [J. angew. Chem.] **25.** 558—60. Mai 1952. Labor. für Elektrochem. des Inst. für Metallphys. der Uralzweigstelle der Akad. der Wiss. der UdSSR.) A. KUNZE. 140

Niro Matsuura, *Einfluß von Fremdmetallspuren im Zinkelektrolyten auf die Zinkelektrolyse.* 2. Mitt. *Analytische und radiochemische Untersuchungen über das Verhalten von Bleiion im Zinkelektrolyten.* (1. vgl. C. **1953.** 3681.) Mit Hilfe von radioakt. Pb (*ThB*) wurde das Verh. des Pb in einem Zn-Elektrolyt mit Pb-Elektroden untersucht. Die in den Elektrolyten eingetauchte Pb-Anode gab während der Elektrolyse kein Pb in Lsg., es wurde nur etwas PbO_2 mechan. abgespalten. Das der Löslichkeit des $PbSO_4$ entsprechende Pb-Ion wurde vorwiegend als PbO_2 an der Anode u. zu $^1/_3$ an der Kathode als Beimengung zum Zn abgeschieden. Die Konz. des Pb^{2+} nahm rasch ab. (J. chem. Soc. Japan, pure Chem. Sect. [Nippon Kagaku Zassi] **73.** 219—22. April 1952. Tokyo Univ. [Orig.: japan.]) SCHULER. 141

Niro Matsuura, *Einfluß von Fremdmetallspuren im Zinkelektrolyten auf die Zinkelektrolyse.* 3. Mitt. *Radiochemische Untersuchungen über das Verhalten von Bleiion im Zinkelektrolyten.* 4. Mitt. *Radiochemische Untersuchungen über das Verhalten von Antimon im Zinkelektrolyten* (2. vgl. vorst. Ref.) Mit ThB als Radioindicator wird Pb einmal der Pb-Anode, einmal dem Elektrolyten als Ion zugefügt, u. bei Ggw. von 0—100 mg/Liter Cl^- werden die Strahlungsänderungen an den Elektroden u. im Elektrolyten verfolgt. Bis 100 mg/Liter Cl^- ist an der Anode kein Korrosionsanzeichen deutlich nachweisbar. Cl^- erhöht die Löslichkeit für Pb^{2+}, u. die Abscheidung des Pb an den Elektroden wird verlangsamt. Es wird angenommen, daß sich bei Ggw. von viel Cl^- an der Kathode ein Mehrfaches an Verunreinigungen anreichert. — Mit radioakt. ^{125}Sb als Indicator wird die Mitfällung von Sb (1 mg/Liter) mittels $Fe(OH)_3$ (0,5 g/Liter als Fe^{3+}) in Abhängigkeit vom p_H untersucht. Bei $p_H > 5{,}0$ tritt in Ggw. von Sulfat vollständige Mitfällung ein. (J. chem. Soc. Japan, pure Chem. Sect. [Nippon Kagaku Zassi] **73.** 291—95. Mai 1952. Tokyo Univ. [Orig.: japan.].) SCHULER. 141

Niro Matsuura, *Einfluß von Fremdmetallspuren im Zinkelektrolyten auf die Zinkelektrolyse.* 5. Mitt. *Radiochemische Untersuchungen über das Verhalten von Antimon und Zinn im Zinkelektrolyten.* (4. vgl. vorst. Ref.) Der Elektrolyt bestand aus 200 cm^3 n $ZnSO_4$ u. 2n H_2SO_4. Stromdichte: 1 A/dm^2; 3,7—3,9 V. ^{125}Sb: 10 u. 100 γ/cm^3. Die Stromausbeute an Zn sinkt bei 2,0 mg Sb/Liter auf 40%. Das kathod. erhaltene Zn enthält bei 0,5 mg Sb/Liter im Durchschnitt von 6 Std. 0,0031% Sb, bei 1,5 mg Sb/Liter 0,0095% Sb. — Der Einfl. von Sn wurde mittels ^{113}Sn (Halbwertszeit 100 Tage) auf ähnliche Weise beobachtet. Bei 6 mg Sn/Liter sinkt die Stromausbeute in 15 Min. auf 40%, worauf alles Sn ausgeschieden ist u. die Stromausbeute auf 85% ansteigt; bei 12 mg Sn/Liter sinkt die Stromausbeute in 30 Min. auf ca. 24%. (J. chem. Soc. Japan, pure Chem. Sect. [Nippon Kagaku Zassi] **73.** 355—57. Juni 1952. Tokyo Univ. [Orig.: japan.].) SCHULER. 141

W. P. Maschowetz und **G. W. Forsblom,** *Über die Rolle von geometrischen Faktoren bei der sogenannten „Streufähigkeit" galvanischer Bäder.* Unter „Streufähigkeit" galvan. Bäder werden die für ein gegebenes elektrochem. Syst. charakterist. Größen verstanden. Bei der Abschätzung des Einfl. der verschied. elektrochem., elektr. u. geometr. Faktoren auf die Streufähigkeit gibt es keine einheitliche Meinung. Es wird daher ein analyt. Ausdruck vorgelegt, der die Abhängigkeit der Änderung der Polarisierbarkeit der Elektroden, des spezif. Widerstands des Elektrolyten, der Stromstärke u. des Elektrodenabstands auf die Stromverteilung an der Kathode in Abhängigkeit von den geometr. Parametern des Feldes angibt. Durch graph. Konstruktion der elektr. Felder wird gezeigt, daß die gleiche Änderung eines Faktors zu verschied. Stromverteilungen u. Gleichgewichtszuständen führen kann. (Журнал Прикладной Химии [J. angew. Chem.] **25**. 532—42. Mai 1952.) A. KUNZE. 141

George Jaffe, *Über Polarisation bei Leitungserscheinungen.* (Sitzungsbericht.) Vf. hat früher (vgl. C. **1933**. I. 2055) eine Theorie der Polarisation in leitenden Stoffen entwickelt auf Grund der Annahme, daß einige der Ladungsträger sich nicht an den Elektroden entladen können. Der starke Effekt der Polarisation in Kristallen u. Halbleitern kann danach quantitativ erklärt werden. Die Theorie kann auf Fil., Elektrolyte u. Dielektrika ausgedehnt werden, wenn angenommen wird, daß die Geschwindigkeit der Entladung proportional der Konz. der in Frage kommenden Träger an den Grenzen ist. Die Theorie wurde auch für angelegte Gleich- u. Wechselspannungen erweitert. Messungen an Elektrolyten wurden durchgeführt unter Bedingungen, wo Polarisationseffekte vorherrschen, d. h. zwischen parallelen Platten von relativ großem Querschnitt u. kleinem Abstand. Die äquivalenten Serienwiderstände u. Kapazitäten wurden bei verschied. Frequenzen, Konzz. u. Plattenabständen gemessen. Die Ergebnisse sind in quantitativer Übereinstimmung mit der Theorie, jedoch muß man eine Gruppe von Ionen mit ungewöhnlich niedriger Beweglichkeit annehmen, um die hohen beobachteten Kapazitätswerte (mehrere $\mu F/cm^2$) u. ihre Frequenzabhängigkeit zu erklären. (Physic. Rev. [2] **83**. 243. 1/7.; Bull. Amer. physic. Soc. **26**. Nr. 3. 52. 26/4. 1951. Louisiana State Univ.) v. HARLEM. 142

Paul Delahay und **George L. Stiehl,** *Theorie der katalytischen polarographischen Ströme.* (Vgl. C. **1952**. 3776.) Vff. entwickeln eine Theorie der durch Diffusion oder durch die Geschwindigkeit eines katalyt. Prozesses, durch den die an der Hg-Tropfelektrode reagierende Substanz regeneriert wird, bestimmten polarograph. Ströme. Die Eigg. katalyt. Ströme werden abgeleitet u. eine graph. Meth. zur Best. der Geschwindigkeitskonstanten aus experimentellen Stromdaten angegeben. Die Theorie wird angewandt auf die bei der Red. des Fe^{3+}-Ions in Ggw. von H_2O_2 beobachteten katalyt. Ströme, wobei die berechneten Daten mit den experimentellen in guter Übereinstimmung sind. Es wird auf die Möglichkeit der Unters. von Rkk., die mit der Bldg. instabiler Substanzen verknüpft sind, hingewiesen, sowie auf die Möglichkeit, schnell verlaufende kinet. Prozesse zu untersuchen, die den bisher üblichen Untersuchungsmethoden nicht zugänglich waren. Die Bedingungen für das Auftreten einer katalyt. Stufe, durch die der Meth. gewisse Grenzen gezogen sind, werden diskutiert. (J. Amer. chem. Soc. **74**. 3500—05. 20/7. 1952. Baton Rouge, La., Louisiana State Univ., Coates Chem. Labor.) NIEMITZ. 142

Paul Delahay, *Die Theorie kinetischer polarographischer Ströme und Umwandlung von Geschwindigkeitskonstanten.* Vf. leitet Gleichungen ab für die durch die Geschwindigkeit einer chem. Rk. bestimmten polarograph. Ströme, u. zwar für die Fälle, daß der Strom durch die Geschwindigkeit einer tautomeren Umwandlung u. daß er durch die Rekombinationsgeschwindigkeit der H-Ionen mit den Anionen einer schwachen Säure bestimmt wird. Die Beziehung zwischen den abgeleiteten Gleichungen u. der früher üblichen Behandlung kinet. Ströme wird diskutiert. Die Anwendung der Gleichungen wird am Ring–Aldehyd-Gleichgewicht der Aldosen *Arabinose, Xylose, Galaktose, Mannose* u. *Dextrose,* sowie durch Unterss. an der *Brenztraubensäure* erläutert u. geprüft. Die Grenzen der Brauchbarkeit der Gleichungen liegen darin, daß der Grenzstrom vollständig durch die Geschwindigkeit des kinet. Prozesses bestimmt sein muß. (J. Amer. chem. Soc. **74**. 3506—08. 20/7. 1952.) NIEMITZ. 142

A. N. Frumkin, W. Ss. Bagotzki, S. A. Iofa und **B. N. Kabanow.** Kinetik der Elektrodenprozesse. Verlag MGU. 1952. (320 S.) 8 Rbl. 75 Kop. [russ.]
L. Ja. Markowski, D. L. Orschanski und **W. P. Prjanischnikow,** Chemische Elektrothermie. Leningrad-Moskau: Gosschimisdat. 1952. (408 S. m. Abb.) 15 Rbl. 30 Kop. [russ.]

A₄. Thermodynamik. Thermochemie.

Richard F. Greene und **Herbert B. Callen,** *Über Schwankungen der thermodynamisch intensiven Parameter.* (Vgl. C. **1952**. 3776. 6014.) (Sitzungsbericht.) Die Schwankungen der thermodynam. intensiven Parameter („verallgemeinerte Kräfte“) sind bedeutungsvoll für lineare irreversible Prozesse u. sind direkt anwendbar für die Beschreibung des thermodynam. Gleichgewichts. Nach der konventionellen Definition der intensiven Parameter in der statist. Mechanik sind diese jedoch konstant u. keinen Schwankungen unterworfen. Trotzdem wird die Möglichkeit von Schwankungen bei einer genauen Unters. der Tempp., des Drucks usw. nahegelegt, so daß eine Erweiterung der Definition in dieser Richtung erforderlich wird, was durchgeführt wurde. (Physic. Rev. [2] **83.** 244. 1/7.; Bull. Amer. physic. Soc. **26.** Nr. 3. 53. 26/4. 1951. Univ. of Pennsylvania.) v. HARLEM. 146

H. S. Green, *Der 2. Virialkoeffizient in der Nähe des absoluten Nullpunktes.* Der 2. Virialkoeff. gibt die Abweichung eines leicht verdichteten Gases vom klass. idealen Gasgesetz wieder. Vf. kommt über die Lösung der Gleichung für die Dichtematrix von BLOCH zu einer Entw. des 2. Virialkoeff. in der Nähe des absol. Nullpunktes. Der 2. Virialkoeff. für *He* wird berechnet, u. allg. Formeln werden angegeben für fluide Stoffe, deren Moll. der BOSE- oder FERMI-Statistik genügen. (Proc. physic. Soc., Sect. A **65.** 1022—29. 1/12. 1952. Adelaide, South Australia, Univ., Dep. of Mathemat. Phys.) CRAMER. 149

S. H. Bauer, *Thermodynamische Funktionen für Kristalloberflächen.* Vf. kritisiert eine Arbeit von JURA u. GARLAND (vgl. C. **1953.** 4979) über die Best. der thermodynam. Funktionen für die Oberflächen von Kristallen. Sein Hauptargument ist, daß die Werte der Enthalpie, Entropie u. freien Oberflächenenergie pro Einheitsfläche unabhängig von Größe u. Form der Kristalle sein sollten. Nach weiteren Betrachtungen kommt Vf. zu dem Schluß, daß die Anwendung der Meth. von JURA u. GARLAND auf krist. Stoffe zu Werten für die thermodynam. Funktionen führt, die nur zum Teil durch die Oberfläche bedingt sind. Eine Anwendung der Meth. für Fll. u. Gase hält Vf. für möglich. (J. Amer. chem. Soc. **75.** 1004—05. 20/2. 1953. Ithaca, N. Y., Cornell Univ., Dep. of Chem.) G. HEINRICH. 152

George Jura und **Carl W. Garland,** *Zusätzliche Bemerkungen über thermodynamische Funktionen für Kristalloberflächen.* Vff. gehen im einzelnen auf die Kritik ihrer Arbeit durch BAUER ein (vgl. vorst. Ref.). Sie betonen noch einmal, daß ihre Forschungen noch nicht abgeschlossen sind. Nach Überprüfung ihrer Ansichten sind sie jedoch der Meinung, daß die von ihnen vorgeschlagene Meth. auch für krist. Stoffe Gültigkeit hat. (J. Amer. chem. Soc. **75.** 1006—07. 20/2. 1953. Berkeley, Calif., Univ. of California, Dep. of Chem. and Chem. Engng.) G. HEINRICH. 152

Max Solow, *Eine neue Interpretation der Entropie.* (Sitzungsbericht.) Der Begriff der Entropie ist ein Ergebnis empir. Betrachtung. Nach einer in der Kommunikationstheorie entwickelten Meth. kann $H = -\Sigma_i P_i \log_2 P_i$ interpretiert werden für jede Menge als mittlere Zahl der bin. Ziffern b, die notwendig sind, um ein Ereignis mit der Wahrscheinlichkeit P_i zu bestimmen. Nach der Gruppentheorie stellt b die Freiheitsgrade dar. Da diese Interpretation gültig für alle Mengen ist, gilt sie auch für H in der statist. Mechanik, somit auch für die Entropie in der Thermodynamik u. für H in der Informationstheorie. Somit steht die Entropie in Verbindung mit der „Komplexität" einer Menge. Biol. Systeme können gemäß ihrer „Komplexität" geordnet werden u. daher nach ihrer Entropie. Bei irreversiblen Prozessen steigt die Entropie des Universums an, u. dieses wird daher mehr komplex. Die Zeit ist irreversibel, ihre positive Richtung ergibt eine anwachsende „Komplexität". Nach der Kommunikationstheorie ist die Unsicherheit jedes Experimentes bedingt durch den Grad der Freiheit des zu beobachtenden Mechanismus, daher ist die Natur nicht notwendig unsicher. (Physic. Rev. [2] **83.** 244. 1/7.; Bull. Amer. physic. Soc. **26.** Nr. 3. 53. 26/4. 1951.) v. HARLEM. 154

G. McDonald, *Berechnete Näherungswerte der freien Energiefunktion des OD-Moleküls.* Vf. berechnete die Werte für die freie Energie des OD-Mol. als harmon. Oscillator zwischen 1000 u. 3000° K. Der Beitrag des Kernspins wurde vernachlässigt. Die Werte für $(F^0 - H_0^0)/T$ lagen zwischen $-46{,}87$ bei 1000° K u. $-54{,}88$ kcal/Mol bei 3000° K. In den Rechnungen wurde für das Trägheitsmoment $I = 2{,}85 \cdot 10^{-40}$ u. die charakterist. Frequenz $\omega = 3620$ gesetzt. (J. Amer. chem. Soc. **74.** 5539—40. 5/11. 1952. Cleveland, O., Cleveland Airport, Nat. Advisory Committee for Aeronautics, Lewis Flight Propuls. Labor.) WASSEROTH. 155

Howard C. Mel, William L. Jolly und **Wendell M. Latimer,** *Die Bildungswärme und freie Bildungsenergie des Bromations.* Die Lösungswärme von $KBrO_3$ u. die Reduktionswärmen für die Rkk. $KBrO_3 + 9\,J^- + 6\,H^+ = 3\,J_3^- + K^+ + Br^- + 3\,H_2O$ u. $KBrO_3 + 8\,Br^- + 6H^+ = 3\,Br_3^- + K^+ + 3\,H_2O$ werden calorimetr. bei 25° bestimmt. Für die Rk. $KBrO_3 = K^+ + BrO_3^-$ wird $\Delta H^0 = 9{,}76 \pm 0{,}05$ kcal/Mol gefunden. Für die Reduktions-Rkk. ergeben sich $-122{,}26 \pm 0{,}8$ bzw. $-42{,}17 \pm 0{,}3$ kcal/Mol. Durch Kombination dieser Werte mit verschied. Wärme- u. Entropiedaten aus der Literatur wird die Bildungswärme u. freie Bildungsenergie des Bromations berechnet. Diese Werte sind jedoch mit großer Unsicherheit behaftet. Als wahrscheinlichste Werte werden $\Delta H_B^0 =$

$-18{,}3$ kcal/Mol u. $\Delta F^0_{\mathrm{B}} = 2{,}1$ kcal/Mol angegeben. (J. Amer. chem. Soc. **75.** 3827—29. 5/8. 1953. Berkeley, California, Univ. of Calif., Dep. of Chem., Chem. Engng. and Rad. Labor.) R. LEVI. 155

Raleigh L. McKisson und **LeRoy A. Bromley,** *Die Bildungswärmen von Natrium-Kalium-Legierungen.* Die abweichenden Werte für die Bildungswärmen von Na–K-Legierungen aus Literaturdaten führten zur Neubestimmung. Vff. wählten die Meth. der direkten Messung der auftretenden Wärme beim Mischen der Elemente in einem Calorimeter, das ausführlich beschrieben wird. Untersucht werden *NaK*, Na_2K u. K_2Na. Die daraus berechneten $\Delta H_{f_{298}}$-Werte betragen in der angegebenen Reihenfolge in cal/Mol für 25° (bzw. 110°): $+1440 \pm 100$ ($+370 \pm 100$); $+2130 \pm 100$ ($+540 \pm 100$); $+2130 \pm 100$ ($+540 \pm 100$). Die erhaltenen Werte weichen sehr stark von den Literaturwerten ab. (J. Amer. chem. Soc. **73.** 314—15. Jan. 1951. Berkeley, Calif., Univ. of California, Radiation Labor.) U. WINKLER. 155

Leonard I. Katzin und **John R. Ferraro,** *Lösungswärmen der Kobalt(II)-chlorid-hydrate in Wasser und gewissen organischen Lösungsmitteln.* Vff. bestimmen die Lösungswärmen der Hydrate u. des wasserfreien Salzes von $CoCl_2$ in W. u. *Dimethylformamid, Tetrahydrofurfurylalkohol, Tributylphosphat, Aceton, Methyläthylketon, Isobutylalkohol* u. *Pyridin.* Das wasserfreie Salz besitzt nur in W. eine für die Messungen ausreichende Löslichkeit. Bei den Dihydraten wurden in einigen Fällen wegen der zu geringen Löslichkeit im reinen Lösungsm. die Lösungswärmen in Mischungen mit *Aceton* bestimmt. Die Erscheinung, daß die Lösungswärmen des $CoCl_2 \cdot 2\,H_2O$ von denen von $Co(NO_3)_2 \cdot 2\,H_2O$ u. $UO_2(NO_3)_2 \cdot 2\,H_2O$ außer in Lsgg. von Alkoholen um annähernd gleiche Beträge differieren, wird diskutiert. Weiter werden aus den erhaltenen Werten die Bindungsenergien für Wasser- u. Pyridinmoll. u. die scheinbaren Wärmekapazitäten der $CoCl_2$-Hydrate in den Lösungsmitteln berechnet. In einem Anhang werden die Lösungswärmen von $UO_2(NO_3)_2$-Hydraten in Dimethylformamid allein u. seinen Mischungen mit Aceton sowie ihre scheinbaren Wärmekapazitäten in diesen Lsgg. mitgeteilt. (J. Amer. chem. Soc. **75.** 3821—24. 5/8. 1953. Lemont, Ill., Argonne Nat. Labor., Chem. Div.) R. LEVI. 155

R. Berman, *Thermische Leitfähigkeit einiger polykristalliner fester Stoffe bei tiefen Temperaturen.* Vf. diskutiert die hauptsächlichsten Faktoren, die die therm. Leitfähigkeit reiner, dielektr. Kristalle bestimmen: die gegenseitige Wrkg. von DEBYE-Wellen aufeinander u. die Streuung dieser Wellen an den Kristallgrenzen. Während in einer früheren Arbeit (C. **1952.** 4574) die Unterss. für verschied. Einkristalle gemacht wurden, werden hier polykristalline u. gesinterte Stoffe untersucht: Al_2O_3 (gesintert u. synthet. *Sapphir*), *BeO* u. *Graphit* bei Tempp. zwischen 2° K u. Raumtemperatur. Es wird gezeigt, daß die mittlere freie Weglänge des Phonons bei genügend tiefen Tempp. durch Streuung an den Kristallitgrenzen begrenzt ist. Für gesinterte Proben von Tonerde u. Beryllerde, in denen die D. nahezu denselben Wert hat wie beim Einkristall, scheint es, daß die mittlere freie Weglänge größer werden kann als die Größe des Kristallites, was bei Graphit nicht festgestellt wurde. Als Folge daraus ergibt sich, daß Graphit mit kleinen Kristalliten ein äußerst guter Wärmeisolator bei niederen Tempp. ist, der bei Tempp. < 5—10° K besser ist als Glas. Im ganzen kann innerhalb einer kleinen Unsicherheit die therm. Leitfähigkeit polykristalliner, dielektr., fester Stoffe aus der Leitfähigkeit der Einkristalle bestimmt werden, wenn die Kristallitgröße bekannt ist. (Proc. physic. Soc., Sect. A **65.** 1029—40. 1/12. 1952. Oxford, Clarendon Labor.) CRAMER. 158

A₅. Grenzschichtforschung. Kolloidchemie.

H. W. Douglas, *Kolloidchemie.* Überblick. Im einzelnen werden folgende Gebiete behandelt: Oberflächen- u. Grenzflächenspannung u. Filme, Membranen u. Dialyse, Diffusion, Sedimentation u. Viscosität, die elektr. Doppelschicht u. Elektrokinetik, Proteine u. andere biol. Substanzen, seifenähnliche Substanzen u. Micellen, Löslichmachung. — 157 Literaturzitate. (Annu. Rep. Progr. Chem. **47.** 76—84. 1950, ausg. 1951.) H. W. LEVI. 160

Isamu Sano, Yoshiyasu Fujitani und **Yoshie Fujitani,** *Über die Bildung von Quecksilberhydrosol durch Lichtwirkung.* Gesätt. wss. *HgO*-Lsgg. (ca. 0,17 mMol/Liter) lassen sich in Ggw. von *Citronensäure* oder deren Na- u. NH_4-Salzen leicht in ein Sol verwandeln, dessen Stabilität von der Art u. Konz. des Elektrolyten beeinflußt wird. Die wichtigste Rolle kommt dabei dem Citration zu, was sich in einer Stabilisierung des Sols äußert, z. B. auch bei dessen Bldg. durch Schütteln. Von unter gleichen Bedingungen entstandenen Solen sind die durch Sonnenlicht erzeugten stabiler u. 2—3 Jahre fast unverändert haltbar. Die durch das Licht der Hg-Lampe erzeugten Sole sind bei gleichzeitigem Schütteln ca. 1 Monat, ohne Schütteln nur 1 Woche haltbar. Bei einem durch Sonnenlicht erzeugten Sol bildet sich wohl allmählich ein Nd., läßt sich aber durch Schütteln weitgehend in ein nur schwach weißlich getrübtes Sol zurückverwandeln. Genauerer Unters. bedarf noch die Elektrophorese, die für eine negative Ladung der Teilchen spricht, ferner die Erscheinungen, die durch Erwärmung hervorgerufen werden (erwärmte Sole lassen sich auf $^1/_{10}$ ohne Fällung einengen) u. die Wrkg. länger fortgesetzter Bestrahlung (Schwächung des UV-TYNDALL-Lichtes). (J. chem. Soc. Japan, pure Chem. Sect. [Nippon Kagaku Zassi] **73.** 137—41. Febr. 1952. Nagoya Univ. [Orig.: japan.]) SCHULER. 161

S. Trautmann und **L. Ambard,** *Ultrafiltration und Elektrostriktion.* Wird eine wss. Salzlsg. durch eine Cellophanmembran filtriert, so zeigt es sich, daß die Salzkonz. des Filtrates gegenüber der der ursprünglichen Mutterlsg. sich verringert hat. Vff. definieren als Retentionsindex J die Konzentrationsdifferenz zwischen Filtrat u. Mutterlsg. in %, wobei die Mutterlsg. als Bezugsgröße genommen wird. Da während der Filtration die Konz. der über dem Filter befindlichen Lsg. zunimmt, können bei der Berechnung von J Fehler auftreten, die aber zu vernachlässigen sind, sofern die Filtration bei einem 5—6%ig. Salzgeh. des Filtrates abgebrochen wird. Alle Filtrationen erfolgen unter einem konstanten Druck von 3,5 kg, um einerseits gegebenenfalls auftretende Diffusionseffekte durch größere Filtriergeschwindigkeit zu heben, die es ermöglicht, die verschied. experimentellen Ergebnisse miteinander zu vergleichen. Weiterhin ist es notwendig, die Fl. stetig zu rühren, um zu vermeiden, daß in Nähe der Membran eine Salzanreicherung stattfindet, die eine höhere Salzkonz. im Filtrat bedingen würde. Im allg. beträgt die verwendete Salzkonz. $1,7 \cdot 10^{-3}$ Mol/Liter. Bei ein-einwertigen Salzen, wie z. B. *KCl, NaCl, LiCl,* sowie bei zwei-zweiwertigen, wie z. B. $MgSO_4$ u. a., ist der Retentionsindex J = 30; die ein-zweiwertigen Salze, wie z. B. K_2SO_4, Na_2SO_4, Na_2HPO_4, zeigen ein J von 75, während die zwei-einwertigen Salze, wie z. B. $MgCl_2$, $CaCl_2$, nur ein J von 1 aufweisen. Mit zunehmender Verdünnung wird J größer. Wird zu der Lsg. eines Salzes A ein Salz B hinzugegeben, so wird der Retentionsindex von A erniedrigt, u. zwar um so stärker, je größer die zugefügte Konz. an B ist. Wenn das Salz B ein polyvalentes Ion enthält, sinkt der Index stark ab; es kann hierbei vorkommen, daß die Konz. von A im Filtrat höher ist, als sie je in der Mutterlsg. gewesen ist. Zur Erklärung der Effekte schlagen Vff. vor, J als Funktion der Steifigkeit (Bewegungsmöglichkeit) der H_2O-Moll., die die Anionen in Form von Schalen umgeben, aufzufassen. Ferner werden die experimentellen Daten der Ultrafiltration mit den Daten der Elektrostriktion verglichen, wobei unter letzterer eine Volumenverkleinerung als Folge der bei der Auflsg. von Salzen in H_2O wirksamen Ionenkräften verstanden wird. Es ist möglich, mittels Elektrostriktion Ionenträgheiten zu bestimmen u. den Retentionsindex eines in Lsg. befindlichen Salzes vorauszusagen. (J. Chim. physique Physico-Chim. biol. **49.** 220—25. April 1952.) SURAWSKI. 170

M. v. Stackelberg, *Bemerkungen zu den Arbeiten über Teilchengewichtsbestimmungen mit der Dialysenmethode von H. Spandau.* Nach Meinung des Vf. ist die RIECKEsche Formel sicher nicht richtig. Sie widerspricht experimentellen Befunden u. der Theorie, indem kleinere Moll. schneller diffundieren als größere der gleichen Masse. *Volumen* u. *Form* wirken also weit stärker ein. Da jedoch bisher keine andere Formel existiert, bleibt nur übrig, die RIECKEsche in speziellen Fällen vorerst mit Vorbehalt zu benutzen. (Angew. Chem. **65.** 186. 7/4. 1953. Bonn, Univ., Inst. für physik. Chem.) TIEDEMANN. 170

Edgar L. Piret, R. A. Ebel, C. T. Kiang und **W. P. Armstrong,** *Diffusionsgeschwindigkeiten bei der Extraktion poröser fester Körper.* 2. Mitt. *Zwei-Phasenextraktionen.* (1. vgl. Chem. Engng. Progr. **47.** [1951.] 405.) Feste Körper werden von Fll. bzw. Fll. von solchen geringerer Konz. oder Gasen gelöst u. diffundieren in der neuen Lsg. in andere Flüssigkeits- oder Gasräume. Für diese Vorgänge werden exakte Gleichungen u. auch Näherungsgleichungen aufgestellt u. miteinander verglichen. Außerdem wurde eine Meth. zur Diffusionsmessung entwickelt: Die aufzulösenden festen Körper werden zerkleinert u. in eine einseitig geschlossene Capillare zusammen mit dem gesätt. fl. Lösungsm. zum Ausfüllen der Hohlräume gefüllt. Das Lösungsm. fließt an der Öffnung der Capillare vorbei, u. dabei wird das Absinken des Meniskus in der Capillare beim Auflösen des Pulvers im Lösungsm. beobachtet. Die Verss. wurden zum Überprüfen der Gleichungen mit in gesätt. Salzlsgg. getränkten Aluminiumoxydkugeln wiederholt, an denen verd. Lsgg. des gleichen Salzes vorbeistreichen. Die prozentuale Auslaugung in Abhängigkeit von der Zeit ist in Kurven angegeben. Die Unterss. wurden ausgeführt mit *KCl, NaCl,* K_2CrO_4, CdJ_2, $CuSO_4$, *Phenol* u. *Saccharose.* (Chem. Engng. Progr. **47.** 628—36. Dez. 1951. Minneapolis, Minn., Univ.) MIETHING. 171

Hiroshi Fujita, *Das exakte Modell einer konzentrationsabhängigen Diffusion in einem halb-unendlichem Medium.* 1. u. 2. Mitt. Ausführliche mathemat. Behandlung der physikal. u. physikal.-chem. Vorgänge bei der konzentrationsabhängigen Diffusion von Lösungsmitteln niedrigen Mol.-Gew. in hochpolymere Festkörper. Die Arbeiten von CRANK u. Mitarbeitern über das *Polystyrol–Chlf.*-Syst. werden weitgehend bestätigt. (Textile Res. J. **22**. 757—60. Nov. 823—27. Dez. 1952. Maizuru, Japan, Kyoto Univ., Fac. of Agricult., Dep. of Fisheries.) H. G. FRÖHLICH. 171

N. L. Balázs, *Viscosität binärer flüssiger Mischungen.* (Vgl. C. **1952**. 3450.) Für die Viscosität einer bin. Mischung von A u. B erhält Vf. unter Benutzung des durch PRIGOGINE u. GARIKIAN erweiterten LENARD-JONES-DEVONSHIRE-Zellenmodells sowie einer der von EYRING angegebenen entsprechenden Theorie die Beziehung $\log(\eta_{AB}/(\eta_A)^{x_A}(\eta_B)^{x_B} = -(\beta E^{\circ} + T S_v^{\circ})/NkT$. Die log der Viscositätskoeffizienten der Mischung setzen sich additiv aus denen der Einzelkomponenten zusammen. Abweichungen von dieser Additivität sind proportional dem Überschuß an Mischungsenergie E u. -entropie S. Von einer früher vom Vf. abgeleiteten Gleichung unterscheidet sich diese durch die Größe $-S_v^{\circ}/Nk$, deren prakt. Bedeutung jedoch zu vernachlässigen ist. Vf. diskutiert die einzelnen Glieder der Gleichung u. weist darauf hin, daß keine Annahmen bezüglich der Additivität der Voll. gemacht wurden, ein dadurch verursachter Fehler ist jedoch zu vernachlässigen. (Proc., Kon. nederl. Akad. Wetensch., Ser. B **54**. 366—74. Sept./Okt. 1951. Amsterdam, Univ., Labor. for Gen. and Inorg. Chem.) WOELK. 172

F. C. Tompkins, *Adsorption und Oberflächenchemie.* Überblick. Im einzelnen werden folgende Gebiete behandelt: Nichtgleichförmige Oberflächen, Mehrschichtadsorption u. Best. der Oberflächengröße, Anwendung der Thermodynamik u. der statist. Mechanik, Anwendung der Vorstellungen über den metall. Zustand im Hinblick auf die Adsorptionskräfte. — 86 Literaturzitate. (Annu. Rep. Progr. Chem. **47**. 54—67. 1950, ausg. 1951.) H. W. LEVI. 176

Zenro Suzuki, *Chemische Untersuchungen über die aktive Kohle.* 1. Mitt. *Mechanismus der Aktivierung durch bloßes Erhitzen.* Gewaschene Proben der Rinde von Sophora japonica L., Quercus serrata Thunb., Acer pictum Thunb., Zelkova serrata Makino u. Juglans Siebol Diana Max. u. des Holzes von Soph. Jap., Acer Pict. u. Parvifolia jacq. wurden 25 Min. auf 550° erhitzt, gesiebt, 2 Std. bei 950° verkohlt u. dann je eine Std. bei verschied. Tempp. (650, 750, 850 u. 950°) aktiviert. Das an W. abgegebene Alkali der Prodd. wird titriert. Der Alkalitätsgrad steigt mit der Temp. u. geht parallel der Adsorptionskraft für *Methylenblau*. Die J_2-Adsorption wurde gleichfalls bestimmt. (J. chem. Soc. Japan, pure Chem. Sect. [Nippon Kagaku Zassi] **73**. 478—81. Juli 1952. Shinshu Univ. [Orig.: japan.]) SCHULER. 176

Lambert Wiklander, *Gleichgewicht beim Ionenaustausch.* 1. Mitt. *Der Einfluß der Anteile der austauschenden Ionen.* Mit Hilfe des DONNANschen Gleichgewichtes werden die Beziehungen zwischen dem Austauschvermögen adsorbierter Ionen u. ihrer relativen Konz. u. Natur für den besonderen Fall untersucht, daß eine oder mehrere Ionenarten nur in Spurenkonzz. vorliegen. Ferner wird der Unterschied bei der Verdrängung einer Ionenart entweder durch stufenweise Zugabe kleiner Mengen oder durch einen einmaligen großen Zusatz des verdrängenden Ions erörtert. Die theoret. Kurven für diese Beziehungen unter der Annahme, daß sich die Aktivitätskoeffizienten bei einer Änderung der gegenseitigen Anteile der Ionen nicht wesentlich ändern, werden angegeben. Die Annahme, daß die Adsorption der Ionen aus der Lsg. den gleichen Gesetzmäßigkeiten wie die Verdrängung der adsorbierten Ionen folgt, konnte auch experimentell durch Verss. mit einfachen Salzpaaren, *KCl* mit *LiCl*, *NaCl*, NH_4Cl u. $BaCl_2$ bzw. $SrCl_2$ mit NaCl u. $BaCl_2$ an *Amberlite* unter Benutzung von radioakt. ^{42}K bzw. Sr^{2+} bestätigt werden. (Acta Agric. Scand. **1**. 190—202. 1951. Uppsala.) HENTSCHEL. 176

Masatake Honda, Yukichi Yoshino und **Tatsuki Wabiko**, *Zerlegung von Bariumsulfat durch Ionenaustauschharze.* (Vorl. Mitt.) Beim Schütteln von 10,9—96,5 mg $BaSO_4$ (I) mit einem Gemisch aus stark bas. u. stark saurem Ionenaustauschharz (*Amberlite IR 12* u. *Amberite IRA 400*) in 10 cm³ W. ging das gesamte I in Lsg. bzw. verschwand. Durch Behandeln mit n/10 NaOH u. Rücktitration konnte die Bindung der Ba- bzw. SO_4-Ionen an die Austauscher bestätigt werden. (J. Chem. Soc. Japan, pure Chem. Sect. [Nippon Kagaku Zassi] **73**. 348—49. Mai 1952. Tokyo, Univ. [Orig.: japan.]) SCHULER. 176

A. Rébuffat, *Kaoline, Zeolithabkömmlinge, Austauschreaktionen.* Die röntgenograph. Unterss. ergaben, daß auf 900° erhitzte Al_2O_3–CaO–SiO_2-Gemische (I) trotz ihres zeolith. Charakters u. hohen Austauschvermögens keine besonderen Interferenzen zeigen, wohingegen auf 1450° erhitzte I die Bldg. von Ca-Aluminaten u. Ca-Silicaten erkennen lassen. Die Wasseraufnahme bei obigen Zeolithen, falls sie nicht einen großen Überschuß an CaO enthalten, erfolgt langsam u. schwach endotherm. Bei den Austausch-Rkk. mit verschied. Metallsalzen zeigte sich, daß die Elemente mit fester **Wertigkeit** reversible, die mit variabler **Wertigkeit** homöopolare Bindungen eingehen. Bzgl. der Struktur der Kaolinite wurde festgestellt, daß jeweils zwei SiO_2-Schichten einen aus zwei Al_2O_3-Schichten bestehenden Kern umgeben u. von diesen durch Schichten von H_2O-Moll. getrennt werden. (Chimia [Zürich] 7. 82—86. 11/4. 1953. Mailand.) OPPERMANN. 176

T. Gillespie, *Der Einfluß der Verteilung der elektrischen Ladung auf das Altern eines Aerosols.* Rauchkammerverss. über das Altern von Aerosolen, die Vf. u. Mitarbeiter kürzlich anstellten, zeigten, daß die zeitliche Abnahme der Teilchenzahl (n pro cm^3) durch die Gleichung $-dn/dt = k\,n^2 + \beta\,n$ wiedergegeben wird; die Konstante k beschreibt die Koagulationsgeschwindigkeit u. β den Wandverlust. Neue Verss. mit Aerosolen aus SiO_2, MgO u. NH_4Cl wurden benutzt, um die Hypothese zu beweisen, daß die Verteilung der elektr. Ladung die Koagulationsgeschwindigkeit beeinflußt. Berechnungen zeigten den Einfl. der elektr. Ladung auf die Koagulation 1. durch BROWNsche Bewegung, 2. durch unterschiedliche Sinkgeschwindigkeit u. 3. durch Turbulenz. Ein einfacher Ausdruck für die Koagulationskonstante ergab sich als Funktion des Anteiles der positiven Teilchen, des Anteiles der negativen Teilchen, der durchschnittlichen Ladung beider Vorzeichen u. des mittleren Radius. Eine gegenüber früher verbesserte Behandlung der Alterungsvorgänge weist auf einen möglichen Zeiteinfl. hin, u. es zeigte sich, daß die Änderung der Koagulationskonstante u. der Wandverluste mit der Variation der elektr. Ladungsverteilung in Verbindung steht. (Proc. Roy. Soc. [London], Ser. A **216.** 569—82. 24/2. 1953. Porton, Wilts., Ministry of Supply, Chem. Defence Exper. Establ.) G. HEINRICH. 180

A_6. Strukturforschung.

J. Thewlis, *Neutronenkristallographie.* Überblick. Im einzelnen werden behandelt: die Wellenlänge der Neutronenstrahlen, Gegenüberstellung von Röntgenstrahlen u. Neutronen, experimentelle Technik, Anwendung der Neutronenbeugung in der Kristallographie, zukünftige Entwicklungen. — 37 Literaturzitate. (Annu. Rep. Progr. Chem. **47.** 420—32. 1950, ausg. 1951.) H. W. LEVI. 181

W. Lippert und **W. Pohlit,** *Zur Kenntnis der elektronenoptischen Eigenschaften elektrostatischer Linsen.* Experimentelle Unters. u. Diskussion der Abhängigkeit der elektronenopt. Kenngrößen (Asymptotenbrennweite, Asymptotenbrennpunktslage, Verzeichnung, Farbabhängigkeit der Vergrößerung) elektrostat. Einzellinsen von den Elektrodenabmessungen. (Optik **9.** 456—62. 1952. Frankfurt M., Max-Planck-Inst. für Biophysik.) LENZ. 181

A. Van Bronkhorst, L. Marton und **S. B. Garfinkel,** *Elektronenoptische Aufzeichnung von Feldern.* (Sitzungsbericht.) Bei der quantitativen Messung von kleinen Magnetfeldern nach der elektronenopt. Schattenmeth. wurde es notwendig, empir. die Abhängigkeit der Schattenablenkung von der Feldstärke zu bestimmen, wozu ein spezif. Elektromagnet mit einem Spalt von 0,05—0,025 inch entwickelt wurde, dessen Feld mit einer Genauigkeit von $\pm 0{,}2$ Oe mittels einer rotierenden Spule ausgemessen werden konnte. Unter der Annahme kleiner Ablenkungswinkel der Elektronen konnte eine empir. Beziehung zwischen Schattenablenkung u. Feldstärke aufgestellt werden, die zur unabhängigen Prüfung der theoret. Beziehung zwischen Schattenablenkung u. Feldstärke diente. (Physic. Rev. [2] **83.** 243. 1/7.; Bull. Amer. physic. Soc. **26.** Nr. 3. 52. 26/4. 1951. Nat. Bur. of Standards.) v. HARLEM. 181

W. Ehrenberg und **R. E. Siday,** *Der Brechungsindex in der Elektronenoptik.* Vff. weisen auf geringfügige Ungenauigkeiten in den Grundlagen der von GLASER (C. **1952.** 6818) angegebenen Formel für den Brechungsindex in der Elektronenoptik u. auf später in anderen Arbeiten hierzu aufgetretene Mißverständnisse hin. — In seiner Antwort bemerkt **W. Glaser,** daß die Frage der Grundlagen durch die bekannten Zusammenhänge zwischen den Prinzipien von HAMILTON u. MAUPERTIUS unwesentlich ist. (Proc. physic. Soc., Sect. B **64.** 1088—89. 1/12. 1951. London, Univ., Birkbeck Coll.) C. REUBER. 181

L. Marton, M. M. Morgan, D. C. Schubert, J. R. Shah und **J. A. Simpson,** *Eine elektronenoptische Bank.* Beschreibung einer elektronenopt. Bank zur Unters. elektronenopt. Bauteile. Das Vakuumgefäß besteht aus einem Stahlrohr von 15 inch Durchmesser mit zwei entsprechenden Endplatten mit Vakuumdurchführungen für Verstellstangen. Im Innern des Vakuumgefäßes können drei Linsen u. vier Blendenhalter angeordnet u. von außen durch Stangen in je drei Freiheitsgraden verstellt werden. Als Beispiel werden die Ergebnisse der Messung der Abhängigkeit der Brennweiten einer Magnetlinse von Linsendurchflutung u. Strahlspannung wiedergegeben. (J. Res. nat. Bur. Standards **47.** 461—64. Dez. Sitzungsbericht: Physic. Rev. [2] **83.** 243. 1/7.; Bull. Amer. physic. Soc. **26.** Nr. 3. 52. 26/4. 1951.) LENZ. 181

G. Möllenstedt, *Über die chromatischen Verluste von Elektronen beim Durchtritt durch Materie.* Bericht über weitere Verbesserungen des früher (C. **1950.** II. 18) beschriebenen elektrostat. Geschwindigkeitsanalysators u. neue damit durchgeführte Untersuchungen. Das Auflösungsvermögen der Anordnung wurde durch Vorschalten einer Kollimatorlinse vor die Analysatorlinse u. durch Verwendung eines Feinspaltes von 1 μ Breite erheblich erhöht (0,5 V in 35 kV). Dies hohe Auflösungsvermögen ermöglicht die Unters. der Geschwindigkeitsinhomogenität der aus Kathoden austretenden Elektronen. Für eine kalte Kathode nach INDUNI ergab die Analyse bei einer Beschleunigungsspannung von 35 kV 2—3 V, für W-Glühkathoden (3000°) ca. 1 V, für Oxydkathoden (1000°) weniger als 0,5 V. Der Analysator wurde ferner zur Analyse der unelast. Streuverluste von Elektronen an He u. anderen Gasen benutzt, wobei sich gute Übereinstimmung mit den früher bei langsameren Geschwindigkeiten gefundenen Daten ergab. Mittels des Analysators ist eine Trennung u. gleichzeitige Registrierung von elast. u. unelast. gestreuten Elektronen möglich. Eine Abb. zeigt die Gegenüberstellung der Winkelverteilungen der elast. u. unelast. Streuung an Aluminiumoxyd. (Optik **9.** 473—80. 1952. Mosbach, Süddeutsche Laborr., u. Tübingen, Univ., Phys. Inst.) LENZ. 181

***J. Allewaert,** *Experimentaluntersuchung über die multiple Elektronenbeugung in Stickstoff, Sauerstoff und Kohlensäure mit Hilfe der Wilson-Kammer.* Verss. über die multiple Elektronenbeugung in N_2, O_2 u. CO_2 in einer WILSON-Kammer ergeben ein zwischen 2000 u. 7000 Gauß·cm liegendes Elektronenmoment. Ein Vgl. mit den auf Grund der Theorie von WILLIAMS (Physic. Rev. [2] **58.** [1940.] 292 u. früher) zu erwartenden Ergebnissen gibt für O_2 eine gute Übereinstimmung im Gebiet von 4000 bis 7000 Gauß·cm; für N_2 liegen die Versuchsergebnisse im Gebiet 2500—7000 Gauß·cm höher als die theoret. vorausgesagten; für CO_2 ergeben die Messungen eine viel stärkere Beugung, als nach der Theorie zu erwarten wäre. (Meded. Kon. vlaamse Acad. Wetensch., Letteren schone Kunsten België, Kl. Wetensch. **14.** 3—20. 1952. Gent, Univ., Natuurkundig Labor.) WESLY. 181

C. A. McDowell, *Molekularstruktur.* Überblick. Es werden folgende Gebiete berücksichtigt: Elektronenspektren, RAMAN-Spektren, Infrarotspektren, Dipolmomente, Elektronenbeugung. — 259 Literaturzitate. (Annu. Rep. Progr. Chem. **47.** 7—21. 1950, ausg. 1951.) H. W. LEVI. 182

Mitsuo Mashima, *s-p-Hybridbindungsbahnen in einfachen Molekülen.* 1. Mitt. *Lineare und ebene trigonale Hybridbindungsbahnen.* 2. Mitt. *s-p-Hybridbindungsbahnen für trigonal-pyramidale Moleküle.* (J. chem. Soc. Japan, pure Chem. Sect. [Nippon Kagaku Zassi] **73.** 461—65. Juli 1952. Saka Univ. [Orig.: japan.]) SCHULER. 182

N. H. March, *Thomas-Fermi-Felder für Moleküle mit tetraederischer und oktaederischer Symmetrie.* Nach der THOMAS-FERMI-Meth. wurde die Ladungsverteilung in Moll. tetraedr. oder oktaedr. Symmetrie, wie CH_4, CF_4, CCl_4, SiH_4, SiF_4 u. SF_6, berechnet. Es wird als Modell angenommen, daß die Kerne der äußeren Atome gleichmäßig über die Oberfläche eines kugelförmigen Symmetriezentrums verschmiert sind. Der für CH_4 erhaltene Wert wird mit dem verglichen, der von BUCKINGHAM, MASSEY u. TIBBS (Proc. Roy. Soc. [London], Ser. A **178.** [1941.] 119) nach der Meth. von HARTREE errechnet wurde, wobei der nach der neuen Meth. errechnete Wert der bessere ist. — Vf. weist bes. darauf hin, daß die hier entwickelte Meth. auch auf andere Moll. der behandelten Symmetrie übertragbar ist. Beim CCl_4 versagt die obenstehende Anschauung. Bessere Resultate werden hierbei unter der Annahme erzielt, daß Elektronen aus der K- u. L-Schale in den Kern hineingedrückt werden u. die so erhaltene modifizierte Kernladung zugrunde gelegt wird. (Proc. Cambridge philos. Soc. **48.** 665—82. Okt. 1952. Sheffield, Univ., Dep. of Phys.) ZIMMER. 182

R. C. Lord und **R. E. Merrifield,** *Starke Wasserstoffbindungen in Kristallen.* Die O—H-Streckungsfrequenzen einer Reihe von Kristallen (*Maleinsäure, Harnstoffoxalat, Oxalsäuredihydrat, Kaliumdihydrogenphosphat, Natriumbicarbonat, Bernsteinsäure, Adipinsäure*) mit bekanntem O—O-Abstand werden angegeben. Ebenso geben die Absorptionsspektren von tert. Aminhydrohalogeniden Grund zur Annahme starker N^+—**H**—X^--Bindungen (X^- = Halogen). Wird D in den H-Bindungen substituiert, so zeigen sich Isotopieverschiebungen der Streckungsfrequenzen (Beispiele: *Triäthylaminhydrochlorid, Pyridinhydrochlorid,* Kaliumdihydrogenphosphat, *N-Acetylglycin*). (J. chem. Physics **21.** 166—67. Jan. 1953. Cambridge, Mass., Massachusetts Inst. of Technol., Spectroscopy Labor., u. Dep. of Chem.) D. HAHN. 182

Paul J. Flory, *Molekulare Konfiguration von Polyelektrolyten.* Vf. zeigt in einer vorläufigen Mitt., daß die Betrachtung der osmot. Effekte beweglicher Ionen einen direkteren Zugang zum Problem der mol. Konfiguration von Polyelektrolyten erlaubt, als es bisher mit anderen Theorien möglich war, wobei diese Betrachtungsweise eine folgerichtige Ausdehnung der Theorie der mol. Konfiguration ungeladener Moll. auf den Fall geladener Polyelektrolyte gestattet. Mittels der entwickelten Theorie werden Gleichungen abgeleitet, die den Zusammenhang zwischen den einzelnen charakterist. Größen der Polyelektrolytlsg., wie Mol.-Gew., Abstand der äußeren Molekülenden, der Ionenstärke der umgebenden Lsg. usw., herstellen. (J. chem. Physics **21.** 162—63. Jan. 1953. Ithaca, N. Y., Cornell Univ., Dep. of Chem.) NIEMITZ. 182

S. Amelinckx, *Über die Wachstumsgeschwindigkeit der Flächen eines Kristalls und das Gesetz von Bravais-Donnay-Harker.* Vf. zeigt, daß es möglich ist, für einen in einer übersätt. Lsg. sich entwickelnden Kristall eine allg. Gleichung für die relative Wachstumsgeschwindigkeit der Kristallflächen herzuleiten, die sowohl das BRAVAIS-DONNAY-HARKERsche (B.-D.-H.) Gesetz mit einbegreift als auch gewisse Ergebnisse der KOSSEL-STRANSKIschen Theorie wiedergibt. Aus der ersten u. zweiten Annäherung dieser Gleichung kann man schließen, daß das Gesetz von B.-D.-H. nur unter gewissen Umständen Gültigkeit besitzt u. ferner die bekannten Ausnahmen erklärt. Ferner kann man daraus eine Erklärung finden, warum sich eine Fläche als Fläche entwickelt u., in Übereinstimmung mit den experimentellen Ergebnissen von BUNN u. EMMETT (vgl. Discuss. Faraday Soc. **1949.** Nr. 5. 119), warum sich eine neue Schicht vom Mittelpunkt einer Fläche u. nicht von den Kanten her neu bildet, wie KOSSEL u. STRANSKI annehmen. Ferner ergibt sich, daß Flächen, die während des Wachstums stabil sind, dies nicht bei dem Lösungsprozeß sind. (J. chem. physique Physico-Chim. biol. **47.** 213—19. März/April 1950. Gent, Rijksuniv., Geol. Inst., Afd. Kristalkunde.) GOTTFRIED. 190

B. Cox und **A. G. Sharpe,** *Komplexe Fluoride.* 1. Mitt. *Die Strukturchemie einiger komplexer Fluoride des Kaliums, Rubidiums, Cäsiums, Ammoniums und Thalliums.* (Vgl. SHARPE, C. **1953.** 3369.) Zusammenstellung u. Diskussion der Abmessungen der Elementarkörper von komplexen Fluoriden des Si, Ge, Ti, Mn, Ni, Pd u. Pt mit großen einwertigen Kationen: K_2SiF_6 (kub.), Rb_2SiF_6 (kub.), Cs_2SiF_6 (kub.), $(NH_4)_2SiF_6$ (trigonal u. kub.), Tl_2SiF_6 (kub.), K_2GeF_6 (trigonal u. hexagonal), Rb_2GeF_6. (trigonal u hexagonal), Cs_2GeF_6 (kub.), K_2TiF_6 (trigonal, hexagonal u. kub.), Rb_2TiF_6 (trigonal, hexagonal u. kub.), Cs_2TiF_6 (trigonal u. kub.), $(NH_4)_2TiF_6$ (trigonal), Tl_2TiF_6 (trigonal u. kub.), K_2MnF_6 (trigonal, hexagonal u. kub.), Rb_2MnF_6 (hexagonal u. kub.), Cs_2MnF_6 (kub.), K_2NiF_6 (kub.), K_2PdF_6 (hexagonal), Rb_2PdF_6 (hexagonal u. kub.), Cs_2PdF_6 (kub.), K_2PtF_6 (trigonal), Rb_2PtF_6 (trigonal) u. Cs_2PtF_6 (trigonal). — Bei Zimmertemp. dargestellt, sind die Fluotitanate von K, Rb, Cs, NH_4 u. Tl isomorph mit dem trigonalen K_2GeF_6. Beim Erhitzen auf 300—350° verwandeln sich K_2TiF_6 u. Rb_2TiF_6 in hexagonale u. kub. Formen, Cs_2TiF_6 u. Tl_2TiF_6 in kub. Formen. $(NH_4)_2TiF_6$ erleidet bei 275° vollständige Zersetzung. Die drei Strukturen sind offenbar energet. gleichwertig. Die Ähnlichkeit der Elementarkörperdimensionen von $(NH_4)_2TiF_6$ u. Rb_2TiF_6 spricht dafür, daß Wasserstoffbindungen keine wesentliche Rolle spielen. (J. chem. Soc. [London] **1953.** 1783—84. Juni. Cambridge, Univ., Chem. Labor.) FORCHE. 195

Harry Hahn, *Zur Struktur der Galliumchalkogenide. Zur Zuschrift von K. Geiersberger und H. Galster: „Über Arbeiten auf metallorganischem Gebiet".* Nach GEIERSBERGER u. GALSTER (C. **1952.** 5557) haben Al_2S_3 u. Al_2Se_3 eine Wurtzitstruktur, die Überstrukturlinien aufweist. Die Verbb. sind mit Ga_2S_3 u. Ga_2Se_3 isomorph. Frühere Unterss. an nur kurz auf die Darstellungstemp. erhitzten Präpp. ergaben für Ga_2Se_3 Zinkblendestruktur. Auftretende Überstrukturlinien beim Ga_2S_3 konnten wie beim Al_2S_3 usw. durch Verdreifachung der Gitterkonstanten identifiziert werden. Beim Tempern der Präpp. mußte offenbar eine Ordnung der unter der Annahme eines einfachen Wurtzitgitters vorhandenen u. über das Metallgitter statist. verteilten Lücken eingetreten sein, die bedingt sind durch den Unterschuß an Metall, entsprechend der Zus. $Ga_{0,67}S$ gegenüber ZnS, was zu einer Überstruktur bzw. einer neuen, aber wurtzitähnlichen Struktur führt. (Angew. Chem. **64.** 203. 7/4. 1952. Kiel, Univ., Anorg. -chem. Inst.) PLUST. 195

J. H. Weymouth und **W. O. Williamson,** *Die Effekte von Extrusion und einigen anderen Prozessen auf die Mikrostruktur von Ton.* Die Mikrostruktur von plast. verformtem, feinkörnigem *Kaolinit*-Ton wurde opt. an mit Pyroxylinfilm abgenommenen ursprünglichen Probenoberflächen untersucht. Parallelschichtung nach (001) der Tonteilchen u. lineare Anordnung der Prismen von *Rutil* u. *Turmalin* wurden an durch eine Düse gepreßten Zylindern beobachtet. Die Vorgänge der Regelung werden durch Verwendung verschieden gefärbter Tone verdeutlicht. Durch die (001)-Flächen werden kreuzende

Scherfugen erzeugt, die die Bewgung der Teilchen gestatten. Die Beziehungen zwischen den experimentell gewonnenen Strukturen u. deren natürlichen Gesteinen werden diskutiert. (Amer. J. Sci. **251.** 89—108. Febr. 1953. Melbourne, Commonwealth Sci. and Ind. Res. Organizat., Div. of Ind. Chem.) HILLER. 195

N. W. Below und **W. I. Mokejewa,** *Kristallstruktur von Ilvait.* An Ilvaiteinkristallen (Drehaufnahmen um die drei Achsen) wurden folgende Daten erhalten: a = 8,82, b = 13,07, c = 5,86 Å mit 4 Moll. $CaFe_2^{2+}Fe^{3+}Si_2O_8(OH)$ in der Elementarzelle. Raumgruppe D_{2h}^{16} — Pbnm. Die Atomkoordinaten lauten 8 Fe^{2+} a = 4,2, y = 10,7, z = 1,0; 4 Fe^{3+} 74,3, 5,7, 25,0; 4 Ca 37,0, 18,4, 75,0; 4 Si_I 37,0, 4,2, 25,0; 4 Si_{II} 73,0, 18,4, 75,0; 4 O_I 3,1, 0, 75,0; 8 O_{II} 27,2, 5,0, 2,0; 4 O_{III} 10,7, 22,0, 25,0; 8 O_{IV} 83,0, 15,5, —2,0; 4 O_V 58,5, 8,8, 75,0; 4 O_{VI} 52,2, 10,8, 25,0; 4 OH 12,0, 21,0, 75,0. (Доклады Академии Наук СССР [Ber. Akad. Wiss. UdSSR] [N. S.] **81.** 581—84. 1/12. 1951.) SCHUBERT. 195

Günther Leibfried und **Horst-Dietrich Dietze,** *Versetzungsstrukturen in kubisch-flächenzentrierten Kristallen.* 1. Mitt. Vff. begründen u. erweitern den von PEIERLS (Proc. physic. Soc. **52.** [1940.] 34) gemachten Ansatz zur mathemat. Beschreibung von Versetzungen für das Kraftgesetz zwischen den beiden der Gleitebene benachbarten Netzebenen im Gitter. Diskutiert werden bes. die verschied. Versetzungstypen in der (010)- u. (111)-Ebene kub.-flächenzentrierter Kristalle. (Z. Physik **131.** 113—29. 1951. Göttingen, Univ., Inst. für theoret. Physik.) GOTTFRIED. 195

Horst-Dietrich Dietze, *Versetzungsstrukturen in kubisch-flächenzentrierten Kristallen.* 2. Mitt. (1. vgl. vorst. Ref.) Gegenüber der l. c. behandelten Arbeit wird jetzt die Ableitung des PEIERLSschen Ansatzes insofern wesentlich verbessert, als die Angriffspunkte der Kräfte in der Gleitebene nicht mehr vollständig, sondern mittels einer Gewichtsfunktion g (z, x) nur etwas in der Umgebung des Atoms, an dem sie angreifen, verschmiert sind. Die Funktion g (z, x) hat an der Stelle z = x = 0 ein scharfes Maximum. Dadurch wird erreicht, daß die atomist. Struktur der Gleitebene im PEIERLSschen Ansatz nicht vollständig verloren geht, außerdem wird die endliche Ausdehnung der Atome berücksichtigt. Dieser Ansatz wird für folgende Fälle durchgerechnet: Gleitebene (010), Versetzungstypen 0 u. 90° u. Gleitebene (111), Versetzungstypen 0, 120, 90 u. 30°. Er gestattet, konsequent eine „elast. Grenze" zu berechnen. Die Versetzungsstrukturen ändern sich durch die Modifikation des PEIERLSschen Ansatzes prakt. nicht. (Z. Physik **131.** 156—96. 1952. Göttingen, Univ., Inst. für Theoret. Physik.) H. W. LEVI. 195

—, Kristallographie Sammlung von Arbeiten. Moskau-Leningrad: Ugletechisdat. 1952. (264 S. m. Abb.) 11 Rbl. 55. Kop. [russ.]

A_7. Gleichgewichte. Kinetik.

R. Flatt, *Die Anwendung von Löslichkeitsdiagrammen.* Vf. gibt einen allg. Überblick über die Anwendung von Phasendiagrammen zur Trennung der im Seewasser enthaltenen Salze, wie sie in den Staßfurter Lagerstätten vorkommen, u. für die Gewinnung von reinen *K-Salzen.* Es werden bes. die festen Lsgg. von (*K*, NH_4) (*Cl*, *Br*) u. die Systeme aus Ca^{2+}, NH_4^+, H^+, PO_4^{3-}, NO_3^- u. H_2O diskutiert. (Chimia [Zürich] **6.** 53—66. 15/3. 1952. Lausanne, Univ., Labor. de Chim. Min. et Anal.) SURAWSKI. 221

A. C. Chatterji und **R. P. Rastogi,** *Der Einfluß von Fremdstoffen auf das Auslösen der Übersättigung.* 1. Mitt. Capillarakt. Substanzen, wie *Aceton, A., Na-Oleat, Glucose, Caprylalkohol, Capryl-* u. *Linolsäure,* setzen die Übersättigungsgrenze von wss. *KCl*-Lsgg. herab. Anorgan. Stoffe (*KNO_3, $KClO_3$, KBr, KJ, NaBr, NaCl, NaJ, $NaNO_3$, NH_4Cl, $MgCl_2$, Glaswolle* u. *Glasstaub*) sind ohne Einfl., bis auf $MgCl_2$. Der Einfl. von Farbstoffen (*Methylenblau, Kongorot, Malachitgrün, Bismarckbraun, Eosin* u. *Kristallviolett*) macht sich nur bzgl. der Stabilität der übersätt. Lsgg. beim Erhitzen bemerkbar. Vff. versuchen, deren Verh. mit der Theorie von FRENKEL (Kinetic Theory of Liquids, S. 405), nach der nur solche Substanzen, die unvollständig benetzt werden, einen Einfl. ausüben, zu erklären. (J. Indian chem. Soc. **29.** 458—63. Juni 1952. Lucknow, Univ., Chem. Labors.) v. SCHIESZL. 224

C. E. H. Bawn, *Chemische Kinetik.* Überblick. Im einzelnen werden folgende Gebiete behandelt: Bindungsdissoziationsenergien, Isotopeneffekte, Aktivierungsenergie u. Frequenzfaktoren von Radikal-Rkk., Polymerisations-Rkk., pyrolyt. Rkk. in der Gasphase, Oxydation in der Gasphase u. in Lsg., Flammenfortpflanzung. — 206 Literaturzitate. (Annu. Rep. Progr. Chem. **47.** 21—44. 1950, ausg. 1951.) H. W. LEVI. 225

J. P. Roberts, *Der Mechanismus des Sinterns.* Überblick über den Stand der heutigen Erkenntnisse. (Metallurgia [Manchester] **42.** 123—30. Aug. 1950. Farnborough, Royal Aircraft Establ.) HABBEL. 225

C. A. McDowell, *Photochemie und Strahlungschemie.* Überblick über die im Berichtszeitraum erschienenen Arbeiten über Photochemie u. Strahlungschemie. Im einzelnen werden folgende Gebiete behandelt: „Atom-photosensitised"Rkk., Best. der Lebensdauer von Reaktionsketten mittels der Sektormeth., Photolyse von Aldehyden u. Ketonen, Photozers. anderer organ. Moll., photoerregte Elektronenübergangs-Rkk., Strahlungschemie. — 90 Literaturzitate. (Annu. Rep. Progr. Chem. **47.** 45—53. 1950, ausg. 1951.) H. W. LEVI. 226

J. D'Ans und **J. Mattner,** *Hemmung katalytischer Wirkungen von Schwermetallen durch Magnesiumhydroxyd.* Im Anschluß an frühere Unterss. über die Hemmung der katalyt. Wirksamkeit kleiner Cu(II)-Mengen durch $Mg(OH)_2$ im alkal. Medium (C. **1952.** 5381 u. C. **1953.** 6208) stellen Vff. fest, daß auch die durch Cu-Spuren beschleunigte Autoxydation alkal. Sulfitlsgg. durch Anwesenheit von $Mg(OH)_2$ sehr verlangsamt wird. Während H_2O_2 u. NH_2NH_2 im sauren Medium nicht merklich miteinander reagieren, so daß sie nebeneinander bestimmt werden können (H_2O_2 durch Titration der mit KJ versetzten Probe mit $Na_2S_2O_3$-Lsg., NH_2NH_2 durch Zusatz von Bicarbonat zur austitrierten Lsg. u. Titration mit KJ-Lsg. ohne Stärkezusatz), tritt im alkal. Medium Rk. ein. Diese wird ebenfalls durch Cu(II) beschleunigt. Da neben der durch Cu(II) beschleunigten Rk. H_2O_2—NH_2NH_2 kaum katalyt. Zers. des H_2O_2 zu beobachten war — eine Rk., die unter entsprechenden Bedingungen sehr rasch erfolgen müßte —, nehmen Vff. an, daß möglicherweise aus H_2O_2 u. der vorliegenden Cu-Verb. Peroxyde des Cu entstehen, die schneller mit NH_2NH_2 reagieren, als sie H_2O_2 oxydierend zers. können. $Mg(OH)_2$ hebt die Wrkg. des Cu(II) prakt. völlig auf; bei Zusatz von SnO_2 wurde merkliche Verlangsamung der Rk. beobachtet. Bei den Verss. wurde Cu(II) als $CuCl_2$-Lsg. zugegeben u. $Mg(OH)_2$ durch Zusatz einer $MgSO_4$-Lsg. zu der alkal. Reaktions-Fl. erzeugt. Die Vernichtung der katalyt. Wirksamkeit des Cu (II) wird in jedem Falle auf Bindung der Cu-Spuren durch das $Mg(OH)_2$ oder das SnO_2 zurückgeführt. Außer Cu(II) werden auch Zn(II), Co(II), Ni(II), Mn(II) u. Cd(II), jedoch nicht Ag(I) gebunden; bei SnO_2 wird die Fähigkeit zur Bindung von Cu(II) u. Zn(II) nachgewiesen. (Angew. Chem. **65.** 368—71. 21/7. 1953. Berlin-Charlottenburg, Techn. Univ., Techn.-Chem. Inst.) J. MATTNER. 227

B. Anorganische Chemie.

F. Fairbrother, *Anorganische Chemie.* Überblick. Der Stoff wird nach den Gruppen des Period. Syst. eingeteilt. — 256 Literaturzitate. (Annu. Rep. Progr. Chem. **47.** 98—125. 1950, ausg. 1951.) H. W. LEVI. 228

Tivadar Kikindai, *Die Halogenkationen.* Vf. diskutiert die gebräuchlichsten Darstellungsverff. von positiven Halogensalzen u. beschreibt bes. die Darst. von *JNO_3* u. *$BrNO_3$* in absol. A. mittels des Kationenaustauschers Amberlite IR 100 H. Außerdem gelingt es, mit Hilfe von Kationenaustauschern auf andere Weise hergestelltes JNO_3 in *J_2SO_4* umzuwandeln. Weiter werden die Eigg. des J^+-Ions bei der Rk. mit J^--Ionen, bei der Hydrolyse mit u. ohne Ggw. von ***Pyridin*** u. bei Rkk. mit *Phenol, Bzl.* u. Verbb. mit Doppelbindungen u. die elektrochem. Eigg. beschrieben. Mit J^- verläuft die Rk. nach $J^+ + J^- \rightarrow J_2$ (bei $p_H < 7$). Sie kann zur quantitativen Best. von J^+-Ionen dienen. Mit H_2O hydrolysieren die Jodsalze nach dem Schema *$JClO_4$* + H_2O → *HJO* + $HClO_4$. In Ggw. von Pyridin tritt eine koordinative Bindung ein, u. die Hydrolyse verläuft dann nach $J(Pyridin)_2ClO_4 + H_2O \rightarrow J(Pyridin)\cdot OH + (Pyridin)\cdot HClO_4$ u. weiter zu $5\,J(Pyridin)\cdot OH \rightarrow 2\,J_2 + (Pyridin)\cdot HJO_3 + 2\,H_2O + 4\,Pyridin$. Durch Behandeln der Jod-Pyridinsalze mit Na_2CO_3 werden Basen der Zus. J(Pyridin)·OH u. $J(Pyridin)_2\cdot OH$ erhalten, die sich sofort in die Anhydride umlagern. Dieser Komplex hat eine Koordinationszahl von 2 u. besitzt eine der folgenden Strukturen: $\left[J\,\begin{matrix}Pyridin\\OH\end{matrix}\right]$ oder $\left[J\,\begin{matrix}Pyridin\\Pyridin\end{matrix}\right]^+ OH^-$. Elektrochem. gesehen verhält sich das J^+-Ion wie ein edles Metall u. hat ein Potential für J^0/J^+ von 1 Volt. In den Cyanhalogenen sind Cl u. Br negativ, während das J in *JCN* positiven Charakter hat. In allen untersuchten Fällen, bei denen es sich um positiv geladene Halogenionen handelt, spielt das Lösungsm. eine bedeutende Rolle, deren Ursache noch zu klären ist. (Bull. Soc. chim. France, Mém. [5] **18.** 799—801. Nov./Dez. 1951. Toulouse, Fac. des Sci., Labor. de Physico-Chim. du Carbone.) SURAWSKI. 245

F. A. Henglein und **H. Sontheimer,** *Über die Umsetzung zwischen Carbonylverbindungen und Metallamalgamen.* Vff. ließen *CO_2*-Gas auf *Na-Amalgam* verschied. Konzz. (0,071—0,52 Gew.-% Na) verschied. Zeiten bei Tempp. zwischen 20 u. 250° unter Rühren einwirken. Es entstanden im wesentlichen *Na-Oxalat* u. *Na_2CO_3* (I). Die besten **Oxalat-**

Ausbeuten wurden bei Zimmertemp. mit einer Amalgamkonz. von 0,071% erhalten. Bei höherer Temp. steigt die I-Ausbeute u. bei höheren Konzz. sinkt die Menge des in der Zeiteinheit umgesetzten Na. Ebenfalls wurden Verss. mit *Zn-*, *Mn-*, *K-*, *Ca-*, *Li-Amalgamen* u. *Na/K-Mischamalgamen* vorgenommen. CO_2 reagiert nicht mit Zn- u. Mn-Amalgam, von Na zum Li sinkt die Oxalatausbeute erheblich bei Zimmertemperatur. Bei Tempp. ab 100° ist die Ausbeute beim K-Amalgam höher als beim Na-Amalgam. Mit fallender Oxalatausbeute nimmt die Carbonatausbeute zu. Zur Aufklärung des Reaktionsmechanismus ließen Vff. *HCHO* (**II**) u. *CH_3CHO* (**III**) auf Amalgame einwirken. Bei der Einw. von **II** bei 0° entsteht nach $Na + CH_2O = -CH_2ONa$ ein Polyoxymethylen. Die Zwischenprodd. der Polymerisation wandeln sich bei hohen Tempp. zu braunen Substanzen um, die positive Cannizzarosche u. Tischtschenko-Rk. zeigten u. die sich in kohlenhydratartige Prodd. umlagern ließen. Bei der Verwendung von **III** entstanden bei 0° 20% *Na-Butandiol* nach $2\,CH_3CHO + 2\,Na = 2\,CH_3-\dot{C}H-ONa = CH_3-CHONa-CHONa-CH_3$. Zum Reaktionsmechanismus wird festgestellt, daß sich prim. Me an die C=O-Doppelbindung anlagert unter Bldg. eines Radikals $R_2\dot{C}-OMe$. Die Rk. kann nur stattfinden, wenn die freie Energie negativ ist. Dieses Radikal kann sich 1. mit einem zweiten zu einem Diolat umsetzen, oder 2. mit einer weiteren Carbonylverb. zu $Me-O-CR_2-O-CR_2-$ reagieren, bzw. 3. das Radikal reagiert mit restlichem Metall (nur bei CO_2) zu Me_2CO_3, diese 3. Rk. ist aber abhängig von dem Potential des verwendeten Amalgams. (Z. anorg. allg. Chem. **267.** 181—88. Jan. 1952. Karlsruhe, TH, Inst. für Chem. Technik.) Moslé. 290

Lies Nijssen und **William N. Lipscomb,** *Über die Frage von Quecksilber(I)-Zwischenprodukten bei Reaktionen zwischen Hg_2Cl_2 und Ammoniak.* Vff. können die Behauptung von Gleditsch u. Egidius (Z. anorg. allg. Chem. **226.** [1936.] 265; **228.** [1936.] 249; **240.** [1938.] 97), daß sich bei der Rk. von Hg_2Cl_2, NH_4Cl u. NH_4OH zu *$Hg_2NCl \cdot H_2O$*, *$HgNH_2Cl$* u. *$Hg(NH_3)_2Cl_2$* intermediär Hg(I)-Verbb. bilden, nicht bestätigen. Auch ordnen Vff. die Röntgendiagramme zum Teil anderen Verbb. als Gleditsch u. Egidius zu. Die Tatsache, daß die Röntgenlinien des Hg_2Cl_2 im Anfang der Präzipitatbldg. nicht in Erscheinung treten, jedoch nach einiger Zeit wieder nachweisbar sind, führen Vff. darauf zurück, daß das Hg_2Cl_2 zunächst oberflächlich von Hg oder anderen Reaktionsprodd. bedeckt wird. Das $Hg_2NCl \cdot H_2O$, dessen Struktur von Lipscomb (C. **1953. 6629**) bestimmt worden ist, scheint neben der kub. auch noch eine leicht verzerrte Modifikation zu haben, wie aus einer Aufspaltung des (222)-Reflexes um 0,6° zu schließen ist. Vff. nehmen an, daß der Grad dieser Aufspaltung ein Maß für die Hydratation oder die Substitution von Cl^- durch OH^- ist. (J. Amer. chem. Soc. **74.** 2113—14. 20/4. 1952. Minneapolis, Minn., Univ. of Minnesota, School of Chem.) B. Reuter. 290

Charles A. Kraus, *Fragmente der Chemie.* 2.—5. Mitt. (1. vgl. C. **1953. 7041.**) *Hydride des Germaniums.* Beobachtete Umsetzungen in fl. NH_3 von GeH_4 mit KNH_2 zu *$KGeH_3$* (neben H_2; mit NH_4Br wird GeH_4 regeneriert); von $NaGeH_3$ mit CH_2Br_2 wahrscheinlich zu *CH_3GeH_3* (50% Umsatz, Rest nicht erfaßt); von Alkylgermanen mit Alkalimetallen zu unbeständigen, nichtflüchtigen Verbb. (vielleicht MGeR). In $C_2H_5NH_2$ reagiert $C_2H_5GeH_3$ mit Li unter Entw. von H_2 u. etwas C_2H_6. $NaGeH_3$ setzt sich in fl. NH_3 mit C_6H_5Br zu Bzl. u. *GeH_2* um (bei —33° fest), das sich in GeH_4 u. 2 *GeH* disproportioniert. GeH_2 (= Ge_2H_4) reagiert mit Na in fl. NH_3 zu einer roten Lsg., (wahrscheinlich [*$NaGeH_2]_2$*), die nach NH_4Br-Zusatz GeH_4 entwickelt. — *Silicium, Germanium* u. *Zinn.* Besprechung von Umsetzungen von R_3AX u. R_2AX_2 mit MAR_3, M_2AR_2 (R = Alkyl oder Aryl; A = Si, Ge oder Sn, vorwiegend Ge; X = Halogen, M = Alkalimetall) u. mit Alkalimetallen in fl. NH_3 (teilweise Ammonolyse) u. organ. Lösungsmitteln bei verschied. Tempp. zu *$([C_6H_5]_3Ge)_2$*, *$([C_6H_5]_2 \cdot Ge)_n$*, *$(C_6H_5)_8Ge_3$* usw., u. zu Verbb. mit Ketten aus Ge mit Si oder Sn u. von Rkk. der $NaAR_3$-Verbb. mit Halogeniden (p-$C_6H_4Cl_2$, $CHCl_3$ u. CCl_4) unter verschied. Bedingungen unter Bldg. von *$C_6H_4([CH_3]_3Sn)_2$*, *$CH([C_6H_5]_3Sn)_3$*, *$Na_3SnCH:CHSnNa_3$*, *$(C_6H_5]_2 \cdot GeCH_3$*, *$([C_6H_5]_3Ge)_2CH_2$* usw. — *Germanium–Siliciumverbindungen.* Während sich durch Rk. von $NaGe(C_6H_5)_3$ mit $CHCl_3$ nicht 3 Germanylgruppen an C binden lassen, entsteht durch Umsetzen mit $SiHCl_3$ krist. *$([C_6H_5]_3Ge)_3SiH$*, dessen H durch OH, NH_2 u. Li substituierbar ist. Es kann mit C_2H_5Br in *$([C_6H_5]_3Ge)_3SiC_2H_5$* übergeführt werden. — Aus 2 $SiCl_4$ u. 8 $NaGe(C_6H_5)_3$ entstehen 2 *$([C_6H_5]_3Ge)_2$* u. *$([C_6H_5]_3Ge)_2Si:Si([C_6H_5]_3 \cdot Ge)_2$*, dessen weitere Umsetzungen (Addieren von 2 Li an die Doppelbindung u. Rk. mit Halogeniden) von Interesse wären. — *Einige andere Silicium- u. Zinnreaktionen.* $SnH(CH_3)_3$ reagiert mit KNH_2 in fl. NH_3 zu *$KSn(CH_3)_3$*, $SiH(C_2H_5)_3$ zu *$([C_2H_5]_3Si)_2 \cdot NK$* + 2 H_2 u. in $C_2H_5NH_2$ (nur in Ggw. von Li) zu *$(C_2H_5)_3SiNHC_2H_5$*. — Beschreibung noch nicht näher untersuchter Rkk. von $([CH_3]_3Sn)_2$ mit $HgCl_2$, PCl_3, $AsCl_3$, $SbCl_3$, $SiCl_4$ u. $SnCl_4$. — $(CH_3)_3$Sn-Halogenide reagieren mit O_2 im Licht zu $([CH_3]_3Sn)_2O$ u. in Ggw. von W. zu Komplexen, wie $([CH_3]_3SnOH)_2 \cdot (CH_3)_3SnBr$. — Gereinigtes $(CH_3)_3 \cdot$ SnBr setzte nach langer Zeit Kristalle, F. 173,5—174° ab, deren Analyse (Mol.-Gew. zu 895 gefunden) u. weitere Umsetzungen noch zu keiner Identifizierung führten. (J. chem. Educat. **29**. 417—18. Aug. 488—91. Okt. 1952. Providence, R. I., Brown Univ.) BLUMRICH. 327

R. Trujillo und **E. Tejera**, *Das ternäre System Kaliumvanadat–Kaliumnitrat–Wasser*. 1. Mitt. Vff. finden beim Messen der Leitfähigkeit von Alkalivanadatlsgg., die mit wachsenden Mengen H_2SO_4 versetzt werden, beim Verhältnis $H^+/VO_3^- = 4/1$ einen Knickpunkt, wie ihn früher schon MEYER u. PAWLETTA (C. **1927**. I. 3062) fanden u. mit der Bldg. von Vanadanion interpretierten; sie beobachten weiter, daß dieser Knick auch erscheint, wenn statt H_2SO_4 Alkalisulfat zugesetzt wird. Ferner finden sie auf den Leitfähigkeitskurven von Ammonvanadat–Ammonnitrat- sowie von Alkalivanadat–HNO_3-Gemischen (NO_3^-/VO_3^- zwischen 1/1 u. 1/10 variiert) Knickpunkte beim Verhältnis $NO_3^-/VO_3^- = 5/1$ bzw. $HNO_3/VO_3^- = 3/1$, die durch Bldg. von Verbb. veranlaßt sein könnten. Es wird daher das tern. Syst. $KVO_3-KNO_3-H_2O$ bei 25° nach der Meth. der feuchten Rückstände durch Analysieren der Lsgg. u. des mit wenig Lsg. im Gleichgewicht stehenden feuchten festen Körpers untersucht. Als Bodenkörper werden KVO_3, KNO_3 sowie $KVO_3 + KNO_3$ gefunden; wie aus dem Diagramm ersichtlich, wird eine Verb. zwischen KVO_3 u. KNO_3 nicht gebildet. (An. Real Soc. españ. Física Quím., Ser. B **47**. 495—500. Juli/Aug. 1951. La Laguna, Univ., Fac. de Ciencias e Inst. „Alonso Barba" del C. S. de I. C.) v. DECHEND. 330

R. Trujillo und **L. Pastor**, *Das ternäre System Kaliumvanadat–Kaliumsulfat–Wasser*. 2. Mitt. (1. vgl. vorst. Ref.). Um zu prüfen, ob der Knickpunkt, der auf den Leitfähigkeitskurven von Alkalimetavanadat–H_2SO_4- bzw. –Alkalisulfat-Gemischen beim Verhältnis H^+/VO_3^- oder $\frac{1}{2}$ $Me_2SO_4/MeVO_3 = 4/1$ erscheint, durch Bldg. einer Verb. hervorgerufen wird, untersuchen Vff. das tern. Syst. $KVO_3-K_2SO_4-H_2O$ bei 25° nach der gleichen Meth. wie in der 1. Mitteilung. Die Löslichkeit des KVO_3 u. K_2SO_4 ist 9,74 bzw. 63,00 g je 100 cm³ Lösung. Beide Löslichkeitskurven treffen sich in einem Punkt, der 2,42% KVO_3, 11,19% K_2SO_4 u. 86,39% H_2O entspricht u. die mit beiden Salzen gesätt. Lsg. darstellt; eine neue Verb. wird nicht gebildet. — Einzelheiten über die Analysenmethoden (Sulfatbest. mit Ba-Acetat konduktometrisch). (An. Real Soc. españ. Física Quím., Ser. B **47**. 501—03. Juli/Aug. 1951.) v. DECHEND. 330

Josef Wernet, *Das Verhalten von Titan-, Niob- und Tantalverbindungen in Salzsäure als Grundlage einer neuen präparativen Trennungsmethode.* Die Trennung dieser Elemente kann bei 0° erfolgen durch Einleiten von HCl in die wss. Aufschlämmung der Oxydhydrate oder in eine Lsg. von komplexen Verbb. (Weinsäurekomplexe) oder in die mit SO_2 red. Lsg. der Peroxyde oder in die salzsaure Lsg. bzw. Suspension der Chlorierungsprodukte. Durch NH_4Cl-Zusatz kann aus dieser Lsg. Ti als $(NH_4)_2TiCl_6$ (I) bzw. Ti u. Nb als I–$(NH_4)_2NbOCl_5$ abgeschieden werden. Ti kann dann vom Nb weiter unter bestimmten Versuchsbedingungen als I abgetrennt werden. Bei der Trennung Ti–Nb werden Ti-Gehh. bis zu 3% TiO_2 in Nb_2O_5 in einem Arbeitsgang auf <0,07% gesenkt. Bei gleichen Gewichtsteilen TiO_2–Ta_2O_5 gelang die Trennung bis auf <1% TiO_2 im Ta_2O_5. Sehr ausführliche Arbeitsvorschriften für die Trennung Ti–Nb u. Ti–Ta. Die Darst. von $NbCl_5$, $NbOCl_3$, $TaCl_5$ (aus den Pentoxyden u. $SOCl_2$) u. die Eigg. der Oxydhydrate von Ti, Nb u. Ta werden mitgeteilt. Die Löslichkeiten der Oxydhydrate u. ihrer Gemische in HCl-gesätt. Lsg. wurden untersucht. Die Löslichkeit von I beträgt in 100 ml HCl-gesätt. Lsg. bei 0° bei 2 g NH_4Cl-Zusatz 1,4 mg Ti, bei 3 g NH_4Cl 0,8 mg Ti u. bei 4 g NH_4Cl 0,5 mg Ti. (Z. anorg. allg. Chem. **267**. 213—37 Jan. 1952. Freiburg/Br., Univ., Chem. Labor., Anorgan. Abt.) MOSLÉ. 332

Archie S. Wilson und **Henry Taube**, *Die Affinitäten des Chrom(III)-Ions und des Galliumions für das Fluoridion.* Vff. untersuchten die Gleichgewichte in Lsgg., die Cr^{3+}, H^+, F^- u. ClO_4^- enthielten. Die Einstellung des Gleichgewichtes $Cr^{3+} + HF \rightleftharpoons CrF^{2+} + H^+$ erfolgt sehr langsam (11 Wochen). Zur Berechnung der Gleichgewichtskonstanten erfolgte nach Zugabe von Fe^{3+} Best. der F^--Konz. spektrophotometr. bei 325 mμ mittels eines BECKMAN-Spektrophotometers Modell DU. Bei 25° u. der Ionenstärke $\mu = 0,5$ ergab sich für $K_1 = [CrF^{2+}][H^+]/[Cr^{3+}][HF] = 26,0$. Für die 2. u. 3. Stufe ist $K_2 = 2,54$ u. $K_3 = 0,35$. Unter gleichen Bedingungen fanden Vff. für Fe^{3+} $K_{Hydrol.}$ $1,6 \cdot 10^{-3}$ u. für $Ga^{3+}K_{Hydrol.}$ $1,2 \cdot 10^{-3}$. Dem Gleichgewicht $Ga^{3+} + HF \rightleftharpoons GaF^{2+} + H^+$ entspricht $K_1 = 1,2 \pm 0,2 \cdot 10^2$. (J. Amer. chem. Soc. **74**. 3509—12. 20/7. 1952. Chicago, Ill., Univ., George Herbert Jones Labor.) PLUST. 335

Henry Albers, Martin Deutsch, Walter Krastinat und **Horst von Osten,** *Über flüchtige organische Uranverbindungen.* Zur Prüfung der Flüchtigkeits- u. Löslichkeitseigg. organ. U(IV)-Verbb. werden Alkoholate, 1.3-Diketonkomplexe u. komplexe Alkoxoverbb. dargestellt. Von diesen Verbb. zeichnet sich das *Uran(IV)-aluminiumisopropylat* (I), $C_{48}H_{112}O_{16}Al_4U$, durch eine relativ hohe Flüchtigkeit u. Beständigkeit aus. Für die Darst. von I werden in einer im Original beschriebenen App. 0,12 Mol einer benzol. Al-Isopropylat-Lsg. zu einer benzol. Na-Isopropylat-Lsg. (hergestellt aus 2,7 g Na u. 50 cm^3 Isopropylalkohol in 110 cm^3 Bzl.) gegeben, worauf sich *Natriumaluminiumisopropylat* (II) als voluminöser, gallertartiger Nd. abscheidet. Zu dieser II-Lsg. werden 167,7 cm^3 einer UCl_4-Lsg., hergestellt aus 300 cm^3 Isopropylalkohol, 26 g UCl_4 u. 50 cm^3 Bzl., gegeben. Nach 3std. Erhitzung unter Rückfluß sind keine festen Anteile von II mehr sichtbar, das Reaktionsgemisch ist trübe u. grün gefärbt. Zur Aufarbeitung wird das Lösungsm. im inerten Gasstrom zunächst bei Normaldruck, dann bei 1 mm u. 60° abdest., es verbleiben ca. 15 cm^3 eines zähfl., grün-weißen Reaktionsprod., aus dem bei 0,001 mm u. 95—97° 14,5 g (37,4%) I in Form eines grasgrünen dickfl. Öles erhalten werden. I, das die Viscosität von Glycerin hat u. auch bei —80° nicht zur Kristallisation gebracht werden konnte, überzieht sich bei Luftzutritt mit einer feinen Haut u. ist in Pentan, Heptan, Cyclohexan, Bzl. u. Alkoholen in der Kälte leicht löslich. Nach mehreren Monaten erstarrte eine unter N_2 eingeschmolzene u. lichtgeschützte Substanzprobe langsam zu grün-weißen Nadelbüscheln, die nach weiteren Monaten sich zers. u. den braunen bis schmutzig-gelben charakterist. Farbton von Uranylverbb. annahmen. Bei Verminderung der Isopropylatmenge um die Hälfte wurde *Dichloruran(IV)-bis-aluminiumisopropylat* (III), $UCl_2[Al(OC_3H_7)_4]_2$, nach sonst analogem Verf. erhalten. III, das in seinem Verh. dem I sehr ähnelt, fällt ebenfalls als nichtkristallisierendes, olivgrünes Öl vom $Kp._1$ 160—167° ($Kp._{0,01}$ 111—120°) an; mit W. tritt sofortige Zers. ein, Luftzutritt führt unter Bldg. gefärbter Zwischenprodd. zur Oxydation. Eine vorläufige Messung des Absorptionsspektr. von I in Cyclohexan zeigte Endabsorption im Gebiet von 400 mμ. Für die Struktur der Uranaluminiumalkoholate wird die Formel eines mehrkernigen Komplexes mit Würfelstruktur für wahrscheinlich gehalten, während für III Oktaederstruktur mit der Koordinationszahl 6 diskutiert wird. Darst. von *Urantetraäthylat*, $U(OC_2H_5)_4$: bei Zugabe von 0,20 Mol einer titrierten Lsg. von Na-Äthylat in absol. A. zu 0,05 Mol UCl_4 in absol. A. erhältlich als hellgrünes Kristallisat, sehr O_2-empfindlich, färbt sich bei Luftzutritt unter Auftreten von Acetaldehydgeruch sofort schwarz. Bei einer entsprechenden Rk. von UCl_4 mit Na-Isopropylat trat UO_2-Abscheidung ein, ein einheitliches Reaktionsprod. konnte nicht isoliert werden. Rk. von UCl_4 mit tert.-Butylalkohol führte unter UO_2-Abscheidung zur Bldg. von Isobutylen u. tert.-Butylchlorid. *Uransäurediisoamylester*: aus UO_2Cl_2 u. Alkoholat in amylalkoh. Lsg. erhältlich als tiefrote, nicht kristallisierbare Verb., gegen trockene Luft beständig, lösl. in Bzl., Heptan u. Cyclohexan, jedoch nicht flüchtig. *Uran(IV)-propionat* (IV): bei Zugabe von 38 g UCl_4 im Verlauf von 1 Std. bei 70—80° zu 15 g über P_2O_5 dest. Propionsäure u. anschließender 4std. Erhitzung am Rückfluß erhältlich als grüne Stäbchen, die auch in reinem Zustand nach Propionsäure riechen u. sich an feuchter Luft bald zu gelblichem *Uranylpropionat* oxydieren. *Uran(IV)-acetylacetonat* (V): äquimol. Mengen von IV u. Acetylaceton werden in sorgfältig getrocknetem Dibutyläther (auch PAe., Kp. 70—80°, ist verwendbar) gelöst u. im geschlossenen Kolben unter N_2-Atmosphäre u. Lichtabschluß erwärmt. Beim Erkalten krist. V in grünen Kristallen aus, F. 175° (aus Cyclohexan), in den meisten organ. Lösungsmitteln gut lösl., sublimiert langsam bei 0,0001 mm u. 190°. *Uran(IV)-benzoylacetonat*: aus IV u. Benzoylaceton in Bzl., konnte jedoch nur als amorphes, rotbraunes Pulver in schlecht definierter Form erhalten werden. *Uran(IV)-dibenzoylmethan* (VI), $U(C_6H_5-CO-CH{=}CO^{\ominus}-C_6H_5)_4$, 10,6 g IV u. 20 g Dibenzoylmethan in 50 cm^3 Bzl. für ½ Std. am Rückfluß kochen, der gebildete Komplex scheidet sich erst auf Zusatz von Heptan als rotbraunes krist. Rohprod. ab. Zur Abtrennung der mitgebildeten UO_2-Verb., $UO_2(C_6H_5-CO-CH{=}CO^{\ominus}-C_6H_5)_2$ (VII), eignet sich am besten die Extraktion mittels gereinigten u. getrockneten CCl_4, wobei in der Hülse der größte Teil der orangefarbenen UO_2-Komponente zurückbleibt. Nach mehrmaligem Umkristallisieren fällt VI in schwarzvioletten Stäbchen an, F. 192—193°; aus den Kristallisationsmutterlaugen scheiden sich noch nicht näher untersuchte gelbe Kristalle ab, die sich an der Luft in VII umwandeln. VII, aus CCl_4, schm. bei 233—235° (Zers.). Bei Verss., die U(IV)-Komplexe des *Acetylbrenztraubensäureäthylesters* u. des *Acetondicarbonsäureäthylesters* darzustellen, entstanden entweder nicht kristallisierende u. uneinheitliche oder überaus zersetzliche Reaktionsprodukte. Verhältnismäßig beständig scheint das Reaktionsprod. von IV mit *Acetylpinakolin* zu sein, doch konnten infolge der leichten Löslichkeit in allen organ. Lösungsmitteln definierte Kristalle nicht erhalten werden. Auch Verss., *U(IV)-Phenolate* herzustellen, schlugen unter verschied. Bedingungen fehl (untersucht wurden hierfür: *Phenol, Brenzcatechin, Resorcin, Hydrochinon, Thiophenol, o-* u. *p-Nitrophenol, 2.4.6-Trichlorphenol*). Die Darst. aller hier beschriebenen Verbb. gelingt nur unter peinlichem Luft- u. Feuchtigkeitsausschluß im N_2- bzw. H_2-Strom. (Chem. Ber. **85.** 267—78. 1952. Danzig, ehemalige TH, Organ.-chem. Inst.) SPARMANN. 339

Henry Albers und **Siegfried Lange,** *Über die Bildung von Alkylammoniumuranyldithiocarbaminaten aus Uran(IV)-Verbindungen.* (Vgl. vorst. Ref.) Durch Zusammengeben von *UCl_4* u. Dialkyldithiocarbaminaten in organ. Lösungsmitteln entstehen, in einigen Fällen über die isolierbaren Zwischenstufen unbeständiger, licht- u. luftempfindlicher U(IV)-Verbb., durch oxydoreduktive Disproportionierungs-Rkk. *Alkylammoniumuranyldithiocarbaminate* (**I**). Durch Variation der Alkylsubstituenten sind deren Löslichkeiten in organ. Lösungsmitteln u. in W. weitgehend zu beeinflussen. Vff. diskutieren den Reaktionsmechanismus für die Bldg. der **I**. Zur Vermeidung der Hydrolyse der U(IV)-Salze wurden die Umsetzungen in einem Alkohol, in Essigester oder Aceton als Lösungsm. durchgeführt. Hierbei zeigte sich, daß U^{4+} mit dem im gleichen Lösungsm. gelösten *Dialkylammoniumdialkyldithiocarbaminat* (**II**) in Rk. tritt: UCl_4 + $4\,[R_2N\cdot CS_2][R_2NH_2] \rightarrow U[R_2N\cdot CS_2]_4 + 4\,[R_2NH_2]Cl$. Es konnten als Tetradithiocarbaminate aufgefaßte Zwischenprodd. isoliert werden, welche die für U(IV)-Verbb. charakterist. grüne Farbe zeigten. Diese setzen sich unter dem Einfl. des Lichtes alsbald weiter um zu roten *Ammoniumuranyl-tris-dithiocarbaminaten*: $U(R_2N\cdot CS_2)_4 \xrightarrow{+O+H_2O} [UO_2(R_2N\cdot CS_2)_3][R_2NH_2](+CS_2)$. Ein ausführlicherer, möglicher Reaktionsverlauf, unter Annahme von bas. U-Verbb., wird diskutiert. Die qualitativen Löslichkeitsverhältnisse in W., Ae., A., Aceton, Essigester, aliphat. u. aromat. KW-stoffen, CS_2, $CHCl_3$, CCl_4, Glykol, Chlorbenzol u. Anisol folgender **I** der allg. Zus. $\left[UO_2\left(S_2C\cdot N{<}^{R'}_{R''}\right)_3\right]^{\ominus}\cdot\left[H_2N{<}^{R'}_{R''}\right]^{\oplus}$ werden untersucht: R′ = R″ = *CH_3* (**III**); R′ = R″ = —*$(CH_2)_5$*— (**IV**); R′ = CH_3, R″ = *$CH(CH_3)_2$* (**V**); R′ = R″ = *C_2H_5* (**VI**); R′ = CH_3, R″ = *$CH_2CH\cdot(CH_3)_2$* (**VII**); R′ = CH_3, R″ = $CH[CH(CH_3)_2]_2$ (**VIII**); R′ = R″ = $CH_2\cdot CH(CH_3)_2$ (**IX**); R′ = CH_3, R″ = *$CH_2\cdot CH_2\cdot CH(CH_3)_2$* (**X**); R′ = CH_3, R″ = *$CH(CH_3)\cdot C(CH_3)_3$* (**XI**); R′ = R″ = *n-C_4H_9* (**XII**); R′ = CH_3, R″ = *$(CH_3)_2\cdot CH$*— 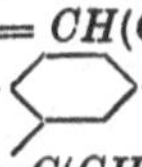 —*CH* (**XIII**); R′ = R″ = $CH_2\cdot CH_2OH$ (**XIV**); R′ = CH_3, R″ = *$CH(CH_3)\cdot CH_2\cdot C(CH_3)_2\cdot OH$* (**XV**). In Bestätigung bekannter Regeln ergibt sich in diesen Verbb. der Zusammenhang zwischen Löslichkeit u. Konst.: mit steigender Kettenlänge der Alkylsubstituenten u. mit wachsendem Verzweigungsgrad der Alkyle steigen die Löslichkeiten in organ. Lösungsmitteln. Während die hydroxylfreien **I** in W. unlösl. sind, ergibt die Einführung von Oxygruppen in den Alkylrest eine ausgezeichnete Wasserlöslichkeit, aber auch prakt. Unlöslichkeit in den organ. Medien. Die Einführung einer tert. Oxygruppe am Isohexylrest von **XV** führt bei Erhaltung der Wasserlöslichkeit zu einer beachtlichen Erhöhung der Löslichkeit in organ. Lösungsmitteln. Bei der Oxydation eines der beständigeren **I**, des *2-Methylamino-3.3-dimethylbutans* (**XVI**) enthaltenden **XI**, konnte das *Thiuramdisulfid* von **XVI**, $C_{16}H_{32}N_2S_4$, F. 132°, aus Essigester erhalten werden.

V e r s u c h e : Die Dialkyldithiocarbaminate werden durch Zusammengeben von 1 Mol Amin mit ½ Mol CS_2 in äther. Lsg. unter Kühlung hergestellt. Nach Abdampfen des Ae. fällt das Dialkyldithiocarbaminat des verwendeten Dialkylamins meist krist. an u. kann nach Trocknung ohne besondere Reinigung verwendet werden. Zur Darst. der UO_2-Komplexe wird reines UCl_4 in einem der oben genannten, wasserfreien Lösungsmittel gelöst. Die im gleichen Lösungsm. gelösten **II** werden in 20%ig. Überschuß der UCl_4-Lsg. zugegeben, auf dem Wasserbad kurz erwärmt u. die ausfallende UO_2-Verb. abfiltriert. **XVI**: hergestellt nach dem Verf. der reduzierenden Kondensation (D. R. P. 617 536 Kl.12o vom 2/7. 1931) aus *Pinakolin* u. *Methylamin*, dünnfl., farblose Base, Kp. 113—114°; Pikrat, F. 181°; Pikronolat, F. 218° (Zers.); Hydrochlorid, F. 186°. Hieraus durch Rk. mit UCl_4 in Aceton **XI**, $C_{31}H_{66}O_2N_4S_6U$, dunkelrote Kristalle, aus Essigester, Zersetzungspunkt 207,5°. *2-Äthylamino-3.3-dimethylbutan*, nach analogem Verf. aus Pinakolin u. Äthylamin, Kp. 127°; Pikrat, F. 131,5°; Pikronolat, Zersetzungspunkt 227—228°. *3-Methylamino-2.4-dimethylpentan*, aus Diisopropylketon u. Methylamin, farblose Fl., Kp. 135—136°; Pikronolat, F. 177—178°; Hydrochlorids F. 212°. Hieraus **VIII**, $C_{35}H_{74}O_2N_4S_6U$, rote Kristalle, aus Methanol, F. 213,5°. *3-Methylaminomenthan*, aus Menthan u. Methylamin, Kp. 209—210°; Pikronolat, F. 201 bis

202°; Pikrat, F. 152,5°. Hieraus **XIII**, $C_{47}H_{90}O_2N_4S_6U$, rote Kristalle aus Methanol, F. 175—177°. *2-Methylamino-4-methylpentanol-(4)* (vgl. C. **1932**. II. 3013), Kp. 175 bis 176°; Pikrat, F. 138°; bei der Darst. erwies sich der unter dem Einfl. des Methylamins eintretende teilweise Zerfall des *Diacetonalkohols* in Aceton als störend, so daß die Ausbeute nur 22% betrug. Hieraus **XV**, das erst nach längerem Stehen zu roten Kristallen erstarrte. **XIV**, $C_{19}H_{42}O_{10}N_4S_6U$, durch Umsetzung von **Diäthanolamin** u. CS_2 in wss. Lsg., anschließende Rk. des nur als zähfl. Öl zu erhaltenden **II** mit UCl_4, rote Kristalle, aus Methanol, Zersetzungspunkt 167—168°. **III**, $C_{11}H_{26}O_2N_4S_6U$, rotbraune Kristalle aus Pyridin, Zers. ab 180°. **IV**, $C_{23}H_{42}O_2N_4S_6U$, rote Kristalle aus Alkohol. **VI**, $C_{19}H_{42}O_2N_4S_6U$, gelbbraune Kristalle aus Aceton, Zers. ab 185°. **VII**, $C_{23}H_{50}O_2N_4S_6U$, gelbe Nadeln aus Aceton, F. 92—94°. **IX**, $C_{35}H_{74}O_2N_4S_6U$, hellrote Kristalle aus Essigester + Ae., F. 178,5°. **X**, $C_{27}H_{58}O_2N_4S_6U$, rote Kristalle aus Aceton, F. 164—166°. **XII**, $C_{35}H_{74}O_2N_4S_6U$, rote Kristalle aus Methanol, F. 153,5°. (Chem. Ber. **85**. 278—85. 1952.) Sparmann. 339

Leonard I. Katzin und **John R. Ferraro,** *Das System Kobalt(II)-chlorid–Wasser–tert.-Butylalkohol bei 25°.* (Vgl. C. **1953**. **7240**.) Das Syst. zeigt ein Gebiet mit zwei fl. Phasen im Gleichgewicht. Als Gleichgewichtsbodenkörper werden das Hexa-, Di- u. Monohydrat gefunden. Der wasserfreie Bodenkörper enthält wahrscheinlich Alkohol. (J. Amer. chem. Soc. **75**. 3825—27. 5/8. 1953. **Argonne Nat. Labor., Chem. Div.**) R. Levi. 355

Sture Fronaeus, *Eine potentiometrische und extinktiometrische Untersuchung des Kupfernitrit-Komplexsystems.* Vf. untersucht die Komplexizität des Kupfernitrit-Komplexsyst. mit Hilfe von potentiometr. (Glaselektrode, Radiometer Typ G 100) u. extinktiometr. (Beckman-Quarz-Spektrophotometer, Modell DU) Messungen bei den Wellenlängen 725, 465 u. 430 mμ, einer Ionenstärke der Lsgg. von I = 1 C [Gemisch $NaClO_4$ + NH_4ClO_4 (potentiometr.) bzw. $NaClO_4$ (extinktiometr.)] u. einer Temp. von 20°. Als Austauschligand wird NH_3 verwendet. Bei einer NH_3-Konz. ~50 mC liegt in jedem Fall unabhängig von der NO_2^--Ionenkonz. der Tetramminkomplex vor. Die NO_2^--Ionenkonz. (A) wird in den Grenzen 0—300 mC variiert, die NH_3-Konz. zwischen $2{,}65 \cdot 10^{-2}$ u. 101 mC (B). Mit beiden Methoden werden in guter Übereinstimmung die beiden Komplexbildungskonstanten β_1 u. β_2 für die Komplexe MA u. MA_2 zu 17 ± 2 C^{-1} bzw. 20 ± 1 C^{-1} u. 30 ± 8 C^{-2} bzw. 45 ± 5 C^{-2} bestimmt. Die experimentellen Daten machen auch die Existenz eines Komplexes MA_3 wahrscheinlich, doch ist seine Bildungskonstante aus den durchgeführten Messungen nicht zu berechnen. Aus den potentiometr. Messungen werden außerdem die Konstanten $\beta_{0,1}$, $\beta_{1,1}$ u. $\beta_{2,1}$ für die Komplexe MB, MAB u. MA_2B zu $(1{,}40 \pm 0{,}05) \cdot 10^4$ C^{-1}, $(1{,}9 \pm 0{,}2) \cdot 10^5$ C^{-2} u. $(1{,}3 \pm 0{,}5) \cdot 10^5$ C^{-3} berechnet. (Acta chem. scand. **5**. 139—56. 1951. Lund, Univ., Dep. of Inorg. and Phys. Chem., Chem. Inst.) Link. 358

A. van der Wiel, *Ein Verfahren zur schnellen Herstellung von Osmat- und Ruthenatlösungen aus den entsprechenden Metallen.* Zur Gewinnung konz. OsO_4^{2-}- bzw. RuO_4^{2-}-Lsgg. wird das pulverförmige Metall mit festem $K_2S_2O_8$ in einer sd. 4n NaOH-Lsg. oxydiert. (Chem. Weekbl. **48**. 597. 16/8. 1952. Amsterdam, Inst. voor kernphys. Onderzoek.) Wesly. 366

C. Mineralogische und geologische Chemie.

Herbert Haberlandt, *Neue fluorescenzmikroskopische Beobachtungen bei Mineralien.* Vf. untersucht eine Reihe fluorescierender Minerale in Dünnschliffen mit dem Fluorescenzmikroskop. Es konnten in Gesteinen kleine *Sodalith-* u. *Cerapatit*-Einschlüsse festgestellt werden. Ferner wurden in *Bergkristallen* goldgelb fluorescierende Einschlüsse in Hohlräumen u. Haarrissen festgestellt, bei denen es sich wahrscheinlich um KW-stoffe handelt. Schließlich wurde noch ein porphyrinhaltiger *Kalkspat* von Deutsch-Altenburg u. Einschlüsse in einer Hochofenzerfallsschlacke untersucht. (Mikroskopie [Wien] **7**. 75—84. 1952. Wien, Univ., Mineralog. Inst.) Hiller. 372

G. M. Wirowljanski, *Kombinierte Untersuchung von Erzen im Mikroskop im reflektierten und durchfallenden Licht.* Mit Hilfe der beschriebenen App. werden die erzbildenden Mineralien unabhängig vom Grad ihrer Lichtdurchlässigkeit am gleichen unbedeckten durchsichtig polierten Schliff im kombinierten reflektierten u. durchfallenden Licht untersucht. (Записки Всесоюзного Минералогического Общества [Schr. Allunions mineralog. Ges.] [2] **79**. 304—06. 1950. Moskau, Wiss. Forschungsinst. für chem. Montanrohstoffe.) Lebtag. 372

O. F. Tuttle, *Ursprung der gegensätzlichen Mineralogie extrusiver und plutonischer saurer Gesteine.* Vf. untersucht den unterschiedlichen Mineralbestand bei Erguß- u. Tiefengesteinen von gleichem Chemismus. So zeigen die *Quarze* der Ergußgesteine im Gegensatz zu denen der Tiefengesteine keine Einschlüsse u. haben die Hoch–Niedrig-Temperaturumwandlung durchgemacht. Tiefergreifende Unterschiede sind bei den *Alkalifeldspäten* infolge der Entmischung zu beobachten. Der bei hoher Temp. einheitliche Feldspat entmischt sich beim Abkühlen in eine K- u. eine Na-reiche Komponente (*Perthit*). Neben den Perthit–Quarz-Graniten gibt es jedoch *Mikroklin–Plagioklas*–Quarz-Granite von gleichem Chemismus. Bei ihnen ist zu der Entmischung Rekristallisation getreten, durch welche die Perthite in *Orthoklas* u. Plagioklas umgewandelt wurden. Diese Vorgänge sind bes. wichtig in Ca-armen, sauren Gesteinen, da bei Anwesenheit von Ca schon bei hoher Temp. zwei Feldspäte existieren. Durch solche Entmischungen können in den Tiefengesteinen wesentliche Unterschiede im Mineralbestand u. der Struktur gegenüber den Ergußgesteinen geschaffen werden. (J. Geology **60.** 107—24. März 1952. Washington, D. C., Geophys. Labor.) HILLER. 378

C. B. Collins, R. M. Farquhar und **R. D. Russell,** *Variationen der relativen Häufigkeiten der Isotope von gewöhnlichem Blei.* Vff. haben eine Reihe von Proben von gewöhnlichem Pb u. von Pb-Mineralien, die, soweit wie möglich, datiert waren, massenspektrometr. auf ihre isotop. Zus. untersucht. Eine Analyse nach der Meth. der kleinsten Quadrate ergab für die Zeit, zu der alle Proben die gleiche isotop. Zus. hatten, u. damit für das Alter der Erdkruste $3,5 \pm 0,2 \cdot 10^9$ Jahre. Das Verhältnis $^{206}Pb/^{204}Pb$ betrug zu dieser Zeit 11,33 u. das Verhältnis $^{207}Pb/^{204}Pb$ 13,55. Aus der Berechnung der mittleren isotop. Zus. von Pb zu verschied. Zeiten resultiert eine maximale Bildungszeit der Elemente von $5,5 \cdot 10^9$ Jahren. (Physic. Rev. [2] **88.** 1275—76. 15/12. 1952. Toronto, Can., Univ. of Toronto, Dep. of Phys.) CONRAD. 378

H. J. Eichhoff und **H. E. Reineck,** *Uran–Vanadin-Kerne mit Verfärbungshöfen in Gesteinen.* Auf Grund chem., spektrochem. u. spurenradiograph. Analysen von Kernen mit Bleichungshöfen aus dem Oberrotliegenden des Nahegebietes konnten radioakt. u. inakt. V-Kerne nachgewiesen werden. Die Entstehung der Höfe wird als eine Fortführung des farbgebenden Hämatits aufgefaßt, wobei die grüne Farbe des Muttergesteins freigelegt wird, welche in keinem Zusammenhang mit dem hierbei red. Fe steht. Die Hofbldg. wird nicht durch die Radioaktivität der Kerne hervorgerufen. In den akt. V-Kernen wurden C u. Seltene Erden nachgewiesen. (Neues Jb. Mineralog., Mh. **1952.** 294—314. Jan. 1953. Mainz, Univ., Anorgan. Chem. u. Geolog. Inst.) EICHHOFF. 378

H. J. Eichhoff und **H. E. Reineck,** *Sekundäre Verfärbungen durch Herauslösen von Hämatit aus Gesteinen. Ein Beitrag zur Rot–Grün-Verfärbung.* (Vgl. vorst. Ref.) Fe-Analysen u. Dichtebestimmungen von rotem u. grünem bzw. weißem Material gleicher Schichten, sowie künstlich hervorgerufene Verfärbungen führen zu dem Schluß, daß der Farbwechsel lediglich durch ein Herauslösen des rotfärbenden Hämatits verursacht wurde. (Neues Jb. Mineralog., Mh. **1952.** 315—24. Jan. 1953.) EICHHOFF. 378

L. P. Jermilowa und **W. A. Molewa,** *Über den Creedit aus Kasachstan.* In Kasachstan kommt der *Creedit* (**I**) in verschied. Oxydationszonen, bes. in Quarzadern, vor. **I** ist zweiachsig,-opt. negativ; 2 V = 64—65°; merkliche bis starke Dispersion; r > v; c/n = 41 bis 42°; n = 1,481—1,484; n_m = 1,473—1,478; n_p = 1,458—1,462. Bei der Varietät mit porzellanartigem Bruch ist n_g–n_p = 0,024—0,21 beim Brechungsindex 1,473—1,478. Das **I**-Thermogramm weist endotherme Punkte bei 420—450° u. 790—810° auf, ferner exotherme Punkte bei 560—570° u. 690—700° (nicht immer). Die chem. Analyse entspricht $Ca_3Al_2(F, OH)_{10}(SO_4) \cdot 2 H_2O$. **I** gehört zu den Spätmineralien der Oxydationszone. Als Hauptquelle für dessen F sind Topas u. Fluorit anzusehen. Der von DORFMAN (C. **1952.** 4585) als neues Mineral beschriebene *Beljankit* ist in jeder Beziehung ident. mit **I.** (Доклады Академии Наук СССР [Ber. Akad. Wiss. UdSSR] [N. S.] **88.** 905—08. 11/2. 1953.) LEBTAG. 380

L. M. Miropolski und **N. M. Kowjasin,** *Über den Gips der Ablagerungen des Goteriws in der Tatarischen ASSR und den angrenzenden Bezirken des Uljanowsker Gebiets.* Die Goteriw-Ablagerungen in der TatarASSR bestehen in ihrer Basis aus einer dünnen Zwischenschicht von *Phosphorit*-Konglomerat, auf welcher eine bis 30 m dicke *Ton*-Schicht lagert. Es werden einige Angaben über die Zus. dieser Tone gemacht (bes. die Mineralvorkk.) u. anschließend sämtliche Eigentümlichkeiten u. Eigenformen des Gipsvork. ausführlich beschrieben. (Доклады Академии Наук СССР [Ber. Akad. Wiss. UdSSR] [N. S.] **70.** 481—84. 21/1. 1950. Kasan, Lenin-Univ., Geolog. Inst. der Kasaner Zweigstelle der Akad. der Wiss. der UdSSR.) v. WILPERT. 380

F. W. Tschuchrow, *Bildung von Jarositen in der Oxydationszone.* Kalium- u. Natriumjarosite sind innerhalb der Oxydationszonen solcher Mineralvorkk. vielfach vertreten, die größere Mengen von Pyrit, Markasit oder Pyrrhotin in den Primärerzen enthalten. Es werden Schlußfolgerungen aus den Ergebnissen langjähriger entsprechender Forschungen in Kasachstan besprochen, die sich auf die Entstehung der Jarosite innerhalb saurer Massen beziehen. U. a. wird die Anschauung hervorgehoben, daß die Bldg. dieser Minerale von den klimat. Verhältnissen abhängen muß. (Доклады Академии Наук СССР [Ber. Akad. Wiss. UdSSR] [N. S.] **72.** 781—83. 1/6. 1950.) v. Mickwitz. 380

N. W. Rengarten, *Lomontit und Analcim aus den Sedimenten des unteren Jura im nördlichen Kaukasus.* Die beiden Mineralien bilden den Hauptbestandteil der im Titel genannten *Malka-Zeolithe.* Die Kristalle sind farblos, die Größe der Einzelindividuen beträgt für Lomontit 0,02—0,15 mm, Analcim bildet formlose milchweiße Ausscheidungen oder wasserdurchsichtige Kristallanhäufungen (Durchmesser 0,5—0,8 mm). Aus der Analyse wurde für die Analcim die Zus. $Na_2Al_2Si_4O_{12}\cdot 2H_2O$, für Lomontit $(Ca, Mg)Al_2Si_2O_{12}\cdot 3\,H_2O$ festgestellt. Beschreibung der Formen u. voraussichtlichen Entstehung beider Mineralien. (Доклады Академии Наук СССР [Ber. Akad. Wiss. UdSSR] [N. S.] **70.** 485—88. 21/1. 1950. Inst. für geolog. Wiss. der Akad. der Wiss. der UdSSR.) v. Wilpert. 380

S. C. Robinson, *Vorkommen von Uran in dem Lake-Athabasca-Gebiet.* Es wurden 2 Gruppen von Uranlagerstätten gefunden. Die epigenet. bilden Gänge, u. die syngenet. treten als Pegmatite oder pegmatit. Granite auf. In beiden Gruppen treten Überschneidungen auf, auch können wieder Typen mit Übergängen ineinander unterschieden werden. Epigenet. wurde *Pechblende,* kryptokristalliner *Uraninit* u. selten *Thucholith* u. *Hisingerit* abgeschieden. In der pegmatit. Gruppe ist das Hauptmineral Uraninit neben örtlichem radioakt. *Monazit, Zirkon, Titanit* u. *Apatit.* Das Alter errechnet sich zu $5-22\cdot 10^8$ Jahren. (Canad. Mining metallurg. Bull. **45.** 204—07. April 1952.) Ensslin. 383

W. I. Karmasin, *Über die Bindung des Phosphors mit Manganmineralien in Manganerzen.* Durch mineralog. Unters. der Erzfraktionen von bestimmter D. u. bestimmter Zus. sowie durch chem. u. polarograph. Best. der Mn-Bindigkeit in den Erzfraktionen mit geringem u. großem Geh. an P wurde festgestellt, daß der P vorwiegend an die *Wad-Psilomelan*-Mineralien (I) gebunden ist. In den Konzentraten aus I ist der P-Geh. erhöht u. nimmt mit steigender Mn-Konz. zu. In den Konzentraten, die aus *Manganit* u. *Pyrolusit* bestehen, nimmt der P-Geh. mit steigendem Mn-Geh. nicht zu. Auf je 1% Mn entfällt hier nur ein Bruchteil des P-Geh. in der I-Fraktion. Der P-Geh. je 1% Mn nimmt mit steigender Summe der Basen RO (CaO, MgO, FeO) zu. Ein hoher Wert für den P/Mn-Quotienten ist in der Regel von einer hohen magnet. Susceptibilität begleitet. Es konnte nur Mn^{2+} u. Mn^{4+}, jedoch kein Mn^{3+} nachgewiesen werden. Die natürlichen Mn-Mineralien sind demnach vom Typ $n\,MnO_2\cdot n'\,MnO\cdot n''\,RO\cdot n'''\,H_2O$. P ist nur als disperses Phosphat zugegen. Es ist anzunehmen, daß P entweder an Mn-Oxyde gebunden ist u. bei der mechan. Anreicherung entfernt wird oder an CaO, MgO u. FeO u. bei der Gravitationsanreicherung entfernt wird. An Hand eines Klassifizierungsdiagramms der Erze nach ihrer Entphosphorung bei verschied. Anreicherungsverff. wird der P-Geh. in den einzelnen Konzentraten ausführlich behandelt. (Известия Академии Наук СССР, Серия Геологическая [Nachr. Akad. Wiss. UdSSR, geol. Ser.] **1950.** Nr. 4. 158—60. Juli/Aug.) Lebtag. 384

Carl W. Correns, *Probleme der Sedimentpetrographie.* Es werden die physikal.-chem. Bedingungen der Mineralbldg. in Sedimenten, nicht aber die eigentlichen Sedimentationsvorgänge besprochen. In bezug auf Al-Hydroxyd- u. Kieselverwitterungssilicate wird dargelegt, daß sie sich nicht aus Gelen, sondern aus Ionen bildeten. Der Entstehung von Tonmineralien wird besondere Aufmerksamkeit gewidmet. Weiter wird auf die Arbeiten mit Schwer–Leicht- u. Leitmineralien eingegangen, mit deren Hilfe die Charakterisierung bes. erdölführender Sedimente möglich ist. Außer diesen klast. Stoffen werden noch chem.-biogene Sedimente betrachtet u. auf die Löslichkeit von Kalk in Abhängigkeit vom CO_2-Geh. eingegangen. (Z. dtsch. geol. Ges. **100.** 158—63. 1948; ausg. 25/10. 1950. Göttingen, Sedimentpetrograph. Inst.) Zedlitz. 385

Ja. Ja. Jarshemski, *Über die Silicierungsprozesse von Boratgesteinen der Gipsdecke der Inder-Erhebung.* Der unter den Boraten der salzführenden Schicht von Inder wichtige Kaliborit wird unter Bldg. von Ulexitanreicherungen weitgehend in *Ascharit* (I) umgewandelt. In einer der I-Lagerstätten wurde in der Sepiolithschicht *Allophan* gefunden. Andere Silicierungsprodd. der Borate sind *Chlorit, Opal, Chalcedon,* selten *Quarz.* In der Hydroboracitstufe wurde *Danburit* (II) festgestellt. In einem an SiO_2 (III) reichen Medium reagiert die aus *Ca–Mg-Hydroboracit* gebildete Borsäure mit III u. CaO. Dies führt zur Bldg. von II. Der *Magnesiumhydroboracit* liefert mit dem überschüssigen **III** in Paraganese mit **II** eine *Sepiolith*-Substanz. Während bisher die **II**-Bldg. als mit der Abscheidung aus flüchtigen Bestandteilen der sauren Magma zusammenhängend angesehen wurde, ist der aufgefundene **III** epigenet. hypergenen Ursprungs aus Borsilicat. (Доклады Академии Наук СССР [Ber. Akad. Wiss. UdSSR] [N. S.] **88.** 913—16. 11/2. 1953.) LEBTAG. 385

Dieter Hoenes, *Kriterien für die genetischen Typen der variskischen Magmatite des südlichen Schwarzwaldes.* (Fortschr. Mineralog. **28.** 29—32. 1949; ausg. Dez. 1950. Karlsruhe.) ENSSLIN. 385

O. H. Erdmannsdörffer, *Aus dem Grenzgebiet Magmatisch-Metamorph.* (*Mit Beispielen aus Schwarzwald, Odenwald und Alpen*). Aus dem heutigen Zustand eines magmat. oder metamorphen Gesteins läßt sich nicht immer eindeutig auf den Werdegang oder den Urzustand schließen. In Graniten mit anatekt. Einschlüssen sind Zwischenstadien erkennbar. Es wird in diesem Zusammenhang auf die Megablasten u. ihre Bedeutung bzgl. des Werdeganges der eruptiven M. eingegangen. Weiter wird die magmat. Kristallisation in Abhängigkeit von der Temp. u. die Metasomatose sowie die Mobilisierung der Gesteinsstoffe betrachtet. (Z. dtsch. geol. Ges. **100.** 204—12. 1948; ausg. 25/10. 1950. Heidelberg.) ZEDLITZ. 385

Armin von Moos, *Konsistenzgrenzen schweizerischer bindiger Lockergesteine.* Es wurden die ATTERBERGschen Konsistenzgrenzen (vgl. Internat. Mitt. f. Bodenkunde Bd. 1, Berlin 1911) schweizer. bindiger Lockergesteine zusammengestellt, mit solchen reiner monomineral. Tone verglichen u. in Beziehung zur Petrographie gebracht. Im Mittel sind die Konsistenzgrenzen schweizer. Tone infolge ihres hohen Anteils an inakt. Mineralien nicht sehr hoch; sie können durch Beimengung von organ. Gemengteilen (hauptsächlich Seekreide) oder Hinzutreten quellfähiger Tonmineralien, wie Montmorrillonit, Illit u. Anreicherung der feinsten Bestandteile erhöht werden. (Schweiz. mineralog. petrogr. Mitt. **30.** 311—21. 1950. Zürich.) GOTTFRIED. 385

Henning Illies, *Über die erdgeschichtliche Bedeutung der Konkretionen.* Konkretionen sind nach der Definition des Vf. alle Mineralanreicherungen, die sich in Sedimenten infolge nachträglicher diagenet. Konzentrationswanderungen gebildet haben. Sie geben vielfach wichtige Hinweise auf Ort u. Zeitpunkt ihrer Entstehung u. die ihrer Nebengesteine. In Konkretionen sind Stoffe angereichert, die zunächst in mehr oder minder gleichmäßiger Verteilung ins Sediment gelangt waren. Wenn später im Sediment eine Mobilisierung u. konkretionäre Anreicherung stattgefunden hat, so ist das ein Zeichen dafür, daß sich im Meeresboden die Gleichgewichtsbedingungen geändert hatten. Ablauf u. Richtung der Rkk. im Meeresboden werden von der Setzung u. der mit ihr verbundenen Porenwasserströmung u. Entwässerung sowie von der abbauenden u. reduzierenden Tätigkeit der Bakterien u. des in ihrem Gefolge auftretenden Redoxpotentials u. den p_H-Schwankungen beherrscht. — Ferner wird ein genet. Syst. der Konkretionen aufgestellt u. auf rhythm. Phänomene bei der Konkretionsbldg. hingewiesen. (Z. dtsch. geol. Ges. **101.** 95—98. 20/5. 1950. Hamburg.) PINKOW. 385

J. Laurence Kulp und **Donald R. Carr,** *Oberflächengröße von Tiefseesedimenten.* Die absol. Oberflächengröße von 75 typ. Tiefseesedimentproben wurde mit der Gasadsorptionsmeth. gemessen. Die Werte schwankten zwischen 2,5 m^2/g für feinen roten Tiefseeschlamm u. 48,0 m^2/g für einige kontinentale Tone. Sie sind aber charakterist. für bestimmte Sedimenttypen. In dem häufigsten Sediment, einem blaßroten bis grauen Formaminiferenschlamm, lagen die Werte von 7—30 m^2/g je nach der Konz. der Formaminiferenschalen. Theorie u. Technik der Meth. werden beschrieben. (J. Geology **60.** 148—59. März 1952. Columbia Univ., Lamont Geolog. Obs.) HILLER. 395

A. J. Haagen-Smit, *Chemie und Physiologie des Dunstes von Los Angeles.* Vf. untersucht die Lufttrübung in der Umgebung von Los Angeles, die charakterisiert ist durch Abnahme der Sichtweite, Ernteschäden, Augenreizung, unangenehmen Geruch u. Gummikorrosion. Es wird eine oxydierende Wrkg. der Luft festgestellt, die durch Ggw. organ. Peroxyde u. O_3 hervorgerufen wird. Verss. ergaben, daß die in der Luft vorhandenen Stickoxyde (NO_2) photochem. gespalten werden, wobei O_3 gebildet wird, das die ebenfalls in der Luft vorkommenden KW-stoffe sowie SO_2 oxydiert. Die aus diesen Oxydationsprodd. entstehenden Aerosole vermindern die Sichtweite, u. die ozonisierten KW-stoffe wirken auf Pflanzen u. Tiere toxisch. An Dunsttagen werden in der Luft 0,03—0,22 p.p.m. O_3 festgestellt. (Ind. Engng. Chem. **44.** 1342—46. Juni 1952. Pasadena, Calif., California Inst. of Technol.; Los Angeles, Los Angeles County Air Pollution Control Distr.) FAHRNLAENDER. 396

W. Jacobi, Chr. Junge und **W. Lippert,** *Reihenuntersuchung des natürlichen Aerosols mittels Elektronenmikroskops.* Auf dem Taunus-Observatorium wurde die Zus. des natürlichen Aerosols von Windrichtung u. Wetterlage untersucht. Zu diesem Zweck wurden die Aerosolkerne mit einem Konimeter aufgefangen u. im Elektronenmikroskop nach ihrer Größenverteilung ausgewertet. (Arch. Meteorol., Geophysik, Bioklimatol., Ser. A **5.** 166—78. 1952. Frankfurt/M., Univ., Meteorolog. Inst., u. Max-Planck-Inst. für Biophys.) LENZ. 396

D. Organische Chemie.

D_1. Allgemeine und theoretische organische Chemie.

Philip G. Wilkinson und **Herrick L. Johnston,** *Die Absorptionsspektren von Methan, Kohlendioxyd, Wasserdampf und Äthylen im Vakuumultraviolett.* Vff. messen quantitativ die Absorption bei 30° mit einem Vakuum-Flußspat-Spektrographen von 1370 bis 2000 Å. Große Sorgfalt wurde auf die Reinheit der Gase verwendet, bei CO_2 z. B. auch auf durch Bestrahlung beim Spektroskopieren photochem. entstehenden Sauerstoff geachtet, u. dadurch eine Reihe von Beobachtungen anderer Autoren als fehlerhaft erkannt. Tabelle der einschlägigen Literatur. Die aus den Absorptionsmessungen berechneten Resonanzwellenlängen u. Oscillatorstärken stimmen mit den Werten aus den Brechungsindices überein. (J. chem. Physics **18.** 190—93. Febr. 1950. Columbus, O., Ohio State Univ., Dep. of Chem.) A. REUTER. D 118

Anna J. Harrison, Charlotte L. Gaddis und **Esther M. Coffin,** *Quantitative Messung von Extinktionskoeffizienten im Vakuumultraviolett: Divinyläther.* Vff. beschreiben ausführlich ihre Meßtechnik, die Messungen des mol. Extinktionskoeff. auf 3—8% genau gestattet. *Divinyläther* zeigt nur eine breite Bande (Maximum: $\varepsilon = 15900$ bei 49200 cm^{-1}) ohne Feinstruktur u. ein Minimum bei 56700 cm^{-1}. Die Oscillatorstärke der Bande wird zu 0,45 berechnet. (J. chem. Physics **18.** 221—23. Febr. 1950. South Hadley, Mass., Mount Holyoke Coll., Dep. of Chem.) A. REUTER. D 118

E. Pesch und **S. L. Friess,** *Ultraviolettabsorptionsspektrum von Cycloheptadien-(1.3). Cycloheptadien-(1.3)* (**I**, Kp. 120—121°, n_D^{20} 1,4972) zeigt im UV eine breite Absorption mit λ_{max} 248 mμ u. log $\varepsilon = 3,87$. Cyclohexadien-(1.3) mit $\lambda = 257$ mμ hat das langwelligste Maximum der 1.3-Cyclodiene, während bei **I**, Cyclooctadien-(1.3) (228 mμ) u. Cyclopentadien (238 mμ) das Maximum kurzwellig verschoben ist. (J. Amer. chem. Soc. **72.** 5756—57. Dez. 1950. Rochester, N. Y., Univ., Dep. of Chem.) A. REUTER. D 118

E. Clar, *Absorptionsspektren aromatischer Kohlenwasserstoffe bei tiefen Temperaturen.* 55. Mitt. *Über aromatische Kohlenwasserstoffe.* (54. vgl. Chem. Ber. **82.** [1949.] **495.**) Die Absorptionsspektren von *Bzl., Naphthalin, Anthracen, Diphenyl, Perylen, Pyren, Phenanthren* u. *Triphenylen* wurden bei —170 bis —180° untersucht. Die Absorptionsbanden sind viel schmaler als die bei Normaltemp., u. der Unterschied in den Intensitäten zwischen Maxima u. Minima ist mehr als doppelt so groß. Die Verschiebungen u. Formänderungen der Banden ermöglichen ihre Ordnung nach Typen u. geben Hinweise auf den Bau der Moleküle. Die Ergebnisse sind in Tabellen u. Diagrammen wiedergegeben. (Spectrochim. Acta [London] **4.** 116—21. 1950. Glasgow, Univ., Chem. Dep.) SCHLEGEL. D 118

S. Mizushima, Y. Morino, I. Watanabe, T. Simanouti und **S. Yamaguchi,** *Berichtigung: Raman-Effekt, Infrarotabsorption, Dielektrizitätskonstante und Elektronenbeugung und ihre Beziehung zur inneren Rotation.* (Vgl. C. **1950.** I. 1465.) (J. chem. Physics **18.** 234. Febr. 1950.) A. REUTER. D 120

Marcel Tuot und **Pierre Barchewitz,** *Untersuchung einiger aliphatischer, arylaliphatischer und alicyclischer (C_{14}—C_{20}) Kohlenwasserstoffe.* 3. Mitt. *Absorptionsspektren von Kohlenwasserstoffen und einigen Derivaten im nahen Infrarot* (ca. *1—1,5* μ). (2. vgl. Bull. Soc. chim. France, Mém. [5] **15.** [1948.] 291.) Vff. geben die Infrarotabsorptionsspektren im Wellenlängenbereich von 1 bis ca. 1,5 μ an von 26 aliphat. u. arylaliphat. KW-stoffen sowie von einigen ihrer Derivv., welche durch die gleichzeitige oder alleinige Anwesenheit ungesätt. Bindungen u. Alkohol- oder Epoxygruppen gek. sind. Untersucht wurden: *5.8-Dibutyldodecin-(6)-dien-(4.8)*; *-dodecatrien-(4.6.8)*; *-dodecadien-(5.7)*; *-dodecen-(6)*; *-dodecan*; *2.9-Dimethyl-4.7-diisobutyldecin-(5)-dien-(3.7)*; *-decatrien-(3.5.7)*; *-decadien-(4.6)*; *-decen-(5)*; *-decan*; *1.2-Diphenyläthanol*; *-äthen*; *-äthan*; *-buten-(1)*; *-butan*; *-penten-(1)*; *-pentan*; *1.4-Diphenylbutandiol-(1.4)* (α-Form); *-1.4-epoxybutan*; *-butanol-(1)*; *2.5-Diphenylhexandiol-(2.5)* (α-Form); *-2.5-epoxyhexan*; *-hexanol-(2)*; *1.1.2-Triphenyläthanol*; *-äthen* u. *-äthan.* Die systemat. Unters. der verschied. geprüften Substanzen gestattet die Feststellung spektraler Ähnlichkeit zwischen Verbb. des gleichen Grundskeletts u. die Best. der Mol.-Struktur, bes. soweit die Ggw. oder Abwesenheit bestimmter KW-stoffgruppen u. die Alkoholfunktion betroffen wird. Die spektroskop. Unters. in dem betrachteten Gebiet erwies sich als ungenügend, um Aussagen über den Sättigungsgrad des Mol. u. über die Konjugation von Mehrfachbindungen machen zu können. (Bull. Soc. chim. France, Mém. [5] **17.** 851—59. Sept./Okt. 1950. Paris, Fac. des Sci., Labors. de Phys., u. Dijon, Fac. des Sci., Labor. de Clin. Gén.) WISSEROTH. D 120

A. R. H. Cole und **H. W. Thompson,** *Intensitäten von Schwingungsbanden.* 2. Mitt. *Deformationsschwingungen substituierter Benzole und das Dipolmoment der C—H-Bindung.* (1. vgl. Proc. Roy. Soc. [London], Ser. A **192.** [1948.] 498.) Zur exakten Best. des C—H-Bindungsdipolmoments von Bzl. nehmen Vff. die Ultrarotspektren von vielen verschieden substituierten aromat. KW-stoffen auf; es ergibt sich ein Mittelwert von 0,57 D für diese Bindung, wobei das H-Atom als positiv gegenüber dem C-Atom anzusehen ist. Die Auswertung der Spektren geschah unter Verwendung von neu berechneten Kraftkonstanten (l. c.). Die Ultrarotspektren nachst. Stoffe wurden aufgenommen, die 1. Zahl bedeutet die Wellenzahl des Absorptionsmaximums, die 2. den Wert für das Dipolmoment der C—H-Bindung des entsprechenden Stoffes. *Toluol* 734; *o-Xylol* 748; *m-Xylol* 773; *p-Xylol* 799; *1.2.3-Trimethylbenzol* 772; *1.2.4-Trimethylbenzol* 810; *1.3.5-Trimethylbenzol* 838; *Pentamethylbenzol* 867; *Chlorbenzol* 743, 2,2; *Fluorbenzol* 756, 1,1; *Brombenzol* 739, 1,4; *o-Fluortoluol* 757, 0,29; *o-Chlortoluol* 751, 0,89; *o-Jodtoluol* 747, —0,35; *o-Dichlorbenzol* 752, —0,78; *o-Chlorjodbenzol* 750, 0,84; *m-Fluortoluol* 778, 2,8; *m-Bromtoluol* 773, —0,78; *m-Dichlorbenzol* 780, 0,32; *m-Chlorjodbenzol* 773, —1,7; *p-Fluortoluol* 818, 0,38; *p-Chlortoluol* 809, 0,82; *p-Bromtoluol* 803, 0,42; *p-Jodtoluol* 800, 0,94; *p-Dichlorbenzol* 820, 0,64; *p-Dibrombenzol* 811, 0,87; *p-Chlorbrombenzol* 816, 0,91; *p-Bromjodbenzol* 807, 0,62; *p-Chlorjodbenzol* 811, 1,1; *2.4-Difluortoluol* 805, 0,35; *1.2.4-Trichlorbenzol* 814, 0,21; *1.2.4-Tribrombenzol* 810, 0,26; *1.3.5-Trichlorbenzol* 853, 0,55; *1.3.5-Tribrombenzol* 850, 0,51 u. *Äthyl-1.3.4.5-tetrachlorbenzol* 875, 0,65. (Trans. Faraday Soc. **46.** 103—09. Febr. 1950. Oxford, Phys. Chem. Labor.) ZIMMER. D 120

A. Raul Poggi und **Giorgio Adembri,** *Halochromie einiger Ketonverbindungen.* 3. Mitt. (2. vgl. C. **1950.** I. 2212.) Untersucht werden an *Benzalaceton* (**I**), *4-Methyl-2-anisalcyclohexanon-(1)* u. *4-Methyl-2.6-dianisalcyclohexanon-(1)* die Farbänderungen in Lsg. durch Stoffe, die Halochromie bzw. Solvatochromie hervorrufen (H_2SO_4, HNO_3, HCl bzw. $AlCl_3$, $SbCl_3$, $SbCl_5$, $SnCl_4$), die Absorption vor u. nach Einw. dieser Agentien u. mit Zusatz geeigneter inerter Verdünnungsmittel (bei der 1. Gruppe u. $AlCl_3$ A., bei der 2. Chlf.). An den Spektren ist eine Verschiebung der dem Carbonyl zugehörigen Bande aus dem UV nach dem Sichtbaren bei Zusatz von HCl u. bes. von H_2SO_4 zu beobachten. Die Solvatochromie bewirkenden Stoffe sind um so wirksamer, je höher die Valenz des Metalls ($SbCl_5$ ruft tiefere Färbung hervor als $SbCl_3$). In einigen Verss. werden feste Abscheidungen („Solvato-Festkörper") erhalten. — Beobachtungen über Einfl. von Verdünnungsmitteln auf Farbe der halochromen Lösungen. — *Benzalaceton-2.4-dinitrophenylhydrazon,* $C_{16}H_{14}O_4N_4$, geranienrote Nadeln, F. 214°. — **I**-*p-Nitrophenylhydrazon,* $C_{16}H_{15}O_2N_3$, rostrote glänzende Nadeln, F. 160—165°. — **I**-*Benzoyloxim,* $C_{17}H_{15}O_2N$, F. 197°, aus **I**-Oxim in Pyridin mit Benzoylchlorid. (Gazz. chim. ital. **80.** 249—58. März/Mai 1950. Florenz, Univ., Inst. für organ. Chem.) v. DECHEND. D 122

Erzsébet Tombácz, *Die Lichtabsorption von N-Atome enthaltenden heterocyclischen Verbindungen.* Die Absorptionskurven von *Chinolin, Isochinolin* u. *Chinoxalin* wurden mit denjenigen von Naphthalin, α- u. β-Naphthylamin u. 1.4-Naphthylendiamin verglichen. Es konnte festgestellt werden, daß N im heterocycl. Ring auf die Lichtabsorption von ähnlicher Wrkg. ist, als wäre N als Substituent zugegen. (Vgl. auch C. **1952.** **500.**) (Magyar Kémiai Folyóirat [Ung. Z. Chem.] **56.** 175—76. April 1950. Szeged, Univ., Pharmazeut.-Chem. Inst.) PLANK. D 122

Hans Kautsky und **K. H. Kaiser,** *Luminescenzanalyse chemiluminescierender Lösungen.* 1. Mitt. Unters. der das Leuchten von *cycl. 3-Aminophthalsäurehydrazid* (**I**) verursachenden Vorgänge. Die Luminescenzanalyse führt zu dem von KAUTSKY vorgeschlagenen Reaktionsmechanismus, der durch folgende Reaktionsfolge gek. u. durch entsprechende Verss. experimentell belegt wird: 1. Bldg. negativer **I**-Ionen in alkal. Lsg. sowie daraus Bldg. von *cycl. Azo-3-aminophthalyl* (**II**); dieses müßte durch intensive Färbung nachweisbar sein. 2. Hydrolyse des **II** mit Diimidbldg. u. Rückbldg. von **I** in angeregtem Zustand (durch Rk. von **II** mit N_2H_2), Übergang dieses Mol. in den Grundzustand unter Lichtemission. Die isolierte Azoverb. sollte durch bloße Hydrolyse (ohne Oxydationsmittel) leuchten (Leuchten A). Das danach entstehende **I** muß bei Oxydationsmittelzugabe erneut leuchten (Leuchten B). Die Dauer von A muß kurz, die von B lang sein. Die Geschwindigkeiten der Hydrolyse von **II** u. der Rückbldg. von angeregtem **I** müssen so beschaffen sein, daß **II** stets im Überschuß ist, woraus eine Färbung der Lsg. während der Leuchtdauer folgt. Chemi- u. Photoluminescenz des **I** müssen gleiches Spektr. haben. Der experimentelle Nachw. der genannten Folgerungen bestätigt den angenommenen Reaktionsmechanismus. (Z. Naturforsch. **5b.** 353—61. Okt./Nov. 1950. Leipzig, Univ., Chem. Inst., u. Marburg, Univ., Inst. für Silicium-Chem.) RUDOLPH. D 125

Vera Daniel und **K. H. Stark,** *Dipolleitfähigkeit und Struktur in Keton–Paraffin-Mischungen.* Die feste Lsg. von einem Keton ($C_6H_{13}COC_{11}H_{23}$) in einem Paraffin ($C_{17}H_{36}$) wurde dielektr. im Übersättigungsgebiet zwischen 40 u. —120° untersucht, in dem langsam das Keton ausfällt. Vergleichende dielektr. u. kristallograph. Messungen zeigen einen Übergang von einer Hochtemperaturform mit freier Rotation der Dipole zu einer Form eingefrorener Rotation bei tiefer Temperatur. Beide Formen unterscheiden sich strukturell wenig, dielektr. stark. Dies wird an Modellen erklärt. Dielektr. Anomalien der Hochtemperaturform werden nach FRÖHLICH als ferroelektr. Effekt gedeutet. (Trans. Faraday Soc. **48.** 685—95. Aug. 1952. Greenford, Middlesex, Electr. Res. Ass. Labors.) K. L. WOLF. D 132

Robert L. Custer und **Chas. E. Waring,** *Absolute Verdet-Konstanten des Benzols im sichtbaren Licht in Abhängigkeit von der Temperatur.* Vff. bestimmten die absol. VERDET-Konstanten (VK) des *Bzl.* im Temperaturbereich von 5—60° bei folgenden Wellenlängen: 589, 578, 546 u. 436 mμ, u. zwar aus experimentellen Bestimmungen der magnet. Rotation des Bzl. u. einer genauen Messung der Feldstärke des verwendeten Solenoids. Die VK können als auf ±0,04—0,05% genau angesehen werden. Es werden Gleichungen angegeben für die Temperaturabhängigkeit der VK der verschied. Wellenlängen. Die Dispersion des Bzl. nimmt mit wachsender Temp. leicht ab. Die mol. VK nehmen ebenfalls mit wachsender Temp. ab, was nach der Theorie von RICHARDSON (1916) für eine leicht paramagnet. Polarisation spricht. Der Temperaturkoeff. bei 436 mμ ist annähernd doppelt so groß wie der bei 589 mμ. (J. Amer. chem. Soc. **74.** 5726—28. 20/11. 1952. Storrs, Conn., Univ., Dep. of Chem.) NIEMITZ. D 137

Sigvard Wideqvist, *Über die Stabilität der Cyanbenzoesäuren in wässeriger Lösung.* Vf. untersuchte die Leitfähigkeit wss. Lsgg. der 3 isomeren *Cyanbenzoesäuren* (**I**) bei 25°. Die Leitfähigkeiten der *m-* u. *p*-**I** ändern sich nicht mit der Zeit, während die der *o*-**I** entsprechend der Hydrolyse der CN-Gruppe schnell abnimmt. Dabei entsteht *Phthalamidsäure* (**II**), die dann leicht weiter zu Ammoniumphthalat hydrolysiert, entsprechend einer Abnahme der Leitfähigkeit, dem Durchlaufen eines Minimums u. einem Wiederanstieg. Das Verh. der *o*-**I** in wss. Lsg. entspricht dem der β-Cyan-substituierten Fettsäuren. Dagegen werden Carbonsäuren mit α- oder γ-Cyangruppen in wss. Lsg. bei Zimmertemp. nicht zu den Amidsäuren hydrolysiert. Als Dissoziationskonstanten ergeben sich für p-**I** $2{,}9 \cdot 10^{-4}$, für m-**I** $2{,}5 \cdot 10^{-4}$, für o-**I** $7{,}29 \cdot 10^{-4}$ u. für **II** $1{,}76 \cdot 10^{-4}$. — *o-Cyanbenzoesäureäthylester,* aus Anthranilsäureäthylester-HCl nach SANDMEYER bei 0—5°, 68,5%; o-**I**, $C_8H_5O_2N$, F. 190° (Aceton), aus dem vorst. Ester in A. durch vorsichtige alkal. Verseifung. — p-**I**, F. 212—214° (25%ig. A.), u. m-**I**, F. 217—218° (50%ig. Aceton), aus den entsprechenden Aminobenzoesäuren nach SANDMEYER, bei der m-Verb. mit $Ni(CN)_2$ statt $HCu_2(CN)_2$. — **II**, F. 148°, aus Phthalsäureanhydrid mit konz. NH_3. (Ark. Kemi **2.** 383—87. 1950. Uppsala, Univ., Labor. of org. Chem.) NIEMITZ. D 139

B. J. Thamer und **A. F. Voigt,** *Die spektrophotometrische Bestimmung von sich überlappenden Dissoziationskonstanten dibasischer Säuren. Die Säurekonstanten von Isophthal-, Terephthal- und Chloranilsäure.* Es wird eine spektrophotometr. Meth. entwickelt, die es gestattet, die sich überlappenden Dissoziationskonstanten für dibas. Säuren zu bestimmen. Dazu wird eine Gleichung abgeleitet, in der die opt. D. D mit den thermodynam. ermittelten Ionisationskonstanten k_1 u. k_2, mit den mol. Extinktionskoeffizienten ε_1, ε_2 u. ε_3 (entsprechend der un-, mono- u. didissoziierten Form H_2A, HA u. A der jeweils untersuchten Säure) in Beziehung gesetzt wird: $D = L \cdot c \cdot [\varepsilon_1 + k_1 \varepsilon_2/a + k_1 k_2 \varepsilon_3/a^2]/(1 + k_1/a + k_1 k_2/a^2)$. L bedeutet die Länge der benutzten Zelle u. a die H^+-Aktivität. Es wird in Pufferlsgg. von konstanter Ionenstärke gearbeitet. Untersucht wurden *Isophthalsäure* $k_1 = (2{,}8 \pm 0{,}4) \cdot 10^{-4}$, $k_2 = (4{,}0 \pm 0{,}6) \cdot 10^{-5}$, *Terephthalsäure* $k_1 = (3{,}4 \pm 1{,}0) \cdot 10^{-4}$, $k_2 = (5{,}5 \pm 1{,}6) \cdot 10^{-5}$ u. *Chloranilsäure* $k_1 = 0{,}084 \pm 0{,}004$, $k_2 = 0{,}0038 \pm 0{,}0001$. Die Werte gelten für 25°. (J. physic. Chem. **56.** 225—32. Febr. 1952. Ames, Iowa, Inst. for Atomic Res.) ZIMMER. D 139

Eiichi Saito, *Untersuchungen an bromierten Säuren.* 5. Mitt. *Polarographische Untersuchung der Bromessigsäure.* (4. vgl. Bull. Soc. chim. France, Mém. [5] **15.** [1948.] 408.) Vf. untersucht die Änderung des Halbwellenpotentials der *Bromessigsäure* (**I**) mit dem p_H. Unterhalb p_H 7 wird die polarograph. Welle durch die Red. der vorhandenen nichtdissoziierten Säure bzw. der durch Rekombination des Anions mit den H-Ionen neu entstandenen Säure bedingt, während bei höheren p_H-Werten die Welle auf die Red. des Anions zurückzuführen ist. Ebenso wie bei der *α-Brompropionsäure* (**II**) kann man die Form der Welle u. die Abhängigkeit des Halbwellenpotentials vom p_H ($p_H < 6$) durch eine Gleichung ausdrücken. In saurer Lsg. erfolgt die Red. von I etwas schwerer als die von II, in bas. Lsg. ist kein wesentlicher Unterschied vorhanden, Im p_H-Bereich um 6 herum liegt eine Instabilitätszone. $E_{1/2}$ von I: sauer —0,50 V, bas. —1,45 V. (Bull. Soc. chim. France, Mém. [5] **17.** 1185—87. Nov./Dez. 1950. Strasbourg, Fac. des Sci., Labor. de Chim. organ.) NIEMITZ. D 142

Gordon M. Barrow, *Wärmekapazität, Abweichung vom idealen Gaszustand, Infrarotspektren und innere-Rotationsschwellen von Äthylalkohol.* Die Wärmekapazitäten von Äthylalkoholdampf wurden als Funktion des Druckes bei 368, 422 u. 470° K gemessen. Aus dc_p/dp u. der Dampfdichte wurden die Virialkoeffizienten $B = 100 - 0{,}02023\,T \cdot e^{1710/T}$ u. $D = -4{,}27 \cdot 10^{-16} \cdot e^{12460/T}$ errechnet (Virialgleichung $pV = RT + Bp + Dp^3$). Diese Gleichung wurde benutzt, um die gemessenen Wärmekapazitäten in den idealen Gaszustand zu extrapolieren, u. zur Korrektur der beobachteten Entropie. Aus den Infrarotspektren von dampfförmigem C_2H_5OH, C_2H_5OD u. von fl. C_2H_5OD bestimmt Vf. die Schwingungen, die für die statist. Berechnung der thermodynam. Eigg. erforderlich sind. Ein Vgl. der beobachteten u. statist. berechneten Wärmekapazitäten u. Entropien zeigt, daß bei einer inneren Rotationsschwelle der CH_3-Gruppe von 3000 cal die Rotation der OH-Gruppe durch eine Schwelle zwischen 0—1200 cal gehemmt ist. Eine sehr befriedigende Übereinstimmung ergibt sich für eine Schwelle von 3300 cal für CH_3 u. von 800 cal für OH. Weiterhin ergibt ein Vgl. der berechneten u. beobachteten Gleichgewichtskonstanten für die Rk. $C_2H_4(g) + H_2O(g) \rightleftharpoons C_2H_5OH(g)$ eine Bestätigung für die Wahl von Grundfrequenzen u. inneren Rotationsschwellen. (J. chem. Physics **20.** 1739—44. Nov. 1952. Evanston, Ill., Northwestern Univ., Dep. of Chem.) CRAMER. D 146

T. L. Ward und **W. S. Singleton,** *Physikalische Eigenschaften von Fettsäuren.* 2. Mitt. *Einige dilatometrische und thermische Eigenschaften der Palmitinsäure.* (1. vgl. SINGLETON, WARD, DOLLCAR, J. Amer. Oil Chemist's Soc. **27.** [1950.] 143.) Vff. haben dilatometr. u. calorimetr. Daten der Palmitinsäure gemessen. Die gefundenen Werte sind: Ausdehnung fest (—7 bis +40°): 0,000280 ml/g·Grad, fl. (62,9—72°): 0,000968 ml/g·Grad, calorimetr. F. 335,68° K, D. bei 62,8°: 0,1806 ml/g. Das spezif. Vol. wurde tabelliert über einen Temperaturbereich von —6,89° (0,9917 ml/g) bis +80° (1,1885 ml/g). Die Volumenänderung beim Schmelzen beträgt 0,1806 ml/g). Die spezif. Wärme wurde von 200—365° K gemessen u. formelmäßig dargestellt, fest: $c_p = 0{,}3831 + 0{,}0013\,t$ [cal/g·Grad], flüssig: $c_p = 0{,}4624 + 0{,}00175\,t$ [cal/g·Grad]. Die Schmelzwärme beträgt 51,2 cal/g. Die Normalentropie bei 298,60° K beträgt 104,84 [cal/Mol·Grad]. Vff. stellen Vgll. mit den Werten anderer Fettsäuren von C_8—C_{18} an u. finden eine bessere Einpassung ihrer Werte gegenüber denen von GARNER u. Mitarbeitern [1926]. (J. physic. Chem. **56.** 696—98. Juni 1952. New Orleans, La., South. Reg. Res. Labor.) CRAMER. D 148

Paul Bender, George T. Furukawa und **John R. Hyndman,** *Dampfdruck von Benzol über 100°.* Der Dampfdruck des *Bzl.* wurde in 8 Versuchsreihen bei über 200 Tempp. bestimmt. Er beträgt z. B. bei 100° 1,777 at, bei 150° 5,75at, bei 200° 14,205 at, bei 250° 29,50 at. Die krit. Daten sind: krit. Temp. 288,94 ± 0,05°, krit. Druck 48,34 ± 0,03 at u. krit. Vol. 0,253 ± 0,03 Liter/Mol. (Ind. Engng. Chem. **44.** 387—90. Febr. 1952. Madison, Wis., Univ. of Wisconsin.) OPPERMANN. D 150

George Scatchard, Leland B. Ticknor, J. Rex Goates und **Eric R. McCartney,** *Mischungswärmen in Lösungen einiger Nichtelektrolyte.* Vff. beschreiben ein einfaches Calorimeter zur Best. der Mischungswärme zweier Flüssigkeiten. Es besteht aus einem Glasrohrring, in dem sich Hg befindet, das ihn in zwei Hälften teilt, die mit den zu messenden Fll. gefüllt werden. Außerdem ist in der einen Hälfte ein Thermoelement angebracht. Das Ganze befindet sich in einem DEWAR-Gefäß u. wird zur Mischung der Fll. in schnelle Rotation versetzt. Mit diesem Calorimeter wurden die Mischungsenthalpien folgender bin. u. tern. Mischungen bestimmt: *CH_3OH—CCl_4, CH_3OH—Bzl., CCl_4—Bzl., CCl_4—Cyclohexan* (I), *Bzl.*-I, *n-Hexan—n-Hexadecan, CH_3OH—CCl_4—Bzl.* u. *CCl_4—Bzl.*-I. Für unpolare Mischungen ergibt sich eine gute Übereinstimmung der mit dem neuen App. gemessenen Werte mit früher aus der Änderung des Dampf-Fl.-Gleichgewichtes mit der Temp. ermittelten. Die Enthalpie tern. Systeme kann aus denen der einzelnen bin. Komponenten berechnet werden wie bei den früher benutzten Methoden. Für methanolhaltige Mischungen stimmen die Enthalpien mit den revidierten Werten von SCATCHARD u. TICKNOR überein. Dagegen läßt sich in diesem Fall die Enthalpie tern. Systeme nur berechnen, wenn die polare Komponente getrennt von den unpolaren behandelt wird. (J. Amer. chem. Soc. **74.** 3721—24. 5/8. 1952. Cambridge, Mass., Inst. of Technol., Dep. of Chem.) NIEMTTZ. D 155

Paul H. Kydd, *Eine Untersuchung über die Acetylenerzeugung in Methan–Sauerstoff-Flammen.* Vf. bestimmte die Mengen *Acetylen* (I), die in den einzelnen Abständen über mit W. gekühlten Metallbrennern von 1,6 cm Durchmesser, beschickt mit *Methan* u. O_2, entstanden. Aus den bei den einzelnen Höhen über dem Brenner (0,5—12 cm) erhaltenen Einzelmessungen wurde die Gesamtmenge an entstandenem I (quantitativ bestimmt als Kupferacetylid nach ILOSVAY u. anschließender spektrograph. Cu-Best. nach einer bisher nicht veröffentlichten Meth. von BRICKER u. SWEETZER) in Abhängigkeit von der Strömungsgeschwindigkeit u. dem Verhältnis $CH_4:O_2$ berechnet. Es wurde festgestellt, daß niemals Gleichgewichtsbedingungen in den Flammen vorhanden sind. Nach einer zunächst an I unerwartet reichen Zone, tritt ein plötzlicher Konzentrationsabfall an I ein (durch Zers. von I in C_2 u. H_2), dann wieder ein Konzentrationsanstieg (auf Grund einer parallel laufenden, nicht recht erklärbaren Rk.) mit anschließendem zweiten Konzentrationsabfall, dessen Ursache vermutlich in Rkk. des I zu suchen ist, die bereits bei sehr niedrigen Tempp. auftreten. (J. Amer. chem. Soc. **74.** 5536—37. 5/11. 1952. Princeton, N. J., Princeton Univ., Frick Chem. Inst.) ROEDER. D 157

N. I. Kopylow, *Die Viscosität eines hochsiedenden organischen Wärmeträgers und des Äthylalkohols.* Es wird ein neuer Viscosimetertyp beschrieben, bei dem der Durchfluß der Fl. durch die Meßcapillare von einer kurzen Hg-Säule erzeugt wird, die sich in einer mit der Capillare kommunizierenden weiteren Röhre befindet; die Fallzeit dieser Hg-Säule zwischen 2 Marken hängt von der Capillarenweite u. der Viscosität η der Fl. ab. Das Gerät gestattet Viscositätsmessungen in einem weiten Temperaturbereich. Es wird für Messungen mit *A.* u. mit einer Heiz-Fl. „*WOT*" (26,5% *Diphenyl* + 73,5% *Diphenyloxyd*) verwendet. In der Gleichung $\eta = A/(t + \alpha)^n$ ergeben sich folgende Werte: Alkohol: $A\ 1{,}079 \cdot 10^7$, $\alpha = 120{,}0$, $n = 3{,}223$; WOT: $A = 2{,}999 \cdot 10^3$, $\alpha = 35{,}0$, $n = 1{,}631$. Gegenüber früher gemessenen Werten werden starke Abweichungen festgestellt. (Журнал Физической Химии [J. physik. Chem.] **24.** 1128—34. Sept. 1950. Moskau, Ordshonikidse-Inst. für Flugwesen.) R. K. MÜLLER. D 172

A. A. Konowalowa, T. F. Platonowa und **R. A. Konowalowa,** *Über eine Adsorptionsmethode zur Abscheidung von Alkaloiden.* 3. Mitt. (2. vgl. RABINOWITSCH, C. **1950.** II. 1276.) Die Adsorption von *Salsolin*, $C_{11}H_{15}O_2N$, u. *Salsolidin*, $C_{12}H_{17}O_2N$, als Hydrochloride aus wss. Lsgg. kann mit akt. Bentonit aus saurem (p_H 0,56—6,1) u. schwach alkal. (p_H 8,8) Medium erfolgen. Bei 1%ig. Lsgg. beträgt die für 100%ig. Adsorption notwendige Bentonitmenge 20%, bei 0,6%ig. Lsgg. 10%, bezogen auf das Vol. der Lösung. Der Adsorbent adsorbiert hierbei bis zu 3,9%. Die Adsorption der Alkaloide aus dem Diffusionssaft der oberird. Gewächsteile von *Salsola Richteri* verläuft bedeutend schlechter als aus reinen Lösungen. Für eine vollständige Adsorption aus einem 0,33%ig. Saft werden 25—30% Bentonit benötigt. Die Desorption der Alkaloide erfolgt mit ammoniakal. Chlf. (3—7% NH_3), wobei Salsolin u. Salsolidin nach ihrer Löslichkeit in Chlf. getrennt werden können. (Журнал Прикладной Химии [J. angew. Chem.] **23.** 876—81. Aug. 1950. Allunions Wiss. Chem.-pharm. Ordshonikidse-Forschungsinst., Labor. für Alkaloidchemie.) TROFIMOW. D 176

Maria Freri, *Betrachtungen über die Struktur der Carboxylgruppe.* 1. Mitt. Vf. ist bes. durch die Unters. der Absorptionsbande der *Buttersäure* im nahen Ultrarot dazu gekommen, das Dimere dieser Säure in 2 Formen mit verschied. Carboxyl–RCH_2–COOH u. $RCH = C(OH)_2$ zu schreiben. Die 2. Form entspricht einem Ketenhydrat, das an sich instabil, aber in seinen Acetalen beständig ist (Ketendiacetal u. Kohlenoxyddiacetal aus Äthylacetat u. -formiat). Die Annahme, daß die Carboxylgruppe in 2 tautomeren Formen vorliegt, wird über den genannten Fall hinaus verallgemeinert. Als Argument hierfür wird die regelmäßige Veränderung der Veresterungskonstante durch Substitution herangezogen: sie wird bei aliphat. Säuren durch Substitution in α-Stellung herabgedrückt, u. aromat. Säuren mit Substituenten in 2- u. 6-Stellung lassen sich in alkoh. Lsg. in Ggw. von HCl nicht verestern. Letztere Beobachtung wird interpretiert unter der Annahme mesomerer Formen. Für die aliphat. Säuren ist die

„Dioxhydryl"-(Ketenhydrat)-Form experimentell nachgewiesen worden; sie ist labiler, wenn das Carboxyl an ein sek. C-Atom gebunden ist. — Die beiden extremen u. entgegengesetzten Fälle der *Trimethylessigsäure* u. der *Trichloressigsäure* werden unter Hinweis auf den Begriff der hyperkonjugierten Bindung u. auf die Resonanztheorie u. die HÜCKELschen Vorstellungen bes. betrachtet. — Im Fall der aliphat. Säuren mit wenigstens 1 freien H in α-Stellung liegt echte Tautomerie vor. Die beiden Formen (A u. E) stehen nicht im Widerspruch zu den Formeln von HANTZSCH u. ODDO (B) u. von PAULING (C u. D), sondern ergänzen sie, so daß das „vollkommene Carboxyl" einen Resonanzzustand zwischen den beiden extremen Formen, der ionisierten (A) u. der nichtionisierten (E) darstellt u. die anderen Formen dazwischenliegen:

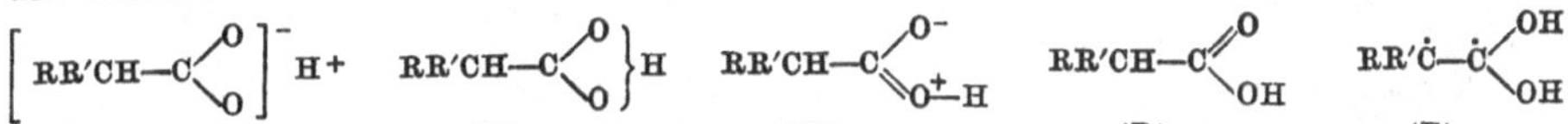

(A) (B) (C) (D) (E)

(Gazz. chim. ital. **80.** 471—78. Juni 1950. Mailand, TH.) v. Dechend. D 182

Maria Freri, *Betrachtungen über die Struktur der Carboxylgruppe.* 2. Mitt. (1. vgl. vorst. Ref.) Es wird unter Berücksichtigung der ausführlich besprochenen einschlägigen Literatur dargelegt, daß die katalyt. Veresterung mit alkoh. HCl im Ersatz des Carboxyl-OH durch das Alkohol-Oxyalkyl u. die Verseifung ein Ersatz des Oxyalkyls durch das OH des W. besteht. Die tautomere „Oxyhydryl"-Form — bei der Essigsäure Ketenhydrat $\dot{C}H_2-\dot{C}(OH)_2$ — wird durch das katalysierende Proton stabilisiert; dadurch kann ein Mol. Alkohol koordinativ an das Carboxyl-C gebunden werden, worauf sich das Proton entfernt u. das Carboxyl sich unter Abgabe eines Mol. H_2O wieder zur Ketoform $R-CH_2-C(=O)OH$ umordnet:

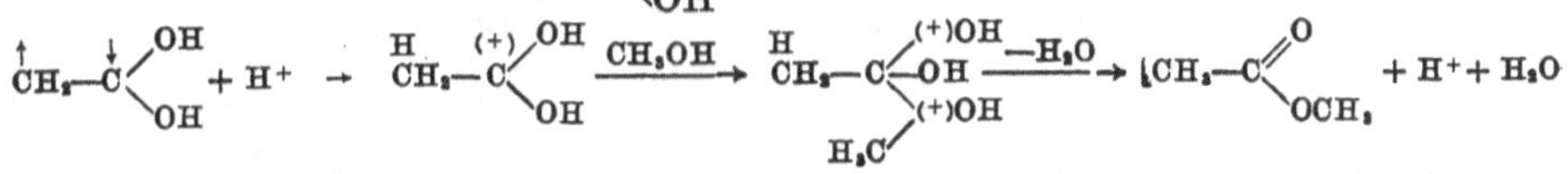

Ein entsprechender Mechanismus ist auch für die Katalyse der Essigsäurebromierung durch Säure denkbar. — Entsprechend vermag ein Ester in der Form des Ketenhydratmonoacetals ein Proton anzuziehen, das die Form stabilisiert u. die Anlagerung von H_2O ermöglicht, worauf das Mol. Alkohol verliert u. sich wieder umlagert unter Bldg. der Säure — bei der sauren oder enzymat. — bzw. des Alkalisalzes bei der alkal. Verseifung. (Gazz. chim. ital. **80.** 884—92. Nov./Dez. 1950. Mailand, TH, Inst. für allg. Chem.) v. Dechend. D 182

Alberte Pullman, *Über die Faktoren, die das Auftreten von cancerogener Aktivität bei den aromatischen Kohlenwasserstoffen bestimmen.* (Vgl. Pullman, Pullman u. Berthier, C. R. hebd. Séances Acad. Sci. **236.** [1953.] 2067.) Vf. hat für verschied. unsubstituierte, kondensierte aromat. KW-stoffe nach der LCAO-Näherung berechnet: die o-Lokalisierungsenergie E_1 bzw. die Mobilitätsindices der K-Region J_{Kt} der Verbb. sowie die p-Lokalisierungsenergie E_2 bzw. die Summe der freie-Valenzindices $\sum J_L$ der L-Region (meso-Stellungen). Cancerogene KW-stoffe (*3.4-Benzopyren, 1.2;5.6-* u. *1.2;7.8-Dibenzanthracen*) besitzen danach eine sehr akt. K-Region (kleine E_1) u. eine hohe E_2; bei *3.4-Benzo-, 1.2;3.4-* u. *1.2;5.6-Dibenzophenanthren,* die ebenfalls cangerogen sind, muß die Strukturdeformation berücksichtigt werden, die auch aus den sonstigen Eigg. der Verbb. hervorgeht. — Angegeben sind E_1-, E_2-, J_K- u. $\sum J_L$-Werte auch für die nichtwirksamen Verbb. *Anthracen, Phenanthren, Naphthacen, 1.2-Benzanthracen, Chrysen, Pyren, Triphenylen, 1.2-Benzopyren* u. *-naphthacen, Pentaphen, 1.2;3.4-Dibenzanthracen, Pentacen, 3.4;5.6-, 2.3;7.8-* u. *2.3;5.6-Dibenzophenanthren, Picen* u. *Perylen.* (C. R. hebd. Séances Acad. Sci. **236.** 2318—20. 15/6. 1953.) Kresze. D 182

Alberte Pullman, *Ergänzungen zu den Faktoren, die das Auftreten von cancerogener Aktivität bei den aromatischen Kohlenwasserstoffen bestimmen.* (Vgl. vorst. Ref.) Wie l. c. berechnet Vf. E_1- u. E_2-Werte für die 5- u. 6-kernigen aromat. KW-stoffe *Anthanthren, 1.2;3.4;5.6-Tribenzanthracen, 1.2;6.7-* u. *3.4;6.7-Dibenzopyren, Anthra-[1'.2';1.2]-* u. *-[2'.1';1.2]-anthracen, Naphtho-[2'.3';3.4]-pyren, Phenanthra-[2'.3';1.2]-anthracen, 1.2;9.10-* u. *3.4;8.9-Dibenzonaphthacen* sowie *1.2;3.4-* u. *3.4;8.9-Dibenzopyren.* Bei den beiden letzten, cancerogenen Verbb. ist das Auftreten u. die Relativstärke der Wrkg. nicht allein aus der im vorst. Ref. genannten Bedingung herzuleiten. Berücksichtigt man jedoch zusätzlich den Wert der Polarisationsenergien E_3 der C-Atome in der K-Region der KW-stoffe, so wird die Übereinstimmung zwischen beobachteter u. vorausgesagter Wrkg. besser: je kleiner ΣE_3, desto stärker die Wirkung. (C. R. hebd. Séances Acad. Sci. **236.** 2508—10. 29/6. 1953.) Kresze. D 182

H. M. Powell, *Neue Methoden zur Trennung racemischer Substanzen.* 1. Jede Mol.-Verb., die eine racem. Substanz (dl) mit einer opt.-inakt. (M) bildet, kann leichter als die Muttersubstanz gespalten werden, da die van der Waals'schen Kräfte, die die dl-Moll. zusammenhalten, durch die Bldg. der Mol.-Verb. gestört werden. — Beispiel: *Trithymotid* (I). Aus einer Lsg. in Bzl., Chlf. oder auch anderen Substanzen als M kristallisieren M, d- oder nur M, l-Kristalle. Da die Mutterlauge wieder racemisiert, erhält man schließlich nur Kristalle einer akt. Form. — 2. Krist. man eine der oben erwähnten Mol.-Verbb. aus einem Lösungsm., das selbst ein Racemat darstellt, so schließen die Kristalle vorzugsweise eine enantiomere Form als Clathratverb. ein, es erfolgt also gleichzeitig Spaltung des Lösungsmittels. — Beispiel: Syst. I-*Chlf.-sek.-Butylbromid.* Anwendung ist auch bei sehr geringen Substanzmengen u. bei Paraffinen möglich, ebenso Best. der absol. Konfiguration durch die genannten Verff. u. Analyse der Kristallstruktur. (Nature [London] **170.** 155. 26/7. 1952. Oxford, Univ. Museum, Labor. of Chem. Crystallography.) JOHN. D 184

Andrew Streitwieser jr., *Eine Molekülbahnberechnung der Ionisierungsgleichgewichte von Triarylchlormethanen.* Vf. berechnet mittels der einfachen LCAO-Molekülbahnmeth. die Energiedifferenzen ΔDE (in Einheiten von β) zwischen Delokalisierungs-(Resonanz)-Energie der unten aufgeführten Triarylmethylchloride (I) u. der zugehörigen Carboniumionen. Die ΔDE-Werte werden aufgetragen gegen die experimentell bestimmten freien Energien (ΔF) für die Ionisation von I in fl. SO_2. Es resultiert eine schwach gekrümmte Kurve, die mit zunehmender Resonanzenergie eine Abnahme der freien Energie zeigt; die möglichen Ursachen des Abweichens von der Linearität werden erläutert. Vf. diskutiert die Ergebnisse der Unters. u. gibt eine allg. Meth. an zur Berechnung von Elektronendichten am Methyl-C-Atom bei phenylsubstituierten Methylkationen (Anionen). I = *Triphenylmethyl-, m-Biphenylyldiphenylmethyl-, Tri-m-biphenylylmethyl-, p-Biphenylyldiphenylmethyl-, Di-[p-biphenylyl]-phenylmethyl-* u. *Tri-p-biphenylylmethylchlorid;* Vgl. mit α- u. *β-Naphthyldiphenylmethylchlorid.* (J. Amer. chem. Soc. **74.** 5288—90. 5/11. 1952. Cambridge, Mass., Inst. of Technol., Dep. of Chem.) G. WINKLER. D 184

Aase Rye und **Harald Sörum,** *Kristalline Modifikationen von D-Mannit.* Neben den bereits bekannten Formen des Mannits, α- (I) u. β-Mannit (II), stellten Vff. zwei neue Modifikationen dar, u. zwar durch Umkristallisation aus W.–A. 1:1 u. einem 5:5:2 Volumengemisch von A., Aceton u. Wasser. Röntgenograph. Unterss. der Vff. an **II** waren in Übereinstimmung mit den Daten von MARWICK (Proc. Roy. Soc. [London], Ser. A **131.** [1931.] 621), dagegen konnten die Werte von BECKER u. ROSE [1923] über I nicht bestätigt werden. — Aus W.–A. (1:1) krist. bei schnellem Abkühlen die neue *γ-Form* (**III**) aus, während sich bei langsamem Abkühlen ein Gemisch aus **I** u. **II** bildet. Die **III** krist. rhomb. mit a = 9,33 Å; b = 17,36 Å; c = 4, 99 Å. Raumgruppe ist $V^3 - P2_12_12$; Z = 4. — Eine Pulveraufnahme der aus A. + Aceton + W. erhaltenen Verb. war ident. mit der des Mannits, den MEUNIER (1889) aus der Triäthylidenverb. erhalten hatte. Schwenk- u. WEISSENBERG-Aufnahmen ergaben eine rhomb. Zelle mit a = 8,94 Å; b = 18,41 Å; c = 4,92 Å. Mögliche Raumgruppe ist D_{2h}^4 — Pcna, doch ist auch C_{2v}^6 — Pmna möglich; Z = 4. In der letzten Raumgruppe würden die Moll. mit ihren C-Ketten parallel [010] liegen; ihre Zentren lägen dann nahe den Punktlagen $^1/_4\ ^1/_4\ ^1/_4$; $\overline{^1/_4}\ ^1/_4\ ^1/_4$; $\overline{^1/_4}\ \overline{^1/_4}\ \overline{^1/_4}$; $^1/_4\ \overline{^1/_4}\ \overline{^1/_4}$. Das Achsenverhältnis dieser Form stimmt roh mit dem von GROTH angegebenen Verhältnis von **I** überein, jedoch mit verdoppelter c-Achse. Aus diesem Grund entspricht diese neue Form möglicherweise dem **I.** (Acta chem. scand. **6.** 1128—29. 1952. Trondheim, TH, Inst. for Organ. Kjemi, u. Fys. Inst.) GOTTFRIED. D 195

Lynne L. Merritt jr. und **Elma Lanterman,** *Die Kristallstruktur von Dimethylglyoxim.* Gute Kristalle des triklin kristallisierenden Dimethylglyoxims wurden aus 50%ig. wss. A. erhalten. Aus Schwenk- u. WEISSENBERG-Aufnahmen wurden die Zelldimensionen a = 6,10 Å; b = 6,30 Å; c = 4,48 Å; $\alpha = 122^0 31'$; $\beta = 90^0 6'$ u. $\gamma = 79^0 1'$ erhalten. Piezo- u. pyroelektr. Unterss. verliefen negativ. Raumgruppe ist daher $C_i^1 - P\bar{1}$; Z = 1. Die Atomparameter wurden mit Hilfe von PATTERSON- u. FOURIER-Projektionen erhalten. Die Parameter sind C_1 (x =)0,085; (y =) 0,016; (z =) 0,907; C_2 0,701; 0,194; 0,289. N 0,052; 0,238; 0,952. O 0,222, 0,266; 0,781. Für die H-Atome werden die folgenden Parameter angegeben: H_1 (x =) 0,530; (y =) 0,305; (z =) 0,679. H_2 0,683; 0,353; 0,745. H_3 0,699; 0,196; 0,464. H_4 0,118; 0,456; 0,845. Das Mol. ist innerhalb ±0,04 Å planar. Die intramol. Abstände weichen kaum von den zu erwartenden Abständen ab mit Ausnahme der zentralen C—C-Bindung, deren Länge 1,44 Å beträgt. Die Ebene des Mol. bildet mit der (101)-Ebene der Elementarzelle einen Winkel von 8,9°. Die stärksten anziehenden Kräfte zwischen benachbarten Moll. sind die H-Bindungen zwischen dem O-Atom des einen Mol. u. dem N-Atom des nächsten Moleküls. Diese H-Bindungen liegen in der Molekülebene u. bilden einen Winkel von 75,9° mit der N—O-Bindung. Die H-Bindungen halten die Moll. zusammen, welche unendliche Ketten parallel [010] bilden. Zwischen diesen Ketten bestehen wahrscheinlich VAN DER WAALSsche Kräfte. (Acta crystallogr. [Copenhagen] **5.** 811—17. 10/11. 1952. Bloomington, Ind., Univ., Dep. of Chem.) GOTTFRIED. D 195

Samuel Kaufman und **C. R. Singleterry,** *Die Reaktion tertiärer Amine und organischer Säuren in nichtpolaren Lösungsmitteln.* Mit Hilfe einer BECKMANN-App. werden die kryoskop. Daten gemessen, welche vermuten lassen, daß tert. Amine mit dimeren Carbonsäuren im unpolaren Lösungsm. entsprechend den Gleichgewichten $N + A_2 \rightleftharpoons NA_2$; $NA_2 + A_2 \rightleftharpoons NA_4$ reagieren. Untersucht werden die Systeme *Cetyldimethylamin* (aus Hexadecylamin mit F. 45,6—46,6°), *Triisoamylamin* (**I**; n_D^{20} 1,4330), *Dimethylanilin* (n_D^{20} 1,5589) u. *Pyridin* (n_D^{20} 1,5101) jeweils mit *Myristinsäure* (F. 52,3 bis 53,0°) in Bzl., sowie **I** mit *Essigsäure* u. *Pikrinsäure* (F. 122,3—122,9°), ebenfalls in Benzol. (J. physic. Chem. **56.** 604—10. Mai 1952. Washington, D. C., Naval Res. Labor.) v. SCHIESZL. D 223

D. E. Campbell, A. H. Laurence und **H. M. Clark,** *Das ternäre System Isopropyläther–HCl–H_2O.* Das Phasendiagramm sowie die Dichten des Syst. *Isopropyläther* (**I**)–*HCl* (**II**)–*H_2O* (**III**) bei 20° werden angegeben, der Verteilungskoeff. von **II** zwischen **I** u. **III** berechnet. Die Ergebnisse sollen auf die Unters. der Ferrichloridextraktion Anwendung finden. (J. Amer. chem. Soc. **74.** 6193—96. 20/12. 1952. Troy, N. Y., Rensselaer Polytechn. Inst., Walker Chem. Labor.) v. SCHIESZL. D 224

William C. Drinkard und **Gennady M. Kosolapoff,** *Einige Salze symmetrischer Phosphinsäuren.* Vff. untersuchten die Löslichkeit der Cu-, Ba-, Mg-, Ca- u. Pb-Salze von *Di-n-butyl-* (**I**), *Diphenyl-* (**II**), *Di-p-chlorphenyl-* u. *Di-n-decylphosphinsäure* (**III**) in W., Bzl. u. 96%ig. A. bei 25, 35 u. 45°. Bemerkenswert ist die bes. hohe Löslichkeit der Mg-, Ba- u. Ca-Salze der **I** u. des Mg-Salzes der **II** in W., ferner die gute Löslichkeit von Ba-**I** in A. u. die von Cu-**III** (F. 94°), Ba-**III** (F. $<$ 100°), Mg-**II** u. -**III** (**IV**) in warmem Benzol. Die Salze von Ba, Ca u. Mg lösen sich in kaltem W. besser als in warmem. Die Salze wurden aus den entsprechenden Na-Salzen durch Neutralisation der Säuren in wss. Lsg. oder mit PbO am Rückfluß sowie **IV** durch Erhitzen mit Mg-Acetat dargestellt. (J. Amer. chem. Soc. **74.** 5520—21. 5/11. 1952. Auburn, Ala., Alabama Polytechn. Inst.) PLUSKAL. D 224

Ju. G. Mamedalijew und **Aladdin Kulijew,** *Alkylierung von Cycloparaffinen durch Olefine.* Bei 3std. Alkylierung von *Methylcyclohexan* (**I**) mit einem 77% Propylen enthaltenden Gasgemisch (33°, Katalysator H_2SO_4) werden ca. 45% des **I** umgesetzt, davon ca. 70% zu *Methylisopropylcyclohexan* (Hexahydro-p-cymol), Kp. 167,5—169°, dessen katalyt. Dehydrierung (Pt, 300—310°) über 95% *p-Cymol* liefert (Nachw. durch Konstanten u. Oxydation mit $KMnO_4$ zu Terephthalsäure). Im Gegensatz zu den Alkanen wird also bei den Cycloalkanen der H am tert. C-Atom nicht durch eine Alkylgruppe ersetzt. (Доклады Академии Наук СССР [Ber. Akad. Wiss. UdSSR] [N. S.] **88.** 471—73. 21/1. 1953.) R. K. MÜLLER. D 225

H. Burton und **P. F. G. Praill,** *Reaktionen organischer Kationen.* (Vorl. Mitt.) Vff. untersuchen die Rk. zwischen $AgClO_4$ (**I**) u. CH_3J in Bzl. u. Anisol in Abwesenheit u. Ggw. von Nitromethan (**II**). Es zeigte sich, daß die Initial-Rk. $CH_3J + AgClO_4 \rightarrow AgJ + CH_3^+ClO_4^-$ langsam verläuft. Die Weiter-Rk. von $CH_3^+ClO_4^-$ mit Anisol findet auch nur allmählich statt, sie führt zu Methyl-p-tolyläther; mit Bzl. entsteht Toluol. Frühere Unterss. von REDIES u. IREDALE (C. **1946.** I. 1544) werden auf Grund der von Vff. gewonnenen Vorstellungen diskutiert. Ferner untersuchen Vff. die Rk. von **I** mit Benzylbromid in Bzl. mit u. ohne **II.** Dabei wurde eine schnelle Bldg. von Diphenylmethan u. höher substituierter Prodd. beobachtet. „Acetylperchlorat" reagiert unterschiedlich mit Bzl. u. Toluol. Mit ersterem bildet sich nur wenig Acetophenon, während mit Toluol sehr schnell p-Methylacetophenon gebildet wird. Die schnelle Rk. dürfte durch die durch die Methylgruppe aktivierte p-Stellung im Toluol bedingt sein. Nach Ansicht der Vff. besteht eine direkte Beziehung der mitgeteilten Rkk. zur FRIEDEL-CRAFTS-Reaktion. (Chem. and Ind. **1951.** 939. 3/11. London, Univ., King's Coll. of Household and Social Sci.) PLUST. D 225

O. L. Brady und **F. R. Cropper,** *Die Reaktion zwischen Aminen und 1-Chlor-2.4-dinitrobenzol.* Die nucleophile Rk. zwischen prim. u. sek. Aminen u. *1-Chlor-2.4-dinitrobenzol* (**I**) führt nur bis zu den substituierten Dinitroanilinen u. den Hydrochloriden der Amine. Bei einer doppelten Konz. von Amin gegenüber **I** ist die Rk. in A. 2. Ordnung. Als geschwindigkeitsbestimmender Schritt wird eine bimol. Substitution des Cl analog der an einem gesätt. C-Atom angenommen, darauf gibt das substituierende Aminmol. ein Proton an ein 2. Mol. ab. Neben-Rkk. können unter den gewählten Versuchsbedingungen vernachlässigt werden. — Die bei höheren Aminkonzz. erhaltenen, pseudomonomol. Geschwindigkeitskonstanten wachsen mit der Aminkonz. stärker als linear. Die Reaktionsgeschwindigkeit wird durch Protonenacceptoren beeinflußt. Grund dafür ist nach Ansicht der Vff. die Erhöhung der Beweglichkeit der Elektronen des N-Atoms im Übergangszustand. — Gemessen wurde die Geschwindigkeitskonstante

k_2^{25} in A. bei der Rk. von: *Dimethylamin* (**IV**; $10^4 k_2^{25}$ [sec^{-1}]: 355); *Piperidin* (**VI**, 153); *Methylamin* (**II**, 31,6); *n-Heptylamin* (10,0); *n-Butylamin* (**VIII**; 10,0); *n-Propylamin* (9,6); *Äthylamin* (**III**, 9,2); *Isobutylamin* (**XIII**, 6,8); *Diäthylamin* (**V**, 1,9); *Di-n-butylamin* (**IX**, 1,8); *Äthyl-n-propylamin* (**VII**, 1,7); *Isopropylamin* (**X**, 1,0); *sek.-Butylamin* (**XI**, 0,91); *Di-n-propylamin* (1,6); *Diisobutylamin* (**XII**, 0,58); *α-Pipecolin* (**V**, 0,22); *Äthylisopropylamin* (0,18—0,033); *Ammoniak* (0,04); *tert.-Butylamin* (0,038); *Diisopropylamin* (0,011—0,017); *α.α-Lupetidin* (0,011—0,006); *Tetrahydrochinolin* (0,068—0,004) sowie von *Tetrahydrochinaldin* (0,004—0,002). Im Gegensatz zu den Erwartungen auf Grund polarer Effekte auf den Übergangszustand ist in manchen Fällen zwischen k_2^{25} u. der Dissoziationskonstanten der Amine keine Beziehung herzustellen. Kettenverzweigungen am α-C-Atom einer N-Alkylgruppe führen zur Verminderung von k_2^{25}, jedoch in sehr unterschiedlichem Maße. Daraus schließen Vff., daß ein ster. Effekt bei der Reaktionsfähigkeit der Amine gegenüber **I** eine wichtige Rolle spielt: Bei Annahme freier Drehbarkeit um die C—N-Bindung tritt z. B. bei **III** eine zeitweilige ster. Hinderung der Rk. auf, die bei **V** noch länger anhält. Die gefundenen Geschwindigkeitskonstanten stimmen mit dieser Anschauung gut überein. Aus der Temperaturabhängigkeit von k_2 wurden die Aktivierungsenergie u. Stoßzahlfaktoren nach ARRHENIUS berechnet. Es ergaben sich für: **IV** 9340 (cal/Mol) u. 1 (10^{-5}·sec^{-1}); **VI** 10200 u. 4,7; **II** 10700 u. 2,3; **III** 11700 u. 3,6; **VIII** 11700 u. 3,9; **V** 12650 u. 3,7; **VII** 13000 u. 5,8; **IX** 14200 u. 48; **XI** 14800 u. 67; **XII** 14800 u. 42; **XIII** 15500 u. 1600 u. **X** 15900 u. 475. — *N-tert.-Butyl-2.4-dinitroanilin*, $C_{10}H_{13}O_4N_3$, F. 119° (verd. A.). — *N.N-Diisopropyl-2.4-dinitroanilin*, $C_{12}H_{17}O_4N_3$, F. 127° (A.). — [*-α-Pipecolino-2.4-dinitrobenzol*, $C_{12}H_{15}O_4N_3$, F. 67° (A.). — [*-Tetrahydrochinolino-2.4-dinitrobenzol*, $C_{15}H_{13}$·O_4N_3, F. 155,5° (A.-Bzl.). (J. chem. Soc. [London] **1950**. 507—16. Febr. London, Univ., Sir William Ramsay u. Ralph Forster Labors.) PAULIG. D 225

Osamu Simamura, Takashi Inukai und **Motonori Kanazashi**, *Einfluß von Substituentengruppen auf die Kernaktivität bei der Bildung substituierter Biphenyle durch Reaktion aromatischer Diazo- und verwandter Verbindungen mit aromatischen Flüssigkeiten.* 1. Mitt. *Die Nitrogruppe.* Vff. bestätigen durch ihre Unterss. der Bldg. von *Nitrobiphenylen* (**Ia, b, c**) aus Nitrosoacetanilid (**II**) bzw. Diazobenzolhydroxyd in einem Gemisch von Bzl. (**III**) u. Nitrobenzol (**IV**) bzw. in **IV** bei 20° bzw. 8—10° die Bldg. des *m-Isomeren* **Ib**, wie sie in ähnlichen Fällen auch früher beobachtet wurde; **Ib** war jedoch bei der untersuchten Rk. nicht gefunden worden (vgl. GREVE u. HEY, J. chem. Soc. [London] **1934**. 1797). Die Reaktionsfähigkeit der o-, m- u. p-Stellung von **IV** im Vgl. zu **III** wurde aus dem Verhältnis der Ausbeuten an **Ia, Ib, Ic** u. Diphenyl bei der Konkurrenz-Rk. ungefähr bestimmt: Die relativen Reaktionsgeschwindigkeitskonstanten sind bei der Rk. mit **II** für die m-Stellung von **IV** 5,8, für die o-Stellung 5,4—15 u. für p-Stellung 9,8—30, bei der Rk. mit diazotiertem Anilin in wss. NaOH 6,6; 2,8 u. 11. Alle Kernstellungen des **IV** sind also gegen das Phenylradikal reaktiver als die von **III**. — *N-Nitrosoacetanilid*, F. 50—51° (Zers.) nach O. FISCHER (1876). — Best. von *m-Nitrobiphenyl* (**Ib**) durch Titration des Isomerengemisches mit $TiCl_3$-Lsg. u. dann mit Bromid-Bromat. (Bull. chem. Soc. Japan **23**. 205—07. Nov. 1950. Tokyo, Univ., Fac. of Sci., Dep. of Chem.) B. KASPAR. D 225

Yoshio Matsushima, *Über die hydrolytische Zersetzung von Alkylnitraten.* Vf. prüft die Theorie, nach der Alkylnitrate bei der Hydrolyse nicht HNO_3 u. Alkohol, sondern HNO_2 u. Peroxyd geben u. dieses weiter in Aldehyd u. W. zerfallen soll. Wegen der Bldg. von Peroxyd sollte dem Nitrat nicht die gewöhnliche Struktur, $RONO_2$, sondern eine Struktur ROONO zukommen. Vf. vermutet, daß dann Salpetersäureester wegen der NO-Gruppe ein Absorptionsmaximum bei der gleichen Wellenlänge besitzen müßten wie Salpetrigsäureester. Er vergleicht deshalb die Absorptionsspektren von *n-Butylnitrat* (**I**) ($Kp._{27-28}$ 44—46°, aus Butylbromid u. $AgNO_3$), *n-Butylnitrit* (**II**) ($Kp._{47-50}$ 16,5 bis 17,5°) u. *1-Nitrobutan* (**III**) ($Kp._{45}$ 70°, aus Butylbromid u. $AgNO_2$). Zwischen den Spektren von **I** u. **II** besteht keine Ähnlichkeit; vielmehr ähneln sich die von **I** u. **III**, so daß Vf. die Struktur ROONO für Nitrate nicht für zutreffend hält. Um Peroxyde als Zwischenprodd. der Hydrolyse nachzuweisen, verseift Vf. Äthylnitrat bei Ggw. von Diäthylsulfat mit KOH, um so das beständige Diäthylperoxyd zu erhalten. Das Reaktionsgemisch wird fraktioniert dest. u. die einzelnen Fraktionen mit KJ auf Ggw. von Peroxyd geprüft. Die Fraktion 48—64° (Kp. von Diäthylperoxyd 64°) zeigt stark oxydierende Wirkung. (Collect. Pap. Fac. Sci., Osaka Univ., Ser. C **11**. Nr. 3. 1—4. 1943/1949, ausg. 1950.) MANTHEY. D 225

R. Aelion, A. Loebel und **F. Eirich**, *Die Hydrolyse und Polykondensation von Tetraalkoxysilanen.* Es wurden die Hydrolysegeschwindigkeiten verschied. Orthokieselsäureester in Ggw. von H^+ u. OH^- als Katalysator gemessen. Durch analyt. Best. des bei der Rk. verbrauchten W. u. frei werdenden Alkohols wurde versucht, Hydrolysen- u. Kondensationsgrad getrennt zu erfassen. Im einzelnen wurden hydrolysiert: *Tetraäthyl-*, *Tetrabutyl-*, *Tetra-n-hexyl-*, *Tetra-2.6-dimethylheptyl-(4)-silicat* u. die unsymm. Ester *Diäthyldi-n-hexyl-*, *Diäthyldi-[2-methylpentyl-(4)]-*, *Diäthyldi-[heptyl-(2)]-* u. *Diäthyldi-[2.6-dimethylheptyl-(4)]-silicat*, außerdem *Monoäthyltri-n-hexyl-* u. *Triäthylmono-n-hexylsilicat*. In Dioxan oder einem Alkohol als Lösungsm. wurde mit einem Überschuß W. hydrolysiert. Experimentelle Einzelheiten vgl. J. Amer. chem. Soc. **72.** [1950.] 5705. Die sauer katalysierte Hydrolyse ergab sich als Rk. 2. Ordnung in bezug auf die Wasser- u. Silicatkonz., die alkal. Hydrolyse als Rk. 1. Ordnung in bezug auf die Silicatkonz., in beiden Fällen war die Geschwindigkeitskonstante proportional der H^+- bzw. OH^--Konzentration. Mit steigendem Mol.-Gew. der Alkoxygruppen nahm die Reaktionsgeschwindigkeit stark ab. Trotzdem fand bei den gemischten Estern keine bevorzugte Hydrolyse der kleineren Alkoxygruppe statt, u. es gelang auf diese Weise nicht, lineare Polyalkoxysiloxane darzustellen. Das Reaktionsprod. bestand immer aus hochmol., stark verzweigten Siloxanen. Es wird ein Mechanismus der Hydrolyse u. Kondensation vorgeschlagen, bei dem die Anlagerung eines H_3O^+ bzw. OH^- an die $\equiv$Si—O—R-Bindung den die Reaktionsgeschwindkeit bestimmenden Schritt darstellt. Vff. kommen zu dem Schluß, daß definierte Alkoxypolysiloxane nur durch Hydrolyse von $Si(OR)_4$ mit einem Überschuß W. u. hoher H^+-Konz. oder durch Hydrolyse von $SiCl_4$ mit einem Überschuß W. in Ggw. von viel ROH erhalten werden können. Ein so gewonnenes „Äthylsilicat 40" enthielt 16,6% *Tetraäthoxysilan*, $Kp._8$ 59°, $D.^{26,8}$ 0,9281, $n^{26,8}$ 1,3811; 18,4% *Hexaäthoxydisiloxan*, $Kp._8$ 112°, $D.^{26,8}$ 0,969, $n^{26,8}$ 1,387; 7,2% *Oktaäthoxytrisiloxan*, $Kp._2$ 160°, $D.^{26,8}$ 1,0236, $n^{26,8}$ 1,3933 u. 54% Rückstand mit OR/Si = 1,58. — Ein analog gewonnenes *Poly-2.6-dimethylheptoxy-(4)-siloxan* schmolz in einem Intervall von 132—135°. (Recueil Trav. chim. Pays-Bas **69.** 61—75. Jan. 1950. Brooklyn, Polytechn. Inst.) GROSSE-RUYKEN. D 225

Charles E. McCauley und **Cecil V. King,** *Kinetik und Mechanismus der säurekatalysierten Zersetzung von Diazoaceton.* Die Umwandlung von Diazoaceton (I) in Oxyaceton (II) nach der Gleichung $CH_3COCHN_2 + H_2O = CH_3COCH_2OH + N_2$ wird spezif. durch Hydroniumionen beschleunigt. Die Rk. ist bzgl. I erster Ordnung. In verd. Lauge oder in W. findet keine merkliche Zers. statt. Als Säuren wählen Vff. $HClO_4$ u. Monochloressigsäure, undissoziierte Säure beschleunigt die Rk. nicht. Die Zers. von I durch Hydroniumionen ist geeignet, unbekannte H^+-Ionenkonzz. in Lsgg. zu messen. Zusatz von Neutralsalzen, nämlich $NaClO_4$, $Zn(ClO_4)_2$, $Ba(ClO_4)_2$, $La(ClO_4)_3$, $LiNO_3$, $NaNO_3$, KNO_3, Na-Benzolsulfonat, NaCl, NaBr u. NaJ erhöht die Reaktionsgeschwindigkeit. Die Wrkg. jeden Salzes ist ziemlich spezifisch. Die Wertigkeit des Kations ist höchstens von geringem Einfluß. In Ggw. von Halogeniden werden nach $CH_3COCHN_2 + H^+ + X^- = CH_3COCH_2X + N_2$ beträchtliche Mengen Halogenaceton gebildet. Bei Anwendung von J^- stellt sich noch das Gleichgewicht $CH_3COCH_2J + HJ \rightleftharpoons CH_3 \cdot COCH_3 + J_2$ ein. Mit II reagiert HJ nach $CH_3COCH_2OH + HJ = CH_3COCH_2J$ so langsam, daß diese Rk. vernachlässigt werden kann. In Ggw. von Nitraten gebildete HNO_3 reagiert nur wenig mit I. Der Mechanismus der Rk. von I mit W. bzw. Halogenwasserstoffsäure ist den entsprechenden Umsetzungen des Diazoessigesters (III) ähnlich. Zunächst stellt sich das Gleichgewicht $CH_3COCHN_2 + H^+ \rightleftharpoons CH_3COCH_2N_2^+$ ein, dann folgt die geschwindigkeitsbestimmende Rk. mit W. bzw. X^-, u. zwar entweder vor oder gleichzeitig mit der N_2-Abspaltung. Einen Mechanismus mit freien Radikalen schließen Vff. aus. Aus Geschwindigkeitskonstanten, die bei 25,06, 19,98 u. 29,98° bestimmt wurden, ergeben sich die Aktivierungsenergie, Entropie, Enthalpie u. freie Energie zu $E = 19{,}8$ kcal/Mol, $\Delta S^{\neq} = -2{,}1$ cal/Mol·Grad, $\Delta H^{\neq} = 19{,}2$ kcal/Mol u. $\Delta F^{\neq} = 19{,}8$ kcal/Mol. Beim Vgl. dieser Daten mit denen des III u. des Azodicarbonats (IV) zeigt sich, daß die Werte von I u. III ähnlich, aber verschieden von IV sind. Dies bestätigt die Annahme, daß der Zersetzungsmechanismus von I u. III durch H^+ — von Feinheiten abgesehen — analog ist.

V e r s u c h e: *Diazoaceton*, $Kp._{11,5}$ 46,0—36,8°, aus frisch dest. Acetylchlorid (28 g) u. überschüssigem Diazomethan in Ae.; $D.^{28}_{28}$ 1,058, n_D^{21} 1,488; 20 g (Ausbeute). — Die Geschwindigkeit der Rk. wurde durch Verfolgung des N_2-Druckes in einer von BRÖNSTED u. DUUS [1925] angegebenen App. gemessen, das gebildete Oxyaceton wurde als *2.4-Dinitrophenylosazon*, F. 298°, isoliert. (J. Amer. chem. Soc. **74.** 6221—25. 20/12. 1952. New York, N. Y., Univ., Dep. of Chem.) J. MATTNER. D 225

Katsuhiko Ichikawa, Tadashi Mizoguchi und **Haruo Shingu,** *Kinetik der Zersetzung von o-Oxyphenylquecksilberhalogeniden durch Halogenwasserstoffsäuren.* Die Kinetik der Zers. von *o-Oxyphenylquecksilberhalogeniden* durch die ihnen entsprechenden Halogenwasserstoffsäuren nach $HOC_6H_4HgX + 3\,HX \rightarrow C_6H_5OH + H_2HgX_4$ wurde jodometr. verfolgt. Beim Chlorid ergibt sich für die Reaktionsgeschwindigkeit mit HCl: $-d(a-x)/$

$dt = k_1(a - x)(b - 3x)$ (1), die Cl^--Ionenkonz. hat keinen Einfl. auf k. Beim Jodid ist $-d(a - x)/dt = Kk_3(a - x)(b - 3x)(b^2 - 3x)$ für Rk. mit HJ, auch bei Zugabe von KJ. Die Zers. des Bromids erfolgt nach (1) mit dem Unterschied, daß eine große Bromidionenkonz. die Reaktionsgeschwindigkeit beeinflußt. Es ergibt sich $-d(a - x)/dt = k_2(a - x)(b - 3x) + k_1'(a - x)$, wobei k_1' eine Variable ist, die sich mit der Bromidionenkonz. ändert. Vff. nehmen folgenden Reaktionsmechanismus an: a) $HOC_6 \cdot H_4HgX + H^+ \underset{k_{-1}}{\overset{k_1}{\rightleftarrows}} HOC_6H_4HHgX^+$, $k_1/k_{-1} = K$; b) $HOC_6H_4HHgX^+ + X^- \xrightarrow{k_3} C_6 \cdot H_5OH + HgX_2$; c) $HgX_2 + 2HX \rightarrow H_2HgX_4$. Dabei bildet sich in b) Phenol über eine instabile Intermediärverbindung. Je nachdem a) oder b) schneller verläuft, entstehen obige Ausdrücke für die Reaktionsgeschwindigkeit. Für den Zerfall des Bromids ergibt sich $HOC_6H_4HgBr + n{\cdot}Br' \rightarrow C_6H_4OH' + HgBr^+ \cdots n{\cdot}Br^+$; $C_6H_4OH' + H^+ \rightarrow C_6H_5OH$, da zwischen dem HgBr des HOC_6H_4HgBr u. den Bromidionen koordinative Kräfte wirksam sind. (Bull. Inst. chem. Res., Kyoto Univ. [Kagaku Kenkyusho Hokoku] **23.** 72—73. Dez. 1950. Kodama Labor. [Orig.: engl.]) KLEINWÄCHTER. D 225

W. Minder und **H. Heydrich,** *Strahlenchemie organischer Lösungen. 1.1-Bis-[p-methylphenyl]-trichloräthan; 1.1-Bis-[3.4-dimethylphenyl]-trichloräthan; 1.1-Bis-[p-chlordiphenyl]-chloräthylen; γ-Hexachlorcyclohexan; p-Dichlorbenzol; Hexachloräthan* u. *Chlf.* wurden in verschied. Konzz. ($^1/_5$—$^1/_{1000}$ mol) in A. oder Aceton mit Röntgenstrahlen behandelt. Nach der Bestrahlung konnten daraus Halogensäuren mit W. extrahiert werden. Die Menge des durch Bestrahlung entstehenden Prod. wächst bei allen Konzz. proportional mit der Strahlungsdosis an. Sie ist weiter abhängig von der Konz. der Lsg.; eine einfache Proportionalität findet sich jedoch nur bei sehr kleinen Konzentrationen. Weiter wird eine Abhängigkeit von der Zahl der Halogenatome der Ausgangssubstanz festgestellt, sowie ein Einfl. des Bindungstyps. Bei Verwendung von Aceton als Lösungsm. ist die Ausbeute nicht proportional der Konzentration. Im allg. beträgt die Menge des entstehenden Prod. ungefähr $^1/_3$—$^1/_4$ des Geh. bei wss. Lösungen. Es wird jedoch bei Zugabe von W. (bis zu ~50 Vol.-%) keine Veränderung festgestellt. Die Ausbeuten in reinem Aceton sind um ca. 20% kleiner als die in reinem Alkohol. Die Beziehung zwischen entstehender Menge u. Konz. ist eine exponentielle, die einem Sättigungswert zustrebt. Die Ergebnisse werden diskutiert u. mit theoret. Überlegungen verglichen. (Discuss. Faraday Soc. **1952.** Nr. 12. 305—12. Bern, Univ., Radium Inst., u. Röntgenstrahlenabt.)
E.-L. JAHN. D 226

A. J. Feuell und **J. H. Skellon,** *Die Oxydation von monoolefinischen Fettsäuren und Estern. Vereinigung von gasförmigem Sauerstoff mit Äthyl-, n-Propyl- und n-Butyloleat.* Hinweis auf das Schrifttum über die Oxydation von Ölsäure sowie ihrem Methyl- u. Äthylester. Zwecks Studiums des Einfl. der terminalen Estergruppe auf den Verlauf der Autoxydation in Ggw. von Uranoleat (U 27,6%) als Katalysator (Darst. nach SKELLON u. SPENCE, J. Soc. chem. Ind. **67.** [1948.] 365) wird das Verh. von *Äthyl-, n-Propyl-* u. *n-Butyloleat* (Darst. nach ARMSTRONG u. HILDITCH, J. Soc. chem. Ind. **44.** [1925.] 43 T) geprüft. Reine *Ölsäure* (VZ. 197,2; JZ. 90,0) wird nach SKELLON (J. Soc. chem. Ind. **50.** [1931.] 131 T) erhalten. Durchführung der katalyt. Oxydation unter Durchleiten von Sauerstoff durch die Ester + Katalysator bei 55,85 u. 120°; Ermittlung des Peroxydwertes, der JZ., der VZ., des Mol.-Gew. (nach RAST), des Brechungsindices sowie der Reduktionswrkg. gegenüber FEHLINGscher u. ammoniakal. Ag-Lsg. in gewissen Zeitabständen (2—28 Std.). Aus den Ergebnissen geht hervor, daß Peroxydbldg. mit nachfolgender Zers. die charakterist. Züge der Autoxydation bei höherer Temp. sind, ebenso wie die Änderungen in der JZ. u. Verseifungszahl. Polymerisation tritt deutlich zusammen mit reduzierenden Abbauprodd. erst bei verlängerter Autoxydation bei 120° in Erscheinung. Die Natur der terminalen Estergruppe beeinflußt den Verlauf der Autoxydation dergestalt, daß die maximale Peroxydbldg. sich in der Richtung vom Äthyl- zum n-Butylester fortschreitend abschwächt. Die Konfiguration der monoolefin. Fettsäure ist im Einklang mit dem Schrifttum ein wichtiger Faktor für den Reaktionsablauf; Oleate reagieren rascher als die entsprechenden Elaidinsäureester. (J. chem. Soc. [London] **1952.** 59—62. Jan. Acton, Techn. Coll.) TÄUFEL. D 227

J. H. Skellon und **P. E. Taylor,** *Die Oxydation von monoolefinischen Fettsäuren und ihren Estern. Die Vereinigung von gasförmigem Sauerstoff mit Erucasäure und ihrem Methyl- und n-Propylester.* Die katalyt. Oxydation von reiner *Erucasäure* (I), I-CH_3- u. I-n-C_3H_7-Ester bei 55, 85 u. 120° in Ggw. von Uranseife der I führte zur Entstehung u. zum darauffolgenden Zerfall von Hydroperoxyden ohne nennenswerte Di- u. Polymerisation. Der Oxydationsverlauf ist komplexer Natur u. ähnlich dem bei *Elaidinsäure* (II) u. ihren CH_3- u. n-C_3H_7-Estern. Die O_2-Aufnahme stieg bis zu einem Maximum an, worauf Zers. eintrat; der diesem Maximum entsprechende %-Geh. an akt. O war in der I-Reihe am höchsten beim autoxydierten I–n-C_3H_7-Ester, in der II-Reihe dagegen beim II–CH_3-Ester (vgl. SKELLON u. THRUSTON, C. **1950.** II. 275). Die Autoxydation verlief während des Anstiegs zum maximalen Peroxydgeh. bei 120 u. 85° exotherm. Vgl. von Peroxyd- u. JZ-Werten in den Maxima erwies deutlich die größere Stabilität der Esterperoxyde gegenüber denen der freien I. Bei 55° verlief die Rk. anders u. langsamer, die Oxydation der freien I führte schon bei geringer Peroxydbldg. zu auffallendem Rückgang der JZ, während beim I–n-C_3H_7-Ester eine rasche Änderung des Peroxydwertes bereits bei geringem Absinken der JZ eintrat. Mol.-Gew.-Bestimmungen zeigten, daß bei den 3 Versuchstempp. nur eine geringfügige Dimerisation stattgefunden hat (Abnahme der SZ. bei I, Zunahme der Viscosität der Ester). Der Einfl. der endständigen Alkylgruppen in den Estermoll. war deutlich ersichtlich aus den höheren Peroxydwerten der Esteroxydationsprodd., was Vff. als Bestätigung der Auffassung ansahen, daß bei Tempp. über 100° der Anfangsangriff des O_2 direkt an der C=C-Doppelbindung einsetzt u. darauf eine Wanderung der Doppelbindung u. Entstehung u. Zers. isomerer Hydroperoxyde erfolgt, wobei komplexe ölige, ketongruppenhaltige Prodd. als sek. Oxydationsprodd. entstehen. Diese sind charakterist. für katalyt. Oxydationen (bei höherer Temp.) von monoolefin. Fettsäuren u. -estern u. verschieden von den bei der Autoxydation von Ölsäure (**III**) u. **II** (bei niedrigeren Tempp.) gefundenen ungesätt. Ketosäuren (vgl. ELLIS, C. **1950.** II. 2783). — Die für die Oxydationsverss. erforderliche völlig reine **I** wurde aus Rapsölfettsäuren (**IV**) nach 2 verschied. Verff. gewonnen; A) Durch wiederholte fraktionierte Fällung u. Umkristallisation (A.) der Pb-Salze wurden sowohl die gesätt. Fettsäuren (Behensäure) wie die ungesätt. (**III** u. Linolsäure) abgetrennt. Bedeutend höhere Ausbeute an reiner **I** erhielten Vff. nach B) durch Ausfällen der unlösl. Li-Salze der **IV** aus A., mehrmaliges Umkristallisieren (W.–A. 1 : 1) derselben, Überführung in die freien Fettsäuren u. fraktionierte Ausfällung ihrer Pb-Salze zur Abtrennung der gesätt. Fettsäuren.

V e r s u c h e : *Erucasäure* (**I**), $C_{22}H_{42}O_2$, F. 33,0°, Verf. nach A: aus 725 g **IV**, erhalten aus Rapsöl durch Verseifung mit alkoh. KOH; n_D^{50} 1,4512; Ausbeute 90 g; nach Verf. B aus einer Lsg. von 730 g **IV** in sd. A. mit LiOH-Lsg.; 295 g. — **I**-*Methylester*, $n_D^{15,5}$ 1,4575; n_D^{50} 1,449; durch Veresterung von **I** (20 g) mit CH_3OH in Ggw. von konz. H_2SO_4 u. Leichtbenzinextraktion der wss. Suspension des CH_3OH-freien Prod.; 20 g. — **I**-*n-Propylester*, $n_D^{15,5}$ 1,4566; n_D^{50} 1,4429, analog aus reiner **I** (30 g) u. n-C_3H_7·OH; 25 g. — Katalyt. Oxydationen in Ggw. von 0,05% U (als I–U-Seife); Beschreibung von Versuchsapp. u. -bedingungen u. 3 Tabellen der Ergebnisse im Original. (J. chem. Soc. [London] **1952.** 1813—16. Mai. Acton, Techn. Coll.) SCHILDKNECHT. D 227

D_2. Präparative organische Chemie. Naturstoffe.

Howard C. Haas, *Katalyse der Dechlorierung durch Zink.* Der Befund, daß die Cl_2-Abspaltung aus 1.3-Dichlorpropan bzw. 1.2-Dichloräthan mittels Zn bei 100° in Dioxanlsg. durch $ZnCl_2$ katalysiert wird, läßt vermuten, daß die FREUND- u. FRANKLAND-Rkk. (Dibromverbb. u. Zn) sich auch auf Dichloride in Ggw. von $ZnCl_2$ anwenden lassen. (J. Polymer Sci. **5.** 515—16. Aug. 1950. Cambridge, Mass., Polaroid Corp.) SCHÄFF. 450

Arthur C. Stevenson, *Ammonolyse.* Zusammenfassende Darst. der Arbeiten über Ammonolyse aus dem Jahr 1950. (Vgl. auch C. **1953.** 6353.) (Ind. Engng. Chem. **43.** 1920—24. Sept. 1951. Wilmington, Del., du Pont de Nemours Co.) v. BOGDANDY. 450

M. F. Schosstakowski, B. I. Michantjew und **N. N. Owtschinnikowa,** *Indirekte Vinylierung von Fettalkoholen.* Da die Vinylierung tert. oder ungesätt. aliphat. Alkohole mit C_2H_2 in Ggw. von KOH im Gegensatz zu der von prim. u. sek. Alkoholen nicht gelingt, wurden aus den Alkoholen mit Vinylphenyläther (**I**) die entsprechenden gemischten *Acetaldehydalkylphenylacetale* hergestellt (Meth. **A**) u. diese dann der therm. Zers. unterworfen. Hierbei bildeten sich die gesuchten *Alkylvinyläther* u. *Phenol*, außerdem in einer Neben-Rk. die Disproportionierungsprodd. der gemischten Acetale, *Acetaldehyddialkyl-* u. *-diphenylacetale.* Letztere entstanden allein bei der therm. Zers. bei 3—5 mm. Die Ausbeute an gemischten Acetalen ließ sich steigern, wenn α-Chloräthylphenyläther (**II**) mit den Na-Verbb. der Alkohole umgesetzt wurde (Meth. **B**). Die Rkk. wurden mit tert.-Butylalkohol (**III**), Allylalkohol (**IV**) u. auch mit sek.-Butylalkohol durchgeführt. Der Reinheitsgrad der erhaltenen Alkylvinyläther betrug 95—98%.

V e r s u c h e : *Acetaldehyd-tert.-butylphenylacetal*, $Kp._5$ 53—55°, nach **A** aus 37 g **III** u. 60 g **I**; bei 30° wurden 0,2 g P_2O_5 (oder konz. H_2SO_4, HCl) eingetragen, wonach die Temp. auf 75—80° anstieg; nach Erkalten wurde mit K_2CO_3 u. Na behandelt, dann im Vakuum fraktioniert: $D.^{20}_4$ 0,9650; n_D^{20} 1,4790; Mol.-Refr. ($[MR]_D$) 57,8; 27% (Ausbeute), neben 28% *Acetaldehyddi-tert.-butyl-* u. 25% *-diphenylacetal* (**V**). Nach **B** betrug die Ausbeute 36% (neben den Disproportionierungsprodd.). — *Vinyl-tert.-butyläther*, $Kp._{760}$ 75—75,3°; aus vorst. Verb. bei 140—150° am Rückflußkühler; $D.^{20}_4$ 0,7726; n_D^{20} 1,3978; $[MR]_D$ 31,3; 75%. — *Acetaldehydallylphenylacetal*, $Kp._8$ 65—67°; nach **B** aus der Na-Verb. von **IV** beim Zutropfen der äquimol. Menge **II**; das Filtrat wurde bei 3 mm fraktioniert; $D.^{20}_4$ 0,9613; n_D^{20} 1,4908; 30% (neben 26% *Acetaldehyddiallylacetal* u. 23% **V**). Nach **A** 25%. — *Vinylallyläther*, $Kp._{760}$ 66—66,7°; aus vorst. Verb.; $D.^{20}_4$ 0,7900; n_D^{20} 1,4062; 77%. — *Acetaldehyd-sek.-butylphenylacetal*, $Kp._5$ 57—60°; $D.^{20}_4$ 0,9552; n_D^{20} 1,4786; nach **A** 32%, nach **B** 40%. — *Vinyl-sek.-butyläther*, $Kp._{760}$ 81 bis 81,5°; $D.^{20}_4$ 0,7720; n_D^{20} 1,3970; 75,8%. — *Acetaldehyddi-sek.-butylacetal*, $Kp._{25}$ 73 bis 74°; $D.^{20}_4$ 0,8231; n_D^{20} 1,4048; *-di-tert.-butylacetal*, $Kp._{13}$ 63—64°; $D.^{20}_4$ 0,8246; n_D^{20} 1,4054; *-di-allylacetal*, $Kp._{760}$ 147—149°; $D.^{20}_4$ 0,8482; n_D^{20} 1,4208, u. *-diphenylacetal*, $Kp._{35}$ 144—146°; $D.^{20}_4$ 1,0805; n_D^{20} 1,5542. (Известия Академии Наук СССР, Отделение Химических Наук [Nachr. Akad. Wiss. UdSSR, Abt. chem. Wiss.] **1952**. 1099—1104. Nov./Dez. Inst. für organ. Chem. der Akad. der Wiss. der UdSSR.)

R. KNOBLOCH. 560

M. F. Schosstakowski und **A. W. Bodganowa,** *Untersuchung von Acetylenalkoholen und -glykolen.* 2. Mitt. *Synthese der Mono- und Diacetale von Tetramethylbutindiol.* (1. vgl. C. **1953.** 5804.) Aus 1.1.4.4-Tetramethylbutin-(2)-diol-(1.4) (**I**) wurden mit Vinylalkyläthern die *Mono-* u. *Bis-[α-alkoxyäthyläther]* („*Mono-*" u. „*Dialkylacetale*") gewonnen.

V e r s u c h e : Der Reinheitsgrad wurde wie früher durch Best. des bei der Säurehydrolyse gebildeten CH_3CHO ermittelt; er betrug 92—96%. *Mono-[α-butoxyäthyläther] von* **I**, $C_{14}H_{26}O_3$, $Kp._7$ 121—122°, a) durch 9std. Erhitzen von 35,5 g **I** mit 50 g Vinylbutyläther (**II**) im Drehautoklaven auf 96—110°; 30 g (Ausbeute) neben 12 g des *Bis-äthers*; b) zur Lsg. von 35,5 g **I** in 50 g Dioxan werden bei 53—56° unter Rühren 50 g **II** + 3 Tropfen konz. HCl zugetropft; man erhitzt 3½ Std. auf 65—70°; 50 g neben sehr wenig des *Bis-äthers*; $D.^{20}_4$ 0,9175; n_D^{20} 1,4440; Mol.-Refr. ($[MR]_D$) 69,93. — *Bis-[α-butoxyäthyläther] von* **I**, $C_{20}H_{38}O_4$, $Kp._8$ 146—147°; Herst. wie unter b), aber bei 8std. Erhitzen; $D.^{20}_4$ 0,9150; n_D^{20} 1,4380; $[MR]_D$ 98,36; 66%. — *Mono-[α-octyloxyäthyläther] von* **I**, $C_{18}H_{34}O_3$, $Kp._3$ 138—138,2°; aus **I** u. Vinyloctyläther in Dioxan + wenig HCl, 6 Std. bei 75—80°; $D.^{20}_4$ 0,8713; n_D^{20} 1,4420; 21,5 g neben 16 g des *Bis-äthers* aus 18,5 g **I**. — *Bis-[α-octyloxyäthyläther] von* **I**, $C_{28}H_{54}O_4$, $Kp._1$ 184—186°; $D.^{20}_4$ 0,8905; n_D^{20} 1,4460. — *Bis-[α-äthyloxyäthyläther] von* **I**, $C_{16}H_{30}O_4$, $Kp._2$ 103,5—105°; aus **I** u. Vinyläthyläther; $D.^{20}_4$ 0,9125; n_D^{20} 1,4320; 56%. (Известия Академии Наук СССР, Отделение Химических Наук [Nachr. Akad. Wiss. UdSSR, Abt. chem. Wiss.] **1952.** 1094—98. Nov./Dez. Inst. für organ. Chem. der Akad. der Wiss. der UdSSR.)

R. KNOBLOCH. 570

E. Bua und **E. Tibaldi,** *Die Synthese von Verbindungen mit muskelerschlaffender Wirkung. Einige Glycerin- und Mannitderivate.* Zur Prüfung auf muskelerschlaffende Wrkg. werden einige *Glycerin-* u. *Mannitderivv.* ein- u. *mehrwertiger Phenole* sowie von *Barbitursäure* dargestellt.

V e r s u c h e : *α-Naphthylglycerinäther*, F. 85°, aus je 1 Mol α-Naphthol u. α-Chlorhydrin (**I**) durch Erhitzen mit Na in absol. A. (2 Std.); Mol.-Gew. 218; 50,5% (Ausbeute). — *β-Naphthylglycerinäther*, F. 115°, ebenso aus β-Naphthol durch 3std. Erhitzen; Mol.-Gew. 218; 60,0%. — *p.p'-Diphenylendiglycerinäther*, F. 217° (Zers.), aus 2 Mol **I** u. 1 Mol p.p'-Dioxydiphenyl in 3 Std.; Mol.-Gew. 334; 93,5%. — *Hydrochinondiglycerinäther*, aus 2 Mol **I**; Mol.-Gew. 258; 52%. — *Brenzcatechindiglycerinäther*, aus 2 Mol **I**; Mol.-Gew. 258; 48%. — *Dioxypropylmalonsäurediäthylester* (**II**), aus Malonester u. **I** in absol. A. mit Na durch 3std. Erhitzen. — *Äthyldioxypropylmalonester*, ebenso. — *5-Dioxypropyl-2-iminobarbitursäure*, aus **II** u. Guanidinnitrat durch Erhitzen mit Na in absol. A. (7 Std.); 88%. — *5-Dioxypropyl-5-äthyl-2-iminobarbitursäure*, ebenso; 82%. — *Phenoläther des Mannits*: Durch Erhitzen von Phenol u. Mannit in den in ( ) angegebenen Mol.-Verhältnissen in Ggw. von Na-Acetat auf 250° für 20 bis 25 Stunden. *Monophenyläther*, (0,8 : 1); Mol.-Gew. 258; 80%. *Tribrenzcatechinäther*, (0,27 : 0,7); Mol.Gew. 438; 58%. *Tetrapyrogalloläther* (0,3 : 1); Mol.-Gew. 618; 65%. *p.p'-Dioxydiphenyläther*, (0,25 : 1); Mol.-Gew. 514; 54%. *Mono-o-kresoläther*, (0,5 : 0,7); Mol.-Gew. 272; 66%. (Farmaco [Pavia] **6.** 448—51. Juli/Aug. 1951. Padua, Univ., Ist. di Chim. organ.)

K. FABER. 580

W. Wardlaw und **D. C. Bradley,** *Orthoester des Siliciums, Titans und Zirkons.* Übersicht über die Darst. u. Eigg. bekannter Si- u. Ti-Orthoester. Die Angaben über Zr-Orthoester werden ergänzt: Die Orthoester sind aus $ZrCl_4$ u. den Alkoholen durch Behandlung mit trockenem NH_3 erhältlich. Bei der Darst. ist die vorsichtige Entfernung des entstehenden NH_4Cl u. ein Überschuß an Alkohol wichtig. Aus Zr-Orthoestern lassen sich mit anderen Alkoholen durch Umesterung neue Ester erhalten. Die Rk. zwischen

$ZrCl_4$ u. A. führt zu einem Gemisch von $Zr(OC_2H_5)Cl_3 \cdot C_2H_5OH$ u. $Zr(OC_2H_5)_2Cl_2 \cdot C_2H_5OH$. — 24 Literaturangaben. (Research 3. 462—65. Okt. 1950. London, Birkbeck Coll., Dep. of Chem.) PLUST. 590

John M. Stewart und **Howard P. Cordts,** *Oxydative Ringspaltungsreaktionen des Propylensulfids.* Vff. untersuchten die Rkk. von Propylensulfid (I) mit Cl_2 u. Br_2 in verschied. Lösungsmitteln u. mit 30%ig. H_2O_2. Die Addition von Cl_2 u. Br_2 an I in wasserfreiem Lösungsm. gibt *Bis-[1-methyl-2-chloräthyl]-disulfid* (II) bzw. *Bis-[1-methyl-2-bromäthyl]-disulfid* (IX). Gibt man I zur Cl_2- oder Br_2-Lsg., so entstehen *1-Chlorpropansulfenylchlorid-(2)* (III) bzw. *1-Brompropansulfenylbromid-(2)* u. höher halogenierte Verbindungen. III kann mit I in II übergeführt werden. II wird mit Cl_2 in 80%ig. Essigsäure in *1-Chlorpropansulfonylchlorid-(2)* (IV) übergeführt, das auch durch Chlorwasser aus I erhalten werden kann. IV gibt mit N-Methylanilin *N-Methylpropen-(1)-sulfonanilid-(2)* (V), F. 54—55°. Die von SCHROETER u. SULZBACHER (C. **1928**. II. 1869) als V bezeichnete Verb. vom F. 58—59° ist das isomere *N-Methylpropen-(1)-sulfonanilid-(1)* (Va). Bei der Rk. von I in 80%ig. CH_3COOH mit der berechneten Menge Cl_2 wird als Zwischenprod. das Monosulfon von II, *$ClCH_2CH(CH_3) \cdot S \cdot SO_2 \cdot CH(CH_3) \cdot CH_2Cl$* (VI), erhalten. VI gibt mit überschüssigem Cl_2 in W. IV. Mit 30%ig. H_2O_2 reagiert I unter Bldg. von H_2SO_4 als Hauptprod. (33%) u. wenig *2-Oxypropansulfonsäure-(1)* (VII). Rk. von VII mit PCl_5 gibt *2-Chlorpropansulfonylchlorid-(1)* (VIII), aus dem mit N-Methylanilin Va entsteht.

Versuche: *Propylensulfid* (I), durch Rühren einer Mischung von Propylenoxyd u. wss. KSCN-Lsg.; 65% (Ausbeute). — *Bis-[1-methyl-2-bromäthyl]-disulfid* (IX), $C_6H_{12}Br_2S_2$, Kp.$_1$ 114—117°. Br_2 in CCl_4 wird unter Rühren zur gekühlten Lsg. von I in CCl_4 gegeben; n_D^{20} 1,5838; 88%. — *Bis-[1-methyl-2-chloräthyl]-disulfid* (II), Kp.$_1$ 98 bis 101°, durch Zutropfen von fl. Cl_2 zur eisgekühlten Lsg. von I in Chlf. unter Rühren; n_D^{20} 1,5400; 71%. — *Bis-[1-methyl-2-piperidinoäthyl]-disulfiddihydrochlorid,* $C_{16}H_{34} \cdot N_2Cl_2S_2$, F. 225—226° (A./Ae.), durch Erhitzen von II oder IX in A. mit überschüssigem Piperidin; Entschweflung mit RANEY-Ni gab 25% *N-n-Propylpiperidin, Pikrat,* F. 107—108° (absol. A.). — *1-Chlorpropansulfenylchlorid-(2)* (III), Kp.$_6$ 44—47°, durch Versetzen von Cl_2 in Chlf. mit I in Chlf. innerhalb von 10 Min. unter Kühlung u. Entfernung von Cl_2 mit Ar; n_D^{19} 1,5200; 20% (neben höher chlorierten Prodd.). Rk. mit I gibt II. — *1-Brompropansulfenylbromid-2,* wie vorst. mit Br_2; zers. sich bei der Dest. im Vakuum. Rk. mit I gibt IX. — *1-Chlorpropansulfonylchlorid-(2)* (IV), $C_3H_6O_2Cl_2S$, Kp.$_1$ 55—56°, Kp.$_8$ 77—78°, a) durch Zutropfen von I zu Chlorwasser unter Rühren bei 0—12° unter Durchleiten von Cl_2; nach 1 Std. Rühren wurde Luft durchgeleitet; n_D^{20} 1,4859; 70%; b) durch Oxydation von II durch Cl_2 in 80%ig. CH_3COOH; 68%. — *N-Methylpropen-(1)-sulfonanilid-(2)* (V), $C_{10}H_{13}O_2NS$, F. 54—55°. — *Propen-(1)-sulfonylchlorid-(2),* Kp.$_{10}$ 70—75°, durch Behandlung von IV mit konz. wss. Na_2CO_3-Lsg. [→ *Na-Propen-(1)-sulfonat-(2)*] u. dann mit überschüssigem $POCl_3$; n_D^{20} 1,4740; 31,5%; gibt mit N-Methylanilin V. — VI, $C_6H_{12}O_2Cl_2S_2$, Kp.$_1$ 144—150°, durch Einleiten der berechneten Menge Cl_2 in die gekühlte Lsg. von I in 80%ig. CH_3COOH; n_D^{20} 1,5285; 50%; gibt durch weitere Oxydation mit Cl_2 in W. IV. — *2-Oxypropansulfonsäure-(1)* (VII). I wurde bei 40° zu 30%ig. H_2O_2 unter Rühren zugetropft; nach weiterem 1 std. Rühren, Zerstörung von überschüssigem H_2O_2 u. Verdünnen wurde mit $Ba(OH)_2$ gekocht, $BaSO_4$ abfiltriert u. durch Einengen VII als *Ba-Salz* erhalten; *Phenylhydrazinsalz,* $C_9H_{16}O_4N_2S$, F. 132—133° (A.). *Na-Salz,* F. 225—227° (A.). a) 1-Chlorpropanol-(2) wurde mit wss. Na_2SO_3-Lsg. 8 Std. im Bombenrohr auf 180° erhitzt; 77,2%. b) Die wss. Lsg. von $NaHSO_3$ u. Propylenoxyd wurden 8 Std. bei Zimmertemp. gerührt; 85,2%. — *2-Chlorpropansulfonylchlorid-(1)* (VIII), Kp.$_1$ 54—55°, Kp.$_{2,5}$ 62—65°, aus VII-Salzen u. PCl_5; n_D^{20} 1,4818; 25—50%. — *N-Methylpropen-(1)-sulfonanilid-(1)* (Va), $C_{10}H_{13}O_2NS$, F. 58—59°. — *Propen-(1)-sulfonylchlorid-(1),* Kp.$_8$ 67,5—69°, durch 2std. Stehen von VII-Na-Salz u. $SOCl_2$ bei Zimmertemp. u. 2 Std. bei 50—70°; das nach Eingießen in W. u. Versetzen mit Na_2CO_3 gebildete *Na-Propen-(1)-sulfonat-(1)* wurde 1 Std. mit $POCl_3$ behandelt; n_D^{20} 1,4756; 28%; gibt mit N-Methylanilin Va. — *2-Chlorpropanthiol-(1),* Kp.$_{82}$ 60—62°, aus I u. HCl in Methanol; n_D^{20} 1,4844; gibt durch Oxydation mit Chlorwasser VIII. (J. Amer. chem. Soc. 74. 5880—84. 5/12. 1952. Missoula, Mont., State Univ., Dep. of Chem.) ULRICH. 600

D. D. Smolin, F. R. Krawzow und **A. P. Skoldinow,** *Großer Laboratoriumsapparat zur Ketengewinnung.* Es wird ein aus Metall hergestellter Ketengenerator beschrieben, der 200—400 g *Keten*/Std. liefert. Der App. arbeitet nach dem Prinzip der Acetonpyrolyse an elektr. beheizten Spiralen, welche von Acetondämpfen umspült werden. Die Spiralen sind aus „Chromel A" (80% Ni, 20% Cr) hergestellt. Die Ketenausbeute beträgt 60—62%. (Журнал Прикладной Химии [J. angew. Chem.] **24**. 547—51.

Mai 1951. Wiss. Forschungs-Labor. für exp. Chemotherapie des Gesundheitsminist. der UdSSR.) TROFIMOW. 710

Martin Jacobson, *Die Synthese eines geometrischen Isomeren des Pellitorins.* 1. Mitt. *Pellitorin-Isomere.* Beim Vers. der Synth. von *Pellitorin* (*N-Isobutyldecadien-(2.6)-säure-(1)-amid*) (I), der insekticiden Verb. aus *Anacyclus pyrethrum DC.*, wurde ein geometr. Isomeres (II) erhalten: Dihydropyran wurde zu *2.3-Dichlortetrahydropyran* chloriert, dieses mit n-C_3H_7MBr umgesetzt, das entstandene *3-Chlor-2-n-propyltetrahydropyran* mit Na zu *Octen-(4)-ol-(1)* gespalten, welches zum Aldehyd oxydiert wurde, der mit Malonsäure zu *Decadien-(2.6)-säure-(1)* führte, aus der II gewonnen wurde. II hat etwa den gleichen Kp. wie I, aber einen anderen F. u. verhält sich in bezug auf die Löslichkeiten wie I, hat aber gegenüber Hausfliegen keine insekticide Wirkung. Die Konst. wird durch Oxydation u. Red. bewiesen. II konnte mit UV-Licht nicht in I umgewandelt werden.

Versuche (FF. korr.): *Dihydropyran,* Kp. 85—86°; n_D^{25} 1,4573. — *2.3-Dichlortetrahydropyran,* $C_5H_8OCl_2$, Kp.$_{13}$ 79—83°, durch Einleiten von Cl_2 in die Lsg. vorst. Verb. in CCl_4 bei —10 bis —20°; n_D^{25} 1,4930; 91% (Ausbeute). — *3-Chlor-2-n-propyltetrahydropyran,* $C_8H_{15}OCl$, Kp.$_{13}$ 72—80°, durch langsame Zugabe vorst. Verb. in Ae. zu äther. n-C_3H_7MgBr u. Hydrolyse mit Eis–HCl (1 : 1); n_D^{25} 1,4550; 73%. — *Octen-(4)-ol-(1),* $C_8H_{16}O$, Kp.$_{12}$ 84—88°, durch Zugabe der äther. Lsg. vorst. Verb. zu Na-Pulver in Ae., 1 std. Kochen, Zugabe von W. u. dann von halbkonz. HCl; n_D^{25} 1,4435; 86%. *3.5-Dinitrobenzoat,* aus A. Prismen, F. 44°. — Nach Zugabe von $KMnO_4$ zu vorst. Alkohol in W. bei 50°, Einengen, Ansäuern, Dampfdest. u. Ausäthern des Rückstands wird *Bernsteinsäure,* $C_4H_6O_4$, F. 188—189° (Essigester), erhalten; 80%. Aus dem Dampfdestillat durch Neutralisieren mit NaOH, Eindampfen u. Überführung in den Phenylphenacylester *p-Phenylphenacylbutyrat,* F. 81—82°. — *Octen-(4)-al-(1),* $C_8H_{14}O$, Kp.$_{13}$ 80 bis 84°, aus dem Alkohol durch Rk. mit $K_2Cr_2O_7$ + H_2SO_4 bei 7—14° u. Ausäthern; n_D^{25} 1,4463; 35%. *Dinitrophenylhydrazon,* aus A. glitzernde orangefarbene Prismen, F. 108°. — *Decadien-(2.6)-säure-(1),* $C_{10}H_{16}O_2$, F. 35°, aus vorst. Verb. u. Malonsäure in Pyridin mit einigen Tropfen Piperidin durch 4 std. Erhitzen auf 115°, Ansäuern, Ausäthern, Ausziehen mit 10%ig. Sodalsg., Ansäuern, Ausäthern u. Dest., Kp.$_{1,5}$ 130°; Platten; 17%. — *Decadien-(2.6)-säure-(1)-chlorid,* $C_{10}H_{15}OCl$, Kp.$_{17}$ 118°, aus der Säure in PAe. u. $SOCl_2$ durch 3 std. Kochen; 96%. — *N-Isobutyldecadien-(2.6)-säure-(1)-amid* (II), $C_{14}H_{25}ON$, F. 54—55°, aus vorst. Verb. in Ae. durch langsame Zugabe zu Isobutylamin in Ae. in der Kälte, 2 std. Stehen bei n. Temp., Zugabe von HCl u. Dest.; Kp.$_{0,1}$ 150°; federige Nadeln aus PAe.; 95%. — *N-Isobutylcaprinamid,* F. 38—38,5°, a) aus 1 g II durch Hydrierung in A. mit PtO_2-Katalysator; Nadeln; 1 g; b) aus I in gleicher Weise. — Nach $KMnO_4$-Oxydation von II wie oben u. Ausziehen des nichtflüchtigen Anteils mit sd. Skellysolve B wird *N-Isobutyloxamidsäure,* $C_6H_{11}O_3N$, F. 106°, federige Nadeln, erhalten; 80%. Der Rückstand liefert *Bernsteinsäure,* $C_4H_6O_4$, aus Chlf. Nadeln, F. 189°; 67%. Aus dem Dampfdestillat *p-Phenylphenacylbutyrat,* F. 81—82°. (J. Amer. chem. Soc. **72**. 1489—92. April 1950. Beltsville, Md., U. S. Dep. of Agric., Agric. Res. Admin., Bur. of Entomol. and Plant Quarantine.) PEUKERT. 810

R. P. Linstead, J. C. Lunt, B. C. L. Weedon und **B. R. Shephard,** *Anodische Synthesen.* 6. Mitt. *Kettenverlängerung von Fettsäuren um eine Isopreneinheit.* (5. vgl. C. **1952.** 6834.) Durch Kondensation von Äthyllävulat mit Äthylbromacetat in Ggw. von Zn entsteht *γ-Carbäthoxymethyl-γ-methylbutanolid,* das in 85%ig. Ausbeute mittels $NaOC_2H_5$ zu *4-Carbäthoxy-3-methylbuten-(3)-carbonsäure-(1)* (I) isomerisiert wird, wie das Absorptionsspektr., Ozonolyse zu *Lävulinsäure* u. Hydrolyse zur *trans-Δ^{α}-Dihydro-β-methylmuconsäure* beweisen. Aus I entsteht bei katalyt. Hydrierung (δ)-*Äthyl-(α)-hydrogen-γ-methyladipat* (II), $HOOCCH_2CH_2CH(CH_3)CH_2COOC_2H_5$, das bei Elektrolyse in CH_3OH *Diäthyl-β.β'-dimethylsebacat* bildet. In Ggw. überschüssiger n-Hexansäure entsteht über den Ester *3-Methyldecansäure.* — I gibt bei Elektrolyse *2.7-Dimethylocta-dien-(1.7)-dicarbonsäure-(1.8)-diäthylester* in 55%ig. Ausbeute.

Versuche: *γ-Carbäthoxymethyl-γ-methylbutanolid,* $C_9H_{14}O_4$, Kp.$_{0,5}$ 113°, durch Zutropfen von ca. $^1/_{10}$ der Lsg. von 0,7 Mol Äthyllävulat u. 0,72 Mol Äthylbromacetat in Bzl. zu einer turbinierten Suspension aktivierter Zn-Wolle in Bzl. (+ etwas J_2), Zufügen des restlichen Ausgangsmaterials nach Beginn der Rk., ½ std. Erhitzen, Gießen in verd. Essigsäure u. Extraktion mit Bzl.; n_D^{21} 1,4520; 41 g (Ausbeute). — *4-Carbäthoxy-3-methylbuten-(3)-carbonsäure-(1)* (I), $C_9H_{14}O_4$, Kp.$_{0,5}$ 124—125°, durch 20 Min. Stehen von 25 g vorst. Verb. in alkoh. $NaOC_2H_5$, Vakuumabdampfen, Aufnehmen in W., erschöpfende Ätherextraktion, Überschichten der wss. Lsg. mit PAe. + Ae. u. Zutropfen von 3n H_2SO_4 bei 0° unter Schütteln aus dem Ae.-PAe.-Extrakt; 22 g; λ_{max} 2160 Å (ε = 13000; A.). *S-Benzylthiuroniumsalz,* $C_{17}H_{24}O_4N_2S$, F. 144—145° (A.), Nadeln. *Piperazinsalz,* $C_{22}H_{38}O_8N_2$, F. 127—128,5° (Aceton). — *Lävulinsäuresemicarb-*

azon, F. 181,5° (Zers.) (wss. CH_3OH), durch 5std. Einleiten von O_3 in eine Lsg. von I in Essigsäure bei 0°, Zufügen von H_2O_2, Wasserdampfdest., Einengen des Rückstandes u. Behandeln mit methanol. Semicarbazidacetat; 72% (roh); Prismen. — *trans-Δ^{α}-Dihydro-β-methylmuconsäure*, F. 157—160°, aus 0,5 g I durch 7std. Stehen in n-KOH u. Ansäuern gegen Kongorot mit 2nHCl; Nadeln aus Bzl.-Essigester; 0,17 g (roh). — (δ)-*Äthyl-(α)-hydrogen-γ-methyladipat* (II), $C_9H_{16}O_4$, $Kp._1$ 133°, aus I in Essigester durch Hydrieren mit ADAMS-Katalysator; n_D^{21} 1,4400; 94%. *S-Benzylthiuroniumsalz*, $C_{17}H_{26}\cdot O_4N_2S$, F. 183° (A.), Plättchen. — *β-Methyladipinsäure*, F. 92,5—93,5°, aus II durch alkal. Verseifung; 78%. — *Diäthyl-β.β'-dimethylsebacat*, $C_{16}H_{30}O_4$, $Kp._{0,5}$ 127—128°, aus 9 g II durch Zufügen zu $NaOCH_3$ in CH_3OH u. Elektrolysieren mit 2 Pt-Plättchen von 1,5 mm Abstand mit 1,6—2 A bis zur schwachen Alkalität der Lsg. (ca. 1 Std.), Neutralisieren mit Essigsäure, Vakuumabdampfen u. Aufnehmen in Ae.; n_D^{25} 1,4360; 4,7 g. — *3-Methyldecansäure*, $C_{11}H_{22}O_2$, $Kp._{15}$ 156°, aus 0,04 Mol II u. 0,27 Mol n-Hexansäure durch Elektrolyse wie vorst. als saurer Bestandteil; n_D^{21} 1,4361; 5,1 g. *Tribromanilid*, $C_{17}H_{24}ONBr_3$, F. 119,5°, Nadeln aus A.; 75%. *p-Bromphenacylester*, F. 38,5—39°, Nadeln aus wss. Methanol; 65%. Daneben als neutraler Bestandteil *Decan*, $Kp._{760}$ 172 bis 174°; 10,3 g. — *2.7-Dimethyloctadien-(1.7)-dicarbonsäure-(1.8)-diäthylester*, $C_{16}H_{26}O_4$, $Kp._{0,2}$ 130—132°, aus 0,1 Mol I durch Elektrolyse wie oben; n_D^{23} 1,4772; λ_{max} 2180 Å (ε = 28500); 7,75 g; bei Elektrolyse in A. wurden die Elektroden mit polymerem Material überzogen. (J. chem. Soc. [London] **1952**. 3621—24. Sept. London, Imp. Coll. of Sci. and Technol.) LEHWALD. 820

Hermann Schlenk, Beverly G. Lamp und **B. Wallace DeHaas,** *Synthese von Derivaten von Dioxyaceton und von Glyceriden.* Vff. setzen Palmitoxyacetylchlorid mit Diazomethan zu *1-Palmitoxy-3-diazoaceton* (I) um; als Nebenprod. entsteht *1-Palmitoxy-3-chloraceton.* I ist im Eisschrank unbegrenzt haltbar, zers. sich aber bei Raumtemp. u. Licht. Bei Zers. von I mit $HClO_4$ entsteht *1-Palmitoxy-3-oxyaceton* (II); Verwendung von H_2SO_4 ist unzweckmäßiger, da nebenbei das Sulfat gebildet wird. Als Nebenprod. tritt bei der Rk. ein *Dimeres* von II (IIa) auf; beide liefern bei HJO_4-Titration 1 Mol *Formaldehyd.* II wird durch mehrwöchiges Stehen in IIa verwandelt, das durch Kristallisation aus sd. A. rückverwandelt wird. I läßt sich mit HBr in *1-Palmitoxy-3-bromaceton* überführen, aus dem mit K-Palmitat oder einem anderen Fettsäuresalz *1.3-Dipalmitoxyaceton* (III) oder gemischtes 1.3-Diacyloxyaceton entsteht. Dieses ist auch aus 1-Chlor-3-diazoaceton durch Umsatz mit geschmolzener Palmitinsäure unter Ersatz der Diazogruppe u. Rk. mit einem Fettsäuresalz zugänglich. Bei Hydrierung von III bzw. den gemischten Verbb. entstehen *1.3-Dipalmitin* (IV) bzw. die analogen Verbb., die zu *Triglyceriden* umgesetzt werden können. — Es wird gezeigt, daß die Hydrierung von II zu *Monopalmitin* ohne Acylwanderung verläuft.

V e r s u c h e: *Palmitoxyessigsäure*, F. 83—84° (Skelly B), aus Glykolsäure u. Palmitoylchlorid in Pyridin. Hieraus mit Oxalylchlorid in Bzl. *Palmitoxyacetylchlorid.* — *1-Palmitoxy-3-diazoaceton* (I), $C_{19}H_{34}O_3N_2$, F. 57—59° (Ae.), aus 0,0814 Mol vorst. Verb. u. CH_2N_2 in Ae. bei —2°; 16,6 g (Ausbeute). — *1-Palmitoxy-3-oxyaceton* (II), $C_{19}H_{36}O_4$, F. 63° (Skelly B oder A.), durch Zufügen von 4 g I in Dioxan bei 80° zu $HClO_4$ in W. + Dioxan, nach Beendigung der N_2-Entw. Gießen in W.; aus dem Nd. durch Aufnehmen in Ae., Einengen, Gießen in Skelly F u. Ausziehen des Rohprod. (2,4 g) mit heißem Skelly B. Als Rückstand das *Dimere* (IIa), F. 90—93°. Einw. von Dimethyldihydroresorcin auf die mit HJO_4 titrierte Chloroformlsg. liefert *Formaldehyd-bis-methon*, F. 190—191°. — *K-1-Palmitoxyacetonyl-(3)-sulfat*, $C_{19}H_{35}O_7SK$, F. 128—129° (A.), durch Zers. von I wie vorst. mit H_2SO_4, Ausäthern u. Schütteln mit n-Pottaschelsg.; mkr. Nadeln; aus der äther. Lsg. II u. IIa. — *1-Palmitoxy-3-bromaceton*, $C_{19}H_{35}O_3Br$, F. 63 bis 64° (Essigsäure), durch Stehen von 40%ig. HBr mit I in Essigsäure; 76%. — *1.3-Dipalmitoxyaceton* (III), $C_{35}H_{66}O_5$, F. 77—78° (Cyclohexan), durch 1std. Kochen von mit alkoh. KOH neutralisierter Palmitinsäure mit vorst. Verb. in A.; 48%; ist ebenfalls aus der Mutterlauge von I, desgleichen aus 1.3-Dichloraceton (15%), darstellbar. — *1-Palmitoxy-3-stearoxyaceton*, $C_{37}H_{70}O_5$, F. 75—77°, analog vorst. Verbindung. — *α-Monopalmitin*, $C_{19}H_{38}O_4$, F. 72—74° (Cyclohexan), durch 2std. Hydrieren von II oder IIa in Tetrahydrofuran mit frischem RANEY-Ni bei 25 lbs./sq.inch. Analog *1.3-Dipalmitin* (IV), $C_{35}H_{68}O_5$, F. 69,6—70,5° (Cyclohexan u. Ae. + A.). — *1-Palmito-3-stearin*, $C_{37}H_{72}O_5$, F. 65,5—66,5° (Cyclohexan u. Ae.). — *2-Lauro-1.3-dipalmitin*, aus IV, F. 51,5 bis 52,5°. (J. Amer. chem. Soc. **74**. 2550—52. 20/5. 1952. College Station, Tex., Agric. and Mechan. Coll. Syst., Exp. Stat., Dep. of Biochem. and Nutrit.) LEHWALD. 870

P. Chabrier und **G. Nachmias,** *Derivate der Dithiocarbaminsäure.* Übersicht über die Literatur über die *Dithiocarbaminsäure* (I) u. ihre *Derivv.* (II) von DEBUS [1850] bis 1/9. 1949 mit 129 Literaturangaben. Es werden beschrieben: Darst. von I u. II, Eigg.;

mono-, di- u. trisubstituierte Dithiocarbamate, Herst., Eigg. u. Verwendung; Tabellen mit F., Kp. u. anderen Angaben über 126 Verbindungen. (Bull. Soc. chim. France, Mém. [5] **17.** D51—65. Mai/Juni 1950. Paris, Fac. de Méd., Labor de Pharmacol., u. C. N. R. S.) ROTTER. 880

Luther A. R. Hall, Verlin C. Stephens und **J. H. Burckhalter,** *β-Dimethylaminoäthylchloridhydrochlorid.* Aus 210 g *β*-Dimethylaminoäthanol u. 290 g $SOCl_2$: $C_4H_{11}NCl_2$, F. 201,5—203°; Ausbeute 296—305 g. (Org. Syntheses **31.** 37—39. 1951. Lawrence, Kans., Univ. of Kansas.) TROFIMOW. 910

Adolf Butenandt, Horst Jatzkewitz und **Ulrich Schiedt,** *Zur Kenntnis des Penicillamindisulfids (β.β.β'.β'-Tetramethylcystins). Penicillamindisulfid* (*β.β.β'.β'*-Tetramethylcystin; I) wurde aus dl-Penicillamin (*β.β*-Dimethylcystein) (II) auf zwei Wegen hergestellt, nämlich a) in Anlehnung an die SH-Gruppenbest. von Sulfhydrylverbb. mit Jod in Eisessig nach KUHN u. Mitarbeitern (Ber. dtsch. chem. Ges. **72.** [1939.] 407); b) analog der von PATTERSON u. DU VIGNEAUD angegebenen Dehydrierung von Homocystein zu Homocystin (J. biol. Chemistry **111.** [1935.] 397). Aus dem Kristallisat wurden zwei polymorphe oder stereoisomere Formen von I isoliert. Vff. arbeiteten die Verss. von SÜS (vgl. C. **1949.** II. 983) zur Darst. von I nach.

Versuche: a) Zu II in Eisessig + n/10 Jod–Eisessig wird nach 5 Min. Hg zugegeben u. die braune Lsg. so lange geschüttelt, bis sie schwach gelbgrün ist. Die filtrierte Lsg. wird im Vakuum vom Lösungsm. befreit, der Rückstand nach 12std. Trocknen in absol. A. gelöst, die Lsg. mit alkoh. NH_3 auf p_H6 gebracht u. 12 Std. stehen gelassen, wobei I in roher Form ausfällt. b) Wss. Lsg. von II wird mit n LiOH so versetzt, daß die Lsg. gerade noch phenolphthaleinsauer bleibt, dann Zugabe eines Tropfens $FeCl_3$ u. Durchleiten von Luft, bis die Lsg. farblos ist (ca. 6 Std.). Die mit LiOH vom Fe befreite Lsg. wird sofort mit 20%ig. HCl neutralisiert, im Vakuum eingeengt, mit A. + Ae. versetzt u. 12 Std. stehengelassen. Dabei fällt I aus. Reinigung von rohem I durch Auflösen in kaltem W. u. Ausfällen mit A. + Ae., F. 171—173°; Ausbeute nach a) oder b) 87%. Neutralsalzfreies I in kaltem W. gelöst ergab einen Rückstand (ca. $^1/_5$), aus dem die *hochschm. Form* von I gewonnen wurde, Prismen, F. 212—215°. *Niedrigschm. Form* von I: Nadeln, F. 169—171°. — *N.N'-Dibenzoyl-β.β.β'.β'-tetramethylcystin,* $C_{24}H_{28}O_6N_2S_2$, aus der hoch- oder niedrigschm. Form von I oder dem nach SÜS (l. c.) hergestellten Präp., F. 102—105° (korr.); 68%. (Hoppe-Seyler's Z. physiol. Chem. **285.** 238—43. Juni 1950. Tübingen, KWI für Biochem.) WACKER. 950

Francis Binkley, *Darstellung und Eigenschaften von S-Phosphocystein.* Zur Darst. von *S-Phosphocystein* (I), $C_3H_8O_5NSP$, werden 10 g *l*-Cystein in 100 ml W. gelöst u. die Lsg. gekühlt. Hierauf erfolgt Zugabe von 16 ml $POCl_3$ u. 60 ml 50%ig. NaOH in Anteilen von 1—2 ml derart, daß sich die Temp. nicht wesentlich erhöht u. die Rk. alkal. bleibt. Nach 1std. Rühren wird durch einen Glasfiltertiegel filtriert. Nach Isolierung des Ca-Salzes des Diphosphocysteins wird durch Ansäuern bis p_H 3, Umlösen u. abermaliges Ansäuern I gewonnen; Ausbeute 3,6 g. — Verss. über die Hydrolyse von I in saurem Medium (1 n $HClO_4$ bei 24 u. 94°) ergaben folgendes Abbauschema: I → Thiophosphat + Brenztraubensäure + NH_3; Thiophosphat → H_2S + Phosphat. Im alkal. Medium bzw. durch Einw. der Enzyme aus frischer Rattenniere ergab sich: I → Cystein + Phosphat. Die Entw. von H_2S bei der Hydrolyse mit Säuren wird als empfindlicher Nachw. von I u. Thiophosphat angesehen. (J. biol. Chemistry **195.** 283—85. März 1952. Salt Lake City, Utah, Univ., Coll. of Med., Dep. of Biol. Chem.) R. KÖNIG. 950

Jeanne L. Fillman und **Noel F. Albertson,** *4-Methylglutaminsäure.* Vff. beschreiben die bereits 1945 durchgeführte Darst. von *4-Methylglutaminsäure,* da DONE u. FOWDEN (C. **1952.** 1675) das Fehlen dieser Säure zu Vergleichszwecken erwähnen.

Versuche: *2-Acetamido-4-carbomethoxyvaleriansäureäthylester,* $C_{11}H_{19}O_5N$, F. 108° (Bzl.), aus 24 ml Methacrylsäuremethylester (I) u. 43,5 g Acetamidomalonester in A. + alkoh. C_2H_5ONa, 5 Std. am Rückfluß; 33,8 g (Ausbeute). — *4-Methylglutaminsäure,* $C_6H_{11}O_4N$, F. 168—169° (W.), analog vorst. Verb. aus 12 ml I u. 17 g Acetamidocyanessigester u. 4std. Hydrolyse mit konz. HCl oder H_2SO_4; 2 g. — *5-Carboxy-3-methylpyrrolidon-(2),* $C_6H_9O_3N$, F. 173° (W.), aus vorst. Verb. in W. bei p_H 7 (NaOH) mit KOCN 1 Std. auf dem Dampfbad, Eindampfen im Vakuum u. Extraktion mit heißem C_2H_5OH. (J. Amer. chem. Soc. **74.** 4969—70. 5/10. 1952. Rensselaer, N. Y., Sterling-Winthrop Res. Inst.) HILDEGARD SCHULZ. 950

A. D. Petrow und **W. P. Lawrischtschew,** *Synthese von Siliciumkohlenwasserstoffen mittels β-Silicohalogeniden und Lithiumalkylen.* (Vgl. C. **1951.** II. 805; **1952.** 3312 u. Известия Академии Наук СССР, Отделение Химических Наук [Nachr. Akad. Wiss. UdSSR, Abt. chem. Wiss.] **1952.** 635.) Die Ausbeuten an *Si-KW-stoffen* (I) bei der Rk.

von β-Silicohalogeniden, $R_3SiCH_2CHXCH_3$ (**II**), mit iso-C_3H_7-, n-C_4H_9-, iso-C_4H_9- u. tert.-C_4H_9MgX nach der GRIGNARD-WURTZ-Synth. sind gering, was auf ster. Hinderung durch das Alkyl der GRIGNARD-Verb. zurückgeführt wird. Der Ersatz der GRIGNARD-Verb. durch Li-Alkyl führt zu besseren Ausbeuten. Nebenprodd. in letzterem Fall sind die durch Red. von **II** entstehenden entsprechenden *halogenfreien Verbb.* u. die *Kondensationsprodd.* $R_3SiCH_2CH(CH_3)CH(CH_3)CH_2SiR_3$. Bei hohen Ausbeuten (20—27%) an **I** bilden sich die Nebenprodd. in geringer Menge (8—12%) u. umgekehrt. Auch bei Anwendung der GRIGNARD-Verbb. entstehen diese Nebenprodd.; so gibt Triäthyl-β-brompropylsilan mit tert.-C_4H_9MgCl 11% *Triäthylpropylsilan* u. 6% *1.4-Bis-[triäthylsilyl]-2.3-dimethylbutan* (**I** entsteht hier überhaupt nicht).

Versuche: *[β-n-Butylpropyl]-trimethylsilan*, Kp. 175—176°; aus 51,2 g β-Brompropyltrimethylsilan u. 40 g C_4H_9Li, das in 1/4 Std. unter Rühren zugesetzt wird; $D.^{20}_4$ 0,7517; n_D^{20} 1,4222; 9,8 g (Ausbeute) neben 2 g *1.4-Bis-[trimethylsilyl]-2.3-dimethylbutan.* Ausbeute mit der GRIGNARD-Verb. nur 0,6%. — *[β-n-Butylpropyl]-tri-n-butylsilan*, $C_{19}H_{42}Si$, Kp. 306—306,5°; aus 42,75 g β-Brompropyltributylsilan u. 30 g C_4H_9Li analog Vorst.; $D.^{20}_4$ 0,8054; n_D^{20} 1,4512; 8 g neben 2 g nachst. Verbindung. Mit der GRIGNARD-Verb. 4%. — *Propyltri-n-butylsilan*, Kp. 267—268°; $D.^{20}_4$ 0,7949; n_D^{20} 1,4462. — *[β-n-Propylpropyl]-tri-n-butylsilan*, Kp. 290—290,2°; wurde nur mittels der Li-Verb. synthetisiert; $D.^{20}_4$ 0,8038; n_D^{20} 1,4500; 18%. — Im Folgenden in () die Ausbeute mittels der GRIGNARD-Verbindung. *[β-n-Butylpropyl]-triäthylsilan*, $C_{13}H_{30}Si$, Kp. 236—238°; $D.^{20}_4$ 0,7959; n_D^{20} 1,4448; 27 (9)%. — *[β-Isobutylpropyl]-triäthylsilan*, Kp. 233—234°; $D.^{20}_4$ 0,7979; n_D^{20} 1,4454; 26 (3,6)%. — *[β-tert.-Butylpropyl]-triäthylsilan*, Kp. 229—230°; $D.^{20}_4$ 0,8050; n_D^{20} 1,4492; 6,1 (0)%. — *[β-Isopropylpropyl]-triäthylsilan*, $C_{12}H_{28}Si$; Kp. 221—222°; wurde nur mittels der GRIGNARD-Verb. synthetisiert; $D.^{20}_4$ 0,7993; n_D^{20} 1,4460; (17,4%). — *1.4-Bis-[triäthylsilyl]-2.3-dimethylbutan*, Kp. 314—317°; $D.^{20}_4$ 0,8376; n_D^{20} 1,4672. (Известия Академии Наук СССР, Отделение Химических Наук [Nachr. Akad. Wiss. UdSSR, Abt. chem. Wiss.] **1952.** 1125—27. Nov./Dez. Chem.-Technol. Mendelejew-Inst.) R. KNOBLOCH. 980

W. Ss. Abramow, *Über die Reaktion von dialkylphosphorigen Säuren mit Aldehyden und Ketonen (Eine neue Methode zur Synthese der Ester von α-Oxyalkylphosphonsäuren).* Nachdem PUDOWIK (vgl. nachst. Ref.) gezeigt hatte, daß dialkylphosphorige Säuren (**I**) sich an eine aktivierte Äthylenbindung anlagern, ließ Vf. **I** auf Aldehyde u. Ketone in Ggw. einiger Tropfen Na- oder Li-Methylatlsg. einwirken u. erhielt über 30 neue *Ester* von *α-Oxyalkylphosphonsäuren*, gut krist. Stoffe oder sirupartige Fll., aus denen durch Wasserabspaltung *ungesätt. Phosphonsäuren*, durch Alkylierung *α-Alkoxyalkylphosphonsäureester* gewonnen werden können. Ionengleichungen erläutern den Reaktionsverlauf. Die Arbeit enthält kein experimentelles Material. (Доклады Академии Наук СССР [Ber. Akad. Wiss. UdSSR] [N. S.] **73.** 487—89. 21/7. 1950. Kasan, Chem.-Technol. Kirow-Inst.) v. WILPERT. 980

A. N. Pudowik, *Anlagerung von dialkylphosphorigen Säuren an ungesättigte Verbindungen. Eine neue Methode zur Synthese von γ-Ketophosphon- und ungesättigten α-Oxyphosphonsäureestern.* Äthyliden- (**I**), Benzal- (**II**) u. Furfuralaceton (**III**) wurden in Ggw. von Alkalialkoholat mit dialkylphosphorigen Säuren (**IV**) zur Rk. gebracht, wobei *γ-Ketophosphonsäureester* entstanden; die Anlagerung von **IV** erfolgte also an der Doppelbindung von **I, II** u. **III**; am energischsten verlief die Rk. bei **I**, am langsamsten bei **III**; Ausbeute 70—80%. Mesityloxyd u. verschied. ungesätt. Aldehyde lieferten mit **IV** in Ggw. von Alkalialkoholat *α-Oxyphosphonsäureester*; hier erfolgte die Anlagerung nicht an der Doppelbindung, sondern an der CO-Gruppe. — *Pentanon-(4)-phosphonsäure-(2)-dialkylester*, $CH_3COCH_2CH(CH_3)P(:O)(OR_2)$. R = CH_3, Kp.$_{10}$ 134—135°; $D.^{20}_4$ 1,1313; n_D^{20} 1,4411. R = C_2H_5, Kp.$_{10}$ 139—140°; $D.^{20}_4$ 1,0850; n_D^{20} 1,4387. R = iso-C_4H_9, Kp.$_{10}$ 156—158°; $D.^{20}_4$ 1,0221; n_D^{20} 1,4400. R = n-C_4H_9, Kp.$_{10}$ 172—173°; $D.^{20}_4$ 0,9985; n_D^{20} 1,4412. — *1-Phenylbutanon-(3)-phosphonsäure-(1)-dialkylester*, $CH_3COCH_2\cdot CH(C_6H_5)P(:O)(OR)_2$. R = CH_3, Kp.$_{10}$ 189—190°; $D.^{20}_4$ 1,1791; n_D^{20} 1,5095. R = C_2H_5, Kp.$_{16}$ 203°; $D.^{20}_4$ 1,1309; n_D^{20} 1,5050. R = iso-C_4H_9, Kp.$_{12}$ 208°; $D.^{20}_4$ 1,0736; n_D^{20} 1,4900. R = n-C_4H_9, Kp.$_{13}$ 219—220°; $D.^{20}_4$ 1,0737; n_D^{20} 1,4927. — *1-[α-Furyl]-butanon-(3)-phosphonsäure-(1)-dialkylester*, $CH_3COCH_2CH(C_4H_3O)P(:O)(OR)_2$. R = CH_3, Kp.$_6$ 163—164°; $D.^{20}_4$ 1,2181; n_D^{20} 1,4835. R = C_2H_5, Kp.$_{16}$ 192—193°; $D.^{20}_4$ 1,1616; n_D^{20} 1,4755. R = iso-C_4H_9, Kp.$_3$ 161°; $D.^{20}_4$ 1,0932; n_D^{20} 1,4711. R = n-C_4H_9, Kp.$_4$ 182°; $D.^{20}_4$ 1,0995; n_D^{20} 1,4730. — *1-Oxy-1.3-dimethylbuten-(2)-phosphonsäure-(1)-dialkylester*, $(CH_3)_2C{=}CHC(CH_3)(OH)P(:O)(OR)_2$. R = CH_3, Kp.$_{12}$ 136°; $D.^{20}_4$ 1,1163; n_D^{20} 1,4457. R = C_2H_5, Kp.$_{11}$ 138°; $D.^{20}_4$ 1,0675; n_D^{20} 1,4400. R = iso-C_4H_9, Kp.$_{12}$ 162 bis 163°; $D.^{20}_4$ 1,0029; n_D^{20} 1,4409. R = n-C_4H_9, Kp.$_{13}$ 171—172°; $D.^{20}_4$ 1,0084; n_D^{20} 1,4440. — *1-Oxypropen-(2)-phosphonsäure-(1)-dialkylester*, $CH_2{=}CHCH(OH)P(:O)\cdot$

$(OR)_2$. R = CH_3, Kp.$_{10}$ 149—151°; D.$^{20}_4$ 1,2188; n_D^{20} 1,4575. R = C_2H_5, Kp.$_{10}$ 154 bis 155°; D.$^{20}_4$ 1,1225; n_D^{20} 1,4506. R = *iso*-C_3H_7, Kp.$_7$ 140—141°; D.$^{20}_4$ 1,0465; n_D^{20} 1,4415. R = *iso*-C_4H_9, Kp.$_{10}$ 166—170°; D.$^{20}_4$ 1,0130; n_D^{20} 1,4411. R = *n*-C_4H_9, Kp.$_{10}$ 168—170°; D.$^{20}_4$ 0,9968; n_D^{20} 1,4348. — *1-Oxybuten-(2)-phosphonsäure-(1)-dimethylester*, Kp.$_8$ 150—152°; D.$^{20}_4$ 1,1690; n_D^{20} 1,4630, u. *-diäthylester*, Kp.$_9$ 163—164°; D.$^{20}_4$ 1,1005; n_D^{20} 1,4555. —*1-Oxy-3-[α-furyl]-propen-(2)-phosphonsäure-(1)-diäthylester*, F. 106—107°. — *1-Oxy-3-phenylpropen-(2)-phosphonsäure-(1)-dimethylester*, F. 101—102°, u. *-diäthylester*, F. 104—105°. (Доклады Академии Наук СССР [Ber. Akad. Wiss. UdSSR] [N. S.] **73**. 499—502. 21/7. 1950. Kasaner Zweigstelle der Akad. der Wiss. der UdSSR, Chem. Arbusow-Inst.) v. WILPERT. 980

S. M. Manulkin, *Über die Abspaltung von Radikalen bei metallorganischen Verbindungen der Metalle der 4. Gruppe.* 7. Mitt. *Abspaltung von Radikalen unter der Einwirkung von Wismuttrichlorid auf Verbindungen des Typus R_4Me mit Me = Si, Sn und Pb.* (6. vgl. Журнал Общей Химии [J. allg. Chem.] **18** (**80**). [1948.] 299.) Es wird festgestellt, daß $BiCl_3$ (I) sich bei der Abspaltung von Radikalen aus Si-, Sn- oder Pb-organ. Verbb. analog $HgCl_2$, $AlCl_3$ oder $FeCl_3$ verhält, in der Wrkg. aber $AlCl_3$ nachsteht u. $FeCl_3$ u. $HgCl_2$ nahekommt. Die Abspaltung ist unabhängig vom Lösungsm., während die Temperaturbedingungen starken Einfl. auf die Rk. haben; kompliziertere Radikale benötigen zur Abspaltung höhere Temperatur.

V e r s u c h e: Tetrabenzylsilicium wird durch **I** in sd. A. oder Ae. (2—3 Std.) nicht angegriffen. — Wurden 13 g $(C_2H_5)_4Si$ mit 9,4 g **I** ohne Lösungsm. 12 Std. im N_2-Strom gekocht, so entstand neben einer nicht untersuchten Substanz (F. 95°) *Triäthylsiliciumchlorid*, $C_6H_{15}ClSi$, Kp.$_{725}$ 139—141°; 23% (Ausbeute). — 16 g Tetraäthylzinn u. 42 g **I** in Chlf. unter N_2 wurden nach Einw. über Nacht 3 Std. auf dem Wasserbad erhitzt; das Chlf. wurde abdest., der Rückstand mit W. zers. u. mit PAe. extrahiert; erhalten wurden *Triäthylzinnchlorid*, $C_6H_{15}ClSn$, Kp.$_{735}$ 200—205° (30,4%) u. *Diäthylzinndichlorid*, F. 84°, Kp. 215—225°; 6%. — 10 g Tetra-n-butylzinn wurden mit 12 g **I** unter N_2 6 Std. auf 120—130° (Badtemp.) erhitzt; bei Zimmertemp. fallen Kristalle von *Di-n-butylzinndichlorid*, $C_8H_{18}Cl_2Sn$, F. 44—45°, aus; 34,5%. — Wird Tri-n-propyl-n-butylzinn in sd. Ae. oder A. mit **I** behandelt, so erfolgt keine Umsetzung; beim Erhitzen von 4 g mit 7 g **I** ohne Lösungsm. auf 120—130° (Badtemp.) unter N_2 entstand *n-Propyl-n-butylzinndichlorid*, $C_7H_{16}Cl_2Sn$, F. 67—68°; Kristalle aus PAe.; 37%. — Zu 10 g $(C_2H_5)_4Pb$ wurden unter N_2 innerhalb 1 Std. 13 g **I** hinzugefügt; über Nacht kristallisieren *$PbCl_2$* (45,8%) u. *Triäthylbleichlorid*, $C_6H_{15}ClPb$, aus Ae. Nadeln; 15%. (Журнал Общей Химии [J. allg. Chem.] **20** (**82**). 2004—08. Nov. 1950. Taschkent, Pharmazeut. Inst., Labor. für organ. Chemie.) v. FÜNER. 980

W. L. Waisser, *Alkylierung einiger aromatischer Oxyverbindungen mit Acetylen mit Hilfe eines Katalysators auf Borfluoridbasis.* Die Alkylierung von *Phenol* (**I**), *Resorcin* (**II**), *β-Naphthol* (**III**) u. *Hydrochinon* (**IV**) mit *Acetylen* (**V**) wird bei Zimmertemp. u. 1 at durchgeführt. Es wird eine Lsg. von **I** in A. im Reaktionsgefäß mit $H_3PO_4 \cdot BF_3$ (**VI**) (H_3PO_4 mit BF_3 gesätt.) u. HgO versetzt u. reines **V** durchgeleitet. Die fast feste, graue M., mit 20%ig. H_2SO_4 u. W. gewaschen, mit Ae. extrahiert, liefert nach dem Trocknen u. Dest. *Äthylidendi-[oxybenzol]*, F. 120°; Ausbeute 50%. Das angenommene Zwischenprod. *Vinyl-[oxybenzol]* konnte nicht isoliert werden. Die Alkylierung mit H_2SO_4 als Katalysator verläuft nur mit 30%ig. Ausbeute, F. 121°. Die Alkylierung von **II** in Methanollsg. verläuft in Ggw. von **VI** mit besserer Ausbeute als mit H_2SO_4. Erhalten wird *Äthylidendiresorcin*, F. 160° (mit H_2SO_4 F. 162°), welches mit 1 Mol Methanol krist., daneben vermutlich *Vinylresorcin*, F. 108°, JZ. 191. **III** wird in A. in Ggw. von **VI** + HgO mit **V** gesätt.; das Alkylat ist *Äthylidendi-β-naphthol*, F. 115°; in Ggw. von H_2SO_4 verläuft die Alkylierung mit geringerer Ausbeute. — **IV** wird in A. wie oben mit **V** gesättigt. Es entsteht *Äthylidendihydrochinon*, F. 119°, schwarze Kristalle. Mit H_2SO_4 wird eine bedeutend schlechtere Ausbeute erreicht. — Die Alkylierung von *Pyrogallol* kann unter den angeführten Bedingungen nicht durchgeführt werden. Das Mol.-Gew. der Alkylierungsprodd. von **I**—**IV** beträgt 211,8 (**I**), 277,4 (281,7 mit H_2SO_4) (**II**), 313 (**III**), 247,6 (**IV**). (Доклады Академии Наук СССР [Ber. Akad. Wiss. UdSSR] [N. S.] **74**. 57—59. 1/9. 1950.) v. FÜNER. 1060

T. I. Temnikowa und **W. A. Kropatschew,** *Untersuchung auf dem Gebiet der Isomerenumwandlungen von α-Ketoalkoholen.* 10. Mitt. *Untersuchung von Benzylacetylcarbinol.* (9. vgl. C. **1952**. 7641.) Benzylacetylcarbinol (**I**) liefert mit C_6H_5MgBr u. CH_3MgBr in n. verlaufender Rk. *1.3-Diphenylbutandiol-(2.3)* (**II**) bzw. *2-Methyl-4-phenylbutandiol-(2.3)* (**III**) im Gegensatz zu Phenylacetylcarbinol, das nach früheren Unterss. mit CH_3MgBr bzw. CH_3COCl außer den n. Reaktionsprodd. Derivv. des isomeren Methylbenzoylcarbinols liefert. **I** u. CH_3COCl reagieren auch n. unter Bldg. des *Acetats*. **II** ist bekannt. Der Strukturbeweis von **III** erfolgt durch Oxydation zu *Aceton* u. *Phenylacetaldehyd*. Im **I**-Mol. hebt das zwischen C_6H_5 u. CH(OH) eingefügte CH_2 den Einfl. des Phenyls auf die Beweglichkeit von H der Carbinolgruppe auf, so daß sich **I** wie ein stabiler aliphat. Ketoalkohol verhält. Die Verss., **I** mit Säuren oder Alkalien zu Methylphenylacetylcarbinol zu isomerisieren, mißlangen ebenfalls.

Versuche: *1.3-Diphenylbutandiol-(2.3)* (**II**), F. 108—109°; aus **I** u. C_6H_5MgBr (vgl. C. **1949**. E. 852). — *2-Methyl-4-phenylbutandiol-(2.3)* (**III**), $C_{11}H_{16}O_2$, F. 63—64°; 5 g **I** in 30 ml Ae. werden zur äther. CH_3MgBr-Lsg. (aus 3 g Mg) hinzugefügt; man läßt 24 Std. einwirken u. zers. mit W.; aus PAe. Kristalle; 4,4 g (Ausbeute). Oxydation mit $(CH_3CO_2)_4Pb$ in Eisessig bei 55° liefert *Aceton* (*p-Nitrophenylhydrazon*, F. 146—147°) u. *Phenylacetaldehyd* (*Semicarbazon*, F. 151—152°). — *Acetat* von **I**, $C_{12}H_{14}O_3$, Kp.$_1$ 107 bis 108°; aus **I** u. CH_3COCl in Pyridin bei 0°; $D.^{20}{}_4$ 1,0833; n_D^{20} 1,5000; Mol.-Refr. 55,96; 78%. Wird durch CH_3MgBr in Ae. in **III** übergeführt. (Журнал Общей Химии [J. allg. Chem.] **22** (**84**). 813—16. Mai 1952. Leningrad, Shdanow-Univ., Faworski-Labor. für organ. Chemie.) MÜLLER-MULOT. 1070

Richard H. Wiley, Newton R. Smith und **Joseph P. Johansen**, *Einige α-Arylsulfonamidosäuren und -amide*. Vff. beschreiben *Benzol-*, *Toluol-* u. *p-Äthylbenzolsulfonylderivv.* von Alanin, Sarkosin, α-Aminoisobuttersäure u. Leucin, aus denen mit $SOCl_2$ die *Säurechloride* erhalten werden, die mit NH_4OH in die *Säureamide* übergeführt werden.

Versuche (FF. korr.): *α-[p-Äthylbenzolsulfonamido]-isocapronsäure* (**I**), F. 117 bis 118° (W.). p-Äthylbenzolsulfonylchlorid in Aceton wurde unter Rühren zur Lsg. von L-Leucin in 2nNaOH u. Aceton getropft; 48% (Ausbeute). — Analog: *α-Benzolsulfonamidoisocapronsäure*, F. 116—117°; 59%. — *α-Benzolsulfonamidoisobuttersäure*, F. 142 bis 143°; 67,3%. — *α-Toluolsulfonamidoisocapronsäure*, F. 118—119°; 55%. — *α-Toluolsulfonamidoisobuttersäure*, F. 143—144°; 51,4%. — *α-[p-Äthylbenzolsulfonamido]-isobuttersäure*, F. 131—132°; 60,5%. — *α-[p-Äthylbenzolsulfonamido]-essigsäure*, F. 128 bis 129°. — *α-[p-Äthylbenzolsulfonamido]-isocapronsäureamid*, F. 202—203° (A.). **I** wurde mit $SOCl_2$ auf dem Wasserbad erhitzt, nach dem Abdampfen im Vakuum wurde die viscose Fl. mit NH_4OH versetzt; 65%. — Analog: *α-Benzolsulfonamidoisocapronsäureamid*, F. 208—209°; 61,2%. — *α-Benzolsulfonamidoisobuttersäureamid*, F. 195—196°; 55,4%. — *α-Benzolsulfonamidopropionsäureamid*, F. 179°. — *α-[N-Methylbenzolsulfonamido]-acetamid*, F. 174°. — *α-Toluolsulfonamidoisocapronsäureamid*, F. 233—234°; 54,7%. — *α-Toluolsulfonamidoisobuttersäureamid*, F. 221—222°; 69,5%. — *α-[p-Äthylbenzolsulfonamido]-isobuttersäureamid*, F. 198—199°; 66%. — *α-[p-Äthylbenzolsulfonamido]-acetamid*, F. 190—191°. (J. Amer. chem. Soc. **74**. 6298—99. 20/12. 1952. Louisville, Ky., Univ., Dep. of Chem.) ULRICH. 1090

Olav Foss, *Aromatische Sulfinate des zweiwertigen Selens*. Vf. erhält aus Na-Benzolsulfinat (**I**) u. -p-Toluolsulfinat (**II**) mit $SeOCl_2$ bzw. $SeCl_4$ in indifferenten Lösungsmitteln *Selendibenzolsulfinat* (**III**) u. *Selendi-p-toluolsulfinat* (**IV**). Als Verbb. des Se^{2+} reagieren sie mit Na-Dimethyldithiocarbamat (**V**) bzw. $Na_2S_2O_3$ unter Bldg. von *Se-Bis-dimethyldithiocarbamat* (**VI**) bzw. *Selenopentathionat*. Mit Se_2Cl_2 in Bzl. oder CCl_4 reagieren **I** u. **II** hauptsächlich unter Bldg. von *Diselendisulfinaten*, mit Se_2Cl_2 in Ae. unter Bldg. von *Selendisulfinaten* u. *Triselendisulfinaten*. *Di-* u. *Triselendisulfinate* entstehen bei der Rk. in $CHCl_3$. Die Diselendisulfinate zers. sich beim Erhitzen unter Se-Abscheidung. Beim Erhitzen in Lösungsmitteln entstehen *Selen-* u. *Triselendisulfinate*. *Triselendibenzolsulfinat* reagiert mit **II** unter Bldg. von *Triselendi-p-toluolsulfinat*. Die Struktur der Selen- u. Diselendisulfinate wird auf Basis der Isomorphie mit den entsprechenden S-Verbb. diskutiert.

Versuche: *Selendibenzolsulfinat* (**III**), $Se(SO_2C_6H_5)_2$, F. 132—133° (Zers.; Eisessig), a) aus 9 g **I** in Ae. mit $SeOCl_2$ unter Eiskühlung; 3 g (Ausbeute); b) 9,8 g **I** in Bzl. werden mit 4,4 g $SeCl_4$ einige Min. bei Zimmertemp. behandelt, erhitzt, heiß filtriert u. mit Ligroin versetzt; grüne Kristalle, schwerlösl. in W. u. Ligroin, lösl. in warmem Ae., A. u. Eisessig, leichtlösl. in Chlf., warmem Bzl. u. CCl_4; 4—6 g. — Rk. mit **V** gibt *Selenbis-dimethyldithiocarbamat* (**VI**); 98%; Rk. mit K-p-Toluolthiosulfonat (**VII**) *Selen-p-toluolthiosulfonat*, F. >200° (Chlf.); 80%. — *Selendi-p-toluolsulfinat* (**IV**), $Se(SO_2C_7H_7)_2$, F. 121—122° (80%ig. Eisessig), analog **III**; grüne Kristalle. — *Diselendibenzolsulfinat*, $Se_2(SO_2C_6H_5)_2$, F. 79—80° (Chlf./Bzl. oder Ligroin). Zu 10 g **I** in Bzl. werden unter Eiskühlung 2 cm³ Se_2Cl_2 getropft; die Lsg. wird erhitzt, NaCl u. **I** werden abfiltriert, das Filtrat wird mit Ligroin versetzt; grüne Kristalle; 5—7 g. — *Diselendi-p-toluolsulfinat*, $Se_2(SO_2C_7H_7)_2$, F. 104—106° (Chlf./Ae.), analog; unlösl. in W. u. Ligroin, schwerlösl. in A. u. Methanol, leichtlösl. in Chlf. u. sd. C_6H_6. — *Triselendibenzolsulfinat*, $Se_3(SO_2\cdot$

$C_6H_5)_2$, F. 101—102° (Zers.; Bzl./Ligroin, besser Chlf./Ae.). Zu 10 g **I** in Ae. werden unter Eiskühlung 2 cm³ Se_2Cl_2 gegeben, der gebildete feste Körper wird mit W. behandelt; 3 g (aus dem Ae. werden durch Eindampfen 1,5 g **III** erhalten). — Rk. der Di- oder Triverbb. mit K-Äthylxanthogenat: Die entstandene Lsg. von *Di-* bzw. *Triselendi-[äthylxanthogenat]* wird mit **V** in Methanol versetzt, es bilden sich **VI** u. *Se.* — *Triselendi-p-toluolsulfinat*, F. 136—140° (Zers.). — *Dischwefeldi-p-toluolsulfinat*, F. 114° (Chlf./Ligroin), 10 g **VII** in CCl_4 werden unter Eiskühlung mit Br_2 versetzt. Es scheiden sich 0,8 g *Schwefeldi-p-toluolthiosulfonat* aus; das Filtrat wird eingeengt; 5 g. (Acta chem. scand. **6**. 508—20. 1952. Oslo, Univ., Kjem. Inst.) ULRICH. 1090

Alessandro Ballio und **Aldo Schiavello**, *Die Konstitution von zwei Trioxydiacetophenonen.* Um die Struktur von *Gallodiacetophenon* (**I**; F. 190—191°) aufzuklären, wird mit Dimethylsulfat (**II**) in Aceton in Ggw. von K_2CO_3 **I**-*Trimethyläther* (F. 73—74°) hergestellt. Daraus wird mit Peressigsäure ein Diacetoxytrimethoxybenzol ($Kp._6$ 178°) erhalten, das nicht mit dem bekannten 1.2-Diacetoxy-3.4.5-trimethoxybenzol ident. ist u. demnach als *1.3-Diacetoxy-4.5.6-trimethoxybenzol* (**III**) anzusprechen ist. **III** geht beim Behandeln mit **II** in A. + KOH in Pentamethoxybenzol über. *Diaceto-oxyhydrochinon* (**IV**) geht bei analoger Methylierung wie **I** in einen *Trimethyläther* (F. 48°, aus PAe.) über, der mit Peressigsäure in *1.3-Diacetoxy-2.4.5-trimethoxybenzol* (**V**; F. 76—77°, aus Äthylacetat + PAe.) übergeht. Ein weiterer Beweis für die angenommenen Strukturen von **IV** u. **V** u. damit von **I** u. **IV** besteht darin, daß sich **I** durch Oxydation von 4.6-Diacetoresorcin u. **IV** durch Oxydation von *2.4-Diacetoresorcin* mit K-Persulfat erhalten ließen. (Ric. sci. **20**. 993—95. Juli 1950. Rom, Univ., Labor. di chim. organ., Centro di studio per la Chim. generale del CNR.) K. FABER. 1180

Hussein A. Fahim und **Abdallah M. Fleifel**, *Die Herstellung einiger 4-n-Alkyl-3-nitrobenzoesäuren.* Vff. nitrierten p-Alkylbenzoesäuren, aus p-Alkylphenylmethylketonen durch Alkalischmelze bei 200—280° hergestellt, durch rauchende HNO_3.

V e r s u c h e: a) Zu HNO_3 (D. 1,5) wurde bei 0° die aromat. Säure unter Rühren hinzugefügt, eine Std. bei 0° u. dann über Nacht bei Zimmertemp. stehen gelassen u. mit eiskaltem W. gefällt; b) wie vorst., aber mit HNO_3 (D. 1,4) u. konz. H_2SO_4 bei 5—10°. Folgende Verbb. wurden hergestellt: *4-Äthyl-3-nitrobenzoesäure*, $C_9H_9O_4N$, F. 153—154°; *-chlorid*, Kp. 242—244°; *-amid*, $C_9H_{10}O_3N_2$, F. 110—111°; *-methylamid*, $C_{10}H_{12}O_3N_2$, F. 94—95°. — *3-Nitro-4-n-propylbenzoylchlorid*, $Kp._8$ 171—172°; *-amid*, $C_{10}H_{12}O_3N_2$, F. 119—120°; *-methylamid*, $C_{11}H_{14}O_3N_2$, F. 68—69°. — *4-n-Butyl-3-nitrobenzoesäure*, $C_{11}H_{13}O_4N$, F. 138—139°; *-chlorid*, $Kp._7$ 180°; *-amid*, $C_{11}H_{14}O_3N_2$, F. 115 bis 116°; *-methylamid*, $C_{12}H_{16}O_3N_2$, F. 96—97°. — *4-n-Amyl-3-nitrobenzoesäure*, $C_{12}H_{15}\cdot O_4N$, F. 127—128°; *-chlorid*, $Kp._{20}$ 192—193°; *-amid*, $C_{12}H_{16}O_3N_2$, F. 113—114°; *-methylamid*, $C_{13}H_{18}O_3N_2$, F. 67—68°. — *4-n-Hexyl-3-nitrobenzoesäure*, $C_{13}H_{17}O_4N$, F. 113—114°; *-chlorid*, $Kp._{23}$ 187—188°; *-amid*, $C_{13}H_{18}O_3N_2$, F. 94,5—95,5°; *-methylamid*, $C_{14}H_{20}O_3N_2$, F. 56—57°. — *4-n-Heptyl-3-nitrobenzoesäure*, $C_{14}H_{19}O_4N$, F. 89—90°; *-chlorid*, $Kp._{12}$ 193 bis 194°; *-amid*, $C_{14}H_{20}O_3N_2$, F. 87—88°; *-methylamid*, $C_{15}H_{22}O_3N_2$, F. 54—55°. — *3-Nitro-4-n-octylbenzoylchlorid*, $Kp._{10}$ 204—205°; *-amid*, $C_{15}H_{22}O_3N_2$, F. 68—69°; *-methylamid*, $C_{16}H_{24}O_3N_2$, F. 52—53°. — *4-n-Amylbenzoylchlorid*, $Kp._{10}$ 144—145°; *-amid*, $C_{12}H_{17}ON$, F. 147—148°; *-methylamid*, $C_{13}H_{19}ON$, F. 91—92°. — *4-n-Hexylbenzoylchlorid*, $Kp._{22}$ 176—177°; *-amid*, $C_{13}H_{19}ON$, F. 141—142°; *-methylamid*, $C_{14}H_{21}ON$, F. 80—81°. — *4-n-Heptylbenzoylchlorid*, $Kp._{40}$ 195—196°; *-amid*, $C_{14}H_{21}ON$, F. 147 bis 148°; *-methylamid*, $C_{15}H_{23}ON$, F. 95—96°. — *4-n-Octylbenzoylchlorid*, $Kp._{12}$ 188°; *-amid*, $C_{15}H_{23}ON$, F. 139—140°; *-methylamid*, $C_{16}H_{25}ON$, F. 84—85°. (J. chem. Soc. [London] **1952**. 4519—20. Nov. Cairo, Fouad I Univ., Fac. of Sci.)

HILDEGARD SCHULZ. 1210

Pete D. Gardner, W. H. Horton, Grant Thompson und **Robert R. Twelves**, *Ein neuer Weg zu δ-Phenylvaleriansäuren.* Die Darst. von *Cinnamylidenmalonsäuren* durch Kondensation von Äthylidenmalonsäurediäthylester (**I**) mit aromat. Aldehyden läßt sich schneller u. in besserer Ausbeute durchführen, wenn an Stelle der bisher benutzten konz. H_2SO_4 alkal. Reagentien, wie KOH in absol. A., Benzyltrimethylammoniumhydroxyd in Methanol oder Cholin in Methanol verwendet werden. Hydrierung liefert *γ-Phenylpropylmalonsäuren* u. deren Decarboxylierung *δ-Phenylvaleriansäuren*, die zu *Benzosuberonen* cyclisiert werden können, mit Ausnahme von δ-2- u. δ-4-Methoxyphenylvaleriansäure. Beim Vers. der Cyclisierung von ζ-Phenylönanthsäure entstand an Stelle des erwarteten Benzocyclononanons nur polymeres Material.

V e r s u c h e: *3.4.5-Trimethoxycinnamylidenmalonsäure*, $C_{15}H_{16}O_7$, F. 195—196,5° (Zers.). Meth. **A**: 3.4.5-Trimethoxybenzaldehyd (**II**; F. 74—76°) u. **I** in absol. A. wurden mit KOH bei Zimmertemp. geschüttelt; nach 24—48std. Stehen wurde unter Kühlung mit verd. HCl angesäuert; 50% (Ausbeute). Meth. **B**: **I** u. **II** wurden in 35%ig. methanol. Benzyltrimethylammoniumhydroxyd (oder 50%ig. methanol. Cholin) kondensiert; die nach Stehen erhaltene klare rote Lsg. wurde mit W. 30—60 Min. erhitzt u. mit HCl (1:1) angesäuert; 86%. — Analog: *Cinnamylidenmalonsäure* (**III**), F. 183—186° (Zers., roh), **B**; 98%. — *2-Methoxycinnamylidenmalonsäure*, $C_{13}H_{12}O_5$, F. 201—201,5° (Zers.); **A** 42%, **B** 94%. — *4-Methoxycinnamylidenmalonsäure*, F. 187—188° (Zers.); **A** 26%, **B** 66 bzw. 80%. — *2.3-Dimethoxycinnamylidenmalonsäure*, $C_{14}H_{14}O_6$, F. 185—186,5° (Zers.); **A** 40%, **B** 56%. — *3.4-Methylendioxycinnamylidenmalonsäure*, F. 206—209° (Zers.); **A** 43%, **B** 60%. — *5-Phenylpentadienylidenmalonsäure*, $C_{14}H_{12}O_4$, F. 190 bis 192,5° (Zers.); **A** 35%, **B** 77%. — *γ-Phenylpropylmalonsäure*, F. 87—91°, durch Schütteln von **III** in A. unter H_2 unter wenig erhöhtem Druck in Ggw. von PtO_2; 84%. — Analog: *γ-[2-Methoxyphenyl]-propylmalonsäure*, $C_{13}H_{16}O_5$, F. 115—116°; 100%. — *γ-[4-Methoxyphenyl]-propylmalonsäure*, $C_{13}H_{16}O_5$, F. 108—109,5°; 100%. — *γ-[2.3-Dimethoxyphenyl]-propylmalonsäure*, Öl. — *γ-[3.4-Dimethoxyphenyl]-propylmalonsäure*, $C_{14}H_{18}O_6$, F. 110—112°; 100%. — *γ-[3.4-Methylendioxyphenyl]-propylmalonsäure*, $C_{13}H_{14}O_6$, F. 144—145°; 100%. — *γ-[3.4.5-Trimethoxyphenyl]-propylmalonsäure*, $C_{15}H_{20}O_7$, F. 115 bis 117° (Zers.); 100%. — *ε-Phenylpentylmalonsäure*, $C_{14}H_{18}O_4$, F. 112—115°; 96%. — *δ-Phenylvaleriansäure*, F. 55—58°, durch Erhitzen der Malonsäure auf 170—180°/18 mm; 84%. — Analog: *δ-[2-Methoxyphenyl]-valeriansäure*, $C_{12}H_{16}O_3$, F. 79—81°; 100%. — *δ-[4-Methoxyphenyl]-valeriansäure*, F. 113—114,5°; 94%. — *δ-[2.3-Dimethoxyphenyl]-valeriansäure*, $C_{13}H_{18}O_4$, F. 41—44°; 70%. — *δ-[3.4-Dimethoxyphenyl]-valeriansäure*, F. 75—76°; 82%. — *δ-[3.4-Methylendioxyphenyl]-valeriansäure*, F. 94—95°; 100%. — *δ-[3.4.5-Trimethoxyphenyl]-valeriansäure*, F. 66—68°; 80%. — *ζ-Phenylönanthsäure*, $Kp._{0,6}$ 142—144°; 90%. — Benzosuberone. Die vorst. Valeriansäuren wurden mit Polyphosphorsäure 30 Min. auf 95° erhitzt: *1.2-Dimethoxybenzosuberon*, $C_{13}H_{16}O_3$, F. 49—50,5°; 67%. *Oxim*, $C_{13}H_{17}O_3N$, F. 137,5—142°. — *2.3-Dimethoxybenzosuberon*, F. 64—65°; 74%. *Oxim*, $C_{13}H_{17}O_3N$, F. 147—149,6°. — *2.3.4-Trimethoxybenzosuberon*, F. 99—100°; 100%. *Oxim*, $C_{14}H_{19}O_4N$, F. 165—167°. — *2.3-Methylendioxybenzosuberon* war polymer. (J. Amer. chem. Soc. **74**. 5527—29. 5/11. 1952. Salt Lake City, Ut., Univ., Dep. of Chem.) HILDEGARD SCHULZ. 1210

N. J. Cartwright, J. Idris Jones und **Diana Marmion**, *Die Synthese von γ-Resorcylsäure* (*2.6-Dioxybenzoesäure*). Auf der Suche nach einer brauchbaren Synth. für größere Mengen *γ-Resorcylsäure* (**I**) arbeiten Vff. zunächst das Verf. von MAUTHNER (J. prakt. Chem. **124**. [1930.] 319) nach, erhalten aber nur eine 12%ig. Ausbeute, bezogen auf m-Dinitrobenzol (**III**). 91% **I** erhalten sie dagegen bei Methylierung von 2.6-Dioxyacetophenon (**II**), anschließende Hypochloritoxydation u. Entmethylierung. Wird bei der Oxydation vor dem Ansäuern der Hypochloritüberschuß nicht vollständig beseitigt, entsteht als Nebenprod. etwas *3-Chlor-2.6-dimethoxybenzoesäure*, identifiziert durch Entmethylierung u. Decarboxylierung zu *4-Chlorresorcin*. Das bei der Methylierung von **II** als Nebenprod. anfallende *2-Oxy-6-methoxyacetophenon* wurde zum Vgl. der UV-Spektren in *2-Oxy-6-methoxybenzoesäure* (**VI**) verwandelt. — Eine weitere Meth. zur Gewinnung von **I** ist die alkal. $KMnO_4$-Oxydation des leicht zugänglichen 2-Methylresorcindimethyläthers u. Entmethylierung. — Die elegante Darst. von **I** nach PARHAM u. ANDERSON (C. **1948**. E. 57) eignet sich nur zur Herst. kleinerer Mengen, ist aber zur Gewinnung von **I** mit isotopgezeichneter COOH-Gruppe brauchbar; 51% (Ausbeute). — Im UV-Spektr. von **I** fehlt die von MOSER u. KOHLENBERG (C. **1951**. II. 3428) angegebene Bande bei 2770 Å, die sicher durch geringe Mengen von Resorcin hervorgerufen wurde. — Die UV-Absorptionskurven von *2.4-Dioxybenzoesäure*, **I**, **VI** u. *2.6-Dimethoxybenzoesäure* (**IV**) werden angegeben.

Versuche: Durch Zufügen von KCN in W. zu m-Dinitrobenzol (**III**) in CH_3OH, 2std. Rühren bei 40°, Zugabe von W. nach 2 Tagen, erschöpfende Extraktion des Nd. mit Chlf., Einengen u. Zufügen von Leichtbenzin entsteht das rote *6-Methoxy-2-nitrobenzonitril*; 25%. Hieraus mit KOH u. CH_3OH *2.6-Dimethoxybenzonitril* (17,6%, bezogen auf **III**) u. durch 48std. Hydrolysieren mit sd. KOH *2.6-Dimethoxybenzoesäure* (**IV**), F. 186—187°; 14,8% (bezogen auf **III**). Hieraus durch 2std. Erhitzen mit $AlCl_3$ in Bzl., Gießen auf Eis, Ansäuern der wss. Schicht *γ-Resorcylsäure* (**I**), F. 160—163° (Zers.), Nadeln aus Bzl.; 95—98%; wird bei Umkristallisation aus höhersd. Lösungsmitteln teilweise decarboxyliert. — *7-Acetoxy-4-methylcumarin* gibt mit $AlCl_3$ bei Zers. mit W. + HCl **II**; 76—79%. — Methylierung von **II** a) durch NaOH u. Dimethylsulfat unter N_2 zu *2.6-Dimethoxyacetophenon* (**V**), $Kp._{1,5}$ 118—120°, F. 65—66°; 127 g aus 133 g; b) mit K_2CO_3, CH_3J u. Aceton durch 12std. Kochen, Filtrieren, Abdampfen u. Aufnehmen in Äther; 93—97%. Hieraus durch langsames Zufügen zu einer frisch bereiteten Lsg. von NaOCl bei 65°, 1½ std. Stehen bei 85°, Zers. des überschüssigen NaOCl durch $NaHSO_3$

u. Ansäuern (Kongorot) **IV**; 97%. — *I-Na-Salz*, aus **I** u. $NaHCO_3$ bei 70°. — *2-Oxy-6-methoxybenzoesäure* (**VI**), $C_8H_8O_4$, F. 134°, aus *2-Oxy-6-methoxyacetophenon* (F. 58°; als Nebenprod. bei der Methylierung von **II** durch Auswaschen des rohen **V** mit NaOH u. Ansäuern, oder zu 60% aus **II** u. äquivalenter Menge CH_3J) nach LIMAYE u. KELKAR (C. **1936**. II. 84); geringe Ausbeute. — *3-Chlor-2.6-dimethoxybenzoesäure*, $C_9H_9O_4Cl$, F. 132°, bei der Oxydation von **V** als Nebenprod., wenn der Überschuß an NaOCl nicht sorgfältig entfernt wird; glänzende Plättchen (Bzl.). Aus 2 g mit $AlCl_3$ *3-Chlor-2.6-dioxybenzoesäure*, $C_7H_5O_4Cl$, F. 193° (Bzl.); 1,65 g; $FeCl_3$-Rk. blau; wird bei 260° zu *4-Chlorresorcin* decarboxyliert; F. 89°. — *2.6-Dimethoxytoluol*, aus 50 g 2-Methylresorcin mit Dimethylsulfat; 57 g. Hieraus durch 1std. Erwärmen mit $KMnO_4$ in W. auf 80° u. Stehen **IV**; 73%. — *Resorcin-bis-[tetrahydropyranyl-(2)]-äther*, $Kp._{ca.2}$ 199°, nach PARHAM u. ANDERSON (l. c.) u. Rektifikation. Hieraus durch Zufügen einer äther. Lsg. zu einer eingeengten, dann in Ae. aufgenommenen Mischung von n-Butyl-Li in Pentan, 16std. Kochen (Rückflußkühlung durch Trockeneis), Kühlen in fl. N_2, Vakuumanlegen, Rühren bei −60°, Zufügen von CO_2, Zers. des Li-Komplexes unter N_2 durch 15%ig. HCl u. Rühren bis zur Lsg., Ausäthern der wss. Schicht, Ansäuern der wss. Phase u. Ausäthern **I**, F. 168° (Mikroskop + Block); 51%. (J. chem. Soc. [London] **1952**. 3499 bis 3502. Sept. Teddington, D. S. I. R., Chem. Res. Labor.) LEHWALD. 1250

José Pascual und **Juan Estevan**, *Einige Derivate der γ-[p-Toluyl]-buttersäure und des 1.5-Bis-[p-tolyl]-pentandions-(1.5)*. Die durch Bromierung von γ-[p-Toluyl]-buttersäure (**I**) erhältliche *γ-Brom-γ-[p-toluyl]-buttersäure* (**II**) bzw. ihr *Methyl-*(**IIa**) oder *Äthylester* (**IIb**) läßt sich nicht dehydrobromieren. **IIa** gibt mit Trimethylamin [*α-p-Toluyl-γ-carbomethoxypropyl]-trimethylammoniumbromid*, **IIb** analog mit Pyridin *N-[α-p-Toluyl-γ-carbäthoxypropyl]-pyridiniumbromid* (**III**); aus **IIb** oder **III** entstehen mit Dimethylanilin Gemische, aus denen nur **I** isoliert werden konnte. 1.5-Bis-[p-tolyl]-pentandion-(1.5) liefert ein Monobromderiv. u. daraus das Pyridiniumsalz, das ebenso wie **III** die KRÖHNKEsche Farb-Rk. auf Enolbetaine mit 2.4-Dinitrochlorbenzol gibt.

Versuche: *γ-Brom-γ-[p-toluyl]-buttersäure* (**II**), $C_{12}H_{13}O_3Br$, durch Bromieren von **I** in CCl_4; Nadeln, F. 119—120° (korr.), sehr leicht lösl. in CH_3OH u. A., wenig lösl. in kaltem, mehr in heißem H_2O. *Methylester* (**IIa**), Nadeln, F. 51,5—52,5° (korr.). *Äthylester* (**IIb**), durch Bromierung von I-Äthylester, Öl. — *[α-p-Toluyl-γ-carbomethoxypropyl]-trimethylammoniumbromid*, $C_{16}H_{24}O_3NBr$, aus **IIa** u. Trimethylamin; Nadeln, F. 156 bis 161° (Zers.). — *N-[α-p-Toluyl-γ-carbäthoxypropyl]-pyridiniumbromid* (**III**), $C_{19}H_{22}O_3NBr$, Kristalle aus absol. A., F. 153—154°. — *2-Brom-1.5-bis-[p-tolyl]-pentandion-(1.5)* (?), F. 137—142° (Ae.). *Pyridiniumsalz*, F. 203—204°. (An. Real. Soc. españ. Física Quím., Ser. B **46**. 385—90. Juni 1950. Barcelona, Inst. „Alonso Barba", Sección de Quím. Orgán., u. Univ., Fac. de Ciencias, Labor. de Quím. Orgán.) FÖRSTER. 1270

G. I. Bras, *Direkte Einführung der β-Aminoäthylgruppe in den Benzolkern.* Zur Darst. von *β-Phenyläthylamin*, $C_8H_{11}N$, $Kp._{12}$ 84°, erhitzt man ein unter Eiskühlung u. Ausschluß von Luftfeuchtigkeit hergestelltes Gemisch aus 2,1 g Äthylenimin (**I**) in 14 cm^3 Bzl. u. 10,2 g $AlCl_3$ in 18 cm^3 Bzl. im Rohr im Schüttelofen 7—8 Std. auf 120 bis 130°, behandelt bei 20—25° mit Eis, dann konz. KOH, filtriert, trennt die Benzolschicht ab, äthert die wss. Lsg. aus u. fraktioniert die vereinigten Lsgg.; 60% (Ausbeute, auf **I** bezogen). Techn. $AlCl_3$ gibt um 5—10% niedrigere Ausbeute; mit reinem $AlCl_3$ wurden bei 170—180° 75—80% erhalten. *Hydrochlorid*, F. 218,5—220°. *N-β-Phenyläthyl-N'-phenylharnstoff*, F. 154—155°. — Im Kern substituierte, oberhalb 120° sd. Benzolderivv. setzt man entweder im geschlossenen Rohr oder am Rückflußkühler mit **I** um. — *β-[x-Äthylphenyl]-äthylamin* (Isomerengemisch), $C_{10}H_{15}N$, $Kp._1$ 88—93°; aus Äthylbenzol; $D._4^{20}$ 0,9424; n_D^{20} 1,5228. *Hydrochlorid*, F. 204,5—206,5°. *Pikrat*, $C_{10}H_{15}N \cdot C_6H_3O_7N_3$, F. 170—171°. — *β-[4- u. 2-Chlorphenyl]-äthylamin* (Isomerengemisch **II** + **III**), $C_8H_{10}NCl$, $Kp._{13}$ 111—112°; aus Chlorbenzol; 40%. Die Isomeren ließen sich über die N-Benzoylderivv. trennen. *N-Benzoylderiv.* von **II**, $C_{15}H_{14}ONCl$, F. 147—149°. *N-Benzoylderiv.* von **III**, $C_{15}H_{14}ONCl$, F. 69—70°; aus diesem durch 6std. Erhitzen in gleichen Voll. Eisessig u. 48%ig. HBr auf 170—180°, Umfällen des *Hydrobromids* mit absol. Ae. aus absol. A. u. Kochen mit p-Nitrobenzoylchlorid in Bzl. das *p-Nitrobenzoylderiv.* von **III**, $C_{15}H_{13}O_3N_2Cl$, F. 114,5—116°. — Aus den durch Umsetzen von **I** mit Anisol bei 100° entstandenen Prodd. wurden durch Fraktionieren u. Behandeln der Fraktionen mit HCl isoliert: *β-Aminoäthylphenyläther-hydrochlorid*, $C_8H_{12}ONCl$, F. 217 bis 219° (aus absol. A.) u. *β-[4-Methoxyphenyl]-äthylaminhydrochlorid*, $C_9H_{14}ONCl$, F. 212—214° (aus absol. A.); hieraus mit KCNO *(β-[4-Methoxyphenyl]-äthyl)-harnstoff*, F. 129,5—130,5°. — Nitrobenzol reagierte nicht mit **I**. (Доклады Академии Наук СССР [Ber. Akad. Wiss. UdSSR] [N. S.] **87**. 589—92. 1/12. 1952. Allunions Wiss. Chem.-pharmazeut. Ordshonikidse Forschungsinst.) SCHMEISS. 1310

H. C. Beyerman und **G. Alberda,** *4-Oxy-6-aminoisophthalsäure, ein Nebenprodukt bei der Synthese von p-Aminosalicylsäure aus m-Aminophenol.* Durch Einw. von CO_2 unter Druck auf m-Aminophenol entsteht nicht nur p-Aminosalicylsäure (I), sondern daneben auch *4-Oxy-6-aminoisophthalsäure* (II; vgl. VAN DER STELT u. NAUTA, Pharmac. Weekbl. **85.** [1950.] 474). II hat geringere tuberkulostat. Wrkg. als I u. ist wenig toxisch. Analyt. u. klin. Komplikationen durch die Ggw. von II in I werden erörtert.

V e r s u c h e: *4-Oxy-6-aminoisophthalsäure* (II), $C_8H_7O_5N$, krist. aus der 10 Min. gekochten Lsg. von 100 g roher p-Aminosalicylsäure (I) in 2 Liter W. nach Ansäuern mit 80 cm³ 2nHCl aus; 8,8 g, aus A.–W., F. 210—212° (Zers.; von Erhitzungsart abhängig); bei 230° (Bad) fand Zers. in $2CO_2$ u. m-Aminophenol statt, F. 121—122° (W.). — II-*Dimethylester*, $C_{10}H_{11}O_5N$, aus II in A. u. CH_2N_2 in Ae., F. 144—145° (A.–W.), mit $FeCl_3$ kirschrote Farbe. — *4.6-Dioxyisophthalsäure* (III), $C_8H_6O_6$, durch Eintragen von $NaNO_2$ in die Suspension von II in konz. H_2SO_4 bei 0° u. Umlösen des Nd. aus verd. Methanol, gelbliche Nadeln, im FISHER-JOHN-Mikroapp. F. 301—302° (Zers.), bei langsamem Erhitzen im BERL-Block F. 272—274°. — *4.6-Dimethoxyisophthalsäuremethylester*, aus III in A. u. CH_2N_2 in Ae., F. 147—148° (A.); wie III ident. mit anders synthetisierten Präparaten. (Recueil Trav. chim. Pays-Bas **69.** 1021—24. Juli/Aug. 1950. Oss, N. V. Organon, u. Amsterdam, Ver. N. V. en Amsterdamsche, Bandoengsche en Nederlandsche Kininefabriek, Forschungslabors.) LEHMSTEDT. 1350

M. M. Koton, *Über die Mercurierung von Phenolen.* 8. Mitt. (7. vgl. Журнал Общей Химии [J. allg. Chem.] **19** (**81**). [1949.] 2104.) Untersucht wird die Mercurierung von Phenolen mit Diphenyl-Hg (I) u. Phenylmercuriacetat (II), die allg. nach dem Schema $R_2Hg + C_6H_5OH \rightarrow RH + RHgC_6H_4OH$ verläuft. Im Falle der Rk. mit II kommt es unter Abspaltung von CH_3COOH auch zur Bldg. dimercurierter Phenole. Die Rk. mit II verläuft langsamer.

V e r s u c h e: Die Substitutionsstelle wurde in keinem Falle ermittelt. *x-Benzylmercuri-p-nitrophenol*, $C_{13}H_{11}O_3NHg$, F. 95—97°; durch 2std. Erhitzen von 0,2 g Dibenzyl-Hg u. 0,1 g p-Nitrophenol bei 75°; aus Bzl. rosafarbene Kristalle; 0,09 g (Ausbeute). — Durch 3std. Erhitzen auf 100 oder 130° im Rohr wurden aus je 0,3 g der Komponenten dargestellt: Die *x-Phenyl-Hg-Derivv.* von *p-Chlorphenol*, $C_{12}H_9OClHg$, F. 152—154°, *2.4-Dichlorphenol*, $C_{12}H_8OCl_2Hg$, F. 139—140°, *2.4.6-Trichlorphenol*, F. 175—178°, *2.4-Dinitrophenol*, $C_{12}H_8O_5N_2Hg$, F. 144—148°, aus A. rote Kristalle, *2.4.6-Trinitrophenol*, $C_{12}H_7O_7N_3Hg$, F. 157° (Zers.), aus A. gelbe Kristalle, *p-Kresol*, $C_{13}H_{12}OHg$, F. 135—138°, hellgelbe Kristalle, *m-Kresol*, F. 141—145°, *o-Kresol*, F. 109 bis 111°, *Phenol*, F. 105—108°, u. die nichtschm. *x.x-Bis-[phenyl-Hg]-derivv.* von *Bromhydrochinon*, $C_{18}H_{13}O_2BrHg_2$, *p-Chlorphenol*, $C_{18}H_{13}OClHg_2$, *2.4-Dichlorphenol*, *2.4.6-Trichlorphenol*, *p-Nitrophenol*, $C_{18}H_{13}O_3NHg_2$, *2.4-Dinitrophenol*, *2.4.6-Trinitrophenol*, $C_{18}H_{11}O_7N_3Hg_2$, *Resorcin*, $C_{18}H_{14}O_2Hg_2$ u. *m-Kresol*, $C_{19}H_{16}OHg_2$. Bei den Rkk. von I u. II mit Pyrogallol, Hydrochinon, Metol, Thymol u. Menthol wurden keine Verbb. isoliert. (Журнал Общей Химии [J. allg. Chem.] **20** (**82**). 2096—2100. Nov. 1950. Leningrad, Pädiatr.-Med. Inst., Lehrstuhl für allg. Chemie.) TROFIMOW. 1380

M. M. Koton, Je. P. Mosskwina und **F. Ss. Florinski,** *Reaktionen von metallorganischen Verbindungen mit Thiophenolen.* Organ. Hg-, Pb-, Sn- u. Bi-Verbb. reagieren mit der SH-Gruppe von Thiophenolen unter Bldg. von KW-stoffen, Disulfiden u. Thiophenolaten. In der Reihenfolge Bi $>$ Hg $>$ Pb $>$ Sn reagiert Triphenyl-Bi am leichtesten, Tetraphenyl-Sn am schwersten. Wie Thiophenol reagiert auch p-Thiokresol. Eine Erhöhung der Temp. u. längere Reaktionsdauer begünstigen die Bldg. der Disulfide.

V e r s u c h e: Diphenyl-Hg setzt sich bei 130° im Rohr mit Thiophenol unter Bldg. von Bzl., *Hg-Bis-thiophenolat*, F. 150—151°, u. *Diphenyldisulfid*, F. 59—60° um. — *Hg-Bis-p-thiokresolat*, F. 158—160°, aus Diphenyl-Hg u. p-Thiokresol bei 130°. *Bi-Tris-thiophenolat*, aus Triphenyl-Bi u. Thiophenol, gelbe Kristalle aus Bzl., schm. nicht bis 250°; mit p-Thiokresol wird *p-$CH_3C_6H_4SBiO$*, F. 252—260° (Zers.), erhalten. — Tetraphenyl-Pb reagiert bei 130—150° mit Thiophenol unter Bldg. von *Pb-Bis-thiophenolat*, F. 195—196°, goldgelbe Kristalle. — *Pb-Bis-p-thiokresolat*, analog Vorst., F. 202—203°; grüngelbe Kristalle. — Tetraphenyl-Sn reagiert mit Thiophenol u. -kresol bei 150° unter Bldg. viscoser Fll., aus denen sich bei längerem Stehen Hydrolysenprodd. der Sn-thiophenolate ausscheiden: $(C_6H_5S)_3SnOH$, F. 72—79°, Nadeln, u. $(CH_3\cdot C_6H_4\cdot S)_2\cdot Sn(OH)_2$, F. 92—99°, Nadeln. (Журнал Общей Химии [J. allg. Chem.] **20** (**82**). 2093—95. Nov. 1950. Leningrad, Phys.-Techn. Inst. der Akad. der Wiss. der UdSSR.) TROFIMOW. 1380

M. A. Abramowa und **M. Je. Jegorowa,** *Synthese von Glykolestern und Glyceriden der Zimtsäure.* Durch Erhitzen von Zimtsäure mit Äthylenglykol oder Glycerin (3 : 1

bzw. 6 : 1 Mol.) wurden erhalten: *Bis-zimtsäureglykolester*, F. 88—89°, durch 6std. Erhitzen auf 200—210°; aus A. Kristalle; 56% (Ausbeute). — *Tris-zimtsäureglycerinester*, F. 111°, durch 4std. Erhitzen auf 230—240°; aus A. Nadeln; die Kristalle sind 2achsig, die Brechungsindices in den 3 Hauptrichtungen 1,689, 1,604 u. 1,704; 80%. — Bei Anwendung von 1 Mol Zimtsäure zu 2 Mol Glykol oder Glycerin wurden gebildet: *Monozimtsäureglykolester*, $Kp._{33}$ 203—204°, durch 3std. Erhitzen auf 200—210°; Öl; n_D 1,573; 70%. — *Monozimtsäureglycerinester*, durch 4std. Erhitzen auf 210—230°; gelbliches, wenig bewegliches Öl; 63%. (Журнал Прикладной Химии [J. angew. Chem.] **23**. 980—84. Sept. 1950. Saratow, Med. Inst., Labor. für Biochem.)

TROFIMOW. 1610

R. W. Kierstead, R. P. Linstead und **B. C. L. Weedon**, *Cyclopropane*. 1. Mitt. *Die Malonatkondensation mit 1.4-Dibrombuten-(2). Ein bequemer neuer Weg zu Vinylcyclopropanderivaten.* Bei Kondensation von 1.4-Dibrombuten-(2) (**IV**) mit 2 Mol Na-Diäthylmalonat (**V**) wird nur wenig des erwarteten *Tetracarbonsäureesters* gebildet, als Hauptprod. entsteht ein Dicarbonsäureester $C_{11}H_{16}O_4$, aus dem durch Hydrolyse die entsprechende Disäure (**I**), über 140° decarboxylierbar, erhalten wird. **I** u. der **I**-Diester nehmen bei Hydrierung 2 Mol H_2 auf unter Bldg. von *n-Butylmalonsäure* (**VI**) bzw. des *Esters*, was eine geradkettige Struktur mit endständiger Malonatgruppe bei **I** beweist. Das Fehlen von UV-Banden über 2100 Å schließt ein konjugiertes Diensyst. aus. Ozonolyse u. anschließende reduktive Spaltung liefert *Formaldehyd*, demnach liegt eine endständige Doppelbindung vor. Ozonolyse u. anschließende oxydative Spaltung liefert eine Tricarbonsäure $C_6H_6O_6$, die nur *Cyclopropantricarbonsäure-(1.1.2)* sein kann. Somit ist **I** *2-Vinylcyclopropandicarbonsäure-(1.1)*. Bei der katalyt. Hydrierung von **I** tritt also eine reduktive Ringspaltung ein. Unter gleichen Bedingungen werden Diäthylcyclopropandicarboxylat-(1.1) oder Cyclopropantricarbonsäure-(1.1.2) nicht hydriert. — In Analogie zu verschied. ähnlichen Beispielen aus der Literatur schließen Vff., daß an **I** zunächst eine der 1.4-Addition analoge Anlagerung von H_2 erfolgt; Verss., aus **I** durch partielle Hydrierung mit Pd–$BaSO_4$-Katalysator Crotylmalonsäure oder 2-Äthylcyclopropandicarbonsäure-(1.1) zu gewinnen, waren nur wenig erfolgreich. Die Konjugationsfähigkeit des Cyclopropanringes mit verschied. Chromophoren beruht auf der gegenüber n. σ-Elektronen schwächeren Bindung der Elektronen, wie aus den Differenzen der berechneten u. gefundenen Mol.-Refr.-Werte bei solchen Verbb. hervorgeht. — Ein weiterer Beweis für die Cyclopropanstruktur des **I**-Diesters ist eine für den 3-C-Ring charakterist. Bande bei 9,8 μ im Infrarotspektrum. Die Darst. der **I** analog der ähnlichen Chrysantemummonocarbonsäure aus Diazomalonsäurediäthylester u. Butadien gab nur 2% **I**. — Neben **I**-Diester entstehen aus **IV** u. **V** geringe Mengen eines Gemisches von *Hexen-(3)-tetracarbonsäure-(1.1.6.6)-tetraäthylester* (**II**) u. *2-Vinylbutantetracarbonsäure-(1.1.4.4)-tetraäthylester* (**III**) im ungefähren Verhältnis 1 : 3; **III** gibt mit $NaOC_2H_5$ das alkalilösl. u. daher aus dem Gemisch isolierbare *Äthyl-2-keto-4-vinylcyclopentandicarboxylat-(1.3)*. **II** wurde durch Hydrierung, Hydrolyse u. Decarboxylierung zu *Korksäure* identifiziert. — Für den Mechanismus der Rk. von **IV** mit **V** scheidet eine zunächst angenommene Isomerisierung von **IV** zu 3.4-Dibrombuten-(1), wie Verss. mit letzterem zeigten, aus. Vielmehr tritt offensichtlich zunächst als Zwischenprod. *1-Brompenten-(2)-dicarbonsäure-(5.5)-diäthylester* auf, aus dem wahrscheinlich die Bldg. von **I**-Diester über **A** erfolgt. **II** u. **III** entstehen vermutlich aus **I** durch Weiter-Rk. mit **V**.

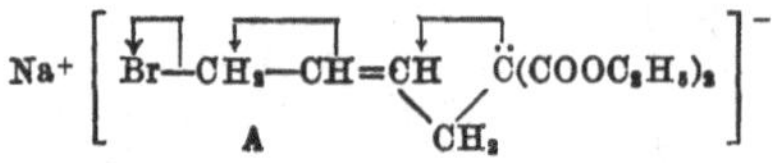

V e r s u c h e: Kondensation von 53,5 g **IV** in A. mit **V** (aus 82,5 g Diäthylmalonat) in A. in der Wärme, 12std. Kochen, Vakuumabdampfen, Gießen in W. u. Ausäthern liefert *2-Vinylcyclopropandicarbonsäure-(1.1)* (**I**)-*Diäthylester*, $C_{11}H_{16}O_4$, $Kp._{0,5}$ 69—72°; n_D^{19} 1,4528; n_D^{25} 1,4502; $D.^{25}_{4}$ 1,0381; 29,8 g (Ausbeute). Daneben ein Gemisch von *Tetraäthylhexen-(3)-tetracarboxylat-(1.1.6.6)* (**II**) u. *Tetraäthyl-2-vinylbutantetracarboxylat-(1.1.4.4)* (**III**), $C_{18}H_{28}O_8$, $Kp._{10^{-3}}$ 120° (Bad); n_D^{20} 1,4512; 16—20 g. Bei Rk. bei Raumtemp. entstehen nur halb so viel Tetracarboxylate. — *n-Butylmalonsäure* (**VI**), F. 98,5—100,5° (Bzl.), aus **I**-Diäthylester durch Hydrierung mit ADAMS-Katalysator in Methanol, Filtrieren, Abdampfen u. Hydrolysieren mit Alkali; 71%. — *Formaldehyd-dimedonderiv.*, F. 189° (wss. CH_3OH), durch Einleiten von 3%ig. O_3 in eine gekühlte Lsg. von **I**-Diäthylester in Eisessig (1,5 Std.), Wasserdampfdest. mit Zn-Staub unter N_2 u. Behandeln des Destillats mit Dimedon; 49%. — **I**, $C_7H_8O_4$, F. 107—108° (Bzl.), aus 15 g Diäthylester durch Schütteln mit KOH; 8,4 g; wird bei Hydrierung in Essigester wie vorst. in **VI** (1,43 g aus 1,56 g) verwandelt; desgleichen bei Hydrierung mit 10% Pd auf $CaCO_3$ (70%); liefert bei Ozonolyse wie vorst. *HCHO* (38%). — *Cyclopropantricarbonsäure-(1.1.2)*, $C_6H_6O_6$, F. 183° (Zers.) (Ae.), a) durch 10std. O_3-Einleiten in eine gekühlte Eisessiglsg. von 2 g **I**, Zufügen von H_2O_2 u. Stehen; 0,99 g; b) aus α.β-Dibrompropionsäure nach WASSERMANN (Helv. chim. Acta **13.** [1930.] 229). — *Äthylaminomalonat*, $Kp._{0,3}$ 83—88°, durch Hydrierung von Äthylisonitrosomalonat mit RANEY-Ni bei 55°/100 at; n_D^{22} 1,4330; 77%. Hieraus Äthyldiazomalonat, von dem 5 g durch 22 std. Erhitzen mit 13 cm³ Butadien im Autoklaven auf 100°, Rektifikation u. Verseifen der Fraktion vom $Kp._{0,5}$ 65—69° mit KOH 90 mg **I** liefern. — *2-Keto-4-vinylcyclopentan-1.3-dicarbonsäurediäthylester*, $Kp._{0,5}$ 110°, durch 13 std. Kochen von 11,36 g des obenst. Tetraestergemisches mit $NaOC_2H_5$, Verdünnen mit W., Neutralisieren mit H_2SO_4, Ausäthern, Ausziehen des Extraktes mit Alkali, Ansäuern des Auszuges u. Ausäthern; n_D^{18} 1,4663; 5,32 g; wird in *3-Äthylcyclopentanon* (vgl. nachst. Ref.) verwandelt; 71% (*2.4-Dinitrophenylhydrazon*, F. 77—78°, Plättchen aus A.; 83%). Aus der mit Alkali ausgezogenen äther. Lsg. 2,8 g eines Öles ($Kp._{10^{-4}}$ 120°). Hieraus durch Hydrierung mit ADAMS-Katalysator in A., Filtrieren, Hydrolysieren mit KOH, Ansäuern, 12 std. Ausäthern u. Erhitzen des Ätherrückstandes auf 170° *Korksäure*, F. 139—141° (Essigester); 28%. (J. chem. Soc. [London] **1952.** 3610—16. Sept. London, Imp. Coll. of Sci. and Technol.) LEHWALD. 2020

R. W. Kierstead, R. P. Linstead und **B. C. L. Weedon**, *Cyclopropane*. 2. Mitt. *Addition von Äthylnatriummalonat an Äthylcyclopropandicarboxylat-(1.1) und sein 2-2 Vinylderivat.* (1. vgl. vorst. Ref.) Bei Rk. von 2-Vinylcyclopropandicarbonsäure-(1.1)-diäthylester (**I**) mit Na-Diäthylmalonat (**II**) entsteht neben wenig Tetracarbonsäuretetraäthylestergemisch überwiegend *Diäthyl-2-keto-4-vinylcyclopentandicarboxylat-(1.3)* (**III**). **III** ist ein enolisierbares Keton mit endständiger Doppelbindung (Ozonolyse zu Formaldehyd), das mit 1 Mol H_2 zunächst zu einem *Dihydroderiv.* (**IV**), danach langsamer zu einem *Tetrahydroderiv.* (nicht enolisierbar) hydrierbar ist. Die einander ähnlichen Spektren von **III, IV** u. *Diäthyl-2-ketocyclopentandicarboxylat-(1.3)* (**V**) zeigen, daß die Doppelbindung in **III** nicht mit dem Enolsyst. in Konjugation steht. Säurehydrolyse u. Decarboxylierung von **IV** liefert *3-Äthylcyclopentanon* (**VI**), nachgewiesen durch Mol.-Refr., *Semicarbazon-* u. *Bis-m-nitrobenzylidenderiv.-Bldg.* (die von VON BRAUN u. Mitarbeitern [C. **1937.** II. 2341] angegebenen FF. müssen korr. werden), sowie Oxydation zu *Bernsteinsäure* u. *β-Äthylglutarsäure*. Es hat also bei der Rk. von **I** mit **II** eine Ringerweiterung stattgefunden, die in Übereinstimmung mit den Ergebnissen von BEST u. THORPE [1909], nicht aber mit denen von BONE u. PERKIN [1895] steht. Vff. überarbeiten daher die Arbeit der letzteren Autoren u. stellen fest, daß bei Rk. von Diäthylcyclopropandicarboxylat-(1.1) mit **II** nicht *Tetraäthylbutantetracarboxylat-(1.1.4.4)*, sondern durch dessen unter den Reaktionsbedingungen leicht stattfindende partielle Cyclisierung **V** entsteht, das mit CH_3J zu *Diäthyl-2-keto-1.3-dimethylcyclopentandicarboxylat-(1.3)* methyliert werden kann, welches nach Hydrolyse u. Decarboxylierung *2.5-Dimethylcyclopentanon* ergibt. — Bei der Rk. von **I** u. **II** nebenbei anfallende Estergemische gleichen dem Gemisch in vorst. Ref. u. wurden analog identifiziert. — Aus den Versuchsergebnissen folgt, daß **II** sich an das die Vinylgruppe tragende C-Atom von **I** anlagert unter Bldg. von *2-Vinylbutan-1.1.4.4-tetracarbonsäuretetraäthylester* (**VII**), der größtenteils sofort zu **III** cyclisiert. Nur in geringem Ausmaß lagert sich **II** an das β-C-Atom der Vinylgruppe an unter Bldg. von *Hexen-(3)-tetracarbonsäure-(1.1.6.6)-tetraäthylester*. Daß in vorst. Mitt. **VII** nicht sofort cyclisiert, ist dadurch zu erklären, daß bei Rk. von **II** mit 1.4-Dibrombuten-(2) im Gegensatz zur Rk. von **II** mit **I** kein Alkoxyd gebildet wird, welches als Cyclisationsagens wesentlich stärker wirkt als **II**.

Versuche: *Diäthyl-2-keto-4-vinylcyclopentandicarboxylat-(1.3)* (**III**), $C_{13}H_{18}O_5$, $Kp._{0,5}$ 120°, $Kp._{0,05}$ 105°, aus 1 Mol **I** u. 1 Mol **II** in A. durch 12 std. Kochen, Verdünnen mit W., Ansäuern mit 10%ig. H_2SO_4, Ausäthern, Ausziehen des Ae. mit Alkali, Ansäuern des Alkaliauszuges, Ausäthern u. Dest.; n_D^{24} 1,4635; 54%; löst sich in Alkali. *Cu-Enolat*, $C_{26}H_{34}O_{10}Cu$, F. 137—138°, grüne Nadeln (A. + W.). — ½ std. Ozonolyse von **III** in Eisessig u. Dampfdest. mit Zn-Staub unter N_2 liefert *Formaldehyd* (*Dimedonderiv.*, F. 188—189,5°; 26%). — *Diäthyl-4-äthyl-2-ketocyclopentandicarboxylat-(1.3)* (**IV**), $C_{13}H_{20}O_5$, $Kp._{0,09}$ 115°, aus 6 g **III** durch Hydrierung in A. mit ADAMS-Katalysator bis zur Beendigung der schnellen H_2-Aufnahme (1 Mol H_2); n_D^{28} 1,4529; 4,4 g; $FeCl_3$-Rk. violett. — *Diäthyl-4-äthyl-2-oxycyclopentandicarboxylat-(1.3)*, $C_{13}H_{22}O_5$, $Kp._{0,6}$ 115°, aus 3 g **III** durch Hydrierung bis zur Beendigung der H_2-Aufnahme wie vorst.; n_D^{21} 1,4567; 2 g; unlösl. in Alkali u. keine $FeCl_3$-Reaktion. — *3-Äthylcyclopentanon* (**VI**), $C_7H_{12}O$, Kp. 165°, durch 4 std. Kochen von 6,2 g **IV** in 20%ig. H_2SO_4, Wasserdampfdest. u. Ausäthern des Destillats; n_D^{25} 1,4355; $D.^{25}$ 0,9015; 1,73 g. *2.4-Dinitrophenylhydrazon*, $C_{13}H_{16}O_4N_4$, F. 78° (A.), Plättchen. *Semicarbazon*, $C_8H_{15}ON_3$, F. 166° (wss. CH_3OH), Plättchen. *Bis-m-nitrobenzylidenderiv.*, $C_{21}H_{18}O_5N_2$, F. 156,5° (A. + Essigester), Prismen. — *Bis-m-nitrobenzylidenderivv.* von *Cyclopentanon*, $C_{19}H_{14}O_5N_2$, F. 222°, Nadeln aus A. + Essigester, von *Cyclohexanon*, $C_{20}H_{16}O_5N_2$, F. 191°, monokline Prismen.

— *β-Äthylglutarsäure*, F. 71,5—73° (Bzl. + PAe.), durch Zufügen von 1,5 g **VI** zu 40%ig. HNO_3 (Temp. nicht über 81°), Verdünnen mit W., Abdampfen, Ausziehen mit Bzl. über das *Benzylaminsalz* ($C_{21}H_{30}O_4N_2$, F. 152°, Plättchen aus Essigester; 0,7 g); 84 mg aus 188 mg Benzylaminsalz. Daneben aus dem benzolunlösl. Rückstand *Bernsteinsäure*, F. 183—184° (Essigester + Bzl.); 88 mg. — *Diäthyl-2-ketocyclopentandicarboxylat-(1.3)* (**V**), $C_{11}H_{16}O_5$, Kp.$_{0,15}$ 93°, a) aus Diäthylcyclopropandicarboxylat-(1.1) (8,8 g, aus Äthylendibromid u. **II**, Kp.$_{17}$ 103°; n_D^{23} 1,4287; 80%ig. Reinheit; verunreinigt mit Malonat) durch 8std. Kochen mit **II**, Abdampfen, Ansäuern, Ausäthern u. Dest.; 2,37 g; b) durch 13std. Kochen von 15 g Tetraäthylbutantetracarboxylat-(1.1.4.4) mit $NaOC_2H_5$ in A.; n_D^{20} 1,4568; 63%. *Cu-Enolat*, $C_{22}H_{30}O_{10}Cu$, F. 187° (Zers.), Nadeln (wss. A.). *Dianilid*, $C_{19}H_{18}O_3N_2$, F. 199—201°, Nadeln (A.). *Cyclopentanon* als *2.4-Dinitrophenylhydrazon*, F. 144°, durch 2std. Kochen von 0,609 g **V** mit 25%ig. H_2SO_4 u. Wasserdampfdest.; Plättchen aus Methanol–Essigester; 0,195 g. — *Diäthyl-2-keto-1.3-dimethylcyclopentandicarboxylat-(1.3)*, $C_{13}H_{20}O_5$, Kp.$_{0,2}$ 85°, durch Kochen von **V** mit $NaOC_2H_5$ in Bzl., Zufügen von CH_3J, ½std. Kochen, Verdünnen mit W. u. Ausäthern; n_D^{20} 1,4478; 57%; $FeCl_3$-Rk. negativ. — *2.5-Dimethylcyclopentanon*, aus 1,2 g vorst. Verb. durch 12std. Kochen mit 25%ig. H_2SO_4, Dampfdest. u. Aussalzen mit $(NH_4)_2SO_4$; 360 mg; b) durch 4std. Kochen mit 10%ig. KOH u. Wasserdampfdest.; 254 mg. *2.4-Dinitrophenylhydrazon* (*Isomerengemisch*), F. 147—150°; 86%. Hieraus durch Chromatographie ein *Isomeres*, $C_{13}H_{16}O_4N_4$, Nadeln, F. 172—172,5°. *Semicarbazon*, F. 191°, aus CH_3OH Platten. — Aus dem bei der Rk. von **I** mit **II** anfallenden, bei Ausziehen der äther. Lsg. mit KOH im Ae. verbleibenden Estergemisch (1,14 g) durch 12std. Kochen mit $NaOC_2H_5$, Verdünnen mit W., Ansäuern, Ausäthern, Hydrieren, Hydrolysieren u. Decarboxylieren (vgl. vorst. Ref.) *Korksäure*, F. 138—140°; 6,3 mg. Durch alkal. Auszug des vorst. Ätherextraktes, Ansäuern u. Ausäthern 350 mg **III**. (J. chem. Soc. [London] **1952**. 3616—21. Sept.) Lehwald. 2070

R. M. Acheson, *Einige Reaktionen von 3-Methylcyclopenten-(2)-on. 3-Methylcyclopenten-(2)-on* (**I**) geht mit 2-Methoxybutadien keine Diels-Alder-Rk. ein; 24std. Erhitzen in Ggw. von etwas Pyrogallol (**VI**) auf 200° gibt in geringer Menge durch Selbstkondensation von **I** *3-Methyl-4-[3-methylcyclopenten-(2)-yliden]-cyclopenten-(2)-on* (Infrarotspektr. zeigt konjugierte CO-Gruppe an; gibt kein 2.4-Dinitrophenylhydrazon u. kein Semicarbazon) u. ein Öl, sicher aus dem Dien gebildetes *1-Methoxy-4-[1'-methoxyvinyl]-cyclohexen*, das sehr leicht zu *4-Acetylcyclohexanon* hydrolysiert, dessen Bis-[2.4-dinitrophenylhydrazon] direkt aus dem Öl u. Dinitrophenylhydrazin in methanol. H_2SO_4 entsteht. — Auch die Diels-Alder-Kondensation zwischen *Methyl-4-keto-2-methylcyclopenten-(2)-carboxylat-(1)* (**III**) u. Cyclopentadien (**II**) in Ggw. von Spuren von **VI** mit oder ohne Trimethylamin oder Trichloressigsäure blieb erfolglos. **II** reagiert auch nicht mit **I**. Ebenfalls lieferte die Kondensation von 6-Acetoxy-1-äthinyl-3.7.8.9-tetrahydro-9-methylnaphthalin mit **III** in Ggw. von **VI** bei 155—160° nur wenig gummiartige Substanz ohne UV-Banden bei 2750 Å. Das Versagen dieser Rkk. ist nach Ansicht von Vff. auf das Vorhandensein der 3-Methylgruppe in **I** zurückzuführen, wie auch das Ausbleiben eines Michael-Additionsprod. bei der Rk. von **I** mit Na-Cyanessigsäureäthylester beweist; es entsteht hier vielmehr *Äthyl-α-cyan-[3-methylcyclopenten-(2)-yliden]-acetat*, das gegenüber konz. HCl stabil ist u. nur langsam bromiert wird. — Alkal. Kondensation von Benzaldehyd mit **I** liefert *α-[4-Keto-2-methylcyclopenten-(2)-yl]-benzylalkohol* (**IV**) neben etwas *3-Styrylcyclopenten-(2)-on* (**V**). **IV** läßt sich durch Säuren u. bei Rk. mit 2.4-Dinitrophenylhydrazin in methanol. H_2SO_4 zu *4-Benzyliden-3-methylcyclopenten-(2)-on* bzw. dessen *2.4-Dinitrophenylhydrazon* dehydratisieren. Die Struktur von **IV** u. **V** wird durch Best. u. Vgl. der UV-Spektren sichergestellt. — **I** reagiert mit SeO_2 in Dioxan oder Eisessig zu einem nicht weiter untersuchten Se-haltigen Produkt.

Versuche: *Methyl-4-keto-2-methylcyclopenten-(2)-carboxylat-(1)* (**III**), $C_8H_{10}O_3$, Kp.$_{0,5}$ 112—116°, aus der Säure in CH_3OH u. äther. CH_2N_2-Lsg.; n_D^{18} 1,5030. *2.4-Dinitrophenylhydrazon*, $C_{14}H_{14}O_6N_4$, F. 195°, orangerote Prismen aus Essigester. *Semicarbazon*, $C_9H_{13}O_3N_3$, F. 227—228° (Zers.), Prismen (wss. CH_3OH). — 24std. Rk. von 15 g **I**, 3,3 g 2-Methoxybutadien u. etwas **VI** bei 200—215° liefert bei Rektifikation unverändertes **I** (Kp.$_{14}$ 69—73°; 12,7 g) u. 1,75 g einer Fraktion vom Kp.$_{0,08}$ 120—200°. Hieraus durch Chromatographie an Al_2O_3 in PAe., Eluierung mit PAe. (0,33 g Öl) u. Rk. mit Dinitrophenylhydrazin in methanol. H_2SO_4 *4-Acetylcyclohexanon-bis-[2.4-dinitrophenylhydrazon]*, $C_{20}H_{20}O_8N_8$, F. 205—207° (Zers.), gelbe Nadeln aus Dioxan. Durch weitere Eluierung mit Bzl. *3-Methyl-4-[3-methylcyclopenten-(2)-yliden]-cyclopenten-(2)-on*, $C_{12}H_{14}O$, F. 126—127°, aus W. mit wenig A. Prismen; 0,35 g. — *Äthyl-α-cyan-[3-methylcyclopenten-(2)-yliden]-acetat*, $C_{11}H_{13}O_2N$, F. 123°, durch 4tägiges Stehen von **I** u. Na-Cyanessigsäureäthylester u. Zufügen von Ae. + verd. HCl; Prismen aus A.;

73% (roh); die Infrarotmaxima werden angegeben. — *α-[4-Keto-2-methylcyclopenten-(2)-yl]-benzylalkohol* (**IV**), $C_{13}H_{14}O_2$, F. 158°, aus 10 g **I** u. 5,3 g Benzaldehyd durch 18std. Rühren in 10%ig. NaOH, Neutralisieren u. Ausziehen mit Ae. u. Bzl.; Prismen aus A.; die Infrarotmaxima werden angegeben; 1,05 g (roh). Aus den fl. Bestandteilen bei vorst. Rk. durch Chromatographie in Bzl.-Leichtbenzin *3-Styrylcyclopenten-(2)-on* (**V**), $C_{13}H_{12}O$, F. 101—102° (PAe.), Nadeln. *2.4-Dinitrophenylhydrazon*, $C_{19}H_{16}O_4N_4$, F. 274° (Zers.), rote Nadeln aus Essigester. — *4-Benzyliden-3-methylcyclopenten-(2)-on*, $C_{13}H_{12}O$, F. 122° (Leichtbenzin), aus **IV** durch 18std. Kochen mit Acetanhydrid oder methanol. H_2SO_4, Zers. mit W., Alkalisieren u. Ausziehen mit Chlf.; Prismen. *2.4-Dinitrophenylhydrazon*, $C_{19}H_{16}O_4N_4$, F. 245° (Zers.), rote Prismen aus Essigester, aus **IV** u. 2.4-Dinitrophenylhydrazin in methanol. H_2SO_4. (J. chem. Soc. [London] **1952**. 3415—18. Sept. Oxford, Univ., Dyson Perrins Labor.) Lehwald. 2070

Robert E. Buckles und **George M. Matlack**, *Tetraphenyläthylen.* Nach Schlenk u. Bergmann (Liebigs Ann. Chem. **463**. [1928.] 1) durch Kochen von Diphenyldichlormethan (aus Benzophenon u. PCl_5, $Kp._{17}$ 180—181°; Ausbeute 90%) in Bzl. mit Cu-Pulver: $C_{26}H_{20}$, F. 223—224° (A. + Bzl.); 47—60% Ausbeute. (Org. Syntheses **31**. 104 bis 105. 1951. Iowa City, Iowa, State Univ. of Iowa.) Trofimow. 2210

Brynmor Jones und **Frank Chapman,** *Die Nitrierung von Estern des 4-Oxydiphenyls. Die Herstellung von 4-Oxy-4'- und -2'-nitrodiphenyl.* Die Darst. von *4-Oxy-4'-nitrodiphenyl* (**I**) gelang am besten durch Nitrierung des Benzoats (**II**) von 4-Oxydiphenyl (**III**) u. anschließende Verseifung; als Nebenprod. entstand *4-Oxy-2'-nitrodiphenyl* (**IV**). Ähnlich verlief die Rk. mit dem p-Toluolsulfonat (**V**) u. dem Benzolsulfonat (**VI**). Das Acetat (**VII**) wurde während der Nitrierung verseift u. gab die *n. Nitrierungsprodd.* von **III**.

Versuche: *4'-Nitrodiphenylyl-(4)-benzoat* (**VIII**), F. 209—210°, a) aus 40 g **II** (F. 148°) in 310 cm³ CH_3COOH u. 100 cm³ 98%ig. HNO_3 bei 85—90°; Nd. aus 550, dann 200 cm³ CH_3COOH umkrist.; 21 g (Ausbeute); b) nach Nitrierung **VIII** bei 45—50° abfiltriert. — *2'-Nitrodiphenylyl-(4)-benzoat* (**IX**), $C_{19}H_{13}O_4N$, F. 156—157°, aus den Mutterlaugen von **VIII**, manchmal etwas durch Stehenlassen, sonst durch Verdünnen; 11 g; Gesamtmenge von **VIII** u. **IX** 70%. — *4'-Nitrodiphenylyl-(4)-p-toluolsulfonat* (**X**), F. 156—157° (Bzl.-Ligroin, dann A.), aus 10 g **V** in CH_3COOH u. 15 cm³ 98%ig. HNO_3 bei 90—95°, 1std. Rühren u. mehrere Std. im Kühlschrank; 3,7 g. — *2'-Nitrodiphenylyl-(4)-p-toluolsulfonat*, $C_{19}H_{15}O_5NS$, F. 79°, aus der HNO_3-Mutterlauge von **X** u. W.; Nd. mit CH_3OH gekocht; Rückstand 0,5 g **X**, aus Filtrat blaßgelbe Prismen; 2 g. — *4'-Nitrodiphenylyl-(4)-benzolsulfonat* (**XI**), F. 107°, aus 20 g **VI** in 35 cm³ CH_3·COOH u. 35 cm³ HNO_3 bei 85—90° u. 1std. Weiterrühren; falls Animpfen mit **XI** versagt, mit 15 cm³ W. verd.; Festwerden des Öls; aus A., dann CH_3COOH, CH_3OH u. A. gelbe Tafeln. — *2'-Nitrodiphenylyl-(4)-benzolsulfonat*, $C_{18}H_{13}O_5NS$, F. 106°, durch weitere Zugabe von 25 cm³ W. zum HNO_3-Filtrat von **XI**; aus A. gelbe Tafeln; Aufarbeitung wie bei **XI** verlustreich. — 20 g **VII** in 100 cm³ CH_3COOH u. 40 cm³ 70%ig. HNO_3 bei 40° u. weitere ½ Std. bei 40° → 19,5 g *Rohprod.* (**A**). — *4-Oxy-3.5.4'-trinitrodiphenyl*, $C_{12}H_7O_7N_3$, F. 197—198°, aus **A** mit sd. Chlf. als schwerlösl. Teil; oft aus CH_3·COOH: blaßgelbe Nadeln. — *4-Oxy-3.5-dinitrodiphenyl*, $C_{12}H_8O_5N_2$, F. 151—152°, aus dem $CHCl_3$-Filtrat; blaßgelbe Tafeln aus CH_3COOH. — *4-Oxy-4'-nitrodiphenyl* (**I**), F. 200—201°, Suspension von 30 g **VIII** in sd. A. mit 20 g KOH in W. 15 Min. gekocht; 24 g tiefblau glänzende Tafeln des *K-Salzes*; in wenig sd. W. gelöst u. angesäuert; hellgelb; 18 g. — *4-Oxy-2'-nitrodiphenyl* (**IV**), $C_{12}H_9O_3N$, F. 116°, aus 15 g **IX** analog **I**; kein Nd. des K-Salzes; mit HCl Nd. von *Benzoesäure*; aus Filtrat mit W. erstarrendes Öl, Prismen aus Ae.-Ligroin, dann CCl_4; 2,1 g. *Methyläther*, F. 64°, Prismen aus CH_3OH. **IV** gibt in wss. NaOH mit $KMnO_4$ bei 40° u. 1 Std. Dampfbad durch Entfärbung mit SO_2 u. Ausäthern *o-Nitrobenzoesäure*, F. 143°, aus H_2O. (J. chem. Soc. [London] **1952**. 1829—32. Mai. Hull, Univ. Coll., u. Sheffield, Univ.) Lehmstedt. 2260

C. L. Arcus und **R. J. Mesley,** *Reaktion von Triphenylmethanol, Fluorenol-(9) und Diphenylmethanol mit Stickstoffwasserstoffsäure in Gegenwart von Schwefelsäure.* Di- (**IV**) u. Triphenylmethanol (**I**) sowie Fluorenol-(9) (**II**) lösen sich in H_2SO_4 unter Färbung, was auf Vorliegen von Radikalen der Form R_3C^+ hinweist. Diese Radikale reagieren mit HN_3. So liefert **I** *Azidotriphenylmethan*, **II** unter Abspaltung von N_2 u. intramol. Umlagerung *Phenanthridin* (**III**) [bei einem Vers. entstand *9-Azidofluoren* (**VI**), das mit H_2SO_4 **III** ergibt], **IV** aber neben *Azidodiphenylmethan* (**V**), wahrscheinlich durch dessen Säurehydrolyse, *Benzaldehyd* u. *Anilin*. Diese beiden Prodd. entstanden auch bei Verss., **V** aus Diphenylmethylchlorid u. NaN_3 in größeren Mengen darzustellen.

Versuche: *Azidotriphenylmethan*, $C_{19}H_{15}N_3$, F. 64°, durch Zutropfen von 10 g **I** in Chlf. bei 25° zu einer unter Kühlung hergestellten Mischung von 4,2 g NaN_3 u. 9 cm³

96%ig. H_2SO_4 in Chlf.; nach 12std. Stehen u. Filtrieren Ausäthern, Abdampfen u. Zufügen von etwas A.; Nadeln aus A.; 6,5 g (Ausbeute). Aus der Mutterlauge *Benzophenon* (*2.4-Dinitrophenylhydrazon*, F. 236—237°). — *Phenanthridin* (III), F. 106—107°, aus II wie vorst. u. Gießen der Reaktionslsg. auf Eis; nach 12std. Stehen Ausschütteln der Chloroformlsg. mit n-H_2SO_4, Ausziehen des wss. Teils der Reaktionslsg. mit Chlf.; aus den vereinigten wss., sauren Lsgg. durch Alkalisieren, Erwärmen u. Filtrieren, Plättchen (PAe.). *Mercurichlorid*, $C_{13}H_9N \cdot HCl \cdot HgCl_2$, F. 195—198°, lederfarbene Nadeln. *Pikrat*, $C_{19}H_{12}O_7N_4$, F. 245°. Aus den Chloroformauszügen als nichtbas. Bestandteil *9-Azidofluoren* (VI), $C_{13}H_9N_3$, F. 41° (A.); 0,8—1,6 g. — *9-Chlorfluoren*, F. 90—91° (PAe.), aus II u. konz. HCl; 85%; gibt bei 4std. Kochen mit NaN_3, Gießen in W. u. Ausäthern 77% VI (F. 44—45°). — *9-Iminofluoren*, $C_{13}H_9N$, F. 124°, aus VI durch 2monatiges Stehen; gelbe Kristalle (Ligroin); schneller durch Erhitzen von VI über den F.; liefert bei ½std. Erhitzen mit 40%ig. H_2SO_4 *Fluorenon* (F. 83°; ca. 87%). — Aus 4,9 g VI in Chlf. mit H_2SO_4 bei 25° entstehen 3,1—3,5 g III u. ca. 1 g eines amorphen, S-haltigen Prod. vom F. >300°. — Bei Rk. von 10 g IV mit HN_3–H_2SO_4 wie oben entsteht als alkal. Bestandteil *Anilin* (Kp. 183°; n_D^{25} 15800. *Benzoylderiv.*, F. 161°); aus den Chloroform- u. Ätherauszügen durch Behandlung mit gesätt. Bisulfitlsg. u. Zers. des abfiltrierten Bisulfits *Benzaldehyd* (Kp. 178°; *2.4-Dinitrophenylhydrazon*, F. 236°) u. aus der Chloroformlsg. nach Abtrennung des Aldehyds *Azidodiphenylmethan* (V), $C_{13}H_{11}N_3$, Kp.₄ 135°; n_D^{22} 1,5883; 1,7 g aus 2,5 g der Chloroformmutterlauge; entsteht zu 24 g (roh) auch durch 4std. Kochen von 30 g Diphenylmethylchlorid u. 15 g NaN_3 in A. (Kp.₁ 116—118°); liefert bei Einw. von H_2SO_4 Benzaldehyd u. Anilin. — *Benzophenonhydrazon*, F. 99°, durch 3std. Kochen von Benzophenon u. Hydrazinhydrat in Butanol, Stäbchen (A.); 55%. — *Fluorenonhydrazon*, F. 148—149°, analog; gelbe Nadeln (CH_3OH); 89%. (J. chem. Soc. [London] **1953**. 178—81. Jan. Battersea, Polytechnic.) LEHWALD. 2270

Dimitre Ivanoff, Tchavdar Ivanoff und **Christo Ivanoff,** *Über die Autoxydation Arylaroyl-substituierter Cyclohexenole. Eine Methode zur Darstellung von Triarylbenzolen.* Die durch Kondensation von Ketonen des Typs ArCH=CHCOR mit Ar(CH_3)C=CHCOR erhaltenen Aroyltriarylcyclohexenole (Dypnopinakone) gehen unter Wrkg. von O_2 in ameisensaurer-essigsaurer Lsg. bei gewöhnlicher Temp. in 2—3 Tagen mit einer Ausbeute von 45—50% unter Dehydrierung in 1.3.5-Triarylbenzole u. Arylcarbonsäuren über. So verhält sich z. B. das Dypnopinakon von Chalkon u. Dypnon (I). In sd. Essigsäure dagegen erhält man beim Durchleiten von Luft wie auch beim Dehydrieren mit S *2.4.6-Triphenylbenzophenon.* Diese verschied. Abspaltungsweisen werden verständlich, wenn man in den Arylaroyl-substituierten Cyclohexenolen zwischen der CO-Gruppe des Aroylrests u. der OH-Gruppe eine H-Bindung u. das Auftreten verschied. mesomerer Formen bei der Dehydrierung bzw. Dehydratisierung annimmt. Das Prod. der Dehydrierung von Dypnopinakon kann nicht isoliert werden, da es sich unter Bldg. des Benzolrings u. gleichzeitiger Spaltung der Bindung zwischen Ring u. Aroyl- bzw. OH-Gruppe umsetzt. Beim Sieden dagegen erfolgt die Bldg. des Benzolrings durch Dehydratation. — Dargestellt wurden: das Dypnopinakon aus I u. p-Methylchalkon, $C_{32}H_{28}O_2$, F. 168—169°, das entsprechende Dypnopinakolin (D), $C_{32}H_{26}O$, F. 128—129°, u. entsprechende Triarylbenzophenon (T), $C_{32}H_{24}O$, F. 148—150°, *1.3.5-Diphenyl-p-tolylbenzol*, F. 123,5—124°; das Dypnopinakon aus I u. p-Chlorchalkon, $C_{31}H_{25}O_2Cl$, F. 168—169°, D, $C_{31}H_{23}OCl$, F. 107—108°, T, $C_{31}H_{21}OCl$, F. 157—158°, u. *1.3-Diphenyl-5-p-chlorphenylbenzol*, F. 139—140°; das Dypnopinakon aus I u. p-Methoxychalkon, $C_{32}H_{28}O_3$, F. 166—168°, D, $C_{32}H_{26}O_2$, F. 97—98°, T, $C_{32}H_{24}O_2$, F. 166—167°, u. *1.3-Diphenyl-5-p-methoxyphenylbenzol*, F. 138—139°, sowie das Dypnopinakon aus Chalkon u. p.p'-Diphenyldypnon, $C_{43}H_{34}O_2$, F. 195—196°. — Bei Dypnopinakonen, bei denen das Aryl in der Aroylgruppe ein anderes ist als das am Hydroxyl-C-Atom, erfolgt die Benzophenonbldg. bes. leicht; so gibt das Dypnopinakon aus p'-Methylchalkon u. I *4'-Methyl-2.4.6-triphenylbenzophenon* neben Triphenylbenzol, Benzoesäure (II) u. p-Toluylsäure; das Prod. aus Dibenzalaceton u. I ($C_{33}H_{28}O_2$, F. 214—216°) dagegen *2'.4'.6'-Triphenylchalkon*, $C_{33}H_{24}O$, FF. 192—194° u. 209—210° u. II. (C. R. hebd. Séances Acad. Sci. **231**. 578—80. 18/9. 1950.) DU MONT. 2380

R. P. Linstead, B. R. Shephard und **B. C. L. Weedon,** *Anodische Synthesen.* 7. Mitt. *Elektrolyse von Mono-, Di- und Triphenylessigsäure in nichtwässerigen Lösungen.* (6. vgl. C. **1953**. 7270.) Ebenso wie in CH_3OH + Pyridin (vgl. FICHTER u. STENZL, C. **1939**. II. 3054) entsteht bei der Elektrolyse von *Phenylessigsäure* (VI) in CH_3OH allein oder von geschmolzenem VI hauptsächlich *Dibenzyl.* — Während die Elektrolyse von *Triphenylessigsäure* (I) in CH_3OH + Pyridin 18% *Triphenylmethylperoxyd* liefert (RICCOBONI, C. **1941**. I. 1671), entstehen in Ggw. von Methanol allein 60% *Methyltriphenylmethyläther.* Elektrolyse von VI u. *Diphenylessigsäure* (VIII) in Essigsäure ergibt ca. 40% *Benzyl-* (II) bzw. *Diphenylmethylacetat* (III). Durch Hydrolyse des rohen III wurde der bei dessen Reinigung entstehende starke Substanzverlust vermieden u. *Diphenylmethanol* (IV) in 73%ig. Ausbeute (bezogen auf VIII) erhalten. Elektrolyse von I in Essigsäure führt direkt zu *Triphenylmethanol* (V), da wahrscheinlich das prim. gebildete *Acetat* während der Rk. hydrolysiert wird. — Die Ergebnisse zeigen, daß bei Phenylsubstitution der Essigsäure die n. KOLBE-Kupplung zugunsten einer Methoxylierung u. Acetoxylierung in CH_3OH bzw. CH_3COOH behindert wird. Obwohl Vff. glauben, daß die Rk. noch nicht genügend geklärt ist, um einen allg. gültigen Mechanismus aufzustellen, halten sie die Bldg. eines (CH_3CO_2)-Radikals für wahrscheinlich. Pb-Tetraacetat, das ($CH_3COO\cdot$)-Radikale bilden kann, gibt mit VIII u. I nach Hydrolyse der Primärprodd. IV bzw. V. Da Toluol, Di- u. Triphenylmethan mit Pb-Tetraacetat in II bzw. III bzw. *Triphenylmethylacetat* verwandelt werden, unterwerfen Vff. diese KW-stoffe der Elektrolyse in Essigsäure, erhalten aber, vermutlich auf Grund einer sek., neben der Acetoxylierung ablaufenden anod. Methylierung komplexe Gemische. Nach Hydrolyse lassen sich in geringer Menge IV u. V u. einige alkalilösl. Prodd. isolieren, die auf eine partielle Acetoxylierung der Phenylgruppen hindeuten; die Elektrolyse von Naphthalin u. Na-Acetat in Essigsäure gibt nach Hydrolyse des Rohprod. 24% *α-Naphthol*, womit erstmalig die anod. Acetoxylierung eines aromat. Kerns gelungen ist.

V e r s u c h e (Ausbeuten beziehen sich auf verbrauchtes Ausgangsmaterial): *Dibenzyl*, Kp.$_{0,1}$ 100°, Kp. 280—285°, F. 51°, a) durch Elektrolyse von 13,6 g VI u. $NaOCH_3$ in Methanol (Pt-Elektroden, 1—2 mm Abstand) mit 0,8 A bis zur schwachen Alkalität der Lsg. (Elektrodenbelag period. beseitigen), Neutralisieren mit Essigsäure u. Vakuumabdampfen als Neutralverb.; 55% (Ausbeute); b) aus geschmolzener VI u. deren K-Salz durch Elektrolyse (12 Std. bei 170—200° [Selbsterwärmung]) mit ca. 1 A u. Ausäthern als neutrale Fraktion; 54%; daneben *Benzylalkohol* (VII), Kp.$_{10}$ 90—100°; *Phenylurethan*, F. 76,5°, Nadeln aus Benzin. — *Methyltriphenylmethyläther*, F. 82,5°, aus 8,64 g I in methanol. $NaOCH_3$ bei 1,5 A; Plättchen aus Methanol; 5 g. — *Benzylacetat* (II), $C_9H_{10}O_2$, Kp.$_{64}$ 130—135°, durch Elektrolyse von 20 g VI u. 8,2 g Na-Acetat in Eisessig (19,5 Std. bei 2 A); n_D^{21} 1,4975; 5,3 g; gibt bei Verseifung VII. — *Diphenylmethylacetat* (III), $C_{15}H_{14}O_2$, F. 40°, a) aus 10,6 g VIII u. Na-Acetat in Eisessig (3,5 Std.) bei 2 A; aus PAe. bei —30° Prismen; 4,2 g; b) aus 53 g VIII u. Na-Acetat in Eisessig (4 Std. bei 8 A); c) aus 2,12 g VIII u. Pb-Tetraacetat durch 3std. Erwärmen in Eisessig; 1 g. Hieraus durch Hydrolyse in wss.-alkoh. KOH *Diphenylmethanol* (IV), F. 67° (PAe.), Nadeln; bei b) durch Hydrolyse des rohen III 25 g, bei c) 27%. — *Triphenylmethanol* (V), F. 161° (CCl_4), a) aus 14,4 g I mit Na-Acetat in Eisessig (1,5 Std. bei 7 A); 5,8 g; daneben aus den Mutterlaugen 0,8 g *Benzophenon*; *2.4-Dinitrophenylhydrazon*, F. 238°; b) durch 4std. Erwärmen von 1,44 g I mit Pb-Tetraacetat in Eisessig, Zufügen von 2n HNO_3 u. Ausäthern; 23%. Triphenylmethylacetat liefert bei Behandlung mit W. bzw. A. quantitativ V bzw. *Äthyltriphenylmethyläther*. — Elektrolyse von Toluol, Di- u. Triphenylmethan mit Na-Acetat in Eisessig bei einem Stromdurchgang von 15 Faraday/Mol lieferte nur geringe Mengen der entsprechend substituierten Methanole neben komplexen, nicht trennbaren Gemischen. — *α-Naphthol*, F. 95,5°, bei Elektrolyse von 6,4 g Naphthalin wie vorst. (8 Std. bei 0,5 A), Extrahieren mit Ae., Abdampfen u. Hydrolyse mit wss.-alkoh. Alkali; 24%. Daneben zeigt die Chromatographie des Rohprod. u. Entw. mit diazotierter Sulfanilsäure das Vorliegen von etwas *β-Naphthol* an. (J. chem. Soc. [London] **1952**. 3624—27. Sept. London, Imp. Coll. of Sci. and Technol.)

LEHWALD. 2410

G. Baddeley, G. Holt und **S. M. Makar**, *Einwirkung von Aluminiumchlorid auf Derivate von o-Benzoylbenzoesäure.* $AlCl_3$ lagert substituierte o-Benzoylbenzoesäuren (I) häufig in *isomere Säuren* um, so daß beim Ringschluß der I mit $AlCl_3$ *Isomere* der erwarteten *Anthrachinonderivv.* entstehen. Die Vorgänge werden als Ionen-Rkk. gedeutet.

V e r s u c h e: *o-Benzoylbenzoesäuren* (I), durch ½std. Rühren von Phthalsäureanhydrid mit 2,5 Mol $AlCl_3$ in CH_2Cl_2 oder $(CHCl_2)_2$ bei Zimmertemp., Abgießen vom $AlCl_3$ in die CH_2Cl_2- oder $(CH_2Cl)_2$-Lsg. von 1 Mol aromat. KW-stoff; nach ½ Std. Zers. mit verd. HCl u. Abdest. des Solvens; Rohprod. aus CH_3COOH umkrist.; es wurden dargestellt (nur Substituenten der Benzoylgruppe genannt): *2'.5'-Dimethyl-* (II), F. 149—150°; 95% (Ausbeute). — *2'.4'-Dimethyl-* (III), F. 142—143°; 89%. — *2'.4'.6'-Trimethyl-* (IV), F. 211—212°; 73%. — *2'.4'.5'-Trimethyl-* (V), $C_{17}H_{16}O_3$, F. 146—147°; 69%. — *2'.3'.4'-Trimethyl-* (VI), $C_{17}H_{16}O_3$, F. 160—161°; 69%. — *2'.3'.5'.6'-Tetramethyl-* (VII), F. 263—264°; 89%. —*2'.3'.4'.5'-Tetramethyl-* (VIII), $C_{18}H_{18}O_3$, F. 162—163°; 85%. — *2'.5'-Diäthyl-* (IX), nicht krist. erhalten. — *6'-Oxy-2'.4'-dimethyl-* (X), $C_{16}H_{14}O_4$,

F. 210—211°, durch 1 std. Kochen von 12,2 g m-Xylenol-(5), 14,8 g Phthalsäureanhydrid u. 15 g $AlCl_3$ in $(CHCl_2)_2$, Gießen in verd. HCl, Ausziehen der organ. Schicht mit Sodalsg. u. Fällen mit HCl; gelbe Nadeln aus CH_3COOH; 18,1 g. — *6'-Oxy-3'.4'-dimethyl-* (**XI**), F. 172—174°; Phthalsäureanhydrid mit 2 Mol $AlCl_3$ in $(CHCl_2)_2$ 10 Min. im Dampfbad erhitzt, gekühlt, in $(CHCl_2)_2$-Lsg. von je 1 Mol o-Xylenol-(4) u. $AlCl_3$ gegossen u. auf dem Dampfbad nacherhitzt; dann wie **X**; aus A. Nadeln; 76%. — Analog *2'.4'-Diäthyl-6'-oxy-* (**XII**), nicht krist. erhalten. — Auf je 1 g **I** wurden 10 g $AlCl_3$ u. 1,5 g NaCl verrieben, im Ölbad auf 140° erhitzt u. dann bei einer bestimmten Temp. langsam mit der **I** versetzt; Zers. mit Eis + HCl; Trennung des Nd. mit Sodalsg. in Neutralprod. u. **I**. So gaben: 4 g **II** in 1 Std. bei 175 oder 220° 3,8 g (aus CH_3COOH Nadeln u. Tafeln, von Hand verlesen) *1.4-Dimethylanthrachinon*, F. 140—141°, u. *1.3-Isomeres* (**XIII**), F. 161 bis 162°; beide auch aus **II** bzw. **III** mit konz. H_2SO_4 (2 Std., 100°); Trennung auch chromatograph. in Bzl. an Al_2O_3 (1.4-Verb. wandert schneller). — **III** (1 Std., 175°) → 88% **XIII**. — 5 g **IX** (2 Std., 160°) → 4,5 g Rohprod., durch Chromatographie an Al_2O_3 nur *1.3-Diäthylanthrachinon*, $C_{18}H_{16}O_2$, F. 123—124°, gelbe Nadeln aus CH_3COOH; mit HNO_3 bei 220° oxydiert zu *Anthrachinondicarbonsäure-(1.3)*, F. 322—325° (Zers.). — 5 g **IV** (1 Std., 160°) → 0,8 g *o-[3.4.5-Trimethylbenzoyl]-benzoesäure* (**XIV**), $C_{17}H_{16}O_3$, F. 201—202° (aus CH_3COOH), u. 4,1 g *1.2.3-Trimethylanthrachinon* (**XV**), $C_{17}H_{14}O_2$, F. 187—188°, goldgelbe Nadeln aus CH_3COOH; auch aus **VI** mit H_2SO_4 erhalten; mit HNO_3 oxydiert zu *Anthrachinontricarbonsäure-(1.2.3)*. *Trimethylester*, F. 183—184°. — 5 g **IV** (1 Std., 105°) → 4,8 g **V** u. 0,2 g *1.2.4-Trimethylanthrachinon*, F. 162—163° (aus CH_3COOH). — 3 g **V** (1 Std., 133°) → 1,6 g **XV**, 0,08 g **V** zurück u. 0,6 g **XIV**; gibt mit H_2SO_4 **XV**. — 4 g **VII** (2 Std., 165°) → 3,7 g *1.2.3.4-Tetramethylanthrachinon* (**XVI**), F. 234—235°; (in 3 Std., 105°) → 1,1 g **XVI** u. 2,8 g **VIII**. — 3 g **X** (4 Std., 120°) → unverändert; (2 Std., 143°) → 1,5 g **XI** u. 1,5 g *4-Oxy-1.2-dimethylanthrachinon* (**XVII**), F. 168 bis 169°, orangegelbe Nadeln aus CH_3COOH (Acetat, F. 158—159°, aus wss. Aceton); (in 3 Std., 155°) → 80%, bzw. (175°) → 96% **XVII**. — **XI** (1 Std., 165°) → 78% **XVII**; mit konz. H_2SO_4 (1 Std., 100°) → 40% **XVII**. — 4 g **XII** (4 Std., 105°) → 0,3 g *1.2-Diäthyl-4-oxyanthrachinon* (**XVIII**), $C_{18}H_{16}O_3$, F. 121—122°, gelbe Nadeln aus CH_3COOH, u. 3,6 g *o-[3.4-Diäthyl-6-oxybenzoyl]-benzoesäure* (**XIX**), $C_{18}H_{18}O_4$, F. 195—196° (aus CH_3COOH). *Bromderiv.* von **XIX**, $C_{18}H_{17}O_4Br$, F. 190—191°, mit Br_2 in wss. CH_3COOH. — **XIX** gab mit $POCl_3$ in sd. Bzl. oder durch 3std. Erhitzen mit $AlCl_3$ auf 170° **XVIII**. (J. chem. Soc. [London] **1952**. 2415—20. Juni. Manchester, Univ., Fac. of Technol.)

LEHMSTEDT. 2470

Werner Stühmer und **Wilhelm Kaupmann**, *N-alkylierte 1.5-Diphenyl-3-aminopentane.* Durch katalyt. Hydrierung von Dibenzylidenacetonoxim (I) unter Zusatz von wenig Eisessig wird *1.5-Diphenyl-3-aminopentan* (II) erhalten. Hydrierung von **I** zusammen mit Carbonylverbb. ergibt *N-monosubstituierte* **II**-Derivate. Nur mit Formaldehyd wird die tert. Dimethylaminoverb. erhalten. Zu den gleichen Verbb. gelangt man durch katalyt. Red. von 1.5-Diphenylpentanon-(3) bei Ggw. von NH_3 oder Aminen. Die hergestellten Verbb. haben antispast. Wirkung.

Versuche: *3-Amino-1.5-diphenylpentan* (II), Kp.$_{12}$ 204—205°, durch Hydrierung von **I** in Methanol mit wenig Eisessig u. Pt–$BaSO_4$-Katalysator bei Zimmertemp. u. 3,4 at; Reinigung über das Oxalat; 88% (Ausbeute). *Hydrochlorid*, $C_{17}H_{21}N\cdot HCl$, F. 154—155° (W.), *Acetylverb.*, $C_{19}H_{23}ON$, F. 116,5—117,5° (80%ig. CH_3OH oder Ae.). — *3-Äthylamino-1.5-diphenylpentan*, Kp.$_{12}$ 203—205°, wie **II**, aber in Ggw. von Acetaldehyd; 87%. *Hydrochlorid*, $C_{19}H_{25}N\cdot HCl$, F. 149,5—150,5° (Bzl.). — *3-Isopropylamino-1.5-diphenylpentan*, Kp.$_{11}$ 203,5—205, aus **I** u. Aceton; 90%. *Hydrochlorid*, $C_{20}H_{27}N\cdot HCl$, F. 160,5—161,5° (Toluol). — *3-Cyclohexylamino-1.5-diphenylpentan* (**III**), Kp.$_{12}$ 244—247°, aus **I** u. Cyclohexanon; 81%. *Hydrochlorid*, $C_{23}H_{31}N\cdot HCl$, F. 193—194° (40%ig. CH_3OH). *Formiat*, $C_{23}H_{31}N\cdot CH_2O_2$, F. 95—96° (Ligroin). — *3-Dimethylamino-1.5-diphenylpentan*, Kp.$_{12}$ 193—194°, aus **I** u. Formaldehyd; 88%. *Hydrochlorid*, $C_{19}H_{25}N\cdot HCl$, F. 131—132° (Toluol). *Oxalat*, $C_{19}H_{25}N\cdot C_2H_2O_4$, F. 118—119° (Dioxan oder W.). — **II** u. **III** wurden unter analogen Versuchsbedingungen aus 1.5-Diphenylpentanon-(3) u. NH_4OH bzw. Cyclohexylamin erhalten; 13 bzw. 60%. (Arch. Pharmaz. Ber. dtsch. pharmaz. Ges. **285/57**. 68—70. 1952. Hannover, TH, Inst. für Organ. Chem.)

MANTHEY. 2510

Jean Bertrand und **Albert Lespagnol**, *Untersuchungen in der Reihe der Analgetica. Ester von Aminoalkoholen.* Es werden 3 dem Methadon ähnliche Verbb. aus C_6H_5MgBr u. Dimethylaminodesoxybenzoin, ω-Dimethylaminoacetophenon u. ω-Dimethylaminopropiophenon durch 12std. Rk. der Mg-Verb. mit Acetanhydrid, Behandeln mit verd. HCl in der Kälte, Alkalisieren der wss. Schicht mit NH_4OH + NH_4Cl, Ausäthern u. Umkristallisation aus A. dargestellt. *2-Dimethylamino-2-phenyl-1.1-diphenyläthylacetat*,

$C_{24}H_{25}O_2N$, F. 123°. *Hydrochlorid*, F. 97—100°. — *2-Dimethylamino-1.1-diphenyläthylacetat*, $C_{18}H_{21}O_2N$. *Hydrochlorid*, F. 182—183°. — *3-Dimethylamino-1.1-diphenylpropylacetat*, $C_{19}H_{23}O_2N$, F. 106°. *Hydrochlorid*, F. 203°. — Nur die letzte Verb. zeigt analget. Wirkung. (C. R. hebd. Séances Acad. Sci. **230.** 1480—82. 17/4. 1950.) NITZSCHKE. 2520

Nelson R. Easton, Samuel J. Nelson und **Velmer B. Fish,** *Die Struktur von Isoamidon.* 1. Mitt. *Isoamidon* ist mit *4.4-Diphenyl-6-dimethylaminohexanon-(3)* (I) identisch. Der Grund für die Entstehung von I bei der Synth. von Amidon ist darauf zurückzuführen, daß das zur Darst. von Dimethylaminochlorpropan verwendete Propylenchlorhydrin Äthylenchlorhydrin enthält.

Versuche: *4.4-Diphenyl-6-dimethylaminohexanon-(3)* (I), nach DUPRÉ u. Mitarbeiter (J. chem. Soc. [London] **1949.** 500) durch Umsetzen von 4-Brom-2.2-diphenylbutyronitril mit Dimethylamin u. anschließende übliche GRIGNARD-Reaktion. *Hydrochlorid*, $C_{20}H_{26}ONCl$, F. u. Misch-F. 173,5—175° (aus Aceton), aus I-Hydrobromid u. NaOH, Extraktion des Öls mit Ae. u. nach Abdest. des Ae. Zugabe von konz. HCl in Äthanol. *Jodmethylat*, $C_{21}H_{28}ONJ$, F. 199,5—200,5° (aus absol. A.). *Pikrat*, $C_{26}H_{28}O_8N_4$, F. 134—136° (aus A.). *Oxalat*, $C_{20}H_{25}ON \cdot C_2H_2O_4$, F. 161,5—163°. (J. Amer. chem. Soc. **74.** 5772. 20/11. 1952. Bethlehem, Pa., Lehigh Univ., Ww. H. Chandler Chem. Labor.) GOLD. 2540

Ahmed Mustafa, *Einwirkung von Lithiumaluminiumhydrid auf (a) N.N'-Diarylsulfonylderivate von Dianthranilid und (b) Photoperoxyde von 9.10-Diarylanthracenen.* $LiAlH_4$ sprengt durch Red. die Bindungen zwischen den CO- u. den N-haltigen Gruppen von *N.N'-Diarylsulfonylderivv.* des *Dianthranilids* (I) unter Bldg. der entsprechenden *o-[Arylsulfonamido]-benzylalkohole* (II) auf. — Photoperoxyde von 9.10-Diarylanthracenen (III) werden zu *9.10-Diaryl-9.10-dihydro-9.10-dioxyanthracenen* (IV) reduziert.

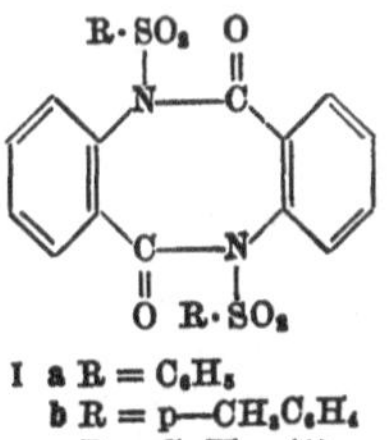

I a R = C_6H_5
b R = p—$CH_3C_6H_4$
c R = $C_{10}H_7$—(1)

Versuche: *o-[Naphthalin-1-sulfonamido]-benzoesäure*, $C_{17}H_{13}O_4NS$, F. 226—227° (verd. A.), aus $C_{10}H_7$-(1)-SO_2Cl u. sd. Lsg. von Anthranilsäure in 8%ig. NaOH; fast 100% (Ausbeute). *Chlorid*, $C_{17}H_{12}O_3NClS$, F. 168° (Bzl.), aus vorst. Verb. u. PCl_5 in sd. Bzl. (3 Std.); ca. 60%. — *N.N'-Bis-[naphthalin-1-sulfonyl]-dianthranilid* (Ic), $C_{34}H_{22}O_6N_2S_2$, F. 248° (aus Bzl.), durch Kochen gleicher Mengen vorst. Chlorids u. Pyridin bis zur Lsg., Kühlen u. Zugabe von viel A.; ca. 65%. — *o-[Naphthalin-1-sulfonamido]-benzanilid*, $C_{23}H_{18}O_3N_2S$, F. 156° (aus Bzl.), durch 3std. Kochen von **Ic** mit Anilin; ca. 75%. — *o-[Arylsulfonamido]-benzylalkohole* (II): 0,7 g $LiAlH_4$-Pulver u. 50 cm³ Ae. nach 15 Min. mit Lsg. von 1 g I in 30 cm³ Bzl. langsam versetzt u. 3 Std. gekocht; am nächsten Tage Zers. mit wss. NH_4Cl; Eindampfrückstand des Ae. aus Bzl. umkrist.: Aryl = *Phenyl* (**IIa**), $C_{13}H_{13}O_3NS$, F. 128°; 87%. — *p-Tolyl* (**IIb**), $C_{14}H_{15}O_3NS$, F. 150°; 93%. — *Naphthyl-(1)* (**IIc**), $C_{17}H_{15}O_3NS$, F. 108°; 91%. — Die **II** wurden auch aus den o-[Arylsulfonamido]-benzoesäuren u. $LiAlH_4$ hergestellt: **IIa**; 85%. — **IIb**; 81%. — *9.10-Diaryl-9.10-dihydro-9.10-dioxyanthracene* (**IV**), durch Red. der **III** mit $LiAlH_4$ wie bei **II**: Aryl = *Phenyl*, $C_{26}H_{20}O_2$, F. 255—256°; 85%. — *m-Tolyl*, $C_{28}H_{24}O_2$, F. 247°; 83%. — *p-Tolyl*, $C_{28}H_{24}O_2$, F. 273°; 87%. — *Triphenylmethanol*, $C_{19}H_{16}O$, F. 162°, aus CCl_4, analog aus Triphenylmethylperoxyd. (J. chem. Soc. [London] **1952.** 2435—37. Juni. Cairo, Fouad I Univ., Fac. of Sci., Chem. Dep.) LEHMSTEDT. 2600

Wilson Baker, C. N. Haksar, J. F. W. McOmie und **T. L. V. Ulbricht,** *Strukturelle und stereochemische Beziehung von Metanethol zu anderen Dimeren von Arylpropenylverbindungen. Metanethol* (*1-Äthyl-5-methoxy-2-methyl-3-[p-methoxyphenyl]-indan*) reagiert mit Acetylchlorid in Ggw. eines großen Überschusses von $AlCl_3$ zu *6-Acetyl-3-[3-acetyl-4-oxyphenyl]-1-äthyl-5-oxy-2-methylindan* (I). Bei Verwendung ungenügender Menge $AlCl_3$ entsteht *6(?)-Acetylmethanethol*. I ergibt mit alkal. H_2O_2 *1-Äthyl-5.6-dioxy-3-[3.4-dioxyphenyl]-2-methylindan* (II; nicht rein isolierbar u. leicht oxydierbar), das mit $(CH_3)_2SO_4$ zu *1-Äthyl-5.6-dimethoxy-3-[3.4-dimethoxyphenyl]-2-methylindan* (*Diisoeugenoldimethyläther*, **VI**) methyliert wird. Diese Verb. ist dimorph, hat bei langsamer Umkristallisation aus Methanol F. 105—106° u. bei längerem Stehen oder schneller Umkristallisation dagegen F. 95—96°. — Verss., II in *Diisosafrol* (III) überzuführen, blieben erfolglos, desgleichen Verss., eine bessere Meth. zur Gewinnung von II (Entmethylierung von Diisoeugenol [IV] oder Entmethylenierung von III) auszuarbeiten. — Es wird festgestellt, daß das von KOVÁCS (C. **1951.** II. 811) durch Dimerisation von 3.4-Dibenzyloxypropenylbenzol (**VII**), Red. des Dimeren (**V**) u. CH_2N_2-Methylierung erhaltene u. als Stereoisomeres von **VI** angesehene Prod. wahrscheinlich der *Dibenzyldimethyläther* (**VIII**) von **II** war, denn **V** (F. 104—105°, nicht, wie von KOVÁCS angegeben, F. 114—116°) gibt bei katalyt. Red. entweder **II**, das mit CH_2N_2 **VI** liefert, oder neben unverändertem Prod. die nur um 2 Benzylgruppen ärmere Verb., die zu **VIII** methyliert wird. — Vff. beweisen durch die Oxydation des niedrigschm. **III** zu *2-Methyl-5.6-methylendioxy-3-[3.4-methylendioxyphenyl]-indenon-(1)*, welches von PAILER u. Mitarbeitern (Mh. Chem. **79.** [1948.] 620) bereits aus dem höherschm. **III** erhalten wurde, daß die beiden **III**-Formen entweder dimorph oder Stereoisomere sind. Unter Einbeziehung der verschied. Literaturberichte über dimere Arylpropenylverbb. stellen Vff. zusammenfassend fest, daß die gesätt. Dimeren nachst. Propenylverbb. alle Derivv. des einen Stereoisomeren von *1-Äthyl-2-methyl-3-phenylindan* sind: *4-Methoxypropenylbenzol* (*Anethol*), *3.4-Dimethoxypropenylbenzol* (*Isoeugenolmethyläther*), **VII**, *4-Oxy-3-methoxypropenylbenzol* (*Isoeugenol*), *4-Äthoxy-3-methoxypropenylbenzol*, *3-Oxy-4-methoxypropenylbenzol* (etwas fraglich) u. *3.4-Methylendioxypropenylbenzol* (*Isosafrol*, ebenfalls etwas unsicher).

Versuche: *6-Acetyl-3-[3-acetyl-4-oxyphenyl]-1-äthyl-5-oxy-2-methylindan* (**I**), $C_{22}H_{24}O_4$, F. 115—116°, durch Zufügen von 1 Mol Metanethol zu 50 Mol $AlCl_3$ in Ae. unter Kühlung, dann von 5,6 Mol Acetylchlorid, 1std. Rühren, 2std. Erwärmen auf 60°, Gießen in Eis + konz. HCl, Erwärmen, Ausäthern, Ausziehen des Extraktes mit Alkali, Ansäuern u. Ausäthern; Nadeln aus A.; 15—35% (Ausbeute); $FeCl_3$-Rk. in A. purpurfarben. *Bis-2.4-dinitrophenylhydrazon*, $C_{34}H_{32}O_{10}N_8$, F. 260° (Zers.), rote Nadeln aus A. + Essigester. — *6(?)-Acetylmetanethol*, $C_{22}H_{26}O_3$, F. 122°, wie vorst. bei Verwendung von nur 20 Mol $AlCl_3$ aus der prim. äther. Lsg.; Nadeln aus A.; 1,2 g. *2.4-Dinitrophenylhydrazon*, $C_{28}H_{30}O_6N_4$, F. 225° (Zers.), orangerotes Pulver aus A. + Essigester. — *1-Äthyl-5.6-dioxy-3-[3.4-dioxyphenyl]-2-methylindan* (**II**), F. 90—105° (unrein), aus 3 g **I** in n NaOH durch Zufügen von 3%ig. H_2O_2 unter N_2, 2std. Stehen, kurzes Erwärmen, Entfärben mit Na-Dithionitlsg., Gießen in W. u. Ansäuern; 2,4 g; gibt kein krist. Tetraacetat. — *Diisoeugenoldimethyläther* (**VI**), $C_{22}H_{28}O_4$, F. 105—106° (bei langsamer Kristallisation aus CH_3OH), F. 95—96° (bei n. Kristallisation oder Stehen der anderen Modifikation), a) aus 2,4 g **II** in Methanol mit $(CH_3)_2SO_4$ in 20%ig. Alkali unter N_2, 3std. Erwärmen, Alkalisieren u. Ausäthern; 0,12 g; b) durch Methylierung von **IV** wie vorst.; c) aus 3,8 g des Dibromids von **VII** durch 9tägiges Stehen mit NaJ in Aceton, Zufügen wss. $Na_2S_2O_3$-Lsg., aus dem entstandenen *5.6-Dibenzyloxy-3-[3.4-dibenzyloxyphenyl]-1-äthyl-2-methylindan* (**V**, $C_{46}H_{44}O_4$, F. 104—105°; 70%) durch Hydrieren einer Suspension von 0,2 g in A. mit Pd-Schwarz u. Rk. mit CH_2N_2. — **II**-*Dibenzyldimethyläther* (**VIII**), $C_{34}H_{36}O_4$, F. 103—105° (CH_3OH), aus **V** durch Red. mit unzureichender Pd-Schwarzmenge u. Behandeln mit CH_2N_2. — *2-Methyl-5.6-methylendioxy-3-[3.4-methylendioxyphenyl]-indenon-(1)*, $C_{18}H_{12}O_5$, F. 229—231°, durch Zufügen von CrO_3 in wss. Essigsäure zu Diisosafrol (**III**) vom F. 95° in Essigsäure, nach 2 Std. Zufügen von PAe. u. Leichtbenzin, Stehen, 4std. Rühren, Ausziehen mit Bzl., Dest. u. Sublimation bei 170—190°/0,4 mm; rote Plättchen (A.). *2.4-Dinitrophenylhydrazon*, $C_{24}H_{16}O_8N_4$, F. 288 bis 290° Zers.), rotbraune Kristalle (A. + Bzl.). (J. chem. Soc. [London] **1952.** 4310—13. Nov. Bristol, Univ.) LEHWALD. 2650

Marvin Carmack, M. B. Moore und **M. Earl Balis,** *Die Konstitution des antihämorrhagischen Natriumbisulfitadditionsprodukts von 2-Methylnaphthochinon-(1.4)* (*Menadion*). Aus 2-Methylnaphthochinon-(1.4) (**I**) u. $NaHSO_3$ lassen sich ein hämorrhag. stark wirksames *Addukt* (**II**) u. das wenig akt. *2-methylnaphthohydrochinon-(1.4)-3-sulfonsaure Na* herstellen. **II** wird auf Grund des Vgl. seines Spektr. mit dem von *o-Phthalaldehyd* (**III**) u. von *Ninhydrin* (**IV**) als *2-methyl-1.4-dioxotetralin-2-sulfonsaures Na* angesehen. Die Spektren von **II**, **III**, **IV** u. *2-Methylnaphthochinon-(1.4)-2.3-oxyd* zeigen 3 Maxima zwischen 200 u. 400 mμ u. machen eine einfache Bindung zwischen $C_{(2)}$ u. $C_{(3)}$ in **II** wahrscheinlich. Das Spektr. von **III** in W. oder A. ist dem in Isooctan sehr ähnlich, aber viel weniger intensiv. Das spricht für starke Solvation des **III** in OH-haltigen Solventien.

Versuche (FF. korr.): *2-Methyl-1.4-dioxotetralin-2-sulfonsaures Na* (**II**), $C_{11}H_9O_5SNa \cdot 2H_2O$, aus $NaHSO_3$ u. **I** nach ABLODI u. Mitarbeitern (C. **1945.** I. 281), aus A. umkrist.; aus W. mit $4H_2O$; geht in alkal. Lsg. in **I** über; nicht oxydabel wie ein Hydrochinon; ließ sich mit 1(+)-Argininhydrochlorid u. Chininmethojodid nicht in die d- u. l-Form zerlegen. — *2-Methylnaphthochinon-(1.4)-3-sulfonsaures K*, $C_{11}H_7O_5SK$, aus $KHSO_3$ u. **I** nach BAKER u. Mitarbeitern (C. **1945.** I. 907), Rk. des Rohprod. mit CrO_3 u. Zugabe von KCl; hellgelbe Tafeln, KCl-haltig. — *2-Methylnaphthochinon-(1.4)-2.3-oxyd*, F. 93,5—94,5° (W.), aus **I** u. alkal. H_2O_2. — *o-Phthalaldehyd* (**III**), F. 55°, durch Hydrolyse von Tetrabrom-o-xylol, Dampfdest. u. Ausziehen mit Essigester; schwachgelbe Tafeln aus Hexan–Pentan. (J. Amer. chem. Soc. **72.** 844—47. Febr. 1950. Philadelphia, Pa., Univ. of Pennsylvania, D. of Chem. and Chem. Engng., u. North Chicago, Ill., Abbott Labors., Organ. Res. Dep.)

LEHMSTEDT. 2700

E. A. Braude und **J. S. Fawcett,** *1-[o-Methoxyphenyl]-anthrachinon.* 1-[o-Methoxyphenyl]-butadien-(1.3) (**I**) addiert sich an Naphthochinon-(1.4) (**II**) zu *1.4.13.14-Tetrahydro-1-[o-methoxyphenyl]-anthrachinon* (**III**), das durch O_2 zu *1-[o-Methoxyphenyl]-anthrachinon* (**IV**) u. seiner *1.4-Dihydroverb.* (**V**) dehydriert wird. **IV** wird durch $Na_2S_2O_4$ zum entsprechenden *Anthron-(9* oder *10)* (**VI**) u. durch $LiAlH_4$ zum *9.10-Dihydroanthrachinol* (**VII**) reduziert.

V e r s u c h e: *o-Methoxyphenylpropenylcarbinol,* $C_{11}H_{14}O_2$, Kp.$_{0,05}$ 88°, aus frischem Crotonaldehyd in Ae. u. o-$CH_3O \cdot C_6H_4MgBr$ in Ae. unter N_2 (1 Std., 0°); nach 2 Std. bei 0° mit gesätt. NH_4Cl-Lsg. zers.; Dest. über etwas K_2CO_3; n_D^{22} 1,5431; in A. λ_{max} 223 mμ (ε = 8900), 273 (2500), 278 (2300); 67% (Ausbeute). — *o-Methoxystyrylmethylcarbinol,* $C_{11}H_{14}O_2$, Kp.$_{0,03}$ 100°, aus 6 g vorst. Verb. in 100 cm³ 0,01 n HCl/60%ig. Aceton bei Zimmertemp. (24 Std.) u. Verdünnen mit W.; dickes Öl; n_D^{20} 1,5691; in A. λ_{max} 251 mμ (ε = 15800), 299 (5200), Einbuchtung 256 (15300); 5 g. *p-Nitrobenzoat,* $C_{18}H_{17}O_5N$, F. 109°, Nadeln aus Bzl.-Bzn.; in A. λ_{max} 256 mμ (ε = 36000), 295 (8500), Einbuchtung 264 (29800). — *1-[o-Methoxyphenyl]-butadien-(1.3)* (**I**), $C_{11}H_{12}O$, Kp.$_{0,05}$ 68°, durch 10 minütiges Erhitzen von 50 g vorst. Verb. u. 5 g $KHSO_4$ auf 60° u. schnelle Dest.; n_D^{22} 1,6169; in A. λ_{max} 226 mμ (ε = 14400), 273 (24500), 277 (24000), 310 (12800), 316 (12800), Einbuchtung 281 (23200); 27 g. — *1.4.13.14-Tetrahydro-1-[o-methoxyphenyl]-anthrachinon* (**III**), $C_{21}H_{18}O_3$, F. 154—155°, aus je 1 g **I** u. **II** in A. bei Zimmertemp. (48 Std.); Prismen aus Essigester; 1,3 g. — *1-[o-Methoxyphenyl]-anthrachinon* (**IV**), $C_{21}H_{14}O_3$, F. 160°, durch ¼std. Durchleiten von O_2 durch die heiße Lsg. von 5 g **III** in 100 cm³ A. u. 1 g KOH; Nd. mit 300 cm³ CH_3OH ausgekocht: Rückstand (R); aus Filtrat gelbe Prismen u. Stäbchen; 3 g; in Chlf. λ_{max} 244 mμ (ε = 22000), 249,5 (24000), 267 (19000), 335 (3300). — *1.4-Dihydro-1-[o-methoxyphenyl]-anthrachinon* (**V**), $C_{21}H_{16}O_3$, F. 208°, aus R; 1 g gelbe Nadeln aus Xylol; in Chlf. λ_{max} 259 mμ (ε = 19000), 413 (1500), Einbuchtung 264 (17500). — *1-[o-Methoxyphenyl]-anthron-(9* oder *10)* (**VI**), $C_{21}H_{16}O_2$, F. 158°, durch 1 std. Kochen der Suspension von **IV** in 5%ig. NaOH u. $Na_2 \cdot S_2O_4$ unter N_2; Stäbchen aus CH_3OH. — *9.10-Dihydro-1-[o-methoxyphenyl]-anthrachinol* (**VII**), $C_{21}H_{18}O_3$, F. 195—196°, aus 1 g **IV** in Bzl. u. 0,2 g $LiAlH_4$ in Ae. bei 0°, ½ std. Rühren bei Zimmertemp. u. Zers. mit 2 n H_2SO_4; rechteckige Prismen aus CH_3OH; in A. λ_{max} 280 mμ (ε = 3200); 0,8 g. (J. chem. Soc. [London] **1952.** 1528—30. April. London, Imp. Coll. of Sci. and Technol.) LEHMSTEDT. 2800

Lilli Schwenk Hornig, *3'.7'-Dioxy-1.2;5.6-dibenzanthracen.* Die Synth. von *3'.7'-Dioxy-1.2;5.6-dibenzanthracen* (**I**), das von CASON u. FIESER (J. Amer. chem. Soc. **62.** [1940.] 2681) als Stoffwechselprod. von Dibenzanthracen bei Kaninchen angenommen wurde (vgl. BOYLAND, LEVI, MAWSON u. ROC, Biochem. J. **35.** [1941.] 184), wird beschrieben. **I** war mit dem genannten Stoffwechselprod. nicht identisch. — Die Kondensation von 2-Nitro-5-oxybenzaldehyd (**II**) mit Phenylendiessigsäure-(1.4) nach KALMIN (Helv. chim. Acta **11.** [1928.] 977) lieferte *α.α'-Bis-[2-nitro-5-oxybenzal]-phenylendiessigsäure-(1.4)* (**III**), die auch aus 2-Nitro-5-methoxybenzaldehyd (**IV**) nach dem gleichen Verf. u. Entmethylieren des erhaltenen Dimethylderiv. von **III** (**V**) dargestellt werden konnte. Die $FeSO_4$-Red. von **III** führte zur luftempfindlichen *Diaminoverb.* (**VI**), deren stabiler *Dimethyläther* (**VII**) in ähnlicher Weise aus **V** erhalten wurde. Die Diazotierung von **VII** u. die Anwendung eines modifizierten PSCHORR-Ringschlusses lieferte in geringer Ausbeute *3'.7'-Dimethoxy-1.2;5.6-dibenzanthracen-4.8-dicarbonsäure* (**VIII**) neben dem Isomeren **IX** u. einer komplex zusammengesetzten Mischung undefinierter Reaktionsprodukte. Die Konst. von **VIII** ergab sich aus der CrO_3-Oxydation zu der entsprechenden Dimethoxydibenzanthrachinondicarbonsäure. **VIII** u. **IX** konnten mit Cu in Chinaldin decarboxyliert werden; das aus **VIII** erhaltene **X** ergab bei der Entmethylierung durch Schmelzen mit Pyridinhydrochlorid quantitativ **I**. — UV-Absorptionsspektren von **I** vgl. Original.

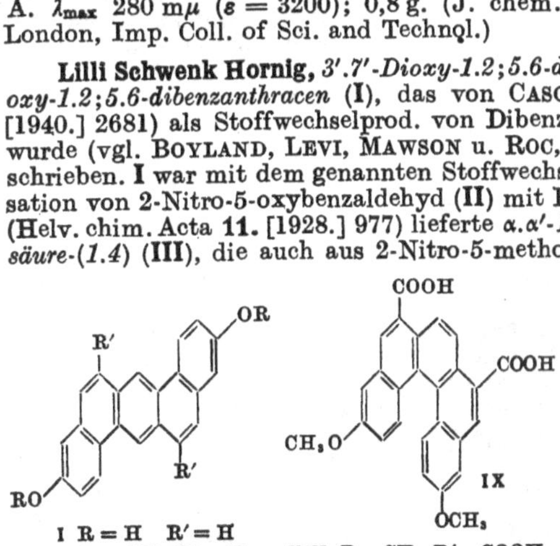

I R = H R' = H
X R = CH₃ R' = H
VIII R = CH₃ R' = COOH

V e r s u c h e (FF. korr.): *2-Nitro-5-oxybenzaldehyd* (**II**), F. 167—168°, durch Nitrieren von 3-Oxybenzaldehyd mit konz. HNO_3 in Bzl. bei 25—27°; aus W. gelbe Nadeln; 34%. *Methyläther* (**IV**), F. 82—83°. — *α.α'-Bis-[2-nitro-5-acetoxybenzal]-phenylendiessigsäure-(1.4)*, $C_{28}H_{20}O_{12}N_2$, F. 243,5—244° (aus wss. Aceton), durch Kondensation von **II** mit Phenylendiessigsäure-(1.4) in Essigsäureanhydrid in Ggw. von Triäthylamin bei 90—100° (10 Std.) u. Zers. mit 5%ig. HCl; aus Dioxan mit 1 Mol Kristalldioxan, $C_{32}H_{28}O_{14}N_2$, F. 246—247° (Zers.); verliert bei 100° das Kristallösungsmittel. — *α.α'-Bis-[2-nitro-5-oxybenzal]-phenylendiessigsäure-(1.4)* (III), $C_{24}H_{16}O_{10}N_2$, durch Verseifen der vorst. Verb. mit sd. wss. Soda; aus wss. Aceton Nadeln, die sich oberhalb 305° zers., ohne zu schm.; 24%. — *α.α'-Bis-[2-amino-5-oxybenzal]-phenylendiessigsäure-(1.4)* (VI), durch Red. von III in 14%ig. wss. NH_3 mit frischem $Fe(OH)_2$ in der Wärme (2 Std.) u. Ansäuern des Filtrats als schnell dunkel werdender Nd.; 66%. Das braune Pulver konnte nicht gereinigt u. diazotiert werden. — *α.α'-Bis-[2-nitro-5-methoxybenzal]-phenylendiessigsäure-(1.4)* (V), $C_{26}H_{20}O_{10}N_2$, F. 291,5—292° (wss. Aceton), wie III aus IV; gelbe Nadeln; 51%. Mit Kristalldioxan, F. 268,2—270°. — *α.α'-Bis-[2-amino-5-methoxybenzal]-phenylendiessigsäure-(1.4)* (VII), F. 293—294,5° (Zers.), wie VI durch Red. von V; gelbe Nadeln; 95%. *Hydrochlorid*, F. 279—281°, Nadeln. *Diacetylverb.*, $C_{30}H_{28}O_8N_2$, F. 298—300° (unter CO_2-Entw.), aus verd. Essigsäure Nadeln; 100%. — *3'.7'-Dimethoxy-1.2;5.6-dibenzanthracen-4.8-dicarbonsäure* (VIII), $C_{26}H_{18}O_6$, durch Diazotieren des Na-Salzes von VII mit $NaNO_2$ u. HCl bei 0°, Neutralisieren mit Soda u. Erwärmen auf Zimmertemp. (3 Std.), später auf 60—70° (2 Std.) unter Entw. von N_2 als in Aceton schwer bzw. unlösl. Anteil der ausgefällten Säuremischung; nach dem Umfällen über das Na-Salz u. Kristallisieren des Na-Salzes ein in den gebräuchlichen Lösungsmitteln unlösl. gelbes Pulver (aus Pyridin); zers. sich bei 357°, ohne zu schm.; 8%. — *2'.7'-Dimethoxy-3.4;5.6-dibenzphenanthren-1.8-dicarbonsäure* (IX), $C_{26}H_{18}O_6$, aus Aceton gelbe Prismen; 11%. — *3'.7'-Dimethoxy-1.2;5.6-dibenzanthrachinon-(9.10)-dicarbonsäure-(4.8)*, durch Oxydation von VIII mit CrO_3 in Eisessig u. Reinigen über die rote Küpe. — *3'.7'-Dimethoxy-1.2;5.6-dibenzanthracen* (X), $C_{24}H_{18}O_2$, F. 295—296°, aus VIII in Chinaldin in Ggw. von Cu-Pulver bei 125—150°; aus Xylol Nadeln; 69%. — *2'.7'-Dimethoxy-3.4;5.6-dibenzphenanthren*, $C_{24}H_{18}O_2$, F. 222—223°, ebenso aus IX bei 200°; aus Essigsäure u. wss. Aceton braungelbe Prismen; 75%. — *3'.7'-Dioxy-1.2;5.6-dibenzanthracen* (I), $C_{22}H_{14}O_2$, F. 357—360°, aus X durch Schmelzen mit Pyridinhydrochlorid; aus wss. Aceton Nadeln; 100%. In Alkalien gelb mit grüner Fluorescenz lösl.; dunkelt am Tageslicht im Verlauf weniger Stunden. *Diacetylverb.*, $C_{26}H_{18}O_4$, F. 291—292°, aus Essigsäure Tafeln; 87%. — *3'.7'-Diacetoxy-1.2;5.6-dibenzanthrachinon-(9.10)*, $C_{26}H_{16}O_6$, F. 296,5—298°, aus vorst. Diacetylverb. mit CrO_3 in sd. Eisessig; orangefarbene Nadeln; 85%. — *3'.7'-Dioxy-1.2;5.6-dibenzanthrachinon-(9.10)*, $C_{22}H_{12}O_4$, F. 375—385° (Zers.), durch Verseifen der vorst. Verb. mit sd. alkoh. NaOH; aus Essigsäure cremefarbene Nadeln; 40%. (J. Amer. chem. Soc. **74**. 4572—77. 20/9. 1952. Providence, R. I., Brown Univ., Metcalf Chem. Labor.) GOLD. 2950

A. Ollero und **A. Castro de Ollero**, *Untersuchung über die Darstellung von Furanderivaten mit einer Tetrosekette.* Der durch Kondensation von Glucose mit Acetessigester (II) erhältliche *2-[Tetraoxybutyl]-5-methylfuran-4-carbonsäureäthylester* (I) läßt sich mit $H_2O_2/FeSO_4$ zu einem reduzierenden Prod. oxydieren, das aber nicht rein isoliert werden konnte. Durch Umsetzung von I mit Tritylchlorid u. nachfolgende bzw. gleichzeitige Acetylierung entsteht wahrscheinlich das *1'.2'.3'-Triacetyl-4'-tritylderiv.*, dessen Hydrolyse noch untersucht wird. — Verss., II mit Ba-Glucuronat zu kondensieren, waren erfolglos.

Versuche: *2-[1'.2'.3'-Triacetyl-4'-triphenylmethyltetraoxybutyl]-5-methylfuran-4-carbonsäureäthylester*, $C_{37}O_{10}H_{38}$, Zugabe von Triphenylchlormethan zu I in Pyridin unter Wasserausschluß u. Acetylierung des amorphen Tritylderiv. oder durch gemeinsame Tritylierung u. Acetylierung von I; Kristalle aus A., F. 102—104°, lösl. in Pyridin, Äthylacetat, Chlf. u. CH_3OH, $[\alpha]_D^{15}$ −25°; spaltet bei Behandlung mit 80%ig. Essigsäure die Triphenylmethylgruppe ab. (An. Real Soc. españ., Física Quím., Ser. B **46**. 391—98. Juni 1950. Sevilla, Inst. „Alonso Barba", Sección de Quím. Orgán.)

FÖRSTER. 3061

K. Balenović, N. Bregant, D. Cerar und **M. Tkalčić**, *Die Reaktion von N-disubstituierten Glycylchloriden mit Diazomethan. Eine neue Synthese einiger β-Alaninderivate. 5. Mitt. über Aminosäuren.* (4. vgl. C. **1952**. 5877.) *N-Phthaloylglycylchlorid* (I) reagiert mit CH_2N_2 nicht wie Hippurylchlorid unter Bldg. von einem Oxazolon-(5), sondern unter Bldg. von *1-Diazo-3-phthalimidopropanon* (II). Durch ARNDT-EISTERT-Rk. wurde aus II der *Phthalimidopropionsäureäthylester* (III) dargestellt. Weiter wurden aus II folgende Verbb. dargestellt: *1-Chlor-, 1-Oxy-, 1-Acetoxy-, 1-Methoxy-, 1-Phenoxy-* u. *1-[2.4.6-Trinitrophenoxy]-3-phthalimidopropanon.* Die 3 letztgenannten Verbb. sind neu.

Versuche: *N-Phthaloylglycylchlorid* (I), durch 4std. Erhitzen von 7 g N-Phthaloylglycin mit 12 cm³ $SOCl_2$, Kp.$_{15}$ 190—192°, aus Bzl., F. 84—85°. — *1-Diazo-3-phthalimidopropanon* (II), $C_{11}H_7O_3N_3$, aus I in Ae. u. CH_2N_2 in Ae. bei 0°, aus Essigester, F. 168° (Zers.); 75% (Ausbeute). — *N-Phthaloyl-β-alaninäthylester* (III), $C_{13}H_{13}O_4N$, durch 2std. Erhitzen von **II** in A. u. Ag_2O in A. + PAe.-Extraktion des Eindampfrückstandes, Nadeln aus PAe., F. 72—73°; 35%. — *1-Chlor-3-phthalimidopropanon*, $C_{11}H_8\cdot O_3NCl$, aus **II** in Eisessig u. konz. HCl bei Raumtemp., aus wss. Aceton, F. 138°; 87,5%. — *1-Oxy-3-phthalimidopropanon*, $C_{11}H_9O_4N$, aus **II** in A. von 60—70° + W. u. konz. H_2SO_4, aus Bzl. u. A., F. 142°; 66%. — *1-Acetoxy-3-phthalimidopropanon*, $C_{13}H_{11}O_5N$, aus **II** u. Eisessig von 50—60° u. 15minütiges Erhitzen, aus Ae., F. 125 bis 131°; 16,4%. — *1-Methoxy-3-phthalimidopropanon*, $C_{12}H_{11}O_4N$, durch 4std. Erhitzen von **III** in CH_3OH + CuO u. Benzolextraktion des Eindampfrückstandes, aus PAe., F. 89,5°; 95%. *Semicarbazon*, $C_{13}H_{14}O_4N_4$, F. 203°. *2.4-Dinitrophenylhydrazon*, $C_{18}H_{15}O_7N_5$, aus Bzl.–PAe., F. 207°. — *1-Phenoxy-3-phthalimidopropanon*, $C_{17}H_{13}O_4N$, aus **II** u. Phenol bei 60°, Prismen aus A., F. 159°; 48%. — *1-[2.4.6-Trinitrophenoxy]-3-phthalimidopropanon*, $C_{17}H_{10}O_{10}N_4$, aus **II** u. Pikrinsäure (30 Min. auf dem Wasserbad), schwach gelbe Nadeln aus Aceton, F. 207°; 44%. (J. org. Chemistry **16**. 1308—10. Aug. 1951. Zagreb.) K. F. MÜLLER. 3081

Robert B. Carlin, John G. Wallace und **E. E. Fisher**, *Untersuchungen über die Fischersche Indolsynthese*. 2. Mitt. (1. vgl. C. **1948**. E. 403.) Die Natur der Cl-Wanderung u. die Frage, ob inter- oder intramol. Cl-Wanderung bei der Umlagerung von *2.6-Dichlorphenylhydrazonen* (**I**) in *5.7-Dichlorindole* (**II**) mit sauren Katalysatoren eintritt, wird untersucht (vgl. auch BARNES u. Mitarbeiter, C. **1951**. **II**. 2457). Aus den Verss., bei denen gefunden wurde, daß die $SnCl_2$-Schmelze der **I** *7-Chlorindole* liefert u. *2-[p-Chlorphenyl]-5.7-dichlorindol* beim Schmelzen mit $SnCl_2$ kein Cl eliminiert, kann geschlossen werden, daß ein Cl-Atom in Ggw. von $ZnCl_2$ intramol. als Kation wandert. Eine intermol. Übertragung eines Cl-Atoms in Ggw. von $ZnCl_2$, z. B. zwischen *2-Phenyl-5.7-dichlorindol* (**VI**) u. *2-[p-Chlorphenyl]-7-chlorindol* (**IV**) konnte nicht beobachtet werden. Folgender Mechanismus wird angenommen:

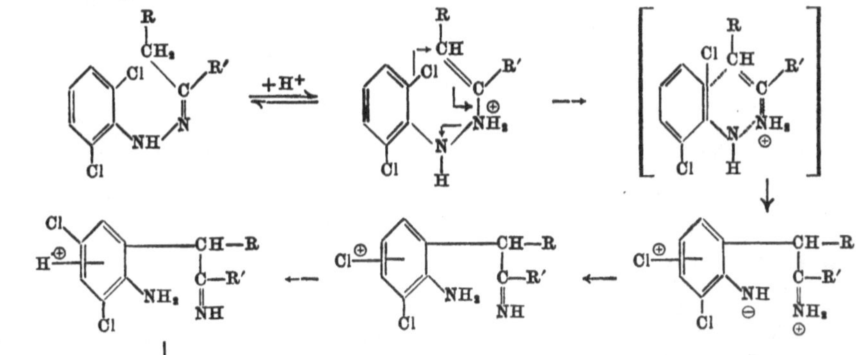

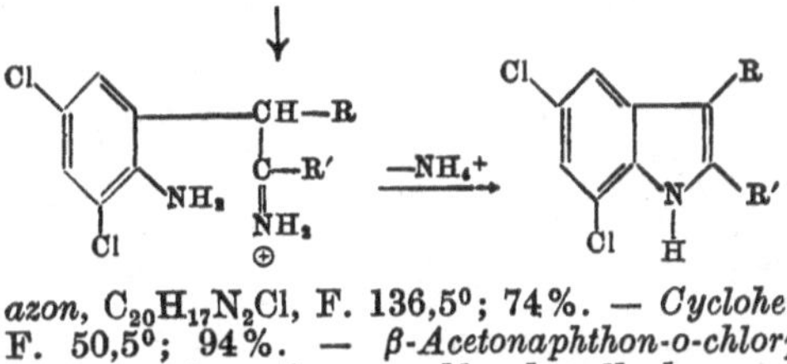

Versuche (FF. korr.): *Aceton-o-chlorphenylhydrazon*, $C_9H_{11}N_2Cl$, $Kp._3$ 110—114°, n_D^{21} 1,5816; 57%. — *p-Chloracetophenon-o-chlorphenylhydrazon* (**III**), $C_{14}H_{12}N_2Cl_2$, F. 83,5°; 87%. — *p-Phenylacetophenon-o-chlorphenylhydrazon*, $C_{20}H_{17}N_2Cl$, F. 136,5°; 74%. — *Cyclohexanon-o-chlorphenylhydrazon*, $C_{12}H_{15}N_2Cl$, F. 50,5°; 94%. — *β-Acetonaphthon-o-chlorphenylhydrazon*, $C_{18}H_{15}N_2Cl$, F. 142,5°; 70%. — *Acetophenon-o-chlorphenylhydrazon*, $C_{14}H_{13}N_2Cl$, F. 52,5°; 63%. — *β-Acetonaphthon-2.6-dichlorphenylhydrazon*, $C_{18}H_{14}N_2Cl_2$, F. 132,5°; 97%. — *2-[p-Chlorphenyl]-7-chlorindol* (**IV**), $C_{14}H_9NCl_2$, F. 126° (aus A.), aus p-Chloracetophenon-2.6-dichlorphenylhydrazon (**V**) mit $SnCl_2$ bei 246—260°, Auswaschen der erkalteten Schmelze mit 2n HCl auf dem Wasserbad (3 Std.), Extrahieren des trockenen Rückstandes mit Bzl. im SOXHLET, Chromatographieren an Al_2O_3, Eluieren mit Bzl. + PAe. (3:1) u. Reinigen durch Sublimation (Meth. **A**); 6%, oder nach Meth. **B** aus **III** mit $ZnCl_2$ bei 175° (vgl. 1. Mitt., l. c.); 27%. — *2-[p-Biphenylyl]-7-chlorindol*, $C_{20}H_{14}NCl$, F. 216° (aus A. + Aceton) analog nach **A** oder **B** bei 185°; 3 bzw. 32%. — *2.3-Tetramethylen-7-chlorindol*, $C_{12}H_{12}NCl$, F. 56° (aus Bzl. + PAe.), nach **A** oder **B** bei 135°; 17 bzw. 51%. *1-Chlorcarbazol*, $C_{12}H_8NCl$, F. 112°, durch Dehydrieren mit Chloranil nach BARCLAY u. CAMPBELL (J. chem. Soc. [London] **1945**. 530). — *2-[Naphthyl-(2)]-7-chlorindol*, $C_{18}H_{12}NCl$, F. 111° (aus Aceton + A.) nach **A** oder **B** bei 250°; 14 bzw. 25%. — *2-Phenyl-7-chlorindol*, $C_{14}H_{10}NCl$, F. 112° (aus Aceton + A.), nach **A** oder **B** bei 260°; 8 bzw. 68%. —

Verb. $C_{24}H_{18}NCl_3$, F. 262°, als Nebenprod. bei der Umsetzung von **V** mit $SnCl_2$ (Meth. **A**) durch Eindampfen der benzol. Lsg. u. Waschen des öligen Rückstandes mit Ae.; aus Aceton Nadeln; 11,8%. — *2-Phenyl-5.7-dichlorindol* (**VI**), F. 140°, aus Acetophenon-2.6-dichlorphenylhydrazon (**VII**) u. $ZnCl_2$ in p-Kresol bei 180—190° in exothermer Rk. (20 Min.) u. Aufarbeiten nach Meth. **B**; 33%. Bei der gleichen Rk. in Ggw. von **IV** blieb **IV** unverändert. Eine Mischung von Acetophenonphenylhydrazon u. **VII** lieferte unter den gleichen Bedingungen 56% *2-Phenylindol*, F. 187,5—188°, u. 48% **VI**, die durch Chromatographieren ihrer benzol. Lsg. an Al_2O_3 getrennt werden konnten. (J. Amer. chem. Soc. **74**. 990—94. 20/2. 1952. Pittsburgh, Pa., Carnegie Inst. of Technol., Dep. of Chem.) GOLD. 3081

Robert B. Carlin, *Untersuchungen über die Fischersche Indolsynthese. 3. Mitt. Mechanismus.* (2. vgl. vorst. Ref.; vgl. auch PAUSACKER u. SCHUBERT, C. **1951**. II. 2457.)

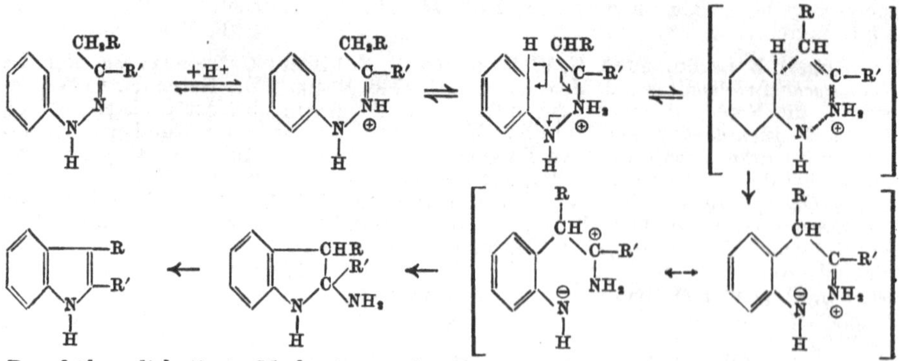

Der früher diskutierte Mechanismus der FISCHERschen Indolsynth. (vgl. 1. Mitt., C. **1948**. E. 403) konnte bestätigt werden; er entspricht den von PAUSACKER u. SCHUBERT (l. c.) mitgeteilten Daten. Der obenst. Mechanismus wird besprochen. (J. Amer. chem. Soc. **74**. 1077—78. 20/2. 1952.) GOLD. 3081

A. Hilary Milne und **Muriel L. Tomlinson,** *1.2.3.4-Tetrahydro-6-oxycarbazol und 3-Oxycarbazol.* Eine *neue Verb.* $C_{12}H_{13}ON$ (**I**) wurde bei der Bromierung von 1.2.3.4-Tetrahydrocarbazol (**II**) isoliert. Die von BARNES u. Mitarbeitern (C. **1951**. II. 2455) für 12-Oxy-1.2.3.4-tetrahydroisocarbazol gehaltene Verb. wurde als das noch unbekannte *1.2.3.4-Tetrahydro-6-oxycarbazol* (**III**) festgestellt. **III** wurde aus seinem *Methyläther* (**IV**) gewonnen. Das früher als 12-Oxyisocarbazol angesehene Prod. wurde als *3-Oxycarbazol* (**V**) identifiziert.

Versuche: *Verb.* $C_{12}H_{13}ON$ (**I**), F. 243° (Zers.), aus **II** u. Br_2 in CH_3COOH, Zugabe von W. u. NH_4OH nach PLANT u. ROBINSON (J. chem. Soc. [London] **1933**. 299), Verdampfen des Benzolfiltrates von 1.2.3.4-Tetrahydro-11-oxycarbazolenin; aus A. Nadeln; λ_{max} 2,86 u. 2,95 μ; Mol.-Gew. (RAST) 285, also assoziiert; Ausbeute gering; gibt mit Pd-Kohle bei 280—300° *Carbazol*. — *1.2.3.4-Tetrahydro-6-oxycarbazol* (**III**), $C_{12}H_{13}ON$, F. 172°, a) nach BARNES (l. c.), aus Bzn. Nadeln u. Tafeln; b) durch 2,5std. Erhitzen von 1.2.3.4-Tetrahydro-6-methoxycarbazol (**IV**) mit $C_5H_5N \cdot HCl$ auf 200—220° unter CO_2, Waschen mit verd. HCl, Ausziehen mit 2nNaOH u. Ansäuern. — **IV**, $C_{13}H_{15}ON$, a) aus Cyclohexanon-p-methoxyphenylhydrazon u. sd. H_2SO_4-W. (1:9 Vol.) (10—15 Min.); Nadeln aus A., F. 93—105°, oder aus wss. A., F. 93—98°; b) aus **III** in Aceton u. etwas konz. NaOH mit $(CH_3)_2SO_4$; nach 15 Min. verdünnt. — *3-Methoxycarbazol* (**VI**), $C_{13}H_{11}ON$, F. 151—152°, durch 2std. Erhitzen von **IV** mit 10%ig. Pd-Kohle auf 280—300° unter CO_2; aus A. Tafeln. — *3-Oxycarbazol* (**V**), $C_{12}H_9ON$, F. 260° (Zers.), a) aus **VI** in sd. 50%ig. HBr–CH_3COOH (1:5 Vol.) unter N_2 (2 Std.), fast farblose Tafeln aus wss. A., dann CH_3COOH; b) aus **III** wie **VI**. (J. chem. Soc. [London] **1952**. 2789—91. Juli. Oxford, Univ., Dyson Perrins Labor.) LEHMSTEDT. 3081

Joseph Schmitt und **Albert Lespagnol,** *Anlagerung von Schwefel an die Äthylenseitenkette einiger Aromaten.* Vff. haben durch Rk. von Styrolderivv. mit S Trithione der Form **A** dargestellt. Umgesetzt wurden *p-Methoxyisopropenylbenzol* (F. des Trithions 152°), *p-Methoxyisobutenylbenzol* (F. 149°), *2-[p-Methoxyphenyl]-3-phenylpropylen-(2)* (F. 168°) u. *p-Methoxyzimtsäureäthylester* (F. 113°). *3-[p-Methoxyphenyl]-penten-(3)* reagierte nicht, eine durch die Doppelbindung aktivierte Methylgruppe u. ein H-Atom in β-Stellung zu ihr sind also zur Rk. notwendig. — Wie p-OCH_3-Gruppen, begünstigen auch

A

p-Methylgruppen die Trithionbldg., so gibt *p-Methylisopropenylbenzol* ein Prod. $C_{10}H_8S_3$, F. 104°. Auch bei Naphthalinen erfolgt die Rk. leicht, bei *α-Isopropenylnaphthalin* wird so das *Trithion*, $C_{13}H_8S_3$, F. 198°, gebildet. (C. R. hebd. Séances Acad. Sci. **230**. 551—53. 6/2. 1950.) KRESZE. 3112

M. Passerini, M. Ridi und **G. Losco,** *Einige Bemerkungen über den Antipyrinaldehyd.* Vff. nehmen für die von ihnen (PASSERINI u. LOSCO, C. **1940**. I. 1022) durch Methylieren der SCHIFFschen Base des *1-Phenyl-3-methylpyrazolon-(5)-aldehyds-(4)* u. nachfolgende Behandlung mit verd. NaOH erhaltene u. als *Antipyrinaldehyd* angesprochene Verb. vom F. 216—217° die von BODENDORF u. Mitarbeitern (C. **1950**. I. 288 u. C. **1950**. II. 2193) vorgeschlagene Formulierung als *1-Phenyl-2-methyl-4-acetylpyrazolon-(5)* (I) an. (I entsteht aus dem von BODENDORF auf anderem Wege hergestellten Antipyrinaldehyd, F. 161°, der im Gegensatz zu I alle Aldehyd-Rkk. liefert, durch Behandeln mit verd. NaOH oder Alkalicyanid.) — Sie bestätigen dagegen die (für die Wahrscheinlichkeit der früheren Formel von ihnen [C. **1940**. II. 2302] als Argument herangezogene) Bldg. von Antipyrin aus I bei der Rk. mit 1-Phenyl-3-methylpyrazolon-(5), die von LEDRUT u. COMBES (C. **1950**. II. 1343—44) bestritten wurde, durch Wiederholung dieser Rk. u. durch weitere Verss. mit anderen Pyrazolonen. Es scheint dabei die im Kern von I vorhandene Methylphenylhydrazingruppe analog gegen Phenylhydrazin ausgetauscht zu werden, wie von Vff. früher (C. **1935**. II. 220) bei Einw. von Phenylhydrazin auf 4-Aminoantipyrin beobachtet wurde. Ferner wird eine Angabe der französ. Autoren über CO_2-Bldg. bei der Rk. zwischen I u. Phenylmethylpyrazolon berichtigt.

Versuche: Rk. von 1-Phenyl-2-methyl-4-acetylpyrazolon-(5) (I): 1. mit 1-Phenyl-3-methylpyrazolon-(5) bei 150—155° ergibt außer *Methenyl-bis-4-[1-phenyl-3-methylpyrazolon-(5)] Antipyrin*, F. 111—113° (aus Ae.), als Nitrosoderiv. charakterisiert; 2. mit 1-β-Phenyläthyl-3-methylpyrazolon-(5) u. 3. mit 3-Methylpyrazolon-(5), neben *Methenyl-bis-4-[1-β-phenäthyl-3-methylpyrazolon-(5)]* bzw. *Methenyl-bis-4-[3-methylpyrazolon-(5)] Antipyrin.* Analog aus Antipyrinaldehyd, F. 161°, *Methenyl-bis-4-[1-phenyl-3-methylpyrazolon-(5)]* u. *Antipyrin.* (Gazz. chim. ital. **80**. 803—07. Nov./Dez. 1950. Florenz, Univ., Inst. für pharmazeut. u. toxikol. Chem.) v. DECHEND. 3122

Marianne Kopp, *Laboratoriumsnotiz über die Gewinnung einiger Aminothiazolhydrochloride.* Durch Kochen von 1 Mol eines α-halogenierten Ketons mit 1 Mol Thioharnstoff in A., Abdampfen des A., Aufnehmen des Rückstandes in W. werden gemäß nebenst. Gleichung 2-Aminothiazolhydrochloride erhalten. Durch Zugabe von 10%ig. NaOH-Lsg. fallen die freien Basen aus u. werden aus Bzl.–PAe. umkristallisiert. Das Hydrochlorid wird durch Lösen der Kristalle in trockenem Ae. u. Fällung mit HCl in trockenem Ae. erhalten.

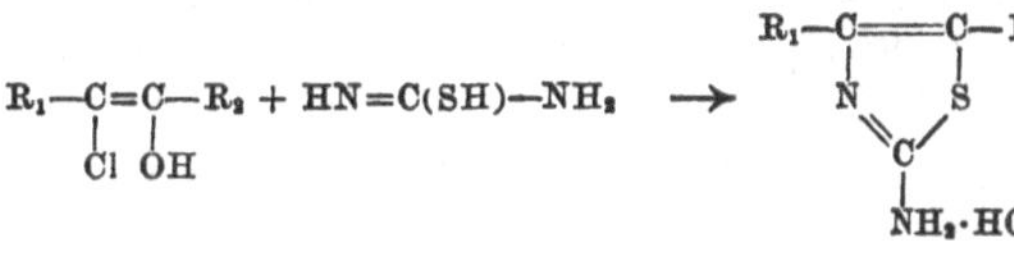

Folgende Verbb. wurden dargestellt (1. F. = *Amin*, 2. F. = *Hydrochlorid*, 3. F. = *Pikrat*): $R_1{=}R_2 = C_6H_5$ —, 180—183°, 194—195° (Block); $R_1{=}R_2 = (CH_2)_4$ 92—93°, 223—225° (Block), —; $R_1 = CH_3$, $R_2 = C_6H_5$ 118°, 191°, —; $R_1 = C_2H_5$, $R_2 = C_6H_5$ 93°, 167°, —; $R_1 = C_6H_5$, $R_2 = CH_3$ 164—166°, 191°, 235° (Block); $R_1 = C_6H_5CH_2$, $R_2 = CH_3$, 107°, 175°, —. Die Verbb. besitzen alle lokalanästhet. Wrkg. auf die Hornhaut des Kaninchens, die gleich oder höher ist als die von *Cocain*; einige besitzen hypnot. Wrkg. ohne Analgesie. Sie sind sehr tox. für Maus, Ratte u. Meerschweinchen. Weiterhin können die Verbb. zur Identifizierung von α-halogenierten Ketonen dienen, die durch die üblichen Methoden (Oxim, Semicarbazon) nicht identifizierbar sind. (Bull. Soc. chim. France, Mém. [5] **17**. 582. Mai/Juni 1950. Fac. de Méd., Labor. de Chimiothérapie et de Pharmacodynamie du C. N. R. S.) ROTTER. 3142

I. N. Nasarow, A. I. Kusnetzowa und **I. A. Gurwitsch,** *Acetylenderivate.* 106. Mitt. *Untersuchung heterocyclischer Verbindungen.* 10. Mitt. *Kondensation von Vinylacetylen mit Tetrahydro-γ-thiopyronen. Die Synthese von 4-Oxy-4-vinyläthinyltetrahydrothiopyranen.* (105., zugleich 9., vgl. Журнал Общей Химии [J. allg. Chem.] **19** (**81**). [1949.] 2164.) Durch Kondensation von *2.2-Dimethyltetrahydrothiopyranon-(4)* (I) mit Vinylacetylen wurde *2.2-Dimethyl-4-vinyläthinyltetrahydrothiopyranol-(4)* (II) dargestellt. Die Umsetzung von I mit Vinylacetylen-MgBr lieferte II mit besserer Ausbeute. Durch Wasserabspaltung u. nachfolgende Hydrierung an Pd (bei Ggw. von Pt findet keine H-Anlagerung statt) wurde über *2.2-Dimethyl-4-vinyläthinyl-Δ^4-dihydrothiopyran* unter Aufnahme von 8 H *2.2-Dimethyl-4-butyltetrahydrothiopyran* gewonnen. Die Hydrierung von II blieb auch bei Ggw. von Pd unvollständig, so daß das aus I u. n-C_4H_9MgCl gut darstellbare *2.2-Dimethyl-4-butyltetrahydrothiopyranol-(4)* durch Hydrieren nicht rein gewonnen werden konnte. Analog Vorst. wurde aus 2.5-Dimethyltetrahydrothiopyranon-(4) (**III**) (Isomeres vom F. 71°) *2.5-Dimethyl-4-vinyläthinyltetrahydrothiopyranol-(4)* erhalten. Bei Einw. von p-Toluolsulfonsäure ging dieses in *2.5-Dimethyl-4-vinyläthinyl-Δ³ oder ⁴-dihydrothiopyran* über. In der gleichen Weise wurden *2.3.6-Trimethyl-4-vinyläthinyltetrahydrothiopyranol-(4)* u. hieraus *2.3.6-Trimethyl-4-vinyläthinyl-Δ³ oder ⁴-dihydrothiopyran* dargestellt. Durch Einw. von Vinylacetylenyl-MgBr u. von n-C_4H_9MgCl auf 2-Methylhexahydrothiochromanon-(4) (**IV**) (F. 77—78°) entstanden *2-Methyl-4-vinyläthinylhexahydrothiochromanol-(4)* (**V**) u. *2-Methyl-4-butylhexahydrothiochromanol-(4)* u. durch Dehydratation des ersteren *2-Methyl-4-vinyläthinyl-Δ³ oder ⁴-hexahydrothiochromen*. Verss., an die Dienine der Thiopyranreihe W. anzulagern, um zu Dienonen zu gelangen, schlugen fehl.

Versuche: *2.2-Dimethyl-4-vinyläthinyltetrahydrothiopyranol-(4)* (**II**), $C_{11}H_{16}OS$, $Kp._8$ 131—132°. a) 20 g $CH_2{=}CHC{\equiv}CH$ u. 36 g **I** in 60 cm³ Ae. werden unter Kühlen u. Rühren zu 15 g gepulvertem KOH u. 20 cm³ Ae. gegeben; man rührt 8 Std. bei 0° u. 4 Std. bei Zimmertemp.; 22 g (Ausbeute). b) 14 g $CH_2{=}CHC{\equiv}CH$ in 100 cm³ Ae. werden mit einer GRIGNARD-Lsg. aus 7 g Mg, 35 g C_2H_5Br u. 150 cm³ Ae. bei Siedetemp. umgesetzt; die abgekühlte Lsg. wird portionsweise mit 30 g **I** in 25 cm³ Ae. versetzt, 5 Std. gerührt u. 1 Std. auf dem Wasserbad erwärmt; 82%. Öl; $D.^{20}_4$ 1,0521; n_D^{20} 1,5458; Mol.-Refr. ($[MR]_D$) 58,97. — *2.2-Dimethyl-4-vinyläthinyl-Δ⁴-dihydrothiopyran*, $C_{11}H_{14}S$, $Kp._6$ 110,5—111,5°; durch Erhitzen von 12 g **II** mit 4 g $KHSO_4$ u. etwas Pyrogallol auf 175°/12 mm, gelbe, bewegliche Fl. mit unangenehmem Geruch; $D.^{20}_4$ 0,9917; n_D^{20} 1,5656; $[MR]_D$ 58,61. — *2.2-Dimethyl-4-butyltetrahydrothiopyran*, $C_{11}H_{22}S$, $Kp._{12}$ 110—110,5°; durch Hydrieren vorst. Verb. (Pd/$CaCO_3$; A.); Fl.; $D.^{20}_4$ 0,9167; n_D^{20} 1,4885; $[MR]_D$ 58,54. — *2.2-Dimethyl-4-butyltetrahydrothiopyranol-(4)*, $C_{11}H_{22}OS$, $Kp._9$ 128°; aus 14 g **I** u. der aus 2,5 g Mg u. 11,5 g n-C_4H_9Cl bereiteten GRIGNARD-Lsg., 1 Std. bei Zimmertemp., dann 2 Std. zum Sieden; Fl.; $D.^{20}_4$ 0,9880; n_D^{20} 1,4985; $[MR]_D$ 59,99; 9,3 g. — *2.5-Dimethyl-4-vinyläthinyltetrahydrothiopyranol-(4)*, $C_{11}H_{16}OS$. Zu einer Lsg. von $CH_2{=}CHC{\equiv}CMgBr$ wird eine Lsg. von **III** (F. 71°) in Ae. allmählich zugesetzt; man kocht 8 Stunden. Das Reaktionsprod. ($Kp._7$ 129°) ist ein Gemisch; durch Kristallisation aus PAe. wurde eines der 2 geometr. Isomeren, F. 62,5—64°, rein gewonnen. — *2.5-Dimethyl-4-vinyläthinyl-Δ³ oder ⁴-dihydrothiopyran*, $C_{11}H_{14}S$, $Kp._{5,5}$ 110—111°; aus vorst. Verb. u. wenig p-$CH_3C_6H_4SO_3H$ bei 165—170°/9 mm; gelbe, scharf riechende, bewegliche u. unbeständige Fl.; $D.^{20}_4$ 0,9995; n_D^{20} 1,5712. — *2.5-Dimethyl-4-butyltetrahydrothiopyranol-(4)*, $C_{11}H_{22}OS$, $Kp._{11}$ 140°; aus **III** u. n-C_4H_9MgCl in Ae.; man kocht 23 Std.; Sirup; $D.^{20}_4$ 0,9902; n_D^{20} 1,5015; 6 g aus 14 g **III**. — *2.3.6-Trimethyl-4-vinyläthinyltetrahydrothiopyranol-(4)*, $C_{12}H_{18}OS$, $Kp._6$ 155—156°; aus 2.3.6-Trimethyltetrahydrothiopyranon-(4) (**VI**) u. $CH_2{=}CHC{\equiv}C$-MgBr in Ae., 4 Std. unter Kühlung mit Eis, dann 1 Std. zum Sieden; Sirup; $D.^{20}_4$ 1,0345; n_D^{20} 1,5403; 24 g aus 33 g **VI**. — *2.3.6-Trimethyl-4-vinyläthinyl-Δ³ oder ⁴-dihydrothiopyran*, $C_{12}H_{16}S$, $Kp._7$ 146—147°; aus 9,5 g vorst. Verb., 3 g $KHSO_4$ u. etwas Pyrogallol bei 200°/20 mm; gelbe, bewegliche Fl. von unangenehmem Geruch; $D.^{20}_4$ 0,9916; n_D^{20} 1,5600; 3,5 g. — *2-Methyl-4-vinyläthinylhexahydrothiochromanol-(4)* (**V**), $C_{14}H_{20}OS$, $Kp._4$ 156°; aus **IV** (F. 77—78°) u. $CH_2{=}CHC{\equiv}CMgBr$ in Ae. bei 6std. Kochen; sehr dickfl., glasartig; $D.^{20}_4$ 1,0866; n_D^{20} 1,5555; $[MR]_D$ 70,48; 16,5 g aus 22 g **IV**. — *2-Methyl-4-vinyläthinyl-Δ³ oder ⁴-hexahydrothiochromen*, $C_{14}H_{18}S$, $Kp._6$ 156°; aus **V** in Ggw. von wenig p-$CH_3C_6H_4SO_3H$ bei 140°/12 mm; bewegliche, gelbe, scharf riechende Fl.; $D.^{20}_4$ 1,0330; n_D^{20} 1,5790; $[MR]_D$ 70,47; 1,7 g aus 3,5 g **V**. — *2-Methyl-4-butylhexahydrothiochromanol-(4)*, $C_{14}H_{26}OS$, F. 79—80°; $Kp._4$ 153—156°; aus **IV** u. n-C_4H_9MgCl in Ae. bei 9std. Kochen; Nadeln; 2,5 g aus 9 g **IV**. (Журнал Общей Химии [J. allg. Chem.] **20** (**82**). 376—84. Febr. 1950.) SCHMEISS. 3211

T. A. Geissman und **Harold Lischner**, *Flavanone und verwandte Verbindungen. 7. Mitt. Die Bildung von 4.6.3'.4'-Tetraoxy-2-benzylcumaranon-(3) durch Reduktion von Quercetin mit Natriumhydrosulfit.* (6. vgl. C. **1949**. E. 1032.) Im Verlauf der Verss. zur Synth. des schwer zugänglichen Epicatechins wird die Red. von *Quercetin* (**I**) untersucht. Während die katalyt. Hydrierung von **I** nicht zu definierten Reduktionsprodd. führt, liefert die Red. von **I** mit Hydrosulfit (vgl. PEW, J. Amer. chem. Soc. **70**. [1948.] 3031) neben *2.3-Dihydroquercetin* (**II**) *4.6.3'.4'-Tetraoxy-2-benzylcumaranon-(3)* (**III**). Die Pentaacylderivv. leiten sich von der Enolform ab. **III** ist ident. mit der von SHRINER u. GROSSER (C. **1943**. II. 26) durch Red. u. anschließende Debenzoylierung von *4.6.3'.4'-Tetrabenzoyloxy-2-benzalcumaranon-(3)* (**IV**) erhaltenen Verbindung. Es wird

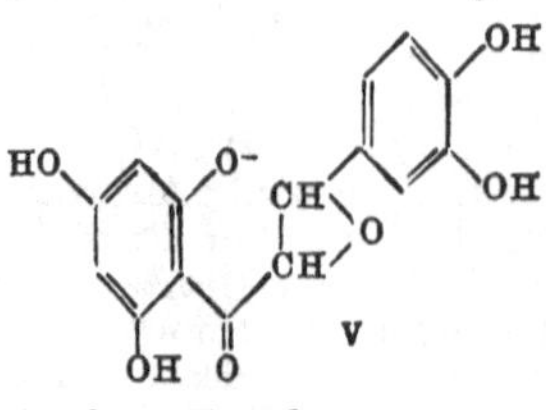

V

angenommen, daß die Ringverengerung des prim. gebildeten **II** über das Ion **V** verläuft; der Mechanismus wird diskutiert. — UV-Absorptionsspektren vgl. Original.

Versuche: *2.3-Dihydroquercetin* (**II**), F. 234—235°, durch Lösen von **I** u. Soda unter N_2 in W. u. Red. der dunkelbraunen Lsg. mit 74—79%ig. $Na_2S_2O_4$-Lsg. auf dem Wasserbad unter Entw. von H_2S (25 Min.) u. Ansäuern bei 0° mit konz. HCl; nach der Extraktion mit Essigester u. Eindampfen der Essigesterlsg. als in heißem W. lösl. Anteil; aus W. Tafeln. *Pentaacetat*, $C_{25}H_{22}O_{12}$, F. 149—151°, in Pyridin mit Essigsäureanhydrid, aus Alkohol. *Pentabenzoat*, $C_{50}H_{32}O_{12}$, F. 198—200°, aus A. + Essigester. — *4.6.3'.4'-Tetraoxy-2-benzylcumaranon-(3)* (**III**), $C_{15}H_{12}O_6 \cdot 1/2\ H_2O$, F. 263 bis 264° (Zers.), als in W. unlösl. Nebenprod. von **II** bei der Red. von **I**; aus Essigester hygroskop. Nadeln; nimmt an der Luft 9,85% W. auf, die beim Trocknen im Vakuum über P_2O_5 (100°) wieder abgegeben werden; aus W. Kristalle mit 8,99% Wasser. — *3.4.6.3'.4'-Pentaacetoxy-2-benzylcumaron*, $C_{25}H_{22}O_{11}$, F. 174—175°, aus **III** mit Essigsäureanhydrid in Pyridin bei Zimmertemp., aus A. Nadeln. — *3.4.6.3'.4'-Pentabenzoyloxy-2-benzylcumaron*, $C_{50}H_{32}O_{11}$, F. 157—158°, analog mit Benzoylchlorid (12 Std.), aus A. Nadeln. — *4.6.3'.4'-Tetrabenzoyloxy-2-benzylcumaranon-(3)*, F. 141—142°, durch Hydrieren von **IV** in Dioxan in Ggw. von PtO_2 (2 Std.); aus Ae. mit PAe. u. verd. Essigsäure Nadeln. Liefert beim Verseifen **III** vom F. 263—264° (Zers., aus wss. A.), Misch-F. (mit **III** aus **II**) 263—264° (Zers.). (J. Amer. chem. Soc. **74**. 3001—04. 20/6. 1952. Los Angeles, Calif., Univ., Dep. of Chem.) GOLD. 3211

D. N. Kurssanow und **W. N. Ssetkina,** *Über Austausch- und Spaltungsreaktionen der Gruppe der substituierten Ammoniumsalze.* 7. Mitt. *Umsetzung der Alkoxymethylpyridiniumsalze mit Alkyläthern von Phenolen.* (6. vgl. C. **1951**. II. 678.) Bei der Rk. von Decyloxymethylpyridiniumchlorid (**I**) mit Phenetol entsteht entsprechend den früher entwickelten Vorstellungen das Oxoniumion $C_6H_5(C_2H_5)O^+—CH_2OC_{10}H_{21}$, dessen Zerfall *Decylphenylformal* (**II**) liefert. Das dabei außerdem gebildete *Äthylpyridiniumchlorid* (**III**) katalysiert einige der weiteren Umwandlungen, denen **II** unterliegt. **II** entstand als prim. Prod. auch bei der früher untersuchten Rk. von **I** mit Phenol. In beiden Fällen laufen auch die gleichen weiteren Rkk. ab: die Disproportionierung, bei der aus **II** *Didecylformal* (**IV**) u. *Diphenylformal* (**V**) entstehen, die Bldg. der *Phenol-Formaldehyd-Kondensationsprodd.* (**VI**) u. schließlich von *Phenolformaldehydharz* aus **V** in Ggw. von **III**, u. die Rk. von **VI** mit **IV**, die zu *Decylalkohol* u. **VI** von höherem Mol.-Gew. führt. Letztere Rk. wurde in einem besonderen Vers. mit Phenol (statt **VI**, um einfachere Verhältnisse zu schaffen), bestätigt. Analog **I** verhält sich Butoxymethylpyridiniumchlorid in der Rk. mit Anisol. Die in Analogie zur Bldg. von Benzylphenolen oder ihren Äthern aus Benzylpyridiniumsalz u. Phenolen oder Phenoläthern zu erwartende Bldg. von Alkoxymethylphenoläthern bleibt aus, weil entweder die Alkoxymethylkationen weniger elektrophil sind als die Benzylkationen oder weil die Verbb. unter Bldg. von teilweise alkyliertem **VI** weiter verändert werden.

Versuche: Durch 8std. Erhitzen von 28,3 g **I** u. 38,8 g Phenetol im Rohr auf 180—195° entstanden 1 g *Decylchlorid*, 4,6 g *Decylalkohol*, 2 g **II**, 7 g **IV** u. 5,2 g **VI**. — 20,1 g Butoxymethylpyridiniumchlorid u. 19,8 g Anisol lieferten bei analoger Behandlung 1,4 g *Butylalkohol*, 1,1 g *Dibutylformal*, 1,4 g eines nicht näher untersuchten *Prod.* ($Kp._{762}$ 45—75°) u. 7,7 g **VI**. — Durch Dest. des Reaktionsprod. von 10 g **IV** u. 3,9 g Phenol (6 Std. bei 180—200°) wurden 8 g *Decylalkohol* erhalten; Destillationsrückstand 2,6 g **VI**. (Известия Академии Наук СССР, Отделение Химических Наук [Nachr. Akad. Wiss. UdSSR, Abt. chem. Wiss.] **1950**. 654—58. Nov./Dez. Inst. für organ. Chem. der Akad. der Wiss. der UdSSR.) LEBTAG. 3231

Francis E. Reinhart, *Die Darstellung einiger substituierter Phenylpyridyl-(2)-sulfide und -sulfone.* Da *[5-Nitropyridyl-(2)]-phenylsulfon* sich als wirksam erwiesen hat gegenüber *Staphylococcus aureus* in Konzz., die gerade der Löslichkeitsgrenze in wss. Medium entsprechen, stellt Vf. die besser lösl. Verbb. *o-[5-Nitropyridyl-(2)-sulfonyl]-benzoesäure*, die entsprechende *Amino-* u. *Acetamidoverb.* sowie die zugehörigen *Sulfide* her, um sie auf ihre bakteriostat. Wirksamkeit zu prüfen. Von allen Verbb. zeigte nur *o-[5-Nitropyridyl-(2)-mercapto]-benzoesäure* (**I**) eine gewisse Wrkg., alle anderen sind unwirksam.

Versuche: *o-[5-Nitropyridyl-(2)-mercapto]-benzoesäure* (**I**), F. 206—208° (Eisessig), aus 2-Chlor-5-nitropyridin u. Thiosalicylsäure durch $1^1/_4$std. Erhitzen auf 100 bis 110° Badtemp., Lösen in 10%ig. NaOH u. Zugabe von verd. HCl; 91% (Ausbeute). — *o-[5-Nitropyridyl-(2)-sulfonyl]-benzoesäure*, F. 171—172°, aus **I** in Eisessig u. 30%ig. H_2O_2 durch 48std. Rk. bei n. Temp.; aus 50%ig. A. Platten; 62%. — *o-[5-Aminopyridyl-(2)-mercapto]-benzoesäure* (**II**), F. 204—206° (Zers.), aus **I** in konz. HCl durch langsame Zugabe von $SnCl_2 \cdot 2\ H_2O$ in konz. HCl bei höchstens 40—50° Innentemp.,

Zers. des Komplexes mit verd. HCl, Lösen in n NaOH, Einstellen auf p_H 7—7,5 mit verd. HCl, dann Einstellen des Filtrats auf p_H 3—5; Reinigung durch Lösen in verd. NaOH u. Wiederfällen bei p_H 3—5; Nadeln, aus A. kleine Prismen; 78%. — *o-[5-Acetamidopyridyl-(2)-mercapto]-benzoesäure*, F. 204—205° (Zers.), aus II in verd. NaOH durch Fällen mit wenig 2n HCl u. Rk. mit Acetanhydrid + 2n NaOH; aus 25%ig. A. kleine Prismen; 80%. — *o-[5-Acetamidopyridyl-(2)-sulfonyl]-benzoesäure*, F. 226 bis 227° (Zers.), aus vorst. Verb. in n/5 NaOH durch Zugabe von verd. H_2SO_4, langsame Zugabe von $KMnO_4$ in W. bei 40° u. Einstellen des Filtrats auf p_H 2; Prismen, aus A. flache Nadeln; 78%. — *o-[5-Aminopyridyl-(2)-sulfonyl]-benzoesäure*, F. 237—239° (Zers.), aus vorst. Verb. in 6n HCl durch 1½ std. Erhitzen auf 100° u. Zugabe von W., aus 30%ig. A. Prismen; 86%; lösl. in warmem A., unlösl. in Wasser. (J. Franklin Inst. **249**. 248—51. März 1950.) NITZSCHKE. 3231

B. M. Iselin, H. T. Huang, R. V. MacAllister und **Carl Niemann**, *Eine neue Reihe von Substraten für die Ermittlung der Chymotrypsinaktivität. Nicotinylphenylalaninamid, -tyrosinamid* u. *-tryptophanamid* sind leicht herstellbare, relativ stabile, in W. genügend lösl. Verbb., deren L-Isomere als Substrate zur Best. der Chymotrypsinwrkg. Verwendung finden können.

Versuche (FF. korr.): *Acetyl-DL-phenylalaninamid*, F. 165—166°, durch Ammonolyse von *Acetyl-DL-phenylalaninmethylester*, $C_{12}H_{15}O_3N$, aus PAe.-Ae., F. 60 bis 61°. — *Benzoyl-DL-phenylalaninamid*, F. 197—198°, aus *Benzoyl-DL-phenylalaninmethylester*, $C_{17}H_{17}O_3N$, F. 100—101° (Ae.). — *Nicotinyl-DL-phenylalaninamid*, $C_{15}H_{15}$·O_2N_3, F. 193—194° (W.), durch Ammonolyse von *Nicotinyl-DL-phenylalaninmethylester*, $C_{16}H_{16}O_3N_2$, aus PAe.-Ae., F. 63—64° (durch Kupplung von DL-Phenylalaninmethylester mit Nicotinylazid in Essigester). — *Nicotinyl-L-phenylalaninamid*, $C_{15}H_{15}$·O_2N_3, analog der DL-Verb., aus CH_3OH–W., F. 185°. — *Nicotinyl-L-tyrosinamid*, $C_{15}H_{15}O_3N_3$, F. 226—227° (W.), durch Ammonolyse von *Nicotinyl-L-tyrosinäthylester*, $C_{17}H_{18}O_4N_2$, F. 147—149° (Essigester). — *Nicotinyl-p-chlor-DL-phenylalaninamid*, $C_{15}H_{14}O_2N_3Cl$, F. 220—221° (CH_3OH), durch Ammonolyse von *Nicotinyl-p-chlor-DL-phenylalaninmethylester*, $C_{16}H_{15}O_3N_2Cl$, F. 89—90° (PAe.-Ae.); Darst. des letzteren aus *p-Chlor-DL-phenylalaninmethylesterhydrochlorid*, $C_{10}H_{13}O_2NCl_2$, F. 185—186° (CH_3OH–Ae.), u. Nicotinylazid. — *Nicotinyl-L-tryptophanamid*, $C_{17}H_{16}O_2N_4$, F. 180 bis 181° (wss. CH_3OH). — *Nicotinyl-DL-methioninamid*, $C_{11}H_{15}O_2N_3S$, F. 146—147° (A.), durch Ammonolyse von *Nicotinyl-DL-methioninmethylester*, $C_{12}H_{16}O_3N_2S$, F. 60—61° (PAe.-Ae.). — *Nicotinyl-L-histidinamid*, $C_{12}H_{13}O_2N_5$, F. 237—238° (CH_3OH u. W.). (J. Amer. chem. Soc. **72**. 1729—31. April 1950. Pasadena, Calif., Inst. of Technol., Gates and Crellin Labors. of Chem.) K. F. MÜLLER. 3231

A. A. Satz und **W. W. Lewtschenko**, *Chemische Reduktion von Lepidin.* Die Red. von Lepidin (I) mit Na u. A. führt zu *1.2.3.4-Tetrahydrolepidin* (**II**), mit KHg oder NaHg zu den gleichen Prodd., die bei der elektrolyt. Red. von I in alkal. Medium (vgl. Журнал Общей Химии [J. allg. Chem.] **22** (**84**). [1952.] 2071) erhalten wurden: zu *dimerem Dihydrolepidin* (**III**), *Bis-[4-methyl-1.4-dihydrochinolyl-(4)]-äther* (**IV**), *4-Oxy-1.4-dihydrolepidin* (**V**) u. **II**. Bei der Red. mit Sn + HCl wurde außer **II** ein neues *dimeres Dihydrolepidin* (**VI**) gewonnen.

Versuche: Red. von **I** mit Na in Alkohol. In die sd. Lsg. von 1,08 g **I** in 10 ml A. wurden Na-Stückchen so lange eingetragen, bis die Rk. träge wurde; nach Extraktion mit Ae. u. Dest. mit Wasserdampf wurden 0,85 g **II** erhalten. — Red. von **I** mit KHg. Eine Lsg. von 3,24 g **I** in 25 ml A. + 25 ml 18%ig. KOH wurde bei 18° innerhalb ¾ Std. unter Rühren zu 50 ml 1,5%ig. KHg hinzugefügt; der Ae.-Auszug der Reaktionslsg. gab nach Verdunsten an der Luft 0,22 g **III** (F. 279°), 0,41 g **IV**, 0,14 g **V**, 1,1 g **I** + **II**-Gemisch u. viel Harz. — Red. von **I** in saurem Medium. 3,24 g **I** in 50 ml konz. HCl wurden 8 Std. mit 15 g granuliertem Sn gekocht; die beim Erkalten ausfallenden Kristalle von Sn-Doppelsalzen wurden mit angesäuertem Eiswasser gewaschen u. mit konz. KOH zerlegt; Dest. mit Wasserdampf lieferte im Destillat 2,25 g **I** + **II**-Gemisch, im Rückstand ein harziges Prod., das die organ. Substanz an Ae. abgab; durch Kristallisation aus A. wurden 0,04 g **VI** erhalten. — *Dimeres Dihydrolepidin* (**VI**), $(C_{10}H_{11}N)_2$, F. 187°; aus A. oder Ligroin Kristalle; Mol.-Gew. 284,6, 278,3 (Campher); 304,4, 303,5 (Bzl.). (Журнал Общей Химии [J. allg. Chem.] **22** (**84**). 2076—78. Nov. 1952. Moskau, Med. Stomatolog. Inst.) R. KNOBLOCH. 3231

Wilkins Reeve und **William M. Eareckson III**, *Synthese einiger mit Podophyllotoxin verwandter Isochinolinderivate. 1-[3.4.5-Trimethoxyphenyl]-6.7-methylendioxy-3.4-dihydroisochinolin* (**II**), aus N-[3.4.5-Trimethoxybenzoyl]-homopiperonylamin durch BISCHLER-NAPIERALSKI-Rk. gewonnen, gibt ein Jodmethylat, das mit Alkali die

Pseudobase **I** liefert, deren Konst. durch die neutrale Rk. u. die Existenz eines entsprechenden nichtion. Cyanids bewiesen ist. Die aus **II** durch Hydrierung entstehende Tetrahydroverb. (**III**) gibt mit CH_3J **II**-Hydrojodid u. das Jodmethylat der **III**-N-Methylverb., welches auch aus der mit HCHO + HCOOH erhältlichen Monomethylverb. (**IV**) u. CH_3J gewonnen werden kann. — Die für die Synth. von Podophyllotoxin vielleicht wichtige *3'.4'.5'-Trimethoxy-4.5-methylendioxybenzophenon-2-carbonsäure* (**V**) wurde sowohl aus **II** als auch aus **I**, **III** u. **IV** nur in schlechter Ausbeute gewonnen; bei der $KMnO_4$-Oxydation von **II** entsteht hauptsächlich die **II** entsprechende vollständig aromatisierte Verbindung.

Versuche (FF. korr.): *N-[3.4.5-Trimethoxybenzoyl]-homopiperonylamin*, $C_{19}H_{21}O_6N$, F. 135,5—136° (A.), aus Homopiperonylamin u. Trimethylgalloylchlorid (Trimethoxybenzoylchlorid) in Bzl. bei langsamer Zugabe von CaO u. 75—80°; 80% (Ausbeute) bei Aufarbeitung auch der Mutterlaugen. Unter den n. Bedingungen der SCHOTTEN-BAUMANN-Rk. werden nur 65—70% erhalten. — *1-[3.4.5-Trimethoxyphenyl]-6.7-methylendioxy-3.4-dihydroisochinolin* (**II**), $C_{19}H_{19}O_5N$, F. 159,5—160° (A.-W.), aus vorst. Verb. u. $POCl_3$ in Toluol durch 3std. Kochen, Eingießen in Leichtbenzin, Abdekantieren nach ½ Std., Erhitzen mit A. u. Freimachen der Base aus dem aus der alkoh. Lsg. gewonnenen Hydrochlorid; 90%. *Hydrochlorid*, $C_{19}H_{20}O_5NCl$, leuchtend gelb, F. 235,5—236 unter Zers. (A.-Ae.). — *1-[3.4.5-Trimethoxyphenyl]-2-methyl-6.7-methylendioxy-3.4-dihydroisochinoliniumjodid*, $C_{20}H_{22}O_5NJ$, F. 222—223° (Zers.), aus **II** u. CH_3J in Bzl.; 98%. — *1-[3.4.5-Trimethoxyphenyl]-1-oxy-2-methyl-6.7-methylendioxy-1.2.3.4-tetrahydroisochinolin* (**I**), $C_{20}H_{23}O_6N$, F. 146—147° (Bzl.), aus vorst. Verb. u. NaOH. Reagiert nicht mit 2.4-Dinitrophenylhydrazin, Anilin u. Aceton. — *1-[3.4.5-Trimethoxyphenyl]-1-cyan-2-methyl-6.7-methylendioxy-1.2.3.4-tetrahydroisochinolin*, $C_{21}H_{22}O_5N_2$, F. 133—133,5° (60%ig. A.), aus 0,5 g Jodmethylat u. NaCN in W.; 0,4 g; lösl. in Benzol. — *1-[3.4.5-Trimethoxyphenyl]-6.7-methylendioxy-1.2.3.4-tetrahydroisochinolin* (**III**), F. 97—98,5°, aus **II** durch Hydrierung mit ADAMS-Katalysator in Eisessig bei n. Druck u. Temp., Verdünnen mit W. u. Neutralisation mit NH_4OH; aus A. feine Nadeln; 100% roh. *Hydrochlorid*, $C_{19}H_{22}O_5NCl$, F. 242,5 bis 243° unter Zers. (A.). *Benzoylverb.*, $C_{26}H_{25}O_6N$, F. 124,5—125° (A.); 70%. — *1-[3.4.5-Trimethoxyphenyl]-2-methyl-6.7-methylendioxy-1.2.3.4-tetrahydroisochinolin*(**IV**), $C_{20}H_{23}O_5N$, F. 133—134°, aus **III**, 90%ig. HCOOH u. Formalin durch 12std. Rk. bei 50—60°, 4std. Kochen, Verdünnen u. Neutralisieren mit NH_4OH; aus A. Nadeln; 92%. *Hydrochlorid*, $C_{20}H_{24}O_5NCl$, F. 240—241° unter Zers. (A.). — *1-[3.4.5-Trimethoxyphenyl]-2.2-dimethyl-6.7-methylendioxy-1.2.3.4-tetrahydroisochinoliniumjodid*, $C_{21}H_{26}O_5NJ$, F. 233 bis 234° unter Zers. (A.), aus **IV** u. CH_3J in Bzl.; 96%. Das *quartäre Hydroxyd* wurde daraus mit TlOH als glasige M. gewonnen u. gab bei $KMnO_4$-Oxydation keine **V**. — *3'.4'.5'-Trimethoxy-4.5-methylendioxybenzophenon-2-carbonsäure* (**V**), $C_{18}H_{16}O_8$, F. 215 bis 216° (wss. CH_3OH), aus 6,2 g **II** u. 11 g $KMnO_4$ in tert.-Butanol + W. (1 : 1) durch 18std. Kochen: 1,1 g Rohprod. neben 3,5 g *1-[3.4.5-Trimethoxyphenyl]-6.7-methylendioxyisochinolin*, F. 112—115°; *Hydrochlorid*, $C_{19}H_{18}O_5NCl$, F. 252—253° (Zers.). **V** entsteht nicht, wenn die Rk. bei Zimmertemp. durchgeführt wird, u. auch nicht mit CrO_3 in Eisessig, $(CH_3COO)_4Pb$ in Essigsäure oder $HNO_3 + V_2O_5$. 4 g **I** liefern bei obiger $KMnO_4$-Oxydation 0,4 g **V**, 3 g **III** geben wenige mg **V** u. 1 g **II**, 5,5 g **IV** führen nur zu 0,36 g **V**. (J. Amer. chem. Soc. **72**. 5195—97. Nov. 1950. College Park, Md., Univ. of Maryland, Chem. Dep.) NITZSCHKE. 3231

P. H. Gore und **G. K. Hughes**, *Die Abspaltung von Kohlenmonoxyd aus 1.2-Diketonen.* Im Gegensatz zur Behauptung von INGLETT u. SMITH (C. **1951**. I. 461), daß die Bldg. von 4.5-Diazafluorenon-(9) (**I**) aus 1.10-Phenanthrolin-5.6-chinon (**II**) u. Alkali die erste Rk. ist, bei der eine CO-Abspaltung aus einem 1.2-Diketon beobachtet wurde, stellen Vff. fest, daß eine solche bereits in vielen Fällen bekannt ist. 4 Beispiele werden angegeben. Für die Bldg. von **I** aus **II** wird *9-Oxy-9-carboxy-4.5-diazafluoren* als Intermediärprod. angenommen, aus dem ein Formiation abgespalten wird, ebenso wie Phenanthrenchinon mit konz. Alkali 9-Oxy-9-carboxyfluoren gibt u. mit verd. Alkali Fluorenon-(9). — Aus allen bisher bekannten Tatsachen kann angenommen werden, daß für die Abspaltung von CO, die bei 2-Ketosäureestern unterhalb 160° u. bei 1.2-Diketonen unterhalb 250° stattfinden soll, die Gruppierung X·COCOCHR·Y vorhanden sein muß, wobei X = CHCOR' oder OR', R = H, Alkyl oder Aryl u. Y eine elektronenanziehende Gruppe bedeuten. (J. Amer. chem. Soc. **72**. 5770. Dez. 1950. Sydney, N. S. W., Australia, Univ., School of Chem.) NITZSCHKE. 3272

Hans von Euler, Hans Hasselquist und **Armin Glaser**, *Aminoreduktone, Endiamine, Endithiole, Enole und Reduktonderivative.* Von den *Aminoreduktonen*, welche die Gruppe $HOC{=}CNH_2$ (mit | | unter beiden C) enthalten, werden angeführt: *α-Amino-β-ketobuttersäureäthylester*, dessen

Enolform einen der am stärksten red. organ. Stoffe darstellt, *Aminotetronsäure* u. *Scorbaminsäure*, die 2 Atome J_2 in saurer Lsg. verbrauchen u. saure $AgNO_3$-Lsg. in der Kälte red., u. *3-Oxykynurenin*, das im Gegensatz zu den bekannten Endiolen Tillmans-Reagens (TR) nicht reduziert. Es verbraucht ca. 3,7 Mol J_2, von dem der größte Teil wahrscheinlich in den Benzolkern eintritt. Auch beim *o-Aminophenol* steht der J_2-Verbrauch in keiner Beziehung zur Enaminooxygruppe, u. der TR-Verbrauch entspricht 0,13 Mol Enoxyamin pro Mol Substanz. Auch der Enolform des *6-Oxy-3-amino-α-naphthoxindols*, nach Langenbeck ein wirksamer Katalysator der Brenztraubensäurespaltung, kommt die Struktur eines Aminoreduktons zu. — Von den *Endiaminen* werden angeführt: *3.4-Diaminotetron, o-Phenylendiamin* u. *2.4.5-Triamino-6-oxypyrimidin*. Von letzterem treten in neutraler Lsg. mit TR nur 0,21 Mol Endiamin bzw. Enoxyamin, in alkal. Lsg. dagegen rund 1 Mol in Reaktion. — Von den *Endithiolen* findet das *Dithiobrenzcatechin* Erwähnung u. von den *Enolen* das aus dem Acetol bei der Enolisierung sich bildende *Anion* des *Methyläthendiols* (vgl. Ark. Kemi **1**. [1949.]), welches bei der Oxydation mit TR Methylglyoxal liefern soll. *Aceton* entfärbt TR-Lsg. nicht, auch *Acetylaceton* u. *Acetonylaceton* verbrauchen in NaOH nur minimale Mengen an TR. Die bei der Umlagerung von *Acetophenon-O-benzoat* zu *Dibenzoylmethan* auftretende Enolisierung kann auch durch TR nachgewiesen werden. — Die Neigung des *Triosereduktons* zur Polymerisation wurde durch Erhitzen der alkoh. Lsg. im Bombenrohr zu einem TR nicht mehr reduzierenden Harz vom Mol.-Gew. 126 nachgewiesen. *p-Aminobenzoesäure-Redukton* entfärbt TR schnell. Sein *Oxydationsprod.*, $C_9H_7O_4N$, kleine gelbe Nadeln, die in Lsg. grün fluorescieren, F. 237°, wurde durch Behandeln in alkal. Lsg. mit H_2O_2 erhalten, ist schwer lösl. in organ. Lösungsmitteln, wenig lösl. in sd. W. u. hat vermutlich die Konst. p-HOOC—C_6H_4—N=CH—COOH. *Sulfanilsäure-Redukton* läßt sich nicht mit J_2 oxydieren, die H_2O_2-Oxydation liefert $C_9H_7O_5NS$, gelbglänzende Blättchen, F. 310° (W.), lösl. in warmem Pyridin, unlösl. in gewöhnlichen organ. Lösungsmitteln; Mol.-Gew. 237 (Alkalititration). (Ark. Kemi **2**. 423—29. 1950. Stockholm, Univ., Vitamin-Inst. u. Inst. für organ.-chem. Forsch.) Faass. 3272

Renato Andrisano, *Über einige Furylderivate des Thiouracils*. Auf dem durch das Formelschema angedeuteten Weg werden einige neue *Furylpyrimidinderivv.* für pharmakol. Unterss. dargestellt:

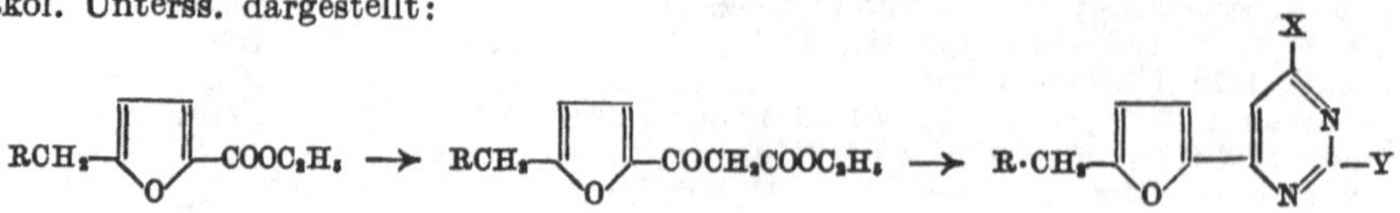

R = H, CH_3O, C_2H_5O; X = Cl, OH, SH; Y = Cl, OH, SH, S-Alkyl

Versuche: *4-[5-Methylfuryl-(2)]-6-oxy-2-mercaptopyrimidin*, Rosetten aus Eisessig, F. 293°. — *4-[5-Methylfuryl-(2)]-2.6-dioxypyrimidin*, Nadeln aus Eisessig, F. >320°. — *4-[5-Methoxyfuryl-(2)]-2.6-dioxypyrimidin*, Nadeln aus Eisessig, F. 280°. — *4-[5-Äthoxyfuryl-(2)]-2.6-dioxypyrimidin*, Nadeln aus Eisessig, F. 261°. — *4-[5-Methylfuryl-(2)]-2.6-dichlorpyrimidin*, Rosetten aus Ligroin, F. 107°. — *4-[5-Methylfuryl-(2)]-2.6-dimercaptopyrimidin*, Nadeln aus Eisessig, F. 260°. — *4-[5-Methylfuryl-(2)]-2-methylmercapto-6-oxypyrimidin*, Nadeln aus A., F. 207°. — *4-[5-Methylfuryl-(2)]-2-äthylmercapto-6-oxypyrimidin*, Kuben aus A., F. 211°. — *4-[5-Methylfuryl-(2)]-2-n-propylmercapto-6-oxypyrimidin*, Nadeln aus A., F. 170°. — *4-[5-Methylfuryl-(2)]-2-isopropylmercapto-6-oxypyrimidin*, Nadeln aus A., F. 224°. — *4-[5-Methylfuryl-(2)]-2-benzylmercapto-6-oxypyrimidin*, Nadeln aus A., F. 237°. (Ric. sci. **20**. 827—28. Juni 1950. Bologna, Univ., Ist. di chim. ind.) K. Faber. 3272

John P. Lambooy, *Die Synthese von 6.7-Diäthyl-9-[D-1'-ribityl]-isoalloxazin*. Als Riboflavin (II)-Analoges wird *6.7-Diäthyl-9-[D-1'-ribityl]-isoalloxazin* (I) aus o-Diäthylbenzol über 6 Zwischenstufen dargestellt. Die Ausbeute an *4.5-Diäthyl-2-nitroanilin* konnte gegenüber einem früher angegebenen Verf. zu seiner Gewinnung (vgl. J. Amer. chem. Soc. **71**. [1949.] 3756) nahezu verdoppelt werden. Das daraus durch Kondensation mit D-Ribose erhaltene *4.5-Diäthyl-2-nitroanilin-N-D-ribopyranosid* wurde katalyt. zu *2-[D-Ribitylamino]-4.5-diäthylanilin* red., welches jedoch nicht isoliert, sondern direkt mit Alloxan kondensiert wurde. — **I** wird in bezug auf seine Rotation, auf das UV-Spektr. u. auf die Fluorescenz mit **II** verglichen u. gegenüber *Lactobacillus casei* biol. geprüft.

Versuche: *4-Brom-o-diäthylbenzol*, $C_{10}H_{13}Br$, Kp.$_{20}$ 120—122°, aus o-Diäthylbenzol durch Bromierung nach Wisansky u. Ansbacher (C. **1948**. E. 202), Dampfdest. u. fraktionierte Dest.; Öl; D.^{27,5} 1,2625; n_D^{23} 1,5440; 86% (Ausbeute). Gibt bei

Oxydation 4-Bromphthalsäure. — *3.4-Diäthylanilin*, $Kp._{20}$ 129—130°, aus vorst. Verb., Cu, 28%ig. NH_4OH u. CuCl durch 14std. Erhitzen auf 188—200° in der Bombe, Abtrennen des Öls, Rk. mit 5%ig. HCl, Ausäthern zur Rückgewinnung von Ausgangsmaterial, Alkalisieren u. erneutes Ausäthern; 78%. — *3.4-Diäthylacetanilid*, F. 118°; 95—98%. — *4.5-Diäthyl-2-nitroacetanilid*, $C_{12}H_{16}O_3N_2$, F. 76—77°, aus vorst. Verb. durch langsame Zugabe zu Nitriersäure bei höchstens —5°, Gießen auf Eis u. Ausäthern; aus A. gelbe Nadeln; 58%. — *4.5-Diäthyl-2-nitroanilin*, F. 65—66° (verd. A.), aus vorst. Verb. u. wss.-alkoh. NaOH bei 80°; 94—98%. — *4.5-Diäthyl-2-nitroanilin-N-D-ribopyranosid*, $C_{15}H_{22}O_6N_2$, F. zwischen 171 u. 177° (Zers.), aus vorst. Verb. u. d-Ribose nach BERGER u. LEE (C. **1946**. I. 737) in absol. A.; feine gelbe Nadeln; $[\alpha]_D^{28}$ —85° (0,5% Pyridin); 67—70%. — *6.7-Diäthyl-9-[D-1'-ribityl]-isoalloxazin* (I), $C_{19}H_{24}O_6N_4$, F. 255—256° (Zers.), aus vorst. Verb. in 72%ig. A. durch Zugabe einer Lsg. von prim. Na-Borat, dann von Pd-$CaCO_3$-Katalysator, 6std. Red. bei 30 at u. 70—80°, Zugabe von Ascorbinsäure, Vakuumverdampfen bei höchstens 35°, Eindampfen mit A., Lösen in Eisessig, Addition von Borsäure u. Alloxan in Eisessig, ½ std. Schütteln bei 40—50°, 48std. Stehen, Einengen wie oben, Suspendieren in 5%ig. CH_3COOH, Kochen u. Filtration; aus W. feine orangefarbene Nadeln; $[\alpha]_D^{24}$ —26,3° (0,826 g in 100 cm^3 n/10 NaOH). (J. Amer. chem. Soc. **72**. 5225—28. Nov. 1950. Rochester, N. Y., Univ., School of Med. and Dent., Dep. of Physiol. and Vital Economics.)

NITZSCHKE. 3272

Shojiro Uyeo, Satoshi Mizukami, Tokuo Kubota und **Shuzo Takagi**, *Modifizierte Synthese von Pteroylglutaminsäure.* Die mehrtägige Kondensation von gleichmol. Mengen 2.4.5-Triamino-6-oxypyrimidin (I), p-Aminobenzoylglutaminsäure u. 1.1.3-Trichloraceton (II) in W. bei Zimmertemp. u. p_H 4 gibt eine Ausbeute von 37% krist. *Pteroylglutaminsäure* (III) von 80% Reinheitsgrad, wenn $NaHSO_3$ zur Vermeidung der Oxydation von I durch II zugesetzt wird. III entsteht in 15%ig. Ausbeute, wenn statt II 1.1-Dichlor-3-bromaceton (IV) verwendet wird. $NaHSO_3$ scheint nicht nur als Antioxydans zu wirken, sondern auch als Katalysator. Andere reduzierende Agentien ($Na_2S_2O_4$, Ascorbinsäure) haben keinen Einfl. auf die Ausbeute.

V e r s u c h e: *1.1-Dichlor-3-bromaceton* (IV), $C_3H_3OCl_2Br$, aus PAe. Nadeln, F. 28—30°. — *1.1.3-Trichloraceton* (II), $C_3H_3OCl_3$, $Kp._{25}$ 77—79°; Nadeln, F. 13,6 bis 15,5°. — IV-*Dihydrat*, $C_3H_3OCl_2Br\cdot 2\,H_2O$, aus IV durch Eingießen in die gleiche Menge W.; Platten, F. 53—55°. — II-*Dihydrat*, $C_3H_3OCl_3\cdot 2\,H_2O$, F. 47—48°, ist isomorph mit II u. erniedrigt den F. des IV-Dihydrates nicht. Beide Hydrate sind gut wasserlöslich. — *Pteroylglutaminsäure* (III), $C_{19}H_{19}O_6N_7\cdot 1\frac{1}{2}\,H_2O$, aus 1,13 g 2.4.5-Triamino-6-oxypyrimidin (I), 2,13 g p-Aminobenzoylglutaminsäure u. 1,5 g $NaHSO_3$ in W. durch Zugabe von II in W., dauerndes Einstellen auf p_H 4 mit $NaHCO_3$-Lsg., 95std. Stehen, Waschen des Nd. u. Reinigen nach WALLER u. Mitarbeitern (C. **1948**. II. 739); Ausbeute 1,3 g gelborangefarbene Kristalle von 80% Reinheit, nach erneuter Reinigung 1,04 g von 92% Reinheit; sehr hygroskop.; R_F-Werte bei der Papierverteilungschromatographie: 0 (n-Butanol), 0,11 (Kollidin–Lutidin 1 : 1), 0,22 (Essigsäure–n-Butanol–W. 1 : 4 : 1), 0,4 (Phenol–W.–NH_3 80 : 18 : 2). (J. Amer. chem. Soc. **72**. 5339—40. Nov. 1950. Kyoto, Japan, Univ., Fac. of Med., Dep. of Pharmacy.)

NITZSCHKE. 3272

Irwin J. Pachter und **Milton C. Kloetzel**, *Die Wohl-Aue-Reaktion.* 2. Mitt. *Reaktivitäten der Chlorphenazine und ihrer Oxyde.* (1. vgl. C. **1953**. 1814.) Vff. unterwarfen einige durch WOHL-AUE-Rk. dargestellte Chlorphenazinoxyde der Alkoholyse bzw. Hydrolyse durch Behandeln mit wss.-alkoh. Alkali. Dabei entstand aus 2.7-Dichlorphenazin-5-oxyd (I) neben *2-Chlor-7-äthoxy-* bzw. *2.7-Diäthoxyphenazin-5-oxyd* u. Spuren einer nichtidentifizierten Verb. (wahrscheinlich *2-Chlor-7-äthoxyphenazin*) als Hauptprod. *2-Chlor-7-oxyphenazin-5-oxyd* (II), dessen Konst. sich durch Methylierung ergab; dabei entstand *2-Chlor-7-methoxyphenazin-5-oxyd* (III). Damit wurde bewiesen, daß durch die Aminoxydgruppe nicht p-ständiges Cl, wie von VIVIAN (vgl. C. **1953**. 5027) angenommen wurde, sondern m-ständiges viel stärker aktiviert wird. *7-Chlor-2-methoxyphenazin-5-oxyd*, welches nach VIVIAN aus der entsprechenden 2-Oxyverb. hätte entstehen müssen, wurde zum Vgl. synthetisiert. Aus den Monochlorphenazinoxyden bildeten sich unter der Einw. von wss.-alkoh. Alkali die entsprechenden Äthoxyverbb. leichter als die Oxyverbb., wobei erstere wahrscheinlich die Zwischenprodd. zu letzteren darstellten. Aus 2-Chlorphenazin-5-oxyd (IV) wurde überhaupt kein Oxy-, sondern nur das 2-Äthoxyderiv. erhalten. 1-Chlorphenazin-5-oxyd (V) reagierte viel träger als IV u. 3-Chlorphenazin-5-oxyd (VI). Unter energ. Bedingungen war bereits *2-Chlorphenazin* (VII) der Alkoholyse u. der Aminolyse zugänglich, welches

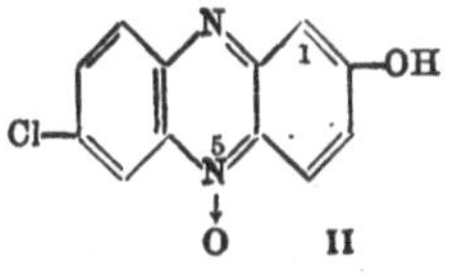

II

beim Vers. der Darst. von *2-Phenylaminophenazin-5-oxyd* durch Kochen von **IV** mit Anilin erhalten wurde. Analog bildete sich aus **V** *1-Chlorphenazin* (**VIII**), welches sich mit H_2O_2 in Essigsäure wieder zu **V** oxydieren ließ.

Versuche: *2-Chlorphenazin-5-oxyd* (**IV**), $C_{12}H_7ON_2Cl$, F. 178°, durch 8std. Rühren einer benzol. Lsg. von $C_6H_5NH_2$, p-Chlornitrobenzol (**IX**) u. trockenem KOH, Eingießen in Eis, Filtrieren u. Umkristallisieren des Rückstands u. eines weiteren aus der Mutterlauge mit HCl isolierten u. mit NH_4OH gefällten Anteils aus Bzl.; gelbe Nadeln; 35% (Ausbeute). — Analog **IV** wurden folgende *Phenazin-5-oxyde* in Form gelber Nadeln (aus A. oder Bzl.) erhalten: *1-Chlor-* (**V**), $C_{12}H_7ON_2Cl$, F. 159—160°, aus $C_6H_5NO_2$ u. o-Chloranilin; 14%; mit Toluol als Lösungsm. 24%; entsteht auch durch 20minütige Einw. von H_2O_2 auf **VIII** bei 50° nach Verdünnung mit W., Aufnehmen in Bzl., Trocknen über K_2CO_3, Eluieren durch Al_2O_3, Eindampfen u. Umkristallisieren aus Methanol (86%); *3-Chlor-* (**VI**), $C_{12}H_7ON_2Cl$, F. 175—176°, aus $C_6H_5NO_2$ u. p-Chloranilin (**X**); 11%; *2.7-Dichlor-* (**I**), F. 236° (Zers.), aus **IX** u. **X**; 17%; *2-Chlor-7-methoxy-* (**III**), $C_{13}H_9O_2N_2Cl$, F. 207° (Zers.), aus p-Anisidin u. **IX**; 24%; entsteht auch bei der Einw. von $(CH_3)_2SO_4$ auf eine Lsg. von **II** in 10%ig. NaOH bei 70° nach Filtrieren u. Chromatographie (zur Abtrennung geringer Mengen einer *hellgelben Substanz* vom F. 152—154°); 62%; *7-Chlor-2-methoxy-*, $C_{13}H_9O_2N_2Cl$, F. 209° (Zers.), aus **X** u. p-Nitroanisol; <1%; mit Toluol als Lösungsm. 5%. — *3-Äthoxyphenazin-5-oxyd*, $C_{14}H_{12}O_2N_2$, F. 171° (Nadeln) u. F. 168° (Prismen), bei 24std. Kochen von **VI** in wss. A. in Ggw. von etwas KOH u. Fällen mit W.; 32%. — *3-Oxyphenazin-5-oxyd*, $C_{12}H_8O_2N_2$, F. 258° (Zers.; Essigsäure), durch Ansäuern der Mutterlauge bei der Darst. von vorst. Verb.; 65%; auch bei 24std. Kochen von vorst. Verb. mit wss. A. in Ggw. von KOH; 80% neben 16% Ausgangsprodukt. — *2-Äthoxyphenazin-5-oxyd*, $C_{14}H_{12}O_2N_2$, F. 155—155,5°, bei 24std. Kochen von **IV** mit wss.-alkoh. Alkali; gelbe Nadeln; 91%. — *2-Chlorphenazin* (**VII**), F. 138—139°, bei 3std. Kochen von **IV** mit Anilin, Wasserdampfdest. u. chromatograph. Reinigen des in Bzl. aufgenommenen Rückstands; 96%. — *2-Äthoxyphenazin*, $C_{14}H_{12}ON_2$, F. 114—115°, durch 3tägiges Kochen von **VII** mit wss.-alkoh. Alkali u. Fällen mit W.; aus Methanol kleine gelbe Nadeln; 88%. — *2-Aminophenazin*, F. 265—267°, durch 24std. Erhitzen von **VII** mit konz. NH_4OH auf 175° im Schüttelrohr u. Chromatographieren des in Bzl. aufgenommenen Reaktionsprod. an Al_2O_3; aus Methanol-W. rote Nadeln; 13%. — *2-Chlor-7-oxyphenazin-5-oxyd* (**II**), bei 17std. Behandlung von 0,5 g **I** mit wss.-alkoh. Alkali nach VIVIAN durch Ansäuern der Mutterlauge; 0,212 g. — *2-Chlor-7-äthoxyphenazin-5-oxyd*, $C_{14}H_{11}O_2N_2Cl$, F. 213—214° (Zers.), analog **III** aus **II** u. $(C_2H_5)_2SO_4$ oder nach Chromatographieren (an Al_2O_3) des in Bzl. aufgenommenen Rückstandes (0,282 g) bei der Isolierung von **II**; daneben im Vorlauf wenige mg einer gelben Verb., wahrscheinlich *2-Chlor-7-äthoxyphenazin* (F. 181°), u. in der Endfraktion *2.7-Diäthoxyphenazin-5-oxyd*, $C_{16}H_{16}O_3N_2$, F. 225° (Zers.). — *1-Äthoxyphenazin-5-oxyd*, $C_{14}H_{12}O_2N_2$, F. 184—186°, nach Wiedererstarren F. 192°, bei 3tägigem Kochen von **V** mit wss.-alkoh. Alkali nach Fällen mit W. u. Chromatographieren; aus Methanol gelbe Nadeln; 72% neben 18% **V**. — *1-Oxyphenazin-5-oxyd*, $C_{12}H_8O_2N_2$, F. 190° (Zers.), wenige mg bei Darst. von vorst. Verb. nach 24 Std. aus der neutralisierten Mutterlauge; aus wss. Methanol orangefarbene, beim Trocknen im Vakuum gelb werdende Nadeln. — *1-Chlorphenazin* (**VIII**), F. 122—123°, analog **VII** bei der Red. von **V**; 88%; *Chloroaurat* F. 232—234° (Zers.), orangefarben. (J. Amer. chem. Soc. **74**. 971—73. 20/2. 1952. Los Angeles, Calif., Univ. of Southern California, Dep. of Chem.) W. HOFFMANN. 3272

Edward M. Peters und **Walter T. Smith jr.**, *Die Bildung von Morpholinthiosulfat aus Morpholin und Schwefel.* Bei längerem Stehen von Morpholin u. S oder beim Einleiten von SO_2 in ein Gemisch hiervon entsteht *Morpholinthiosulfat.* Zu dieser Erkenntnis gelangen Vff., da das Reaktionsprod. bei Behandlung mit Mineralsäuren S + SO_2 abscheidet u. eine Reihe weiterer Thiosulfat-Rkk. eingeht.

Versuche: *Morpholinthiosulfat*, $[O(CH_2CH_2)_2NH]_2S_2O_3$, F. 152—153° (Zers.), a) durch 3wöchiges Stehen von Morpholin + S bei Zimmertemp., Ausziehen mit Ae., aus dem Rückstand nach Extrahieren mit sd. Aceton durch Aufnehmen in Methanol u. Filtrieren; 5% (Ausbeute); b) durch ½std. Einleiten von SO_2 in eine eisgekühlte, turbinierte Mischung von Morpholin + S, Aufnehmen in Methanol, Filtrieren, Einengen u. Stehen im Eisschrank; 24%; scheidet bei Rk. mit verd. Säuren S + SO_2 ab, gibt positiven Test mit Ag^+, Fe^{3+}, KJ, J_2 u. $KMnO_4$. *Benzolsulfonylderiv.*, F. 117—118°. (Proc. Iowa Acad. Sci. **57**. 211—13. 1950. Iowa, State Univ., Dep. of Chim.) LEHWALD. 3282

Helmut Zinner, *Notiz über die Isolierung der wasserlöslichen Aldosemercaptale mit Hilfe von Ionenaustauschern.* Wasserlösl. Aldosemercaptale lassen sich aus dem Reaktionsgemisch isolieren, indem man die Säure durch Ionenaustauscher bindet u. die Lsg. eindampft.

Versuche: Je 2 g Pentose, Mercaptan u. konz. HCl wurden geschüttelt, dann mit 20 ml W. verd. u. durch Wofatit L filtriert. Die mercaptalhaltigen Abläufe wurden im Vakuum eingedampft u. kristallisierten. Umkristallisation unter Anwendung von Aktivkohle. — *d-Ribosedimethylmercaptal*, F. 76—76,5°, Nädelchen aus Chlf. u. Bzl.; $[\alpha]_D^{20}$ —9,6° (c = 5,12 in Methanol); 82% (Ausbeute). — *d-Ribosediäthylmercaptal*, F. 83—84°, Nadeln aus Bzl.; $[\alpha]_D^{20}$ —25,9° (c = 4,67 in Methanol); 83%. — *d-Ribose-diisopropylmercaptal*, F. 96,5—97,5°, Nadeln aus Essigester u. PAe.; $[\alpha]_D^{20}$ —48,8° (c = 4,32 in Methanol); 64%. — *d-Riboseäthylenmercaptal*, F. 104—105°, Nädelchen aus absol. A.; $[\alpha]_D^{20}$ —23,1° (c = 3,93 in Methanol); 54%. — *d-Xylosedimethylmercaptal*, $C_7H_{16}O_4S_2$, F. 64—66°, Nädelchen aus Chlf. u. Bzl.; $[\alpha]_D^{18}$ —1,4° (c = 4,66 in Methanol); 79%. — *d-Xylosediäthylmercaptal*, F. 62—63°, Blättchen aus Bzl.; $[\alpha]_D^{18}$ —29,8° (c = 3,79 in W.); 74%. (Chem. Ber. **86**. 495—96. 1953. Jena, Univ., Inst. für organ. Chem. u. Biochem.) WILLENBERG. 3400

Helmut Zinner, *Über Derivate der d-Ribosemercaptale und eine Synthese der 5-Trityl-α-d-ribofuranose. 5-Trityl-d-ribose* (**I**) läßt sich auf folgendem Wege mit besserer Ausbeute als durch direkte Tritylierung, bei der auch *1.5-Ditrityl-d-ribose* entsteht, erhalten: d-Ribosemercaptale werden trityliert u. gleich anschließend zu krist. *5-Trityl-2.3.4-triacetyl-d-ribosemercaptalen* acetyliert. Durch Entacetylierung mit Ba-Methylat erhält man die sirupösen *5-Trityl-d-ribosemercaptale*, deren Konst. durch Reacetylierung u. Benzoylierung zu den krist. *5-Trityl-2.3.4-tribenzoyl-d-ribosemercaptalen* sichergestellt wurde. **I** läßt sich aus den 5-Trityl-d-ribosemercaptalen durch Umsetzung mit $HgCl_2$/HgO gewinnen. Das Gleichgewicht der α- u. β-Form von **I** ist stark temperaturabhängig. Bei niederer Temp. überwiegt die β-Form.

Versuche: *5-Trityl-2.3.4-triacetyl-d-ribosedimethylmercaptal* (**II**), $C_{32}H_{36}O_7S_2$, F. 123—124°, durch 16std. Schütteln von d-Ribosedimethylmercaptal mit Triphenylmethylchlorid (**III**) in Pyridin bei 30°, darauffolgende Zugabe von Na-Acetat u. nach 6 Std. bei 30° von Essigsäureanhydrid, 16std. Acetylierung bei Zimmertemp. u. Fällen in W.; kleine Prismen aus Methanol; $[\alpha]_D^{22}$ —2,3° (c = 5,30 in Chlf.); 80% (Ausbeute). — *5-Trityl-2.3.4-triacetyl-d-ribosediäthylmercaptal* (**IV**), $C_{34}H_{40}O_7S_2$, F. 96,5—97,5° (Methanol), aus d-Ribosediäthylmercaptal u. **III** wie vorst.; $[\alpha]_D^{22}$ —3,4° (c = 8,49 in Chlf.); 80%. — *5-Trityl-2.3.4-triacetyl-d-ribosedibenzylmercaptal* (**V**), $C_{44}H_{44}O_7S_2$, F. 109—110° (Methanol), aus d-Ribosedibenzylmercaptal u. **III**; $[\alpha]_D^{22}$ —85,2° (c = 5,90 in Chlf.); 80%. — *5-Trityl-2.3.4-triacetyl-d-riboseäthylenmercaptal* (**VI**), $C_{32}H_{34}O_7S_2$, F. 127—128° (Methanol), aus d-Riboseäthylenmercaptal u. **III**; $[\alpha]_D^{22}$ —3,7° (c = 4,34 in Chlf.); 66%. — *5-Trityl-d-ribosedimethylmercaptal* (**VII**), $C_{26}H_{30}O_4S_2$, durch 1std. katalyt. Verseifung von **II** in Methanol mit Ba-Methylat bei Zimmertemp., Neutralisieren mit H_2SO_4, Filtrieren u. Eindampfen; glasige Substanz; $[\alpha]_D^{22}$ +6,3° (c = 6,32 in Chlf.); 98%. Gibt durch 16std. Acetylierung mit Essigsäureanhydrid u. Pyridin bei Zimmertemp. 89% **II**. — *5-Trityl-2.3.4-tribenzoyl-d-ribosedimethylmercaptal*, $C_{47}H_{42}$·O_7S_2, aus **VII** mit Benzoylchlorid in Pyridin (16 Std. bei 0° u. 4 Std. bei Zimmertemp.); feste, nicht krist. Substanz; $[\alpha]_D^{22}$ +21,9° (c = 3,12 in Chlf.). — *5-Trityl-d-ribosediäthylmercaptal* (**VIII**), $C_{28}H_{34}O_4S_2$, aus **IV** analog; dicker Sirup; $[\alpha]_D^{22}$ —4,6° (c = 4,74 in Chlf.); 99%. Reacetylierung gibt 90% **IV** zurück. — *5-Trityl-2.3.4-tribenzoyl-d-ribosediäthylmercaptal*, $C_{49}H_{46}O_7S_2$, F. 147—148°, durch Benzoylieren von **VIII** wie oben; kleine Prismen aus A.; $[\alpha]_D^{22}$ +7,4° (c = 5,41 in Chlf.); 85%. — *5-Trityl-d-ribosedibenzylmercaptal* (**IX**), aus **V** analog **VII**; farbloses Glas; wegen festgehaltenen Methanols nicht analysenrein; $[\alpha]_D^{22}$ —82,5° (c = 4,01 in Chlf.); 98%. Reacetylierung gibt 90% reines **V**. — *5-Trityl-2.3.4-tribenzoyl-d-ribosedibenzylmercaptal*, $C_{59}H_{50}O_7S_2$, F. 140—140,5°, durch Benzoylieren von **IX**; kleine Prismen aus Aceton/A.; $[\alpha]_D^{20}$ —70,2° (c = 4,17 in Chlf.); 83%. — *5-Trityl-d-riboseäthylenmercaptal*, aus **VI** analog **VII**; zäher Sirup; wegen festgehaltenen Lösungsm. nicht analysenrein; $[\alpha]_D^{22}$ —6,2° (c = 3,19 in Chlf.); 99%. Reacetylierung gibt 83% reines **VI**. — *5-Trityl-α-d-ribofuranose* (**I**), F. 123—125°, aus **VIII** (oder **VII** oder **IX**) in wss. Aceton durch 6std. Rühren mit $HgO/HgCl_2$ bei von 20° auf 40° steigender Temp., Extraktion des Eindampfrückstandes mit Chlf. u. Entfernen des Hg mit KJ; kleine verfilzte Nädelchen aus A.; gibt beim Trocknen bei 9 Torr u. 64° Kristallalkohol ab; $[\alpha]_D^{24}$ +11,3° (5 Min.) → —2,9° (120 Min.; c = 2,81 in Pyridin); $[\alpha]_D^{3+}$ —9,9° (Endwert); 76% (52% bezogen auf d-Ribose). (Chem. Ber. **86**. 496—500. 1953. Jena, Univ., Inst. für organ. Chem. u. Biochem.) WILLENBERG. 3400

Richard Kuhn, Friedrich Zilliken und **Adeline Gauhe,** *Reindarstellung von α-Methyl-N-acetyl-d-glucosaminid.* Das in der Literatur beschriebene *α-Methyl-N-acetyl-d-glucos-*

aminid (I) enthält, unabhängig vom Darstellungsverf., noch ca. 15% *β-Methyl-N-acetyl-d-glucosaminid* (II). Bei einem aus N-Acetylglucosamin u. Methanol mit Kationenaustauschern erhaltenen Präp. ließen sich I u. II papierchromatograph. trennen (Essigester/Pyridin/W. 2:1:2, obere Schicht; relative Wanderungsgeschwindigkeiten für I 1,27, für II 1,14, bezogen auf N-Acetylglucosamin). Durch Acetylierung des unreinen I u. Verseifung ließ sich reines I gewinnen. II ließ sich nach den geschilderten Methoden nicht in 2 Komponenten zerlegen.

Versuche: *α-Methyl-N-acetyl-d-glucosaminidtriacetat*, $C_{15}H_{23}O_9N$, F. 107 bis 108°, durch 24std. Umsetzung von 5 g rohem I (F. 185—186°, $[\alpha]_D^{23}$ +105° in W.) mit Essigsäureanhydrid in Ggw. von Pyridin u. $HClO_4$ bei ca. 25°; derbe rechteckige Platten aus A.; $[\alpha]_D^{25}$ +100,2° (c = 1 in Chlf.); 3,7 g (Ausbeute). — *α-Methyl-N-acetyl-d-glucosaminid* (I), $C_9H_{17}O_6N$, F. 187—188°, durch 6std. Umsetzung von 1 g vorst. Verb. in Methanol mit bei 0° mit NH_3 gesätt. Methanol bei Zimmertemp.; zierliche zu Drusen vereinigte Nadeln; $[\alpha]_D^{25}$ +131° (c = 1 in W.); 520 mg. (Chem. Ber. **86.** 466—67. 1953. Heidelberg, Max-Planck-Inst. für Med. Forschung, Inst. für Chemie.)

WILLENBERG. 3400

Géza Zemplén, László Mester und **Ede Eckhart,** *Darstellung der Zuckertetrazolium-Verbindungen.* d-Mannodiphenylformazan gibt mit Amylnitrit u. HCl kein Tetrazoliumderiv., sondern *d-Mannonsäure-γ-lacton.* d-Galaktodiphenylformazan (I) läßt sich nur zu einer uneinheitlichen braunen Substanz oxydieren. Dagegen erhält man aus dem durch seine Acetylgruppen geschützten d-Galaktodiphenylformazanpentaacetat (II) mit Pb-Tetraacetat das farblose *Pentaacetat* (III) *des d-Galaktodiphenyltetrazoliumchlorids.* III kann leicht zu II red. werden u. gibt durch Verseifen *d-Galaktodiphenyltetrazoliumchlorid* (IV). IV läßt sich mit Vitamin C in Na-Methylatlsg. zu I reduzieren. — Die Zuckertetrazoliumverbb. sind für Mäuse weniger giftig als Triphenyltetrazoliumchlorid.

Versuche: Beim Zutropfen von Amylnitrit zu einer eisgekühlten HCl-haltigen Lsg. von I in A. trat Farbumschlag von Dunkelviolett in Gelbbraun ein. Nach dem Eindampfen im Vakuum brauner, sirupöser, nicht einheitlicher Rückstand. — *d-Mannonsäure-γ-lacton,* $C_6H_{10}O_6$, F. 151—152° (A.), durch Oxydation von 1 g d-Mannodiphenylformazan wie vorst.; $[\alpha]_D^{20}$ +47,5° (c = 0,4 in W.); 0,25 g (Ausbeute). — *Tetraacetyl-d-mannonsäure-γ-lacton,* $C_{14}H_{18}O_{10}$, F. 121° (25%ig. A.), durch Acetylierung vorst. Verb. in Pyridin. — *d-Galaktodiphenyltetrazoliumchloridpentaacetat* (III), $C_{28}H_{31}\cdot O_{10}N_4Cl$, F. 204° (W.), durch 3minütige Oxydation von II mit Pb-Tetraacetat in Chlf., Aufnehmen des Verdampfungsrückstandes mit alkoh. HCl u. Fällung mit Ae.; $[\alpha]_D^{20}$ +39,3° (c = 0,1526 in A.); Prismen; 71%. Unter den gleichen Bedingungen gab I keine einheitlichen Produkte. — *d-Galaktodiphenyltetrazoliumchlorid* (IV), $C_{18}H_{21}\cdot O_5N_4Cl$, durch 4minütiges Verseifen von III in Methanol mit Na-Methylat beim Kp., Zugabe von alkoh. HCl u. Ae. u. Umlösen des Nd. mit A./Ae.; gelblichweißes hygroskop. Pulver; $[\alpha]_D^{20}$ +21,7° (c = 0,242 in W.); 44%. Durch Acetylierung von IV in Pyridin bei Zimmertemp. wurde III erhalten. — *d-Galaktodiphenylformazan* (I), F. u. Misch-F. 167°, durch Verseifen von III wie vorst. u. Red. des abgekühlten Reaktionsgemisches mit Vitamin C in Ggw. von Na-Methylat, Erwärmen auf dem Wasserbad u. Fällen mit W.; bronzefarbene Plättchen aus Butanol; 56%, oder durch Behandlung von IV in Na-Methylatlsg. mit Vitamin C. — *d-Galaktodiphenylformazanpentaacetat* (II), F. u. Misch-F. 142°, durch Red. von III in 2%ig. NaOH mit Vitamin C bei Zimmertemp.; rote Nädelchen aus Alkohol. (Chem. Ber. **86.** 472—76. 1953. Budapest, Techn. Univ., Organ.-chem. Inst.)

WILLENBERG. 3400

Hellmut Bredereck, Ingeborg Hennig und **Helmut Zinner,** *Herstellung und Konstitution zweier Ditrityltriacetylfructosen.* 1. Mitt. *Untersuchungen über Fructoseacetate.* Die Darst. von *1.6-Ditritylfructose* (I) wurde gegenüber dem Verf. von HELFERICH (J. prakt. Chem. [2] **147.** [1937.] 60) verbessert. Bei der Acetylierung von I mit Essigsäureanhydrid u. Pyridin entsteht *keto-1.6-Ditrityl-3.4.5-triacetylfructose* (II), u. als Nebenprod. *1.6-Ditrityl-2.3.4-triacetylfructofuranose* (III). III entsteht ausschließlich, wenn I mit Essigsäureanhydrid u. Na-Acetat umgesetzt wird. Durch Tritylierung von Fructose u. anschließende Acetylierung ohne Isolierung von I ließ sich ein Gemisch von II u. III erhalten u. durch fraktionierte Kristallisation trennen. Zum Beweis der Konst. von II dienten folgende Rkk.: II gibt mit Hydroxylamin *1.6-Ditrityl-3.4.5-triacetylfructoseoxim* (VI), das aus 1.6-Ditritylfructoseoxim (IV) über das *1.6-Ditrityl-3.4.5-triacetylfructoseoximacetat* (V) gleichfalls erhalten werden kann. Ferner läßt sich IV mit Essigsäureanhydrid u. Pyridin zu V umsetzen. Diese Rkk. beweisen, daß das Fructoseoxim im Gegensatz zum Glucoseoxim keine ringförmige Struktur besitzt.

— Nach PACSU (J. Amer. chem. Soc. **61.** [1939.] 1671) hergestelltes *Fructosediäthylmercaptal* (**VII**) gibt mit Tritylchlorid in Pyridin amorphes *1.6-Ditritylfructosediäthylmercaptal,* aus dem durch Acetylierung *1.6-Ditrityl-3.4.5-triacetylfructosediäthylmercaptal* u. nach Abspaltung der Mercaptalreste **II** gewonnen werden kann. Infolge dieser Konstitutionsbeweise für **II** muß **III** die Fructofuranosestruktur besitzen. Es gelang jedoch nicht, von **III** zwei anomere Formen zu isolieren u. die Zugehörigkeit von **III** zur α- oder β-Reihe festzulegen.

V e r s u c h e: *1.6-Ditritylfructose* (**I**), F. 94—96°, durch 30std. Umsetzung von Fructose mit Triphenylchlormethan in Pyridin bei 37°, Verdünnen mit Methanol u. Eintropfen in Eiswasser; feine Nädelchen aus Pyridin/PAe.; 68% (Ausbeute). — *keto-1.6-Ditrityl-3.4.5-triacetylfructose* (**II**), $C_{50}H_{46}O_9$, F. 159° (A.), durch 14std. Acetylierung von **I** mit Essigsäureanhydrid in Pyridin bei 37°; Prismen aus Methanol; $[\alpha]_D^{21}$ $+112°$ (in Chlf.); 48,5—55,5%, oder durch 30std. Umsetzung von Fructose mit Triphenylchlormethan in Pyridin, 16std. Acetylierung bei 37° nach Zugabe von Essigsäureanhydrid u. weiterem Pyridin zum Reaktionsgemisch, Verdünnen mit Aceton, Eintropfen in Eiswasser u. Abtrennen von **III** durch Umkrist. aus Ae.; 29% (bezogen auf Fructose). — *1.6-Ditrityl-2.3.4-triacetylfructofuranose* (**III**), $C_{50}H_{46}O_9$, F. 165° (A.), durch fraktionierten Methanolzusatz zur äther. Mutterlauge von **II** u. Kühlung; $[\alpha]_D^{21}$ $+35{,}6°$ (in Chlf.); 22% (bezogen auf Fructose), oder durch 15minütiges Kochen von **I** mit Essigsäureanhydrid u. Na-Acetat; 35%. — *1.6-Ditrityl-3.4.5-triacetylfructoseoximacetat* (**V**), $C_{52}H_{49}O_{10}N$, F. 207—208° (A.), durch 15std. Acetylieren von **IV** mit Essigsäureanhydrid in Pyridin bei 37°; $[\alpha]_D^{20}$ $+118°$ (in Chlf.); 97%, oder durch 10minütiges Kochen von **IV** mit Essigsäureanhydrid u. Na-Acetat bei gleicher Ausbeute, ferner aus **VI** durch 15std. Acetylierung mit Essigsäureanhydrid in Pyridin bei 37°. — *1.6-Ditrityl-3.4.5-triacetylfructoseoxim* (**VI**), $C_{50}H_{47}O_9N$, F. 225—227° (A.), durch 30minütiges Kochen von **V** in oxalsäurehaltigem absol. Methanol, oder durch Umsetzung von **II** mit freiem Hydroxylamin in absol. A. (48 Std. bei 37° oder ½std. Kochen); $[\alpha]_D^{20}$ $+82°$ (in Chlf.). — *1.6-Ditrityl-3.4.5-triacetylfructosediäthylmercaptal,* $C_{54}H_{56}O_8S_2$, F. 134—135° (Methanol), durch 16std. Umsetzung von 2 g **VII** mit Triphenylchlormethan in Pyridin bei 37°, Fällung in W., Aufnehmen in Chlf. u. 16std. Acetylierung des sirupösen Trockenrückstandes mit Essigsäureanhydrid in Pyridin bei 37°; $[\alpha]_D^{20}$ $-10°$ (in Chlf.); 4,6 g. Gibt durch Umsetzung mit $HgCl_2$ in Ggw. von $CdCO_3$ in wss. Aceton, zuletzt unter Steigerung der Temp. zum Kp., **II** (vgl. WOLFROM, J. Amer. chem. Soc. **51.** [1929.] 2188). (Chem. Ber. **86.** 476—83. 1953. Stuttgart, TH, Inst. für Organ. Chemie u. Organ.-chem. Technol., u. Jena, Univ., Inst. für Organ. Chemie.) WILLENBERG. 3400

T. Pavolini und **F. Gambarin,** *Eine Phenazinverbindung des Brucins.* Die bei der Farb-Rk. von Brucin nach FRANCOIS (Bull. Soc. Pharmac. Bordeaux **68.** [1930.] 156) mit Br_2 u. NH_3 entstehende Substanz wurde isoliert. Wahrscheinlich handelt es sich um das *Phenazinderiv.* **I,** das stufenweise über **II, III, IV** u. **V** gebildet wird.

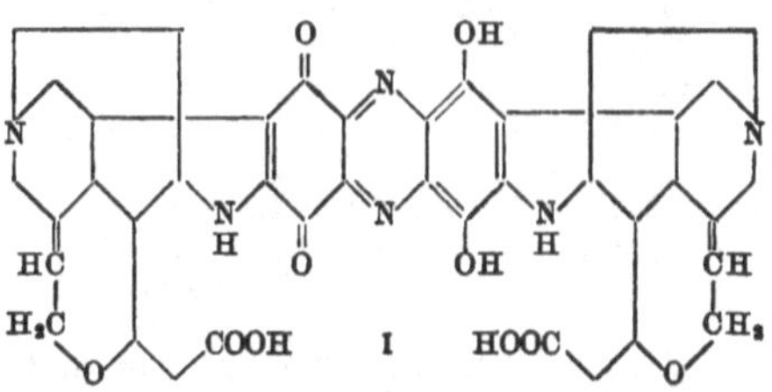

V e r s u c h e: *Phenazinderiv. des Brucins* (**I**), $C_{42}H_{42}O_{10}N_6$, F. 105—107°, aus Brucintetrahydrat durch Auflösen in verd. HCl, Zufügen von Bromwasser bei 20° unter Rühren, Abtrennen des gebildeten Nd. (**VI**), Eintragen in wss. NH_3, Erhitzen (einige Min.), Ansäuern mit HCl, Eindampfen, Zugeben von A., Abtrennen der sich abscheidenden Ammoniumsalze, Zugeben von $NaHCO_3$,

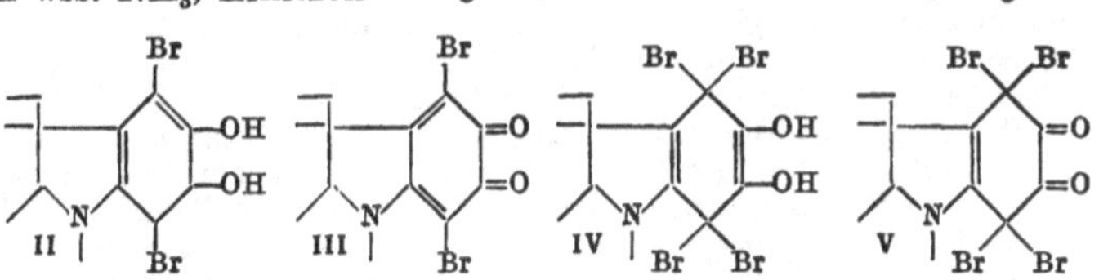

Erhitzen, bis das NH_3 vertrieben ist, u. Auflösen des harzigen Rückstandes in A., aus dem sich bräunliche glänzende Kristalle abscheiden, die in saurer Lsg. noch bei Verdünnung 1:500000 eine grüne Fluorescenz zeigen. *Formiat,* F. 205—210°. *Pikrat,* F. 290° (unvollständig, nach Erweichen ab 205°). — Bei Oxydation mit so viel $KMnO_4$ in verd. H_2SO_4, um das *Dichinon* $C_{42}H_{40}O_{10}N_6$ zu erhalten, verschwindet die grüne Fluorescenz. — **I** läßt sich mit $Na_2S_2O_4$ in die Dihydroverb. überführen, welche mit $KMnO_4$ wieder oxydiert werden kann. — **VI** gibt bei der Analyse Werte, die mit der Formel $C_{21}H_{20}O_5N_2Br_4$ etwa übereinstimmen, u. ist demnach wahrscheinlich eine Verb.

der Struktur V. (Gazz. chim. ital. **80**. 220—27. März/Mai 1950. Padua, Ist. di Chim. farmaceut. e tossicolog. dell' Univ. e Labor. di Chim. agrar. del Minist. dell' Agricult. Foreste.) K. FABER. 3500

J. K. Cooke und **F. L. Warren,** *Amaryllidaceenalkaloide. Die chemische Individualität von Haemanthin.* Getrocknete Zwiebeln von Buphane disticha (gesammelt in der Gegend von Pietermaritzburg) enthalten 0,05—1,0% des von LEWIN (C. **1912**. II. 525) beschriebenen Alkaloids *Haemanthin* (I; *Hydrochloridmonohydrat*, F. 176°; *Nitrat*, F. 129—131°). I hat die Zus. $C_{18}H_{21}O_5N$ u. wird im Gegensatz zu TUTIN (C. **1912**. II. 1830) für einheitlich gehalten. (J. South African chem. Inst. [N. S.] **6**. 2—3. März 1953. Pietermaritzburg, Univ. of Natal, Dep. of Chem. and Chem. Technol.) BOIT. 3500

B. G. Ssawinow und **A. A. Michailownina,** *Neo-β-carotin B als primäres Produkt der stereoisomeren Umwandlung von β-Carotin beim Erhitzen.* Unter den Stereoisomeren von trans-β-Carotin (I) wurde *Neo-β-carotin B*, ein *3.6-Di-cis-β-carotin*, neu aufgefunden. Die ster. Umwandlung gelingt durch 3 std. Erhitzen von I in zugeschmolzenen Ampullen bei 100° unter Ausschluß von O_2; Ausbeute 28,5%. Die Chromatographie an Al_2O_3 in Bzn., Entw. mit Bzl.–Bzn., Abtrennung der rosa-gelben Adsorptionsschicht von der des unveränderten I u. Eluierung mit Bzn. + 1% A. ergibt ein dunkelrotes Kristallpulver; Plättchen aus Bzl., Prismen aus PAe.; F. 146°; Absorptionsmaxima bei **475**, **445** u. 338 mμ. Außerdem entstehen geringe Mengen anderer, nicht untersuchter cis-Isomerer u. farblose Zerfallsprodukte. (Доклады Академии Наук СССР [Ber. Akad. Wiss. UdSSR] [N. S.] **88**. 887—89. 11/2. 1953. Inst. für organ. Chem. der Akad. der Wiss. der UdSSR.) WINTER. 3550

Wyman R. Vaughan und **Randolph Perry jr.,** *Die Konfiguration des Isocamphenilanols.* Das niedrigschm. Isomere (I) des epimeren Alkoholpaares, das sich von der Camphenilansäure u. der Isocamphenilansäure (II) ableitet, hat endo-Konfiguration. Der Beweis wurde durch Synth. von I, für das die Bezeichnung *Isocamphenilanol* (entsprechend für den höherschm. Alkohol *Camphenilanol*) vorgeschlagen wird, aus Mesityloxyd u. Cyclopentadien erbracht. Das zuerst gebildete *5.6-Dehydro-endo-camphenilyl-(3)-methylketon* wird katalyt. hydriert, das *Isocamphenilylmethylketon* in **II** übergeführt u. diese mittels $LiAlH_4$ zu I reduziert.

V e r s u c h e: *5.6-Dehydro-endo-camphenilyl-(3)-methylketon* (*2.2-Dimethyl-3.6-endo-methano-Δ⁴-cyclohexenylmethylketon*), $C_{11}H_{16}O$, $Kp._4$ 74°, $Kp._1$ 53°. Dicyclopentadien u. Mesityloxyd werden 12 Std. in einem Autoklaven auf 160° erhitzt; n_D^{25} 1,4807; $D.^{28}_{28}$ 0,9698; 60% (Ausbeute) (bezogen auf verbrauchtes Mesityloxyd). — *Isocamphenilylmethylketon* (*2.2-Dimethyl-3.6-endo-methanocyclohexylmethylketon*), $C_{11}H_{18}O$, $Kp._{0,9}$ 52—53°. Vorst. Verb. in Eisessig wird bei Zimmertemp. hydriert (3 at); n_D^{25} 1,4749; $D.^{28}_{28}$ 0,9606; 91%. *Semicarbazon*, $C_{12}H_{21}ON_3$, F. 201,6—203° (A.). — *Isocamphenilansäure* [II; *endo-Camphenilancarbonsäure-(3)*], $C_{10}H_{16}O_2$, F. 118—118,5° (korr.; PAe. oder wss. A.). 0,03 Mol vorst. Verb. in 15 cm³ W., das 1 g KOH u. einen „Nacconal"-Kristall enthält, werden erhitzt u. mit KOCl-Lsg. (0,15 Mol) versetzt; nach 1 std. Kochen werden die Nebenprodd. durch Wasserdampfdest. entfernt; der Rückstand wird mit H_2SO_4 (1:2) angesäuert; 70%. — *Isocamphenilanol* (I; *endo-Camphenilyl-(3)-methanol*), F. 65—66°. Zu II in Ae. wird ein Überschuß an $LiAlH_4$ in Ae. getropft u. vorsichtig A. hinzugefügt. Reinigung über das *saure Phthalat*, $C_{18}H_{22}O_4$, F. 156—156,7° (Ae./PAe.). *4-Nitrobenzoat*, $C_{17}H_{21}O_4N$, F. 106,5—107° (wss. Methanol). (J. Amer. chem. Soc. **74**. 5355—56. 5/11. 1952. Ann Arbor, Mich., Univ., Dep. of Chem.) ULRICH. 3600

Richard Kuhn, Irmentraut Löw und **Heinrich Trischmann,** *Abbau von Tomatidin zum 5-Methyl-2-äthylpyridin.* Dihydrotomatidin (F. 221°; vgl. C. **1953**. 3571) liefert ebenso wie Demissidin (Dihydrosolanidin) bei der Dehydrierung mit Se (330—340°) 15% 5-Methyl-2-äthylpyridin (Pikrat, $C_8H_{11}N \cdot C_6H_3O_7N_3$, F. 147°). Das Ergebnis steht im Einklang mit der l. c. aufgestellten Tomatidinformel. (Chem. Ber. **86**. 372—73. 1953. Heidelberg, MPI für Med. Forschung, Inst. für Chemie.) BOIT. 3650

Harold R. Nace, *Die Reaktion von α- und β-Cholestanyl-p-toluolsulfonaten mit Methanol.* Die Umsetzung von α- (bzw. β)-Cholestanyltosylat (II bzw. I) mit Methanol lieferte *Δ²- u. Δ³-Cholesten* u. *β- (bzw. α)-Cholestanylmethyläther*.

V e r s u c h e (FF. korr., opt. Drehungen bei Raumtemp. in ca. 1%ig. Chloroformlsg.): *β-Cholestanyltosylat* (I), F. 136,5—137,5° (Zers.), $[\alpha]_D$ +6,5°, nach STOLL (Hoppe-Seyler's Z. physiol. Chem. **207**. [1932.] 147). — *α-Cholestanyltosylat* (II), $C_{34}H_{54}O_3S$, aus α-Cholestanol u. p-Toluolsulfochlorid in Pyridin, nach 5 Tagen bei Raumtemp. wurde auf Eis–Bicarbonat-Lsg. gegossen u. der Nd. in Bzl. gelöst; der Benzolrückstand gab aus PAe. Nadeln, $[\alpha]_D$ +12°, deren FF. (unter Zers.) zwischen 105 u. 130° schwankten. — 73 std. Kochen von I in Methanol u. mehrfache Chromatographie an Al_2O_3 lieferte 17% eines Gemisches gleicher Teile *Δ²- u. Δ³-Cholesten* [aus verd. A. Nadeln,

F. 70,5—72°, $[\alpha]_D$ +64°; Bromierung in CCl_4 gab ein Gemisch von *2.3-* u. *3.4-Dibromid*, $[\alpha]_D$ +46°] u. 73% *α-Cholestanylmethyläther*, $C_{28}H_{50}O$, F. 62,8—63,8° (Aceton), $[\alpha]_D$ +18°. — Aus **II** in Methanol, 6 Std. am Rückfluß, entstanden 69% Δ^2 + Δ^3-Cholesten u. 23% *β-Methoxycholestan*, aus Aceton Blätter, F. 81—82°, $[\alpha]_D$ +20°. (J. Amer. chem. Soc. **74**. 5937—38. 5/12. 1952. Providence, R. I., Brown Univ., Metcalf Chem. Labors.) SCHORRE. 3700

W. V. Ruyle, E. M. Chamberlin, J. M. Chemerda, G. E. Sita, L. M. Aliminosa und **R. L. Erickson,** *Hydrierung von $\Delta^{5.7}$-Sterinderivaten.* Vff. zeigen eine allg. anwendbare Meth. zur Hydrierung von $\Delta^{5,7}$-Steroiden zu *Δ^7-Allosteroiden* in 80—90%ig. Ausbeute mit RANEY-Ni in Bzl., die im Gegensatz zu den mit Pt u. Pd durchgeführten Hydrierungen eine Isomerisation der Δ^7-Allosteroide zu $\Delta^{8,14}$-Allosteroiden vermeidet.

V e r s u c h e (FF. korr., Drehungen in 1%ig. Lsgg.): *$\Delta^{7,22}$-Ergostadien-3β-olacetat*, F. 184—186,8° (Essigester), aus Ergosterinacetat in Bzl. mit RANEY-Ni unter 40 lbs./sq.in.; $[\alpha]_D^{23}$ —19,2° (Chlf.); 90% (Ausbeute). — *Δ^5-3β-Benzoxy-7-brom-bisnorcholensäuremethylester* (**I**), $C_{30}H_{39}O_4Br$, F. 144—145° (Zers.) (Aceton), aus Δ^5-3β-Benzoxy-bis-norcholensäuremethylester in CCl_4 mit Bromsuccinimid durch 15 Min. Kochen unter N_2; $[\alpha]_D^{24}$ —166° (Chlf.). — *$\Delta^{5.7}$-3β-Benzoxy-bis-norcholadiensäuremethylester* (**II**), $C_{30}H_{38}O_4$, F. 189—192° (Aceton u. Methanol). **I** in Xylol wurde mit Kollidin 20 Min. unter N_2 gekocht; $[\alpha]_D^{24}$ —66,6° (Chlf.), λ_{max} 231, 271, 281 u. 293 mμ (E = 14100, 13750, 14350 u. 7260 in A.). — *$\Delta^{5.7}$-3β-Oxy-bis-norcholadiensäuremethylester* (**III**), $C_{23}H_{34}O_3$, F. 167—169°, durch Hydrolyse von **II** mit methanol. KOH; $[\alpha]_D^{24}$ —130° (Chlf.), λ_{max} 271, 281 u. 293 mμ (E = 10900, 11700 u. 6400 in A.). —*Δ^5-3β-Acetoxy-7-brom-bis-norcholensäuremethylester* (**V**), $C_{25}H_{37}O_4Br$, F. 119—120° (Skellysolve B), aus Δ^5-3β-Acetoxy-bis-norcholensäuremethylester in Skellysolve B mit Bromsuccinimid durch 15 Min. Kochen; $[\alpha]_D$ —219° (Chlf.). — *$\Delta^{5.7}$-3β-Acetoxy-bis-norcholadiensäuremethylester* (**VI**), F. 145—150°. a) **V** in Xylol wurde mit Kollidin 15 Min. gekocht, das nach üblicher Aufarbeitung erhaltene Prod. erwies sich nach Umkristallisation aus Methanol als ein Gemisch von 44% des $\Delta^{4.6}$-Isomeren u. 56% **VI**, das nach Chromatographieren an Al_2O_3 u. Eluieren mit Ae.–PAe. (1:10) in die Komponenten getrennt wurde; b) **III** wurde in Pyridin mit Essigsäureanhydrid acetyliert; $[\alpha]_D^{24}$ —88° (Chlf.), λ_{max} 270, 281 u. 293 mμ (E = 11200, 11700 u. 6690 in A.). — *Δ^7-3β-Acetoxy-bis-norallocholensäuremethylester* (**VII**), $C_{25}H_{38}O_4$, F. 156—157° (Methanol), aus **VI** in Bzl. mit RANEY-Ni unter 3 at H_2. — *Δ^7-3β-Oxy-bis-norallocholensäuremethylester* (**IV**), F. 179 bis 181°, durch Hydrolyse von **VII** mit methanol. KOH; $[\alpha]_D^{24}$ —6,5 (Chlf.). — *Δ^7-3β-Benzoxy-bis-norallocholensäuremethylester*, $C_{30}H_{40}O_4$, F. 169—170°, $[\alpha]_D^{24}$ —2° (Chlf.). — Hydrierung von **III** in Essigester mit einer Spur Eisessig lieferte in Ggw. von vorred. PtO_2 **IV** u. *$\Delta^{8.14}$-3β-Oxy-bis-norallocholensäuremethylester* (**VIII**), $C_{23}H_{36}O_3$, F. 158—160, $[\alpha]_D^{24}$ +9,1° (Chlf.), die durch fraktionierte Kristallisation aus A., Skellysolve B oder Essigester getrennt wurden. Hydrierung von **VI** unter gleichen Bedingungen führte ebenfalls zu einem Gemisch von **VII** mit dem $\Delta^{8.14}$-Isomeren; mit mehr Eisessig war *$\Delta^{8.14}$-3β-Acetoxy-bis-norallocholensäuremethylester*, F. 140—142,5° (Methanol) das einzige Prod. (80%), das durch Verseifung mit 1nNaOH in Methanol **VIII** lieferte. — *$\Delta^{5.7}$-Pregnadien-3β-ol-20-onbenzoat*, $C_{28}H_{34}O_3$, F. 220—223° (Aceton). a) Zu einer sd. Mischung von Xylol u. Kollidin wurde Δ^5-7-Brompregnen-3β-ol-20-onbenzoat in kleinen Anteilen zugegeben u. anschließend 25 Min. gekocht, auf 0—5° abgekühlt u. mit Eiswasser versetzt; $[\alpha]_D^{24}$ —7,3° (Chlf.), λ_{max} 228, 272, 282 u. 294 mμ (E = 14500, 12700, 13000 u. 7200 in A.). b) Durch 20 Min. Kochen unter N_2 einer Lsg. des Δ^5-7-Bromderiv. in Xylol mit Dimethylanilin u. Ansäuern des Bicarbonatextraktes entstand ein Gemisch mit dem 17-iso-Derivat. — Δ^5-Pregnen-3β-ol-20-onbenzoat wurde nach Kochen mit Kollidin, Dimethylanilin oder Kollidin–Kollidinhydrobromid in Xylol unverändert zurückgewonnen, dagegen wurde in sd. Xylol mit Dimethylanilin u. Dimethylanilinhydrobromid verunreinigtes Isoderiv., F. 168—186°, $[\alpha]_D^{21}$ —0,5° (Chl.), neben 51% Ausgangsmaterial erhalten. — *Δ^7-Allopregnen-3β-ol-20-onacetat*, $C_{23}H_{34}O_3$, F. 172—175,5° (Methanol), aus $\Delta^{5.7}$-Pregnadien-3β-ol-20-onacetat in Bzl. mit RANEY-Ni unter 3 at H_2; $[\alpha]_D^{24}$ +82° (Chlf.). — *Δ^7-Isoallospirosten-3β-olacetat*, $C_{29}H_{44}O_4$, F. 236—238° (Methanol), aus $\Delta^{5.7}$-Spirostadien-3β-olacetat in Dioxan mit RANEY-Ni unter 3 at H_2 (40 Min.); $[\alpha]_D^{24}$ —76° (Chlf.). *Δ^7-Spirosten-3β-ol*, $C_{27}H_{42}O_3$, F. 201—204°. — *Δ^7-Ergosten-3β-ol*, F. 145—146° (Methanol). $^{7.22}$-Ergostadien-3β-ol wurde in Essigester mit ADAMS-Katalysator bei 27° mit H_2 geschüttelt; $[\alpha]_D^{24}$ +0,44° (Chlf.). — *Δ^7-Ergosten-3β-olacetat*, F. 159—162°. $\Delta^{7.9,11.22}$-Ergostatrien-3β-olacetat, suspendiert in Essigester (mit einer Spur Eisessig), wurde unter H_2 mit ADAMS-Katalysator bei 27° geschüttelt; aus Methanol–Chlf. Platten, $[\alpha]_D^{24}$ —3,1° (Chlf.). (J. Amer. chem. Soc. **74**. 5929—33. 5/12. 1952. Rahway, N. J., Merck & Co. Inc., Res. Labors.) SCHORRE. 3700

James A. Moore und **Eugene L. Wittle,** *Beobachtungen über den Abbau der 12-Ketosapogenine zu Pregnanderivaten.* Das aus Pseudokammogenintriacetat (I) mit CrO_3 erhaltene Oxydationsprod. (II) wurde mit wss. alkoh. K-Bicarbonat zu *$\Delta^{5.16}$-Pregnadien-2.3β-diol-12.20-diondiacetat* u. mit methanol. u. äthanol. KOH (u. Acetylierung) zu *16α-Methoxy-* bzw. *16α-Äthoxy-Δ^5-pregnen-2.3β-diol-12.20-diondiacetat* hydrolysiert. Versuche (FF. korr.): II. Das aus Kammogenin erhaltene I wurde in Eisessig bei 20—23° mit CrO_3 oxydiert (95 Min.); II wurde als blaßgelbes, glasiges Prod. erhalten. — *$\Delta^{5.16}$-Pregnadien-2.3β-diol-12.20-diondiacetat,* $C_{25}H_{32}O_6$, F. 242—244° (Ae.). II wurde in heißem Methanol mit einer wss. Lsg. von K-Bicarbonat versetzt, nach 4 Min. mit W. verd., abgekühlt, mit Ae. extrahiert u. in Pyridin mit Essigsäureanhydrid reacetyliert; $[\alpha]_D^{25}$ —1,2° (Chlf.); λ_{max} 225 mμ (log ε = 3,9 in A.). —*16α-Methoxy-Δ^5-pregnen-2.3β-diol-12.20-diondiacetat,* $C_{26}H_{36}O_7$, F. 212—214° (Ae.-Methanol). II in Methanol wurde mit wss. KOH 15 Min. gekocht, mit Essigsäure neutralisiert, konz., mit W. versetzt u. mit Ae. extrahiert; Ae.-Rückstand (Öl) wurde in Pyridin mit Essigsäureanhydrid acetyliert; $[\alpha]_D^{26}$ —10,2° (Chlf.). — *16α-Äthoxy-Δ^5-pregnen-2.3β-diol-12.20-diondiacetat,* $C_{27}H_{38}O_7$, F. 202—203° (Ae.-Methanol), aus II in absol. A. wie vorst.; $[\alpha]_D^{25}$ —12,3° (Chlf.). (J. Amer. chem. Soc. **74.** 6287—88. 20/12. 1952. Detroit, Mich., Parke, Davis & Co., Res. Labors.) SCHORRE. 3750

D. H. Peterson, H. C. Murray, S. H. Eppstein, L. M. Reineke, A. Weintraub, P. D. Meister und **H. M. Leigh,** *Mikrobiologische Umwandlungen von Steroiden. 1. Mitt. Einführung von Sauerstoff an $C_{(11)}$ des Progesterons.* Ausführliche Wiedergabe der C. **1953.** 65 referierten Arbeit. Nachzutragen ist: Von *11α-Oxyprogesteron* (I) wurden noch nachst. Derivv. dargestellt: *Propionat,* $C_{24}H_{34}O_4$, F. 145,5—146° (Essigester), $[\alpha]_D^{25}$ +156° (Chlf.). *Benzoat,* $C_{28}H_{34}O_4$, F. 181—183° (Ae.), $[\alpha]_D^{23}$ +88° (Chlf.). *Formiat,* $C_{22}H_{30}O_4$, F. 162—164° (Methanol), $[\alpha]_D^{23}$ +179° (Chlf.). — Bei der Oxydation von Progesteron mit *Rhizopus nigricans* wurden neben 83% I u. 0,8% *6β.11α-Dioxyprogesteron* 4% *11α-Oxyallopregnan-3.20-dion,* F. 198—200°, erhalten; $[\alpha]_D^{23}$ —84° (Chlf.). (J. Amer. chem. Soc. **74.** 5933—36. 5/12. 1952. Kalamazoo, Mich., Upjohn Co., Res. Labors.) SCHORRE. 3750

A. Bernanose und **P. Chevalier,** *Über ein Torulaflavin.* Das Absorptions- u. das Fluorescenzspektr. des von CHEVALIER (Bull. Soc. Chim. biol. **23.** [1941.] 421) festgestellten *Torulaflavins* stimmen mit *Lactoflavin* überein. (Bull. Soc. Chim. biol. **32.** 835—37. 1950. Nancy, École de Brasserie.) CARLS. 3800

Gustav Ehrhart, *Studien in der Penicillinreihe.* Vortrag. Überblick über bekannte Teilsynthesen des Penicillins. (Süddtsch. Apotheker-Ztg. **90.** 439—40. 16/6. 1950. Frankfurt/M.-Höchst.) J. KEIL. 3900

Gerhard Schramm, Wolfgang Albrecht und **Klaus Munk,** *Über die enzymatische Spaltung der Desoxyribosenucleinsäure aus Thymus und der Ribosenucleinsäure aus Hefe.* Als Maß für die Molekülgröße von Nucleotiden wurden von einer Anzahl Purinderivv. die Diffusionskonstanten D_{20}, die in der Größenordnung von 10^{-7} cm^2/sec liegen, nach der Meth. von LAMM gemessen. Die D_{20} von *Muskel-* u. *Hefeadenylsäure* (I) blieben bei Salzkonzz. >0,1 mol. konstant, zeigten aber eine starke Abhängigkeit vom p_H, die einer Änderung des Mol.-Gew. um das 2,5fache entsprechen würde. Die I scheiden somit als Bezugssubstanzen aus. Beim *Adenin* besteht keine p_H-Abhängigkeit, beim *Adenosin* nur eine sehr geringe. Bei *Guanylsäure,* die nur im alkal. Gebiet untersucht werden kann, steigt das aus der D_{20} berechnete Mol.-Gew. mit steigendem p_H. Aus D_{20} kann deshalb im allg. über die tatsächliche Mol.-Größe nichts Sicheres ausgesagt werden. — Bei der Spaltung der *Ribosenucleinsäure* (II) *aus Hefe* mit krist. Ribonuclease treten zu 82% dialysierbare Bruchstücke auf, deren durchschnittliche D_{20} in alkal. Lsg. mit der von I übereinstimmt. Wegen des anomalen Verh. von I darf jedoch nicht geschlossen werden, daß die Spaltstücke die Größe von Mononucleotiden besitzen. Das Spaltgemisch konnte papierchromatograph. in 4 Fraktionen getrennt werden; jede Fraktion ergab bei der alkal. Hydrolyse *Adenylsäure* u. 1—3 weitere Nucleotide. Die Spaltstücke sind also wahrscheinlich Oligonucleotide vom Polymerisationsgrad 2—4. Bei der Spaltung von *Thymonucleinsäure* mit krist. Desoxyribonuclease treten 90% dialysierbare Spaltstücke auf, deren Größen denen der II entsprechen; definierte Fraktionen ließen sich hier papierchromatograph. nicht nachweisen. (Z. Naturforsch. **7b.** 10—18. Jan. 1952. Tübingen, MPI für Biochemie, Abt. Virusforschung.) K. F. MÜLLER. 3950

D_3. Makromolekulare Chemie.

Raymond F. Boyer, *Verhältnis der Reißfestigkeit zur Schmelzviscosität für hochpolymere Materialien.* Das Verhältnis der Reißfestigkeit eines Polymers bei 25° zu seiner Schmelzviscosität R bei einer bestimmten hohen Temp. im Fabrikationsbereich kann eine quantitative Bezeichnung des Wertes von Handelspolymeren darstellen u. geht als Funktion des Mol.-Gew. durch ein sehr scharfes Maximum. Bei unveränderter Lage des Maximums in der Mol.-Gew.-Skala fällt seine Höhe stark mit zunehmender Heterogenität des Mol.-Gew., dies beruht darauf, daß die Reißfestigkeit vom Zahlenmittel- u. die Schmelzviscosität vom Gewichtsmittel-Mol.-Gew. abhängig ist. Der mögliche Einfl. von nicht-NEWTONschem Verh. auf diese Folgerungen wird diskutiert u. gezeigt, daß R für ein plastiziertes Polymer exponentiell mit Plastiziermittelgeh. zunimmt. (J. Polymer Sci. **9.** 289—94. Okt. 1952.) E. W. HAAS. 4000

H. H. G. Jellinek, *Abbau von Hochpolymeren.* Vf. zeigt, daß die von CASASSA (J. Polymer Sci. **4.** [1949.] 405) für ein Polymerisat mit unendlich großem Mol.-Gew. abgeleitete Abnahme des Zahlenmittel-Mol.-Gew. mit der Zeit auch für ein homogenes Polymerisat mit jedem beliebigen Mol.-Gew. gefunden wird. (J. Polymer Sci. **5.** 264—65. April 1950. London.) SCHÄFF. 4000

Benjamin M. Siegel, Dwight H. Johnson und **H. Mark,** *Molekulargewichtsuntersuchungen an Hochpolymeren mit dem Elektronenmikroskop.* Das Mol.-Gew. von 4 Polystyrolfraktionen wurde aus den Abmessungen der Moll. im elektronenmkr. Bild u. ihrer D. bestimmt. Zur Präparation der einzelnen Moll. wurden auf 10^{-4}% verd. Lsgg. in Cyclohexan in feinen Nebeltröpfchen auf Kollodiummembrane gesprüht u. zur Erhöhung des Kontrastes mit Uran schräg bedampft. Die aus der ausgemessenen Teilchengröße u. der D. des Polystyrols berechneten Mol.-Geww. sind in guter Übereinstimmung mit den an denselben Fraktionen durch Messung des osmot. Druckes u. der Viscosität bestimmten Mol.-Gewichte. Das Elektronenmikroskop dürfte sich zur Best. des Mol.-Gew. bes. dann eignen, wenn dieses von der Größenordnung 10^6 u. größer ist. (J. Polymer Sci. **5.** 111—20. Febr. 1950. Rehovoth, Israel, Chaim Weizmann Inst. of Sci., u. Brooklyn, Polytechn. Inst., Inst. of Polymer Res.) LENZ. 4010

Bruno H. Zimm und **John K. Bragg,** *Mechanismus der durch Biradikale eingeleiteten Polymerisation.* Im Anschluß an die C. **1952.** 1836 (MAYO, GREGG u. MATHESON) u. C. **1952.** 6542 (JOHNSON u. TOBOLSKY) referierten Arbeiten untersuchen Vff. die Frage, ob *Styrol*-Biradikale zu einer hochpolymeren Verb. polymerisieren können, u. gelangen auf Grund von Literaturdaten zu dem Ergebnis, daß die Rk. nicht möglich ist. Dagegen halten Vff. die Einleitung einer Styrolpolymerisation durch Styrolbiradikale für möglich; hierbei müßte ein relativ großer Anteil an Makromoll. mit niedrigem Mol.-Gew. entstehen. Eine experimentelle Entscheidung ist schwierig, da gleichzeitig auch Polymerisationen über Monoradikale stattfinden können. (J. Polymer Sci. **9.** 476—78. Nov. 1952. Schenectady, N. Y., Gen. Electric Res. Labor.) FUCHS. 4010

J. Bakker, *Kinetik der Emulsionspolymerisation des Styrols.* Die Geschwindigkeit der Styrol–Emulsionspolymerisation ($K_2S_2O_8$ als Katalysator, kein Regler) wurde dilatometr. ermittelt u. der Zeitpunkt t* des Verschwindens der Seifenmicellen durch Leitfähigkeitsmessung der Emulsion bestimmt. Bis 50% Umsatz gilt: $\sqrt{x/(1-x)} = t/t_{1/2}$ (x = Umsatz, t = Zeit, $t_{1/2}$ = halbe Umsatzzeit), u. zwar unabhängig von der Menge der Seife u. des Katalysators, wenn *K-Myristat* (I) als Emulgator verwendet wurde. Bei anderen Seifen, wie Lauraten, Stearaten oder Oleaten, treten geringe Abweichungen von dieser Gleichung auf. Oberhalb 50% Umsatz wurde eine andere Gleichung ermittelt mit je einem Parameter für die Art der Seife u. für das Monomere. Aus ersterem Parameter, der mit der Zahl der Latexteilchen zusammenhängt, läßt sich dieser Wert ableiten. Bei gleichen Monomerenmengen u. Voll. W. gilt für $t_{1/2}$ = konst. $(SR)^{-1/2}$ (S bzw. R = Menge der Seife bzw. des Katalysators). t* ist prakt. unabhängig von der Seifenmenge (aber nur unterhalb 15 Gew.-%, bezogen auf das Monomere), aber abhängig von der Katalysatormenge (t* = konst. $R^{-2/5}$, bzw. korr.: t* = konst. $R^{-3/5}$). Bei über 15 Gew.-% Seife verschwinden die Seifenmicellen nicht mehr vollständig aus der Lösung. Auf Grund der Theorie von SMITH u. EWART (C. **1949.** II. 34) wurde eine andere Meth. zur Best. der Latexteilchenzahl entwickelt, die in Verbindung mit der 1. Meth. die Berechnung des von einem Seifenmol. eingenommenen Flächenbereiches gestattete (35 ± 6 Å² bei I). Ferner wurde gefunden, daß $t_{1/2}$ (entgegen der Erwartung) im untersuchten Bereich unabhängig vom Vol. der wss. Phase u. direkt proportional der Wurzel des Anfangsgewichtes des Monomeren ist. Aus einigen Unterss. über den Polymerisationsgrad wird gefolgert, daß dieser nur durch Kettenübertragung bestimmt wird. Dieser Befund steht in Übereinstimmung mit der Theorie der Abbruch-Rk. bei der Emulsionspolymerisation. (Philips Res. Rep. **7.** 344—400. Okt. 1952. Utrecht, Univ.) SCHÄFF. 4010

P. O. Powers, *Löslichkeit von Polyinden in Paraffin–Kohlenwasserstoffen.* Die Best. der Löslichkeit von 5 verschied. Polyindenharzen mit den Mol.-Geww. 300, 368, 440, 593 u. 602 in Decan (**I**), Dodecan (**II**), Tetradecan (**III**), Hexadecan (**IV**) u. Octadecan (**V**) ergab, daß die Löslichkeit mit steigendem Mol.-Gew. der Harze abnimmt, ebenso nimmt sie vom **I** zum **V** hin ab. Die in einigen Fällen etwas bessere Löslichkeit in **IV** als in **III** ist wahrscheinlich auf Verunreinigung des **IV** zurückzuführen. (Ind. Engng. Chem. **44.** 380—82. Febr. 1952. Lancaster, Pa., Armstrong Cork Co.) OPPERMANN. 4010

L. Glatt, D. S. Webber, C. Seaman und **J. W. Ellis,** *Pleochroismus im nahen Ultrarot.* 1. Mitt. *Die gestörten O—H-Banden und die C—H-Banden von Polyvinylalkohol.* Vff. messen mit polarisiertem Licht die Ultrarotspektren von 0,6—3,7 μ von *Polyvinylalkohol*-Filmen im unorientierten, gereckten u. leicht angerollten Zustand, feucht, vakuumgetrocknet u. ofengetrocknet. An den durch Wasserstoffbrücken gestörten O—H-Banden wird in Grundschwingung, Oberschwingung u. Kombinationsbande etwa gleich starker Dichroismus beobachtet. Vff. nehmen zur Erklärung an, daß das Proton in der Wasserstoffbrücke nicht genau auf der O—H···O-Geraden liegt. Daneben werden dichroit. O—H-Banden von adsorbiertem W. u. auch freie O—H-Banden an scharf getrockneten Proben beobachtet. Pleochroit. Banden bei 2941 u. 2906 cm^{-1} werden den ν_a- u. ν_s-Schwingungen der $>CH_2$-Gruppe zugeordnet. (J. chem. Physics **18.** 413—16. April 1950. Los Angeles, Calif., Univ., Dep. of Phys.) A. REUTER. 4010

O. D. Shreve, *Infrarot-, Ultraviolett- und Raman-Spektroskopie. Anwendung auf die Analyse komplexer Stoffe.* Nach einem kurzen Überblick über die Anwendungsmöglichkeiten u. -grenzen der Infrarot-, UV- u. der RAMAN-Spektroskopie, speziell bei komplexen Stoffen, werden als prakt. Beispiele besprochen: die Infrarotspektren von *Alkydharz*, von bei der Herst. von Alkydharz benutzten *Ölen*, von entwässertem *Kastoröl, Phenolformaldehydharz, p-tert.-Butylphenolformaldehydharz* u. von *p-Phenylphenolformaldehydharz* sowie die UV-Spektren von *Sojabohnenöl* (**I**), von alkaliisomerisiertem **I** u. von alkaliisomerisierter *Linol-* u. *Linolensäure.* (Analytic. Chem. **24.** 1692—99. Nov. 1952. Philadelphia, Pa., E. I. du Pont de Nemours & Co., Marshall Labor.) GOTTFRIED. 4010

Miguel Amat und **W. P. Hohenstein,** *Emulsionpolymerisation und Lichtfilter.* Die UV-Absorptionsspektren von mono- u. polymerem *Methacrylsäuremethylester* u. *Styrol* werden in Chloroformlsg. aufgenommen, die von *Ni-* u. *Co*-Salzen in wss. Lsg. (Tabellen). Im Gebiet 2800—2960 Å ist Styrol undurchsichtig, Polystyrol durchsichtig. Mit einem Lichtfilter, das aus dem Hg-Spektr. die Linie 2804 Å allein durchläßt, läßt sich somit hier mittels UV-Mikroskop die Polymerisation verfolgen. Ein Filter mit 1,75 mol. Ni- u. 0,5 mol. Co-Salzlsg. (5 cm Schichtdicke) muß hierzu noch ergänzt werden durch Filter mit Cl_2-Gas (20°, 1 at, 10 cm), Br_2-Dampf (gesätt. 20°, 2,5 cm) u. Polystyrollsg. in Chlf. (0,5 g/100 cm^3, 2,5 cm). Beim Methacrylsäureester liegt ein solches Gebiet mit verschied. UV-Transparenz nicht vor. (An. Real Soc. españ. Física Quím., Ser. B **49.** 23—28. Jan. 1953. Barcelona, Inst. de Quím. fís. A. de G. Rocasolano, u. New York, Polytechn. Inst. of Brooklyn, Dep. of Chem.) R. K. MÜLLER. 4010

G. Fritz, *Ein polymeres $(SiCH_3)_n$.* Bei der Umsetzung von SiH_4 mit Äthylen bei 450° (vgl. FRITZ u. KAUTSKY, Z. Naturforsch. **5b.** [1950.] 395) entsteht u. a. ein fester, gelber, thermochromer Stoff, wenn die Verweilzeit im Reaktionsgefäß 1½—2 Std. beträgt. Von den anhaftenden zähfl. Reaktionsprodd. läßt er sich durch seine Unlöslichkeit in organ. Lösungsmitteln trennen. Im Mikroskop gleicht die Substanz vielfach erstarrten Öltröpfchen. Mit alkoh. Lauge wird H_2 entwickelt. An der Luft wird die Substanz durch Oxydation langsam weiß. Die Analysenergebnisse für Si, C u. H sprechen für ein polymeres $(SiCH_3)_n$. (Z. Naturforsch. **5b.** 444. Nov./Dez. 1950. Marburg, Univ., Inst. für Siliciumchemie.) GROSSE-RUYKEN. 4010

R. Gay und **J. Clastre,** *Beitrag der Röntgenstrahlung zur Celluloseforschung.* (Sitzungsbericht.) Vff. weisen auf gewisse Schwierigkeiten bei der Ausdeutung von Röntgendiagrammen der Cellulosefasern (Ramie) hinsichtlich des strukturellen Aufbaus hin. (J. Physique Radium **13.** 87S—88S. Febr. 1952.) SCHÄFF. 4050

R. F. Nickerson, *Die relative Kristallinität der Cellulosen.* Fortschrittsbericht mit Literaturangaben bis 1948. (Advances Carbohydrate Chem. **5.** 103—26. 1950. Everett, Mass., Monsanto Chem. Co., Textile Res. Labor.) GOTTFRIED. 4050

W. I. Scharkow, *Fortschritte der Chemie der Hemicellulosen.* Übersichtsbericht unter besonderer Berücksichtigung sowjet. Forschungsergebnisse, wobei eingehend auf Xylan, Araban, Galaktan u. Mannan eingegangen wird. (Успехи Химии [Fortschr. Chem.] **22.** 322—33. März 1953.) ULMANN. 4050

Raymond Dedonder, *Die Glykoside aus Topinambur.* 1. Mitt. *Zwischenprodukte bei der sauren Hydrolyse des Inulins.* Die durch Hydrolyse 4%ig. Lsgg. von *Inulin* mit nH_2SO_4 bei 20° gebildeten Prodd. wurden nach Neutralisation der Lsg. papierchromatographiert. Bei Entw. mit Phenol–W. konnten verschied. Fraktionen getrennt werden, die ihren R_F-Werten nach eine Serie von Di-, Tri- u. höheren Polysacchariden darstellen. Das Disaccharid ist wahrscheinlich *Saccharose*. (C. R. hebd. Séances Acad. Sci. **230**. 549—51. 6/2. 1950.) KRESZE. 4050

Jacob Joseph Blum und **Manuel F. Morales**, *Lichtstreuung an makromolekularen Mehrkomponentensystemen*. Bei der Unters. von Muskelproteinen wurde die Intensität des an der Volumeneinheit einer Lsg. von mehreren makromol. Komponenten gestreuten Lichtes durch Ausdehnung der Theorie von ZIMM (C. **1948**. E. 64) auf Mehrkomponentensysteme u. unter Benutzung der von STOCKMAYER (C. **1950**. II. 539) vorgeschlagenen thermodynam. Form ermittelt. (J. chem. Physics **20**. 1822. Nov. 1952. Bethesda, Md., Naval Med. Res. Inst.) LINDBERG. 4070

Elizabeth R. Laird, *Dielektrische Eigenschaften einiger fester Proteine bei Wellenlängen von 1,7 m und 3,2 cm*. Messung der DK. u. des Schwächungskoeff. von *Casein*, *Eialbumin*, *Lactalbumin* u. *Zein* als Pulver, bei Wellenlängen von 1,7 m u. 3,2 cm, u. von *Hornkeratin* in verschied. Trocknungszuständen bei 3,2 cm. Die an Pulver gemessenen DK.-Werte wurden nach BÖTTCHER auf Festkörperwerte umgerechnet. Dieses Verf. wurde an Rohrzucker erprobt. Die Schwächungskoeffizienten wurden ungefähr umgekehrt proportional den Wellenlängen gefunden. Bei 3,2 cm betrugen sie 0,03 bis 0,04 cm^{-1}, ohne Hinweis auf Resonanzabsorption. Die DK.-Werte sind: Für die Albumine ca. 3,6, für Zein 3,7 bei 3,2 cm u. 4,0 bei 1,7 m, für Casein 4,0 bzw. 4,2. Bei Keratin wächst die DK. von 3,6 zu 4,4 zwischen trockenem u. 6,5% nassem Material, der Schwächungskoeff. wächst von 0,05—0,14 cm^{-1}. (Canad. J. Physics **30**. 663—69. Nov. 1952. London, Ontario, Can., Univ. of Western Ontario, Dep. of Phys.) K. L. WOLF. 4070

Madeleine Champagne und **Gaston Scheibling**, *Untersuchung über die Polydispersität von Ovalbuminlösungen*. Verschieden alte Lsgg. zweier isoelektr. krist. *Ovalbumin*-Präpp. in W. (p_H 4,7 bzw. 4,42) wurden untersucht. Die Diffusionskoeffizienten ließen eine gewisse Polydispersität der Lsgg. erkennen. Es schienen zwei verschied. Molekülarten vorhanden zu sein. (C. R. hebd. Séances Acad. Sci. **230**. 2053—55. 5/6. 1950.) v. PECHMANN. 4070

K. I. Stratschitzki und **K. F. Firfarowa**, *Über Viscositätsänderungen von Eiweißlösungen während der Wärmedenaturation*. Die Viscosität von Serumalbumin (**I**) wird durch Wärmedenaturierung (75°) bei p_H 8 (Boratpuffer) stark erhöht, bes. nach der Abkühlung bis 25°, was auf eine Aggregation hindeutet. Bei p_H 3 u. 8 (ohne Puffer) wird die **I**-Viscosität auch in Ggw. von 0,5% NaCl nur etwas erhöht. Bei p_H 3 wird sie nach Abkühlung bis 25° n., bedingt durch die Resynthese. In der salzfreien Lsg. wird die Viscosität des denatutierten **I** bei p_H 9,7 ebenfalls wenig erhöht. Dasselbe gilt für denaturiertes Eialbumin. Bei p_H 3 wird die Viscosität in der salzfreien Lsg. bereits vor der Denaturierung stark erhöht, bedingt durch die veränderte Hydratation der Eiweißmoleküle. Dies ist bei der Best. des Asymmetriekoeff. zu berücksichtigen. (Биохимия [Biochemie] **18**. 235—38. März/April 1953. Inst. für biol. u. med. Chem. der Akad. der Med. Wiss. der UdSSR.) v. SCHROEDER. 4070

A. G. Passynski und **R. Ss. Tschernjak**, *Sorption von Nichtelektrolytmolekülen durch Proteine*. Mittels der Gleichgewichtsdialyse wird die Adsorption von Harnstoff (**I**), Guanidinnitrat (**II**), Urethan (**III**) u. W. an *Gelatine* (**IV**), *Keratin* (**V**), *Serumalbumin* (**VI**) u. *Serumglobulin* (**VII**) in wss. Lsg. untersucht u. in jedem Fall die vollständige Adsorptionsisotherme im weiten Konzentrationsbereich aufgenommen. Die allg. Theorie der Adsorptionsisothermen dieser Art, bei denen gleichzeitig 2 Stoffe, W. einerseits u. **I–III** andererseits, adsorbiert werden, ist von SHUCHOWITZKI (Adsorption von Gasen u. Dämpfen [russ.], S. 83 [Moskau 1938]) gegeben worden. Hieraus die zur Berechnung dienende Gleichung $\Gamma = (1 - c/100) \cdot S - c/100 \cdot g$, in der Γ (g/g Protein) die experimentell festgestellte scheinbare Adsorption von **I–III**, c die Gleichgewichtskonz. (Gew.-%) von **I–III**, S u. g die wahre Adsorption von **I–III** bzw. W. bedeuten; die Proteinkonz. wird konstant gehalten. Es wird die Meth. angegeben, die zur Best. von S u. g an Hand der Γ-Isotherme führt. In allen Fällen werden Kurven vom Charakter der LANGMUIRschen Isothermen mit deutlicher Zone der Adsorptionssättigung erhalten, woraus die maximale Adsorption ermittelt werden kann. Die mit den Literaturwerten gut übereinstimmenden g-Werte betragen bei **V** 0,11—0,19, **IV** 0,5, **VII** 0,5 bis 0,65 u. **VI** 0,78 g/g. Der Adsorptionswert von **I** an **VI** (0,36 g/g) liegt in der Nähe des von BRESSLER (vgl. C. **1950**. I. 988) durch Ultrazentrifugieren erhaltenen Wertes 0,32. Die gelösten Proteine adsorbieren 1 Mol. **I** je 2 Aminosäuregruppen u. 1 Mol **II** oder **III** je 3—4 Aminogruppen. **V** adsorbiert 1 Mol. **I**, **II** oder **III** je 8—10 Aminosäuregruppen. Die adsorbierten Mengen sind wie bei der Hydratation gering, bestimmen jedoch weitgehend die Denaturierung der Proteine. (Коллоидный Журнал [Colloid J.] **12.** 460—66. Nov./Dez. 1950. Bach-Inst. für Biochem., Labor. für Eiweißstruktur.) Lebtag. 4070

L. N. Akimowa, *Über die Struktur des Eiweißes und seiner Mikromoleküle.* Vf. bespricht die Entw. der Ansichten über die Polypeptid- u. Diketopiperazinstruktur der Eiweißstoffe unter besonderer Berücksichtigung der Arbeiten russ. Forscher. Nach den Anschauungen von Gawrilow u. Akimowa ist das Makromol. des Eiweißes aus Mikrobausteinen aufgebaut, die entweder aus Ketten von (hydrierten) Pyrazincyclen mit abgezweigten Polypeptidketten oder aus Polypeptidketten, die durch solche Pyrazincyclen verbunden sind, bestehen. Weitere Arbeiten über die Eigg. der acylierten Diketopiperazine u. ihre Umwandlung in „Amidine" (vgl. C. **1951.** II. 1430) konnten den experimentellen Beweis für die Möglichkeit der Synth. der angenommenen Struktur 2. Art führen. Von der Synth. anderer Mikrostrukturen wird weiteres Vordringen in dem Gebiet der Strukturaufklärung des nativen Eiweißes erwartet. (Успехи Химии [Fortschr. Chem.] **19.** 697—715. Nov./Dez. 1950. Moskau.) v. Füner. 4070

Sh. A. Medwedew, *Über die Diketopiperazintheorie der Eiweißkonstitution.* Die Diketopiperazin (I)-Theorie von Zelinsky u. Ssadikow hat neuerlich durch Gawrilow u. Mitarbeiter eine Erweiterung erfahren. Gegen diese Theorie lassen sich Einwände machen. Die Bldg. von I bei Hydrolyse von manchen Eiweißstoffen im Autoklavenprozeß ist die Folge von sek. Einflüssen dieses Prozesses. Bei Hydrolyse ohne Druck tritt Bldg. von I nicht auf. Die Verringerung des hydrolysierbaren N nach der Elektrored. ist wegen der Möglichkeit von anderen Deutungen kein Beweis für die I-Struktur. Dasselbe gilt von der Spektrophotometrie der Biuretverbindungen. Ein auf I spezif. wirkendes Ferment ist bisher noch nicht gefunden worden, die Hydrolyse der Amidine erfolgt bei einer HCl-Konz. von 1%, während dieselbe im Magen höchstens 0,4+0,5% beträgt. Bei dieser Konz. ist die Hydrolyse so schwach, daß nur ein kleiner Teil der Amidine bei der kurzen Zeit der Verdauung zers. werden kann. Wenn die I zum Aufbau des Eiweißes nötig wären, würden sie ins Blut übertreten. Das ist jedoch nicht der Fall, sie werden vom Körper vollständig ausgeschieden. Auch für die Synth. von I-haltigen Eiweißverbb. ergeben sich Schwierigkeiten, da der Aufbau nicht linearen, sondern viel komplizierteren Charakter aufweisen müßte. (Биохимия [Biochemie] **18.** 248—53. März/April 1953.) v. Schroeder. 4070

E. R. Theis und **R. G. Steinhardt jr.,** *Untersuchungen über die axiale Bewegung von Proteinen.* 2. Mitt. *Ergebnisse, welche bei Verwendung von dynamischen und statischen Schrumpfungsmessern erhalten wurden.* (1. vgl. J. Amer. Leather Chemists Assoc. **37.** [1942.] 433.) Die Unters. des Schrumpfungsprozesses von Kollagen hat gezeigt, daß die Schrumpfungstemp. als die Temp. zu definieren ist, bei welcher die intramol. Kräfte der Proteinsubstanz die abschwächenden intermol. Kräfte überwinden. Ferner wurde gefunden, daß bei Verwendung eines dynam. Schrumpfungsapp. die Schrumpfungstemp. eine Funktion der angewandten Kräfte darstellt, während bei Verwendung eines stat. Schrumpfungsapp. keine derartige Abhängigkeit aufgefunden wurde. Der experimentelle Teil wird ausführlich beschrieben, u. die Ergebnisse werden an Hand von Figuren ausführlich diskutiert. (J. Amer. Leather Chemists Assoc. **45.** 591—610. Sept. 1950. Bethlehem, Pa., Lehigh Univ., Div. of Leather Technol.) H. G. Fröhlich. 4070

E. R. Theis, C. D. Wilson und **H. Halpin,** *Untersuchungen über die axiale Bewegung von Proteinen.* 3. Mitt. *Dehnung und Verkürzung der Kollagenachsen bei Einwirkung von Säuren, Basen und Hitze.* (2. vgl. vorst. Ref.) Im isoelektr. Bereich des Kollagens sind die Schrumpfungstempp. am höchsten, da im sauren u. alkal. Gebiet eine Entladung der COOH- bzw. NH_2-Gruppen stattfindet, welche die Ursache für die Erniedrigung der Schrumpfungstempp. außerhalb des isoelektr. Bereiches darstellt. Mit steigenden Tempp. nimmt ebenfalls die Beständigkeit des Kollagens ab, da parallel hierzu ein irreversibles Aufbrechen von intermol. Bindungen erfolgt. Die Unterss. haben weiter gezeigt, daß der speziell für diese Verss. entwickelte stat., elektr. Schrumpfungsapp. die genauesten Resultate ergibt. Die erhaltenen Ergebnisse werden ausführlich diskutiert. (J. Amer. Leather Chemists Assoc. **45.** 610—42. Sept. 1950.) H. G. Fröhlich. 4070

R. W. Green, K. P. Ang und **L. C. Lam,** *Acetylierung von Kollagen.* (Vgl. C. **1953.** **7449.**) *Kollagen* (**I**) wurde a) in wss.-alkal. Suspension u. b) in wasserfreier Essigsäure (**II**) mit Acetanhydrid (**III**) acetyliert. Nach a) wurde eine dem Geh. des **I** an bas. Aminosäuren entsprechende Menge N-Acetylderiv. (**IV**) gebildet (ca. 0,40 mMol/g **I**), während nach b) zusätzlich O-Acetylderiv. (**V**) (ca. 1,33 mMol/g **I**) entstand, entsprechend ca.

77% des Geh. von **I** an Oxyaminosäuren. Da durch Erhitzen denaturiertes **I** die gleichen Mengen an **IV** u. **V** lieferte, kann die Denaturierung nicht die Anzahl freier NH_2- u. OH-Gruppen im **I** verändert haben. Völlig reines **III** reagiert nicht mit **I**. Die Rk. wird durch freie **II** sowie indirekt durch W., welches **II** aus **III** frei macht, katalyt. beschleunigt. (Biochem. J. **54**. 181—87. Mai 1953. Singapore, Univ. of Malaya, Chem. Dep.) MOISAR. 4070

Je. Ss. Chotinski, Kursus der organischen Chemie. Umgearbeitete u. ergänzte Aufl. Charkow: Verlag der Gorki-Univ. 1952. (692 S. m. Abb.) 15 Rbl. 70 Kop. [russ.]

L. Zechmeister, Fortschritte der Chemie organischer Naturstoffe. Bd. 9. Wien: Springer-Verl. 1952. (XI + 535 S. m. 20 Abb.) 8°. Mit Literaturhinweisen nach jedem Kapitel. DM 82,50.

E. Biologische Chemie. Physiologie. Medizin.

E_1. Allgemeine Biologie und Biochemie.

Erik Jorpes, *Isotopenelemente in Biologie und Medizin.* Zusammenfassender Vortrag: Entw., Anwendung von ^{32}P für die Unters. der Phosphate in Blut, Knochen, Muskeln usw., des Phosphatidumsatzes, des an Zucker gebundenen P_2O_5, von ^{14}C für Altersbest. von Fossilien, von ^{15}N für Unters. des Proteinstoffwechsels usw. (Svensk farmac. Tidskr. **56**. 587—96. 10/10. 1952.) R. K. MÜLLER. 4100

H. Lettré, *Zellstoffwechsel und Zellteilung.* Vortrag zu dem Hochschulfilm C 599 (Inst. für Film u. Bild, Göttingen), in welchem die Bedeutung der Glykolyse bzw. der Atmung als Energielieferanten für Gestaltsänderungen u. Teilung, bes. der Fibroblasten, behandelt wird. Eine besondere Rolle kommt hierbei dem Adenosintriphosphat (ATP) für die verfügbare Energie zu. Während durch Glykolyse nur 2 Mol ATP/Mol Glucose bereitgestellt werden, steigt dieses Verhältnis bei der Atmung bis auf 38 Mol ATP/Mol Glucose. Träger der glykolyt. Fermente ist das Cytoplasma, während die Atmungsfermente in den Mitochrondrien lokalisiert sind. Bewegung der Zelloberfläche kann auch durch Erschlaffung der n. vorhandenen Dauerkontraktion ausgelöst werden, wie dies durch KCN, 8-Oxychinolin, Berberinsulfat, Phlorrhizin, Colchicin, Trypaflavin u. eine Reihe von Farbstoffen, die auf die Mitochondrien einwirken, gezeigt wird. (Z. Krebsforsch. **58**. 621—31. 1952. Heidelberg, Univ., Inst. für exp. Krebsforsch.) ITZEROTT. 4150

Alan D. Conger und **Lucile M. Fairchild**, *Chromosomenbrüche durch Sauerstoff.* Wurden trockene Pollenkörner von *Tradescantia* oder Blütenknospen der Pflanze höheren O_2-Partialdrucken ausgesetzt, so wurden in Pollenkörnern stets Chromosomenbrüche festgestellt, während die meisten Mikrosporen der Knospen dadurch abgetötet wurden. Die so erzielten Chromosomenaberrationen gleichen denen der mit Röntgenstrahlen erhaltenen, wobei die Behandlung mit 100% O_2/Std. etwa so viel Chromosomenbrüche erzielt wie 1200 r, 65% O_2 die gleiche Wrkg. wie ca. 350 r hat. Dabei ist die Größe der Wrkg. abhängig von der Behandlungszeit u. dem Partialdruck. (Proc. nat. Acad. Sci. USA **38**. 289—99. April 1952. Oak Ridge, Tenn., Biol. Div., Nat. Labor.) ITZEROTT. 4150

A. L. Houwink, *Eine einschichtige Lage von Makromolekülen in der Zellwand von Spirillium spec.* Geißeln (G.) u. Zellwände (Zw.) eines Bacteriums aus der Gattung Spirillium wurden elektronenmkr. untersucht. G. bestehen aus langen Fäden, die streckenweise zwirnartig zusammengedreht sind, so daß sie im Phasenkontrastmikroskop sichtbar werden. Zw. bestehen aus zwei Schichten, von denen die äußere eine hexagonale Anordnung von Kügelchen (bes. deutlich auf der inneren Oberfläche) mit einem Durchmesser von 120—140 Å zeigt. Vermutlich handelt es sich um sphär. Makromoleküle. Sie ähneln in ihrer Gestalt den Kristallen makromol. Proteine. (Biochim. biophysica Acta [Amsterdam] **10**. 360—66. März 1953. Delft, Netherlands, Techn. Univ., Techn. Phys. Dep. T. N. O., Labor. for Microbiol.) WERGIN. 4150

T. A. Gorjuchina, *Die Aktivität der Desaminase des Histidins und der Urocaninase in der Leber von Kaninchen bei der Entwicklung des Brown-Pierce-Tumors.* Nach Überimpfung des BROWN-PIERCE-Carcinoms an Kaninchen kommt es nicht nur zu einer deutlichen Verringerung der Gesamtmenge von *Carnosin* (**I**) u. *Anserin* (**II**) im Muskelgewebe, sondern auch zu einer merklichen Aktivierung der Leberfermente (Histidindesaminase u. Urocaninase). Das Verschwinden von **I** u. **II** wird auf *Histidin* (**III**)-Mangel im Organismus der Tumorträger zurückgeführt, denn durch Zufuhr von **III** läßt sich der Geh. an beiden Substanzen wieder normalisieren, ohne daß dadurch das Tumorwachstum eine Beeinflussung erfährt. Der erhöhte enzymat. Zerfall des **I** wird als Charakteristicum des Stoffwechsels der krebskranken Tiere angesehen.

(Доклады Академии Наук СССР [Ber. Akad. Wiss. UdSSR] [N. S.] **88.** 317—20. 11/1. 1953. Onkolog. Inst. der Akad. der Med. Wiss. der UdSSR.) RENTZ.4160

Gaylord M. Conzelman jr., H. George Mandel und **Paul K. Smith,** *Der Einbau des radioaktiven Kohlenstoffs von 4-Amino-5-imidazolcarboxamid in Purinderivate tumortragender Mäuse.* $Na^{14}CN$ wurde über Äthylcyanacetat u. das Iminoäthylätherhydrochlorid zum Malonamidinhydrochlorid umgewandelt, aus dem durch Diazotierung, Red., Formylierung u. Ringschluß *$^{14}C_{(4)}$-4-Amino-5-imidazolcarboxamid* (I) entsteht (I-Hydrochlorid, F. 257°; Aktivität 0,07 μC/mg). Dieses wurde an CAF_1-Mäuse mit Sarkom 37 verfüttert, wovon 80% (bezogen auf Radioaktivität) innerhalb 8 Std. mit dem Harn wieder ausgeschieden wurden. Die ausgeatmete Luft war nicht oder wenig radioaktiv. Von den Abbauprodd. der aus inneren Organen oder Sarkomen isolierten Nucleinsäuren waren nur Adenin u. Guanin radioaktiv. Ihre mol. Aktivität war ca. 5 mal größer, wenn sie aus Pentosenucleinsäure (I) statt aus Desoxyribonucleinsäure (II) innerer Organe stammten. Bei Sarkomen war dieser Unterschied gering, u. hier zeigten die aus **II** stammenden Purinderivv. mehr Aktivität als die aus **I**. (J. biol. Chemistry **201.** 329—34. März 1953. Washington, D. C., George Washington Univ., School of Med., Dep. of Pharmacol.) LUDOLPHY. 4160

H. George Mandel und **Pierre-Emmanuel Carló,** *Der Einbau von Guanin in Nucleinsäuren tumortragender Mäuse.* (Vgl. vorst. Ref.) *$^{14}C_{(4)}$*-Guanin wurde, in isoton. Salzlsg. suspendiert, intraperitoneal in CAF_1-Mäuse mit Sarkom 37 injiziert. Zum kleinen Teil wurde es in Nucleinsäuren, mehr in Pentosenucleinsäure als in Desoxyribonucleinsäure, der Leber u. anderer innerer Organe, geringfügig oder mit den Methoden nicht nachweisbar in wachsendes Sarkom eingebaut. Auch etwas radioakt. Adenin wurde anschließend aus Nucleinsäuren gewonnen, noch viel weniger als radioakt. Guanin.

V e r s u c h e : Aus $Na^{14}CN$ wurde Äthylcyanacetat dargestellt, das nach TRAUBE u. DUDLEY (Ber. dtsch. chem. Ges. **46.** [1913.] 3839) zur Synth. von 2.4.5-Triamino-6-oxypyrimidinsulfat verwendet wurde. Imidazolringschluß erfolgte nach PLENTL u. SCHOENHEIMER (J. biol. Chemistry **153.** [1944.] 203) in abgeänderter Form. Die Reinheit des erhaltenen *$^{14}C_{(4)}$-Guanins* wurde mittels UV-Absorption, Extinktionskoeff. u. Gegenstromverteilung geprüft. (J. biol. Chemistry **201.** 335—41. März 1953. Washington, D. C., George Washington Univ., School of Med., Dep. of Pharmacol.) LUDOLPHY. 4160

Pierre-Emmanuel Carló und **H. George Mandel,** *Die Wirkung von Azaguanin auf den Einbau von Guanin und von 4-Amino-5-imidazolcarboxamid in tumortragende Mäuse.* (Vgl. vorst. Reff.) *8-Azaguanin* (I) (25 mg/kg Körpergewicht, in 0,5%ig. wss. Na_2CO_3-Lsg.) u. $^{14}C_{(4)}$-Guanin (intraperitoneal als Suspension) oder $^{14}C_{(4)}$-4-Amino-5-imidazolcarboxamid (als Hydrochlorid) wurden CAF_1-Mäusen mit Sarkom 37 gleichzeitig injiziert. Es konnte keine wesentliche Störung durch **I** beim Einbau der radioakt. Verbb. in Nucleinsäuren von Sarkom oder Leber festgestellt werden. Etwas weniger Adenin der Pentosenucleinsäure in der Leber als bei Abwesenheit von **I** entstand aus Guanin. Die inhibitor. Wrkg. von **I** auf Tumoren konnte nicht aufgeklärt werden. (J. biol. Chemistry **201.** 343—47. März 1953. Washington, D. C., George Washington Univ., School of Med., Dep. of Pharmacol.) LUDOLPHY. 4160

Paul Nitsche, *Fibrinabbaureaktion.* Vf. gibt eine Meth. an zur Anreicherung des Krebsfermentes im Urin Krebskranker oder Krebsdisponenten. Zur Krebsdiagnose wird mit diesem Ferment in saurer Lsg. in Ggw. von Ca^{2+} *Fibrin* abgebaut, u. durch Farb-Rk. mit *Ninhydrin* werden die entstandenen Aminosäuren nachgewiesen. (Dtsch. Gesundheitswes. **7.** 1259—61. 3/10. 1952. Dresden-Johannstadt, Stadtkrankenhaus.) H. SCHEURLEN. 4160

D. Helbig, *Verhalten des SH-Glutathions im Blut bei Magenulcus und Magencarcinom.* Unter Verwendung der Meth. von BANSI u. ROHRLICH (Naunyn-Schmiedebergs Arch. exp. Pathol. Pharmakol. **176.** [1934.] 609), die nur die red. Form des *Glutathions* erfaßt, wurde der Blutglutathiongeh. bei Personen mit Magencarcinom stark erniedrigt, bei Ulcusträgern deutlich erhöht gefunden. Nach der Ulcusresektion normalisierten sich die Werte (Mittelwert 34 mg-%), blieben aber hoch, wenn die Resektion nur zur Ausschaltung vorgenommen wurde. Das postoperative Verh. des Blutglutathions beim Magencarcinom zeigte Unterschiede. (Aerztl. Wschr. **8.** 107—08. 30/1. 1953. Würzburg, Univ., Chirurg. Klinik.) R. KÖNIG. 4160

Howard R. Bierman, Ralph L. Byron jr. und **Keith H. Kelly** (unter techn. Mitarbeit von **Fauno Cordes**), *Die Rolle der Milz bei der Leukocytose als Folge der intraarteriellen Verabreichung von Epinephrin.* 120—270 Sek. nach Injektion von 0,2—0,3 mg *Epinephrin* direkt in die Milzarterie mittels eines intraarteriellen Katheters bei 6 Patienten mit verschied. neoplast. Krankheiten folgte Leukocytose, die für 3 Min. anhielt. Die

Milz ist das Hauptreservoir der Leukocyten im Körper. (Blood **8.** 153—64. Febr. 1953. San Francisco, Calif., Nat. Cancer Inst., Labor. of Exp. Oncol., Nat. Inst. of Health Publ. Health Serv., Fed. Sec. Agency; Univ., School of Med., Div. of Med., Cancer Res. Inst.) BRATFISCH. 4160

Luigi Marinaccio, *Die biologische Bedeutung einiger experimenteller Lymphknotenveränderungen, die in ihrem Verhalten gegen cytostatische und antimitotische Substanzen geprüft wurden.* Vf. untersuchte das Verh. zweier experimenteller Lymphknotenveränderungen (Epitheloidknoten u. polymorph-hyperplast. Knoten) bei Hunden u. Kaninchen unter der Wrkg. kleiner Dosen von N-Lost (**I**; *Methyl-bis-[β-chloräthyl]-aminhydrochlorid = Chloramin* SIMES), die während oder nach der Entw. der Lymphknotenveränderungen angewandt wurden. Während die Bldg. von Epitheloidknoten nur bei prophylakt. Verabreichung des **I** verhindert wird, können sich polymorph-hyperplast. Lymphknoten durch **I**-Behandlung noch weitgehend zurückbilden. Außerdem zeigte das **I** in dieser niedrigen Dosierung (0,1 mg/kg Körpergewicht) eine deutliche lymphopoiet. Wirkung. Aus der Reaktionsweise dieser Lymphknotenveränderungen auf die **I**-Behandlung zieht Vf. Schlüsse auf ihre biol. Bedeutung u. ihren Bildungsmechanismus. (Arch. Scienze Med. **93 (77).** 509—40. Juni 1952. Bari, Univ., Ist. di Anatomia e Istol. Patol.) IPPEN. 4160

R. Klima und **R. Hornischer,** *Erfolge protrahierter N-Lost-Behandlung bei malignen Blutkrankheiten und Carcinomen.* Statt der bisher üblichen Intensivtherapie mit Einzeldosen *Stickstofflost* (**I**) von 5 mg wandten Vff. protrahierte Minimaldosen von täglich ca. 0,6 mg intravenös an. Als Vorteile dieser Therapie, die in ihrem Ergebnis der bisher gebräuchlichen gleichkommt, werden angeführt: bessere Verträglichkeit, Steuerbarkeit, Kombination mit Strahlenbehandlung, Anwendung bei Patienten in schlechtem Allgemeinzustand. Außer malignen Blutkrankheiten kamen auch verschied. Carcinome in Behandlung mit **I**; es zeigte sich hier gegenüber anderen konservativen Mitteln, ausgenommen Strahlen, als überlegen. — Kurze Mitt. über Erfahrungen mit *TEM* (*Triäthylmelamin*), das ebenfalls in protrahierten Minimaldosen angewandt wurde. (Med. Klin. **48.** 514—16. 10/4. 1953. Wien, Kaiserin-Elisabeth-Spital.) P. G. SCHEURLEN. 4160

Felice D'Arbela, *Parotissyndrom im Verlauf einer akuten Stammzellenleukämie während der Cortisonbehandlung.* Ausführlicher kasuist. Bericht über einen 11jährigen Patienten mit Stammzellenleukämie. Auf Bluttransfusionen hin ging der prozentuale Anteil der Myeloblasten zurück, u. auf *Cortison* fand sich eine n. Zellzahl der Leukocyten mit relativ n. Zusammensetzung. Während dieser Behandlung traten plötzlich Parotisanschwellungen auf, die unter der fortgesetzten Therapie wieder schwanden. Histolog. fand sich ein Reticulohistiocytom. Trotz Therapie rascher Exitus in einer neuen Myeloblastenkrise. (Minerva med. [Torino] **43.** II. 539—42. 1/10. 1952. Venezia, Ospedali Civili Riuniti.) P. G. SCHEURLEN. 4160

Madeline K. Keech und **F. E. Scott,** *Aleukämische Myeloidreticulose: Bericht über einen Fall, der mit Aminopterin behandelt wurde.* Beschreibung eines Krankheitsfalles bei einem 6jährigem Kinde. Der Knochenmarkausstrich ergab die Diagnose aleukäm. myeloische Reticulose (ISRAELS). Behandlung mit *Aminopterin* konnte den Verlauf u. den letalen Ausgang der Erkrankung nicht beeinflussen. (J. Pathol. Bacteriol. **65.** 79—88. Jan. 1953. Taplow, Bucks, Special Unit for Juvenile Rheumat., u. Dep. of Pathol., Canadian Red Cross Mem. Hosp.) K. BÖHM. 4160

Maurice Sullivan und **James T. Hearin,** *Behandlung des spitzen Condyloms mit Peltatinen.* Behandlung von 32 Patienten mit Condylomata acuminata mit α- u. *β-Peltatin* (**I**) war ebenso wirksam wie mit *Podophyllin* u. *Podophyllotoxin* (**II**), jedoch übten α- u. β-**I** auf das umgebende Gewebe nur unbedeutende Reizwrkg. aus. Sensibilisierung durch **I** erfolgte nur bei 0,9% der Patienten gegenüber 8% durch **II**. α- u. β-**I** können für Behandlungszwecke unverändert in Alkalien gelöst werden, während **II** in alkal. Lsg. eine Umwandlung in *Pikropodophyllin* u. *Podophyllsäure* erfahren, die bei der Condylombehandlung unwirksam sind. (A. M. A. Arch. Dermatol. Syphilol. **66.** 706—09. Dez. 1952. Baltimore, U. S. Publ. Health Serv. Hosp.) K. MAIER. 4160

E_2. Enzymologie. Gärung.

M. G. Kritzman, *Derzeitige Vorstellungen über die adaptiven Fermente.* Vf. bezeichnet als adaptiv jene Fermente (a-Fermente), die unter dem Einfl. des Substrates auftreten oder verschwinden können, als konstitutiv (k-Fermente) jene, die in den Zellen einer Art ständig vorhanden sind. Aus dem Literaturmaterial über die Spezifität der a-Fermente, den Mechanismus ihrer Bldg. u. die Rolle des Substrates bei diesem Prozeß wird geschlossen, daß die Entstehung eines neuen Fermentsyst. nicht das Ergebnis der Auswahl präformierter Zellen ist, sondern mit der Synth. eines spezif. Eiweißstoffs zusammenhängt. Als erwiesen ist die enge Spezifität der a-Fermente u. ihre Vererbung anzusehen. Eine strenge Unterteilung in a- u. k-Fermente ist abzulehnen. Die Fermente der Zelle werden unter der Einw. des Substrats u. durch ihre Wechselwrkg. ständig gespalten u. neu synthetisiert. Fehlen die lebensnotwendigen Substrate, so tritt ein neues Fermentsyst. auf, das die Synth. dieser Substrate aus anderen Stoffen katalysiert. (Микробиология [Mikrobiologie] **21.** 480—94. Juli/Aug. 1952. Inst. für biol. u. med. Chem. der Akad. der Med. Wiss. der UdSSR.) LEBTAG. 4200

J. B. Neilands, *Die Reinheit von kristallisierter Milchsäuredehydrase.* Krist. *Milchsäuredehydrase* (nach STRAUB, Biochem. J. **34.** [1940.] 483 hergestellt) erwies sich bei Elektrophorese als aus zwei Komponenten bestehend, von denen die eine mit wesentlich größerer Geschwindigkeit wanderte. Beide Komponenten vermochten Milchsäure zu oxydieren. Nur die rascher wandernde (die größere Menge darstellende) Komponente konnte wieder krist. werden. — Es wird auf Befunde an anderen krist. Enzymen verwiesen, die sich ebenfalls nicht als elektrophoret. einheitlich erwiesen hatten. (Science [Washington] **115.** 143—44. 8/2. 1952. Stockholm, Nobel-Inst.) HESSE. 4210

Agnar P. Nygaard und **James B. Sumner,** *Die Wirkung von Lecithinase A auf das Succinoxydasesystem.* Krist. *Lecithinase A* (umkrist. *Crotoxin*) (**I**) aus dem Gift von *Crotalus terrificus terrificus* u. ein Pankreas-*Lecithinase A*-Präp. inaktivierten die *Succinoxydase* (**II**) von Rattenleberhomogenaten u. Rattenlebermitochondrien. Die **II**-Inaktivierung ist beendet, bevor eine größere Menge des *Lecithins* (**V**) des Mitochondrienpräp. hydrolysiert ist, u. beruht nicht auf einem hemmenden oder lyt. Effekt des gebildeten *Lysolecithins.* Die Zerstörung von **II** durch die beiden **I**-Präpp. beruht nicht auf einer Verunreinigung durch proteolyt. Enzyme. *Cytochromoxydase* (**III**) u. *Bernsteinsäuredehydrase* (**IV**) (Messung mittels Methylenblau) werden durch **I** unter Bedingungen, die **II** vollständig inaktivieren, nicht merklich angegriffen. **III, IV** u. auch *Cholinoxydase* sowie *Äpfelsäureoxydase* werden durch **I** viel langsamer als **II** inaktiviert. Die **II**-Inaktivierung wird durch Zusatz von *Cytochrom c* (**VI**) nicht verhindert. **V** bildet vielleicht den Bestandteil einer **IV** u. **VI** miteinander verknüpfenden Verb. oder eines zwischen *Cytochrom b* u. *c* eingeschalteten Redoxkatalysators. (J. biol. Chemistry **200.** 723—29. Febr. 1953. Ithaca, N. Y., Cornell Univ., Labor. of Enzyme Chem.) K. MAIER. 4210

J. Pfannmuller und **A. Noë,** *Enzymatische Synthese von höheren Kohlenhydraten aus Glucose.* Ein gereinigtes ausgefälltes Enzympräp. aus Aspergillus oryzae (400 *α-Amylase*-Einheiten/g, nach SANDSTEDT, KNEEN u. BLISH bestimmt, sowie ein größerer Geh. an *Grenzdextrinase*) wirkte 238 Std. bei 53—54° auf eine 47,5%ig. Lsg. von Glucose (gepuffert, p_H 4,6) ein. Im Reaktionsgemisch ergab sich bei chromatograph. Unters. Ggw. von unvergärbaren Kohlenhydraten: *Isomaltose* sowie ein *Oligosaccharid* mit mehr als 2 Glucoseeinheiten. (Science [Washington] **115.** 240—41. 29/2. 1952. New York, N. Y., Wallerstein Co.) HESSE. 4210

James C. Mathies, *Die Anwendung der Elektrophoresekonvektion bei der Reinigung von Enzymen: Reinigung der alkalischen Phosphatase der Schweineniere.* Anwendung der Arbeitsweise von CANN (C. **1950. I.** 880) auf die Reinigung der alkal. Phosphatase. (Science [Washington] **115.** 144—45. 8/2. 1952. Detroit, Mich., Henry Ford Hosp.) HESSE. 4210

M. H. Ross, J. O. Ely und **Justine Archer,** *Variation in der Extrahierbarkeit von Phosphatase und Stickstoff aus den Lebern von Ratten bei proteinvariierter Kost.* Im Gegensatz zur herrschenden Meinung ergab sich, daß die durch wss. Extraktion erhaltene Menge der sauren u. der alkal. *Phosphatase* (**I**) nicht notwendig ein wirkliches Maß für die im Homogenat vorhandene Menge **I** ist. Da auch die extrahierbare Menge N verschieden groß sein kann, ist die bisher übliche Berechnung der Wrkg. auf N-Geh. unzulässig. — Die Extrahierbarkeit von **I** wie von N ändert sich mit dem Proteingeh. der Kost. (J. Franklin Inst. **255.** 87—89. Jan. 1953. Biochem. Res. Found.) HESSE. 4210

F. G. Peers, *Die Phytase des Weizens. Phytase* katalysiert die Hydrolyse der Phytinsäure zu Inosit u. freiem o-Phosphat. Das Phytat der Getreidekörner enthält einen beträchtlichen Teil des Gesamtphosphors (70—75% beim Weizen). Eine Reihe von Arbeiten weisen darauf hin, daß zu Beginn der Keimung die Hauptfunktion der Phytase des Getreidekorns die Bereitstellung von anorgan. Phosphat aus Phytat ist. Für die menschliche u. tier. Ernährung ist der relativ hohe Geh. an Phytat in Getreiden von Wichtigkeit, da dieses die Assimilation von Ca u. Fe u. vielleicht auch anderer Metallionen durch Bldg. unlösl. Phytate stören kann. Einige Eigg. der Weizenphytase wurden untersucht, wobei sowohl Vollmehl als auch ein teilweise gereinigtes, aus Vollmehl hergestelltes Präp. verwendet wurde. Das p_H-Optimum des Enzyms liegt bei 5,15, das Temperaturoptimum bei 55°, die MICHAELIS-Konstante beträgt K_m 0,3·10^{-3} Mol;

es wird aktiviert durch Mg-Ionen optimal bei 0,002 molar. Auch eine Reihe andere anorgan. u. organ. Salze wurde auf ihre hemmende oder stimulierende Wrkg. untersucht. Schwermetallsalze hemmen das Enzym vollständig. Verss. über den Grad der Hitzeinaktivierung der Phytase zeigten, daß sie relativ thermostabil ist. Die einzelnen anatom. Teile des Weizenkornes wurden auf ihren Phytasegeh. untersucht. Er ist im Scutellum u. in der Aleuronschicht am höchsten. Bei der Keimung steigt die Phytaseaktivität etwa auf das 6,5fache. Eine Unters. verschied. Weizensorten ergab, daß harte Weizensorten einen höheren Phytasegeh. aufweisen als weiche. (Biochem. J. **53.** 102—10. Jan. 1953. St. Albans, Res. Ass. of British Fluor Millers, Cereal Res. Stat.)
KATHEN. 4210

Henry Tauber, *Eine Methode zur Herstellung einer haltbaren Acetylcholinesterase enthaltenden Gehirnfraktion.* Aus gefrorenem Schweinehirn wurde durch Zerreiben mit Sand, Mischen mit 0,05 mol. Acetatpuffer (p_H 5,4) + *Tween 21* + Toluol, Zusatz von *Hyflo,* Autolysieren bei 37°, Dialysieren des Filtrats bei 4° gegen toluolhaltiges W., teilweises Entfernen von Verunreinigungen mit Bentonit, $Ca_3(PO_4)_2$ u. Hyflo, eine schwach gelbe Lsg. erhalten, die prakt. die gesamte ursprünglich vorhandene *Acetylcholinesterase* (I)-Aktivität darstellt. Die lyophil getrocknete Lsg. gab ein fast weißes, nichthygroskop., leicht in W. lösl., haltbares I-Präp. (3—4fache Reinigung gegenüber dem Homogenat), das *Acetylcholin* 3 mal schneller als *Acetyl-β-methylcholinbromid, Benzoylcholin* jedoch nicht spaltete. $3,6 \cdot 10^{-7}$ mol. *Prostigminbromid* u. $4,4 \cdot 10^{-7}$ mol. *Dimethylcarbamat des m-Oxyphenyltrimethylammoniumbromids* bewirkten 50%ig. Hemmung der Enzymaktivität. 50%ig. Hemmung von Gehirn-I wurde durch $5,3 \cdot 10^{-8}$ mol. *Tetraäthylphosphat* (40%ig) (II), von menschlicher Plasma-I durch $5 \cdot 10^{-9}$ mol. II hervorgerufen. (J. Amer. chem. Soc. **75.** 326—28. 20/1. 1953. Chapel Hill, N. C., Univ. of North Carolina, School of Publ. Health, Venereal Disease Exp. Labor.)
K. MAIER. 4210

Ss. Je. Ssewerin und **N. P. Meschkowa,** *Einfluß des Carnosins auf die oxydierende Phosphorylierung.* Verss. mit Taubenbrustmuskelbrei ergaben, daß *Carnosin* (I) nicht nur die mit der glykolyt. Oxydored. verbundene Phosphorylierung beeinflußt, sondern auch die Atmungsphosphorylierung (Bldg. von *Phosphokreatin* (II) u. *Adenosintriphosphorsäure*). Die nach I-Zugabe bei der Atmung stattfindende Phosphorylierung scheint sich nicht allein auf die Bldg. von labilem II zu beschränken, da die Analyse der labilen P-Verb. die Möglichkeit der Bldg. eines phosphorylierten I-Deriv. andeutet. (Доклады Академии Наук СССР [Ber. Akad. Wiss. UdSSR] [N. S.] **84.** 105—08. 1/5. 1952.)
K. MAIER. 4210

G. Ss. Schewess, *Der Einfluß von Denervation und Tenotomie auf die Aktivität der Pyrophosphatase und Adenosintriphosphatase.* Beginnend mit dem 10. Tage nach Durchtrennung des Ischiadicus an Kaninchen steigt die Aktivität der *Pyrophosphatase* (I) des denervierten Muskels an u. erreicht ihr Maximum nach 20—25 Tagen. Die Tenotomie (Durchtrennung der Achillessehne des Kaninchens) ist ohne Folgen für die Aktivität von I. Die Aktivität der Fermente, welche Adenosintriphosphat dephosphorylieren, nimmt sowohl nach der Denervierung als auch nach der Tenotomie ab. (Биохимия [Biochemie] **18.** 63—70. Jan./Febr. 1953. Molotow, Med. Inst., Lehrstuhl für Biochem.)
RENTZ. 4210

I. P. Aschmarin, *Enzymatische Spaltung der Adenosintriphosphorsäure und Kontraktion des Actomyosins.* Der Kontraktion des *Actomyosins* (I) liegt eine Rk. der *Adenosintriphosphorsäure* (II) mit dem Myosinanteil des I-Mol. zugrunde u. nicht, wie man bisher annahm, eine Umwandlung der im Actin enthaltenen II. Der Grad der Kontraktion von I in Ggw. von *Kreatinphosphat, Kreatinphosphoferase* u. II ist wesentlich höher als in Ggw. von II allein, wenn II so gering ist, daß eine unvollständige Kontraktion eintritt. Zwischen der I-Kontraktion u. der enzymat. II-Spaltung besteht eine direkte Beziehung. Das Myosingel gewinnt bei Färbung mit Kongorubin (optimal bei $p_H < 6,9$), Benzopurpurin (p_H 6,6—7,0) u. Trypanblau ($p_H < 6,6$) die Fähigkeit zu einer bedeutenden Verringerung des Vol., wie das bereits vom Kongorotmyosin (p_H 7,2—7,45) bekannt ist. (Биохимия [Biochemie] **18.** 71—78. Jan./Febr. 1953. Leningrad, Mil.-Med. Kirow-Akad., Lehrstuhl für biol. Chem.)
RENTZ. 4210

Charles Jeuniaux, *Nachweis einer chitinolytischen Bakterienflora im Verdauungstrakt der Weinbergschnecke* (*Helix pomatia L.*). Der Darminhalt der Weinbergschnecke enthält ca. 500000—750000 chitinolyt. Bakterien/g, woraus mindestens 11 verschied., zur Ordnung der *Eubacteriales* gehörende Stämme isoliert werden konnten. Jedoch kommt anscheinend keine bei allen Tieren regelmäßig vorkommende, spezif. chitinolyt. Spezies vor. Die chitinolyt. Flora der Böden, sowie verschied. Pflanzen dagegen besteht vorwiegend aus *Actinomycetales, Myxobacteriales* u. Fadenpilzen. Die chitinolyt. Flora der Schneckenexkrete ist von der des Darminhalts deutlich verschieden u. nähert sich mehr der des Bodens. (Arch. int. Physiol. **58.** 350—51. Dez. 1950. Liège, Univ., Labor. de Biochim., u. Labor. de Microbiol. générale du C. R. P. A.) K. Maier. 4210

Ch. Jeuniaux, *Bildung einer Exochitinase durch chitinolytische, aus dem Darminhalt von Weinbergschnecken isolierte Bakterien.* (Vgl. vorst. Ref.) Aus Boden isolierte Actinomyceten u. 3 chitinolyt. Bakterien aus dem Darminhalt der Weinbergschnecke wurden auf halbfl. Nährboden (0,5 g K_2HPO_4, 0,2 g $MgSO_4$, 1—5 g Agar, 100 cm^3 Chitinsuspension; dest. W. ad 1000 cm^3) bei 25° gezüchtet. Das sterilisierte Kulturfiltrat löste in vitro pulverisiertes *Chitin* (I) auf (zunehmende Verringerung des unlösl. N), d. h. die Mikroorganismen bildeten eine *Exochitinase.* Unter bestimmten Bedingungen erfolgt die I-Spaltung mit sterilem Kulturfiltrat ebenso rasch wie mit einem sterilen, 1 : 5 verd. sterilen Filtrat der Darm-Fl. der Schnecke. (Arch. int. Physiol. **58.** 352—53. Dez. 1950.) K. Maier. 4210

Charles Jeuniaux, *Untersuchung der Chitinase in dem Gewebe der Verdauungsdrüsen der Weinbergschnecke (Helix pomatia).* (Vgl. vorst. Ref.) Sterile Lsgg. (I) aus Homogenaten des Hepatopankreas u. der Darmschleimhaut der Weinbergschnecke besaßen keine *Chitinase* (II)-Aktivität wie das sterile Filtrat der Darm-Fl. des Tieres. Eine Aktivierung von I durch Zusatz von frischer oder erhitzter Darm-Fl., sowie steriler Kulturfiltrate (erhitzt oder nicht) verschied. chitinolyt. Bakterien erfolgte nicht. Die Aktivität der Bakterienchitinasen wurde durch Hepatopankreasextrakt deutlich günstig beeinflußt. Im Darminhalt der Weinbergschnecke vorhandene **II** wird demnach durch die Darmflora u. nicht sekretor. gebildet. (Arch. int. Physiol. **58.** 354—55. Dez. 1950.) K. Maier. 4210

Paul J. Freeman und **Arthur C. Giese,** *Photodynamische Wirkungen auf Stoffwechsel und Vermehrung von Hefe.* Die photodynam. Wrkg. von Bengalrot auf photochem. Oxydation, Atmung, Farbstoffaufnahme u. Stoffwechsel von Hefe (Stamm Saccharomyces cerevisiae, isoliert aus Trockenhefe von Fleischmann) wurde untersucht. Lebende u. tote Zellen zeigen gleiche Photooxydation, außer daß während der ersten 20 Min. Belichtung die lebenden Zellen weniger O_2 aufnehmen. Die Farbstoffaufnahme der Zelle ist proportional der Belichtungszeit. Nach 30 Min. Belichtung ist zwar kein Farbstoff in der Zelle zu sehen, der O_2-Verbrauch ist aber doppelt so hoch wie im Kontrollversuch. Der Atmungsquotient wird durch die photodynam. Wrkg. bedeutend kleiner als n., weil O_2 verbraucht, aber kein CO_2 abgegeben wird. Die photodynam. Wrkg. hemmt die Glucoseaufnahme, daher auch die A.-Bildung. Hungernde Zellen sind empfindlicher gegen die photodynam. Wrkg. als gut ernährte mit Reservestoffen. Die Veratmung von Glucose, A. u. Na-Acetat wird durch die photodynam. Wrkg. gleichermaßen verringert. Die Aufnahme von radioakt. C im Acetat durch Hefe wird durch die photodynam. Wrkg. ebenso verhindert wie durch Natriumazid. (J. cellular. comparat. Physiol. **39.** 301—22. April 1952. Stanford, Calif., Stanford Univ., Dep. of Biol. Sci.) S. Windisch. 4270

E$_3$. Mikrobiologie. Bakteriologie. Immunologie.

Norman B. McCullough und **Anne F. Byrne,** *Relative Wirksamkeit verschiedener Kulturmedien bei der Isolierung verschiedener Bakterien der Salmonellagruppe. Salmonella*-Stämme (*S. meleagridis, S. anatum, S. newport, S. bareilly, S. derby, S. pullorum*) wurden peroral Versuchspersonen gegeben u. die Eignung verschied. Medien zur Isolierung u. zum Nachw. derselben im Stuhl untersucht. Die Anreicherungsmedien, Selenit F (I) u. Tetrathionat (**II**) mit Brillantgrün (1 : 100000) mit anschließender Überimpfung auf Wismuthsulfitagar (**III**), SS-Agar (**IV**), EMB-Agar u. MacCoukey-Agar, gaben weitaus bessere Resultate als Direktkulturen auf **III** oder **IV**. Modifizierte **II**-Bouillon war **I** überlegen. (J. infect. Diseases **90.** 71—75. Jan./Febr. 1952. Chicago, Ill., Univ., Dep. of Med., u. Bethesda, Md., Federal Security Agency, Publ. Health Serv., Nat. Inst. of Health, Microbiol. Inst.) K. Maier. 4310

G. Vinet und **V. Fredette,** *Vorrichtung zur Züchtung von Bakterien in Cellophanschläuchen.* (Science [Washington] **114.** 549—50. 23/11. 1951. Montreal, Univ., Inst. of Microbiol. and Hyg.) K. Maier. 4310

N. Grelet, *Die Beeinflussung der Sporulation von Bacillus megatherium.* 2. Mitt. *Wirkung von Mineralstoffmangel in synthetischen Nährböden.* (1. vgl. C. **1952. 7994.**) In Fortführung seiner Arbeiten untersucht Vf. hier die Sporenbldg. von B. megatherium, verursacht durch Mangel an Mineralsalzen (Kationen u. Anionen), u. stellt fest, daß Mangel an NO_3^-, SO_4^{2-}, PO_4^{3-}, Fe^{2+}, Zn^{2+} Sporenbldg. verursacht, während K^+, Mg^{2+}, Mn^{2+}, Cl^-, Ca^{2+} u. Na^+ keinen Einfl. haben. Eine einmal durch Nitratmangel verursachte Sporenbldg. wird durch nachträgliche NO_3^--Gaben nicht beeinträchtigt (irreversibel). Phosphatmangel bewirkt nur partielle Sporenbildung. (Ann. Inst. Pasteur **82**. 66—77. Jan. 1952. Inst. Pasteur, Serv. des Ferment.) FINDEISEN. 4330

Ulrich Berger, *Die Prüfung der baktericiden Wirksamkeit fetter Öle.* 1. Mitt. *Die Methodik.* Entw. einer einfachen, verbesserten Meth. zur Best. der Desinfektionswrkg. fetter Öle zwecks Nachprüfung der sehr stark schwankenden Angaben in der Literatur. Für den Suspensionsvers. wird das Zentrifugat eines Teils der Abschwemmung einer 24 Std.-Vorkultur auf Schrägagar mit physiol. NaCl-Lsg. in dem Testöl aufgenommen u. die Nachkultur auf festem Nährboden durchgeführt. Eine Abwandlung der Meth. von PELS LEUSDEN u. DERLICH (Abschwemmung der Vorkultur direkt mit dem Testöl) gab unregelmäßige Ergebnisse. Seidenfäden sind Glasperlen als Keimträger überlegen. Zur Prüfung der reinen baktericiden Wirksamkeit fetter Öle ist die Suspensionsmeth., da genauere u. schnellere Ergebnisse liefernd, der Keimträgermeth. vorzuziehen. Als Testkeime dienten frisch isolierte, typ. Stämme von *Staph. aureus, Esch. coli* u. *Ps. pyocyanea.* (Z. Hyg. Infektionskrankh. **130**. 642—51. 1950. Hamburg, Hygien. Inst.; Fribourg, Schweiz, Inst. cantonal d'Hygiene et de Bactériol.) K. MAIER. 4330

Ulrich Berger, *Die Prüfung der baktericiden Wirksamkeit fetter Öle.* 2. Mitt. *Zur Bakteriocidie von Lebertran und Sonnenblumenöl.* (1. vgl. vorst. Ref.) Die Prüfung von Lebertran (I) u. Sonnenblumenöl (*Ol. helianthi*; II) nach der Suspensions- u. Keimträgermeth. bestätigte die bekannte, gute bakteriocide Wirksamkeit von **I** u. zeigte, daß **II** prakt. unwirksam war. Als Testbakterien dienten *Staph. aureus, Strept. pyogenes, Esch. coli, Ps. pyocyanea* u. *Corynebact. diphtheriae.* Die früheren Erfahrungen über die Art der Nachkultur beim Suspensionsvers. u. die Brauchbarkeit der Keimträgermeth. zur Prüfung fetter Öle wurden bestätigt. Längere Zeit aufbewahrte Öle sind autosteril. In Ölen findet während der Abtötungsperiode keine Bakteriolyse statt. (Z. Hyg. Infektionskrankh. **130**. 652—56. 1950. Fribourg, Schweiz, Inst. cantonal d'Hyg. et de Bactériol.) K. MAIER. 4330

P. R. J. Gangadharam, S. Natarajan, T. K. Wadhwani, K. V. Giri, N. L. Narayanamurty und **B. H. Iyer,** *Untersuchungen über die antituberkulöse Wirkung von Sesamin.* Vff. untersuchten die antibakteriellen u. antituberkulösen Eigg. von *Sesamin* (I), das zu 0,2—0,5% im Sesamöl vorkommt. Herst.: 1 lb. Sesamöl wird mit 400 cm^3 Eisessig 40 Std. bei Zimmertemp. geschüttelt. Die Eisessigschicht wird abgetrennt u. bei vermindertem Druck destilliert. Rückstand wird mit verd. warmer KOH behandelt, das Gemisch getrennt, die **I** enthaltende Schicht mehrmals mit dest. W. gewaschen, dann mit verd. HCl gekocht, filtriert, gewaschen u. getrocknet. Die Ausbeute beträgt 1,0 g. **I** krist. aus A. in Nadeln, F. 121°, [α] +68,19° in Chlf. gelöst. In Aceton, Tetrachlorkohlenstoff u. Chlf. ist es gut lösl., mäßig in A. u. unlösl. in PAe., Ae. u. Wasser. Gegen grampositive u. -negative Bakterien besitzt **I** nur geringe antibakterielle Eigenschaften. In vitro hat es aber große Wrkg. gegen Mycobact. tuberculosis, die durch Ggw. von Cystein u. Nucleinsäure nicht gemindert wird. Rinderserum beeinträchtigt die Wrkg. etwas. **I** ist gegen hohe Tempp. u. gegen p_H-Schwankungen zwischen p_H 2—10 stabil. (J. Indian Inst. Sci., Sect. A **35**. 69—76. Jan. 1953. Bangalore, Pharmacol. Labor., Dep. of Biochem., Indian Inst. of Sci., Dep. of Organic Chem.) K. BÖHM. 4330

Maurice Welsch und **Marcel Urbain,** *Antibakterielle Eigenschaften des Triglykoläthers von Acetoxymercuriphenol.* Vff. untersuchten die antibakterielle Aktivität mercurierter Derivv. (I) von *Phenolpolyglykoläthern* der Zus. $X—Hg—R—O—(CH_2CH_2O)_n—CH_2 \cdot CH_2OH$, wo R einen Phenylrest u. X ein ein- oder mehrwertiges anorgan. oder organ. Anion darstellen. **I** besitzen gegenüber anderen organ. Hg-Verbb. gewisse Vorzüge: sie sind wasserlösl., geben farb- u. geruchlose, nichtkorrodierende, stabile Lsgg. u. benetzen gut. Die *Dekaglykoläther* von *Acetoxymercuritrikresol, -β-naphthol, -butylphenol* u. *-phenol* ($X = CH_3COO—$) zeigten gleiche antibakterielle Wirksamkeit. Von den *Tri-, Tetra-, Penta-* u. *Dekaglykoläthern* des *Acetomercuriphenols* war der *Triglykoläther* (*670* LABAZ) (**II**), der vergleichend mit dem *Na-Salz* von *Dibromoxymercurifluorescein* (*Mercurochrom,* **III**), dem *Na-Salz* von *Äthylmercurithiosalicylsäure* (*Merthiolat,* **IV**), *Phenylquecksilberborat* (*Merfen,* **V**) untersucht wurde, am wirksamsten. **II** hemmt *Stoph. aureus* in der gleichen Größenordnung wie die aktivsten Hg-Verbb., während es gegenüber *E. coli* weniger intensiv wirkt (1 : 20000). Die bactericide Aktivität gegenüber beiden Bakterien ist der von **V** vergleichbar u. der von **III** oder **IV** stark überlegen. **II** wirkt auch auf penicillin- u. streptomycinresistente Keime. Im Gegensatz zu anderen mercurierten Verbb. ist die bakteriostat. **II**-Wrkg. von der Impfmenge unabhängig u. ähnelt in dieser Eig., ähnlich auch wie in der Selektivität seiner bakteriostat. Aktivität, dem Penicillin. Der Phenolkoeff. von **II** wurde zu 36 ermittelt, der therm. Koeff. des Desinfektionsvorganges Q_{10} zu 10 zwischen 14—24°. Dichte wss. Bakteriensuspensionen von Corynebakterien, *Streptococcus pyogenes* u. *Stoph. aureus* werden durch

II (1 : 5000) in 10 Min., solche von gramnegativen Keimen (*Salmonella typhosa, Shigella paradysenteriae, E. coli*) durch die Verdünnung 1 : 1000 in der gleichen Zeit sterilisiert. In Ggw. organ. Substanz (10% Bouillon oder Serum) erfolgt die Sterilisation verschied. Bakteriensuspensionen durch eine II-Verdünnung von 1 : 1000 in 3—4 Stunden. Die germicide u. mikrobiostat. Wrkg. von II erstreckt sich auch auf Hefe u. niedere Pilze. (Arch. int. Pharmacodynam. Thérap. **83**. 431—51. 1/8. 1950. Liège, Laborr. de microbiol. générale du C. R. P. A., u. Soc. belge de l'azote et des produits chim. du Marly, Labors. du dép. pharmaceut.) K. MAIER. 4330

Roy B. Mefferd jr. und **L. Leon Campbell jr.**, *Der Einfluß der Temperatur auf die Bestrahlungsempfindlichkeit thermophiler und mesophiler Bakterien.* Temp. u. Atmosphäre üben auf die bei mesophilen u. thermophilen Bakterien (*Bacillus globigii, B. stearothermophilus*) durch UV-Bestrahlung hervorgerufenen Wirkungen einen beträchtlichen Einfl. aus, der sich selbst beim relativ unempfindlichen Sporenstadium bemerkbar macht. Das thermophile Bakterium war gegenüber der letalen Wrkg. einer bestimmten UV-Dosis empfindlicher als das mesophile, wurde jedoch durch Temperaturänderungen während der Bestrahlung in Luft weniger beeinflußt. Temperaturänderungen waren fast ohne Einfl. auf den thermophilen Organismus, wenn während der Bestrahlung O_2 von den Suspensionen ferngehalten wurde. Dagegen wurde das mesophile Bakterium deutlich beeinflußt. Ein derartiges Ergebnis ist zu erwarten, wenn der thermophile Organismus ein hitzestabiles Kernprotein besitzt u. die Schädigung durch Strahlung nicht additiv zu der durch Hitzedenaturierung bedingten ist. Die Mutationshäufigkeit bei 99,9% Abtötung durch UV-Bestrahlung fiel für das mesophile bzw. thermophile Bakterium bei 75 bzw. 100° unter die Norm (Spontanmutationen) ab. Die relative Mutabilität beider Organismen wurde auch durch Best. von Fermentationsmutanten (Mannose) u. Isolierung biochem. Mutanten nach DAVIS nachgewiesen. **Aus den mesophilen *B. globigii*-Kulturen waren derartige Mutanten leicht isolierbar,** während aus den thermophilen von *B. stearothermophilus* nur wenige vitamin- u. aminosäurefreie u. keine purin- oder pyrimidinfreie Mutanten erhalten werden konnten. Allg. zeigte der thermophile Bacillus weit geringere Neigung zu Mutationen als der mesophile. (Proc. Soc. exp. Biol. Med. **79**. 12—16. Jan. 1952. San Antonio, Southwest Found. for Res. and Educat., u. Austin, Tex., Univ. of Texas, Dep. of Bacteriol.) K. MAIER. 4330

R. J. V. Pulvertaft, *Die L-Form von Bakterien und ihre Beziehung zu Antibioticis.* Streptobacillus moniliformis = Actinomyces muris kann außer geblähten Körperchen u. Exkretionssäcken, die auch andere Organismen spontan oder unter Einfl. von *Penicillin* (I) u. Serum entwickeln, auch extracelluläre Granula (L-Variante) bilden, die dem Erreger der bovinen Pleuropneumonie ähnlich sind. Allein I vermag diese stabile L-Variante des Str. moniliformis u. den bovinen Pleuropneumonie-Erreger zu hemmen. (J. Pathol. Bacteriol. **65**. 175—84. Jan. 1953. London, Westminster Med. School.) K. BÖHM. 4340

Eberhard Walch, *Phasenkontrastmikroskopische Darstellung der Veränderung von Gonokokken durch Penicillin.* Bei der phasenkontrastmkr. Beobachtung ungefärbter Nativpräpp. von Gonokokken, die in vivo u. in vitro der Einw. von *Penicillin* ausgesetzt gewesen waren, ergaben sich gegenüber gefärbten Präpp. folgende Unterschiede: in der Kultur u. in Leukocyten größere, ovale Formen, seltenes Auftreten der im Färbepräp. häufigen Degenerationsformen, wie Hanteln u. Stäbchen mit Polkörnchen. (Klin. Wschr. **28**. 776—79. 1/12. 1950. Heidelberg, Univ., Frauenklinik.) K. MAIER. 4340

Peter Story, *Stimulierung der Hämolyse durch Penicillin.* Zugabe von geringen Penicillinmengen zu Blutagarplatten stimuliert die hämolyt. Wrkg. von einigen Stämmen von Str. pneumoniae, 2 Stämmen von Str. viridans u. einem anaeroben Streptococcus, die Vf. aus Sputum isoliert hatte. Andere Antibiotica waren unwirksam. (J. Pathol. Bacteriol. **65**. 61—66. Jan. 1953. London, St. Bartholomew's Hosp., Pathol. Dep.) K. BÖHM. 4340

Ingrid L. Barkulis, *Hemmung des anaeroben Pyruvatabbaues bei Escherichia coli durch Dihydrostreptomycin.* Ein typ. *E. coli*-Stamm (**A**) wurde 18—20 Std. in synthet., Glucose (**I**)-haltiger Nährlsg. (**B**) gezüchtet u. anschließend die CO_2-Bldg. gewachsener Zellen aus **I** u. *Pyruvat* (**II**) unter anaeroben Bedingungen in $NaHCO_3$-Puffer sowie unter Zusatz von Hefeextrakt bei p_H 7,4 mit u. ohne *Dihydrostreptomycin* (**III**) manometr. bestimmt. Aus 1 Mol **I** wurden ca. 2 Mol CO_2 gebildet, wobei 250 γ **III**/cm³ die CO_2-Produktion aus **I** nur unbedeutend hemmten. Die CO_2-Bldg. aus **II** erfuhr durch 100 γ **III**/cm³ eine 75—90%ig. Hemmung. Ohne **III** entstand je Mol **II** ca. 1 Mol CO_2 in $NaHCO_3$-Puffer u. nur ca. 0,25 Mol CO_2 in Phosphatpuffer des gleichen p_H-Werts. Je Mol verbrauchtes **II** wurden 0,75 Mol in *Acetat* (**IV**) u. *Formiat* (**V**) umgewandelt u. 0,25 Mol zu einem nichtsauren Endprod. decarboxyliert. H_2 wurde nicht, Lactat nur spurenweise gebildet. In Ggw. von 100 γ **III**/cm³ erfuhr die Bldg. von **IV** u. **V** aus **II** eine ca. 75%ig. Hemmung. Eine *Streptomycin*-resistente u. eine -abhängige Variante von **A** bildeten aus **I**, mit u. ohne 100 γ **III**/cm³, annähernd mit gleicher Geschwindigkeit CO_2 wie **A**, vergärten jedoch **II** sehr langsam. Obwohl **III** die anaerobe CO_2-Bldg. aus **I** nicht hemmte, erfolgte in Ggw. von **III** kein anaerobes Wachstum der Zellen in **B**. Die abhängige Variante benötigte für den anaeroben I-Abbau kein **III**, jedoch zum Wachstum in **B**. **III** hemmt anscheinend einige Endstufen des aeroben wie anaeroben Kohlenhydratabbaues. (Vgl. auch C. **1953.** 6909.) (J. Bacteriol. **61.** 375—76. März 1951. Chicago, Ill., Univ., Dep. of Bacteriol. and Parasitol., u. Dep. of Med.) K. MAIER. 4340

R. Linz und **E. Lecocq,** *Die Entwicklung künstlicher Gemische von streptomycin-empfindlichen und -resistenten Mycobacterium tuberculosis-Zellen.* Das zuerst bei *Staph. aureus* von WELSCH beobachtete Phänomen, daß im Verlauf von Passagen eines künstlichen Gemisches von *Streptomycin* (**I**)-empfindlichen u. -resistenten Zellen in I-freiem Kulturmedium die resistenten Formen nahezu vollständig verschwinden, wurde nunmehr auch bei einem *M. tuberculosis*-Stamm (Typus *humanus*) beobachtet. Der Stamm (**S**) selbst wurde durch 0,62 γ **I**/cm³ nach 10—20 Tagen in fl. DUBOS-DAVIS-Medium gehemmt, wogegen zwei Varianten ($\mathbf{R}_1$, $\mathbf{R}_2$) gegenüber 500 bzw. 1000 γ **I**/cm³ resistent waren. Während in einem Gemisch von **S** mit $\mathbf{R}_1$ oder $\mathbf{R}_2$ nach 9 Passagen in **I**-freiem Medium der Anteil der resistenten Form stark abgenommen hatte, erfolgte in Ggw. von **I**-Spuren (0,01 γ/cm³) keine Verringerung derselben. (C. R. Séances Soc. Biol. Filiales **145.** 149—51. Jan. 1951. Bruxelles, Univ. libre, Labor. de Bactériol., u. Hôpital universitaire Saint-Pierre, Labor. de Biol. clin.) K. MAIER. 4340

R. Akün und **F. Schulte,** *Untersuchungen über die Beeinflussung der Kapselsubstanz des Milzbrandbacillus durch Hyaluronidase.* Wegen der veränderten Färbbarkeit von Milzbrandbacillen nach Einw. roher Testes-*Hyaluronidase* wird auf ein Vork. von *Hyaluronsäure* in deren Kapselsubstanz geschlossen. Die gleiche Veränderung wurde durch den Extrakt eines Myxosarkoms vom Hund hervorgerufen, wonach Hyaluronidase in diesem enthalten sein soll. (Dtsch. tierärztl. Wschr. **59.** 337—39. 15/11. 1952. Hannover, Tierärztl. Hochsch., Pathol. Inst.) GIBIAN. 4350

T. Y. Kingma Boltjes, *Isolierung nitrifizierender Organismen und Sauerstoffversorgung.* Im Gegensatz zu LEES (Nature [London] **167.** [1951.] 355), der annimmt, daß die Gewinnung von *Nitrosomonas*-Reinkulturen mittels der „Perkolator"-Meth. auf der guten Belüftung beruhe, hält Vf. dies für unwahrscheinlich. Bei der Anreicherung der Nitritbildner besteht, wie verschied. Überlegungen u. Beobachtungen ergaben, niemals O_2-Mangel. Die Wachstumsgeschwindigkeit von *Nitrosomonas* wird nicht durch den Atmungsprozeß, sondern vielmehr durch die Assimilationsvorgänge gesteuert, wobei möglicherweise Stoffwechselprodd. heterotropher Bakterien für den Nitritbildner als Wuchsstoffe bedeutsam sind. Die Angaben LEES bzgl. des Wachstums in Petrischalen sind unrichtig. — **Howard Lees** betont zu vorst. Einwänden, daß er vorwiegend die intensive Nitrifizierung, BOLTJES jedoch ziemlich niedrige Nitrifizierungsgeschwindigkeiten untersucht habe. Bei letzterem ist jedoch die O_2-Versorgung naturgemäß weniger bedeutsam. (Nature [London] **169.** 1106—17. 28/6. 1952. Amsterdam, Univ., Labor. of Microbiol.; Aberdeen. Marischal Coll., Dep. of Biol. Chem.) K. MAIER. 4350

F. Jean Wilson, Catherine Kalish und **Charles H. Fish,** *Die Verwendung von Redoxfarbstoffen bei der in vitro-Virulenzbestimmung von Mycobakterien.* Die Unters. der Redoxpotentiale von Mycobakterienstämmen, *Typus humanus* (*H 37 Rv* u. *H 37 Ra*), *gallinaceus* (KIRCHBERG), *bovinus* (RAVENEL), 7 säurefesten Saprophyten, 4 *BCG*-Stämmen sowie einigen „Wild"-Stämmen des *Typus humanus* u. 3 Wildstämmen von säurefesten Saprophyten aus patholog. Material ergab für alle virulenten Stämme (Ausnahme *gallinaceus*) während der Wachstumsperiode nahezu ident. Redoxkurven. Die Kurven der abgeschwächten *BCG*-Stämme u. *H 37 Ra* unterschieden sich von den mit virulenten u. avirulenten Stämmen erhaltenen. Es wird ein Test beschrieben, bei dem Redoxfarbstoffe mit verschied. E_0^1 - Potentialen (—0,221 bis —0,228 V bei p_H 7,0), z. B. *Phenolindophenol*, durch avirulente Stämme entfärbt werden. Die avirulenten bzw. abgeschwächten Stämme *H 37 Ra* u. *BCG* erschienen im Test als virulent, der pathogene *gallinaceus*-Stamm als avirulent. Nicht lebensfähige oder verunreinigte Kulturen liefern falsche Resultate. Die Zuverlässigkeit des Tests bedarf noch weiterer Nachprüfung. (Amer. Rev. Tubercul. **65.** 187—93. Febr. 1952. Chamblee, Ga., Federal Security Agency, Publ. Health Serv., Communicable Disease Center.) K. MAIER. 4350

R. Sartory, J. Meyer, J. Touillier und **Th. Gerig,** *Chromatographische Untersuchung von Trichophytinen, ihr Gehalt an Aminosäuren.* (Vgl. C. **1952.** 3348.) Vff. gewannen aus Kulturen von *Ctenomyces interdigitalis* (a), *Microsporum lanosum* (b), *Microsporum audouini* (c), *Ctenomyces granulosum* (d) u. *Ctenomyces persicolor* (e) *Trichophytine*, u. zwar aus dem zerriebenen Mycel *Endotrichophytin* (**I**), aus den Substraten *Exotrichophytin* (**II**). Die Isolierung der Toxine erfolgte durch aceton. Fällung bei -4^0 u. anschließendes Zentrifugieren. Die Toxine wurden mit 5nHCl im geschlossenen Röhrchen unter CO_2 20 Std. bei 110^0 hydrolysiert, die Hydrolysate nach der aufsteigenden Meth. auf ihre Gehh. an Aminosäuren (AS) mittels 2-dimensionaler Papierchromatographie auf WHATMAN Nr. 1 untersucht. Als Lösungsmittelpaare dienten wassergesätt. Phenol–Butylacetat u. Butanol–Eisessig–Wasser. Zur Anfärbung wurde eine 0,2%ig. Lsg. von *Ninhydrin* in Butanol gebraucht. Reine AS mit u. ohne Trichophytin liefen mit. Aus den Ergebnissen konnte gefolgert werden, daß **I** u. **II** für eine bestimmte Spezies nicht gleichbedeutend sind, ausgenommen für (c) u. (e). Alle Toxine enthalten als wesentliche Bestandteile die 9 AS: *Asparagin-* u. *Glutaminsäure, Serin, Glycin, Threonin, Alanin, Lysin, Arginin* u. *Leucin*. **I** aus (b) enthielt nur diese AS, die anderen zusätzlich *Valin, Prolin* u. *Tyrosin*. In **I** aus (a) u. (d), in **II** aus (b) wurde noch eine AS entdeckt, die nicht identifiziert werden konnte. **II** aus (b) scheint ein größerer Komplex mit 15 AS zu sein, unter ihnen *Cystin* u. *Phenylalanin*. Seine Wrkg. bei Mykosen ist spezifischer als die der anderen Toxine. (Bull. Assoc. Diplômés Microbiol. Fac. Pharmac. Nancy **3**. Nr. 48. 18—22. Juli 1952. Strasbourg, Fac. de Pharm., Labor. de Microbiol. et de Cryptogamie.) ENDRASS. 4370

Fr. Patočka, V. Kubelka, K. Slavík und **J. Boháč,** *Über einige biologische Eigenschaften des Virus der Encephalomyelitis enzootica suis (Tesinschen Krankheit).* Der die Rückenmarkslähmung der Schweine herbeiführende Virus mißt 25 mμ u. wird in 10%ig. Rückenmarkssuspension durch 20 Min. Erhitzen auf 65^0, aber durch Protaminsulfat u. Chloramin viel schneller inaktiviert. Er ist bei einem p_H 2,5—13 wirksam, gegen Ae. unempfindlich u. durch saure oder Methanolfällung zu reinigen. (Sborník českoslov. Akad. Zemědělské (Ann. czechoslov. Acad. Agric.) **25**. 131—40. Febr. 1952.) STEINER. 4374

Jerome T. Syverton und **William F. Scherer,** *Untersuchungen über die Ausbreitung der Poliomyelitisviren in vitro.* 1. Mitt. *Virusvermehrung in Gewebekulturen aus testicularen Zellen von Affen oder Menschen.* Es gelang, Poliomyelitisvirus in Gewebekulturen aus Testes von Menschen oder Affen zu züchten mit oder ohne Zusatz von Plasma. Die Versuchsdauer betrug bei 5 verschied. Stämmen zwischen 36 u. 263 Tagen. Durch Kontrollen wurde sichergestellt, daß sich das Virus ohne die betreffenden Gewebe nicht vermehrt u. daß kein fremdes Virus eingeschleppt wurde. Der Nachw. der Poliomyelitisviren erfolgte durch Neutralisationsteste u. durch die Befunde bei Affen, an die es nach der Züchtung in der Gewebekultur verimpft wurde. Nach 8 Passagen betrug die Verdünnung, bezogen auf den Wechsel der Gewebe, 10^8—10^{44}, bezogen auf den Ersatz der Fl., 10^{15}—10^{95}. (J. exp. Medicine **96**. 355—67. 1/10. 1952. Minneapolis, Minn., Univ. of Minnesota, Dep. of Bacteriol. and Immunol.) WIEDEMANN. 4374

William F. Scherer und **Jerome T. Syverton,** *Untersuchungen über die Ausbreitung der Poliomyelitisviren in vitro.* 2. Mitt. *Beschreibung der Wachstumskurve und Beziehung zu der Cytopathogenität des Poliomyelitisvirus.* (1. vgl. vorst. Ref.) Die Wachstumskurve des Stammes Yale SK des Poliomyelitisvirus auf Gewebekulturen von Affenhoden zerfällt in 3 Teile, eine Latenzphase, innerhalb derer wenig oder kein Virus von den Zellen abgegeben wird, einen steilen Anstieg, während dessen es zu einer Zerstörung der Fibroblasten kommt, u. ein Plateau, das einem Sinken der Geschwindigkeit der Viruserzeugung entspricht. Ein Cyclus dauert ca. 10 Tage, die Ausbeute entspricht einer Vermehrung auf das 75—1000fache. Die Wachstumskurve ist unabhängig von der Kulturtechnik. Innerhalb des Gewebes ist der Virusgeh. ca. 10mal so hoch wie in der Flüssigkeit. (J. exp. Medicine **96**. 369—87. 1/10. 1952. Minneapolis, Minn., Univ. of Minnesota, Dep. of Bacteriol. and Immunol.) WIEDEMANN. 4374

William F. Scherer und **Jerome T. Syverton,** *Untersuchungen über die Ausbreitung der Poliomyelitisviren in vitro.* 3. Mitt. *Die Ausbreitung der Poliomyelitisviren in Gewebekulturen, die von Nervenzellen frei waren.* (2. vgl. vorst. Ref.) Poliomyelitisvirus konnte auch auf Fibroblasten, die keinerlei Ähnlichkeit mit Nervenzellen besitzen, gezüchtet werden. Die Zellen wurden bei der Virusvermehrung zerstört. Durch spezif. Antikörper konnte der pathogene Effekt des Poliomyelitisvirus auf die Fibroblasten der Affenhoden neutralisiert werden. (J. exp. Medicine **96**. 389—99. 1/10. 1952. Minneapolis, Minn., Univ. of Minnesota, Dep. of Bacteriol. and Immunol.) WIEDEMANN. 4374

John B. Nelson, *Akute Hepatitis in Verbindung mit Mäuseleukämie.* 1. Mitt. *Pathologische Befunde und Übertragung der Krankheit.* (J. exp. Medicine **96**. 293—302. 1/10. 1952. Rockefeller Inst. for Med. Res.) WIEDEMANN. 4374

John B. Nelson, *Akute Hepatitis in Verbindung mit Mäuseleukämie.* 2. Mitt. *Ätiologie und Wirtsspezifität des wirksamen Agens in der Maus.* (1. vgl. vorst. Ref.) Als Agens einer akuten Hepatitis, die bei eben entwöhnten Mäusen des Princeton-Stammes auftrat, wurde ein *Virus* nachgewiesen. Nach der experimentellen Infektion wird es in

Leber, Milz, Niere, Herz, Blut, Urin u. Darminhalt aufgefunden. Ältere Mäuse u. andere Stämme sind weniger empfänglich. Aureomycin u. Terramycin sind ohne Einfl. auf die Krankheit. Das Virus kann in den BERKEFELD-Filtraten der Lebersuspensionen u. im Überstand bei Zentrifugieren mit 10000 *g* nachgewiesen werden. (J. exp. Medicine **96.** 303—12. 1/10. 1952. Rockefeller Inst. for Med. Res.) WIEDEMANN. 4374

D. Noordam, *Lycopersicum-Virus 3 (tomato spotted wilt) bei einigen Gärtnereigewächsen.* Durch Saftübertragung auf die Testpflanzen Nicotiana glutinosa, N. tabacum „White Burley" u. Petunia hybrida wurde bei einer Reihe von Blumen Lycopersicum-Virus 3 nachgewiesen, so bei Campanula isophylla, Gerbera jamesonii u. Senecio cruentus (Cineraria hybr.). (Tijdschr. Plantenziekten **58.** 89—96. Juli/Aug. 1952. Wageningen, Inst. voor Plantenziektenkundig Onderzoek.) WIEDEMANN. 4374

A. A. Imschenetzki und **K. S. Perowa,** *Die amylolytische Aktivität der gefalteten Rassen von Aspergillus niger.* Auf Bierwürze wurden gefaltete Rassen von Aspergillus niger erhalten, die sich durch Aussehen u. Struktur von den Ausgangsformen unterschieden u. in 6 Tagen ein um 40% höheres Trockengewicht erzeugten. Der aus seinen Häutchen gewonnene Saft besaß eine größere amylolyt. Aktivität als der der Ausgangsform, bes. deutlich bei jungen Kulturen, wo auch die amylolyt. Aktivität je Gewichtseinheit deutlich erhöht war. (Микробиология [Mikrobiologie] **22.** 133—40. März/April 1953. Moskau, Inst. für Mikrobiol. der Akad. der Wiss. der UdSSR.) LEBTAG. 4380

M. N. Mickelson und **M. N. Schuler,** *Die Oxydation von Acetat durch Ashbya gossypii* Bei der Oxydation von Acetat durch Mycelaufschwemmungen von Ashbya gossypi treten α-Ketoglutarsäure u. Citronensäure auf. Eine Acetat-Succinat-Kondensation scheidet daher aus. Durch Zugabe von *A.* u. 0,002 mol. *α-Ketoglutarsäure, Bernsteinsäure, Fumarsäure* u. *Malonsäure* wurde die Oxydation erheblich erhöht. *Oxalsäure, Brenztraubensäure* u. *Citronensäure* begünstigten die Oxydation dagegen nicht. Konz. von 0,04 mol. Malonat verhinderte die Acetatoxydation. Das getrocknete Mycel vermochte Succinat, Citrat u. zum Teil andere Tricarboxylsäuren zu oxydieren, jedoch nicht Acetat u. Äthanol. (J. Bacteriol. **65.** 297—304. März 1953. Kansas City, Mo., Midwest Res. Inst., Chem. Div.) LENHARD. 4380

Edward C. Cantino, *Die biochemische Natur des Generationswechsels von Blastocladiella.* Verss. über Beeinflussung des Generationswechsels von Blastocladiella durch äußere Faktoren ergaben, daß *Bicarbonat*-Lsgg. in bestimmter Nährbodenzus. bis zu einem gewissen krit. Punkt innerhalb der Ontogenie junger Keimlinge direkte Morphogenese von Dauersporangien herbeiführt. Nach diesem krit. Stadium wird keine Wrkg. erzielt, da die Zellmembranen u. a. ihre Permeabilität gegenüber Bicarbonat verloren haben. (Amer. Naturalist **86.** 399—404. Nov./Dez. 1952. Pittsburgh, Pa., Univ. of Pennsylvania.) FINDEISEN. 4380

Henning Brandis und **Hans-Philipp Pöhn,** *Über eine einfache Methode zur Amöbenfärbung.* Beschreibung einer Kombination von Methanolfixierung u. WEIGERTscher Färbung mit Eisen-Hämatoxylin-Lsg. zur Herst. von gefärbten Dauerpräpp. von Amöben. Die Präpp. ermöglichen eine genügende Differenzierung der einzelnen Amöbenarten. (Klin. Wschr. **28.** 788. 1/12. 1950. Frankfurt/M., Hygien.Inst., Univ.) K. MAIER. 4380

E₄. Pflanzenchemie. Pflanzenphysiologie. Pflanzenpathologie.

H. v. Philipsborn, *Über Calciumoxalat in Pflanzenzellen.* Es wurde bewiesen, daß die Hydratstufe des tetragonalen Calciumoxalates 2 Mol. W. enthält. Es kann zusätzlich 0,5 Mol W. aufnehmen als „zeolith." Wasser. Darst. des Hydrates (*Weddellit*): 500 cm^3 filtrierter Harn werden bei Raumtemp. in einem Guß mit 25 cm^3 n/20 Ammonoxalat unter Umrühren versetzt. Innerhalb der ersten 10—15 Min. scheidet sich nur Weddellit aus. Zur Unters. von Kristallformen in Pflanzen wird das DEBYE-SCHERRER-Diagramm empfohlen. Die Gewinnung des für die Analyse geeigneten Kristallpulvers wird beschrieben. Spezielle Unters. an Atropa Belladonna zeigen, daß hier das Ca-Oxalat als Monohydrat (*Whewellit*) vorliegt. (Protoplasma **41.** 415—23. 1952. Bonn, Univ., Mineralog.-Petrolog. Inst.) I. WEINMANN. 4420

Josef Koblic, *Die gewöhnliche Weichselkirsche, die Zusammensetzung der Früchte bezüglich Cyanwasserstoff, Vitamin C und d-Sorbit.* Es wurden 2 Abarten der Gattung *Sanspareile* analysiert u. die Ergebnisse mit den Resultaten anderer Forscher verglichen. HCN-Geh. des getrockneten Kernes: 68—70 mg; Vitamin-C-Geh.: 14,5 mg-%. Auf die Wichtigkeit des d-Sorbits für die menschliche Ernährung wird hingewiesen. (Sborník českoslov. Akad. Zemědělské (Ann. czechoslov. Acad. Agric.) **25.** 121—30. Febr. 1952.) STEINER. 4420

V. H. Booth, *Die Verteilung der Carotinoide in den verschiedenen Teilen der Möhre.* In einer Reihe von Möhrensorten wurde die Verteilung der Carotinoide durch Extraktion des gelben fettlösl. Pigmentes u. colorimetr. Best. ermittelt. Extraktions- u. Bestimmungsmethoden werden beschrieben. Weiter ist eine Tabelle über den Geh. verschied. Sorten u. die Verteilung in Xylem u. Phloem aufgeführt. (J. Sci. Food Agric. **2.** 350—53. Aug. 1951. Cambridge, Dunn Nutritional Labor.) REPPEL. 4425

Hermann Ziegenspeck, *Die Wegsamkeit der Pigmentschicht der Getreidekörner (Endoderminschicht) für Fluorochrome.* Um die Durchlässigkeit der Cuticularhäutchen von Samenschalen zu prüfen, wurden die Schalen von Weizenkörnern in verschied. Weise untersucht. Das Eindringen von Fluorescenzfarbstoffen wurde mkr. beobachtet. Die Eigenfluorescenz der Samen ist unbedeutend, muß jedoch zur sicheren Beurteilung der späteren intensiveren Erscheinung bei den Fluorochromen beachtet werden. Es wurde eine absol. Sperre für grobdisperse Phasen, eine relative für feindisperse Phasen von Fluorochromen für die Pigmentzone von Weizenkörnern festgestellt. A.-Zusatz u. p_H-Änderung brachten keine Erhöhung der Durchlässigkeit. (Protoplasma **41.** 425—31. 1952.) I. WEINMANN. 4450

Helmut Metzner, *Untersuchungen zur Silbernitratreduktion durch vitalgefärbte Chloroplasten.* Unterss. zur Frage, ob die in der Grünlücke (zwischen den beiden Absorptionsmaxima) der beiden Chlorophylle vorliegende verringerte Reduktionskraft des $AgNO_3$-Reduktors (Vitamin C) durch Einlagerung eines Fluorochromes in die Chloroplasten aufgehoben werden kann. Flächenschnitte von Agapanthus wurden mit gepufferter Rhodamin-B-Lsg., die in diesem Bereich absorbiert, 30 Min. infiltriert, 3 Min. mit 1%ig. $AgNO_3$-Lsg. behandelt u. der Prozentsatz der geschwärzten Plastiden, bezogen auf die geschwärzten Zellen, bestimmt. Es wurde die gleiche Spektralabhängigkeit der Red. wie bei den ungefärbten Plastiden gefunden. Rhodamin B vermag den Reduktionsvorgang auf die Grünlücke nicht auszudehnen. (Nachr. Akad. Wiss. Göttingen, math.-physik. Kl., IIb biol.-physiol.-chem. Abt. 1952. 1—5.) I. WEINMANN. 4460

Jindřich Kolařík, *Der Einfluß der H-Ionen auf die Assimilation der Kationen durch die Pflanzen.* Durch Verss. wurde festgestellt, daß die Entw. der Pflanze aufhört, wenn das Prod. aus Konz. u. Beweglichkeit des Nährstoffkations dem Prod. aus H-Konz. u. dessen Beweglichkeit gleich ist. So nimmt z. B. die Pflanze aus einer $(NH_4)_2SO_4$-Lsg. von 6 Millival nur 1 Millival NH_4 auf u. stellt das Wachstum wegen N-Mangel ein, da das Prod. beim H^+ (1·315) gleich ist dem Prod. beim NH_4^+ oder allg.: $(E - x)\,C_K = xC_H$, wobei E = Menge der Kationen in Äquivalenten, x = Menge der von der Pflanze verbrauchten Kationen, C_K = Beweglichkeit des Kations, C_H = Beweglichkeit des Anions. Die Verss. wurden mit Roggen, Weizen, Gerste, Hafer u. Mais sowie mit verschied. NH_4^+-Konzz. durchgeführt. Ursache der schädlichen Wrkg. der H^+ ist vermutlich die Absättigung der freien Adsorptionsvalenzen des Eiweißplasmas. (Sborník českoslov. Akad. Zemědělské [Ann. czechoslov. Acad. Agric.] **25.** 21—28. Febr. 1952. Praha, Výzk. Ústav pro vostl. Výrobu.) STEINER. 4470

K. W. Liptschinski, *Die Nichtwurzelernährung, ein wesentlicher Faktor bei der Änderung der Natur der Pflanzen.* Einem Pfirsichbaum wurden über den Stamm bestimmte Mengen an mineral. u. organ. Stoffen zugeführt. Bis zum 15. Mai erhielt der Baum nur W., darauf bis Ende Mai $Ca(NO_3)_2$, $(NH_4)_2SO_4$ u. *Zucker*, während der Blüte nur Zucker, Anfang Juni $MgCl_2$, $Fe_2(SO_4)_3$ u. K_2SO_4, in der 2. Junihälfte *Citronensäure* u. *Saccharin*, Anfang Juli Na_2HPO_4, $MgCl_2$ u. $Fe_2(SO_4)_3$, u. in der 2. Julihälfte W. u. *Pantocid.* Im Gegensatz zu früheren bitteren Früchten (50 g) wurden jetzt schmackhafte, aromat. rosige Früchte (150—170 g) erhalten. Nachkömmlinge (aus Kernen gezogen) besitzen die gleichen Eigenschaften. Umgepflanzte Apfelbäume erholten sich durch ähnliche Nichtwurzelernährung bedeutend schneller als ungenährte. Durch Zugabe von *Salicylsäure* u. $FeCl_3$ vor der zweiten Blüte wurde bei diesen Bäumen die Färbung der Früchte verbessert u. Dissimilation verhindert. Zugabe von *Menthol* verhinderte Störungen im Vegetationspunkt. Durch angepaßte Ernährung mit den genannten Stoffen sowie mit *Oxalsäure* u. *KJ* wurde bei „Gold-Renette" die Fruchtreife um einen Monat verkürzt. (Лесное Хозяйство [Forst-Wirtsch.] **5.** Nr. 5. 23—29. Mai 1952.) LINTER. 4470

M. O. Dworetzki, *Über den Kreislauf des Stickstoffes und der Ascheelemente in Tannenbeständen.* Auswertung der Versuchsergebnisse von SMIRNOWA (Вестник Московского Университета, Серия Физико-Математических и Естественных Наук [Nachr. Moskauer Univ., physik.-mathemat. u. naturwiss. Ser.] **1951.** Nr. 3). Danach ist die relative Aufnahme der verschied. Elemente durch Tannenbestände während des Wachstums ziemlich gleichbleibend; mit dem Alter nimmt die SiO_2-Aufnahme etwas zu, die K_2O- u. P_2O_5-Aufnahme etwas ab. Bis zum Alter von 40 Jahren werden dem

Boden ca. 50% der aufgenommenen Nährstoffe in Form von Nadeln, Zweigen, Tannenzapfen zurückerstattet, im Alter von 90 Jahren rund 90%. Auf diese Weise verbessert sich der Standort für den Nachwuchs. (Вестник Московского Университета, Серия Физико-Математических и Естественных Наук [Nachr. Moskauer Univ., physik.-mathemat. u. naturwiss. Ser.] **7.** Nr. 10. 125—27. Okt. 1952. Holztechn. Inst. des Wolgagebietes.) A. JACOB. 4470

Jiři Sebánek, *Über die Stimulation der Kartoffel und der Sonnenblume mit 2.3.5-Trijodbenzoesäure.* 2.3.5-Trijodbenzoesäure (**I**) fördert, als Lanolinpaste auf Keimlinge u. Augen aufgebracht, das Wachstum des Krautes u. der Knollen proportional zur **I**-Konz. der Paste. Bei der Sonnenblume wirkt eine 0,12%ig. Paste am günstigsten, wobei sie am besten auf die jungen Stengel aufgestrichen wird. Auch das Wachstum von Bohne u. Buchweizen wird günstig beeinflußt. (Sborník českoslov. Akad. Zemědělské (Ann. czechoslov. Acad. Agric.) **25.** 101—16. Febr. 1952. Brno, Vys. Škola zeměd. a lesn. Inž. Bot. Ústav.) STEINER. 4486

K. Hassebrauk, *Untersuchungen über die Einwirkung von Sulfonamiden und Sulfonen auf Getreideroste.* 3. Mitt. *Untersuchungen über den Wirkungsmechanismus von Sulfonamiden und Sulfonen.* (2. vgl. C. **1953.** 2626.) Die rosthemmende Wrkg. von *Sulfonamiden* wird durch annähernd äquivalente Gaben von *p-Aminobenzoesäure* (*PAB*) völlig aufgehoben. Höchstwahrscheinlich resultiert die Entwicklungshemmung des Rostpilzes aus einer direkten Auswirkung des PAB-Entzuges. PAB ist für die Uridineen offenbar ein unentbehrlicher Wuchsstoff. (Phytopathol. Z. **19.** 56—78. April 1952. Braunschweig, Inst. für physiol. Botanik der Biol. Bundesanstalt für Land- u. Forstwirtschaft.) GRIMME. 4490

E₅. Tierchemie. Tierphysiologie. Tierpathologie.

Lillian Eichelberger und **James L. Baldwin,** *Biochemische Gesichtspunkte bei der Untersuchung von Nasenpolypen.* Der Wasser-, Chlorid-, Na-, K-, Ca-, Mg- u. Gesamt-N-Geh. von Nasenpolypen wird in 31 Fällen bestimmt u. eine Übereinstimmung mit dem Elektrolyten- u. N-Geh. von Cysten am Warzenfortsatz festgestellt. (J. Lab. clin. Med. **39.** 737—42. Mai 1952. Chicago, Ill.) BAUMANN. 4510

Ching-Hsi Tsao und **A. Glenn Richards,** *Über die Cuticula der Arthropoden.* 9. Mitt. *Quantitative Wirkung von Nahrung, Alter, Temperatur und Feuchtigkeit auf die Cuticula von fünf typischen Species von Insekten.* (7. vgl. C. **1953.** 1832.) Die Wrkg. von Diät, Alter, Temp. u. Feuchtigkeit auf den Prozentsatz von Cuticula (**I**) u. von Chitin (**II**) in **I** wurde an der oriental. *Küchenschabe* (*Blatta orientalis L.*; B. o.), dem *Mehlkäfer* (*Tribolium confusum Duv.*; T. c.), dem *gelben Mehlwurm* (*Tenebrio molitor L.*; T. m.), der *Wachsmotte* (*Galleria mellonella L.*; G. m.) u. einer Schweißfliegenart (*Phormia regina Mg.*; Ph. r.) untersucht. Präparation der Insekten u. Darst. u. Reinigung von **II** u. Chitosan erfolgten in üblicher Weise. Vff. fanden, daß niedrige Tempp. den Wuchs von G. m. u. Ph. r. verzögerten. Nahrung mit niedrigem Kohlenhydratgeh. (ad libitum) wirkten hemmend auf das Wachstum von B. o. u. T. m., während hoher Kohlenhydratgeh. die unreifen Stadien von Ph. r. verlängert. Ein deutlicher Einfl. auf die Werte für **I** konnte nicht festgestellt werden. Der **II**-Geh. der abdominellen **I** ♂ B. o. ist höher als der ♀ Tiere. Bei B. o.-Larven sinkt der Prozentgeh. von **II** oder **I** mit steigendem Körpergewicht, während bei Ph. r. -Larven u. ausgewachsenen Tieren von B. o. der Anteil an **I** u. **II** bzgl. des Körpergewichtes gleich bleibt. Die individuellen Unterschiede im **II**-Geh. von **I** betragen bei G. m.-Larven im Mittel 8%, bei Ph. r.-Larven 5%. Eine sichere, auf die Behandlung zurückführende Beeinflussung konnte nicht festgestellt werden. (Ann. entomol. Soc. America **45.** 585—99. Dez. 1952. Univ. of Minnesota, Div. of Entomol. and Econom. Zool.)
WOLFGANG ALBRECHT. 4520

E. Strehler und **H. Schüpbach,** *Zur Physiologie der Salzsäuresekretion des Magens.* 1. Mitt. *Die Aktionsbereitschaft der säurebildenden Mechanismen.* Durch nochmaligen *Coffein*-Reiz bei der fraktionierten Magensonde nach Abklingen der ersten Sekretionsaktivität kommt es zu einer durchschnittlich 79,4% höheren Sekretion von freier Säure. — Diskussion der physiol. Bedeutung des Befundes. (Helv. med. Acta **20.** 20—34. März 1953.) MATTHIES. 4555

E. Strehler und **E. Willa,** *Zur Physiologie der Salzsäuresekretion des Magens.* 2. Mitt. *Beziehungen zwischen Blutcholesterin und Säuresekretion des Magens.* (1. vgl. vorst. Ref.) Statist. Unters. der Abhängigkeit der Magenacidität vom *Cholesterin* (**I**)-Stoffwechsel. Es zeigen sich keine signifikanten Unterschiede zwischen den verschied. Sekretionsstörungen. Bei Ulcus duodeni wird statist. gesichert, daß die Säuresekretion nach Coffeintrunk umso geringer ist, je höher der Cholesterinspiegel im Blute ist. (Helv. med. Acta **20.** 35—47. März 1953.) MATTHIES. 4555

Irving L. Schwartz, Jørn Hess Thaysen und **Vincent P. Dole,** *Die Harnstoffausscheidung im menschlichen Schweiß als Beweis für eine Änderung der Wasserkonzentration in der Schweißdrüse.* Es wird festgestellt, daß die Harnstoffkonz. im menschlichen Schweiß in jedem Fall höher ist als die im Blutplasma, auch wenn man sie im Plasma variiert. (J. exp. Medicine **97.** 429—37. 1/3. 1953. Rockefeller Inst., Hosp. for Med. Res.) BAUMANN. 4555

J. A. Nissim und **J. M. Robson,** *Die Umwandlung von Pregnenolon in eine den Cyclus stärker beeinflussende Substanz durch Behandlung mit Corpus luteum, Nebenniere oder Placenta.* 20 mg *Pregnenolon* (I) wurden mit 5 g zerkleinerten Corpora lutea in Phosphat-Kochsalz-Dextrose-Lsg. (p_H 7,4; 38°) 6 Std. lang behandelt. Die mit Aceton u. Äthylenchlorid gewonnenen Extrakte zeigten am mit Östron sensibilisierten Kaninchen deutliche Wrkg. auf die Proliferation, die bei I sowie Corpus luteum nicht vorhanden war. Sterile Bedingungen bei der Sterinumwandlung schließen eine Beteiligung von Bakterien aus. Die Umwandlung des I gelang auch mit Nebennieren- bzw. Placentagewebe, nicht jedoch mit Milz- oder Ovargewebe. (J. Physiology **114.** 12P. 29/6. 1951. London, Guys Hosp., Med. School.) LOCH. 4559

E. Perry McCullagh und **C. A. Schaffenburg,** *Testikulärer Androgenmangel und Spermavolumen.* Als einfachen Test zur Prüfung auf testikulären Androgenmangel empfehlen Vff. die Messung des Spermavolumens. Wenn bei wiederholten Verss. das Vol. unter 2 ml liegt, besteht Verdacht auf Störung der Hormonproduktion, u. genaue Unters. ist angezeigt. (J. Amer. med. Assoc. **149.** 1214—15. 26/7. 1952. Cleveland, O., Clinic; F. E. Burnts Educat. Inst.) KRUSEN. 4559

Hedwig Ehrlich-Gomolka und **Fritz Cekon,** *Stufenphotometrische Pregnandiolbestimmung.* Modifikation der von SOMMERVILLE, GOUGH u. MARRIAN (J. clin. Endocrinol. **5.** [1948.] 247) beschriebenen Methode. Vff. isolieren das *Pregnandiol* (I) aus Urin nach Hydrolyse in stark salzsaurer Lsg. als Na-Salz. Colorimetr. Best. aus der mit konz. H_2SO_4 eintretenden Färbung. Als Vergleichslsg. verwenden Vff. wss. $K_2Cr_2O_7$-Lsgg.; eine 0,1%ig. Lsg. besitzt nach ihnen die Farbintensität von 1 mg I in 10 cm^3 konz. H_2SO_4. (Wiener med. Wschr. **101.** 434—35. 9/6. 1951. Wien, Univ., Med.-Chem. Inst., u. Wien-Lainz, Krankenhaus.) VINCKE. 4559

A. Koller, *Der Einfluß des adrenocorticotropen Hormons (ACTH) auf den Scheidencyclus der Ratte.* Nach *ACTH*-Gaben an Ratten kommt es zur Verkürzung oder auch Ausfall der Brunst, was als Ausdruck für die Wechselwirkungen zwischen Hypophyse, Nebenniere u. Gonaden gedeutet wird. (Arch. Gynäkol. **182.** 277—80. 1952. Wien, II. Univ., Frauenklinik.) EGGSTEIN. 4560

T. N. Protassowa, *Der Einfluß von Cortin und Desoxycorticosteron auf die Restitution einiger Prozesse des Stickstoffumsatzes, die bei Eiweißmangel gestört sind.* In Verss. an Ratten wird gezeigt, daß die Zufuhr von *Desoxycorticosteron* (I) u. *Cortin* (II) bei ausgesprochenen Eiweißmangelerscheinungen zu einer deutlichen Herabsetzung der N-Ausscheidung durch den Harn, Steigerung des %-Geh. an Harnstoff im Harn im Verhältnis zum Gesamt-N u. zu einer Verminderung der Ausscheidung von Aminosäuren durch den Harn führt. Unter dem Einfl. von I u. II erfolgt eine verstärkte Aktivität der Fermentsysteme der Desaminierung des dl-Alanins, der Oxydation des Tyrosins u. der Harnstoffbldg. in Leberschnitten von Tieren bei eiweißarmer Diät. Beim Übergang von der Mangeldiät zu vollwertigem Futter wird durch Verabreichung von I oder II, noch mehr bei gleichzeitiger Gabe von II u. Tyreoidin, die Wiederherst. aller gestörten Funktionen beschleunigt. (Биохимия [Biochemie] **18.** 89—96. Jan./Febr. 1953. Moskau, Inst. für biol. u. med. Chem. der Akad. der Med. Wiss. der UdSSR, Labor. für Organ- u. Gewebschem.) RENTZ. 4560

W. G. Whittlestone, E. G. Bassett und **C. W. Turner,** *Faktoren, die den Gehalt von Milch-„let-down"-Hormon des Hypophysenhinterlappens bei der Jersey-Kuh beeinflussen.* Vff. bestimmten den Geh. des Hypophysenhinterlappens an *„let-down"-Hormon* (I) bei Milchkühen. Die Gesamt-I-Aktivität des Hinterlappens steigt an mit dem Alter der Kälber (Anstieg bis zum Alter von 3 Monaten, dann konstanter Spiegel); bei geschlechtsreifen Kühen ist der Spiegel niedriger. (J. Dairy Sci. **35.** 889—93. Nov. 1952. Hamilton, New Zealand, Ruakura Animal Res. Stat., u. Columbia, Mo., Agricult. Exp. Stat.) GOEBEL. 4560

W. G. Whittlestone, D. R. Perrin, R. D. Parkinson und **C. W. Turner,** *Häufigkeit der Abgabe von Hypophysenhinterlappen-Milch-„let-down"-Hormon.* (Vgl. vorst. Ref.) (J. Dairy Sci. **35.** 894—98. Nov. 1952. Columbia, Mo., Agricult. Exp. Stat., u. Hamilton, New Zealand, Ruakura Animal Res. Stat.) GOEBEL. 4560

Friedrich Bahner und **Paul Seifert**, *Die Bestimmung des ketogenen Hypophysenvorderlappenhormons.* Nach einem Überblick über Testmethoden der *ketogenen HVL-Hormon*-Wrkg. wird über Verss. zur Best. der Blutketonkörper (**I**)-Vermehrung bei Ratten mit einer neuen Acetonmikrometh. berichtet. Die Best. von **I** erfolgt nach SEIFERT, wofür nur je 0,2 cm^3 für *Aceton* (**II**) u. *β-Oxybuttersäure* (**III**) erforderlich sind. Enteiweißung ist nicht notwendig. Die spontanen **I**-Werte der fastenden Ratte sind von der 24. Hungerstd. an relativ sehr konstant. Bei gefütterten Tieren bewirkt Injektion von HVL-Präpp. keine **I**-Steigerung. Das Maximum der **I**-Steigerung nach subcutaner HVL-Zufuhr liegt bei fastenden Tieren 12 Std. nach der Injektion, wobei die Wrkg. häufig über 24 Std. anhält. Zur Auslsg. des ketogenen Effektes sind 0,2—1,0 g Frisch-HVL je Tier notwendig. Acetontrockenpulver ist beträchtlich weniger wirksam. Die **I**-Werte steigen bei optimaler Dosis im Mittel für **II** von 2,7 auf 11,7 mg-%, für **III** von 7,0 auf 25,7 mg-%. Zahlreiche Literaturangaben über den ketogenen HVL-Wirkstoff sind wahrscheinlich deshalb unsicher, weil Testmethoden, die eine ketogene Wrkg. nicht erkennen lassen, zur Best. angewendet wurden. (Z. ges. exp. Med. **115.** 603—14. 1950. Heidelberg, Univ., Med., Poliklinik.) K. MAIER. 4560

J. F. Morrison, P. L. Bazeley, A. H. Ennor und **J. H. Thayer**, *Serologische Untersuchungen über die Antigenbildungsfähigkeit und Reinheit von adrenocorticotropem Hormon und Wachstumshormon.* (Vgl. C. **1953.** 5203.) Verss. an Kaninchen zeigten, daß *ACTH* in reiner Form keine antigenen Eigg. besitzt, also frei von begleitenden Proteinen ist. *Wachstumshormon* dagegen erweist sich auch in krist. u. elektrophoret. homogenem Zustand als antigen. (Brit. J. exp. Pathol. **33.** 48—56. Febr. 1952. Canberra, ACT., Australian Nat. Univ., John Curtin School of Med. Res., Dep. of Biochem.; Parkville, Victoria, Commonwealth Serum Labor.) KRUSEN. 4560

Stefania Jabłońska und **Edward Rudzki**, *Der Einfluß von ACTH auf den Verlauf der experimentellen Staphylokokkeninfektion bei Laboratoriumstieren.* Bei allen intracutan infizierten u. mit *ACTH* behandelten Meerschweinchen u. Kaninchen war der Infektionsverlauf schwerer als bei unbehandelten Kontrollen: erhöhte Letalität, häufigere Pyämie, Auftreten von spontanen Mischinfektionen. Die Geschwüre an der Injektionsstelle waren bei den Meerschweinchen ausgedehnter, wenn auch flacher, sonderten weniger Eiter ab u. zeigten geringe Demarkationstendenz, bes. wenn ACTH gleichzeitig mit der Infektion verabfolgt wurde. Histolog. Unterss. zeigten eine geringere mesenchymale Reaktion. Bei Kaninchen waren die Unterschiede der Hautveränderungen gegenüber den Kontrolltieren wenig ausgeprägt. Meerschweinchen erhielten 2mal täglich 5 mg, Kaninchen 2mal 25 mg ACTH. (Med. doświadczalna Mikrobiol. **5.** 51—69. 1953. Warzawa, Akad. Med. Klin. dermatol.) FISCHOEDER. 4560

Jan H. Solem, *Langsamwirkendes Adrenocorticotropin.* Das ACTH-Depotpräp. „*Nyco*" (**I**) ist eine auf p_H 6,5—7,0 eingestellte Suspension von Walfisch-*Corticotropin* u. *Zn-Protamin.* Verss. an 7 Patienten mit chron. Arthritis, chron. Asthma, Pemphigus vulgaris u. Sklerema infectiosum, deren Rk. auf ACTH bekannt war, ergaben nach intramuskulärer Injektion von 20 I.E. **I** eine 3 Tage anhaltende prakt. Symptomlosigkeit. Die Ausscheidung von 17-Ketosteroiden durch den Harn überschritt dabei nicht die n. Grenzen. — Dosen von 10 ml (= 200 I.E.) **I** intramuskulär verursachten keine lokale Reizung. (Nordisk Med. **47.** 486—88. 10/4. 1952. Drammen, Norwegen, Krankenhaus.) BECKMANN. 4560

J. M. Robson und **A. A. Sharaf**, *Die Unterbrechung der Schwangerschaft mit ACTH und Cortison.* Nach Verabfolgung von *ACTH* (5 Tage, 0,1 mg Armour LA-A-Standard alle 6 Std. oder 5 mg einmalig als Implantat) an trächtige Mäuse (11. Tag) trat Abort bzw. Reabsorption ein. Auch durch *Cortison* läßt sich die Schwangerschaft bei täglicher Gabe von 2mg während 5 Tagen unterbrechen. (J. Physiology **114.** 11P. 29/6. 1951. London, Guys Hosp., Med. School.) LOCH. 4560

M. M. Suzman, *Klinische Anwendung der Corticotropin- und Cortisontherapie. Bericht über 247 Fälle.* Ausführliche Zusammenstellung eigener Erfahrungen u. von Literaturberichten über die *ACTH*- u. *Cortison*-Therapie zahlreicher Erkrankungen, mit der Schlußfolgerung, daß diese Medikamente die gesetzten Hoffnungen voll erfüllt haben u. weitere Erfolge erwarten lassen. — 282 Literaturangaben. (South African med. J. **27.** 195—212. 7/3. 1953. Johannesburg.) KRUSEN. 4560

A. G. W. Whitfield, W. Trevor Cooke, P. Jameson-Evans und **C. Rudd**, *Temporale Arteriitis und ihre Behandlung mit Cortison und ACTH.* Bericht über 12 Fälle von temporaler Arteriitis, die durch Behandlung mit *Cortison* oder *ACTH* gebessert wurden. Nach Absetzen der Therapie traten Beschwerden jedoch erneut auf. Die bei 10 Patienten auftretenden Sehstörungen bzw. Blindheit wurden nur in 5 Fällen durch die Therapie günstig beeinflußt. (Lancet **264.** 408—12. 28/2. 1953. Birmingham, Univ., Chear of Med., United Birmingham Hosp KRUSEN. 4560

Richard D. Rowe, A. D. McKelvey und **John D. Keith,** *Die Anwendung von ACTH, Cortison und Salicylaten in der Behandlung von akutem rheumatischen Fieber.* 41 Patienten mit akutem rheumat. Fieber wurden in 3 Gruppen mit insgesamt 2,46 g *ACTH* in schrittweise abnehmender Dosierung oder in gleicher Weise mit insgesamt 4,1 g *Cortison* oder mit *Aspirin* (2 Tage 1, 5 Tage 0,66, 5 Wochen 0,5 g/lb.) behandelt. Es wurde die Beeinflussung der klin. Krankheitssymptome durch die genannten Medikamente verfolgt u. dabei festgestellt, daß in allen 3 Gruppen gewisse Besserungen zu beobachten waren, die sich nicht wesentlich voneinander unterschieden. Jedoch waren nach Salicylattherapie die Rückfälle seltener; außerdem hatte diese keine Nebenerscheinungen zur Folge. — 18 Literaturangaben. (Canad. med. Assoc. J. **68.** 15—20. Jan. 1953. Toronto, General Hosp.; Hosp. of Sick Child.) KRUSEN. 4561

Eugene F. Traut und **Jerome Ellman,** *Exacerbation von Tuberkulose während Cortisonbehandlung.* Bericht über einen Fall von rheumat. Arthritis, bei dem nach Medikation von täglich 100 mg *Cortison* nach 12 Wochen eine latente Tuberkulose zum Ausbruch kam. (J. Amer. med. Assoc. **149.** 1214. 26/7. 1952. Oak Park, Ill.; Chicago.) KRUSEN. 4561

F. R. Magarey und **J. Gough,** *Die Wirkung von Cortison auf die Reaktion der Peritonealhöhle auf Quarz.* An Kaninchen, Meerschweinchen, Ratten u. Mäuse wurde einmalig eine bestimmte Menge einer 10%ig. Suspension von *Quarz*-Pulver (Teilchengröße $< 2\ \mu$) in physiol. NaCl-Lsg. intraperitoneal verabreicht. Die Hälfte der Tiere erhielten täglich *Cortisonacetat* (I), u. zwar Kaninchen 8, Meerschweinchen 16,5, Ratten 28,5 u. Mäuse 125 mg/kg. I verhinderte die Entw. von Fibrosis bei Mäusen, verminderte sie bei Ratten u. war ohne Wrkg. bei Meerschweinchen. Bei Kaninchen war anfänglich eine stark fibrosishemmende I-Wrkg. festzustellen, doch entwickelten sich nach ca. 30 Tagen ausgebreitete Gefäßproliferationen in der Peritonealhöhle, denen später Fibrosen folgten. (Brit. J. exp. Pathol. **33.** 76—81. Febr. 1952. Cardiff, Welsh Nat. School of Med., Dep. of Pathol. and Bacteriol.) KRUSEN. 4561

Robert C. Curran, *Die Wirkung von Cortison auf die Reaktion des Mäuseperitoneums auf Quarz.* Bei Mäusen, die 0,5 ml einer 4%ig. *Quarz*-Suspension (durchschnittliche Teilchengröße 1 μ) intraperitoneal erhalten hatten, konnte auch durch längere Verabreichung von 0,1—0,4 mg *Cortison* täglich keine wesentliche Veränderung der peritonealen Schäden gegenüber unbehandelten Kontrollen erreicht werden. (Brit. J. exp. Pathol. **33.** 82—86. Febr. 1952. Glasgow, Univ., Dep. of Pathol.) KRUSEN. 4561

Norman M. Wrong und **Raymond C. Smith,** *Cortison in der Behandlung von akuten „selbstbegrenzten" Dermatosen.* Es wurden 32 Fälle von akuten Dermatosen in 3—7 Tagen mit Gesamtmengen von 0,35—1,0 g *Cortison* (I) behandelt. Davon waren 15 Fälle einer durch Giftefeu (Rhus radicans) hervorgerufenen akuten Kontaktdermatitis, von denen 11 gut bis sehr gut reagierten. Von den restlichen 17 Fällen verschied. Dermatosen wurden 14 günstig beeinflußt. Vff. schließen aus ihren Erfahrungen, daß I in Fällen von Dermatosen bekannter Ätiologie u. Zeitdauer günstig zu wirken vermag, jedoch sollte es in unklaren Fällen nicht angewendet werden. — 21 Literaturangaben. (Canad. med. Assoc. J. **68.** 50—55. Jan. 1953. Toronto, Univ., Dep. of Med.) KRUSEN. 4561

Florence McKeown, *Untersuchung über die Wirkung von Cortison bei experimentellem Serumschaden.* Die bei mit Pferdeserum sensibilisierten Kaninchen sich entwickelnde Serumcarditis bleibt aus, wenn die Tiere mit täglich 7,5 mg *Cortison* (I) intramuskulär behandelt werden. Gleichfalls treten die Haut-Rkk. nach kleinen subcutanen Serummengen bei I-behandelten Kaninchen nicht auf. (Brit. J. exp. Pathol. **33.** 25—26. Febr. 1952. Belfast, Queen's Univ., Inst. of Pathol.) KRUSEN. 4561

Henry J. Kowalski, William E. Reynolds und **David D. Rutstein,** *Änderungen in der Zahl der weißen Blutkörperchen nach Verabreichung von Cortisonacetat an gesunde Personen.* Durch einmalige, perorale Verabreichung von 50 mg *Cortisonacetat* an gesunde Personen steigt die Zahl der Leukocyten auf 10170/cm^3. Der Anteil der neutrophilen Zellen wächst, der der eosinophilen u. der Lymphocyten sinkt ab. Nach intramuskulärer Applikation wird die Anzahl der Leukocyten noch größer (bis 14070 /cm^3), jedoch bleibt der Anteil der Lymphocyten u. eosinophilen Zellen n., während der der neutrophilen sehr hoch ist. Die Vermehrung der Leukocyten hält bis zu 14 Std. an. Vff. vermuten, daß der starke Effekt bei intramuskulärer Injektion nur teilweise auf die pharmakol. Wrkg. des Cortisons zurückzuführen ist u. zusätzlich durch eine mechan. Reizung der Injektionsstelle hervorgerufen wird. (J. Lab. clin. Med. **40.** 841—50. Dez. 1952. Boston, Mass.) BAUMANN. 4561

M. M. Murray und **E. E. Pochin,** *Die Jodaufnahme der Schilddrüse aus eingenommenem Jodat beim Menschen.* NaJ bzw. $NaJO_3$, die mit ^{131}J markiert waren, wurden oral an Versuchspersonen mit n. Schilddrüsen- u. Nierenfunktion verabreicht. Es wurde festgestellt, daß die Jodaufnahme aus $NaJO_3$ 10% niedriger liegt als aus NaJ. Die

Schilddrüse enthielt nach 3 Tagen im Mittel 38% des eingenommenen $NaJO_3$. (J. Physiology **114**. 6P—7P. 29/6. 1951. London, Bedford Coll., Physiol. Dep., u. Univ. Coll., Hosp. Med. School.) Loch. 4562

U. Hagemann, *Die contrainsulinäre Adaptation der Schilddrüse und Langerhansschen Inseln beim Meerschweinchen nach Insulinzufuhr.* Nach chron. Insulinverabreichung — teilweise aber auch nach Gabe der letalen Insulindosis — finden sich im morpholog. Bild Zeichen für eine Aktivitätssteigerung der Schilddrüse zwecks kompensator. Regulation u. eine Zunahme der A-Zellen gegenüber den B-Zellen der Langerhansschen Inseln. Die Veränderung einmal der Thyreoidea als einem fakultativ insulinantagonist. Organ, wie auch die A-Zellenhypertrophie bzw. B-Zellenatrophie sind reversibel, berechtigen aber zur Warnung vor zu hohen Insulindosen. (Beitr. pathol. Anatom. allg. Pathol. **112**. 243—50. 1952. Greifswald, Univ., Pathol. Inst.) Eggstein. 4564

A. G. Bearn, Barbara Billing und **Sheila Sherlock,** *Die Wirkung von Insulin auf den Kohlenhydratstoffwechsel der Leber und den visceralen Blutstrom beim Menschen.* Wie durch Katheterisation der Lebervene festgestellt wurde, red. 0,1 E./kg *Insulin* (intravenös) die von der Leber mobilisierte Glucose während 40 Minuten. Die capillare Glucosekonz. erreichte ein Minimum 30 Min. nach der Insulingabe, gleichzeitig wurden die ersten hypoglykäm. Symptome festgestellt. Darauf folgte eine Periode erhöhter Glucoseausschüttung durch die Leber. In dieser Zeit stieg der Milchsäure- u. Brenztraubensäuregeh. in den peripheren Venen u. der Lebervene an. In dieser blieb der Blutstrom fast unverändert bis auf ein Absinken um 25%, das 15 Min. nach der maximalen Glucoseausschüttung auftrat. (J. Physiology **114**. 5P—6P. 29/6. 1951. London, Postgraduate Med. School, Dep. of Med.) Loch. 4564

Alvin E. Parrish, Samuel J. N. Sugar und **Joseph F. Fazekas,** *Eine Beziehung zwischen Elektrokardiogrammänderungen und Hypokalämie bei insulininduzierter Hypoglykämie.* Die durch *Insulin-* oder *Epinephrin*-Injektion beim nichtdiabet. Menschen bewirkte Beeinflussung des Kohlenhydratstoffwechsels hat eine Abnahme des Serum-*K* zur Folge, wodurch weiterhin EKG.-Änderungen im Sinne einer verminderten T-Wellen-Amplitude u. Verlängerung des Q-T-Intervalls hervorgerufen werden. (Amer. Heart J. **43**. 815—20. Juni 1952. Washington, D. C., Gallinger Municipal Hosp.) Krusen. 4564

F. D. White, G. E. Delory und **L. G. Israels,** *Die Hämoglobine des Fötus und Neugeborenen.* Außer den beiden bekannten Formen (f_1, f_3) von *Hämoglobin* (I) im Blut des Föten u. Neugeborenen wurde durch Unters. der Reaktionsgeschwindigkeit der Denaturierung mit NaOH in 33 von 66 Proben eine weitere I-Komponente (f_2) nachgewiesen. Bei dieser Rk. wird Hämeisen in den 3wertigen Zustand übergeführt u. die Globinkomponente denaturiert. Die Denaturierungskurven von Erwachsenenblut deuten auf die Existenz mindestens zweier I-Formen (a_1, a_2) hin; a_1 u. f_1 sind möglicherweise ident.; während a_2 von f_2 u. f_3 verschieden ist. Die Unterschiede der einzelnen I-Komponenten werden durch das Globin bedingt, während die Ferroporphyrinkomponente ident. ist. (Canad. J. Res., Sect. E **28**. 231—37. Okt. 1950. Winnipeg, Can., Univ. of Manitoba, Dep. of Biochem.) K. Maier. 4572

Klaus Betke, *Das Hämiglobin als Peroxydase.* Die unspezif. peroxydat. Eig. des *Hämins* (I) wird durch Kombination mit *Globin* (II) (Wirkungsoptimum p_H 4,4—4,6) auf das 10—20fache aktiviert. Die Aktivierung ist durch Denaturierung von II u. durch Cyanid aufhebbar. Der Aktivierungsgrad hat nur für eine bestimmte H_2O_2-Konz. einen bestimmten Wert (bei $0,18 \cdot 10^{-1}$ Mol H_2O_2/Liter ca. 1:20). Kupplung von Hämatin u. denaturiertem II bewirkt ebenfalls eine Aktivierung der unspezif. I-Wrkg. (auf das 3fache) (Optimum p_H 4,4—4,6). Die vergleichende Unters. von Blutfarbstoff Neugeborener (Placentarblut) u. ihrer Mütter zeigt eine um ca. 16% höhere peroxydat. Wrkg. des Neugeborenen-Hämiglobins (III), während die Aktivität der zugehörigen Hämine gleich ist. Das andersartige II des fetalen Blutes bedingt demnach eine höhere Aktivierung. Das Neugeborenenblut enthält ca. 80% fetales Hämoglobin u. 20% vom Typ des Erwachsenen. Reines fetales III besitzt demnach eine um 20% höhere peroxydat. Aktivität als Erwachsenen-III. Dieser Befund stimmt mit der Tatsache überein, daß im Fetus die eine erhöhte O_2-Abnutzung gewährleistenden Mechanismen vermehrt sind. Da die peroxydat. Eigg. von *O_2-Hämoglobin* durch KCN, nicht aber durch CO hemmbar sind u. KCN nur mit 3wertigem Blutfarbstoffeisen reagiert, muß im Zeitpunkt der Peroxydase-Rk. III vorliegen u. vorher eine Oxydation von $Fe^{II} \rightarrow Fe^{III}$ stattfinden. (Klin. Wschr. **28**. 788—89. 1/12. 1950. Erlangen.) K. Maier. 4572

C. J. Watson, *Die direkte Gewinnung von kristallisiertem Urobilin aus Bilirubin.* Vf. gibt eine Meth. zur Darst. von kristallinem *Urobilin* (I) aus Bilirubin an. Die Meth. beruht auf einer Dehydrierung von Mesobilirubinogen durch Jod in einer Petroläther-lsg., wobei das Jod im PAe. bleibt u. I in die wss. Phase geht. Es kann leicht daraus gewonnen werden. Ausbeute 32%. (I = F. 174°; opt.-inakt.; Absorptionsmaximum [in Dioxan] 4950 Å.) (J. biol. Chemistry **200.** 691—96. Febr. 1953. Minneapolis, Minn., Univ., Dep. of Med.) REICHLE. 4572

C. J. Watson, P. T. Lowry, V. E. Sborov, W. H. Hollinshead, Samuel Kohan und **Hector Orrego Matte,** *Eine einfache Methode zur Isolierung von Stercobilin oder Urobilin aus den Faeces.* Die Isolierung von *Stercobilin* (I) oder *Bilirubin* (II) aus den Faeces wurde durch Reduktion von Urobilin durch $FeSO_4$ in PAe. u. anschließender Extraktion mit W. bei gleichzeitiger Dehydrierung mit J durchgeführt. I oder II kristallisierten aus Chlf.-Aceton (I-*Hydrochlorid,* F. 234—236°; $[\alpha]_D^{20}$ —4000° [Chlf.]; Absorptionsmaximum [in Dioxan oder CH_3OH] 4925 Å). (J. biol. Chemistry **200.** 697—701. Febr. 1953. Minneapolis, Minn., Univ., Dep. of Med.) REICHLE. 4572

K. R. Menon, *Eine vergleichende Untersuchung der Proteinkonzentration im Blutplasma verschiedener repräsentativer Vertebraten.* Vf. bestimmte *Gesamtprotein* (I), *Albumin* (II), *Globulin* (III), *Fibrinogen* (IV) u. das Verhältnis **II/III** u. fand bei Macrones gulio 2,14 g/100 ml **I,** 0,99—1,05 **II,** 1,09—1,2 **III** u. **II/III** 0,82—0,97; bei Rana tigrina 2,29—2,6 **I,** 1,04—1,39 **II,** 1,06—1,23 **III,** 0,043—0,073 **IV** u. **II/III** 0,85—1,05; bei Uromastix hardwichii 2,9—3,12 **I,** 1,48—1,52 **II,** 1,38—1,17 **III,** 0,12 **IV** u. **II/III** 1—1,5; bei Columbia livia 2,27—3,31 **I,** 1,31—2,13 **II,** 0,64—1,91 **III,** 0,32—0,58 **IV** u. **II/III** 0,82—2,38; bei Gallus domesticus 3,68—6,39 **I,** 1,5—3,32 **II,** 1,39—2,68 **III,** 0,31—0,41 **IV** u. **II/III** 1,13—1,43; bei Rattus rattus 3,70—4,18 **I,** 1,39—2,24 **II,** 1,38—1,92 **III,** 0,39—0,46 **IV** u. **II/III** 1,01—1,62. Demnach ist bei allen Werten ein fortschreitender Anstieg mit steigender entwicklungsgeschichtlicher Klassifizierung festzustellen. — 16 Literaturangaben. (J. Univ. Bombay [N. S.] **20.** Nr. 5. Sect. B 19—23. März 1952. Bombay, Wilson Coll.) KRUSEN. 4574

Jaime Cid Palacios, *Die Plasmaproteine und ihre Bedeutung in der allgemeinen Diagnostik.* 5 Reaktionstypen der Plasmaproteine werden unterschieden: Die Normal-Rk., die akute Entzündung, die subakute u. neoplast., die chron. Entzündung u. Leberschädigung, u. der Typ der Mesenchymproliferation. Verglichen werden Senkungsgeschwindigkeit, WELTMANN-Band, TAKATA-Rk. u. Cadmium-, Formolgel u. Flockungszahl nach DHAMOTO. (Med. españ. [15] **27.** 271—84. April 1952. Vigo, Spanien, Médico Internista.) GERBER. 4574

A. Lauck, *Fällungsreaktionen von Serumeiweißkörpern mit Antihistaminen.* Verss. über die Ausfällung von Serumproteinen mit 13 verschied. Antihistaminicis zeigten, daß 0,4%ig. Lsg. von *Soventol* (**I**; *N-Phenyl-N-benzyl-4-amino-1-methylpiperidin*; KNOLL AKT.-GES., Ludwigshafen/Rh.) die zuverlässigsten Ergebnisse liefert. Bei der sogenannten **I**-Rk. wird die erforderliche Menge 0,5%ig. **I**-Lsg. in $^1/_{100}$ ml angegeben, die von 1 ml Serum bis zum Auftreten der ersten Trübung verbraucht wird. Werte unter $^{22}/_{100}$ ml sind als patholog. zu betrachten. Zur quantitativ genaueren u. diagnost. wertvolleren Ermittlung wurde die **I**-Fällungskurve (SFK) entwickelt. Hierbei werden die nach stufenweiser Zugabe von je 0,1 ml 0,4%ig. **I**-Lsg. zu 0,25 ml mit 6 ml bidest. W. verd. Serum auftretenden Trübungen elektrophotometr. gemessen. Graph. Darst. der erhaltenen Werte ergibt die SFK, für die ein aus n. Seren ermittelter Normalverlauf angegeben wird. Je mehr Trübungsgrade die n. SFK überragen, desto positiver ist die Reaktion. Als schnellen Maßstab kann man die Durchlässigkeit des 5. Trübungsgrades (nach Zusatz von 0,5 ml **I**-Lsg.) ablesen; wenn sie $<$ 85% ist, ist die Rk. als positiv zu bezeichnen. Bei 350 mit der SFK durchgeführten Unterss. wurde beobachtet, daß **I**-Rk. u. SFK nicht immer parallel verlaufen. Z. B. ist die SFK negativ u. die **I**-Rk. sehr stark positiv bei schweren infektiös-entzündlich-eitrigen Erkrankungen. Die SFK ist bei malignen metastat. Prozessen, schweren Leberparenchymschäden u. Endocarditis lenta positiv bis sehr stark positiv. Strenge Übereinstimmung der SFK mit Erythrocytensenkungsgeschwindigkeit, TAKATA-Rkk., WELTMANN-Band, Thymoltest, Cd-, Zn- u. Formolgel-Rkk. wurde nur bei bestimmten Krankheiten (Lebercirrhose, -parenchymschaden, -metastasen u. Endocarditis lenta) beobachtet. Prognost. wichtig ist, daß die rasche Normalisierung einer stark positiven SFK oder **I**-Rk. gegen einen malignen Tumor spricht. Der Ausfall von SFK u. **I**-Rk. bei einer Reihe von Erkrankungen wird tabellar. wiedergegeben. — 55 Literaturangaben. (Z. ges. exp. Med. **120.** 175—89. 1953. Saarbrücken, Univ., Med. Klin., Städt. Krankenhaus.) KRUSEN. 4574

O. D. Easterday, R. M. Featherstone, J. S. Gottlieb, M. L. Nusser und **R. V. Hogg.** *Blut-Glutathion-, -Milchsäure- und -Brenztraubensäure-Verhältnisse bei Schizophrenie.* Unterss. an 10 n. Personen sowie je 10 Fällen von Schizophrenie u. anderen psych. Störungen ergaben nach körperlicher Arbeit für Blut-*Glutathion* keine deutlichen Unterschiede, während die *Milchsäure* (**I**)- u. *Brenztraubensäure* (**II**)-Werte bei den Kranken höher als bei n. Personen lagen, wobei zwischen Schizophrenen u. anderen psych. Gestörten keine wesentlichen Differenzen bestanden. Die bei weiblichen Personen ermittelten I- u. II-Werte lagen höher als bei männlichen. — 23 Literaturangaben. (A. M. A. Arch. Neurol. Psychiatry **68.** 48—57. Juli 1952. Iowa City, Iowa, State Univ. of Iowa, Coll. of Med., Dep. of Pharmacol. and Psych.) KRUSEN. 4574

Robert Vargues und **Paul Pasquet,** *Atherosklerose und Lipoproteine. Anwendung des reticulo-endothelialen Tests nach Sandor zur Untersuchung der experimentellen Atherosklerose.* Sowohl an 15 Fällen menschlicher Atherosklerose als auch an 14 experimentell durch Verfütterung einer cholesterinreichen Kost atherosklerot. gemachten Kaninchen u. Ratten konnten Vff. zeigen, daß bei diesen gegenüber n. Menschen u. Tieren bei p_H 6 eine wesentlich höhere Fällung im Serum auftritt, die als eine Erhöhung sogenannter *β-I-Lipoglobuline* bei Atherosklerose angesehen wird. (Bull. Acad. nat. Méd. **136.** [3] **116.** 440—44. Juli 1952. Alger, Fac. de Méd.) KRUSEN. 4574

Mercedes de Las Heras, Lennart Hesselvik und **Lars Lindén,** *Faktor VII und Antikoagulantienbehandlung.* Der nach QUICK bestimmte Prothrombinwert ist nicht der Ausdruck des wirklichen Prothrombinwertes, sondern schließt noch einen Umwandlungsfaktor = Faktor VII ein. Dicumarol wirkt auf diesen stärker ein als auf Prothrombin. Best.: Zu 0,1 ml im Verhältnis 1:10 verd. Plasma u. 0,1 ml Ochsenplasma, das keinen Faktor VII enthält (Filtration durch Asbest), werden 0,1 ml Thromboplastin gegeben u. auf 37° erwärmt. Nach Zusatz von 0,1 ml $^1/_{40}$ mol. $CaCl_2$-Lsg. wird die Gerinnungszeit bestimmt (n. ca. 38—48 Sek.). Behandlung von Herzinfarktpatienten mit *AP* (FERROSAN) oder *Cumopyran* (ABBOT) oder *Thrombantin* (NYCO) zeigte kräftigere Wrkg. auf Faktor VII als auf Prothrombin. (Acta Soc. med. Upsaliensis **58.** 95—99. 3/3. 1953. Uppsala, Akad. Sjukhuset.) LOCH. 4574

Herbert Harnisch, *Die Bedeutung von Thrombinpräparaten für die zahnärztliche Chirurgie.* Bei 247 operativen zahnärztlichen Eingriffen u. Nachblutungen wurde mit gutem Erfolg *Topostasin* (Schaumpräp. mit 200 NIH-E. *Thrombin* u. 1000 I. E. *Penicillin* in 100 mg; HOFFMANN-LA ROCHE AKT.-GES., Grenzach/Baden) zur lokalen Blutstillung angewandt. (Zahnärztl. Rdsch. **62.** 117—19. 5/3. 1953. Mainz, Johannes-Gutenberg-Univ., Klinik für Zahn-, Mund- u. Kieferkrankh.) KRUSEN. 4574

Wolfgang Soergel, *Erfahrungen mit Cobaltin forte bei der Behandlung hypochromer Anämien.* 34 hypochrome Anämien wurden mit *Cobaltin forte* (CASELLA FARBWERK MAINKUR, Frankfurt/M.) behandelt. Beeinflußbar waren Blutungs- u. Infektanämien (außer Tbc., bei der vor Gefahr der Aktivierung gewarnt wird). Kombination mit Eisen wird angeraten. Tumoranämien u. Anämien bei Leukämie blieben im wesentlichen unbeeinflußt. (Die Medizinische **1953.** 620—22. 2/5. Dortmund, Städt. Krankenanstalten.) MATTHIES. 4575

V. H. Booth, *Neuere Fortschritte in der Vitamin-A-Bestimmung.* Übersichtsbericht. Chem. Best. von Axerophthol, Farb-Rkk. von *Vitamin A*, UV-Spektrometrie, Carotinextraktion, Extraktion aus getrocknetem Gras- u. Luzernemehl, chromatograph. Adsorptionsanalyse, Spektrophotometrie, Eichung u. Umrechnungsfaktoren, chem. Best. u. biol. Wertigkeit, biol. Best., Genauigkeit u. statist. Auswertung der Ergebnisse. — 91 Literaturzitate. (Research **3.** 497—504. Nov. 1950. Cambridge, Univ., Dunn. Nutrit. Labor., u. Med. Res. Council.) K. MAIER. 4587

P. T. Lebedew, *Vervollkommnung der Methodik der Vitamin-A-Bestimmung im Blut und in den Geweben von Tieren.* Es wird empfohlen, die bei der Best. von *Vitamin A* mit 22—23%ig. $SbCl_3$-Lsg. in Chlf. verwendeten, mit Methylenblau oder (haltbarer) $Co(NO_3)_2 + CuSO_4$ gefärbten Vergleichslsgg. in 14 verkorkten Röhrchen an den Innenwänden eines aufklappbaren Kästchens anzubringen, die zwischen den einzelnen Röhrchen mit Fensterschlitzen als Hintergrund für die Probelsg. versehen sind. (Советская Зоотехния [Sowjet. Tierhaltung] **8.** Nr. 2. 112. Febr. 1953.) R. K. MÜLLER. 4587

R. Chanda, Helen M. Clapham, Mary L. McNaught und **E. C. Owen,** *Die Verwendung von Chromsesquioxyd zur Bestimmung der Verdaulichkeit von Carotin durch Ziegen und Kühe.* Bei den Ausnutzungsverss. wurde das Grundfutter (Hafer, Erdnußmehl u. Grasmehl) mit 0,14% Cr_2O_3 versetzt, wobei das Grasmehl als Carotinquelle diente. Cr_2O_3 u. Carotin bilden im Verdauungstraktus eine Komplexverb., welche genau so ausgenutzt wird wie reines Carotin, so daß der Geh. an Cr_2O_3 in den Fäces als Leitzahl für den Grad der Carotinausnutzung dienen kann. Bei den mit 6 Kühen u. 4 Ziegen angestellten Ausnutzungsverss. zeigten die Ziegen eine Carotinverwertung von 58,9—67,4%, die Kühe von 54,0—57,1%. (J. agric. Sci. **41.** 179—86. Jan./April. 1951. Kirkhill, Ayr.) GRIMME. 4587

W. T. Beher, W. M. Holliday und **Oliver H. Gaebler,** *Untersuchungen über Antimetabolite.* 2. Mitt. *3-Acetylpyridin.* (1. vgl. C. **1951.** II. 553.) Nach Fütterung eines Hundes (Grunddiät mit 42% Casein, ohne Niacin) mit täglich 0,5 g *3-Acetylpyridin* (**I**) mit 7,84 At.-%-Überschuß ^{13}C in der CO-Gruppe über 9 Tage betrug die Ausscheidung von *N^1-Methylnicotinamid* (**II**) im Harn insgesamt 740 ± 20 mg gegenüber 31,5 mg Normalausscheidung in der gleichen Periode. Das isolierte **II** enthielt 4,41 At.-%-Überschuß ^{13}C in der CO-Gruppe. Es wurden 2 weitere, nichtidentifizierte Verbb. im Harn gefunden, eine vom F. 201° mit 0,50 At.-%-, eine weitere, fluorescierende vom F. 217° mit 0,63 At.-%-Überschuß ^{13}C. Vergleichende Fütterung eines Hundes mit markierter *Nicotinsäure* (**III**; 7,74 At.-%-Überschuß in der CO-Gruppe; 100 mg/Tag) ergab Ausscheidung von **II** mit 3,78 At.-%-Überschuß, also von einer Isotopenverdünnung gleicher Größenordnung wie im 1. Versuch. Es wird also offenbar **III**, sowohl direkt gefüttert wie durch **I**-Oxydation gebildet, in einem noch unbekannten „pool" in **II** von niedrigerer Isotopenkonz. (46 bzw. 59% der Ausgangskonz.) umgewandelt. (J. biol. Chemistry **198**. 573—78. Okt. 1952. Detroit, Mich., Henry Ford Hosp.) SCHLOTTMANN. 4587

Sydney D. Rubbo, *Vitamin B_{12}: Eine kurze Zusammenfassung.* (Med. J. Australia **40**. I. 324—26. 7/3. 1953. Melbourne, Univ.) KRUSEN. 4587

Otto Hövels, *Die chemische Bestimmung des D-Vitamins in ultraviolettbestrahlter Milch.* Es wurde die von DIEMAIR (C. **1950**. I. 83. 1750) u. MÜLLER (Helv. chim. Acta **27**. [1944.] 443; C. **1949**. E. 1289) bearbeitete Meth. auf ihre Brauchbarkeit zur Best. des *Vitamin D* in UV-bestrahlter Milch untersucht. Bei beiden Methoden wird Vitamin D durch Chromatographie gereinigt. Die Farb-Rk. zur colorimetr. Best. des Vitamin D wird mit $SbCl_3$-Guajakol (Filter S 75) bzw. mit $SbCl_3$-Acetylchlorid (Filter S 50) durchgeführt. Es werden übereinstimmende Werte gefunden. Zusätze von Vitamin D lassen sich nahezu quantitativ wiederfinden. Die absol. Werte der UV-bestrahlten Milch liegen beim Vgl. mit den Tierverss. zu hoch, da auch nichtantirachit. Substanzen, die chromatograph. nicht abzutrennen sind, mit $SbCl_3$ reagieren. (Z. Kinderheilkunde **72**. 646—57. 1953. Frankfurt/M., Univ., Kinderklinik.) HEERDT. 4587

M. Hamilton, G. M. Wilson, P. Armitage und **J. T. Boyd,** *Die Behandlung des intermittierenden Hinkens mit Vitamin E.* 20 Patienten mit intermittierendem Hinken erhielten täglich in Gelatinekapseln 450 I.E. *Vitamin E.* Es wurde keine Wrkg. der Vitamintherapie festgestellt. (Lancet **264**. 367—70. 21/2. 1953. Sheffield, Univ.; London, St. Mary's Hosp.) KRUSEN. 4587

I. G. Scharabrin, *Über die Mineralernährung landwirtschaftlicher Tiere.* Als Grundlage der Beurteilung des Mineralernährungszustandes von Kühen wird das röntgenometr. aufgenommene „osseograph. Profil" der Hörner u. des 5. Schwanzgliedes gewählt. *P–Ca*-Zusatznahrung führt nicht zu einer wesentlichen Verbesserung im Knochendepot, hochkonz. Fütterung kann zu einem acidot. Zustand u. später zu Mineralinsuffizienz führen. Als „geobiol. Kette" wird der Ringschluß bezeichnet: Anreicherung des Bodens an organ. u. Mineralstoffen, dadurch Anreicherung der Futterpflanzen an diesen, dadurch Verbesserung der Eiweiß–Vitamin-Fütterung der Tiere u. durch Verbesserung der Milch günstiger Einfl. auf die Lebensfunktionen des Menschen. Eine besondere Rolle spielen die Störungen dieses Ernährungscyclus bei dem Auftreten der Geburtsparese gerade bei hochleistungsfähigen Kühen, die auf eine Störung des zentralen Nervensyst. zurückzuführen ist, indirekt aber auf eine von den inneren Organen ausgehende Insuffizienz. (Советская Зоотехния [Sowjet. Tierhaltung] **8**. Nr. 2. 79—84. Febr. 1953. Allunions Wiss. Forschungsinst. für Ernährung landw. Tiere.) R. K. MÜLLER. 4589

W. F. O'Rourke, P. H. Phillips und **W. W. Cravens,** *Der Phosphorbedarf von wachsenden Küken im Verhältnis zum Alter.* Der *Phosphor*-Bedarf von wachsenden Küken nimmt mit zunehmendem Alter von 0,43% bei 3 Wochen auf 0,27% bei 4—10 Wochen ab. (Poultry Sci. **31**. 962—66. Nov. 1952. Madison, Wis., Univ. of Wisconsin, Dep. of Poultry Husbandry and Biochem.) KRUSEN. 4589

K. L. Robinson und **W. E. Coey,** *Thiouracil als Zusatz zur Nahrung für Mastschweine.* Vff. untersuchten den Einfl. von *Thiouracil* (**I**)-Zusatz bei der Fütterung von Mastschweinen. In verschied. Tabellen werden die Versuchsergebnisse zusammengefaßt. Im allg. wird festgestellt, daß bei **I**-Zusatz eine deutliche Gewichtszunahme zu beobachten ist. (J. sci. Food Agric. **2**. 365—71. Aug. 1951.) REPPEL. 4589

Robert J. Lillie, J. R. Sizemore, J. L. Milligan und **H. R. Bird,** *Thyroprotein und Fett in Legefutter. Thyroprotein* (jodisiertes Casein) bewirkte in verschied. Futterkombinationen keine Erhöhung der Legeleistung, sondern eine Abnahme des Körpergewichtes der Hennen sowie der Futterausnutzung, während Zulage von 8% Schmalz das Körpergewicht u. die Futterausnutzung erhöhte. (Poultry Sci. **31**. 1037—42. Nov. 1952. Beltsville, Md., U. S. Dep. of Agric., Bur. of Animal Ind.) KRUSEN. 4589

W. C. Jacobson, H. T. Converse, H. G. Wiseman und **L. A. Moore,** *Ersatz der Vollmilch in der Ernährung von Kälbern durch Colostralmilch.* Kälber hatten nach Ernährung mit Colostralmilch (**I**) bis zum Alter von 60 Tagen einen viel höheren Vitamin-A- u.

Carotinspiegel im Blut als solche, denen Vollmilch verabreicht wurde. Die Gewichtszunahme war in beiden Fällen die gleiche. Bei Zugrundelegung gleicher Mengen Trokkenmasse kann I also Vollmilch ersetzen. I verhinderte das Auftreten von Durchfall nicht, schien jedoch schweren Infektionen vorzubeugen. Von 21 Kälbern der I-Gruppe starb keines, von 26 der Vollmilchgruppe starben 5. (J. Dairy Sci. **34.** 905—10. Sept. 1951. USDA., Agricult. Res. Admin., Bur. of Dairy Ind.) FRESENIUS. 4589

H. J. Almquist, *Aminosäurebedarf von Küken und Truthähnen — eine Übersicht.* Übersicht mit 54 Literaturangaben. (Poultry Sci. **31.** 966—81. Nov. 1952. Modesco, Calif., Grange Comp.) KRUSEN. 4589

Francis H. Bird, *Vergleich von Methionin und zwei seiner Analogen in der Kükenernährung.* Vf. konnte an Hand von Verss. nachweisen, daß das Küken die Fähigkeit besitzt, die *Methionin*-Analogen *dl-α-Oxy-γ-methylmercaptobuttersäure* als Salz u. *dl-α-Oxy-γ-methylmercaptobutyramid* zum Wachstum u. zur Verbesserung der Futterverwertung auszunutzen. (Poultry Sci. **31.** 1095—96. Nov. 1952. Rockville, Conn., RFD 3, Westbrook Labor., Eastern States Farmers Exchange, Inc.) KRUSEN. 4589

Homer Patrick, *Die Wirkungen von Homocystin, Methionin, Vitamin B_{12} und Antibioticis in einer Methioninmangeldiät für Küken.* Zusätze von *Methionin* (I), *Homocystin* (II), *Vitamin B_{12}* (III), *Aureomycin* (IV) u. *Penicillin* (V) erhöhten das Wachstum von Küken, die eine I-Mangeldiät erhielten. **IV** u. **V** hatten zusammen mit **I** eine bessere Wrkg. als mit **III**; **I** u **II** waren in ihrer wachstumsfördernden Wrkg. etwa gleich. Zusatz von **III, IV** oder **V** machte **I** jedoch nicht entbehrlich. (Poultry Sci. **31.** 1075—77. Nov. 1952. Knoxville, Tenn., Univ. of Tennessee, Poultry Dep.) KRUSEN. 4589

C. H. Hill, R. Borchers und **C. W. Ackerson,** *Die Unwirksamkeit von Arginin, einen Sojabohnenwachstumsinhibitor bei Küken auszuschalten.* Die Zugabe von 10% nichterhitzten Sojabohnenflocken zu einem Kükenfutter, das einen kalkulierten Überschuß von 20% des Bedarfs der Tiere an essentiellen Aminosäuren enthielt, hatte einen deutlich wachstumshemmenden Effekt, der durch Zusatz von Arginin nicht überwunden werden konnte. (Poultry Sci. **31.** 1098—1100. Nov. 1952. Lincoln, Univ. of Nebraska, Dep. of Agric. Chem.) KRUSEN. 4589

Elton L. Johnson, *Anreicherung des Kükenfutters mit Vitamin B_{12}, Antibioticis und einem unbekannten Wachstumsfaktor.* Fütterungsverss. an Küken ergaben, daß sowohl *Vitamin B_{12}* (I) als auch Antibiotica u. Molkenpulver mit I bei proteinarmem Futter das Wachstum fördern. Bei I-armem Futter bewirkt Zusatz von lösl. Fischbestandteilen größeres Wachstum als von homogenisierter konz. Fischsubstanz. (Poultry Sci. **31.** 955—61. Nov. 1952. Ames, Iowa, Iowa State Coll., Dep. of Poultry Husbandry.) KRUSEN. 4589

C. W. Ackerson, R. L. Borchers und **F. E. Mussehl,** *Die Ausnutzung von Nahrungsbestandteilen durch wachsende Küken.* 14. Mitt. *Die Wirkung von Zusätzen von Vitamin B_{12} und einem Antibioticum.* (13. vgl. Univ. Nebraska Agric. Exp. Stat. Res. Bull. [1951.] 168.) Der Zusatz von *Vitamin B_{12}* u. *Aureomycin* zum Futter erhöhte bei Küken nur dann die Wachstumsrate, wenn diese in Käfigen mit streugefüllter Unterlage gehalten wurden, nicht aber bei Aufzucht auf Drahtböden. (Poultry Sci. **31.** 1023—26. Nov. 1952. Lincoln, Univ. of Nebraska, Dep. of Agric. Chem., u. Dep. of Poultry Husbandry.) KRUSEN. 4589

M. L. Scott und **L. S. Jensen,** *Die Wirkung von Antibioticis auf den Bedarf von Truthähnen an nichtidentifizierten Vitaminen.* Das Wachstum von jungen Truthähnen wird bewirkt von 2 nichtidentifizierten Faktoren, von denen der eine in Fischmehl u. Hackfleisch, der andere in Casein, Trockenmagermilch u. Grassaft enthalten ist. Zusatz eines Antibioticums zum Futter macht keinen dieser Faktoren entbehrlich, fördert das Wachstum jedoch deutlich, wenn beide in ausreichender Menge im Futter enthalten sind. (Poultry Sci. **31.** 986—93. Nov. 1952. Ithaca, N. Y., Cornell Univ., Agric. Exp. Stat. u. School of Nutrit.) KRUSEN. 4589

J. W. G. Porter, *Antibiotica und Ernährung.* Vf. gibt in einem Vortrag eine kurze Übersicht über die Verwendung von Antibioticis in der Tierernährung u. dabei erzielte Erfolge. (Veterin. Rec. **65.** 288—90. 9/5. 1953. Shinfield, Nr. Reading, Nat. Inst. for Res. in Dairying.) KRUSEN. 4589

Harish C. Saxena, Lawrence R. Berg und **James McGinnis,** *Die wachstumsfördernde Wirkung von Antibioticis bei Küken und jungen Truthähnen beeinflussende Faktoren.* Bei Zusatz von Antibioticis zum Futter war deren wachstumsfördernde Wrkg. bei Verwendung von Käfigen mit Streufüllung größer als bei Verwendung von solchen mit Drahtböden. (Poultry Sci. **31.** 1070—74. Nov. 1952. Pullman, State Coll. of Washington, Dep. of Poultry Sci.) KRUSEN. 4589

A. L. Palafox und **M. M. Rosenberg,** *Unterschiedliches Wachstum von männlichen und weiblichen Küken bei Zusatz von Antibioticis zum Futter.* Bei Verfütterung von Antibioticazusätzen (*Aurofac* [LEDERLE], *Bi-Con TM-5* [PFIZER & CO.], *B-Meg* [RAY EWING CO.]) in Anwesenheit von Vitamin B_{12} zeigten männliche Küken in allen Fällen eine höhere prozentuale Wachstumsrate als weibliche. (Poultry Sci. **31.** 1110—11. Nov. 1952. Honolulu, Univ. of Hawaii, Dep. of Poultry Husbandry.) KRUSEN. 4589

C. F. Petersen und **C. E. Lampman,** *Der Wert von Zusätzen von Antibioticis zum Futter für die Legeleistung.* Zusätze von je 9 g/ton *Procainpenicillin, Streptomycin* u. *Terramycinhydrochlorid* zum Futter bewirkten bei weißen Leghorn im 1. Legejahr weder eine Steigerung der Legeleistung noch Gewichtszunahme der Eier oder der Hühner selbst, noch verbesserten sie die Lebensfähigkeit u. Widerstandsfähigkeit der Tiere gegen bestimmte Krankheiten. (Poultry Sci. **31.** 1067—69. Nov. 1952. Moscow, Univ., of Idaho, Dep. of Poultry Husbandry.) KRUSEN. 4589

K. L. Robinson, W. E. Coey und **G. S. Burnett,** *Der Einfluß von Procain–Penicillin auf die Ausnutzung des Futters bei Schweinen.* Schweine, die täglich mit 2—3 lbs. einer Diät, die 10% Fischmehl bei der einen Gruppe u. Pflanzeneiweiß bei der anderen sowie 2 mg Procain–Penicillin/lb. Futter enthielt, gefüttert wurden, zeigten eine um 16% größere Gewichtszunahme u. einen geringeren Wasserverbrauch als die Kontrolltiere. Das wird auf eine bessere Futterausnützung zurückgeführt. Bei den mit dem Antibioticum behandelten Schweinen wurde ein größerer N-Umsatz beobachtet. Die Ca-Aufnahme der Kontrolltiere war größer als die der Versuchstiere bei einem Ca-Geh. der Diät von 0,7%. Die beobachteten Stoffwechseländerungen werden auf Veränderungen im Mechanismus des hypothalam.-hypophysealen Syst. zurückgeführt. (Chem. and Ind. **1953.** 18—19. 3/1. Belfast, Queen's Univ., Ministry of Agric., Agric. Res. Inst.) BRAUKMANN. 4589

S. J. Slinger, W. F. Pepper, D. C. Hill und **H. D. Branion,** *Wirkung von Penicillin auf das Wachstum und die Futterausnutzung von mit Harnstoff gefütterten Küken. Harnstoff* (**I**) als Futterzusatz zeigte bei einer Diät mit suboptimalem Proteingeh., unabhängig von *Penicillin* (**II**)-Zulage, keine gewichtserhöhende Wrkg.; bei Abwesenheit von **II** nahm das Verhältnis Futter/Gewichtszunahme mit steigenden **I**-Mengen zu, welche Wrkg. bei Anwesenheit von **II** nicht beobachtet wurde. (Poultry Sci. **31.** 1106—08. Nov. 1952. Guelph, Can., Ontario Agric. Coll., Dep. of Poultry Husbandry, u. Dep. of Nutrit.) KRUSEN. 4589

H. D. Branion und **D. C. Hill,** *Antibiotica und das Wachstum von jungen Gänsen.* (Vgl. auch C. **1952.** 5921.) *Aureomycin, Diaminpenicillin, Procainpenicillin, Streptomycin* u. *Terramycin* erhöhten bei jungen Gänsen Wachstum u. Futterausnutzung. (Poultry Sci. **31.** 1100—02. Nov. 1952. Guelph, Can., Ontario Agric. Coll., Dep. of Nutrit.) KRUSEN. 4589

Robert L. Squibb, Miriam K. Wyld, Nevin S. Scrimshaw, Miguel A. Guzmán und **Francisco Aguirre,** *Unwirksamkeit von Aureomycin auf acht Blutbestandteile bei Hühnern, die mit Futter hohen und niedrigen Gehaltes an pflanzlichem Protein ernährt wurden. Aureomycin* hatte auf den Geh. an Erythrocyten, Hämoglobin, Hämatokrit, Serumprotein, Riboflavin, Ascorbinsäure u. Vitamin A des Blutes von Hühnern, die mit Futter hohen u. niedrigen Geh. an pflanzlichem Protein ernährt wurden, keinen Einfluß. Lediglich bei Carotinoiden war ein Anstieg festzustellen. (Poultry Sci. **31.** 982—86. Nov. 1952. Guatemala, Inst. Agropecuario Nac.; Inst. de Nutr. de Centro-America y Panama.) KRUSEN. 4589

W. F. Pepper, S. J. Slinger und **I. Motzok,** *Wirkung von Aureomycin auf den Manganbedarf von Küken, die Futter verschiedenen Salz- und Phosphorgehaltes erhielten. Aureomycin* (**I**) vermindert die Anfälligkeit von mit *Mn*-armem Futter ernährten Küken gegenüber Perosis. In Ggw. von **I** beträgt die für Wachstum u. Knochenbldg. optimale Menge an Salz 0,25% u. an *Mn* 10 p.p.m. (Poultry Sci. **31.** 1054—61. Nov. 1952. Guelph, Can., Ontario Agric. Coll., Dep. of Poultry Husbandry, u. Dep. of Nutr.) KRUSEN. 4589

H. T. Peeler und **N. E. Rodgers,** *Wirkung von Streptothricin auf das Kükenwachstum.* Bei einer Grunddiät aus pflanzlichem Protein (Getreidekörner) erwies sich ein Zusatz von 100 p.p.m. *Streptothricinsulfat* als wachstumsfördernd. (Poultry Sci. **31.** 1104—05. Nov. 1952. Appleton, Wis., Western Condensing Comp., Res. Labor.) KRUSEN. 4589

G. Wiseman, *Aktive, stereochemisch selektive Resorption von Aminosäuren durch den Rattendünndarm.* Verss. in vitro mit Dünndarmabschnitten zeigten, daß von den verwendeten Aminosäureracematen (*DL-Alanin, DL-Phenylalanin, DL-Isoleucin* u. *DL-Valin* die L-Form bevorzugt durch die Darmwand wanderte, diese in der Außen-Fl. angereichert wurde, während die Konz. der anfangs zu beiden Seiten der Darmwand gleichen Lsg. sich nicht ändert. Es ist hiermit der Beweis erbracht, daß die Resorption akt. gegen einen Konzentrationsgradienten stattfindet u. daß es sich hierbei um einen selektiven Mechanismus handelt. (J. Physiology **114**. 7 P—8 P. 29/6. 1951. Sheffield, Univ., Dep. of Physiol.) LOCH. 4594

Leslie I. Rice, Roslyn B. Alfin-Slater und **Harry J. Deuel jr.**, *Ein Verfahren zur biologischen Darstellung von deuteriummarkiertem Cholesterin aus Hühnereiern.* Unter Hinweis auf die Schrifttumsangaben, wonach sowohl D_2O u. deuteriummarkiertes Acetat als auch $CH_3{}^{14}COO$-Na vom Tier zur Synth. von *Cholesterin* (I) benutzt werden — D ist sowohl im Ring als auch in der Seitenkette enthalten — werden Verss. zur Biosynth. von deuteriumhaltigem I durch die legende Henne ausgeführt. 2 Hühner erhalten 7 Tage lang markiertes Acetat (Deuterium in der Methylgruppe), das im Trinkwasser mit 2,5% D_2O gelöst wird; anschließend wird D_2O allein weitere 19 Tage verabfolgt. Es werden während einer Frist von 44 Tagen die Eier gesammelt, Abtrennung des Dotters vom Eiklar u. Extraktion im SOXHLET (8 Std.) mit A./Ae. (3 : 2); jeder Dotter enthält 200—250 mg I, das als Digitonid gefällt u. auf Deuterium analysiert wird. Aus den Resultaten ergibt sich, daß der Einbau des D in I zwischen dem 12. u. 32. Tag des Vers. maximal erfolgt. Durch die gleichzeitige Verabfolgung von D_2O u. deuteriumhaltigem Acetat kann in relativ einfacher Weise isotopes I dargestellt werden. (Proc. Soc. exp. Biol. Med. **80**. 562—63. Juli 1952. Los Angeles, Calif., Univ. of Southern California, School of Med., Dep. of Biochem. and Nutrit., u. Labor. of Allan Hancock Foundation.) TÄUFEL. 4596

Ronald G. Paley, David Seligson und **F. D. W. Lukens**, *Untersuchungen über ein nichtidentifiziertes Produkt des Alloxanstoffwechsels in Urin.* Die früher beschriebene halbquantitative Meth. (vgl. SELIGSON, J. biol. Chemistry **190**. [1951.] 647) zur Unters. von *Alloxan* (I) u. *Alloxansäure* (**Ia**) durch alkal. Hydrolyse unter Bldg. von *Oxomalonsäure* (*Mesoxalsäure*, **IIa**), die chromatograph. abgetrennt u. colorimetr. bestimmt wird, wurde auf Urin angewendet. Normaler Urin enthält vor der Hydrolyse keine **IIa**, während nach dieser erhebliche Mengen *Oxomalonat* (**II**) in Urin n. Menschen u. Tiere nachweisbar sind. Die Meth. zeigt zwischen n. u. diabet. Personen hinsichtlich der **II**-Ausbeuten keinen wesentlichen Unterschied. Nach I oder *Na-Alloxanat*-Gaben steigt die **II**-Ausbeute aus Urin auf das 20—30fache an. *Harnsäure* kommt unter den Versuchsbedingungen nicht als Ausgangsmaterial für Urin-**II** in Betracht. Die Art der Vorstufe(n) des aus Urin des Menschen u. n. oder I-behandelter Tiere durch alkal. Spaltung erhältlichen **II** ist unbekannt. Von zahlreichen geprüften Verbb. gaben neben I u. **Ia** noch *Dialursäure, Barbitursäure, Uramil, Cytosin* u. *Harnsäure* mit n NaOH (6 Min., 120°) **IIa**. (J. biol. Chemistry **200**. 443—50. Jan. 1953. Philadelphia, Univ. of Pennsylvania, George S. Cox Med. Res. Inst.) K. MAIER. 4596

Soll Berl und **Ernest Bueding**, *Metabolismus von Acetylmethylcarbinol in Filarien.* Der zur Gruppe der Nematoden gehörende Litomosoides carinii bildet in Ggw. von Glucose, Na-Pyruvat (**II**) oder Acetaldehyd (**III**) (—)-*Acetylmethylcarbinol* [(—)-I; (—)-*Acetoin*; $[\alpha]_D$ —84°], nachgewiesen durch Oxydation zu *Diacetyl* u. Umwandlung in *Benzochinoxalin*. Die Bldg. von I ist 5—10mal größer, wenn **II** u. **III** gleichzeitig anwesend sind. Bei Hemmung der Oxydationsfähigkeit von **III** durch *Antabus* oder von **II** durch *Fluoracetat* erhöht sich die Ausbeute an I ebenso wie bei Anregung durch *Cocarboxylase* u. *Mg*. Der Verbrauch der Filarien an (—)-I erfolgt erheblich schneller als der an (+)-I. Bei der enzymat. Synth. von I sind nach Ansicht von Vff. 2 verschied. Mechanismen beteiligt.

Versuche: *Acetylmethylcarbinoldimeres*, F. 97,5—98,5°, aus Acetoin (Kp. 72 bis 74,5°) u. Zn-Granulat durch Kühlen, Abfiltrieren der ausgefallenen Kristalle, Dest. des getrockneten Nd. u. Wiederholung des Prozesses. — (—)-*Acetoin* [(—)-I; (—)], aus einem mit 0,05mol. Na_2HPO_4-Lsg. auf 1 Liter aufgefüllten Gemisch von 10 g Na-Pyruvat, $5 \cdot 10^{-5}$ mol. $MnCl_2$ u. Acetontrockenpulver von Aerobacter aerogenes (homogenisiert mit 0,05mol. Na-Phosphatpuffer [p_H 5,6]); nach Beimpfen 5std. Schütteln bei 34,8° unter Konstanthaltung von p_H 5,6 mit 4n HCl, Ausfällen des Proteins mit 800 cm^3 Lsg. mit 12,5% $ZnSO_4 \cdot 7\,H_2O$ + 0,3n H_2SO_4 + 235 cm^3 3n NaOH, Abzentrifugieren, Einstellen auf p_H 7,2, Vakuumabdampfen unter N_2, Zufügen von $NaHSO_3$ zum Destillat u. Vakuumdest. bei p_H 9,2; $[\alpha]_D$ —80°; 7,2 mg (Ausbeute). In einem anderen Vers. mit konzentrierteren Lsgg. aus 50 mg Enzympulver 8,44 mg I; $[\alpha]_D$ —82°. — *2.3-Dimethyl-5.6-benzochinoxalin*, F. 101—102°, aus der Reaktionslsg. von I durch Oxydation mit $FeCl_3$ u. Weiterbehandlung mit wss. Lsg. von 1.2-Diaminonaphthalindihydrochlorid. — Verss. mit Litomosoides carinii vgl. Original. (J. biol. Chemistry **191**. 401—17. Juli 1951. Cleveland, O., Western Reserve Univ., School of Med., Dep. of Pharm.) FINDEISEN. 4596

F. Nerdel und **Ilse Spaeth**, *Geruch und Konstitution.* Es werden die verschied. in der Literatur beschriebenen Theorien über den Mechanismus des Riechens, die bisher alle nicht voll befriedigen können, einander gegenübergestellt. Nach den bisher aufgefundenen Beziehungen zwischen *Geruch* u. *chem. Konst.* sowie *ster. Konfiguration* scheint es, daß die geruchlichen Eigg. eines Stoffes außer durch gewisse Grundvoraussetzungen (Flüchtigkeit, Lipoidlöslichkeit usw.) 1. durch die allg. *Mol.-Oberflächenform* (bestimmend für Art u. Stelle der physikal. Adsorption des Riechstoffmol. auf der Nervenfaser) u. 2. durch gewisse *osmophore Gruppen* (die mit der Nervensubstanz in Rk. treten oder Reaktionsvorstufen ausbilden) beeinflußt werden, u. zwar bedingt die relative Stärke beider Einflüsse sowohl Geruchsart u. Geruchsnuance als auch Geruchsstärke. Der 2. Einfl. wird um so größer, je kleiner das Mol. ist; in homologen Reihen wird also die osmophore Gruppe bei den niederen Gliedern den relativ stärksten Einfl. haben, bei den höheren Gliedern wird die Mol.-Oberfläche ausschlaggebend. Mögliche Rückschlüsse von der Geruchsnote auf ein Vorliegen oder Vorwiegen einer besonderen Mol.-Form werden am Beispiel der *Di-n-alkylacetaldehyde* (*Äthyl-n-amylacetaldehyd, n-Propyl-n-butylacetaldehyd, Di-n-butylacetaldehyd, Methyl-n-heptylacetaldehyd*) im Vgl. mit *n-Pelargonaldehyd* diskutiert. — 104 Literaturangaben. (Angew. Chem. **63**. 545—50. 21/12. 1951. Berlin-Charlottenburg, Techn. Univ., Organ.-Chem. Inst.) SPAETH. 4598

A. Gianni, D. Redaelli, Ematochimica clinica. Milano: Casa Editrice Ambrosiana. 1953. (167 S. m. Abb.) L. 1500,—.

E_6. Pharmakologie. Therapie. Toxikologie. Hygiene.

E. L. Schäfer und **H. Greuel,** *Zur Frage der Peteosthorschädigungen.* Vff. bringen eine abschließende Stellungnahme zu einer Erwiderung von KOCH (C. **1953**. 1991) auf ihre Originalarbeit zum gleichen Thema (C. **1952**. 5449): 1. Die von KOCH herangezogenen Tierverss. können nach Ansicht der Vff. nicht auf den Menschen übertragen werden. Dabei wird bes. auf die Reaktionskette hingewiesen, deren Endresultat erst in faßbaren morpholog. Veränderungen besteht u. deren Einzelheiten noch weitgehend ungeklärt sind. 2. Die in den Leichenorganen des Patienten nachgewiesene Restaktivität glauben Vff. eindeutig auf eine Verunreinigung des *Peteosthor* mit dem langlebigen *RdTh* (1,9 Jahre) zurückführen zu können; einen anderweitigen Kontakt des Patienten mit radioakt. Stoffen, wie KOCH ihn in Erwägung zieht, lehnen Vff. ab. 3. Trotz einiger Bedenken halten Vff. an einem ursächlichen Zusammenhang zwischen der Peteosthorbehandlung u. der Leukämieentstehung fest. — Die einzelnen Diskussionspunkte werden eingehend unter Berücksichtigung von Befunden anderer Autoren behandelt. (Münchener med. Wschr. **94**. 2234—36. 31/10. 1952. Düsseldorf, Med. Akad., Med. Klinik.) REUSSE. 4601

N. J. Holter und **W. R. Glasscock,** *Eine Nahabschirmung zur Verwendung beim Mikropipettieren von Vorratslösungen mit Radioisotopen.* Beschreibung einer Einrichtung zur Halterung u. Abschirmung genormter Oak-Ridge-Vorratsflächen für Radioisotope, welche die Strahlung von ^{131}J auf $^1/_{100}$ herabsetzt u. bequemes Arbeiten gestattet. (Rev. sci. Instruments **23**. 138. März 1952. Helena, Mont., Med. Phys. Labor., Holter Res. Found., Inc.) EICHHOFF. 4601

John DeCarlo jr., Arnold Tramer und **Henry H. Startzman jr.,** *Aspiration von Jodkontrastmittel bei Neugeborenen.* Vff. machten die Beobachtung, daß ein Jodkontrastmittel (I) in öliger Form, das zum Zwecke der Unters. auf Mißbildungen der Speiseröhre Neugeborenen verabreicht wurde, zu einem geringen Teil beim Schluckakt zurückbleibt u. aspiriert wird. Bes. tritt dies nach wiederholter Anwendung auf. Bariumkontrastbrei zeigte nicht dieses Phänomen. Die Ursache suchen Vff. in der Oberflächenspannung des verwendeten Kontrastmittels u. in der noch unentwickelten Vagusfunktion des Neugeborenen. Deshalb erscheint I nur von geringem Wert bei der Diagnose von Fistelbildungen zwischen Speise- u. Luftröhre bei Neugeborenen. (A. M. A. Amer. J. Diseases Children **84**. 442—45. Okt. 1952. Baltimore, Md., City Hosp., u. Univ. of Maryland.) L. BERGER. 4601

Hans-Curt Riesch, *Über die Alkoholresorptionsfähigkeit der Mundschleimhaut.* Vf. schließt aus seinen Verss., daß von der gesunden, intakten Mundschleimhaut kein A., der in Form von Wein angeboten wird, resorbiert wird u. somit auch nicht so viel A. ins Blut kommt, daß er für forens. Belange von Bedeutung ist. (Dtsch. Weinbau, wiss. Beih. **6**. 140—43. Aug. 1952. Mainz, Joh. Gutenberg-Univ., Klinik u. Poliklinik für Zahn-, Mund- u. Kieferkrankheiten.) WINIKER. 4607

Giorgio Lolli, Emidio Serianni, Grace Golder, Aldo Mariani und **Mary Toner,** *Beziehungen zwischen der Aufnahme einer kohlenhydratreichen Nahrung und der Aufnahme von Wein und anderen alkoholischen Getränken. Eine Untersuchung an Italienern und Amerikanern italienischer Abkunft.* Der Genuß von Wein bei oder nach einer soliden Mahlzeit mit langsam verdaulichen Kohlenhydraten begünstigt Blutalkoholkonzz., die niedriger liegen als die, welche gefunden werden, wenn dieselbe Weinmenge bei leerem Magen genossen wird. Es wird vermutet, daß Schwankungen des Blutalkoholspiegels weniger häufig u. weniger stark auftreten nach der Aufnahme langsam verdaulicher als nach dem Genuß schnell verdaulicher Kohlenhydrate. Es scheint eine direkte Beziehung zu bestehen zwischen einer erhöhten Blutzuckerkonz. u. der Widerstandsfähigkeit des Zentralnervensyst. gegen die tox. Wirkungen des Alkohols. (Quart. J. Stud. Alcohol **13.** 401—20. Sept. 1952. New Haven, Conn., Yale Univ., Labor. of Appl. Physiol.; Rom, Ist. di Alimentaz. e Dietol.) ZELLER. 4607

G. Gillissen, *Die Nebennierenrinde und ihre Beeinflussung durch Wein.* Verss. an Meerschweinchen ergaben, daß die subcutane, orale u. intracardiale Applikation von Wein (I) über die Hypophyse zu einer erhöhten Arbeitskapazität der Nebennierenrinde führt. Bei Verwendung von gleichen Mengen A. tritt diese morphokinet. Veränderung der Nebennierenrinde nur nach subcutaner Injektion auf, während die 3malige intracardiale Injektion von Acetatpuffer mit demselben p_H wie im I keinen Einfl. hat. Diese Befunde erklären zu einem großen Teil die vielseitigen physiol. I-Wirkungen, bes. bei tox. Infektionen, sowie die unterschiedliche Wrkg. von I u. A. bzw. Whisky bei Intoxikationen mit Schlangen- oder Pflanzengiften. — 28 Literaturhinweise. (Dtsch. Weinbau, wiss. Beih. **6.** 133—39. Aug. 1952. Mainz, Univ., Hygiene-Inst.) WINIKER. 4607

Hans-Joachim Küchle, Arnold Loeser, Gerda Meyer und **Egon Stürmer,** *Untersuchungen über Diäthylenglykol als Tabakfeuchthaltemittel.* Die Folgen der Einw. von Rauch aus Tabaken, die 3 oder 30% *Diäthylenglykol,* 3 oder 30% *Glycerin* als Feuchthaltemittel oder keine dieser Substanzen enthielten, auf die Organe von Ratten, auf Hefezellen u. auf die Conjunctiva von Kaninchen waren ohne besonderen Unterschied. Ebenso war die Verträglichkeit der verschied. Tabake bei Versuchspersonen gleich. (Z. ges. exp. Med. **119.** 266—71. 1952. Münster/Westf., Univ., Pharmakol. Inst.) KRUSEN. 4607

Robert W. Lackey und **Joseph F. Treon,** *Pharmakologische Eigenschaften von Toxaphene, einem chlorierten Kohlenwasserstoffinsekticid.* Bericht an den „Council on Pharmacy and Chemistry" über Eigg., Pharmakologie u. Toxikologie von *Toxaphene* (I). I ist ein *hochchloriertes Camphen* der empir. Summenformel $C_{10}H_{10}Cl_8$. Struktur noch nicht geklärt. Es wirkt auf das Zentralnervensyst. krampferregend. Die DL_{50} liegt bei oraler Zufuhr je nach Tierart zwischen 15 u. 375 mg/kg. Die tägliche Dosis für Menschen wird zwischen 2 u. 7 g angenommen. Hinweise zur Therapie von I-Intoxikationen. (J. Amer. med. Assoc. **149.** 1135—37. 19/7. 1952.) KRUSEN. 4607

A. Locker und **H. Siedek,** *Die Wirkung von Alkylphosphaten auf Gewebsatmung und Cholinesteraseaktivität.* Es wurden geprüft *Parathion* (I; *O-p-Nitrophenyl-O.O-diäthylthiophosphat*), *Pestox III* (II; *Tetrakis-[dimethylamino]-phosphorsäureanhydrid*), *Pestox XIV* (III; *Bis-[dimethylamino]-fluorphosphinoxyd*) u. *Pestox XV* (IV; *Bis-[isopropylamino]-fluorphosphinoxyd*). Alle Stoffe hemmen in Konzz. bis zu 10^{-4} mol. in vitro die Atmung von Meerschweinchenhirn. Die Atmung von Leberschnitten **in vitro** wird durch Konzz. von 10^{-2} bis 10^{-4} mol. in den meisten Fällen gesteigert. Gaben von 1 mg/kg III bzw. 2 mg/kg IV bewirken bei Meerschweinchen eine vorübergehende Steigerung der Leberatmung, welche Wrkg. nach II nicht eintritt. I, III u. IV hemmen in vitro die *Cholinesterase* (V)-Aktivität in Hirn deutlich, während in vivo keine einheitlichen Ergebnisse erzielt wurden. Eine deutliche Wrkg. der Substanzen in vivo auf die V-Aktivität kann nach Ansicht der Vff. nur nach sehr hohen Dosen erwartet werden. — Diskussion der Ergebnisse u. Angabe von 30 Literaturzitaten. (Z. ges. exp. Med. **119.** 314—26. 1952. Wien, Univ., I. Med. Klin.) KRUSEN. 4607

Harold S. Bailey und **John E. Christian,** *Die Verteilung von ^{15}N in Rattengeweben nach der intraperitonealen Applikation von Urethan mit markiertem Stickstoff.* Die Darst. von Urethan mit markiertem N aus Chlorkohlensäureester u. $^{15}NH_3$ in alkal. Lsg. wird beschrieben. Ausbeute 84,6%, F. 47—48°. Nach intraperitonealer Applikation der Substanz wird in den Geweben u. Organen von Ratten die Verteilung des ^{15}N untersucht. ^{15}N findet sich nicht an einer Stelle des Körpers konz., sondern bevorzugt Leber, Magen u. Darmtrakt, Niere u. Milz. (J. Amer. pharmac. Assoc., sci. Edit. **41.** 517—21. Okt. 1952. Lafayette, Ind., Purdue Univ., School of Pharm.) BAUMANN. 4607

Margaret E. Greig, *Keine Aufhebung der Pentobarbitalhemmung des Hirnstoffwechsels durch BAL.* Vf. fand im Gegensatz zu PERSKY, GOLDSTEIN u. LEVINE (J. Pharmacol. exp. Therapeut. **100.** [1950.] 273), daß *BAL* (*2.3-Dimercaptopropanol*) die durch *Pentobarbital* verursachte Hemmung des Hirnstoffwechsels nicht aufhebt (Verss. mit Hirnbrei von Ratten u. Meerschweinchen in vitro). BAL wird selbst rasch oxydiert. Vf. wies nach, daß in den von PERSKY, GOLDSTEIN u. LEVINE angewandten Pentobarbitalkonzz. nicht nur spezif. die Brenztraubensäureoxydation gehemmt wird, sondern auch die

Dehydrogenasen der Milch-, Malon- u. *α-Ketoglutarsäure.* Während PERSKY den Angriffspunkt des Pentobarbitals für diese Stoffwechseleffekte an den SH-Gruppen der Brenztraubensäuredehydrogenase annimmt, vermutet Vf. eine Blockierung des Wasserstofftransportes zwischen Coenzym u. Cytochromsystem. (J. Pharmacol. exp. Therapeut. **106.** 24—28. Sept. 1952. Nashville, Tenn., Vanderbilt Univ., School of Med., Dep. of Pharmacol.) DAUTZENBERG. 4607

C. B. Hudson und **J. A. Pino,** *Physiologische Störung des Fortpflanzungssystems bei Weißen Leghorn-Hähnchen nach Verfütterung von Enheptin.* Die Verfütterung von *Enheptin* (**I**; *2-Amino-5-nitrothiazol*) in therapeut. Dosen an 12 Wochen alte Weiße Leghorn-Hähnchen hatte Wachstumsverzögerung, Schwund der spermatogenen Aktivität u. Verkümmerung der prim. u. sek. Geschlechtsmerkmale zur Folge. Betrachtungen über die mögliche Wirkungsweise von **I**. (Poultry Sci. **31.** 1017—22. Nov. 1952. New Brunswick, N. J., Rutgers Univ., Dep. of Poultry Husbandry.) KRUSEN. 4607

R. Teuscher, *Tonil, ein neuartiges Sulfonamidpulver für die Veterinärchirurgie.* In 81 Fällen von schlechtheilenden Wunden, sept. Prozessen u. frischen Laparotomiewunden wurde die gut aufsaugende, baktericide u. granulationsfördernde Wrkg. von *Tonil* (*Sulfanilylcarbamid-Ca* + 1% *Bromsalicylsäureisopropylamid-Ca*; CHEM. FABRIK v. HEYDEN, Radebeul-Dresden) festgestellt. (Mh. Veterinärmed. **8.** 115—16. 15/3. 1953. Schkeuditz, Bez. Leipzig.) KRUSEN. 4610

W. Schulz und **H. Voth,** *Experimentelle Untersuchungen über die Leber–Galle-Passagen von Protocid.* (Vgl. auch C. **1952.** 7527.) Vff. prüften die Galle–Leber-Passage von *Protocid* (**I**). Am Hund mit totaler Gallenfistel zeigte **I** gegenüber Sulfanilamidodimethylpyrimidin, Sulfanilamidothiazol u. Aminobenzolacetylamid günstigere Ausscheidungsverhältnisse. Bei **I** war die Maximalkonz. höher, die Ausscheidungsdauer verlängert. Einmalige perorale u. intravenöse Gaben ergaben gleich hohe Spiegel. Nach experimenteller Leberschädigung tritt deutliche Erniedrigung der Ausscheidung auf. Beim Menschen ergaben 8 g **I**/pro die die maximalen Konzz. bis zu 50 mg-%. Stark geschädigte Leberfunktionen bewirken deutliche Verringerung der Sulfonamidausscheidung mit der Galle. In der n. Gallenblase fanden sie entsprechende Sulfonamidanreicherung, während in funktionsunfähigen Gallenblasen die Werte niedriger waren als in der Lebergalle. (Z. ges. exp. Med. **118.** 169—76. 1952. Göttingen, Univ., Med. Klinik.) K. BÖHM. 4610

Dieter Otto Schmidt, *Zur Chemotherapie der Proteus vulgaris-Infektionen.* Auf Grund bakteriolog. u. klin. Erfahrungen, sowie vergleichenden Unterss. mit *Sulfonamiden, Rivanol, Penicillin, Streptomycin* u. *Bilamid* (*Pyridin-3-carbonsäureoxymethylamid*) stellt nach Ansicht des Vf. letzteres derzeit das wirksamste u. verträglichste Chemotherapeuticum zur Bekämpfung der Erregergruppe des *Proteus vulg.* dar. (Z. Hyg. Infektionskrankh. **130.** 613—21. 1950. Göppingen, Med.-diagn. u. bakteriol. Labor. der Zentralkliniken.) K. MAIER. 4610

Abdo Feghali, *Eine neue Ernährungstoxikose des Säuglings und Kleinkindes: Die toxische infantile Dyspepsie, verursacht durch verfälschte Mehle und septische Milch und Milchprodukte.* Vf. beobachtete 12 Jahre lang ca. 1000 Fälle von schwerer akuter tox. Dyspepsie bei Säuglingen u. Kleinkindern, die durch verschmutzte u. verfälschte Mehle einerseits u. sept. Milch u. Milcherzeugnisse andererseits hervorgerufen wird, durch Fieber oder auch Untertemp., Anämie, Erbrechen, Diarrhoe, tox. Nephritis u. Hepatitis gek. ist u. bei Säuglingen zu 75%, bei größeren Kindern zu 50% tödlich verläuft. Behandlung durch geeignete Diät, *Vitamine, Bakteriophagen, Sulfonamide* in schwachen Dosen; *Aureomycin, Chloromycetin, Terramycin* für kurze Dauer. Vf. schlägt Maßnahmen zur Prophylaxe vor. (Presse méd. **61.** 402—03. 21/3. 1953. Beyrouth, Min. de la Santé Publ. du Liban, Serv. de Pédiatr.; Hôp. des Enfants-Malades.) KRUSEN. 4610

G. Erdmann, *Der Einfluß des Thiosemicarbazonderivates „Tebethion" auf die Masugi-Nephritis.* An Kaninchen, bei denen eine experimentelle MASUGI-Nephritis hervorgerufen worden war, konnte Vf. zeigen, daß die klin. Symptome der Nephritis durch tägliche Gaben von 25—65 mg/kg *Tebethion* (**I**; *Acetyl-p-aminobenzaldehydthiosemicarbazon*; JENAPHARM) unterdrückt oder weitgehend abgeschwächt werden. Die Wirkungsweise von **I** ist noch nicht geklärt. — 30 Literaturangaben. (Dtsch. Gesundheitswes. **7.** 850—56. 3/7. 1952. Halle/Saale, Univ., Kinderklinik.) KRUSEN. 4610

Roy Goulding, J. M. Robson und **R. J. W. Rees,** *Intracorneale Mäuselepra und ihre Reaktion auf Isoniazid.* Es wurden 40 Mäuse intracorneal mit einer Suspension von Mycobacterium leprae murium inokuliert u. wie folgt behandelt. 1. Gruppe: Kontrollen, 2. Gruppe: 0,1% *4-Äthylsulfonylbenzaldehydthiosemicarbazon* im Futter, 3. Gruppe: *3% Sulphetrone*, 4. Gruppe: pro Maus u. Tag 0,3 mg *Isoniazid*. Nur in der letzten Gruppe konnte nach 4 Monaten eine chemotherapeut. Wrkg. festgestellt werden. (Lancet **264.** 423—24. 28/2. 1953. London, Nat. Inst. für Med. Res.; Guy's Hosp. Med. School.) KRUSEN. 4610

Margaret Barnett und **S. R. M. Bushby,** *Die Wirkung von Isonicotinsäurehydrazid bei Mäuselepra.* Bei Mäusen, die intravenös mit Mycobact. leprae murium infiziert wurden, vermag *Isonicotinsäurehydrazid* (I) fast vollständig die Infektion zu unterdrücken. Streptomycin subcutan war fast ebenso, TB 1/698 oral etwas weniger wirksam, während 4.4'-Diaminodiphenylsulphon u. Sulphetrone oral nur eine zweifelhafte Wrkg. auf die Entw. der Krankheit haben. Nach vorliegenden Ergebnissen erstreckt sich die Wrkg. von I auch auf Mycobact. leprae. (Leprosy Rev. **24.** 19—26. Jan. 1953. Beckham, Ky., Wellcome Res. Labor.) K. BÖHM. 4610

Gunnar Berg, *Tuberkulosebehandlung mit Thiosemicarbazon.* Bericht über die Behandlung von 99 Patienten mit Tuberkulose der Lunge sowie der Mund-, Kehlkopf- u. Darmschleimhaut mit *Thiosemicarbazon* (*Tb I*); Dosierung, Verträglichkeit, Verlauf (Senkung, Temp., Sputummenge, bakteriolog. Befund, Körpergewicht, Röntgenbefund). *Tb I* wirkt in erster Linie auf die Schleimhauttuberkulose, wobei die Wrkg. auf die Darmschleimhäute geringer ist als die auf Mund u. Atemwege. Für die Beurteilung der Wrkg. von *Tb I* auf die verschied. Formen der Lungentuberkulose ist ein umfangreiches Krankengut u. eine sich über Jahre erstreckende Beobachtungszeit notwendig. (Acta Tubercul. scand. **24.** 347—56. 1950. Borstel, Bad Oldesloe.) K. MAIER. 4610

Charlotte A. Colwell, Margaret Moravec, Yaye Furutani und **George Ballard,** *Entwicklung der Widerstandsfähigkeit von Mycobacterium tuberculosis gegen 4-Acetylaminobenzaldehydthiosemicarbazon.* Bei 13 mit *4-Acetylaminobenzaldehydthiosemicarbazon* (*Tibione*) behandelten Tuberkulosefällen werden 10 nach mehr oder weniger langer Zeit tibioneresistent. Eine gleichzeitige Behandlung mit *Streptomycin* zögert das Auftreten der Tibioneresistenz heraus, während die Streptomycinresistenz durch Anwendung von *Tibione* nicht beeinflußt wird. (J. Lab. clin. Med. **39.** 761—66. Mai 1952. Hines, Ill.) BAUMANN. 4610

N. W. Martynowa und **Je. M. Zinberg,** *Streptomycin in der Chirurgie. Streptomycin* (zu 1 g in die Operationswunde) wurde mit Erfolg nicht nur bei chirurg. Infektionen durch penicillinresistente Mikroorganismen angewendet, sondern auch zur Verhütung von Vereiterungen bei schweren chirurg. Eingriffen, wie allg. eitrige Coliinfektion, Osteomyelitis nach Schußverletzung, Peritonitis, Thrombophlebitis, Pleuraempyem. (Вестник Хирургии Имени И. И. Грекова [Grekow-Nachr. Chirurgie] **73.** Nr. 1. 42—43. Jan./Febr. 1953. Leningrad, San.-Hyg. Med. Inst., Chir. Fak.-Klinik.) RENTZ. 4611

J. C. Gould, J. H. Bowie und **J. D. S. Cameron,** *Dosierung von Antibioticis. Verhältnis zwischen den bei Harnweginfektionen wirksamen in vitro- und in vivo-Konzentrationen.* In 17 Fällen verschied. Harnweginfektionen wurden die aus dem Harn isolierten Erreger gegen *Aureomycin, Penicillin, Streptomycin, Terramycin* u. *Chloramphenicol* getestet. Aus der Konz. des wirksamsten Antibioticums wurde unter Berücksichtigung der Harnmenge u. der Exkretionsmenge des Antibioticums die erforderliche Dosis errechnet, die zu wirksamer Konz. im Harn führen muß. Mit diesem Verf. gelang es in 14 Fällen, nach kurzer Zeit Sterilität des Harnes zu erreichen. Bei 5 Rückfällen war eine 2. Behandlung erfolgreich. Resistenzentw. trat in keinem Fall ein. Vff. nehmen an, daß bei den mit diesem Verf. ermittelten Dosen, die häufig unter der üblichen Standarddosierung liegen, die Möglichkeit einer Resistenzentw. geringer ist. (Lancet **264.** 361—64. 21/2. 1953. Edinburgh, Univ., Royal Infirmary.) KRUSEN. 4611

Nguyen Dinh Cat, *Terramycin zur Trachombehandlung.* Bericht über Behandlung von 14 Trachomfällen, die einzeln besprochen werden, mit *Terramycin* (I)-Salbe (PFIZER LABOR., New York), enthaltend I-*Chlorhydrat* (II), 1 : 1000, suspendiert in einer Petrolatumgrundlage, sowie einem I–II-Augenwasser + *Na-Borat* u. *Na-Chlorit.* I ist kein spezif. Mittel beim Trachom, aber die Symptome gehen schnell zurück. In schweren Fällen sind die Ergebnisse von I u. *Aureomycin* gleichwertig. Bei sek. Infektionen wirkt I weit besser als *Penicillin* u. *Sulfonamide.* Bei floriden Fällen sind die Erfolge mit I weniger überzeugend. Leichte Komplikationen beim Trachom sind mit I zu beherrschen. Gute Verträglichkeit von I bei lokaler Anwendung, keine allerg. Reaktionen. (Amer. J. trop. Med. Hyg. **1.** 799—803. Sept. 1952. Hanoi, Indochina, School of Med., Ophthalmol. Clinic.) DOSSMANN. 4611

Yukihiko Mitsui, *Anwendung neuer Antibiotica zur Behandlung des Trachoms.* (Vortragsbericht.) Bei der Behandlung des Trachoms wurden mit *Terramycin* u. *Aureomycin* gute, mit *Chloramphenicol* beschränkte Erfolge erzielt. Das gleiche gilt für Penicillin, Streptomycin, Bacitracin, Vicomycin u. verschied. Sulfonamide. (J. Roy. Egypt. med. Assoc. **35.** 69—77. 1952.) v. GIZYCKI. 4611

Edward Rubenstein und **Perry G. M. Austin,** *Die kombinierte Anwendung von Aureomycin und Terramycin in der Behandlung von subacuter enterococcaler Endocarditis.* Nach dem ein Fall von subacuter enterococcaler Endocarditis durch kombinierte Verabreichung von *Penicillin, Streptomycin* u. *Aureomycin* (I) nicht beeinflußt werden konnte, führte Medikation von *Terramycin* (II) u. I (6stündlich 0,5 g) nach 3½ Monaten zur Heilung. (Amer. Heart J. **43.** 922—26. Juni 1952. March Air Force Base, Calif., U. S. Air Force Hosp.) KRUSEN. 4611

Maxwell Spring und **Helene Wardell,** *Fallotsche Tetralogie mit subcutaner bakterieller Endocarditis. Erfolgreiche Behandlung mit Chloromycetin.* In diesem Fall ergab die Blutkultur Staphylococcus aureus. Trotz hoher Empfindlichkeit des Erregers gegen *Penicillin* (I) führte I-Verabreichung in Mengen von insgesamt 97,5 Millionen E. nicht zur Heilung, die erst durch 19 Tage dauernde *Chloromycetin*-Verabreichung von insgesamt 186,5 g erreicht wurde. (Amer. Heart J. **43.** 918—21. Juni 1952. New York, N. Y., City Hosp.) KRUSEN. 4611

K. F. Ssokolowa und **M. K. Smirnowa,** *Albomycin bei Pneumonien der Kinder im ersten Lebensjahr. Albomycin* (I) zu 100 000—200,000 E./kg Körpergewicht täglich, 7—10 Tage lang, erwies sich als sehr wirksam bei der Pneumonie der Säuglinge, bes. bei frühzeitigem Behandlungsbeginn. Bereits am 2. Behandlungstag beobachtete man Abnahme der Temp. u. Rückgang der Toxikose u. bis zum 10.—12. Tage Resorption des entzündlichen Prozesses in der Lunge. Recidive treten seltener auf als nach *Penicillin* (**II**)-Anwendung. In schweren Fällen ist **I** mit **II** zu kombinieren. (Педиатрия [Pädiatrie] **1953.** Nr. 1. 23—27. Jan./Febr. Moskau, Med. Stalin-Inst., Lehrstuhl für hospit. Pädiatrie u. Filatow-Kinderkrankenhaus, Säuglingsabt.) RENTZ. 4611

J. M. McGuire, R. L. Bunch, R. C. Anderson, H. E. Boaz, E. H. Flynn, H. M. Powell und **J. W. Smith,** *„Ilotycin", ein neues Antibioticum. Ilotycin = Erythromycin* (I; LILLY) ist eine alkal. Verb. u. bis ca. 2 mg/cm³ wasserlöslich. I ist gut lösl. in *A., Aceton, Chlf., Acetonitril* u. *Äthylacetat,* schwach lösl. in *Ae., Äthylendichlorid* u. *Amylacetat.* Analyse ergibt die empir. Formel $C_{34-36}H_{60-65}NO_{11-14}$. Verdünnungsteste ergaben I-Wrkg. auf grampositive u. -negative Bakterien, Mycobakterien, Fleckfieber-Rickettsien u. einige große Virusarten. Toxizität von I ist sehr gering. Die DL_{50} betrug bei subcutaner Verabreichung an Mäuse ca. 1800 mg/kg. (Schweiz. med. Wschr. **82.** 1064—65. 11/10. 1952. Indianapolis, Ind., Lilly Res. Labor.) DOSSMANN. 4611

Friedmar Dammann, *Verbesserung der Infiltrations-und Leitungsanästhesie durch Zusatz von Hyaluronidase.* Klin. Verwendung von *Hyaluronidase* zur Beschleunigung u. flächenmäßigen Vergrößerung der Anästhesie, wobei gleichzeitig mit geringeren Mengen Anästheticum gearbeitet werden kann. (Die Medizinische **1952.** 765—67. 31/5. Bremen, Inst. für Unfallchirurgie.) GIBIAN. 4621

Herbert Harnisch und **Edith Mössinger,** *Lokalanästhetica im Quaddelversuch.* Beschreibung von Quaddelunterss. (am menschlichen Unterarm u. am Meerschweinchen; Technik u. Fehlerquellen), mit verschied. Lokalanästheticis. Verglichen wurden Dauer u. Tiefe der Anästhesie von *Novocain* (I)–*Suprarenin,* I–*Corbasil,* I–*l-Noradrenalin* (*l-Arterenol*; FARBWERKE HOECHST), *Melästhin, ABC, Xylocain, Xylocain-Special* (II), *Meropitan* (BRUNNENGRÄBER) u. *Pharmatonin* (CASTAGNOLA, Lugano) sowie der Einfl. von *Hyaluronidase.* II erwies sich als den anderen Präpp. überlegen. (Zahnärztl. Rdsch. **62.** 256—61. 20/5. 1953. Mainz, Univ., Klinik u. Poliklinik für Zahn-, Mund- u. Kieferkrankheiten.) KLESSE. 4621

Alice N. Bessman, Ralph W. Alman, George J. Hayes und **Joseph F. Fazekas** (unter techn. Mitarbeit von **Marie Rosenberg** und **William Young**), *Die verschiedenen Diffusionsgeschwindigkeiten von Stickoxyd in der Rückenmarksflüssigkeit.* Die Diffusionsgeschwindigkeiten von *Stickoxyd* in der ventrikularen, cisternalen u. lumbalen Rückenmarks-Fl. werden gemessen. Im cisternalen Teil steigt die N_2O-Konz. am schnellsten u. erreicht höhere Werte als in den beiden anderen Abschnitten. Auf Grund der Versuchsergebnisse werden verschied. Möglichkeiten für den Weg des N_2O von den Atmungsorganen in die Rückenmarks-Fl. diskutiert. (J. Lab. clin. Med. **40.** 851—59.) Dez. 1952. Washington, D. C., Gallinger Municipal Hosp., Dep. of Med. and Neurol.) BAUMANN. 4621

E. C. Gregg jr., *Wirkung opiatfreier Analgetica und anderer Arzneimittel auf die Vibrationsempfindungsschwelle.* Da eine exakte Best. der Schmerzempfindung mangels einer genauen Definition nicht möglich erscheint, benutzte Vf. als Test für analget. wirkende Mittel die Erhöhung der Vibrationsempfindungsschwelle, die er mittels eines Kristallvibrators (Arch. Neurol. Psychiatry **66.** [1951.] 403) registrierte. Mit dieser Anordnung wurden folgende Werte ermittelt, bezogen auf die Wrkg. von *Acetylsalicyl-*

säure (I) (1 g) = 1; *Anilin* (1 g) 3,1; *Acetphenetidin* (II) (1 g) 1,2; *Antipyrin* (1 g) 0,6; *Coffein* (III) (0,015 g) −0,1; I (0,21 g) 0,3; I (0,21 g) + II (0,194 g) 0,8; I (0,21 g) + II (0,194 g) + III (0,015 g) 1,4. Verss. mit Lokalanästheticis (*Procain, Cocain, Monocain*) sind nicht vergleichbar, da selbst bei vollständiger Blockierung infolge Fortleitung der Schwingungen in nicht anästhesierte Bezirke eine Wahrnehmung stattfindet. (J. Pharmacol. exp. Therapeut. **106.** 1—13. Sept. 1952. Cleveland, O., Case Inst. of Technol., Dep. of Phys.) DAUTZENBERG. 4621

Karl H. Beyer und **Albert R. Latven,** *Der Einfluß intravenös gegebenen 1-Cyclohexylamino-2-propylbenzoats (Cyclain) und anderer Lokalanästhetica auf das Herz–Kreislauf- und Atmungssystem beim Hund.* Verglichen wurden *Cyclain* (*1-Cyclohexylaminoisopropylbenzoat* = *Hexylcain*; I), *Neothesin* (*Benzoyl-γ-[2-methylpiperidino]-propanol,* „*Metycain*"; II), *Butacain* (*p-Aminobenzoesäureester des γ-N-Dibutylaminopropanols,* „*Butyn*"; III), *Tetracain* (*p-N-Butylaminobenzoesäureester des β-N-Dimethylaminoäthanols,* „*Pontocain*"; IV), *Dibucain* (*β-Diäthylaminoäthylamid der 2-Butoxycinchoninsäure,* „*Nupercain*"; V), ferner *Procain* (VI) u. *Cocain* (VII). Bei intravenöser Gabe von 4—5 mg/kg an nicht narkotisierte Hunde haben I u. VI nur flüchtige Wrkg. auf Blutdruck, Herzfrequenz u. Atmung, dagegen senken 1—5 mg/kg II, III u. VII erheblich den Blutdruck, IV verursacht Atemstörungen u. V Herzflimmern u. Tod. Die beobachteten elektrokardiograph. Veränderungen sind dosisabhängig. Als günstigste Verbb. zeigten sich I u. VI, die in Narkose noch in Dosen, welche bei den übrigen Verbb. schon zu gefährlich sind, ohne wesentlichen Einfl. auf Atmung u. Kreislauf gegeben werden können. Wegen der verschied. Toxizität bei verschied. Tierarten (Hund u. Kaninchen) wird vor der Anwendung entsprechender Dosen beim Menschen gewarnt. (J. Pharmacol. exp. Therapeut. **106.** 37—48. Sept. 1952. West Point, Pa., Sharp and Dohme Inc., Res. Div., Pharmacol. Sect.) DAUTZENBERG. 4621

Austin H. Kutscher und **Neal W. Chilton,** *Analgetische Wirkung eines sublingual verabreichten Saccharin–Aspirin-Gemisches.* Mit der Meth. von HARDY, WOLFF u. GOODELL (J. clin. Invest. **19.** [1940.] 659; Hitzeeinw.) wurde die analget. Wrkg. eines sublingual applizierten *Saccharin–Aspirin-Gemisches* (*Theryl*; CHURCH PHARMACEUTICAL CORP., Chicago) nachgeprüft. Obwohl diese Prüfung nur eine geringe Erhöhung der Schmerzschwelle durch das Präp. ergab, ist die schon seit längerer Zeit bekannte klin. Wrkg. sehr gut. (J. Amer. Dental Assoc. **45.** 176—78. Aug. 1952. New York, Columbia. Univ., Fac. of Med., School of Dental and Oral Surgery, H. and H. Posner Res. Labor.) KLESSE. 4621

I. Hatzmann, R. Neuhold und **W. von Rittner,** *Exfoliative Dermatitis nach Hydantointherapie.* Bericht eines tödlich verlaufenen Falles von generalisierter exfoliativer Dermatitis nach Epilepsiebehandlung mit Hydantoinverbb. (I). Neben der genauen Beschreibung der klin. u. patholog.-anatom. Befunde werden die Ursachen diskutiert. Nach Behandlung mit I können als Komplikationen Magen–Darm-Erscheinungen, Leberschädigungen, Störungen der blutbereitenden Organe, nervöse u. psychot. Veränderungen auftreten. In den meisten Fällen lassen sich alle Erscheinungen durch Herabsetzung der Dosis oder durch vorübergehende Unterbrechung der Behandlung beheben. Die meisten Autoren halten I nicht für tox. u. erklären die teilweise bedrohlichen Symptome als Ausdruck einer allerg. Rk.; Vff. fordern daher einschleichende Dosierung u. besondere Vorsicht bei Patienten, die zu Exanthemen neigen. (Ann. paediatrici [Basel] **179.** 305—16. Nov. 1952. Wien, Kinderklinik, u. Patholog.-anatom. Inst.) L. BERGER. 4621

M. G. Peterman, *Die Behandlung von Krämpfen bei Kindern.* Vf. gibt nach einem histor. Rückblick genaue Anweisungen zur Behandlung kindlicher Krampfzustände. Für bes. wichtig hält er exakte Diagnostik, der die entsprechende Therapie zu folgen hat. Für petit mal-Anfälle ist am besten *Trimethadion,* allerdings sind wegen der tox. Wrkg. auf das Knochenmark laufende Blutbildkontrollen erforderlich. Für große Anfälle der genuinen Epilepsie empfiehlt Vf. als wirksamstes Mittel mit den geringsten tox. Wirkungen das *Phenobarbital.* Seine sedierende Wrkg. entfällt bei Anwendung von *Gemonil* (*5.5-Dimethyl-1-methylbarbitursäure*). Die Hydantoinverbb. lehnt Vf. ab, da die gegebenenfalls tox. Erscheinungen nicht zu verantworten sind. Im Status epilepticus empfiehlt Vf. folgende Therapiereihe bis zum Wirkungseintritt: *Phenobarbital* subcutan oder intravenös, *Magnesiumsulfat*-Lsg., *Paraldehyd, Chloroform*-Narkose. Zahlreiche Tabellen erleichtern die Übersicht über die Vielfalt von Diagnose u. Therapie. (A. M. A. Amer. J. Diseases Children **84.** 409—15. Okt. 1952. Milwaukee, Wis.) L. BERGER. 4621

Per Garsten und **Lars Göthman,** *Dekamethoniumjodid als Muskelrelaxans bei Anästhesien.* Es werden 316 Anästhesien mit Narcotal + Lachgas + *Dekamethoniumjodid*

(I) beschrieben u. diskutiert. I erwies sich als ausgezeichnetes Muskelrelaxans, das dem Curare nicht nachsteht. (Nordisk Med. **47**. 476—79. 10/4. 1952. Falun, Lazarett.) BECKMANN. 4628

Manuel M. Album, *Die Verwendung von Mephenesin bei der Zahnbehandlung von Patienten mit cerebralen Lähmungen.* (Vorl. Mitt.) Bericht über gute Erfahrungen (35 Fälle) mit dem sedativartig wirkenden Präp. *Mephenesin* (*Tolserol, Myanesin; α.β-Dioxy-γ-[2-methylphenoxy]-propan*; E. R. SQUIBB & SONS, PHARMACEUTICAL CO., New York) zur Ruhigstellung von Patienten mit Tremor, Ataxie, Athetose, spast. Starre u. anderen neuromuskulären Störungen (hauptsächlich während einer zahnärztlichen Behandlung). Dosierung 50—100 cm^3 einer 2%ig. Lsg. intravenös oder 1—6 g in Tabletten oder Kapseln bzw. 1 Teelöffel einer 10%ig. Mixtur je 50 lbs. Körpergewicht, entsprechend 0,5 g/50 lbs. — Tabelle u. Beschreibung von 2 Fällen. (J. Amer. Dental Assoc. **45**. 165—70. Aug. 1952. Philadelphia, Pa., Soc. for Crippled Children and Adults, Dental Service.) KLESSE. 4628

Herbert Moser, *Curareüberempfindlichkeit und Recuraresierung.* Kurzer Bericht über einen Fall von *Curare*-Überempfindlichkeit bei Thymuscarcinom mit verdeckter Myasthenie u. über einen Selbstvers. mit *Curare*, bei dem es nach *Prostigmin* zunächst zur sofortigen Decuraresierung kam, jedoch anschließend wiederholt zu kurzdauernden Zuständen einer Recuraresierung. (Wiener med. Wschr. **102**. 999—1000. 13/12. 1952. Graz, Univ., Chirurg. Klinik.) DAUTZENBERG. 4628

Paul E. Moore, Alfred W. Richardson und **Harold D. Green,** *Einfluß eines neuen Dibenzazepinderivates, Ro 2–3248, 6-Allyl-6.7-dihydro-5H-dibenz-*[c; e]*-azepinphosphat, auf die Durchblutung, den peripheren Widerstand und die Wirkung von Epinephrininjektionen an der innervierten hinteren Hundeextremität.* Ein neues Adrenolyticum, *Ro 2–3248, 6-Allyl-6.7-dihydro-5H-dibenz-*[c; e]*-azepinphosphat* (*N-Allyl-1.2-dihydro-7H-dibenz-*[c : e]*-azepinphosphat*; I) wurde an der innervierten hinteren Extremität von Hunden untersucht. Intraarterielle Injektion (0,3—10 mg) verursacht sofort eine anhaltende Vasodilatation. Während *Epinephrin* (II) allein (1 mg intraarteriell) nur vasoconstriktor. wirkt, wird seine Wrkg. durch Vorbehandlung mit 1 mg/kg I umgekehrt (Vasodilatation). Diese Umkehrwrkg. hält 1—5½ Std. an, der n. Vasoconstriktionseffekt von II wird noch länger verhindert. Bei intravenöser Gabe von I trat anhaltende Blutdrucksenkung u. Umkehr des II-Effektes für ca. 45 Min. ein. Bei der Dosis I, die die Wrkg. von 1 mg II umkehrt, wird auch noch bei 60 mg II der Umkehreffekt beobachtet. Durch Steigerung der Dosis von I wird die Vasodilatation nach II nicht vergrößert. Bzgl. der II-Umkehr ist I etwa gleich wirksam wie *Priscolin*, u. $^1/_6$ so wirksam wie *Regitin*, jedoch hält die Wrkg. bei I länger an. Schädigungen oder Tachyphylaxie wurden nicht beobachtet. (J. Pharmacol. exp. Therapeut. **106**. 14—23. Sept. 1952. Winston-Salem, N. C., Wake Forest Coll., Bowman Gray School of Med., Dep. of Physiol. and Pharmacol.) DAUTZENBERG. 4630

D. Je. Dshemss-Lewi, *Citrin bei der Hypertonie.* Das nach einer neuen Meth. hergestellte *Citrin* (I) wurde in Dosen von 0,03—0,1 g 3mal täglich, meist zusammen mit *Ascorbinsäure* (0,1—0,2 g täglich), monatelang verabreicht (zu 10—15 Tagen mit anschließenden Pausen von 7—10 Tagen). Bei 29 von 49 Patienten mit Hochdruck wurde eine deutliche Senkung der maximalen u. minimalen Drucke (um 40—80 bzw. 10 bis 30 mm Hg) sowie Besserung des Allgemeinbefindens festgestellt. Bei 11 Patienten war die Wrkg. nur gering, in 9 Fällen überhaupt nicht vorhanden. (Клиническая Медицина [Klin. Med.] **31** (**34**). Nr. 1. 82—83. Jan. 1953. Schtschelkowsk, Krankenhaus, Therapeut. Abt.) RENTZ. 4630

Je. W. Stupina, *Anwendung von Dibazol bei der Hypertoniekrankheit. Dibazol*, ein sowjet. Antihypertonicum (chem. Formel nicht angegeben), zeigte an 46 Patienten in verschied. Stadien der Hypertonie sowohl im akuten (2 ml 1%ig. subcutan oder 0,05 g per os), als auch im chron. Vers. (0,03 g 3mal täglich für 2—3 Wochen) eine deutliche hypotensive Wrkg., vor allem im 1. u. 2. Stadium, bes. hinsichtlich des maximalen Druckes, sowie eine Besserung des Allgemeinbefindens. Geringer war der Einfl. auf den venösen Druck u. die Strömungsgeschwindigkeit des Blutes. (Клиническая Медицина [Klin. Med.] **31** (**34**). Nr. 1. 47—50. Jan. 1953. Jaroslawl, Med. Inst., Propädeut. Klinik für innere Krankh.) RENTZ. 4630

A. N. Silowa und **L. K. Lakschina,** *Die Anwendung von Dicumarin bei Myocardinfarkten und Thrombosen der peripheren Gefäße.* 46 Patienten mit Myocardinfarkt, Coronarsklerose bzw. Thrombophlebitiden erhielten 2—5 Tage lang 3mal täglich je 0,1—0,3 g *Dicumarin* (I) sowjet. Herkunft (insgesamt 0,2—6,0 g in der Mehrzahl 2,0—3,0 g). Die Verträglichkeit von I war gut, Komplikationen wurden nicht gesehen.

Der Prothrombin (II)-Geh. ist am geringsten 24 Std. nach Aufhören der I-Verabreichung; nach 48 Std. erreicht er sein früheres Niveau, nach 72 Std. zeigt sich eine Erhöhung des II-Spiegels. Rückkehr zur Norm nach 6—7 Tagen. Das Verschwinden der Schmerzen bei einigen Patienten wird durch die spasmolyt. Wrkg. von I erklärt. Der Grad der Veränderungen des II-Spiegels hängt nicht nur von der I-Dosis, sondern auch von der individuellen Empfindlichkeit des Organismus gegenüber I ab. (Клиническая Медицина [Klin. Med.] **31** (**34**). Nr. 1. 42—47. Jan. 1953. Moskau, 1. Med. Inst., Lehrstuhl für hospit. Therapie.) RENTZ. 4630

A. H. Palmrich, *Phonokardiogramme einer mit Pervitin behandelten fetalen Arrhythmie.* Bericht über eine fetale Arrhythmie, die phonokardiograph. diagnostiziert wurde u. nach *Pervitin*-Gabe verschwand. (Z. Geburtshilfe Gynäkol. **138.** 307—10. 1953. Wien, Univ., I. Frauenklinik.) REICHLE. 4630

Jorge Zapata-Díaz, Enrique Cabrera und **Rafael Méndez,** *Eine experimentelle und klinische Untersuchung der Wirkung von Procainamid (Pronestyl) auf das Herz.* Aus experimentellen Unterss. an n. u. digitalisierten Hunden u. aus klin. Feststellungen an 37 Patienten mit verschied. Herzschäden folgern Vff., daß *Procainamid* (I; *Pronestyl*) bes. wirksam bei auriculären Störungen ist, wo es aber erst angewendet werden soll, wenn Acetylcholin versagt. I ist außerdem das Mittel der Wahl bei ventriculären Arrhythmien. In Fällen von auriculärem Flattern u. durch Digitalisüberdosierung hervorgerufenen Arrhythmien darf I wegen der Gefahr von Komplikationen jedoch nicht gegeben werden. (Amer. Heart J. **43.** 854—70. Juni 1952. Mexico City, Mex., Inst. nac. de Cardiol. de Mex.) KRUSEN. 4630

Eli Antzis, James J. Dunn und **Anthony J. Schilero,** *Pronestyl (Procainamid)-Therapie bei paroxysmaler ventrikulärer Tachycardie.* In einem Fall, der den üblichen Behandlungsmethoden widerstand, wurde durch *Pronestyl* (I; *Procainamidhydrochlorid*) in Mengen von 300—500 mg intravenös in kurzer Zeit Senkung des Herzschlagtempos erzielt. Längere Verabreichung von täglich 3—4,5 g zur Unterdrückung weiterer Tachycardien führte zu Agranulocytose u. Purpura. (Amer. Heart J. **43.** 911—17. Juni 1952. New York, N. Y., Goldwater Mem. Hosp.) KRUSEN. 4630

Martin Menzel, *Erfahrungen und Indikation bei der Herzbehandlung mit Crataegutt.* Intensivierung der Glykosidwrkg. von Strophanthin oder Digitalis durch Kombination mit *Crataegus* (*Crataegutt*); Herabsetzung der Erhaltungsdosis auf $^1/_2$ oder $^1/_3$ möglich. Bei der oft glykosidempfindlichen trockenen Herzinsuffizienz gute Erfolge mit Crataegus. (Med. Klin. **48.** 111—12. 23/1. 1953. Hamburg.) KERSTEIN. 4630

D. R. Wood, *Die hemmende Wirkung von Urogastron bei verschieden starker Magensekretion.* Verabfolgung von *Urogastron* an anästhetisierte Katzen bzw. an den Hund hemmte die Magensaftsekretion. Bei vergleichsweise hoher Sekretion trat diese Wrkg. etwas schwächer in Erscheinung. (J. Physiology **114.** 8 P—9 P. 29/6. 1951. Sheffield, Univ., Dep. of Pharmacol. and Therap.) LOCH. 4645

Jean Carle, *Die keratolytische Wirkung des aktivierten Papains im Nematolyt, einem neuen Anthelminthicum.* Ausführliche Besprechung von Nematolyt, das durch *Cystein* aktiviertes *Papain* (I) enthält. Angaben über seine in vitro- u. in vivo-Wrkg. gegen Ascariden, die größer ist als die von I allein. (France-Pharmacie **6.** 7—13. Jan. 1953.) KRUSEN. 4649

H. J. Mehls, *Über die Verwendung proteolytischer Fermente zur Bekämpfung der Nematoden der Haustiere.* Vf. weist ergänzend zu der gleichnamigen Arbeit von LIEBMANN (C. **1953.** 4239) auf das Präp. *Nematolyt* (MACK, Illertissen) hin, mit dem in der Wurmbekämpfung bereits beste Erfolge ohne Nebenerscheinungen erzielt wurden. (Berliner Münchener tierärztl. Wschr. **66.** 157—58. 15/5. 1953. München.) KRUSEN. 4649

F. D. Enzie, A. O. Foster, L. R. Sinclair und **M. L. Colglazier,** *Versuche mit Diphenthane-70 beim Schafbandwurm, Moniezia expansa.* Die Verss. mit *Diphenthane-70, Bis-[5-chlor-2-oxyphenyl]-methan* (I), an mit *Moniezia expansa* infizierten Schafen ergaben, daß bei einer Dosierung von 0,217—0,263 g/lb. keine vollständige Entfernung der Würmer eintritt. Eine höhere Dosierung war wirksamer, erwies sich aber bereits als toxisch. I wird deshalb als nicht so zuverlässig wie andere Wurmmittel angesehen. (J. Amer. veterin. med. Assoc. **122.** 29—30. Jan. 1953. Beltsville, Md.) R. KÖNIG. 4649

Wilhelm Kessler, *Cariesprophylaxe durch Fluor.* Allg. Überblick. (Zahnärztl. Rdsch. **62.** 237—39. 5/5. 1953. Marburg/Lahn.) KLESSE. 4655

Joseph C. Muhler, William H. Nebergall und **Harry G. Day,** *Vergleich der carieshemmenden Wirkung von Zinnfluorid- und Natriumfluoridlösungen bei der Ratte.* An Ratten, die SnF_2 bzw. NaF im Trinkwasser (9—10 p.p.m.) erhalten hatten, wurde die carieshemmende Wrkg. dieser beiden F-haltigen Lsgg. vergleichend geprüft. SnF_2 hat größere Wrkg. als NaF, wobei frisch hergestellte SnF_2-Lsgg. ihrerseits größeren Einfl. hatten als mehrere Tage alte Lsgg. (vgl. auch C. **1953**. 4904). Die Anreicherung von F in den Knochen war dem Grad der Carieshemmung nicht proportional. (J. Amer. Dental Assoc. **46**. 290—95. März 1953. Bloomington, Ind., Indiana Univ., Dep. of Chem.) KLESSE. 4655

E.-A. Boltes, *Untersuchungen über Zahnschutzhärtung unter besonderer Berücksichtigung des Cariesprophylakticums „Ordinal“.* Verss. an 100 Kindern mit dem lokal anzuwendenden Cariesprophylakticum *Ordinal* (2% *NaF*-Lsg., p_H 7,3—7,5 + *Harnstoff*; KRIPKE, DR. SPEYER & CO., Hamburg) ergaben nach ½ Jahr Beobachtungszeit nur 3,1% mehr neue cariöse Stellen gegenüber 6,5% bei unbehandelten Kontrollen; nach 1 Jahr 3,4% gegenüber 7,1%. Zur Erzielung gleicher (oder besserer) Werte sind jedoch nach Vf. F-Zusatz zum Trinkwasser oder Verabreichung von Fluor–Kalk-Tabletten, schon aus Rentabilitätsgründen, vorzuziehen. (Dtsch. Zahnärztebl. **7**. 244—49. 22/4. 1953. Bonn. Univ., Klinik u. Poliklinik für Mund-, Zahn- u. Kieferkrankheiten.) KLESSE. 4655

R. R. Hawes und **B. G. Bibby,** *Bewertung eines Carbamid und Urease enthaltenden Zahnpflegemittels.* Die Hemmwrkg. gegenüber Lactobacillen im Speichel u. die carieshemmende Wrkg. eines *Harnstoff* (I) u. *Urease* (II) enthaltenden Zahnpulvers wurde in vitro u. an 372 Kindern in vivo ein Jahr lang geprüft. Zusatz von II sollte eine kontinuierliche Freisetzung von NH_4-Ionen während der Zers. von II zu $(NH_4)_2CO_3$ gewährleisten. Vff. fanden sowohl in ihren bakteriol. wie in den klin. Unterss. die Befunde von JENKINS u. WRIGHT (C. **1951**. II. 80), nach denen dem NH_4^+ keine spezif. Wrkg. zukommt, bestätigt. (J. Amer. Dental Assoc. **46**. 280—86. März 1953. Randolph Air Force Base of Texas, u. Rochester, N. Y., Eastman Dental Dispensory.) KLESSE. 4655

H.-G. Eulig und **H. Bernhardt,** *Die Reaktion verschiedener Gewebe auf implantiertes Palavit, Paladon und Guttapercha.* Histolog. Unterss. von Geweben (Subcutis u. Muskulatur von Mäusen), in die *Palavit* (I), *Paladon* (II) u. *Guttapercha* (III) implantiert worden waren, zeigten nach verschieden langen Beobachtungszeiten (3—135 Tage) völlig reaktionslose Einheilung von III, während I u. II als sogenannte „akt. Fremdkörper“ Entzündungen hervorrufen u. erst viel später als III einheilen. In die Subcutis eingebrachtes fl. I verursacht wegen seines großen Monomeranteils sehr starke Entzündungserscheinungen. (Dtsch. Zahnärztebl. **7**. 227—29. 22/4. 1953. Marburg/Lahn, Univ., Zahnärztl. Inst.) KLESSE. 4655

H. Gross, *Emphysem nach Wundbehandlung mit Wasserstoffsuperoxydlösung.* In 2 Fällen von kieferchirurg. Eingriffen entstanden nach Wundbehandlung mit H_2O_2 (im 1. Fall 3%ig, im 2. versehentlich 30%ig.) interstitielle Emphyseme, die sich nach 24 Std. ohne weitere Therapie zurückbildeten. Es soll deshalb in solchen Fällen höchstens 1—2%ig. H_2O_2 verwendet werden. (Zahnärztl. Rdsch. **62**. 116—17. 5/3. 1953. Köln.) KRUSEN. 4660

Irwin L. Lubowe, *Moderne Behandlung der Akne vulgaris.* Bericht über alle bisher bekannten Ursachen u. Behandlungsmethoden der Akne vulgaris mit krit. Wertung der Hormontherapie, der Diätvorschriften u. der Röntgenbestrahlung. Verschied. Rezepte für die Lokalbehandlung werden angegeben. (Clinical Med. **59**. 354—61. Aug. 1952. New York.) L. BERGER. 4661

Georges Dumont, *Behandlung der trockenen Haut.* Die bes. bei Sexualhormoninsuffizienz gelegentlich zu beobachtende Austrocknung der Haut kann günstig durch Anwendung *Cholesterin*-haltiger Cremes beeinflußt werden. (Riv. ital. Essenze, Profumi, Piante officin., Olii veget., Saponi **34**. 222—23. 15/5. 1952.) P. G. SCHEURLEN. 4661

Abdel-Moneim El-Mofty, *Weitere Untersuchungen über die Behandlung der Leukodermie mit Ammi majus L.* In umfangreichem klin. Material erwies sich Ammi majus L. als spezif. wirksam gegen Leukodermie. Die bei Verwendung der Droge beobachteten schädlichen Wirkungen treten bei Benutzung der hieraus isolierten Wirkstoffe *Ammoidin* ($C_{12}H_8O_4$; F. 148°; ident. mit *Xanthotoxin*), *Ammidin* ($C_{16}H_{14}O_4$; F. 102°; ident. mit *Imperatorin*) u. *Majudin* ($C_{12}H_8O_4$; F. 189°; ident. mit *Bergapten*) in geeigneter Dosierung nicht auf. (J. Roy. Egypt. med. Assoc. **35**. 1—28. 1952. Cairo, Kasr-El-Aini-Fak. of Med.) V. GIZYCKI. 4661

Th. Hockerts, *Die Behandlung des kindlichen Rheumatismus mit Irgapyrin.* Vf. behandelte 40 Kinder mit akuter Polyarthritis mit *Irgapyrin* (I). I vermag die rheumat. Carditis zu verhüten, schützt jedoch nicht vor Rezidiven. Vf. empfiehlt daher eine Kombinationsbehandlung von *Penicillin* (II) u. I, die den Fieberablauf u. die Blutsenkungsgeschwindigkeit günstiger beeinflußt als I allein. Auch Herdsanierung soll unter I/II-Schutz erfolgen. Verabfolgt werden Kuren von je 6 Einzelinjektionen, nach jeder

Kur wird ein Intervall von 6—8 Tagen eingeschoben. 3—4 cm^3 I werden ohne Nebenwirkungen vertragen. (Dtsch. med. Wschr. **78.** 669—70. 1/5. 1953. Würzburg, Univ., Kinderklinik.) K. BÖHM. 4670

C. A. Lathrop und **W. T. Carlisle,** *Orale Anwendung von Toluidinblau in der Behandlung der Hypermenorrhöe.* Behandlung von 63 Patientinnen mit Hypermenorrhöe mit 3 mal täglich 100 mg *Toluidinblau* (I), das Antiheparinwrkg. zeigt, während der Blutungsdauer (ca. 3 Perioden lang) hatte bei 43 gute, bei 15 mäßige Ergebnisse zur Folge. Die Zahl der in der Literatur beschriebenen guten Resultate mit I-Therapie ist wahrscheinlich, infolge verschied. Nebenumstände, als zu hoch anzusehen. (Amer. J. Obstetr. Gynecol. **64.** 1376—77. Dez. 1952. Chicago, Ill.) K. MAIER. 4670

Jean Albert-Weil, *Die Therapie mit Zuckern, besonders mit Fructose und Aktivatoren und Unterstützern des Kohlenhydratstoffwechsels in der Neurologie, in der Neuropsychiatrie und in einigen anderen Gebieten der Medizin und Chirurgie.* Auf Grund physiol.-chem. Überlegungen u. eigener Erfahrungen empfielt Vf., in Fällen von Gehirnschlagfolgen, AVELLIS-Syndrom, Facialneuralgien u. -paralysien, Neuritiden, nach Operationen u. Pilzvergiftungen u. bei Lungentuberkulose Verss. mit Zuckertherapie zu unternehmen. Es sollen *Fructose* intravenös, *Glucose* peroral u. außerdem *Vitamine* B_1 u. B_2, *Panthotenol, Adenosintriphosphorsäure* u. *Aminosäuren* verabreicht werden. (Bull. Acad. nat. Méd. **136.** [3] **116.** 361—64. 10/6. 1952.) KRUSEN. 4670

Philip M. A. Harwood, *Vergiftung bei Milchvieh durch gebräuchliche Chemikalien.* Bericht über je 2 Fälle von tödlicher $NaClO_3$- u. *NaF*-Vergiftung bei Milchkühen. (Veterin. Rec. **65.** 291—92. 9/5. 1953. Herne/Bay.) KRUSEN. 4675

M. Gaultier und **R. Le Breton,** *Über eine Vergiftung mit Alkalicyanid.* Es wird über einen Fall von KCN-Vergiftung berichtet, bei dem ungewöhnliche klin. Erscheinungen beobachtet wurden. Statt zu rasch einsetzenden akuten Erscheinungen kam es zu Muskelzuckungen, unregelmäßiger Atmung u. Temperatursenkung u. erst 3 Std. später zum Exitus. Vermutlich wurde das Gift nur langsam resorbiert. (Ann. Méd. légale Criminol, **32.** 385—86. Dez. 1952.) FAHRNLAENDER. 4675

Margarete Gattner, *Medikamentöse Arsenvergiftungen mit Fowlerscher Lösung.* Bericht über 5 Fälle von chron. *As*-Intoxikationen nach Medikation von FOWLERscher Lsg. in unterschiedlichen, jedoch kleinen Dosen. Zur Therapie werden BAL (Dimercaptopropanol) u. $Na_2S_2O_3$ sowie die Vitamine C, E u. B-Komplex empfohlen. (Z. ges. inn. Med. Grenzgebiete **8.** 233—36. 1/3. 1953. Halle/Saale, Univ., I. Med. Klinik.) KRUSEN. 4675

S. Tara, A. Cavigneaux und **Y. Delplace,** *Über Bleivergiftung durch Salat.* Vff. beschreiben eine Pb-Vergiftung bei 2 Patienten, die durch Genuß von Salat, der mit Pb-haltigem Weinessig (25 mg Pb/Liter) angerichtet wurde, eingetreten ist. (Ann. Méd. légale Criminol. **33.** 63—66. Jan./März 1953. Paris, Centre Rég. des Maladies, Profess. de la Sécurité Soc.) FAHRNLAENDER. 4675

W. Van Hecke und **A. Steyaert,** *Untersuchung einer kriminellen Leuchtgasvergiftung.* Vff. beschreiben einen *Leuchtgas*-Vergiftungsfall krimineller Art, der bei einem 39 jährigen, der Trunksucht ergebenen Mann aufgetreten ist. Die gerichtsmedizin. Unters. ergibt Lebercirrhose u. fettige Degeneration der Leberzellen, sowie einen Geh. von über 60% *CO* im Blut. Gleichzeitig wird A. in Mengen von 1,325 g-‰ im Blut, 2,75 g-‰ im Urin u. 1,70 g-‰ in der Galle gefunden. Es wird die Zeit von 1 Std. u. 50 Min. errechnet, bis der Tod durch die Gasvergiftung eingetreten ist. (Ann. Méd. légale Criminol. **33.** 26—30. Jan./März 1953. Gent, Univ., Labors. de Méd. légale et Chim. technol.) FAHRNLAENDER. 4675

Simonin, Métais und **Weil,** *Spektrophotometrische Diagnostik der Barbitursäurevergiftung.* Zur toxikolog. Best. von *Barbituraten,* die im Blut nach Deproteinisierung mit den Rkk. von PARRI sowie von DENIGÈS nicht mehr nachweisbar sind, wird das Filtrat, das man nach Behandlung des Blutes mit Phosphorwolframsäure erhält, mit Chlf. extrahiert u. hieraus in 0,05%ig. NaOH übergeführt. Darauf wird die Extinktion bei 239 mμ in alkal. Lsg. (p_H 9—10,5) u. in saurer Lsg. (p_H 2,0) gemessen. Die Differenz dient zur Berechnung der Barbituratkonzentration. In einem näher beschriebenen Fall mit tödlichem Ausgang betrug diese 3,6 mg/100 cm^3 Blut. (Ann. Méd. légale Criminol. **32.** 372—80. Dez. 1952.) FAHRNLAENDER. 4675

L. Dérobert, Le Breton und **R. Martin,** *Neue Beobachtungen über Nicotinvergiftung.* Vf. berichten über eine tödliche *Nicotinvergiftung* bei einem 42 jährigen Mann, der durch einen Irrtum ein nicotinhaltiges Insekticid zu sich genommen hat. An den inneren Organen werden starke patholog. Veränderungen festgestellt (Leberschwellung, zum Teil Lungenödem, Zerstörung des Nierengewebes). Der Nachw. des Nicotins geschieht mittels der strahlenförmigen Papierchromatographie, bei der nach Entw. des Chromatogramms in DRAGENDORFFschem Reagens ein bogenförmiger Fleck erzeugt wird. (Ann. Méd. légale Criminol, **32.** 381—84. Dez. 1952.) FAHRNLAENDER. 4675

W. Van Hecke und **M. J. Hans-Berteau,** *Gerichtlich-medizinische und toxikologische Untersuchung zweier Vergiftungsfälle mit Strychnin.* Vff. beschreiben 2 kriminelle Vergiftungen mit *Strychnin* (I) bei männlichen Personen. Es werden die für I typ. Krampfanfälle vor Eintritt des Todes hervorgehoben. Die aufgenommenen Mengen I betragen 75 mg bzw. 100 mg (als Nitrat bzw. Sulfat). Die Leichenobduktion ergibt keine wesentliche patholog. Veränderung der inneren Organe, u. das Gift wird nur mittels biol. Testmethoden am Froschmuskel nachgewiesen, da auch die chem. Rkk. wegen der geringen I-Mengen nicht eindeutig sind; so werden in einem Falle 260 γ I in 450 g Eingeweide gefunden. (Ann. Méd. légale Criminol. **33.** 31—41. Jan./März 1953. Brüssel, Univ., Labor. de Pharmacodynamie, u. Gent, Univ., Labor. de Méd. légale.) FAHRNLAENDER. 4675

Charles J. Chance und **Lawrence F. Miller,** *Probeentnahme von Fischen mit Rotenon in TVA-Reservoirs.* Zu Unterss. über die Population des Fischbestandes in TVA-Reservoiren wird Derriswurzelpulver mit einem Geh. von 5% *Rotenon* in einer Konz. von 1,1 p.p.m. angewendet. (J. Tennessee Acad. Sci. **27.** 214—22. Juli 1952. Norris, Tenn., Decatur, Ala., Tennessee Valley Authority.) KRUSEN. 4675

J. R. Rüttner und **W. Willy,** *Die Gewebsreaktion auf Aluminium im Peritonealtest.* Zur Prüfung der Toxizität von Al-Staub, dessen Inhalation sogar zur Verhütung der Silicose empfohlen wurde (vgl. DENNY, ROBSON u. IRWIN, Canad. med. Assoc. J. **37.** [1937.]; **40.** [1939.]), wurden 2 Proben (A: teils kugelig, teils unregelmäßig, Durchmesser gleich oder $< 3\ \mu$; B: dünne Blättchen mit Stearatschicht überzogen) in 1%ig. Aufschlämmung Mäusen intraperitoneal injiziert. Beide Proben riefen bei den Tieren fibroplast. Wrkg. hervor u. sind deshalb als pathogene Staubarten zu betrachten. (Schweiz. Z. allg. Pathol. Bakteriol. **16.** 216—21. 1953. Zürich, ETH, Histo-Patholog. Inst. u. Mineral.-Petrograph. Inst.) FAHRNLAENDER. 4681

Manuel Garcia Avila und **Rafael Penalver Ballina,** *Manganvergiftung in den Minen von Cuba. Vorläufiger Bericht.* 25 Arbeiter aus den Minen von Cuba zeigten eine Mn-Vergiftung mit Geh- u. Sprachstörungen. Eine wirksame Therapie wurde bisher noch nicht gefunden. Verss. mit *BAL* (*Dimercaprol*) u. *Artane* sind noch im Gange. (Ind. Med. Surgery **22.** 220—21. Mai 1953. Habana, Cuba, Inst. de Reeducación de Inválidos del Trabajo.) R. KÖNIG. 4681

H. Steim und **L. Weissbecker,** *Symptomatische Perniciosa bei chronischer Chromvergiftung.* Bei einem in einer Chromgerberei beschäftigten Arbeiter wurde neben Schleimhautschäden in Mund u. Speiseröhre das Bild einer perniciösen Anämie beobachtet, die jedoch gegenüber Vitamin B_{12}- u. Folsäuretherapie refraktär blieb. Heilung erfolgte durch laufende Bluttransfusionen. Vor der Heilung war der Cr-Geh. der Speichelasche 0,89%, danach 0,08%. — 16 Literaturangaben. (Zbl. Arbeitsmed. Arbeitsschutz **3.** 42—43. März 1953. Freiburg/Br., Univ., Med. Klinik.) KRUSEN. 4681

W. Massmann, *Beitrag zur gewerblichen Arsenwasserstoffvergiftung.* Vf. beschreibt die chem. Eigg. u. die Möglichkeiten der Bldg. von AsH_3 (I) in gewerblichen Betrieben u. führt an, daß I bes. auf die Erythrocyten tox. einwirkt, indem sie infolge Oxydation des I u. H_2O_2-Bldg. hämolysiert werden. Weitere Erscheinungen der I-Vergiftung sind Nierenschädigungen, Mattigkeit, Erbrechen, Leberschmerzen, in schweren Fällen Krämpfe u. Koma. (Dtsch. Gesundheitswes. **8.** 690—91. 4/6. 1953. Berlin-Lichtenberg, Zentralinst. für Sozial- u. Gewerbehygiene.) FAHRNLAENDER. 4681

Elmar R. Ballof, *Erhebungen über den Gesundheitszustand von Arbeitern in Benzolfabriken.* In 7 *Benzol* (I)-Fabriken durchgeführte Luftanalysen ergaben je nach Ort der Messung 0,0—0,85 g I je m^3 Luft. Wenn Werte unter 0,1 g als ungefährlich u. über 0,5 g als giftig angenommen werden, so wurden in fast allen Fällen bedenkliche, in 3 Fällen sogar giftige I-Gehh. der Luft festgestellt. Unterss. an 36 Arbeitern aus I-Fabriken mit vollständiger Blutunters. sowie mit den Tests nach RÖTTER u. nach RUMPELL-LEEDE ergaben, daß trotz der meist nur geringfügigen Veränderungen mindestens bei 12 Fällen eine schädigende I-Einw. anzunehmen war. Als Schlußfolge fordert Vf. absol. Dichtigkeit aller App. u. Leitungen in I-Fabriken sowie laufende Unters. der Arbeiter u. prophylakt. Verabreichung von Vitamin C. — 20 Literaturangaben. (Zbl. Arbeitsmed. Arbeitsschutz **3.** 43—47. März 1953. Saarbrücken, Univ., Arbeitsmed. Inst.) KRUSEN. 4681

R. Piédelièvre und **L. Dérobert,** *Über eine selten werdende gewerbliche Vergiftung: Cannabismus.* Vff. beschreiben Vergiftungserscheinungen bei einem 39jährigen Arbeiter, der in einer Fabrik tätig gewesen ist, in der *Hanf*-Fasern gedreht u. Hanfreste verbrannt worden sind. Die Krankheitssymptome äußern sich in chron. Bronchitis, Somnolenz, gastr. Störungen, Fieber, Alpdrücken u. fortschreitender Abmagerung. Die Staubanalyse im Arbeitsraum ergibt Ca-Oxalatkristalle, Si-haltige Teilchen u. Hanfreste. Es wird angenommen, daß die Krankheitserscheinungen durch das im Hanf enthaltene Alkaloid *Cannabin* hervorgerufen werden. (Ann. Méd. légale Criminol. **33.** 23—25. Jan./März 1953.) FAHRNLAENDER. 4681

Jan Obrtel, *Topographie ekzematöser Kontaktdermatitiden.* Zur Erklärung der Pathogenese *ekzematöser Dermatitiden* (I), die durch allerg. Rkk. der Epidermis auf äußerlich wirkende Allergene hervorgerufen werden, ist deren Lokalisierung u. Aussehen wichtig. In der Arbeit werden eine Analyse der Topographie der **I** der am häufigsten vorkommenden Allergene (*Chemikalien, Pflanzenstoffe, tier. Stoffe, Mikroorganismen* u. ihre Stoffwechselprodd. u. *Stäube*) u. die Stellen ihres Auftretens im menschlichen Körper wiedergegeben. Eingehend behandelt werden **I**, hervorgerufen durch: *Gummi, Farbstoffe, Kunststoffe, Terpentin, Seife, As, HCHO, Hg, Persulfate, Ni, Heilmittel* u. *kosmet. Mittel.* (Českoslov. Dermatol. [J. Dermatol. Syphilol. Czechoslov.] **27.** 105—49. 30/6. 1952. Prag, Staatl. Gebietskrankenhaus.) ROTTER. 4681

Wolfgang Heubner, Genuß und Betäubung durch chemische Mittel. 2. Aufl. Wiesbaden: Verl. f. angewandte Wissenschaften. 1952. (38 S.) 8°. DM 4,80.

Jean-Claude Kalb, Streptomycine-dépendance du bacille de Koch et aggravations cliniques de l'infection tuberculeuse par la streptomycine. Lyon: Bosc frères. 1952. (96 S. m. Abb.) (Medicine, Lyon. 1952—1953. No. 4.)

F. Pharmazie. Desinfektion.

Theodor Boehm und **Gertraude Horsch,** *Weitere Vorschläge zum Nachtrag für das DAB 6.* Zur Aufnahme in einen Nachtrag zum DAB 6 werden vorgeschlagen: p-Aminosalicylsäure, p-aminosalicylsaures Na, Sulfanilharnstoff sowie ins Verzeichnis der Reagentien: KJO_3-Lösung. (Pharmaz. Zentralhalle Deutschland **92.** 128—32. April 1953. Leipzig, Univ., Pharmaz. Inst.) ULEX. 4750

R. Kress, *Die Infuse, Dekokte und Macerationen im DAB 7.* Gekürzte Wiedergabe der C. **1953.** 5382 referierten Arbeit. (Pharmaz. Zentralhalle Deutschland **92.** 51—53. Febr. 1953. Gotha.) SCHEIBE. 4750

Gisbert Kunert und **Rudolf Kress,** *Stärke- und Zuckerarten im DAB 7.* (Pharmaz. Zentralhalle Deutschland **92.** 45—51. Febr. 1953. Berlin, Dtsch. Arzneibuch-Kommission, Ausschuß für Drogen u. Gelanika. — C. **1953.** 5221.) SCHEIBE. 4750

R. Hegnauer, *Über den Einfluß äußerer Faktoren auf den Gehalt von Heilpflanzen an wirksamen Bestandteilen.* 5. Mitt. *Über die Schwankungen des täglichen Gehaltes von Pflanzen an flüchtigen Ölen.* (4. vgl. C. **1953.** 7140.) Die spärlichen Unterss. über die Schwankungen des täglichen Geh. von Pflanzen an äther. Ölen zeigen einander widersprechende Ergebnisse. Die Hauptursachen für die Schwankungen dürften auf Verdampfung u. Verharzung beruhen. (Pharmac. Weekbl. **88.** 137—43. 28/2. 1953. Leiden, Rijksuniv., Pharmac. Labor.) WESLY. 4782

Olle Olsson, *Die Verteilung des Alkaloidgehalts in verschiedenen Alkaloiddrogen.* Vf. fand im Stengel von *Atropa Belladonna* ein Abnehmen (0,47—0,13%) des Alkaloid(**I**)-Geh. von der Spitze zur Basis von 0,1% in Abständen von 10—12 cm. Viel **I** (0,61%) wurde in den Blattstielen von *Datura Stramonium,* in einer 10—12 cm-Zone der Stengelspitzen (0,60%) u. der höchste Geh. (0,66%) in der Frucht gefunden. Die Blätter enthielten 0,34% **I.** Ähnliche Resultate wurden erhalten bei Blättern u. Stengelspitzen von *Hyoscyamus niger;* die Blattnerven enthielten hier am meisten **I** (0,15%). (Farmac. Revy **49.** 617—21. 11/11. 1950. Collect. pharmac. suecica **5.** 4 Seiten. 1950.) GEITZ. 4782

T. Hemberg und **Hans Flück,** *Die Tagesperiodizität des Alkaloidgehaltes und des Gehaltes an übrigen stickstoffhaltigen Stoffen bei Datura Stramonium L.* Die Unters. ergab, daß der absol. Alkaloidgeh. in den Blättern am frühen Morgen am höchsten ist, dann bis einige Std. nach Einbruch der Dunkelheit allmählich abnimmt u. in der Nacht wieder rasch ansteigt (Bezugsgröße: Rohfasermenge). In der Wurzel ist der Alkaloidgeh. nachmittags wesentlich größer als nachts. (Pharmac. Acta Helvetiae **28.** 74—85. 31/3. 1953. Beilage zu: Schweiz. Apotheker-Ztg. Zürich, ETH, Pharmaz. Inst., Pharmakogn. Abt.) BORSUTZKI. 4782

Willi Presting, *Über die Möglichkeiten einer Verwendung von Montansäure und Montanon für pharmazeutische und kosmetische Zwecke.* (Vgl. C. **1952.** 7597.) Aus dem Extraktbitumen der Braunkohle wird die *Montansäure* (**I**; im wesentlichen C_{28}-Säure), sowie das *Montanon* (II; $C_{27}H_{55}\cdot CO\cdot C_{27}H_{55}$) gewonnen. Kennzahlen: I: Mol.-Gew. (nach RAST) um 450, E. 81—82°, SZ. 118, VZ. 118—119, JZ. 2,5, weiß (gelbstichig), geruchlos, ohne Geschmack; II: Mol.-Gew. (RAST) im Mittel 780, E. 97°, SZ. 0, VZ. 0, JZ. 0, gelb, geruch- u. geschmacklos. (Pharmaz. Zentralhalle Deutschland **92**. 121—23. April 1953. Leipzig, Inst. für Organ.-Chem. Ind., Abt. Halle.) ULEX. 4786

A. Bolle und **A. Mirimanoff,** *Einfluß oberflächenaktiver Substanzen auf Adsorptionserscheinungen.* Im Hinblick auf pharmazeut. Zubereitungen, bes. deren Resorption, wird untersucht, welchen gegenseitigen Einfl. oberflächenakt. Substanzen [Neutralstoffe (I), Anionen (II), Kationen (III)], Adsorptionsmittel u. Arzneistoff haben. — Für orale Applikation eignen sich I, für cutane II u. für Antiseptica III. (Pharmac. Acta Helvetiae **28**. 66—73. 31/3. 1953. Beilage zu: Schweiz. Apotheker-Ztg.) BORSUTZKI. 4786

Abel de Oliveira, *Die Arzneiform „Elixir".* An Stelle der Vorschriften für „Elixir simples" (Elixirium aromaticum) der brasilian. Arzneibücher wird folgende neue Vorschrift vorgeschlagen: Vanillin 0,5 g, Spiritus Aurantii Florum 2 cm^3, Alkohol 150 cm^3, Glycerin 50 cm^3 Sirupus Aurantii 300 cm^3, Aqua communis ad 1000 cm^3. (Rev. brasil. Farmácia **31**. Nr. 9. 25—31. Sept. 1950.) LINDNER. 4790

S. Otolski, *Eiseninositphosphat als Grundprodukt für pharmazeutische Präparate. Sirupus Ferri — Natrii inositophosphorici-citrici.* Auf Grund früherer Arbeiten (Roczniki Chem. [Ann. Soc. chim. Polonorum] **12**. [1932.] 621; Arch. Chem. Farmac. **3**. [1937.] 231. 255. 258) gibt Vf. die Bereitung einer Lsg. von *Na-Inositphosphat* in einem W.-Glycerin-Gemisch mit 5% P an, sowie einer Zuckerlsg., die ein komplexes Na-Fe-Salz der *Citronen-Inositphosphorsäure* mit ca. 1% P u. ca. ½% Fe enthält. Die Herst. ist einfach. (Acta polon. pharmac. **7**. 181—88. 1950.) FREYTAG. 4790

F. Modrzejewski und **H. Nerlo,** *Galenische Präparate und Injektionspräparate aus Convallaria.* Die Herzaktivität der Blüten u. Blätter von Maiglöckchen während der Vegetationsperiode u. der Wurzeln während des ganzen Jahres wurde untersucht. Die Aktivität geht beim Trocknen teilweise verloren. Der Einfl. der Stabilisierung ist sehr gering, aber auch wegen der Ungenauigkeit biol. Methoden schwer festzustellen. Tempp. unter 100° bei 30 Min. langer Einw. sind ohne Einfl., hingegen wirkt Erhitzen oberhalb 100° zersetzend. Infuse u. Dekokte haben gegenüber Tinkturen keine geringere Wirksamkeit. Eine Vorschrift zur Bereitung einer von Saponinen freien Injektionslsg. wurde ausgearbeitet (vgl. Original). 1 cm^3 entspricht 500—1000 Froscheinheiten nach HOUGHTON. Das bekannteste galen. Präp., Tinctura Convallariae, weist 400 Froscheinheiten/cm^3 auf. (Acta polon. pharmac. **7**. 161—78. 1950. Łódź, Akad. med., Zakl. Farmac. stos.) FREYTAG. 4790

P. Brandau, *Fortschritte in der Kunststoffplattenprothetik mit Perlonarmierung.* Übersicht (vgl. auch C. **1953**. 6092). (Zahnärztl. Rdsch. **62**. 126—27. 5/3. 1953. Lübbecke/Westf.) KRUSEN. 4798

H. A. M. Van Steenbergen, *p-Aminosalicylsäure.* Überblick über Geschichte, biol. Wrkg. u. therapeut. Anwendung von *p-Aminosalicylsäure* (I). Zur acidimetr. Best. von I löst man 300 mg in 25 cm^3 neutralem, absol. A. u. titriert nach Zugabe von 1 Tropfen Phenolrotlsg. mit 0,1 n NaOH. Die Löslichkeit von I beträgt bei Zimmertemp. in W. 0,12%, in Ae. 2,5%, in $CH_3COOC_2H_5$ 5,5%, in absol. A. 5,6%, in Aceton 17%. Beim trockenen Erhitzen von I unter 100° wird die COOH-Gruppe nicht angegriffen; in wss. Lsg. oder Suspension wird die COOH-Gruppe um so schneller angegriffen, je niedriger das p_H u. je höher die Temp. ist. Eine bei p_H 7,5 gepufferte Lsg. des Na-Salzes von I kann man 140 Min. ohne nennenswerte Zers. kochen; bei p_H 8,4 ist die Lsg. weniger beständig; bei p_H 7,08 sind nach 80 Min. Sieden 10% zersetzt. Eine 20%ig. Lsg. des Na-Salzes von I darf nicht durch 30 Min. langes Erhitzen auf 115° dest. werden, weil dadurch ein Verlust von 15% entsteht. Durch trockenes Erhitzen des Na-Salzes auf 150° findet keine Zers. statt. Gesätt. wss. Lsgg. von I von Zimmertemp. in W. zers. sich in 2 Tagen bei Zimmertemp. zu 33%, 5%ig. Lsgg. in W. von 100° in 20 Min. zu 84%, Suspensionen in W. von Zimmertemp. in 3—6 Tagen zu 2,3—13,7%. Die Geschwindigkeit der Zers. beim Sterilisieren u. Aufbewahren von Ampullen mit I hängt ab vom p_H, der Temp. u. der Ggw. von Verunreinigungen. Das durch Neutralisieren von I gewonnene Na-Salz wird aus der wss. Lsg. mit A. gefällt; es kann trocken dest. werden, krist. mit 2 Moll. W. u. ist sehr lösl. in W., wenig lösl. in 95%ig A. u. Aceton. Zur Herst. von I-Ampullen, -Tabletten u. -Creme werden Arbeitsvorschriften gegeben. (Pharmac. Weekbl. **85**. 509—26. 8/7.; Arch. Pharmac. og Chem. **57** (**107**). 685—707. 23/9. 1950.) WESLY. 4806

Kai Kjeldgaard, *Neuere Stygmine.* Übersicht über Natur, Wirkungsweise, Chemie, Aktivität u. Konst., Wrkg. auf das Auge, Anwendung bei Glaukom u. Myasthenia gravis, Wrkg. auf die Muskulatur des Verdauungskanals, Anwendung bei postoperativem paralyt. Ileus, akute Vergiftung. — 16 Literaturhinweise. (Farmac. Tid. **63.** 33—36. 17/1. 41—49. 24/1. 1953.) R. K. MÜLLER. 4806

Rune Westerling, *Hypnotica und Sedativa, eine Übersicht.* Grundlagen der physiol. Wrkg., Entw., Besprechung der einzelnen Mittel bzw. Gruppen einschließlich der Drogen. (Svensk farmac. Tidskr. **57.** 1—11. 10/1. 1953.) R. K. MÜLLER. 4806

Manuel M. Baizer und **Kurt S. Ellner,** *Eine günstige laboratoriumsmäßige Herstellungsmethode für Äthylmorphinhydrochlorid USP XIII. Morphin* (I) wird in alkoh. Lsg. mit Äthylbromid äthyliert. Durch Ersetzen des A. am Ende der Äthylierung durch Toluol kann unverändertes **I** entfernt u. das *Äthylmorphin* (**II**) von weiteren Verunreinigungen leicht abgetrennt werden. Durch Zusatz einer Acetonlsg. von HCl wird das **II**-Hydrochlorid gefällt; Ausbeute 90%. (J. Amer. pharmac. Assoc., sci. Edit. **39.** 581—83. Okt. 1950. Brooklyn, N. Y., New York Quinine and Chem. Works.) SCHMERSAHL. 4806

—, *Sicherung der Cortisonherstellung auf breiter Basis durch einen neuen Fermentationsprozeß.* Die neue Meth. nach UPJOHN bewirkt die Oxydation von *Progesteron* mit einem Schimmelpilz der Gattung Rhizopus. (J. Pharmac. Belgique [N. S.] **7.** 458—59. Sept./Okt. 1952. New York, N. Y., Med. and Pharmacezt. Inform. Bureau.) BOYE. 4808

Bertil Sjögren, *Probenecid und Penicillin — „Probecillin".* Überblick über Entw., Eigg., Einfl. auf die Penicillinkonz. im Gewebe, klin. Erfahrungen u. Anwendung. — 27 Literaturzitate. (Farmac. Revy **52.** 185—97. 20/3. 1953.) R. K. MÜLLER. 4810

Rudolf Bönicke und **Helmut Bayha,** *Die Raumentkeimung mit Ultraviolettstrahlen unter Berücksichtigung des Mycobacterium tuberculosis.* Vff. bestimmten den Keimgeh. der Luft in verschied. Krankenhausräumen. Im Staub der Zimmer schwerkranker Tbc.-Patienten konnten virulente Tuberkelbacillen nachgewiesen werden. Durch direkte UV-Bestrahlung der Raumluft wird eine höhere Keimred. erzielt als bei indirekter UV-Bestrahlung. Die entkeimende Wrkg. von UV wird durch vorhandenen Staub erheblich herabgesetzt. (Beitr. Klin. Tuberkul. **107.** 71—77. 10/3. 1952. Borstal, Tuberkuloseforschungsinst.) DOSSMANN. 4832

H. Lindholm, *Biologische Untersuchungsmethoden und ihre Bedeutung für die praktische Pharmazie.* (Farmac. Revy **49.** 341—50. 1/7. 359—63. 8/7. 1950. — C. **1952.** 2887.) GEITZ. 4880

Erik Bové Christensen, *Einige Probleme in der Pyrogenbestimmung.* Über die Natur der fiebererzeugenden Stoffe bei der Injektion von W. oder wss. Lsgg. ist nur bekannt, daß es sich um bakterielle Stoffwechselprodd. handelt; die bisher isolierten bestehen ganz oder fast ganz aus Polysacchariden mit Mol.-Geww. von 50000 u. mehr. Bei der biol. Prüfung (am besten an Kaninchen) entstehen Schwierigkeiten durch Schwankungen in der Wrkg. auch beim gleichen Versuchstier, u. durch die (zweckmäßig mit Thermoelement rectal ausgeführte) Temperaturmessung. Die in den Arzneibüchern empfohlenen Prüfungen arbeiten teils mit zu geringen Mengen, teils leiden sie unter dem Fehlen eines Vergleichsstandards. Die pyrogenen Substanzen sind teilweise wenig stabil gegen Erhitzen, die neben ihnen oft vorhandenen temperatursenkenden Faktoren werden durch 10 Min. Erhitzen auf 40° unwirksam. Es ist nicht immer möglich, absol. Aseptik zu wahren. Auch bei Herst. von Plasma für Blutbanken kann Pyrogenverunreinigung eintreten. (Svensk farmac. Tidskr. **54.** 721—26. 20/12.; Collect. pharmac. suecia **5.** 6 Seiten. 1950. Kopenhagen, Bispebjerg Hosp. Apot.) R. K. MÜLLER. 4880

H. Berry und **V. Gaunø Jensen,** *Über einen Sterilitätsnachweis für Neo- und Sulfarsphenamin.* Als Testorganismen werden verwendet: Staphylococcus aureus, Streptococcus pyogenes, Bacillus subtilis, Pseudomonas pyocyanea u. Bacterium coli. Erprobt werden *Neoarsphenamin* (**I**), *Sulfarsphenamin* (**II**) u. *Arsphenoxyd.* **I** u. **II** scheinen eine bakteriostat. Wrkg. zu besitzen. Sie ist gegen grampositive Organismen stärker als gegen gramnegative. Als Meßmeth. wird vorgeschlagen, die Aufhebung der Wachstumshinderung durch BAL oder Thioglykolat zu messen u. gleichzeitig die p_H-Änderung zu verfolgen. (Acta pharmac. int. [Copenhagen] **2.** 221—34. 1951. London, Univ., School of Pharm., Pharm. Res. Labors.) FRESENIUS. 4880

Ottokar Hrdý und **Alfred Šlouf,** *Fluorometrische Bestimmung kleiner Percainmengen.* Zur quantitativen Best. von *Percain* (**I**) wird die Fluorescenzmessung in 1 n HNO_3 vorgeschlagen. Sie ist mit 1% Genauigkeit möglich, andere Lokalanästhetica stören nicht. Die Fluorescenz ist bei einer Säurekonz. von 0,5—1,8 n prakt. für gleiche **I**-Mengen konstant. (Pharmazie **8.** 159—61. Febr. 1953. Prag, Staatl. Arzneimittelkontrollanstalt.) FRESENIUS. 4880

Bertil Örtenblad und **Karin Jonsson,** *Eine colorimetrische Schnellmethode zur Prüfung von Xylocain und zur Bestimmung einiger anderer organischer Basen mittels Ammonium-*

Reineckats. Die quantitative Best. mancher organ. Basen, die mit NH_4-Reineckat, $[Cr(SCN)_4(NH_3)_2]NH_4$ (**I**), Ndd. bilden, ist bekannt. Vff. finden, daß **I** auch mit dem Lokalanästheticum *Xylocain* (*α-Diäthylamino-2.6-acetoxylidin*; **II**) einen Nd. liefert, der in Aceton lösl. ist u. zur colorimetr. Best. von **II** dienen kann. Die Genauigkeit beträgt mindestens 2%. Das Verf. kann auch für viele andere organ. Basen (Procain, LL 31 [Diäthylaminoacetomesidid], Thiergan, Anilin u. Diäthylaminoäthanol) angewendet werden u. ist in manchen Fällen dem n. titrimetr. Verf. überlegen. Durch Kombination des letzteren mit der colorimetr. Meth. lassen sich die Bestandteile einer bin. Mischung getrennt bestimmen. (Acta chem. scand. **5.** 510—18. 1951. Södertälje, Schweden, Centr. Labor. Astra.) SCHÖTTLER. 4880

Charles G. Farmilo, Leo Levi, P. M. L. Oestreicher und **R. J. Ross,** *Studien über den Nachweis von Narkoticis.* 3. Mitt. *Mikrokristall- und Farbreaktionen neuer synthetischer Narkotica.* (vgl. C. **1952.** 2388.) Einbezogen werden Methadon (Polamidon; **I**), Pipidon (**II**), Phenadoxon (**III**), Pethidin (Dolantin; **IV**), Alphaprodine (**V**), Hydroxypethidin (Hoechst 10446; **VI**), Ketobemidon (Cliradon; **VII**), Morphinan (**VIII**), Methorphinan (Dromoran; **IX**), Metopon (**X**). Als Reagentien werden verwendet Na_3PO_4, $Na_2CH_3AsO_2 \cdot 5H_2O$ (**XI**), $(NH_4)_2CO_3$, NH_4OH·Phosphomolybdänsäure (**XII**), J_2 + HBr (**XIII**), KJ, $HAuCl_4$, $HAuCl_4$ in Essigsäure (**XIV**), H_2PtCl_6 (**XV**), $CrSO_4Cl$ (**XVI**), $HAuBr_4$ (**XVII**), $HAuBr_4$ + HCl (**XVIII**), $HgBr_2$ + HCl (**XIX**), Na–Ag-Jodid (**XX**), K–Pb-Jodid (**XXI**), Na–Pb-Jodid (**XXII**), KJ–$Th(NO_3)_4$ (**XXIII**), REINECKE-Salz (**XXIV**) Na–Hg-Nitrit (**XXV**), Pikrinsäure wss. (**XXVI**), Pikrinsäure alkoh., Pikrolonsäure wss. (**XXVII**). Messung der Empfindlichkeit der Fällung im Vgl. zu **XII**. Prüfung der Mikrokristall-Rk. nach 8 Kriterien. Spezif. Fällungen, die beschrieben werden: **I** mit **XVI, XIII**, $Pt(CN)_2$, **XIX, XXIII. II** mit **XIV. III** mit **XXVI. IV** mit **XVII, XVIII. V** mit **XXII, XXVI, XX, XXI. VI** mit **XXI, XXIV, XXII. VII** mit **XXV, XXIV, XV. IX** mit **XXIV. X** mit **XI, XXVII.** Mehrere Tabellen. 31 Mikrophotographien. Farb-Rkk. von **I**—**X** u. a. mit Reagentien nach MARQUIS, WASICKY, MECKE, FROEHDE, ZERNIK, FLÜCKIGER werden besprochen, dazu je 1 Tabelle. (Bull. on Narcotics **4.** 16—42. Okt./Dez. 1952. Ottawa, Can., Food and Drug Labors.) FRESENIUS. 4880

Hans Wojahn und **Ellen Wempe,** *Zur bromometrischen Thiouracilbestimmung (USP. XIV).* Die *Propylthiouracil*-Best. der USP XIV in milchzuckerhaltigen Tabletten liefert ungenaue Werte. Es wird ein verbessertes Verf. beschrieben: Die mineralsaure, mit überschüssigem Bromat versetzte Lsg. von Methyl- oder Propylthiouracil wird arsenometr. zurücktitriert; unter diesen Bedingungen werden pro Mol 12 Äquivalente Br verbraucht. (Pharmaz. Zentralhalle Deutschland **92.** 124—27. April 1953. Borstel/Holstein, Tuberkulose-Forschungsinst.) ULEX. 4880

D. H. E. Tattje und **F. H. L. van Os,** *Die chemische Wertbestimmung von Folia digitalis.* 2. Mitt. (1. vgl. C. **1952.** 1874.) Man vermischt 0,5 g Digitalisblätter B_{30} mit W., läßt 15 Min. stehen, füllt in einem Kolben mit W. auf 50,5 g auf, schüttelt 1 Std., versetzt mit 5 g einer 15%ig. wss. Pb-Acetatlsg., filtriert nach Absitzen des Nd., schüttelt 36,67 g des Filtrates 3 mal mit Chlf. in 1 Min. aus, entwässert die Chloroformauszüge mit Na_2SO_4, filtriert, wäscht 3 mal mit 5 cm^3 trockenem Chlf. nach, verteilt die erhaltene Glucosid (**I**)-Lsg. in 2 Kolben u. dest das Chlf. ab. Man versetzt die eine Probe des eingedampften **I** mit 10 cm^3 LINDEWALD-Reagens (2 cm^3 konz. H_2SO_4 + 1 cm^3 5%ig. $FeCl_3$-Lsg. + Eisessig auf 100 cm^3) u. mißt nach 2 Std. halbstündlich die entstandene Blaufärbung bei 5800 Å, bis die Färbung ihren Höchstwert erreicht hat. Die 2. Probe des eingedampften **I** löst man in 5 cm^3 CH_3OH, versetzt mit 5 cm^3 BALJET-Reagens (5 cm^3 10%ig. NaOH-Lsg. + wss. 1%ig. Pikrinsäurelsg. + W. auf 100 cm^3) u. bestimmt nach 20 Min. die Extinktion bei 4980 Å. Als Vergleichs-Fll. dienen Lsgg. mit bekannten Mengen Digitoxin. Man kann statt der so gefundenen 1 Std.-Werte auch 3 Tage-Werte ermitteln, wenn man die zu untersuchende Probe Digitalis nicht sofort nach dem Vermischen mit W., sondern nach 3 tägigem Stehen bei 30° 1 Std. schüttelt. Zur Schimmelbekämpfung setzt man in diesem Falle vor der Auffüllung mit W. auf 50,5 g 10 Tropfen einer Lsg. von 1 g Nipagin in 4 g absol. A. zu. (Pharmac. Weekbl. **88.** 237—52. 11/4. 1953. Groningen, Rijksuniv., Labor. voor Pharmacognosie en Galen. Pharmac.) WESLY. 4880

E. Voute, *Die Bedeutung der Anthronreaktion zum Nachweis und zur Bestimmung von genuinen Glykosiden.* Die Brauchbarkeit der von DREYWOOD (Ind. Engng. Chem. **18.** [1946.] 499) aufgefundenen Anthron-Rk. zur Best. einiger genuiner Herzglykoside wird untersucht u. zur Best. der Glucose (**I**) ein Standardverf. entwickelt. **I** läßt sich quantitativ bestimmen. Die 2-Desoxyhexomethylosen Cymarose u. Digitoxose geben keine Färbung mit dem Reagens. Mit dem Verf. wird in k-Strophanthin-β, k-Strophanthosid, Purpureaglykosid A nur **I** bestimmt. (Pharmac. Weekbl. **88.** 144—55. 28/2. 1953. Utrecht, Rijksuniv., Pharmac. Labor.) WESLY. 4880

Béla Jámbor, *Die polarographische Bestimmung des Morphins.* Die Überprüfung der Morphin (I)-bestimmungsmeth. nach RASMUSSEN (Bull. Sed. Inst. Pharm. **1947.** 233) ergab zuverlässige Werte sowohl bei Anwendung reiner I-Lsgg. als auch pflanzl. Extrakte (0,2—5,0 mg-% I). Verss. zur photometr. Best. des 2-Nitroso-I scheiterten an der intensiven Eigenfärbung der Pflanzenextrakte. (Agrokémia és Talatjan [Agronom. u. Bodenkunde] **1.** 201—09. Dez. 1951. Budapest, Magyar Tudományos Akad., Elektronmikroszkop. Labor.) v. PILINSZKY. 4880

C. O. Björling und **A. Berggren,** *Die Adsorptionsanalyse von Tropaalkaloiden.* Tropaalkaloide werden von *Decalso* (I), einem synthet. Silicat des Permutittyps, quantitativ aus wss. Lsg. oder aus organ. Lösungsmitteln adsorbiert. I wird durch Waschen mit KCl u. Essigsäure aktiviert. Die Elution erfolgt mit HCl. Dann wird nach BERGGREN u. NORDBERG (C. **1952.** 5618) die Extinktion gemessen. Die Meth. kommt für tert. u. quartäre Verbb. in Frage. Beispiele für die Best. von Hyoscinmethylnitrat u. Atropinsulfat in Suppositorien mit Barbitalzusatz sowie in Tabletten u. Extrakten werden angeführt. (J. Pharmacy Pharmacol. **5.** 169—78. März 1953. Uppsala, Schweden, Pharmacia Ltd.) FRESENIUS. 4880

Knoll Akt.-Ges. Chemische Fabriken, Deutschland, *Herstellung eines Salbeiextraktes mit hohem Gerbstoffgehalt.* Die pulverisierte Droge wird mit 70%ig. wss. A. maceriert u. die erhaltene Lsg. im Vakuum konzentriert. Es hat sich gezeigt, daß man ein an Gerbstoff bes. reiches Endprod. erhält, wenn der zu Beginn der Konz. entstandene Nd. von Chlorophyll u. Harz nicht gleich, sondern erst zum Schluß der Operation vom Extrakt durch Filtration getrennt wird. An Stelle von A. kann auch Äthylenglykol zur Extraktion verwendet werden. (**F. P. 1015461** vom 23/8. 1948, ausg. 13/10. 1952.) HEYNE. 4791

Hans Klesse und **Fritz Neuwald,** Deutschland, *Gewinnung eines wirksamen, Azulen enthaltenden Extraktes aus Kamille oder ähnlichen Pflanzen,* wie z. B. Schafgarbe, dad. gek., daß man die Pflanzenteile vor, während oder nach der Extraktion mit einem geeigneten Lösungsm. einer Wärmebehandlung bei einer über 60° liegenden Temp. unterwirft, wodurch der in der Pflanze enthaltene Wirkstoff *Chamazulen* frei gesetzt wird. — Man stellt z. B. aus Kamillenblüten durch Perkolation mit 45%ig. wss. A. einen Extrakt her u. erhitzt diesen mehrere Std. auf dem Wasserbad am Rückflußkühler. Man erhält ein Prod. mit erhöhter *therapeut.*, bes. entzündungswidriger Wirksamkeit. (**F. P. 1 015 120** vom 13/8. 1947, ausg. 27/8. 1952.) HEYNE. 4791

Rudolf Ullsperger, Weilheim, *Gewinnung der purgierenden Stoffe aus Ricinusöl* durch Behandlung mit Adsorptionsmitteln, wie bas. Al_2O_3, Waschen des Adsorbates mit organ. Lösungsm., z. B. CCl_4 u. dergleichen. Die Wirkstoffe werden mit dünner NH_3-Lsg., die etwas Methanol enthalten kann, eluiert. Einstellen des p_H auf 7,2 u. Eindampfen. (**D. B. P. 876 142** Kl. 30h vom 8/12. 1949, ausg. 11/5. 1953.) K. HEINZE. 4791

José Antonio Serrallach Juliá, Barcelona, Spanien, *Geformte Abführmittel* durch Quellenlassen von gemahlenen Hemicellulosen, wie Garrofin-, Guar-, Karaja- oder ähnlichen Gummiarten mit 100—150% W., gegebenenfalls unter Druck, Granulieren, Trocknen u. Verarbeiten des Granulates zu Formkörpern, die gegebenenfalls überzogen werden. (**D. B. P. 880 632** Kl. 30h vom 8/9. 1950, ausg. 22/6. 1953.) K. HEINZE. 4791

Wyeth, Inc., übert. von: **Harry Rosen** und **Casimir T. Ichniowski,** Philadelphia, Pa., V. St. A., *Extrahieren und Isolieren von reinem kristallinem Digitoxin* aus den Blättern von Digitalis purpurea. Diese werden mit wss. A. extrahiert u. der erhaltene wss. alkoh. Extrakt wird mit einem mit W. nicht mischbaren organ. Fettlösungsm. behandelt, in welchem das Digitoxin im wesentlichen unlösl. ist, z. B. CCl_4. Dadurch werden die Öle, Harze u. Fremdstoffe aus dem wss. Extrakt entfernt. Anschließend wird der Extrakt mit Ae. behandelt, wobei das Glucosid von dem Ae. aufgenommen wird. Die äther. Lsg. wird mit einer verd. wss. Alkalilsg. gewaschen, um die unerwünschten wasserlösl. Prodd. zu entfernen, u. danach das Digitoxin daraus isoliert. (**Can. P. 484 394** vom 14/6. 1949, ausg. 24/6. 1952. A. Prior. 31/7. 1948.) M. F. MÜLLER. 4791

Ciba Ltd., übert. von: **Tadeus Reichstein,** Basel, Schweiz, *Herstellung von Glucosiden aus Strophanthus sarmentosus* durch Extraktion der Samen mit W. u. mit einem niedermol. u. in W. beträchtlich lösl. Lösungsmittel. Das Extraktionsgemisch wird mit einem chlorierten Lösungsm. ausgezogen, u. die zurückbleibende wss. Lsg. wird mit einem niedermol. Alkohol extrahiert, wobei die beiden schwerhydrolysierbaren Glucoside *Sarmentosid A* u. *B* aufgenommen werden. — Sarmentosid A wird aus einem Gemisch von Methanol u. Ae. krist., F. 262,5—268°. — Sarmentosid B krist. aus einem Gemisch von Aceton u. Ae., F. 263—269°. (**Can. P. 485 267** vom 4/3. 1948, ausg. 29/7. 1952. Schwz. Priorr. 7/3. 1947 u. 19/2. 1948.) M. F. MÜLLER. 4791

Laboratoires Français de Chimiothérapie (Erfinder: **R. Lardé**), Frankreich, *Herstellung mikrokristalliner Suspensionen von Hormonen, Glykosiden* u. anderen in W. unlösl. Stoffen, die injiziert werden sollen. Man stellt 2 Lsgg. her: Lsg. A ist eine Lsg. der

Arzneistoffe in einem Gemisch organ. Lösungsmittel von unterschiedlicher Mischbarkeit mit W., z. B. β-Phenoxyäthanol, A. absol. u. Propylenglykol. Ferner wird ein Emulgator, z. B. ein Reaktionsprod. von Ricinolsäure mit Äthylenoxyd, zugefügt. Lsg. B ist die Lsg. eines organ. Koll., wie Methylcellulose, Alginat, Pflanzengummi. Lsg. A u. Lsg. B werden in aufeinander abgestimmten Mengenverhältnissen getrennt in Ampullen aufbewahrt. Vor der Anwendung wird Lsg. B zur Lsg. A gegeben, wobei die Arzneistoffe in feinkristalliner Form ausfallen u. eine genügend stabile Suspension bilden. In dieser Form lassen sie sich leicht mit Injektionsnadeln gewöhnlicher Größe injizieren. Ihre Absorption durch den Organismus ist verlangsamt. (**F. P. 1 015 146** vom 4/10. 1949, ausg. 27/8. 1952.) HEYNE. 4791

Gibone-Anstalt, Vaduz, Liechtenstein (Erfinder: **A. Schoch**), *Herstellung von polyvalenten, blutstillenden Mitteln.* Man behandelt Hirn oder andere parenchymhaltige Organe nach Zerkleinerung mit Aceton oder anderen niedrigen Ketonen, darauf mit Ae. oder anderen fettlösenden Lösungsmitteln, wie PAe., Bzn., Chlf., CCl_4, Bzl., Cyclohexen, Ae., wobei die Ketone das W. u. Neutralfett aufnehmen u. das Eiweiß fällen, während die Fettlösungsmittel die nichtblutstillenden Lipoide lösen. Darauf behandelt man die M. mit wss. Lsgg. von A., Methanol, Propanol oder Butanol, wodurch die Lipoproteine gespalten u. die blutstillenden Phosphynine im A. gelöst u. aus diesem im Vakuum bei niedriger Temp. gewonnen werden. Alle Extraktionen werden zweckmäßig bei ca. 0° durchgeführt. Man kann die Ausgangsstoffe, z. B. Rinderhirn, auch vor der Extraktion mit Ketonen einer 10std. Macerierung mit A. bei ca. 5° unterwerfen, um hierbei einen Teil der Lipoproteide durch Fermente zu spalten u. mit A. zu entfernen. (**Schwed. P. 134 295** vom 8/6. 1949, ausg. 22/1. 1952 u. **N. P. 79 470** vom 1/6. 1949, ausg. 3/12. 1951. Beide Schwz. Prior. 11/6. 1948.) JÜRGEN SCHMIDT. 4791

Josef Kahler, Wien, Österreich, *Heilsalbe.* Man kocht Guajakholz, Holundermark, Attichwurzel, Asant u. Pestwurzel in zerkleinerter Form in pflanzlichem oder tier. Fett (Lanolin, Butter, Öl, Talg, Schmalz, Klauenfett, Hirschfett, Kernfett) oder in Vaseline oder Paraffin aus, setzt dem Gemisch gegebenenfalls Gänseleber oder -eier zu u. härtet es alsdann unter Zusatz von Talg oder bes. gelbem Bienenwachs bis zur Salbenkonsistenz. (**Oe. P. 173 801** vom 9/5. 1949, ausg. 26/1. 1953.) RAETZ. 4793

E. I. du Pont de Nemours & Co., Wilmington, Del., V. St. A., *Klebband* (**I**) für *medizin. Zwecke.* Die Rückseite des **I** wird mit einem Überzug aus Polyäthylen (**II**) oder halogeniertem **II** versehen. (**E. P. 644 803** vom 14/8. 1947, ausg. 18/10. 1950. A. Prior. 14/8. 1946.) LÜTTGEN. 4795

Erich Dorschel, Saarbrücken, *Herstellung von Gipsbinden* aus trockenem gebranntem Gips mit einem gegebenenfalls zusammengesetzten trockenen Zusatz, dad. gek., daß der Zusatz ein sich bei Erwärmung verflüssigendes wasserlösl. oder mit W. quellbares Bindemittel enthält, u. daß das mit dem Gemisch beschickte Gewebe durch eine Wärmezone geführt wird, in der sich das Bindemittel verfl. u. mit dem Gips u. dem Gewebe verbindet. Zur Erwärmnng kann Infrarotstrahlung benutzt werden. (**D. B. P. 873 117** Kl. 30d vom 3/11. 1950, ausg. 9/4. 1953.) SCHINDLER. 4795

Farbwerke Hoechst, vormals Meister Lucius & Brüning, Frankfurt/M. (Erfinder: **Fritz Schmidt,** Troisdorf), *Abformung und Vervielfältigung von Gegenständen* u. Herst. von *Prothesen.* Verwendung von solchen fl. Äthyleniminderivv. (**I**), die durch Anlagerung von Äthylenimin an die Doppelbindungen des Bis-crotonsäureesters des 1.3- bzw. 1.4-Butylenglykols oder anderer Diole erhalten werden, deren Polymerisation in Ggw. von Kontaktmitteln ganz oder größtenteils während des Abformungsvorganges bei gewöhnlicher oder mäßig erhöhter Temp. erfolgt. Es können auch Mischungen von **I** u./oder mit Acrylsäure verwendet werden. Durch den Zusatz von Cyansorbinsäureester wird die Polymerisation in der Richtung beeinflußt, daß die Mischung vorübergehend oder endgültig in einen gummiartigen Zustand übergeht. Füllstoffe, Leuchtfarben u. Fischsilber geben besondere Effekte. (**D. B. P. 851 852** Kl. 39b vom 29/10. 1949, ausg. 9/10. 1952.) SALZMANN. 4797

Farbwerke Hoechst, vormals Meister Lucius & Brüning (Erfinder: **Max Paquin**), Frankfurt/M., *Herstellung von Hexamethylentetraminsulfon.* Man löst Sulfamid in 30%ig. CH_2O u. setzt mit $H_2N \cdot CH_2 \cdot CH_2 \cdot NH_2$ um, wobei die Temp. nicht über 80° steigen soll. $C_6H_{12}O_2N_4S$, Zers. bei 194—196°. — Verwendung in der *Heilkunde.* (**D. B. P. 851 497** Kl. 12o vom 31/1. 1943, ausg. 6/10. 1952.) MÜLLER-MEININGEN. 4807

Cilag Akt.-Ges., Schaffhausen, Schweiz, *Herstellung von neuen Phenoläthern* der allg. Formel **I**, worin R_1, R_2, R_3 niedermol. Alkylreste sind. — Man setzt ein Phenol der allg. Formel **II** mit einer Verb. der Formel **III** um, worin X eine zur Einführung des mit ihr verbundenen Restes befähigte Gruppe ist, z. B. eine OH-Gruppe, Halogen oder eine mit einer anorgan. Säure, wie H_2SO_4 oder H_3PO_4, oder mit einer organ. Sulfonsäure veresterte OH-Verbindung. — Man erhält *therapeut.* wirksame Verbb., welche das Nervensyst. beeinflussen, z. B. eine muskelerschlaffende Wrkg. besitzen. — Aus

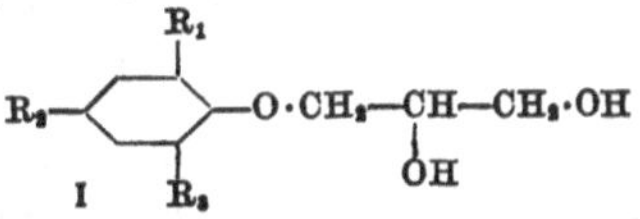
I

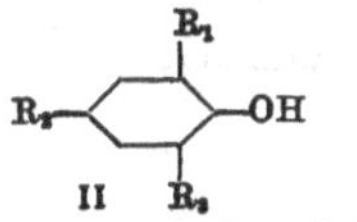
II

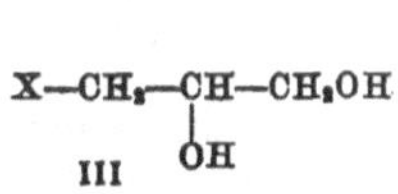
III

2.4.6-Trimethylphenol (Mesitol) u. Glycerin wird der *2.4.6-Trimethylphenyl-(2'.3'-dioxypropyl)-äther*, F. 60—62°, gebildet. Er ist leichtlösl. in A., Methanol, Aceton u. Chloroform. (**Oe. P. 174 901** vom 12/12. 1951, ausg. 26/5. 1953. Schwz. Prior. 13/5. 1948.) M. F. MÜLLER. 4807

Wellcome Foundation Ltd., London, England, *Bis-quaternäre Salze* der allg. Formel I, worin R_1, R_2, R_3 Alkylgruppen, A u. B Alkyl-, Aryl- oder Aralkylgruppen u. M'' einen 2wertigen oder zwei 1wertige Säurereste bedeuten, wirken *spasmolytisch*. Sie entstehen durch Quaternisieren

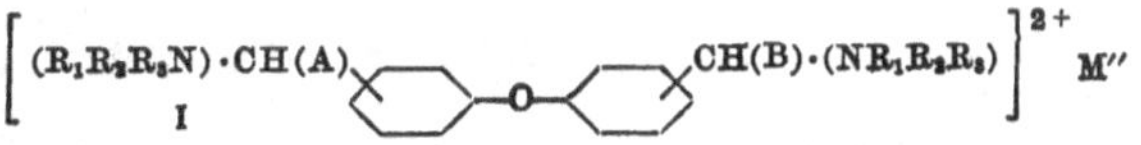
I

der entsprechenden tert.-Basen. — *4.4'-Dibenzoyldiphenyläther* (II) aus Diphenyläther, Benzoylchlorid u. $AlCl_3$, F. 162—164°. — II-*Dioxim*, F. 212—214°. — *4.4'-Bis-(ω-aminobenzyl)-diphenyläther*. Aus II-Dioxim, H_2 u. RANEY-Ni, Kp.$_{0,01}$ 225—230°. — *4.4'-Bis-(ω-trimethylammoniumbenzyl)-diphenyläthertetrahydrat*, F. 166—170°. — *4.4'-Bis-(α-trimethylammoniumäthyl)-diphenylätherdijodid*, F. 214—215°. — *4.4'-Bis-(α-trimethylammonium-n-butyl)-diphenylätherdijodid*, F. 237—240°. — *4.4'-Bis-(α-trimethylammonium-n-amyl)-diphenylätherdijodid*, F. 222—226°. — *4.4'-Bis-(α-trimethylammonium-n-hexyl)-diphenylätherdijodid*, F. 245—252°; *Dibromid*, F. 203°. — *4.4'-Bis-(α-trimethylammonium-n-heptyl)-diphenylätherdijodid*, F. 238—242°; *Dichlorid*, F. 80 bis 85°. — *4.4'-Bis-(α-trimethylammonium-n-octyl)-diphenylätherdijodid*, F. 235—240°; *Dibromid*, F. 211°. — *4.4'-Bis-(ω-trimethylammonium-p-methylbenzyl)-diphenylätherdichloridtetrahydrat*, F. 135—136°. — *2-Methoxy-4'.5-bis-(α-trimethylammoniumäthyl)-diphenylätherdijodid*, F. 187°. — *4.4'-Bis-(α-äthyldimethylammoniumäthyl)-diphenylätherdijodid*, F. 172°. — *4.4'-Bis-(α-trimethylammonium-β-phenyläthyl)-diphenylätherdijodid*, F. 257—259°; *Dibromid*, F. 214—216°. — *4.4'-Bis-(α-N-methylpiperidiniumäthyl)-diphenylätherdijodid*, F. 174°. — *4.4'-Bis-(α-N-methylpiperidinium-n-hexyl)-diphenylätherdijodid*, F. 133°; *Dibromiddihydrat*, F. 69—72°. — *4.4'-Bis-(α-N-methylmorpholiniumäthyl)-diphenylätherdijodid*, F. 155°. (**E. P. 651 433** vom 27/5. 1948, ausg. 4/4. 1951.) LANGER. 4807

Wellcome Foundation Ltd., London, England, *Zweisäurige Basen* der allg. Formel I, worin R_1 u. R_2 Alkyl- oder Alkenylgruppen, A u. B Alkyl-, Aryl- oder Aralkylgruppen bedeuten, entstehen durch Überführung von Ketonen der Formel II in I nach bekannten

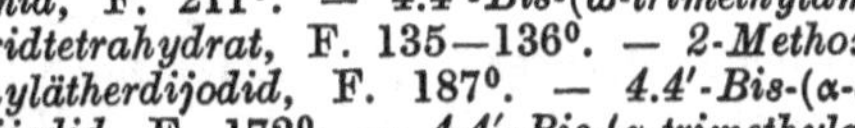
I

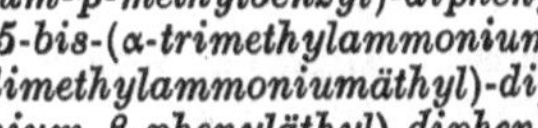
II

Verfahren. — (Diphenyläther = III). — *4.4'-Bis-(α-aminoäthyl)*-III. Aus Bis-(4-acetylphenyl)-ätherdioxim, H_2 u. RANEY-Ni; Kp.$_{0,01}$ 160—162°; *Dihydrochlorid*, F. 266°. — *4.4'-Dipropionyl*-III. Aus III, Propionylchlorid u. $AlCl_3$; F. 97—97,5°· Kp.$_{0,05}$ 170—180°; *Dioxim* (IV), F. 154—156°. — *4.4'-Bis-(α-amino-n-propyl)*-III. Aus IV, H_2 u. RANEY-Ni; Kp.$_{0,05}$ 176—178°; *Dihydrochlorid*, F. 260°. — Analog: *4.4'-Di-n-butyroyl*-III, F. 102 bis 103°; *Dioxim*, F. 124—125°; *4.4'-Bis-(α-amino-n-butyl)*-III, Kp.$_{0,05}$ 170—180°. — *4.4'-Di-n-valeroyl*-III, F. 98—99°; *Dioxim*, F. 113—114°; *4.4'-Bis-(α-amino-n-amyl)*-III, Kp.$_{0,05}$ 180—185°. — *4.4'-Di-n-caproyl*-III, F. 104—105,5°; *Dioxim*, F. 103—104,5°; *4.4'-Bis-(α-amino-n-hexyl)*-III, Kp.$_{0,05}$ 198—202°; *Saures Dioxalat*, F. 199—200°. — *4.4'-Di-n-heptanoyl*-III, F. 102—103°; *Dioxim*, F. 95—96°; *4.4'-Bis-(α-amino-n-heptyl)*-III, Kp.$_{0,02}$ 212—218°; *Dihydrochlorid*, F. 264—266°. — *4.4'-Di-n-octanoyl*-III, F. 102°; *Dioxim*, F. 76°; *4.4'-Bis-(α-amino-n-octyl)*-III, Kp.$_{0,02}$ 220—230°; *Dihydrochlorid*, F. 261°. — *4.4'-Di-p-toluoyl*-III, F. 201—202°; *Dioxim*, F. 167—169°; *4.4'-Bis-(α-amino-p-methylbenzyl)*-III, Kp.$_{0,0001}$ 230—240°; — *2-Methoxy-4'.5-diacetyldiphenylätherdioxim*, F. 166 bis 167,5°; *2-Methoxy-4'.5-bis-(α-aminoäthyl)*-III, Kp.$_{0,008}$ 166—175°; *Dihydrochlorid*, F. 190—196°. — *4.4'-Diacetyl-III-dihydrazon*, F. 143°. — *4.4'-Bis-(α-dimethylaminoäthyl)*-III, Kp.$_{0,01}$ 153—158°; *Dihydrochlorid*, F. 248°; *Dipikrat*, F. 200°. — *4.4'-Bis-(α-dimethylamino-n-heptyl)*-III, Kp.$_{0,01}$ 212—217°; *Dihydrochlorid*, F. 272°. — *4.4'-Di-(phenylacetal)*-III, F. 157—159°; *4.4'-Bis-[(α-methylamino-β-phenyl)-äthyl]*-III, Kp.$_{0,05}$ 266—270°. — *4.4'-Bis-(α-N-piperidinoäthyl)*-III, Kp.$_{0,005}$ 200—215°; *Saures Dioxalat*, F. 134°. — *4.4'-Bis-(α-N-piperidino-n-hexyl)*-III, Kp.$_{0,005}$ 235—240°. — *4.4'-Bis-(α-N-morpholinoäthyl)*-III, Kp.$_{0,008}$ 215—220°; *saures Dioxalat*, F. 140°. — *4.4'-Bis-(α-allylaminoäthyl)*-III, Kp.$_{0,01}$ 158—162°; *saures Dioxalat*, F. 213—214°. — *4.4'-Bis-(α-n-*

butylaminoäthyl)-III, Kp.$_{0,01}$ 179—182°; *saures Dioxalat*, F. 205—206°. — *2-Methoxy-4'.5-dibenzoyl-III*, F. 103—105°; *2-Methoxy-4'.5-bis-(α-dimethylaminobenzyl)-III*, F. 111 bis 112°. — *2.2'-Dimethoxy-5.5'-diacetyl-III*, F. 126—128°; *Dioxim*, F. 209—210°; *2.2'-Dimethoxy-5.5'-bis-(α-aminoäthyl)-III*, Kp.$_{0,05}$ 190—196°. — *2.2'-Dimethoxy-5.5'-bis-(phenylacetyl)-III*, F. 106—107°; *Dioxim*, F. 183—184°; *2.2'-Dimethoxy-5.5'-bis-[(α-amino-β-phenyl)-äthyl]-III*, *saures Dioxalat*, F. 157—160°. — Die Verbb. wirken *anästhesierend*. (**E. P. 651 445** vom 14/9. 1948, ausg. 4/4. 1951.) LANGER. 4807

Farbenfabriken Bayer, Leverkusen, *Thiosemicarbazone*, die wirksame *Tuberkuloseheilmittel* darstellen, erhält man in üblicher Weise durch Rk. von Aldehyden mit Thiosemicarbazid. Die *Thiosemicarbazone* folgender Aldehyde werden dargestellt: des *4-Allyloxybenzaldehyd*, F. 160°; des *3-Allyloxybenzaldehyd*, F. 147°; des *3-Crotyloxybenzaldehyd*, F. 152°; des *4-Propargyloxybenzaldehyd*, F. 191°; des *4-Crotyloxybenzaldehyd*, F. 195°. (**E. P. 690 972** vom 4/5. 1951, ausg. 29/4. 1953. D. Prior. 1/10. 1948.) BRÖSAMLE. 4807

Marc Vermeulen und **Jules-Henri-Théophile Ledrut,** Brüssel, Belgien, *p-Nitrobenzalacetonthiosemicarbazon*, F. 239°, erhält man durch Rk. von Thiosemicarbazid mit p-Nitrobenzalaceton, $O_2N—C_6H_4—CH{=}CHCOCH_3$. Es ist *bakteriostat.* wirksam. (**Schwz. P. 288 276** vom 5/1. 1951, ausg. 1/5. 1953. Luxemburg. Priorr. 7/1. u. 5/12. 1950.) BRÖSAMLE. 4807

F. Hoffmann-La Roche & Co. Akt.-Ges., Basel, Schweiz, *Neue Gentisinsäureverbindungen* werden durch Rk. von äquimol. Mengen Gentisinsäure (I) mit Pyrazolonen in Abwesenheit oder Ggw. von Verdünnungs- oder Lösungsmitteln, bes. Essigester, unter Erwärmen oder bei n. Temp. erhalten. — I-*Verb. mit 1-Phenyl-2.3-dimethyl-5-pyrazolon*, F. 87—88°, stabil, wenig lösl. in Wasser. — I-*Verb. mit 1-Phenyl-2.3-dimethyl-4-dimethylamino-5-pyrazolon*, F. 122,5°, stabil, lösl. in heißem, wenig lösl. in kaltem Wasser. — *Antipyretica, Antirheumatica.* (**Schwz. PP. 284 280** u. **284 281** vom 29/11. 1949, ausg. 17/11. bzw. 1/11. 1952. A. Prior. 8/2. 1949. **Zusätze zu Schwz. P. 279 106; C. 1952. 7538.**) LIPPOLD. 4807

Badische Anilin- & Soda-Fabrik (Erfinder: **Heinrich Hopff** und **Hermann Spänig**), Ludwigshafen/Rh., *p-Aminosalicylsäureformaldehydsulfoxylat* entsteht aus p-Aminosalicylsäure u. Na-Formaldehydsulfoxylat. Die freie Säure ist ein weißes Pulver u. soll zur Bekämpfung der *Tuberkulose* dienen. (**D. B. P. 877 614** Kl. 12g vom 15/2. 1951, ausg. 26/5. 1953.) LANGER. 4807

G. D. Searle & Co., Skokie, übert. von: **Carl Peter Krimmel,** Evanston, Ill., V. St. A., *Aminoalkylester von α.β.β-Triarylpropionsäuren* der allg. Zus. Ar·CH(Ar)—CH(Ar)—COO—Alk—NRR' [Ar = Aryl, Alk = Alkylen C_2—C_5] u. ihre Salze. Man gibt z. B. zu einer Lsg. von 64 (Teilen) Na in 3160 kaltem Isopropanol (I) 404 β-Dimethylaminoäthylchloridhydrochlorid in 3840 I, dann 840 α.β.β-Triphenylpropionsäure u. erhitzt, filtriert, dampft im Vakuum ein, verd. den Rückstand mit W., macht bas., trennt die gelbe Ölschicht ab, extrahiert die wss. Lsg. mit Ae., verrührt die organ. Fl. mit 40%ig. HCl, destilliert. *α.β.β-Triphenylpropionsäure-β-dimethylaminoäthylester*, Kp.$_{0,8}$ 195 bis 20,5° F. 61—69° (aus PAe.). *Hydrochlorid*, F. 230—232° (aus I). Weiter beschrieben: *β.β-Dimethyl-γ-dimethylaminopropylester der α.β.β-Triphenylpropionsäure* (II). — *β-Diäthylaminoäthylester von* II, Kp.$_{1,7}$ 225—230°, u. sein *Phosphat*. — *β-Diäthylaminobutylester von* II. — *β-Methyläthylaminoäthylester von* II. — *β-Piperidinoäthylester von* II, *Hydrochlorid*, F. 219—222° (aus A.). — *β-Morpholinoäthylester von* II. — *β-Diäthylaminopropylester von* II, Kp.$_{0,5}$ 195—210°; *Citrat*. — *δ-Dimethylaminobutylester von* II. — *γ-Diäthylaminopropylester von* II, F. 86—87° (aus PAe.); *Citrat*. — *β'-(α.β.β-Triphenylpropionsäure)-äthylestertriäthylammoniumbromid*, F. 60—70°. — *α.β-Ditolyl-β-phenylpropionsäure. Spasmolytica, Analgetica, Antihistaminica u. Anästhetica.* Die quaternären NH_4-Salze sind *antisept. wirkende oberflächenakt. Substanzen.* (**A. P. 2 576 230** vom 20/2. 1948, ausg. 27/11. 1951.) MÜLLER-MEININGEN. 4807

Parke, Davis & Co., übert. von: **Clarence Kenneth Banks** und **John Controulis,** Detroit, Mich., V. St. A., *Phenylcyanamidarsenverbindungen* p-R—C_6H_4—NHCN [R = —AsO, —$As(OH)_2$, —$As(Hlg)_2$, —AsO_3HM, —AsO_3M_2 (M = Alkali), —As(S—CH_2·$COOH)_2$, —As(S—CH_2CH—(NH_2)—$COOH)_2$—As—(—S—C_6H_4—o-$COOH)_2$] erhält man z. B. durch Kondensation von p-Arsanilsäure (I) oder deren Alkali- oder Erdalkalisalzen mit Cyanhalogeniden u. Reduktion. — I gibt in NaOH mit BrCN bei 25° *4-Cyanamidobenzolarsonsäure*; *Na-Salz*; *Hydrochlorid*; *NH_4-Salz*. — *4-Cyanamidobenzolarsenoxyd*; *Hydrat* (*Hydrochlorid*). — *4-[Di-(carboxymethylenthio)-arsino]-phenylcyanamid.* — *4-[Di-(β-carboxy-β-aminoäthylthio)-arsino]-phenylcyanamid.* — *Cyanamidobenzolarsenchloridhydrochlorid*; *-bromidhydrobromid*. Verwendung gegen *Amöbenruhr* u. als Zwischenprodukte. (**A. P. 2 559 061** vom 15/7. 1946, ausg. 3/7. 1951.) KRAUSS. 4807

Ciba Akt.-Ges., Basel, Schweiz, *Herstellung von polycyclischen Ketonen aus Aldehyden und Ketonen*, dad. gek., daß man einen Aldehyd gleichzeitig auf zwei verschied. Ketone einwirken läßt, von denen das eine ein alicycl. Keton ist, dessen C-Atom in α-Stellung mit einer CO-Gruppe oder mit einer durch Hydrolyse in eine solche überführbaren Gruppe verbunden ist, gegebenenfalls erhaltene offenkettige Diketone cyclisiert u. gegebenenfalls aus den erhaltenen β-Oxyketonen W. abspaltet u. gegebenenfalls erhaltene Ketocarbonsäuren in einer beliebigen Reaktionsstufe gleichzeitig oder nachträglich decarboxyliert. — Als Ausgangsstoffe verwendet man aliphat. β-Ketocarbonsäuren oder ihre funktionellen Säurederivate. — Als Ketoverbb. sind genannt: Acetylaceton, 2-Methylcyclohexan-1.3-dion, 2-Methylcyclopentan-1.3-dion, Formylcyclohexan, Formylcyclopentanon, Acetessigsäure, β-Ketoadipinsäure, β-Ketopimelinsäure, Tetralon-2-carbonsäure, 1-Ketooctahydrophenanthren-2-carbonsäure, Cyclohexanon-2-carbonsäure, Cyclopentanon-2-carbonsäure u. Acetondicarbonsäure. Die genannten Ketone werden mit aliphat., alicycl. oder aromat. Aldehyden oder aldehydbildenden Verbb. umgesetzt, z. B. Formaldehyd, Paraformaldehyd, Methylendihalogenide, wie Methylendijodid, Benzaldehyd oder Hexahydrobenzaldehyd. — Aus Acetondicarbonsäure, 1-Methylcyclohexan-2.6-dion u. CH_2O (40%ig. wss. Lsg.) entsteht *Δ^{4}-3.8-Diketo-9-methyloctalin*, $Kp._{0,03}$ 123—124°. — Acetessigsäure, 1-Methylcyclohexan-2.6-dion u. CH_2O bilden *1-Methyl-1-(8-ketobutyl)-cyclohexan-2.6-dion.* — 1-Cyclohexanon-2-carbonsäureäthylester, Acetessigsäureäthylester u. CH_2O geben *Δ^{4}-3-Keto-9-carbäthoxyoctalin*, F. 199—200°. — *Heilmittel* oder Zwischenprodd. dafür. (**Oe. P. 173 246** vom 10/5. 1951, ausg. 25/11. 1952. Schwz. Prior. 17/5. 1950.) M. F. Müller. 4807

Badische Anilin- & Soda-Fabrik, Ludwigshafen/Rh., *Heterocyclische Stickstoffverbindung.* Man erhält *N-(β-N'-Phenyl-N'-benzylaminoäthyl)-pyrrolidin* (I), schwach gelbes Öl, $Kp._2$ 197—199° (Hydrochlorid: F. 194—195°), aus 100 (Teilen) N-(β-Chloräthyl)-N-benzylanilin u. 100 reinem Pyrrolidin oder 34 N-β-Chloräthylpyrrolidinhydrochlorid u. 120 Anilin in 500 A. durch 10- bzw. 12 std. Kochen unter Rückfluß usw. Hydrochlorid u. quaternäre NH_4-Verbb. von I zeigen *Antihistamin*-Wirkung. (**Schwz. PP. 285 686 u. 285 687** vom 25/11. 1949, ausg. 5/1. 1953. D. Prior. 10/12. 1948. **Zusätze zu Schwz. P. 280 677; C. 1953. 101.**) Lippold. 4807

William R. Warner & Co., Inc., New York, übert. von: **Otto Schwarzkopf**, Elmhurst, N. Y., und **Josef Fried**, New Brunswick, N. J., V. St. A., *Kondensationsprodukte* der allg. Formel I (R = Alkyl, Aralkyl, Aryl, Cycloalkyl oder Steroid) erhält man durch Rk. von Acylhalogeniden mit β-Methylglutaconsäureanhydrid (II) in Ggw. einer tert. Base bei <0°, bes. —10° bis —20°. — β-Jonylidenessigsäure, F. 123,5—125,5°, wird in Bzl. mit PCl_3 in das Säurechlorid übergeführt (n_D^{25} 1,5913; $Kp._{0,7\mu}$ 70°) u. dann mit II bei —15° in Dioxan u. in Ggw. von Pyridin zu *α-(β'-Jonylidenacetyl)-β-methylglutaconsäureanhydrid*, $C_{21}H_{26}O_4$, umgesetzt, gelbe Nadeln (F. 109 bis 109,5°), die mit $FeCl_3$ eine purpurbraune Farbe geben. — *α-Acetyl-β-methylglutaconsäureanhydrid*, Nadeln, F. 130—131°. — *α-Benzoyl-β-methylglutaconsäureanhydrid*, $C_{13}H_{10}O_4$, Prismen, F. 101—103°. — *α-Piperonyloyl-β-methylglutaconsäureanhydrid.* — *α-(β'.β'-Dimethylacryloyl)-β-methylglutaconsäureanhydrid*, $C_{11}H_{12}O_4$, gelbe Prismen, F. 88 bis 90°. — *α-(3-Acetoxy-$\Delta^{5,6}$-ätiocholenoyl)-β-methylglutaconsäureanhydrid*, $C_{28}H_{36}O_6$, F. 140° (Zers.). *Zwischenprodd.*, bes. zur *Synth. von biol.-akt. Stoffen.* (**A. P. 2 515 901** vom 9/1. 1947, ausg. 18/7. 1950.) Krauss. 4807

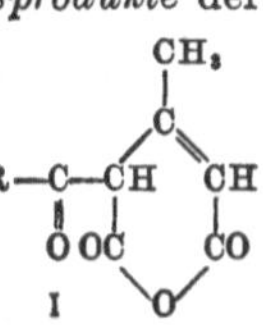

I

William R. Warner & Co., Inc., New York, N. Y., V. St. A. (Erfinder: **H. M. Wuest**), *Herstellung von quaternären Pyridiniumsalzen.* Man setzt 3-Pyridole der allg. Formel I, in der R_3 H, einen niederen aliphat. oder araliphat. KW-stoffrest mit nicht mehr als 10 C-Atomen oder 1 Halogenatom bedeutet — es können auch die einzelnen R_3-Reste verschieden sein — mit Carbamylhalogeniden der allg. Formel II um. In dieser bedeuten R_1 u. R_2 Alkyl-, Aralkyl-, Aryl- oder Hydroarylreste. Diese sollen vorzugsweise nicht über 10 C-Atome enthalten. Die Prodd. haben eine *physostigminartige Wrkg.* u. dienen zur Anregung des *parasympath.* Nervensystems. — Z. B. setzt man Dimethylcarbamylchlorid mit 3-Pyridol in Triäthylamin bei ca. 80° um. Man erhält *3-Pyridoldimethylcarbamylester*, $Kp._{0,3}$ 90°. Dieses Prod. wird dann mit Benzylbromid zu einer quaternären Verb. *1-Benzyl-3-[dimethylcarbamyloxy]-pyridiniumbromid*, F. 115—116°, umgesetzt. In weiteren Beispielen wird beschrieben die Herst. von: *1-Benzyl-3-[dimethylcarbamyloxy]-pyridiniumchlorid*, F. 118—120°; *1-Benzyl-3-[dimethylcarbamyloxy]-pyridiniummonophosphat*, F. 145—146°; *1-Benzyl-3-[dimethylcarbamyloxy]-pyridiniumpikrat*, F. 120—121°; *3-[N-Tetramethylencarbamyloxy]-pyridin*, F. 65—66°; *1-Benzyl-3-[N-tetramethylencarbamyloxy]-pyridiniumbromid*, F. 162—164°; *3-[N-Benzyl-N-methylcarbamyloxy]-pyridin*, $Kp._{0,3}$ 152—154°; *1-Benzyl-*

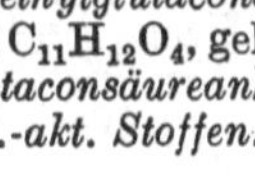

I

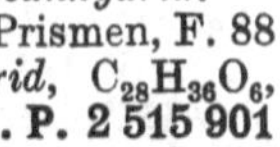

II

3-[N-benzyl-N-methylcarbamyloxy]-pyridiniumbromid, F. 136—137°; *Dibenzylcarbamyloxypyridin*, $Kp._{0,15}$ 182—185°; *1-Benzyl-3-[dibenzylcarbamyloxy]-pyridiniumbromid*; *3-Dimethylcarbamyloxy-1-[2-naphthylmethyl]-pyridiniumchlorid*; *1-Benzyl-3-[dimethylcarbamyloxy]-6-methylpyridiniumbromid*, F. 204—206° u. *3-[Dimethylcarbamyloxy]-1-[p-methoxybenzyl]-pyridiniumbromid*, Öl. (**Schwed. P. 134 712** vom 14/4. 1949, ausg. 4/3. 1952. A. Priorr. 21/4. 1948 u. 4/1. 1949.) JÜRGEN SCHMIDT. 4807

Akt.-Ges. Hommel's Haematogen, Zürich, Schweiz, *3-Piperidino-1-benzyl-1-phenylpropen-(1)*, gelbliches Öl, leicht lösl. in A. u. Ae., Hydrochlorid: F. 241—242° (A.), neutrales Tartrat: F. 154—155°, erhält man durch Dehydratisierung von 30,9 (Teilen) 3-Piperidino-1-benzyl-1-phenyl-1-oxypropan, F. 81—82°, mit 95 (Vol.) Eisessig u. 42 konz. HCl unter Erhitzen, Eindampfen zur Trockne u. Isolierung der freien Base durch Alkalisieren usw. — Phosphorsäure ist zur Dehydratisierung ebenfalls verwendbar. — Die Rk. läßt sich allg. auf 1-Benzyl-1-phenyl-1-oxypropane mit tert. Aminogruppe in 3-Stellung der allg. Formel $C_6H_5CH_2C(C_6H_5)(OH)CH_2CH_2N(R_2)$ (R = Alkyl; die Methylgruppen können durch $-CH_2-$ oder $-O-$ zu einem Heterocyclus verbunden sein) anwenden. — *Spasmolytica, Antihistaminica.* (**Schwz. P. 286 679** vom 1/8. 1950, ausg. 2/3. 1953.) LIPPOLD. 4807

Eli Lilly & Co., Indianapolis, Ind., V. St. A., *Herstellung von 1-Phenyl-1-cyclopentyl-3-piperidinopropanol* (I). Man erhält die *antispasm.* wirkende Verb. durch Zugabe von β-N-Piperidinopropiophenon zu einer Lsg. der GRIGNARD-Verb. von Cyclopentylbromid in Ae. u. Behandeln des Reaktionsprod. mit Wasser. Mit Säuren oder Estern anorgan. Säuren bildet **I** die entsprechenden Salze bzw. quaternären NH_4-Verbb.; F. von **I** 88—89°, $Kp._{0,02}$ 125—135°. (**E. P. 678 951** vom 10/2. 1950, ausg. 10/9. 1952. A. Prior. 22/10. 1949.) LÜTTGEN. 4807

F. Hoffmann-La Roche & Co. Akt.-Ges., Basel, Schweiz, *Herstellung eines neuen Thioamides* durch Umsetzung von Isonicotinsäurenitril mit H_2S in einem NH_3 enthaltenden Alkohol, z. B. Methanol, bei Raumtemperatur. Das gewonnene *Thioisonicotinamid*, F. 203—204°, ist wirksam gegen *Tuberkulose.* (**Oe. P. 175 258** vom 8/7. 1952, ausg. 25/6. 1953. A. Prior. 15/8. 1951.) M. F. MÜLLER. 4807

Cilag Akt.-Ges., Schaffhausen, Schweiz (Erfinder: **H. Suter**), *Herstellung von neuen Phosphonsäurederivaten.* Man setzt Nicotinsäurederivv., bes. Nicotinsäure, deren Anhydrid oder Halogenid oder Ester, z. B. Nicotinsäure-N-oxymethylamid oder Nicotinsäure-N-methyl-N-oxymethylamid oder Nicotinsäure-N-äthyl-N-oxymethylamid, mit

$$R-NH-CH_2P(=O)(OR_2)(OR_3) \quad \text{I}$$

Verbb. der allg. Formel (I) um, in der R ein H-Atom oder eine Alkyl-, Aryl- oder Aralkylgruppe u. R_2 u. R_3 H oder Reste, die leicht in H übergeführt werden können, bedeuten. Hierzu sind bes. geeignet Aminomethylphosphonsäure, Methylaminomethylphosphonsäure, Äthylaminomethylphosphonsäure. Die Prodd. dienen als *Roborantia* oder *Tonica* u. können als Salze von Schwermetallen oral gegeben oder in Form von Na- oder K-Salzen auch injiziert werden. — Z. B. erhitzt man Nicotinsäure mit Aminomethylphosphonsäure. Man erhält ca. 56% *Nicotinylaminomethylphosphonsäure*, F. 232—233° (Zers.). Weiter wird die Herst. beschrieben von *N-Nicotinyl-N-methylaminomethylphosphonsäure*, F. 181°; *N-Nicotinyl-N-äthylaminomethylphosphonsäure*, F. 185—186°. (**Schwed. P. 134 716** vom 25/10. 1950, ausg. 4/3. 1952. Schwz. Prior. 5/11. 1949.) JÜRGEN SCHMIDT. 4807

Eli Lilly & Co., Indianapolis, Ind., V. St. A., *Herstellung von Alkoxybenzylisochinolinen.* Man läßt α-Methylhomoveratrylamin in der Hitze mit substituierter Phenylessigsäure reagieren, bewirkt Ringbldg. mittels $POCl_3$ u. dehydriert das gebildete Alkoxybenzyldihydroisochinolin mit Pd. Man erhält *antispasm.* u. als *Coronarvasodilatoren* wirkende Verbb., z. B. *6.7-Dimethoxy-3-methyl-1-(4'äthoxy-3'-methoxybenzyl)-isochinolin*, F. 124—125°, *Hydrochlorid*, F. 196—208°; *6.7-Dimethoxy-3-methyl-1-(3'-methoxy-4'-isopropoxybenzyl)-isochinolinhydrochlorid*, F. 206—208°; *6.7-Dimethoxy-3-methyl-1-(4'-äthoxy-3'-methoxybenzyl)-isochinolinphosphat*, F. 197—199°; *6.7-Dimethoxy-3-methyl-1-(3'-methoxy-4'-isopropoxybenzyl)-isochinolinhydrochlorid*, F. 206—208°. (**E. P. 674 800** vom 12/9. 1950, ausg. 2/7. 1952. A. Prior. 9/11. 1949.) LÜTTGEN. 4807

Rudolf Grewe, Kiel, *Herstellung von Morphinan* (**I**), dad., daß man Cyclohexanoncarbonsäureäthylester mit Cyanessigsäureäthylester kondensiert, das Kondensationsprod. *2-Carbäthoxycyclohexylidencyanessigsäureäthylester* mit konz. HCl verseift, die entstandene ungesätt. Dicarbonsäure (2-Carboxycyclohexenessigsäure) durch Erhitzen mit $(NH_4)_2CO_3$ in *1.3-Dioxy-5.6.7.8-tetrahydroisochinolin* überführt, worauf man das Dichlorprod. durch Entfernen der Oxygruppen aus der Dioxyverb. mit $POCl_3$ erhält, aus dem man die beiden Chloratome reduktiv entfernt, das erhaltene 5.6.7.8-Tetrahydro-

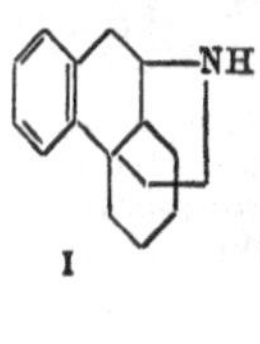

I

isochinolin mit CH_3J u. $C_6H_5CH_2MgBr$ in *1-Benzyl-2-methyl-1.2.5.6.7.8-hexahydroisochinolin* u. dieses anschließend durch katalyt. Hydrierung in saurer Lsg. in die Oktahydrobase (*1-Benzyl-2-methyl-1.2.3.4.5.6.7.8-octahydroisochinolin*) überführt, aus welcher man durch Erhitzen mit etwa der 10fachen Menge konz. H_3PO_4 auf 150° durch Umlagerung *N-Methylmorphinan* erhält, aus dem die am N gebundene Methylgruppe über die Cyanverb. (*N-Cyanmorphinan*) abgespalten wird. I ist ein farbloses Öl vom $Kp._{0,05}$ 115°. Das N-Methylderiv. des I hat *schmerzlindernde Wrkg. wie Morphin.* (**D. B. P. 823 596** Kl. 12p vom 2/10. 1948, ausg. 6/12. 1951.) K. HEINZE. 4807

Farbenfabriken Bayer, Leverkusen, *1-Benzyl-bz-tetrahydroisochinolon-(3)*, F. 245°, erhält man durch Kondensation von Δ 1.2-Cyclohexenyl-(2)-acetonitril mit Phenacetylchlorid in Ggw. von $AlCl_3$ in CS_2 zu 1-Phenacetylcyclohexenyl-(2)-acetonitril, $Kp._{0,4}$ 173°, Öl, u. dessen Umlagerung mit der 3—4fachen Menge sirupöser H_3PO_4 oder einer anderen starken Säure unter Erwärmen. — *Zwischenprod.* für die Synth. von Substanzen der *Morphinreihe.* (**Schwz. P. 286 496** vom 31/10. 1952, ausg. 16/2. 1953.) LIPPOLD. 4807

American Cyanamid Co., New York, N. Y., V. St. A., *1-Diäthylcarbamyl-4-äthylthiocarbamylpiperazin,* F. 88°, erhält man durch Rk. von 1-Diäthylcarbamylpiperazin mit C_2H_5NCS. — *Analgeticum.* (**Schwz. P. 288 022** vom 27/1. 1950, ausg. 16/4. 1953. A. Prior. 16/2. 1949.) BRÖSAMLE. 4807

Ciba Akt.-Ges., Basel, Schweiz (Erfinder: **J. Druey**), *Herstellung von neuen Kondensationsprodukten von 2-Sulfanilamidopyrimidin.* Man kondensiert 2-Sulfanylamidopyrimidin mit CH_2O u. Propanol zu einer Verb. der Formel I, F. 151—153°. Das Prod. dient als *Heilmittel.* An Stelle von CH_2O kann man auch Paraformaldehyd oder Hexamethylentetramin verwenden. (**Schwed. P. 134 717** vom 6/11. 1950, ausg. 4/3. 1952. Schwz. Prior. 16/12. 1949.) JÜRGEN SCHMIDT. 4807

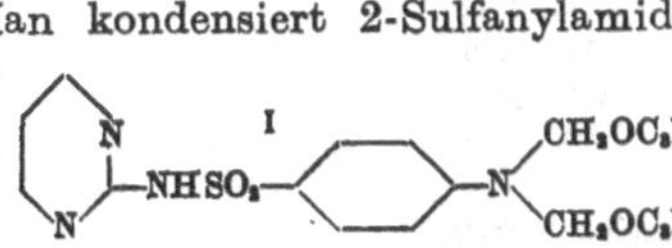

N. V. Organon, Oss, Holland, und **British Drug Houses Ltd.,** London, England, *Wasserlösliche Äther aus Vitamin-A-Alkohol* (**I**) durch Veräthern mit Polyoxyalkylhalogeniden (**II**) bzw. inneren Äthern von **II**, deren freie OH-Gruppen durch Alkylierung geschützt sind, in Chinolin u. Ae. bzw. CCl_4 u. in Ggw. von Ag-Carbonat u. anschließendes Freisetzen der OH-Gruppen. — Z. B. wird ein Mol **I** in Chinolin u. Ae. oder CCl_4 gelöst, mit frisch gefälltem Ag-Carbonat versetzt u. mit 1 Mol Acetylbromglucose geschüttelt. Aufarbeitung ergibt das *Tetraacetylglucosid* des **I.** Durch schonende Hydrolyse mit verd. Alkali werden die Acetylgruppen abgespalten u. man erhält das freie Glucosid des **I.** Beständige Lsg. in W. — Therapeut. Wirkung. (**E. P. 643 056** vom 16/2. 1948, ausg. 15/9. 1950.) K. HEINZE. 4809

Aktieselskabet Ferrosan, Kopenhagen, Dänemark, *Herstellung pulverförmiger haltbarer Vitamin-A- oder β-Carotin-Präparate* durch Vermischen des in Öl oder organ. Lösungsm., wie CH_3OH, gelösten Vitamins oder Provitamins mit durch Zerstäubungstrocknung gewonnenem Eidotter- oder Volleipulver, dem das Lecithin gegebenenfalls ganz oder zum Teil entzogen ist. Es können Vitamin-D-Lsgg. oder Weizenkeimpulver zugemischt werden. — Beständig gegen Oxydation. (**D. B. P. 873 438** Kl. 30h vom 28/1. 1951, ausg. 13/4. 1953. **E. P. 692 734** vom 30/1. 1951, ausg. 10/6. 1953. Beide Dän. Prior. 2/2. 1950.) K. HEINZE. 4809

Ortho Pharmaceutical Corp., Raritan, N. J., V. St. A. (Erfinder: **W. Oroshnik**), *Herstellung von Verbindungen mit Vitamin-A-Wirkung.* Man unterwirft Verbb. der allg. Formel I, in der R einen KW-stoffrest bedeutet, einer Isomerisierung u. gegebenenfalls einer Dehydratisierung. Hierbei führt man die Isomerisierung mit Hilfe von starkem Alkali durch. Die Dehydratisierung wird vorzugsweise in einem neutralen Milieu durchgeführt. — Z. B. hydriert man die Verb. **I**, worin R CH_3 bedeutet, über RANEY-Ni zur Verb. **II**, $Kp._{0,001}$ 100°, u. behandelt dieses Prod. in Methanol mit Na-Methylat unter Kochen am Rückflußkühler. Man erhält die Verb. **III**, $Kp._{0,001}$ 105 bis

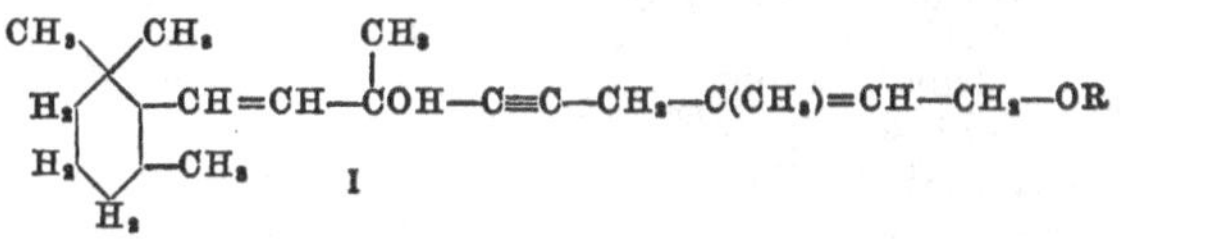

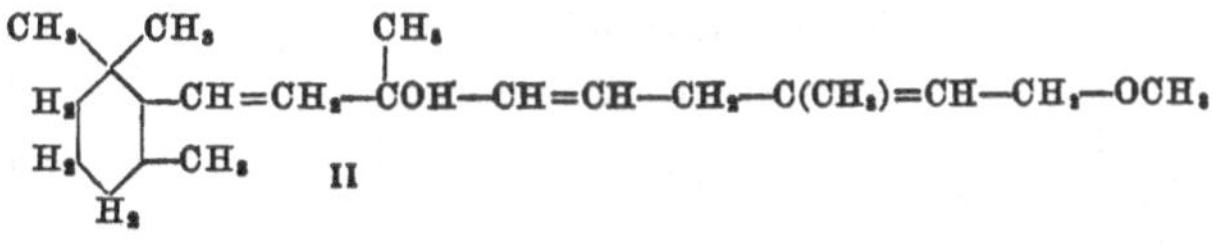

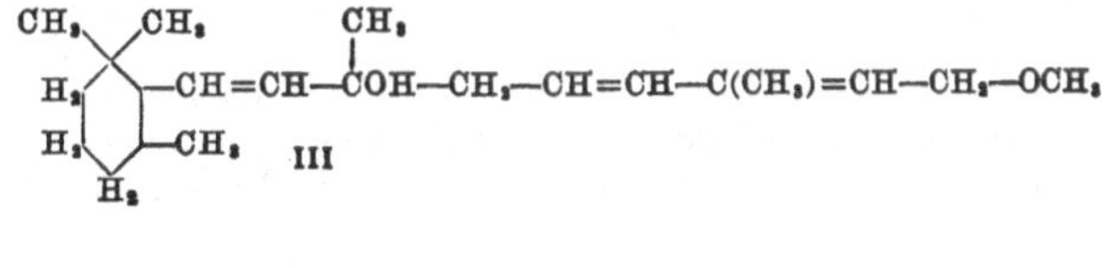

115°. Diese Verb. wird fraktioniert, wobei eine Fraktion mit einem Brechungsindex von 1,5220 bei 20° erhalten wird, die eine maximale Absorptionsbande bei 2370 Å u. einen mol. Extinktionskoeff. von 22280 aufweist. Dieses Prod. wird durch Kochen mit p-Toluolsulfonsäure unter Rückfluß zu Vitamin-A-Methyläther dehydratisiert, Brechungsindex bei 20° 1,618, Absorptionsbandenmaxima bei 3320, 3480 u. 3670 Å. (**Schwed. P. 134 708** vom 20/1. 1948, ausg. 4/3. 1952. A. Prior. 3/10. 1947.) JÜRGEN SCHMIDT. 4809

Roy M. Johnson, übert. von: **Merton A. Searle,** Lincoln, Nebr., V. St. A., *Mit Vitaminen behandeltes Tafelsalz.* Das Tafelsalz wird mit Vitaminen in Pulverform überzogen. Die Teilchen des Pulvers sind im Verhältnis zu den Salzkristallen klein. Als Vitamine sind genannt: B_1, B_2 u. C oder Mischungen derselben. (**Can. P. 482 908** vom 27/4. 1951, ausg. 29/4. 1952.) WITTHOLZ. 4809

American Cyanamid Co., New York, N. Y., übert. von: **Angela A. Goldman,** River Edge, N. J., und **Coy W. Waller,** Nanuet, N. Y., V. St. A., *Pteridinderivate.* Durch Rk. von *2-Acetylamino-6-oxy-8-methylpteridin* (I) in Eisessig mit Br_2 bei 60—120° erhält man das *Perbromid* von I. Dieses reagiert mit p-Aminobenzoylglutaminsäure in wss. Lsg. bei p_H 3—4 unter Bldg. von *2-Acetylpteroylglutaminsäure,* mit p-Aminobenzamid unter Bldg. von *2-Acetylpteramid.* (**A. PP. 2 615 890** u. **2 615 891** vom 11/1. 1951, ausg. 28/10. 1952.) BRÖSAMLE. 4809

Allen & Hanburys Ltd., London, England, *Substituierte Pteridine,* die als Antagonisten der Folsäure *therapeut.* Verwendung finden, erhält man durch Rk. von 2.4.5.6-Tetraminopyrimidin (I) mit α-Diketonen, z. B. *2.6-Diamino-8.9-di-n-butylpteridin,* F. 180°, aus I u. Decan-5.6-dion; oder *2.6-Diamino-8.9-dipropylpteridin* aus I u. Octan-4.5-dion. Analog: *2.6-Diamino-8.9-diamylpteridin,* F. 160°; *2.6-Diamino-8.9-diisobutylpteridin,* F. 218°; *2.6-Diamino-8.9-dibenzylpteridin,* F. 258° (Zers.); *2.6-Diamino-8.9-dicyclohexylmethylpteridin,* F. 230°, aus I u. 1.4-Dicyclohexylbutan-2.3-dion. (**E. P. 692 630** vom 3/10. 1950, ausg. 10/6. 1953. **Zusatz zu E. P. 656 769; C. 1953. 2967.**) BRÖSAMLE. 4809

Merck & Co., Inc., Rahway, N. J., V. St. A., *5.6-Dimethylbenzimidazol* erhält man durch Rk. von 4.5-Diamino-1.2-dimethylbenzol mit Ameisensäure. F. 204—205°. Die Salze, bes. das Hydrochlorid, Hydrobromid u. Sulfat, sind sehr beständig. — *Wachstumsfördernde* Wirkung. (**E. P. 678 179** vom 1/3. 1950, ausg. 27/8. 1952. A. Priorr. 31/3. u. 26/5. 1949.) BRÖSAMLE. 4809

Roche Products Ltd., Welwyn Garden City, Hertfordshire, England, *dl-3.4-(2'-Ketoimidazol)-tetrahydrofuran-2-valeriansäure,* das O-Analoge des Biotins, wirkt gleichfalls *wachstumsfördernd.* Zu seiner Herst. hydriert man 1.3-Diacetyl-4-acetoxymethyl-5-imidazolon-2-ε-ketocapronsäureäthylester, verseift das erhaltene Prod. u. hydriert die hierbei gebildete 4-Oxymethyl-5-imidazolon-2-ε-ketocapronsäure. (**E. P. 639 149** vom 7/8. 1947, ausg. 21/6. 1950. A. Prior. 30/7. 1945.) BRÖSAMLE. 4809

British Drug Houses Ltd., London, England, *Gewinnung von Vitamin B_{12}* aus Vitamin B_{12b} (I) dadurch, daß I mit NH_3 umgesetzt u. dann mit lösl. Cyaniden behandelt wird. I kann in fl. wasserfreien NH_3 oder in alkoh. oder wss. NH_3-Lsg. behandelt werden. Die Lösungsmittel werden abgetrieben, dann wird mit wss. HCN umgesetzt. Nach Ansäuern wird entstandenes Vitamin B_{12} mit Phenol extrahiert. (**D. B. P. 876 442** Kl. 30h vom 6/11. 1951, ausg. 11/5. 1953. E. Priorr. 6/11. 1950 u. 22/10. 1951.) K. HEINZE. 4809

Simon L. Ruskin, New York, N. Y., V. St. A., *Nicht hygroskopisches, kristallines Ca-Ascorbinatdihydrat* $(C_6H_7O_6)Ca \cdot 2\,H_2O$, $[\alpha]_D^{20}$ 95,6° (c = 2,4 W.). Die aus Ascorbinsäure u. $CaCO_3$ erhaltene Ca-Ascorbinatlsg. wird nur mit soviel A. oder Aceton versetzt, daß noch keine Fällung erfolgt, u. anschließend mit Ca-Ascorbinatkristallen geimpft. (**A. P. 2 596 103** vom 28/3. 1947, ausg. 13/5. 1952.) KRAUSS. 4809

Schering Corp., Bloomfield, übert. von: **Erwin Schwenk,** Montclair, N. J., V. St. A., *12-Ketosteroidcarbonsäuren und deren Ester* gewinnt man durch Erhitzen eines 12-Ketosteroids, das in 3-Stellung eine OH- oder darin durch Hydrolyse überführbare Gruppe u. in 17-Stellung die Gruppe —COY oder —CH(CH_3)—(CH_2)$_x$—COY (Y = OH oder Alkoholrest, x = 0—2) enthält, mit SeO_2 oder H_2SeO_3 in einem Lösungsm., wobei unter Dehydrierung eine Doppelbindung zwischen C_9 u. C_{11} gebildet wird nach dem nebenst. Reaktionsschema.

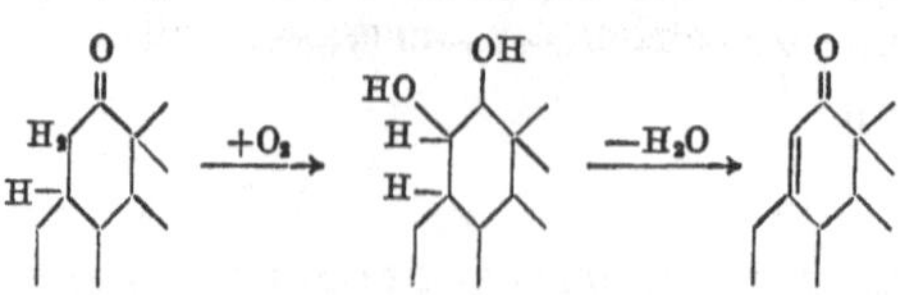

3-Acetoxy-12-ketocholansäure wird in Essigsäure mit H_2SeO_3 8 Std. erhitzt. Nach dem Verseifen erhält man *3-Oxy-$\Delta^{9(11)}$12-ketocholensäure,* F. 173,5—174,5°. — 3-Succinoxy-

12-ketocholansäure → *3-Succinoxy-$\Delta^{9(11)}$-12-ketocholensäure*, F. 233,5°—235,5 → *3-Oxy-12-ketocholensäuremethylester*, F. 115—118°, → *3-Acetoxyderiv.*, F. 148—149°. — 3-Acetoxy-12-ketonorcholansäure → *3-Oxy-$\Delta^{9(11)}$-12-ketonorcholensäure*, F. 253 bis 254,5°. — *3-Oxy-$\Delta^{9(11)}$-12-keto-bis-norcholensäure*, F. 294—296°. — 3-Acetoxy-12-ketoätiocholansäure → *3-Oxy-$\Delta^{9(11)}$-12-ketoätiocholensäure* → *3-Acetoxyderiv.*, $C_{22}H_{30}O_5$ F. 214,3—214,8° bzw. 210,3—212°, $[\alpha]_D$ +142° (Dioxan). (**A. P. 2 581 448** vom 12/6. 1947, ausg. 8/1. 1952.) Krauss. 4809

Laboratoires Français de Chimiothérapie, Paris, Frankreich (Erfinder: **L. Velluz** und **G. Muller**), *Herstellung von 3.17-Dioxy-17-acetyl-Δ-1.3.5-östratrien* (**I**). Man hydratisiert Äthinylöstradiol in Ggw. von Hg-Salzen von p-Toluolsulfamid. Anschließend wird die Additionsverb. gespalten. — Z. B. kocht man beide Komponenten ca. 7 Tage am Rückflußkühler in 95%ig. A., kühlt ab, filtriert, wäscht mit A. aus, dest. den A. ab, behandelt mit Essigsäure u. extrahiert den Rückstand mit warmen W. u. schließlich auf dem Wasserbad mit verd. HCl in Ggw. von Benzol. Das so erhaltene **I** schm. ab 216—240°. Opt. Drehung bei der Na-Linie in Aceton +35°. (**Schwed. P. 134 710** vom 1/4. 1950, ausg. 4/3. 1952. F. Prior. 14/6. 1949.) Jürgen Schmidt. 4809

Wisconsin Alumni Research Foundation, übert. von: **Jack W. Petersen,** Berkeley, Calif., **William S. Johnson** und **Carl David Gutsche,** Madison, Wis., V. St. A., *Equilenin* (**I**) und *Desoxyequileninsynthese*. 1-Keto-7-R-1.2.3.4-tetrahydrophenanthren (R = H, Alkoxy, Aralkoxy) wird mit Alkylformiat in Ggw. von Na-Methylat zu 1-Keto-2-oxymethylen-7-R-1.2.3.4-tetrahydrophenanthren kondensiert, das mit Hydroxylaminhydrochlorid in Essigsäure 10.11-Dihydro-7-R-phenanthro-[2.1-d]-isoxazol liefert. Dieses gibt beim Behandeln mit Alkalialkoholat in Bzl. u. Methylhalogenid (über 2-Cyan-1-keto-7-R-2-Na-1.2.3.4-tetrahydrophenanthren) 2-Cyan-1-keto-7-R-2-methyl-1.2.3.4-tetrahydrophenanthren. Durch Kondensation mit Dialkylsuccinat in Ggw. eines tert. Alkalialkoholats u. anschließendem Ansäuern mit Mineralsäure erhält man daraus 15-Carbalkoxy-14.15-dehydro-**I**-äther oder 15-Carbalkoxy-14.15-dehydrodesoxy-**I**, deren freie Säuren beide bei der Decarboxylierung im Vakuum 2 isomere Dehydro-**I**-äther bzw. Dehydrodesoxy-**I** liefern, die sich lediglich in der Doppelbindung in 14.15- oder 15.16-Stellung voneinander unterscheiden. Durch katalyt. Hydrierung mit Pd-Kohle erhält man daraus rac. **I**-Äther bzw. Desoxy-**I** oder Desoxyiso-**I**, die durch fraktionierte Kristallisation voneinander getrennt werden können. — 1-Keto-7-methoxy-1.2.3.4-tetrahydrophenanthren → 1-Keto-2-oxymethylen-7-methoxy-1.2.3.4-tetrahydrophenanthren, $C_{16}H_{14}O_3$, F. 130—131,5°, → 10.11-Dihydro-7-methoxyphenanthro-[2.1-d]-isoxazol, $C_{16}H_{13}O_2N$, F. 139,5—140°, → *2-Cyan-1-keto-7-methoxy-2-Na-1.2.3.4-tetrahydrophenanthren* → *2-Cyan-1-keto-7-methoxy-1.2.3.4-tetrahydrophenanthren*, $C_{16}H_{13}O_2N$, F. 169,5 bis 171°, → *2-Cyan-1-keto-7methoxy-2-methyl-1.2.3.4-tetrahydrophenanthren*, $C_{17}H_{15}O_2N$, F. 135—137,5°, → *15-Carbäthoxy-14.15-dehydro-**I**-methyläther*, $C_{22}H_{22}O_4$, F. 183,6 bis 184,2° (*Methylester*, $C_{21}H_{20}O_4$, F. 170—171°. *tert. Butylester*, $C_{24}H_{26}O_4$, F. 191,5—193°) → 15-Carboxy-15.16-dehydro-I-methyläther, $C_{20}H_{18}O_4$, F. 196,5—197,5°, → *14.15-Dehydro-**I**-methyläther*, $C_{19}H_{18}O_2$, F. 161,5—162,5° → rac. **I**-*Methyläther*, F. 189—190,5°. — 1-Keto-2-oxymethylen-1.2.3.4-tetrahydrophenanthren, F. 82—83°, → 10.11-Dihydrophenanthro-[2.1-d]-isoxazol, $C_{15}H_{11}ON$, F. 109,8—110,5°, → *2-Cyan-1-keto-1.2.3.4-tetrahydrophenanthren*, $C_{15}H_{11}ON$, F. 128—129°, → *2-Cyan-1-keto-2-methyl-1.2.3.4-tetrahydrophenanthren*, $C_{16}H_{13}ON$, F. 126—127°, → *15-Carbäthoxy-14.15-dihydrodesoxy-**I***, $C_{21}H_{20}O_3$, F. 152,5—153,5°, → *15-Carboxy-15.16-dihydrodesoxy-**I***, $C_{19}H_{16}O_3$, F. 228—231°, → *14.15-Dehydrodesoxy-**I***, $C_{18}H_{16}O$, F. 136,8—138° bzw. *15.16-Dehydrodesoxy-**I***, $C_{18}H_{16}O$, F. 100,5—102°, → *Desoxy-**I***, F. 189—191°, bzw. Desoxyiso-**I**, F. 100—102°. (**A. PP. 2 527 999** u. **2 528 000** vom 1/10. 1946, ausg. 31/10. 1950.) Krauss. 4809

St. Louis University, St. Louis, **Edward Adalbert Daisy** und **Philip Aaron Katzman,** Webster Groves, Mo., V. St. A., *Gewinnung von gonadotropen Hormonen* aus Schwangerenharn (**I**) durch Adsorption an einen Basenaustauscher, z. B. Zeolith (**II**), Entfernen der Verunreinigungen mit 60—95%ig. NH_4-Salz enthaltenden A. u. Eluieren der Hormone mit 10—50%ig. A., der NH_4-Ionen enthält. — Z. B. wird **I** auf p_H 3,5 angesäuert, geklärt u. durch eine Säule von synthet. **II** bzw. Na-Al-Silicat perkoliert. Nach Auswaschen mit W. werden die Verunreinigungen mit einer Lsg. von NH_4-Acetat (**III**) in W. u. A. (95%) eluiert. Die Hormone werden mit einer Lsg. von **III** in W. u. A. eluiert u. dann aufgearbeitet. (**E. P. 644 060** vom 7/8. 1947, ausg. 4/10. 1950. A. Prior. 20/3. 1942.) K. Heinze. 4809

Farbwerke Hoechst, vormals Meister Lucius & Brüning (Erfinder: **Fritz Lindner**), Frankfurt/M., *Gleichzeitige Gewinnung von Fermenten und Insulin* aus Pankreas durch Extraktion der Fermente der zerkleinerten Drüsen mit wss. verd. Säuren, wie n/4 HCl, unter Kühlung in Ggw. von Neutralsalzen, wie $(NH_4)_2SO_4$, u. Aufarbeiten des Rückstandes auf Insulin. (**D. B. P. 874 062** Kl. 30h vom 21/11. 1942, ausg. 20/4. 1953.) K. HEINZE. 4809

Wyeth, Inc., Philadelphia, Pa., V. St. A., *Injizierbare Pektin-Penicillin-Lösung* durch Suspendieren von feinstgemahlenem Pektin u. Lösen von Penicillin (**I**) in einem Pflanzenöl, z. B. Erdnußöl (**II**), welches 5—15% gehärtetes **II** enthält. An Stelle von I kann Streptomycin verwendet werden. — Protrahierte Wirkung. (**E. P. 644 081** vom 25/11. 1947, ausg. 4/10. 1950. A. Prior. 25/8. 1947.) K. HEINZE. 4811

G. Analyse. Laboratorium.

José M. Pertierra, *Anwendung statistischer Methoden in der analytischen Chemie und bei Fabrikationsverfahren.* Unter Hinweis auf den Zweck statist. Methoden, nämlich die Planung von Unterss. mit geringstem Arbeitsaufwand, werden die Begriffe erörtert u. die Methoden dargelegt, 1. um zu unterscheiden, ob Abweichungen der Ergebnisse zufalls- oder einflußbedingt u. von welcher Größe (Einzel- u. Durchschnittsfehler) sie sind, 2. um verschied. Einflüsse nebeneinander in ihrer Größe einzeln u. zusammenwirkend zu bestimmen (Varianzanalyse), 3. um die Art des Zusammenwirkens verschied. Variabeln durch die Regressionslinie festzulegen. 16 Rechenbeispiele aus der analyt. Chemie, 4 zur Fabrikationskontrolle (davon 2 mittels der Kontrollkarte) u. 1 aus der Biologie. — 36 Literaturhinweise. (Inform. Quím analít. **6.** 117—28. Juli/Aug. 154—66. Sept./Okt. 183—96. Nov./Dez. 1952. Barcelona, Univ., Cátedra Quím. técn.) METZENER. 5000

Klaus Clusius, *Die Anlage für flüssigen Wasserstoff an der Universität Zürich.* Auf 1,5 ata entspannter u. durch sd. N_2 auf 65° K vorgekühlter techn. Bomben-H_2(I) wird auf ca. 40° K abgekühlt, wobei alle gasförmigen Verunreinigungen sich in fester Form abscheiden. Dann wird der I wieder auf 65° K erwärmt u. kalt mit dem unverflüssigt gebliebenen Kreislauf-H_2 vermischt. Der verflüssigte H_2 ist frei von jeder Trübung. (Chimia [Zürich] **7.** 80—82. 11/4. 1953. Zürich, Physikal.-Chem. Inst. der Univ. Zürich.) OPPERMANN. 5006

J. Martin, *Vorrichtung für einen regelmäßigen, konstanten Gasstrom von reinem Stickstoffdioxyd.* Vf. beschreibt eine Anordnung, mit der ein regelmäßiger, konstanter Gasstrom von reinem NO_2 aus SO_2 u. HNO_3 erhalten werden kann. SO_2 strömt konstant aus einem Behälter in einen Kolben, gefüllt mit reiner konz. HNO_3, der in einen auf 80° gehaltenen Thermostaten eintaucht. Oberhalb des Kolbens schließt ein Rückflußkühler an, der die mitgerissene HNO_3 kondensiert zurückfließen läßt. Die Gase gehen dann in eine mit konz. HNO_3 gefüllte Waschflasche, die ebenfalls in den Thermostaten eintaucht u. mit einem Rückflußkühler versehen ist. Die Gase, die aus diesem Rückflußkühler austreten, werden durch einen Strömungsmesser gemessen u. bestehen prakt. aus reinem N_2O_4. Verunreinigungen werden zu 0,2% angegeben. (Bull. Soc. chim. France, Mém. [5] **18.** 520—21. Juli/Aug. 1951. Soc. d'Études Chim. pour l'Industrie et l'Agricult., S. E. C. P. I. A.) HILDEGARD SCHULZ. 5006

H. C. S. Snethlage, *Über eine Formel zur Berechnung der Anfangsnachfließgeschwindigkeit von Wasser in senkrechten, zylindrischen Glasrohren (Büretten und Pipetten) und über die zweckmäßigste Pipettenform.* Eine Formel zur Berechnung der Geschwindigkeit des während des Auslaufens nachlaufenden W. in Büretten u. Pipetten wird abgeleitet, u. die für die Reproduzierbarkeit günstigen Bedingungen werden angegeben. (Chem. Weekbl. **48.** 799—800. 25/10. 1952.) WESLY. 5014

Helmut Kolling, *Einige Meßergebnisse aus der Praxis der Laboratoriumsdestillation.* Mit einer eingehend beschriebenen App. wurden die Destillationsvorgänge untersucht. Die Unterss. beziehen sich auf die Abhängigkeit der Kolonnenbelastung von Differenzdruck für verschied. Füllkörper, wie 2 mm-Wendeln, MAC MAHON-Körper, STEDMAN-Körper, CANNON-Körper, 4 mm-Wendeln, ihre Wirksamkeit in Abhängigkeit von der Belastung, den günstigsten Belastungsbereich, Kolonnenbelastung bei gleichem Differenzdruck u. verschied. Einsatzprodd. u. die Dest. bei vermindertem Druck. Alle Ergebnisse, bes. an verschied. KW-stoffgemischen, sind durch zahlreiche Kurven belegt. (Chemie-Ing.-Techn. **24.** 405—11. Juli 1952. Duisburg, Ruhrchemie A. G. Oberhausen-Holten, Labor.) MIETHING. 5038

T. H. J. Huisman, *Eine einfache Vorrichtung zum Trocknen bei verhältnismäßig niedriger Temperatur mit Hilfe von warmer Luft.* Ein oder mehrere „Haartrockner" ragen von oben in einen Brutofen u. bewirken rasche Trocknung des zu trocknenden Gutes, bes. des für die Papierchromatographie verwendeten, senkrecht aufgehängten Filterpapiers bei 50—60°. Die warme, mit Feuchtigkeit beladene Luft entweicht durch

Öffnungen am unteren Rand des Brutofens. Mit einem Relais mit Kontaktthermometer läßt sich die Wärmezufuhr selbsttätig regeln. — Abbildung. (Chem. Weekbl. **48.** 185—86. 29/3. 1952.) WESLY. 5048

J. T. Randall, *Mikroskopische Apparate — Entwurf von Instrumenten und Technik. Einführung. Optische Methoden in der Cytologie.* Symposium über die verschied. mkr. u. mikrospektrograph. Methoden u. Prinzipien für biol. Unterss., bes. von Zellen, über den gesamten Wellenlängenbereich von der Elektronen- bis zur Infrarotmikroskopie. (Discuss. Faraday Soc. **1950.** Nr. 9. 353—60. London, King's Coll., Wheatstone Phys. Labor.) LINDBERG. 5056

K. P. Norris und **M. H. F. Wilkins,** *Ein Reflexionsmikroskop der numerischen Apertur 1,3.* (Vgl. vorst. Ref.) Prinzip u. Aufbau eines Mikroskops mit einem polychromat. UV-Objektiv der numer. Apertur 1,3 wird beschrieben. Durch Zusatz einer Immersionslinse (Amicilinse) aus geschmolzenem Quarz zum Reflexionsmikroskop (numer. Apertur $<$0,7) wird die höchste, auf lebende Zellen anzuwendende numer. Apertur von 1,3 erreicht. Das Objektiv ist frei von sphär. Aberration. (Discuss. Faraday Soc. **1950.** Nr. 9. 360—63. London, King's Coll., Wheatstone Phys. Labor., u. Med. Res., Counc. Biophys. Res. Unit.) LINDBERG. 5056

M. H. F. Wilkins, *Einige mikrospektrographische Aspekte.* (Vgl. vorst. Ref.) Theoret. Betrachtung der Grenzen u. Fehlerquellen in der Mikrospektrographie. Diskussion folgender Einflüsse: minimale Objektgröße, die bei einer numer. Apertur von 1,3 mit 3—4 λ angegeben wird, hohe numer. Apertur, Aberration im Objektiv, defokussiertes brechendes u. nichtbrechendes Objekt u. Dichroismus am Beispiel der Nucleinsäure. (Discuss. Faraday Soc. **1950.** Nr. 9. 363—69.) LINDBERG. 5056

N. M. Gopstein und **F. S. Pedoss,** *Photoelektrisches integrierendes Schema für die Spektralanalyse.* Zur photoelektr. Best. der Zus. bin. Legierungen wurde eine Anordnung entwickelt, bei der der Photostrom einen Kondensator auflädt u. dieser mittels eines Galvanometers gemessen wird. Für das Spiegelgalvanometer bei 10 Sek. Aufladungszeit wurde eine Genauigkeit bis zu 0,1% erzielt. (Заводская Лаборатория [Betriebs-Lab.] **16.** 1264—65. Okt. 1950. Staatl. Opt. Inst.) WIEDEMANN. 5063

J. A. Smit, *Spektralgerät, Lichtnachweis und Intensitätsmessung.* Übersicht über Grundlagen der Spektralgeräte, verschied. Filterarten, Intensitätsmessung u. Eichung der Geräte. (Chem. Weekbl. **48.** 703—05. 20/9. 1952.) WESLY. 5063

Heinrich Kaiser, *Bemerkungen zur spektrochemischen Spurenanalyse.* Zusammenfassender Bericht über techn. u. method. Fortschritte bei der Probevorbereitung, der Auswahl u. dem Betrieb der Lichtquelle, der spektrograph. App. sowie der Eichung u. Auswertung. (Z. Erzbergbau Metallhüttenwes. **5.** 138—41. April 1952. Dortmund, Staatl. Materialprüf.-Amt Nordrhein-Westfalen.) BOYE. 5063

Gerhard Hansen, *Über die Ausleuchtung von Spektralapparaten.* Wenn bei Absorptionsmessungen wenig Substanz zur Verfügung steht u. große Schichtdicken verwendet werden müssen, soll mit einem minimalen Flüssigkeits- oder Gasvol. die Leistung des Spektralapp. voll ausgenutzt werden. Dieses minimale Vol. wird erreicht, falls der Lichtleitwert von Küvette u. Kollimator übereinstimmt. Bei gleichem Lichtleitwert u. Schichtdicke hat dasjenige Gefäß minimales Vol., dessen Abschlußfenster gleich sind; auf die Gestalt der Flächen kommt es nicht an. Unter Verzicht auf restlose opt. Ausnutzung der vorhandenen Substanzmenge kann man mit kreisförmigen Querschnitten arbeiten. Theoret. wird die Minimumbedingung mit rechteckigen Grenzflächen erreicht. Um die bei einfacher ähnlicher Abb. auftretenden unbequemen Küvettenformen zu vermeiden, kann man eine unähnliche (anamorphot.) Abb. verwenden, bei der die Abbildungsmaßstäbe in den beiden zueinander senkrechten Hauptschnitten verschieden sind. (Gazz. chim. ital. **82.** 461—67. Juli/Sept. 1952. Oberkochen, Zeiss-Opton.) SCHÖTTLER. 5063

Fr. Macher, *Der Niederspannungsfunken als Lichtquelle der quantitativen Spektralanalyse.* 2. Mitt. *Die Untersuchung des Hüttenaluminiums.* (1. vgl. Analytica chim. Acta [Amsterdam] **3.** [1949.] 228.) Vf. untersucht die Anwendungsmöglichkeiten u. Brauchbarkeit des Niederspannungsfunkens für die quantitative Analyse. Die Anregung des Niederspannungsfunkens erfolgt nach PFEILSTICKER (C. **1941.** II. 2845). Zur Aufnahme diente ein ZEISS-Quarzspektrograph Q 12. Untersucht wurde 99,99 u. 99,6%ig. *Al* mit Spuren von *Si, Fe, Cu, Ti, Mn.* Um die Versuchsbedingungen festzulegen, die die größte Empfindlichkeit der Anregung bestimmen, wurden die Veränderungen der Schwärzungsunterschiede bei Veränderung der Kapazität (10—80 μF), der Selbstinduktion (0,1—0,9 mH), des Elektrodenabstandes (2,0—3,0 mm), der Spannung des Ladestromes (110 u. 220 V ~), der Intensität des Ladestromes (0,03—0,05 A/μF) u. der

Vorfunkzeit (120—240″) untersucht. Die besten Ergebnisse wurden erzielt bei Verwendung von: 40 μF, 0,4 mH, 3 mm (Schwankungen beeinflussen kaum), 110 V ~, 0,05 A/μF, 180″ u. einer Belichtungszeit von 20—45″. Für den TESLA-Kreis werden folgende Daten gegeben: 1,0 A, 3000 pF, 11 KV. Der mittlere Fehler beträgt: Si ±5,0%, Fe ±7,0%, Cu ±8,0%, Ti ±10,0% u. Mn ±4,5%. Die Verss. bestätigten, daß diese Meth. zur quantitativen Unters. von Hütten-Al geeignet ist. (Acta techn. Acad. Sci. hung. **4.** 145—54. 1952. Sopron, Lehrstuhl für analyt. Chem.) MOSLÉ. 5063.

Joseph Fischer, *Der heutige Stand der Photometrie.* 1. Mitt. *Methoden und Apparate.* Es werden zunächst die Meßtechniken, 1. die Colorimetrie mit echten Vergleichslsgg. u. künstlichen Standards, 2. die Photometrie mit Erörterung der Charakteristik der Farblsgg., der Charakteristik des Meßlichtes, der Meßanordnungen u. Lichtmeßvorrichtungen besprochen. Dann wird berichtet über die App. für visuelle u. objektive Photometrie. (Z. Erzbergbau Metallhüttenwes. **5.** 142—47. April 1952. Frankfurt/M., Metallges. A. G., Analyt. Labor.) BOYE. 5064

J. A. Smit, *Physikalische Grundlagen der Flammenphotometrie.* Übersicht über das Schema des Flammenphotometers u. die Gleichgewichte in der Flamme. (Chem. Weekbl. **48.** 697—99. 20/9. 1952.) WESLY. 5064

C. Th. J. Alkemade, *Flamme und Zerstäuber.* Beschreibung von Flammen u. Zerstäubern in bezug auf ihre Anwendung in der Flammenphotometrie u. der Wrkg. von Ionisation u. Selbstabsorption in Flammen. (Chem. Weeklb. **48.** 699—703. 20/9. 1952.) WESLY. 5064

Th. Strengers und **E. A. M. Klinkenbergh,** *Erfahrungen mit dem Beckmanschen Flammenphotometer.* Erörterung der guten Ergebnisse, die mit einem älteren Gerät unter Beachtung der bei Reihenbestimmungen auftretenden Schwierigkeiten bei der Na- u. K-Best. in *Blutserum* u. *Urin* erzielt worden sind. (Chem. Weekbl. **48.** 705—08. 20/9. 1952.) WESLY. 5064

A. F. Willebrands jr., *Erfahrungen mit einem eigenen Flammenphotometer.* Erörterung über ein selbstgebautes Flammenphotometer, das Meßverf. u. die Ergebnisse. (Chem. Weekbl. **48.** 708—10. 20/9. 1952. Amsterdam, Wilhelmina-Gasthuis, 2. Interne Afdeling, Labor.) WESLY. 5064

H. J. Peters, *Erfahrungen mit dem Flammenphotometer nach Lange.* Beschreibung des Gerätes u. der Eichung. Zur Ausschaltung der gegenseitigen Beeinflussung von Na u. K fügt man den Na-(K-) Eichlsgg. die mittlere K-(Na-) Konz. des Serums zu. (Chem. Weekbl. **48.** 710—11. 20/9. 1952.) WESLY. 5064

Luis Condal Bosch, *Colorimetrie und Präzision.* Es werden die Einflüsse auf die Reproduzierbarkeit der durch Absorptionsmessung gefundenen Konzentrations-Werte u. den -Bereich, in dem die maximale Reproduzierbarkeit erreicht wird, untersucht. Für die verschied. App. mit oder ohne Anwendung von verschied. Lichtfiltern bzw. mit monochromat. Licht wird die Abhängigkeit der Fehlergröße von der Durchlässigkeit oder der opt. D. bzw. der dieser entsprechenden Konz. in Kurven dargestellt u. schließlich die Präzisionscolorometrie erörtert. (Afinidad [3] **30.** Nr. 121/122. 7—16. Jan./Febr. 1953.) METZENER. 5065

Robert Taft und **Dale H. Liese,** *Untersuchung über das Jod-Coulometer.* 1.—3. Mitt. Das Jod-Coulometer wurde so weit verbessert, daß es bei einer Genauigkeit von 0,1 bis 0,01% bequemer u. billiger als das Ag-Coulometer ist. In einem 8 cm weiten, 12 cm hohen Glasbecher werden konzentr. ein stehendes, 4,2 cm weites u. 15 cm hohes Gefäß u. zwischen beiden schwebend ein unten offener Glaszylinder gehalten. Das innere Gefäß hat ca. 6,5 cm über dem Boden seitlich drei Löcher von ca. 1,5 cm Durchmesser, an seinem Boden befindet sich ein Pt-Blech als Anode, u. ein angeschweißter Pt-Draht ragt durch den Pfropfen einer mit Hg gefüllten Zuleitungsglasröhre. Als Kathode umgibt ein in der Höhe verschiebbarer Ring aus dickem Cu-Draht den Trennzylinder. 300 ml 10%ig. NaCl-Lsg. werden in das innere Gefäß gegeben u. füllen durch die Löcher auch das äußere. Ca. 25 ml 50%ig. KJ-Lsg. werden durch eine Pipette langsam (10 Min.) unter die NaCl-Lsg. im inneren Gefäß gebracht. 50 ml 2n HCl werden außerhalb der Trennwand langsam (25 Min.) über die NaCl-Lsg. geschichtet u. die Kathode dicht unter die Oberfläche dieser Schicht gebracht. Der innere Widerstand dieser Zelle ist ca. 6 Ohm gegenüber 37 oder 180 Ohm älterer Anordnungen. Eine Anode von 4 cm^2 kann bis 0,8 A belastet werden. — Das abgeschiedene J wird titriert. — Es werden mehrere J-Coulometer im Vgl. mit Ag-Coulometer untersucht u. das beste Arbeitsverf. ermittelt. — Der Temperaturkoeff. kann zwischen 0 u. 32,5° bei den vorgeschriebenen Stromdichten vernachlässigt werden. Bei Stromdichten von 0,02—0,31 A/cm^2 werden Pt u. Pt–Ir als Anoden in KJ-Lsg. nicht angegriffen. Beim Hindurchschicken von 3600 COULOMB mußte HCl oder dgl. zur Verhinderung der Bldg. von Hydroxylionen an der Kathode zugegeben werden u. sind bei den gegebenen Abmessungen 0,001—0,14 A/cm^2 zulässig. Die Reproduzierbarkeit ist 0,1—0,01%, die mittlere Abweichung bei 6 Vgll. mit dem Ag-Coulometer —0,015 bis —0,042%. Die Arbeitszeit ist $^1/_5$ der beim Ag-Coulometer erforderlichen. (Trans. Kansas Acad. Sci. **54.** 426—45. Sept. 565—79. Dez. 1951; **55.** 138—45. März 1952. Lawrence, Univ. of Kansas.) PAULI. 5066

a) Elemente und anorganische Verbindungen.

H. N. Wilson, *Chemische Methoden der analytischen Chemie (anorganisch).* Überblick über die neueren Arbeiten über chem. Methoden der analyt. Chemie. Im einzelnen werden folgende Gebiete behandelt: Standardisierungsmethoden, Reagentien, Methoden der qualitativen Analyse, allg. analyt. Methoden, Metallanalyse, Mineralien u. Gesteine, Düngemittelanalysen, Wasseranalysen, Gasanalysen, giftige Gase, neue Apparaturen, Genauigkeit von Probeentnahmen u. Analysen. — 198 Literaturzitate. (Annu. Rep. Progr. Chem. **47.** 373—88. 1950; ausg. 1951.) H. W. LEVI. 5100

Henry Freiser, Robert G. Charles und **W. Dwight Johnston,** *Struktur und Verhalten organischer analytischer Reagentien.* 1. Mitt. *Die Methode von Calvin-Bjerrum zur Bestimmung der Chelatstabilität.* Die Meth. von CALVIN u. WILSON (J. Amer. chem. Soc. **67.** [1945.] 2003) bzw. BJERRUM („Metal Ammine Formation in Aqueous Solution", Copenhagen 1941) zur Best. der Chelatstabilität, die auf der Titration der bei der Rk.: $Me^{2+} + 2HR \rightleftharpoons MeR_2 + 2H^+$ (Me = Metallion, HR = chelatbildendes Reagens) freiwerdenden H^+ beruht, wurde auf die Unters. (nichtgenannter) chelatbildender Verbb. angewendet, die mehr als eine saure oder bas. Gruppe besitzen. Ausführung der Titration u. App. sind genau beschrieben. Titrationen der Metallperchlorate in Abwesenheit des Chelatreagenses ergaben, daß mit Ausnahme von Pb(II) jedes 2wertige Metall 2 Äquivalente Lauge verbraucht. Pb(II) verbraucht 1,5 Äquivalente Lauge unter Bldg. eines bas. Salzes der wahrscheinlichen Formel $Pb(ClO_4)_2 \cdot 3Pb(OH)_2$. Die p_H-Werte, bei denen die Metallverbb. zu hydrolysieren beginnen, setzen dem p_H-Bereich für Chelatstabilitätsmessungen eine obere p_H-Grenze; das p_H-Optimum für solche Messungen ist 3—6. Hydrolysenkurven in 50%ig. Dioxan–W. sind angegeben für Al^{3+}, Co^{2+}, Cu^{2+}, Zn^{2+}, La^{3+}, Ni^{2+}, Cd^{2+}, Mg^{2+} u. Pb^{2+}. Für Mn(II) u. Ce(III) konnten trotz N_2-Atmosphäre infolge Oxydation keine echten Hydrolysenkurven erhalten werden. — Zur Berechnung der Chelatbildungskonstanten für 8-Oxychinolin u. ähnliche Verbb., die außer einer schwach sauren Gruppe eine schwach bas. Gruppe enthalten, wird ein Verf. angegeben. (J. Amer. chem. Soc. **74.** 1383—85. 20/3. 1952. Pittsburgh, Pa., Univ., Dep. of Chem.) K. F. MÜLLER. 5100

Robert G. Charles und **Henry Freiser,** *Struktur und Verhalten organischer analytischer Reagentien.* 2. Mitt. *Stabilität der Chelate von o-Aminophenol und o-Aminothiophenol.* (1. vgl. vorst. Ref.) Die Säuredissoziationskonstanten pK_{NH^+} u. pK_{OH} von *o-Aminophenol* (**I**, F. 175—176°) u. *o-Aminothiophenol* (**II**, Kp.$_{\sim 1}$ 87,5—91,0°) in 50%ig. Dioxan bei 25° ergaben sich zu 3,75 u. 11,57 (**I**) bzw. < 2 u. 7,90 (**II**). Durch potentiometr. Titration von Lsgg. der Perchlorate 2-wertiger Metalle u. **I** in 50%ig. Dioxan mit 0,09312 mol. NaOH bei 25° wurden die Chelatbildungskonstanten $\log k_1$, $\log k_2$ u. $\log k_{a_v}$ von **I** mit diesen Metallen bestimmt: *Cu(II)* (4facher Überschuß): 9,25, 8,47, 8,86; bei 10fachem Überschuß: *Pb(II)*: 7,18, 5,38, 6,28; *Ni(II)*: 6,62, 4,79, 5,70; *Zn(II)*: 6,39, 5,77, 6,08; *Co(II)*: 5,86, 4,57, 5,21; bei 100fachem Überschuß: *Pb(II)*: 6,29, 4,05, 5,17; *Ni(II)*: 6,10, 4,87, 5,57; *Zn(II)*: 5,99, 4,96, 5,48; *Co(II)*: 5,81, 4,69, 5,26. Die entsprechenden Werte für **II** waren: *Pb(II)*: 8,41, 6,96, 7,69; *Zn(II)*: 7,83, 6,77, 7,05. Die Chelate von **I** sind somit, trotz dessen stärkerer Acidität weniger stabil als die von **II**. Dies wird darauf zurückgeführt, daß der Kovalenzcharakter der Metall–Schwefel-Bindung wahrscheinlich größer als der der Metall–Sauerstoff-Bindung ist. — Bei der Zugabe von 1%ig. alkoh. **I**-Lsgg. zu Metallsalzlsgg. wurden folgende Rkk. beobachtet: *Cu(II)*: Grünfärbung; *Fe(III)*: eine empfindliche Rotfärbung; *Hg(II)*: eine sich vertiefende Bernsteinfärbung; *Ag(I)*: Silberspiegel; werden die **I**- u. Metallsalz enthaltenden Lsgg. alkal. gemacht, so treten folgende Niederschlagsbildungen auf: *Cu(II)* grüngrau; *Ni(II)* rotorange; *Co(II)* grün; *Fe(III)* dunkelrotbraun; *Bi(III)* grau; *Hg(II)* grauschwarz. **II** gibt mit Metallsalzen in Na-Acetat–Essigsäure folgende Ndd.: *Cu(II)* grüngelb; *Ni(II)* grün; *Co(II)* rotbraun; *Bi(III)* hellorange; *Zn(II)* weiß; *Hg(II)* gelblich weiß; *Ag(I)* gelblichweiß; *Cd(II)* weiß; *Fe(III)* gelb. Der Bi-Nd. ist im Gegensatz zu den anderen Ndd. in Chlf. ziemlich lösl.; **II** ist gegebenenfalls ein gutes Bi-Reagens. (J. Amer. chem. Soc. **74.** 1385—87. 20/3. 1952.) K. F. MÜLLER. 5100

J. M. Pappenhagen und **M. G. Mellon,** *Ultraviolettspektrophotometrische Bestimmung von Nitriten mit 4-Aminobenzolsulfonsäure.* Vff. arbeiten eine Meth. aus, NO_2^-

(0,003—0,05 mg Nitrit-N enthaltend) UV-spektrophotometr. als *4-Sulfobenzoldiazoniumchlorid* zu bestimmen. Der Einfl. von 18 Ionen, die bei 270 mμ, u. 12 Ionen, die nicht bei 270 mμ absorbieren, wurde untersucht. Die wss. NO_2-haltige Probe wird mit HCl auf p_H 1,4 gebracht, 1,0 ml Sulfanilsäurelsg. (0,6 g in 100 ml W.) zugegeben u. auf 50 ml aufgefüllt. 3—15 Min. nach der Durchmischung kann die Absorption bei 270 mμ in 1 cm-Quarzzellen gegen eine Eichlsg. gemessen werden. Nach 20—30 Min. tritt Zers. ein. (Analytic. Chem. **25**. 341—43. Febr. **1953**. Lafayette, Ind., Purdue Univ.) MOSLÉ. G 243

G. S. Spicer und **J. D. H. Strickland,** *Die Bestimmung von Mikrogrammengen Chlorid in Nitratlösungen.* Wenige μg Chlorid können in relativ großen Voll. von Lsgg., die Metallnitrate enthalten, bei p_H 1—2 potentiometr. bestimmt werden. Die Bezugselektrode besteht aus Ag: AgCl in 1 mol. NH_4NO_3-Lösung. Cl^- wird mittels AgJ aus der Lsg. abgeschieden u. Ag^+ durch Red. mit feinstverteiltem Zn, J^- durch Oxydation mit Nitrit u. Extraktion mit Bzl. entfernt. Durch die gewählte Anordnung der Zelle werden Kontaktflüssigkeitspotentiale u. Änderungen der Aktivitätskoeffizienten vermieden. Mit dieser Meth. können noch 0,3 μg Chlorid in 10 g Nitrat nachgewiesen werden, wobei die Genauigkeit für größere Mengen Chlorid ±5% beträgt. (Analytica chim. Acta [Amsterdam] **6**. 493—505. Juni **1952**. London, Ministry of Supply, Royal Arsenal Chem. Inspect.) SCHLEGEL. G 247

Oscar I. Milner, *Titration von Sulfaten mit Hilfe eines Hochfrequenzoscillators.* Zur Verbesserung der Endpunktsbest. bei der Titration von SO_4^{2-} mit $BaCl_2$ benutzt Vf. ein Hochfrequenztitrationsgerät mit abgestimmtem Gitterkreis. Die SO_4^{2-}-haltige Lsg. wird auf 0,01—0,0001 n verd., von CO_2 in saurer Lsg. durch Kochen befreit, mit A. auf eine 30—40 Vol.-%ig. Lsg. gebracht u. gegen Methylrot als Indicator mit CO_2-freier NaOH neutralisiert. Nach Zugabe einiger mg $BaSO_4$ kann mit 0,1—0,02 n $BaCl_2$-Lsg. titriert werden. Man erhält einen scharfen Knickpunkt der Oscillatorstrom–Volum-Kurven. Die tabellar. mitgeteilten Ergebnisse an H_2SO_4-haltigem H_2O_2 u. S-haltigen *Petroleumprodd.* zeigen beim Vgl. mit verschied. Verbrennungsmethoden u. alkalimetr. bzw. gravimetr. S-Best. die Brauchbarkeit des Verfahrens. Störungen durch H-Ionen u. große Mengen von Fremdionen werden diskutiert. (Analytic. Chem. **24**. 1247—49. Aug. **1952**. Paulsboro, N. J., Socony-Vacuum Labor., Res. and Developm. Dep.) WEITBRECHT. G 253

W. Dewald und **H. Schmidt,** *Qualitative Nachweisreaktionen von „Hexametaphosphat" mit organischen Aminoverbindungen.* Zur qualitativen Best. von *„Hexametaphosphat"* [*Na-Metaphosphatglas,* $(NaPO_3)_x$] (I), neben anderen Phosphaten, Sulfaten, Silicaten u. anderen anorgan. Anionen beschreiben Vff. 3 Reagentien: 5%ig. wss. Lsg. von *m-Phenylendiaminhydrochlorid* (II), 5%ig. wss. Lsg. von *1.2.4-Diaminophenolhydrochlorid* (III) u. eine Lsg. von 0,5 g *o-Tolidin* (IV) in 6 ml Eisessig mit W. auf 50 ml aufgefüllt. In essigsauren Lsgg. reagiert 1% I mit II u. 0,5% I mit III unter Trübung, 0,3% I mit IV unter Ausflockung. Die Rk. wird neben I auch von mittel- bis höhermol. Polyphosphaten gegeben. (Z. analyt. Chem. **136**. 420—25. 24/6. **1952**. Wiesbaden-Biebrich, Chem. Werke Albert, Anorgan.-analyt. Forschungslabor.) MOISAR. G 264

Frederick L. Schaffer, Jean Fong und **Paul L. Kirk,** *Mikrogramm- und Submikrogrammbestimmung von Phosphat. Anwendung von Auflösung in geschlossenem Rohr und Capillarzellenspektrophotometrie.* (Vgl. C. **1949**. II. 1323.) Vff. geben eine genaue Arbeitsvorschrift u. Apparaturskizzen zur Best. von 2 mγ bis 5 γ P in vorwiegend biol. Material über *Phosphormolybdänsäure,* die mit verschied. Alkoholen (bes. *n-Octylalkohol*) extrahiert werden kann u. die dann mit $SnCl_2$-Lsg. red. wird. Die Gehaltsbest. erfolgt spektrophotometr. teilweise in Capillarzellen. Die Substanzen werden mit H_2SO_4 bei 450—470° 30 Min. in geschlossenen Röhrchen aufgeschlossen. (Analytic. Chem. **25**. 343—46. Febr. **1953**. Berkeley, Calif., Univ. of California, Med. School, Div. of Biochem.) MOSLÉ. G 264

Hobart H. Willard und **Louis Gordon,** *Die Fällung von basischem Zinnsulfat aus homogener Lösung.* Vff. untersuchen das beim Fällen mit Harnstoff (vgl. C. **1951**. II. 111) erhaltene bas. Zinnsulfat u. finden, daß ein Anfangs-p_H bei der Hydrolyse von 0,5 sowie Sulfat u. Selenat Einfl. auf die Ausbildung eines körnigen Nd. haben. Der Nd. haftet an der Glasoberfläche u. adsorbiert Kieselsäure (8,8 mg für 500 mg Zinn). Weiter wird über die Mitfällung von Mn^{2+}, Ni^{2+} u. Fe^{3+} berichtet. (Analytic. Chem. **25**. 170—72. Jan. **1953**. Ann Arbor, Mich., Univ. of Michigan.) BRAASCH. G 327

Rafael Santini jr., J. F. Hazel und **Wallace M. McNabb,** *Spektrophotometrische Bestimmung von Vanadium auf Grund der Absorptionseigenschaften des blauen Vanadylions.* Zur colorimetr. Semimikrobest. von V auf spektrophotometr. Wege säuert man Na-Vanadatlsgg. mit H_2SO_4 an u. red. mit SO_2 zum *Vanadylion* (I). Im Gebiet von

0,5—3,0 mg/ml folgt die Absorptionskurve dem BEERschen Gesetz. Die stärkste Absorption tritt bei 760 mμ auf. Die blaue Farbe von I ist 3 Tage in 10nH_2SO_4 beständig. Auch nHCl kat keinen Einfluß. Durch HNO_3 u. H_3PO_4 wird die Farbe der Lsgg. verändert. Kleine Mengen Fe^{2+}, Cr^{3+} u. UO_2^{2+} stören nicht. Die Meth. arbeitet rasch u. mit befriedigender Genauigkeit. (Analytica chim. Acta [Amsterdam] **6.** 368—72. April 1952. Philadelphia, Pa., Univ., Dep. Chem. and Chem. Engng.) SCHLEGEL. G 330

P. J. Hol und **G. C. H. Leendertse,** *Bestimmung des Gehaltes von gelbem Natrium- und Kaliumblutlaugensalz an $Na_4[Fe(CN)_6]$ bzw. $K_4[Fe(CN)_6]$ nach einem neuen titrimetrischen Verfahren, dem sogenannten Zink-Komplexon-Verfahren.* Man bestimmt den Wassergeh. von 3,65—3,75 g reinem, gelbem $K_4[Fe(CN)_6]$ oder 4,2—4,3 g $Na_4[Fe(CN)_6]$ durch Trocknen bei 105°, löst das Salz in 250 cm³ W., versetzt 25 cm³ der Lsg. mit 2—3 Tropfen einer 0,03%ig. Methylorangelsg., neutralisiert mit 0,1nH_2SO_4, gibt 1 cm³ n H_2SO_4 im Überschuß zu, versetzt mit 5 cm³ einer Lsg. von 250 g KCl in 1 Liter W. u. 2 Tropfen einer 1%ig. $K_3[Fe(CN)_6]$-Lsg. (als Katalysator) u. sofort danach unter Schütteln in 1—1,5 Min. mit 50 cm³ einer Lsg. von 10,5—11,5 g $ZnSO_4$ in 1 Liter W., füllt auf 100 cm³ auf, mischt gut, läßt 1 Min. stehen, filtriert, versetzt 50 cm³ des Filtrates mit 100 cm³ W., 2 Tropfen einer 25%ig. NH_3-Lsg., 10 cm³ Pufferlsg. (54 g NH_4Cl mit 350 cm³ 25%ig. NH_3-Lsg. versetzt u. auf 1 Liter aufgefüllt) u. 2 cm³ einer Lsg. von 0,1 g Eriochromschwarz T in 100 cm³ 96%ig. A. u. titriert die weinrote Lsg. mit einer Lsg. von 6,65 g Komplexon III in 1 Liter W. bis zum Umschlag in Himmelblau. Zur Ermittlung des Blindwertes versetzt man 20 cm³ $ZnSO_4$-Lsg. mit 100 cm³ W., 2 Tropfen NH_3-Lsg., 10 cm³ Pufferlsg. u. 2 cm³ Indicatorlsg. u. titriert wie oben angegeben. Die Titerberechnung wird im einzelnen ausgeführt. Beleganalysen beweisen die Zuverlässigkeit des Verfahrens. (Chem. Weekbl. **48.** 181—85. 29/3. 1952. Dordrecht, Stikstofbindingsindustrie „Nederland“, Bedrijfslabor.) WESLY. G 354

R. Weil, *Einfache Methode zum Nachweis von Spuren organischer Materie in Mineralien und Gesteinen.* Zur Unters. auf organ. Beimengungen werden die Proben im geschlossenen Rohr bis auf Rotglut erhitzt u. im WOODschen Licht untersucht. Vf. untersuchte *Tone* u. *Mergel* aus dem Lias u. Oligocän, Kristallgips u. kompakten *Gips,* tert. *Steinsalz* u. tert. *Sylvin, Anhydrit* aus den K-Lagerstätten des Elsaß, *Calcit*-Kristalle aus den Kalken des Lias u. Oligocän sowie die ankerit. Schichten im *Sylvinit* des Elsaß. Je nach den Proben bilden sich in der Röhre zwei Ndd.; der erste bildet sich zwischen 200—300°, ist fl. u. fluoresciert blau. Der zweite bildet ein Sublimat, das sich zwischen 400—500° bildet; es ist gelb bis braun u. gibt gelbe Fluorescenz. Gießt man nach dem Abkühlen W. auf den fl. Nd., so entsteht eine anscheinend sehr feine, klare Suspension, die intensiv blau fluoresciert. Das Sublimat dagegen scheint sich mit dem W. nicht zu mischen; in Kontakt mit W. fluoresciert das Sublimat ebenfalls blau. Mit Hilfe dieser Meth. ist es daher leicht, KW-stoffverbb. in den Gesteinen oder Mineralien nachzuweisen. (Schweiz. mineralog. petrogr. Mitt. **30.** 496—99. 1950. Straßburg.) GOTTFRIED. 5290

b) Organische Verbindungen.

Johannes Wolf, *Untersuchungen zur Methodik der Bestimmung von Äpfelsäure nach Pucher und Mitarbeitern.* Die Ergebnisse der Best. der Äpfelsäure (I) nach PUCHER u. Mitarbeitern (Ind. Engng. Chem., analyt. Edit. **6.** [1934.] 288 u. **13.** [1941.] 244) durch bromierende Oxydation mit KBr u. $KMnO_4$ in schwefelsaurer Lsg., Dest. des gebildeten flüchtigen Prod., dessen Fällung mit 2.4-Dinitrophenylhydrazin unter Bldg. von *Glyoxal-2.4-dinitrophenylosazon* (II) u. photometr. Best. des Extinktionswertes ΔE einer mit NaOH versetzten Lsg. von II in Pyridin sind stark von der Einhaltung gewisser Versuchsbedingungen abhängig. Eine Erhöhung der Konz. an KBr bzw. H_2SO_4 bewirkt zunächst Zunahme, bei weiterer Erhöhung starke Abnahme des ΔE. Eine Erhöhung der Konz. an $KMnO_4$ bedingt zuerst einen steilen Anstieg von ΔE, bei weiterer Vermehrung einen sanften Abfall. Zur Erhöhung der Empfindlichkeit der Meth. schlägt Vf. vor, nicht im Gebiet des sanften Abfalles, sondern am Maximum der Kurve $\Delta E/c_{KMnO_4}$ zu arbeiten, jedoch sind hierbei Störungen durch andere oxydable Verbb. nicht ausgeschlossen. Eine Variation der Oxydationsdauer u. der Bedingungen der Dest. hatten keinen nennenswerten Einfl. auf die Best. der I. Ein Zusatz von HPO_3 bei der bromierenden Oxydation wirkt durch Verhinderung einer MnO_2-Ausscheidung günstig. (Z. analyt. Chem. **136.** 401—11. 21/3. 1952. Karlsruhe, Bundesforschungsanst. für Lebensmittelfrischhaltung.) MOISAR. G 850

A. T. James, *Gas-Flüssigkeits-Verteilungschromatographie. Trennung und Identifizierung flüchtiger Basen: aliphatische Amine, Pyridinhomologe.* Über eine Säule mit fl. Paraffin (I) als stationärer Phase werden bei 100° in Mengen von 0,3—10 μ Äquivalent zahlreiche Amine von Methylamin bis n-Heptyl- u. Di-n- bzw. Di-sek.-butylamin getrennt. Prim., sek. u. tert. Amine lassen sich unter Umständen an einer Säule mit „*Lubrol MO*“ (Polyäthylenoxyd–Fettalkohol-Kondensat) als fl. Phase trennen. Pyridin u. seine Homologen können an einer Säule mit I getrennt werden. (Biochem. J. **51.** VIII. April 1952. London, Mill Hill, Nat. Inst. for Med. Res.) FRESENIUS. G 910

Károly Vas, *Papierchromatographische Trennung einiger organischer Säuren mittels schweflige Säure enthaltenden Butanols.* Bezugnehmend auf eine frühere Arbeit des Vf. (C. **1953.** **6542**) werden einige Zusammenhänge bei der papierchromatograph. Trennung einiger organ. Säuren (I) mittels SO_2-haltigen n-Butanols untersucht. Es ergab sich, gemäß der Forderung von CONSDEN, GORDON u. MARTIN (Biochem. J. **36.** [1944.] 224) eine lineare Abhängigkeit des Verteilungskoeff. (K) von dem Ausdruck $(1/R_F-1)$. Durch die Ggw. von SO_2 wurde die Dissoziation der I so weit zurückgedrängt, daß der K von I zwischen den beiden Lösungsmittelphasen (Butanol–W.) $\cong$ K' (scheinbarer Verteilungskoeff.) war. Die Best. von K' erfolgte durch Schütteln von I mit gesätt. wss. SO_2-Lsg.–Butanol-Gemisch (1:1), Trennen der Phasen u. Titration mit 0,1 n NaOH nach vorsichtigem Verjagen des SO_2 u. Butanols. Der früheren Angabe (l. c.) zufolge bewirkt Benzinzusatz zum Butanol eine größere Differenzierung der R_F-Werte der I. Es wurde nun gefunden, daß durch Zusatz von 50% Bzn. die R_F-Werte um 50% sanken, hingegen bei Verwendung von Äthylacetat statt Butanol ein Zusatz von 10% denselben Effekt bot. In der homologen Reihe *Bernstein-*, *Äpfel-* u. *Weinsäure* wurde $\overline{\Delta R_m} = 0{,}45$ gefunden ($R_m = \log[1/R_F-1]$). Dieser Wert war konstant u. unabhängig vom Benzinzusatz. — Quantitative Best. von *Milchsäure* (II) in tier. u. pflanzlichen Prodd. sowie Kulturen (nach einer privaten Mitt. von KARDOS): Extraktion der II mit Äthylacetat. Chromatographieren des Extraktes nach vorst. Meth. gegen Blind- u. Vergleichsproben (mit Bromphenolblau entwickelt) u. Titration der aus dem herausgeschnittenen Streifen mit dest. W. (gegen Phenolphthalein neutralisiert) eluierten II mit 0,01 n NaOH. Ergebnisse nach Abzug der Blindwerte bei 96—98% der theoret., als hauptsächliche Fehlerquelle ungenügende Extraktion erkannt. (Agrokémia és Talajtan [Agronom. u. Bodenkunde] **1.** 299—306. April 1952. Budapest, Országos Magyar Mezőgazd. Ipari Kísérleti Int.) v. PILINSKY. G 1600

D. Köszegi und **E. Salgó,** *Neue maßanalytische Bestimmungsmethode des Chinolins.* (Vgl. C. **1951.** II. 1035.) Bei Einw. von überschüssiger *Dikaliumquecksilber(II)-tetrarhodanid* (I)-Lsg., $K_2Hg(SCN)_4$, auf *Chinolin* (II) entsteht nach $C_9H_7N + K_2Hg(SCN)_4 = (C_9H_7N)Hg(SCN)_2 + 2KSCN$ ein gut filtrierbarer, krist. II-Komplex. Im Filtrat, wo sich der Reagensüberschuß mit den beiden an K gebundenen, unmittelbar titrierbaren SCN-Gruppen sowie das frei gewordene KSCN befinden, zersetzt man I nach $K_2Hg(SCN)_4 + 2KOH = HgO + 4KSCN + H_2O$, u. titriert das freie Rhodanid nach VOLHARD. 0,2—0,4 g II portionsweise mit 80 cm³ 0,1 n I-Lsg. versetzen, mit W. auf 100 cm³ auffüllen, II-Komplex abfiltrieren, 50 cm³ Filtrat mit 10%ig. KOH versetzen, HgO abfiltrieren, waschen, Filtrat ad 100 cm³, 10 cm³ mit verd. HNO_3 neutralisieren, 25 cm³ 0,1 n $AgNO_3$-Lsg. zusetzen, mit 0,1 n NH_4SCN-Lsg. zurücktitrieren; g II = $[a-(b-c)]\cdot 10\cdot 2\cdot 0{,}006457$; a = cm³ 0,1 n I-Lsg. = 8; b = cm³ 0,1 n $AgNO_3$-Lsg., c = cm³ 0,1 n NH_4SCN-Lsg. (für Rücktitration). Im 2fach dest. Präp. wurde 99,67 bis 99,97% II gefunden. (Z. analyt. Chem. **136.** 411—15. 1952. Szeged, Ungarn, Univ., Pharmazeut.-Chem. Inst.) K. MAIER. G 3231

Arthur E. Teeri, *Störung der colorimetrischen Nicotinsäurebestimmung durch Pyridoxin.* Bei der colorimetr. Best. der *Nicotinsäure* (I) unter vorangehender Umsetzung mit BrCN treten bei Ggw. von *Pyridoxin* (II) durch Bldg. gefärbter Prodd. dann Störungen auf, wenn die BrCN-Einw. bei erhöhter Temp. vorgenommen wird. Bei Zimmertemp. verläuft die Rk. zwischen II u. BrCN hingegen derart langsam, daß die I-Best. nicht gestört wird. (Chemist-Analyst **41.** 62—64. Sept. 1952. Durham, New Hampshire, Univ., Dep. of Agric. and Biol. Chem.) MOISAR. G 3231

Angelo Castiglioni und **Maria Nivoli,** *Über Piperazinbestimmung.* 6. Mitt. (5. vgl. Z. analyt. Chem. **133.** [1951.] 193.) Bei Verwendung eines großen Überschusses Natriumorthovanadat (ca. 30 Teile auf 1 Teil Piperazin) läßt sich, etwa bei p_H 3,5, Piperazin in essigsaurer Lsg. ausfällen. Die Fällung ist nach 7—8 Std. Stehen quantitativ. In der Kälte gefällt, erhält man eine Verb. der Formel $4C_4H_{10}N_2\cdot 10\,V_2O_5\cdot 7\,H_2O$; in der Hitze $C_4H_{10}N_2\cdot 2\,V_2O_5\cdot H_2O$. Die Fällung wird bei 400° geglüht u. V_2O_5 ausgewogen. (Z. analyt. Chem. **135.** 413—14. 1952. Turin, Univ., Inst. für Warenkunde.) BARCHET. G 3272

H. M. Rauen und **W. Stamm,** *Beiträge zur Analyse von Pterinen.* Die Papierchromatographie von *Pterinen* (I) ist wesentlich einfacher als die Charakterisierung mit der Gegenstromverteilung (**A**). **A** erlaubt jedoch genauere Aussagen. Die Fluorescenzintensität (**B**) ist nicht unter allen Bedingungen der Konz. proportional, sie ist vielmehr vom

p_H, der Salzkonz., dem Geh. an organ. Lösungsm. u. a. abhängig. Das Verf. der Messung der Fluorescenzschwächung bei gleichbleibender **I**-Konz. u. steigender Phosphatpufferkonz. bei p_H 6,8 ist zur Charakterisierung von **I** nicht geeignet. Wesentlich besser eignet sich die Messung der **B** bei wechselndem p_H u. gleichbleibender **I**-Menge in Teorell-Stenhagen-Puffer. Mit **A** kann man *Pteridoxaminaldehyd-(8)* u. *-(9)* unterscheiden. Aus dem Verlauf der experimentellen Kurven lassen sich Schlüsse auf fluorescierende Verunreinigungen ziehen. Die UV-Absorptionsspektren der nichtfluorescierenden *Folsäure* u. *Pteroinsäure* weisen 2 Maxima (**C**) bei 256 mμ u. 282 mμ auf. Die Formylverbb. *N-(12)-Formylfolsäure* (**II**) u. *Rhizopterin* (**III**) besitzen kein **C** bei 282 mμ. Das **C** bei 256 mμ ist vertieft. **II** u. **III** fluorescieren wieder. Ferner sind mitgeteilt die **B**-p_H-Kurven von *Pteridoxamin, 8-Oxymethylpteridoxamin* (**IV**), *Pteridoxamincarbonsäure-(8)* (**V**), *Pteridoxamindicarbonsäure-(8.9), 8.9-Dimethylpteridoxamin, 9-Oxypteridoxamin, 9-Oxypteridoxamincarbonsäure-(8), 9-Oxypteridoxaminaldehyd-(8)*; die Ergebnisse der **A** bei **IV** u. **V**. (Hoppe-Seyler's Z. physiol. Chem. **289**. 201—10. Juni 1952. Frankfurt/M., Univ., Inst. für vegetative Physiol.) Fresenius. G 3550

Z. Menschik, *Histochemische Nilblaumethode für Phospholipoide.* Durch gesätt. Nilblausulfatlsg. (durch Kochen mit wenig H_2SO_4 in die Oxazonform gebracht) bei 60° in vorher mit 1% $CaCl_2$-Zusatz fixierten Dünnschnitten angefärbte Lipide werden durch Behandeln mit Aceton bei 50° bis auf die blau gefärbten Phospholipide herausgelöst. Andere angefärbte Teile werden durch 5%ig. Essigsäure u. nachfolgend 0,5%ig. HCl entfärbt. — Vorschriften, Anwendungen. (Stain Technol. **28**. 13—18. Jan. 1953. Ottawa, Can., Univ. of Ottawa, School of Med., Dep. of Anat.) Blumrich. 5661

Sami A. Hashim, *Feulgenhydrolyse mit Phosphorsäure.* Intensive Anfärbungen (Nachw. von *Desoxyribonucleinsäure*) wurden in Gewebeschnitten durch 5—15 Min. langes Behandeln mit 40—75%ig. H_3PO_4 u. darauffolgend mit Schiffschem Reagens erhalten (kleiner Wassergeh. verringert Diffusionsverluste). (Stain Technol. **28**. 27—31. Jan. 1953. Beirut, Libanon, American. Univ. of Beirut, Dep. of Histol.) Blumrich. 5661

J. Bailenger, E. Neuzil und **A. Le Hir,** *Die Verwendung von Natriumalginat in der biologischen Montagetechnik:* Zur Beobachtung lebender Ciliarien, Flagellaten u. anderer Protozoen empfiehlt sich die Einbettung in eine ca. 1,5—2%ig. Natriumalginatlsg., welche gut adhäriert u. durch ihre hohe Viscosität die Bewegungen weitgehend hemmt. Eine Verminderung der Vitalität oder der Morphologie der Ciliarien wurde selbst nach 48std. Einbettung nicht beobachtet. Bei der Fixierung kann durch Umwandlung in Alginsäure (durch Anwendung saurer Fixiermittel) oder Calciumalginat (durch Zusatz von $CaCl_2$ zu nichtsauren Fixiermitteln) aus der hochviscosen Einbettung ein durchsichtiges u. für Farbstoffe gut durchlässiges Gel erzeugt werden, das im Bedarfsfalle durch Behandlung mit verd. Na-Salzlsgg. wieder in Lsg. gebracht werden kann. Das gleiche Einbettungsmittel ist auch gut für größere Objekte, wie Würmer, geeignet. (C. R. Séances Soc. Biol. Filiales **145**. 574—76. April 1951. Bordeaux, Soc. de Biol., Labor. de Zoologie et Parasitol. de la Fac. de Méd et Pharm., u. Centre de Recherches de Biol. préventive de la Sécurité sociale.) Gerda Schulze. 5661

W. J. White, R. G. Savage und **F. B. Jonston,** *Eine geringfügig modifizierte fluorometrische Methode zur Bestimmung des Cumaringehaltes von Steinklee.* Eine Modifikation der fluorometr. Meth. zur *Cumarin* (**I**)-Best. von Slatensek u. Washburn (vgl. J. Amer. Soc. Agronomy **36**. [1944.] 704) wird beschrieben. 20 mg luftgetrocknete u. zerkleinerte Blätter werden nach Zusatz von 3 ml 2,5nNaOH auf dem Wasserbad bei 95° für 1,5 Std. erhitzt, die Probierröhrchen mit der das **I** als cumarinsaures Na enthaltenden Lsg. im Dunkelraum UV-Licht ausgesetzt u. mit Eichlsgg. verglichen. — Durch die Modifikation wird die benötigte Blatt- u. Reagensmenge auf $^1/_5$ red. u. der Testvorgang erheblich beschleunigt (Unters. von 100—120 Proben in 8 Std. durch eine Person). — Verss. mit Melilotus indica u. M. alba-Pflanzen ergaben, daß nach der beschriebenen Meth. Pflanzen mit sehr niedrigem oder keinem u. mäßig hohem bis hohem **I**-Geh. klar differenziert werden können; nicht aber solche mit mittlerem bis hohem **I**-Geh. untereinander. (Sci. Agric. **32**. 278—80. Mai 1952. Canada Dep. of Agric.) Rang. 5666

d) Medizinische und toxikologische Analyse.

William J. P. Neish, *Über die Trennung der α-Ketonsäure–Dinitrophenylhydrazone durch Ionophorese und ihre polarographische Bestimmung.* Im Verlauf von Unterss. über den Einfl. von carcinogenen Aminen bzw. von transplantierten Tumoren auf den intermediären Kohlehydratstoffwechsel von Tieren entwickelt Vf. eine Meth. zur raschen Trennung von Mischungen von 2.4-Dinitrophenylhydrazonderivv. von α-Ketonsäuren mittels Papierelektrophorese. Die Meth. wird angewandt auf die Abtrennung dieser

Derivv. aus tier. Gewebe, u. es wird eine polarograph. Meth. entwickelt zur Best. der Hydrazone, beruhend auf der Elektrored. der Nitrogruppen dieser Verbindungen. Abschließend werden einige Ketonsäureanalysen (*Brenztraubensäure, α-Ketoglutarsäure* u. *Oxalessigsäure*) aus verschied. Organgeweben von n. u. tumorbehafteten Ratten diskutiert. (Recueil Trav. chim. Pays-Bas **72.** 105—18. Febr. 1953. Sheffield, Univ., Dep. of Pathol.) NIEMITZ. 5725

R. Caspani und **C. Bernasconi,** *Vor- und Nachteile der Papierelektrophorese gegenüber der klassischen Elektrophorese.* Bei den Seren von 35 Gesunden u. Kranken stellten die Vff. vergleichende Unterss. an mit der Papierelektrophorese u. mit der Elektrophorese nach TISELIUS-PHILPOT-SVENSSON. Es zeigte sich, daß für die einzelnen Proteinfraktionen je nach Art der Krankheit mehr oder weniger große Unterschiede zwischen den Werten, die durch die beiden Methoden erhalten wurden, bestehen. (Minerva med. [Torino] **43.** I. 1289—94. 14/6. 1952. Como, Osped. S. Anna.) H. SCHEURLEN. 5728

James J. Quigley, *Quantitative Bestimmung des Gesamtbilirubins im Serum.* Beschreibung einer Meth. zur Best. des Serumgesamtbilirubins (I), der die von POWELL (Amer. J. clin. Pathol. **14.** [1944.] 55) u. MACLAY (Amer. J. med. Technol. **17.** [1951.] 267) angegebenen Verff. zugrunde liegen. In 6 Reagensgläser 0,5, 1,0, 2,0, 3,0, 4,0 u. 5,0 cm^3 verd. Bilirubinlsg. (Stammlsg. 10 mg in 100 cm^3 redest. $CHCl_3$; verd. Lsg.: 10 cm^3 ad 50 cm^3 mit $CHCl_3$), bei 80—90° eindampfen, 1 cm^3 Na_2CO_3-Lsg. (0,75 g in 100 cm^3 W.) zufügen, unter Erwärmen Rückstand lösen, abkühlen, 1 cm^3 Serum (durch SEITZ-Filter filtriert), 1 cm^3 Reagenslsg. (10 cm^3 Sulfanilsäurelsg. [1 g + 15 cm^3 konz. HCl, ad 1000] + 0,3 cm^3 $NaNO_2$-Lsg. [15 g in 100 cm^3 W.]) u. 7 cm^3 Na-Benzoat (**II**)–Harnstoff (**III**)-Lsg. (50 g **II** in 200 cm^3 W. + 50 g **III** in 200 cm^3 W., ad 1000), nach 10—15 Min., wobei p_H ca. 6,0—6,5 sein soll, Intensität bei 530 mμ im COLEMAN-Spektrophotometer messen; Blindwert unter Weglassung der Nitritlsg. bestimmen. Die **I**-Werte sind einer Eichkurve zu entnehmen. (Analytic. Chem. **24.** 1859—60. Nov. 1952. Albany, N. Y., New York State Dep. of Health, Div. of Labors. and Res.) K. MAIER. 5728

Charles W. Carr, *Die amperometrische Titration von Plasma-Chlorid und Urinchlorid.* Die amperometr. Chloridtitrationsmeth. von LAITINEN, JENNINGS u. PARKS (Ind. Engng. Chem., analyt. Edit. **18.** [1946.] 355) kann für die Best. von Plasma- bzw. Serum- u. Urinchlorid modifiziert werden. 1,0 cm^3-Proben werden auf einen Geh. von 50% Aceton u. 0,8 n HNO_3 gebracht u. mit 0,01 n $AgNO_3$ unter Verwendung einer rotierenden Pt-Elektrode als Indicatorelektrode titriert; Genauigkeit ±1%; bei Verwendung von 0,1 cm^3-Proben ±2%. Die Meth. eignet sich nicht zur Chloridbest. in Ggw. von Gesamtblut oder Muskelgewebe. Derartige Proben müssen zuerst zur Entfernung von Eiweiß verascht werden. (Arch. Biochem. Biophysics **34.** 299—304. Dez. 1951. Minneapolis, Minn., Univ. of Minnesota, Med. School, Dep. of Physiol. Chem.)
K. MAIER. 5732

Leo R. Goldbaum, *Bestimmung von Barbitursäurederivaten. Ultraviolettspektrophotometrische Methode zur Unterscheidung einiger Barbitursäurederivate.* Es wurde eine Meth. entwickelt, welche auf dem Unterschied der Absorptionsspektren von Barbitursäure (I)-Derivv. in 0,45 u. 0,90 n NaOH u. einer Lsg. mit einem p_H 10,5 beruht. Werden die gemessenen Lichtintensitäten in einer Lsg. von p_H 10,5 von denen in stärker alkal. Lsg. abgezogen, treten Differenzen (maximal bei 260 u. 235—240 mμ) auf, die für alle I-Derivv. (außer N-Methyl- u. Thioderivv.) sehr charakterist. sind. Sowohl absorbierende Substanzen in Extrakten von drogenfreiem biol. Material als auch andere Pharmazeutica zeigen keine kennzeichnenden Differenzen bei diesen p_H-Werten u. stören das Verf. nicht. Nach dieser Meth. werden noch Konzz. von I-Derivv. von 0,1 mg auf 100 ml *Blut* u. von 0,3 mg auf 100 g *Gewebe* bestimmt. — Proben von 1—5 ml Oxalatblut oder -plasma werden mit 50 ml Chlf. extrahiert, filtriert u. ein aliquoter Teil mit 4 ml einer annähernd 0,45 n NaOH extrahiert, die alkal. Lsg. von der Chloroformlsg. getrennt u. zentrifugiert. Es werden 3 ml des klaren alkal. Extraktes in eine 1 cm Quarzküvette eines BECKMAN-DU-Spektrophotometers übergeführt. Ein alkal. Extrakt von dest. W. dient als Vergleichslösung. Die Lichtintensitäten werden bei den Wellenlängen 305, 270, 260, 252, 247, 250, 235, 232 u. 228 mμ gemessen. Dann werden 2 ml des alkal. Blutextraktes u. der Vergleichslsg. abpipettiert, mit Borsäure–KCl-Puffer versetzt, um $10{,}6 > p_H > 10{,}2$ zu gewährleisten. Die Lichtintensitäten dieser Lsgg. werden für die Verdünnung mit dem Puffer durch Multiplikation mit 1,5 korr. u. diese Werte von den Lichtintensitäten der alkal. Extrakte subtrahiert. Die Differenz der Lichtintensitäten zeigt anwesende Barbitursäurederivv. an, u. zwar die verschied. durch wechselndes Verhältnis der bei verschied. Wellenlängen zu den bei 260 mμ gemessenen Differenzen. Bei der Best. im *Urin* werden 5 ml (p_H unter 7,0) mit 50 ml Chlf. extrahiert, die Chloroformschicht abgetrennt, mit 5 ml mol. Phosphatpuffer (p_H 7,4) geschüttelt u. filtriert. Das Verf.

wird wie oben angegeben fortgesetzt. Für Best. in Geweben werden 1 oder 2 g mit dest. W. homogenisiert u. mit 75 ml Chlf. (bzw. für Hirn Äthylendichlorid) extrahiert. Die klar filtrierte Lsg. wird mit ungefähr 0,9nNaOH extrahiert, nach angegebener Vorschrift werden die Lichtintensitäten gemessen. Um die Einstellung des p_H zwischen 10,5 u. 10,2 zu garantieren, wird als Puffer eine 1 mol. Borsäure–KCl-Lsg. verwandt. Vf. führt anschließend die Berechnung der Konz. der Barbitursäurederivv. (*Barbital, Amobarbital* (5-Äthyl-5-isoamyl-I), *Pentobarbital* (1-Methylbutyl-5-äthyl-I), *Secobarbital* (1-Methylbutyl-5-allyl-I), *Butallylonal* (5-sek.-Butyl-5-β-bromallyl-I), *Phenobarbital* (5-Äthyl-5-phenyl-I), *Cyclopal* (2-Cyclopenten-[1]-yl-5-allyl-I) in biol. Material durch. (Analytic. Chem. **24.** 1604—07. Okt. 1952. Washington, D. C., Army Med. Serv. Graduate School, Dep. of Biochem.) HILDEGARD SCHULZ. 5764

Kurt Schwabe, Fortschritte der Potentiometrie. Berlin: Verl. Technik. 1952. (37. S. m. Abb.) 8° = Wissenschaftliche Berichte. Bd. 41. DM 2,70.

H. Angewandte Chemie.

I. Allgemeine chemische Technologie.

Park L. Morse, *Freiheitsgrade für kontinuierlich arbeitende Systeme.* Allg. theoret. Betrachtung kontinuierlich arbeitender Systeme hinsichtlich des Zusammenhanges zwischen Stoffumsätzen, Energieumsätzen, Konstruktion der App. u. Betriebsbedingungen. Die Ergebnisse der Betrachtung sind anwendbar auf physikal. u. chem. Vorgänge u. stellen ein wertvolles Hilfsmittel für die Durchführung chem.-techn. Entwicklungsarbeiten dar. (Ind. Engng. Chem. **43.** 1863—71. Aug. 1951. East Lansing, Mich., State College.) GERHARD GÜNTHER. 5800

J. A. Gerster, W. E. Bonnet und **Irwin Hess,** *Massenübergangszahlen an Sprudelböden.* 1. Mitt. *Grundsätzliche Faktoren.* Vff. führten quantitative Unterss. über den Einfl. der Konstruktion der Sprudelböden u. der Betriebsbedingungen auf die Massenübergangszahlen im Gasfilm u. Flüssigkeitsfilm durch. Es ergaben sich Beziehungen zur Schaumhöhe u. Schaumdichte. Mit Hilfe der theoret. Anschauungen wurde das Syst. *Methanol–W.* bei 1 u. 4 at über den gesamten Konzentrationsbereich durchgerechnet. Die Werte zeigten gute Übereinstimmung mit neuen experimentellen Ergebnissen. (Chem. Engng. Progr. **47.** 523—27. Okt. 1951.) GERHARD GÜNTHER. 5804

B. Waeser, *Emulgieren und Homogenisieren.* Nach Einführung in die Theorie der Emulsionsbldg. gibt Vf. einen Überblick über die moderne apparative Entw. der Emulsionsmaschinen. (Bitumen, Teere, Asphalte, Peche verwandte Stoffe **3.** 98—103. April 1952. Elmshorn.) F. C. MÜLLER. 5824

E. L. Streatfield, *Ionenaustausch und Feinchemikalien.* Vortrag. Geschichtliche Entw. u. Theorie des Ionenaustausches, Herst. von Austauschharzen u. Anwendungsgebiete (De-Ionisierung, Ionenaustausch, Ionentrennung u. Wiedergewinnungsprozesse). (Chem. Process Engng. **34.** 85. März 1953.) GERHARD GÜNTHER. 5826

M. Andritzky, *Rauchgasentstaubung und Kesselbetrieb.* Für 8 verschied. Entstauber wird an 3 verschied. Feuerungsarten (Mühlenfeuerung für Braunkohle; Wanderrost- u. Staubfeuerung für Steinkohle) geprüft, wie hoch der Aschengeh. der Rohkohle ansteigen darf, wenn ein gewisser Reingasstaubgeh. eingehalten wird. Zwischen Entstauberart, Größe der Kesselanlage, Aschengeh. der Rohkohle u. Einbindungsgrad ergibt sich ein durch mehrere Kurven ausgedrückter Zusammenhang. Die auf 1 t Normaldampf bezogenenen Entstaubungskosten werden in Abhängigkeit vom Aschengeh. der Rohkohle für jeden Entstauber angegeben. (Mitt. Vereinig. Großkesselbesitzer **1953.** 375—84. März.) WESLY. 5850

Ju Chin Chu, *Blasendestillation. Analytische Ausdrücke für die Destillatkonzentration bei der Blasendestillation mit endlichem Rücklaufverhältnis.* Für die Dest. von Zweistoffgemischen werden unter Zugrundelegung des SMOKERschen Ansatzes die Gleichungen für Ausbeute u. Konz. des Destillates aufgestellt. Dabei wird sowohl für einen endlichen Kolonneninhalt als auch für den Kolonneninhalt Null eine mathemat. Beziehung für die stetige Änderung des Rücklaufverhältnisses gefunden, für welche eine stets gleichbleibende Destillatkonz. erzielt werden kann. — Unter bestimmten Voraussetzungen können die Ansätze auch für Mehrstoffgemische Verwendung finden. (Chem. Engng. Progr. **46.** 215—20. Mai 1950. Brooklyn, N. Y., Polytechnic Inst.) W. SCHÄFER. 5864

G. Adolphi, *Zur Theorie der Rektifikation in Füllkörpersäulen.* Es wird die Berechnung von Füllkörperkolonnen nach dem Prinzip des Gegenstromaustausches erläutert u. ihre Anwendung für die Auswertung von Versuchsergebnissen krit. untersucht. Bereits vorliegende Versuchsergebnisse werden verglichen u. Vorschläge für neue Verss. gemacht. (Chem. Techn. **2.** 287—90. Sept. 1950. Leuna.) Pistor. 5864

H. R. C. Pratt, *Die Konstruktion von Füllkörperkolonnen für Absorption und Destillation.* 1.—4. Mitt. Erörterungen über die Konstruktion von Füllkörperkolonnen mit besonderer Berücksichtigung der Wahl geeigneten Packungsmaterials u. des Kolonnendurchmessers bes. für Kolonnen für Absorption u. destillative Trennung. (Ind. Chemist **26.** 291—95. Juli. 470. Nov. 1950; **27.** 3—8. Jan. 51—58. Febr. 1951.) Gerhard Günther. 5864

G. Morgenstern, *Erfahrungen mit einer großtechnischen Vakuumdestillation.* Es werden die Erfahrungen mit einer großtechn. Vakuumdest., wie sie im Buna-Werk Schkopau bei der Styroldest. durchgeführt wird, erörtert. Besonderheiten der Anlage u. deren Arbeitsweise werden geschildert. (Chem. Techn. **2.** 290—92. Sept. 1950. Schkopau.) Pistor. 5864

Olle Lindström, *Ultraschall in der chemischen Technik.* Es werden folgende Anwendungsgebiete besprochen: Oxydations- u. Reduktionswirkungen in wss. Lsgg., Polymerisation u. Depolymerisation, Einfl. auf die Geschwindigkeit homogener u. heterogener Rkk., elektrochem. Wrkg., Dest. u. Extraktion, Kristallisation aus übersätt. Lsgg., Emulgierung, Dispergierung, Koagulation, Agglomeration, Entgasung, Behandlung von Kesselspeisewasser, Herst. photograph. Emulsionen, künstliche Alterung alkoh. Getränke. (Tekn. Tidskr. **81.** 595—99. 11/8. 1951. Stockholm.) R. K. Müller. 5878

E. Rombouts Ysamat, *Anwendung der elektronischen Heizung in der chemischen Industrie.* Übersicht über die Grundlagen der Erwärmung von Isolierstoffen mit Hochfrequenzfeldern, Formeln zur Berechnung von Frequenz u. Spannung gemäß der gewünschten Erwärmung eines bestimmten Materials auf Grund seiner Abmessungen u. dielektr. Eigg., selbsttätige Anpassung der Elektronenöfen an die im Verlauf der Behandlung wechselnden Bedingungen. Die Vorteile der Erwärmung durch die ganze M. hindurch oder vorzugsweise in ihrem Innern finden Anwendung auf dem Gebiet der synthet. Harze u. Plaste (Vorerwärmung zur Entgasung u. Trocknung, Erwärmung zur Formgebung u. Schweißung), in der Holzindustrie (Trocknung, Sperrholzleimung, Bakelitisierung für Geräte der chem. Industrie), in der Kautschukindustrie (Vulkanisierung großer Stücke u. von Schwammgummi, therm. Verformung, Depolymerisierung, Regenerierung, Latexkoagulierung, zum Verspinnen u. zur Formgebung komplizierter Profile), bei chem. Rkk., der Milchpasteurisierung, dem Haltbarmachen von Lebensmitteln u. ihrem Wiederauftauen nach Gefrieren. (Ion [Madrid] **12.** 648—54. Dez. 1952. Paris.) Metzener. 5882

Montclair Research Corp., Montclair, N. J., V. St. A., *Öl- und hitzebeständiges Dichtungsmaterial für Diesel- und Otto-Motoren.* Asbest- oder Glasfasern, Kork, Leinen oder dgl. werden mit einem Dehydrierungsprod. solcher hydrolysierter Chlorsilane imprägniert, die 2 verschieden substituierte einwertige KW-stoffreste u. ein solches Verhältnis von Anzahl der KW-stoffreste zu Si-Atomen aufweisen, daß kautschukähnliche Hydrolysate erhalten werden. — Geeignet ist z. B. das Gemisch aus 88% Methylchlorsilan mit 1,72 Methylresten je 1 Si-Atom u. 12% eines Butylchlorsilans mit 1,1 Butylrest je 1 Si-Atom, das zu einem viscosen Öl hydrolysiert, mit dem Füllmittel gemischt u. durch Hitze u. Druck verformt wird. (**E. P. 644 282** vom 23/3. 1945, ausg. 11/10. 1950. A. Prior. 27/4. 1944.) Mölleering. 5813

British Thomson-Houston Co. Ltd., London, England, *Elastische Verschluß- und Bindemittel* für Röhren aus Glas u. Kunststoffen sowie Flaschen, bestehend aus Polyvinylchlorid, Pb-Silicat (bzw. ZnO + PbO), Monochlortoluol u. Isophoren als zeitlich wirkendes Weichmachergemisch. Die M. wird bei 60° geknetet. (**E. P. 647 907** vom 14/8. 1947, ausg. 28/12. 1950. A. Prior. 17/8. 1946.) Salzmann. 5813

Permutit Co. Ltd. und **Theodore Roger Ernest Kressman,** London, England, *Anionenaustauscherharz.* Epichlorhydrin u. ein tert. Amin, z. B. Pyridin, werden zunächst mehrere Tage bei n. Temp. belassen, dann die M. mit Tetrahydronaphthalin (I) überschichtet, 3 Std. auf 150° erwärmt, nach Abzug von I auf 200° erhitzt, zerkleinert u. mit 5%ig. Na_2CO_3-Lsg. aktiviert. Die Mischung kann auch mit Phenol, CH_2O u. etwas NaOH angesetzt u. erwärmt werden. (**E. P. 634 943** vom 14/8. 1947, ausg. 29/3. 1950.) Salzmann. 5827

Farbenfabriken Bayer (Erfinder: **Hellmuth Lauth** und **Erhard Maier**), Leverkusen, *Entfernung von Verunreinigungen aus oberflächen- oder austauschaktiven Stoffen.* Die Stoffe werden mit Lsgg. von Netz- u./oder Emulgiermitteln, gegebenenfalls in Ggw.

von Reduktionsmitteln, behandelt. Gleichzeitig oder anschließend bringt man eine Elektrolytlsg., wie NaCl-, HCl- oder Na_2CO_3-Lsg., zur Einwirkung. (**D. B. P. 878 484** Kl. 12d vom 3/10. 1942, ausg. 5/6. 1953.) REICHELT. 5831

Emerik Imre Valyi, New York, N. Y., V. St. A., *Gußform für feuerfeste Schmelzen,* bestehend aus Polystyrol oder Polymethylmetacrylat mit einem durchschnittlichen Mol.-Gew. von 5000—40000. (**E. P. 636 947** vom 18/12. 1946, ausg. 10/5. 1950. A. Prior. 3/8. 1946.) NEBELSIEK. 5839

Imperial Chemical Industries Ltd., England, *Gasentwicklungssatz,* bestehend aus einem Gemisch von Nitroguanidin u./oder Guanidinnitrat, einem anorgan. Sensibilisator, wie H_2MoO_4, Ce_2O_3, V_2O_5, SeO_2, einem hitzebeständigen Material mit großer Oberfläche, z. B. feinem Drahtnetz aus Eisen, Stahl, Platin oder Asbestfasern. Dem anorgan. Sensibilisator kann zusätzlich eine organ., nichtexplosive Verb., z. B. Wein-, Malein-, Fumarsäure oder Glucose zugesetzt werden. — Z. B. 93,7(%) Guanidinnitrat, 5,0 H_2MoO_4, 1,0 SeO_2, 0,3 Asbestfaser oder 97,5 (%) Guanidinnitrat, 2,0 Weinsäure, 0,2 H_2MoO_4, 0,3 Asbestfasern. Die Gasentwicklungssätze können zum Antrieb von Maschinen, Turbinen, Raketen, in Feuerlöschern, zur Erzeugung von farbigem Rauch, für Sicherheitssprengungen u. ähnliche Zwecke verwendet werden. (**Oe. P. 173 652** vom 29/12. 1949, ausg. 10/1. 1953. E. Prior. 29/12. 1948.) HEYNE. 5847

Standard Oil Development Co., Del., übert. von: **Albert B. Welty jr.,** Mountainside, N. J., V. St. A., *Trennung von Wasserstoff aus Wasserstoff enthaltenden Gasen* durch Adsorption im Fließbettverfahren. Hierbei wird bei einer Temp. von 900—1400° F von einer Adsorptionsmasse, die zu 12 Gew.-% aus MoO_3 u. zu 88 Gew.-% aus aktiviertem Al_2O_3 bei einer Teilchengröße $<$100 Maschen besteht, H_2 adsorbiert. Die beladene M. wird mit Dampf desorbiert. Aus dem abströmenden Gas wird nach Abkühlen u. Kondensieren des Dampfes H_2 gewonnen. (**A. P. 2 526 524** vom 14/12. 1944, ausg. 17/10. 1950.) REICHELT. 5849

Ultrasonic Corp., Cambridge, übert. von: **Caperton B. Horsley,** Stamford, Conn., und **Gordon C. Seavey,** Arlington, Mass., V. St. A., *Agglomerierung von Aerosolen.* Das Aerosol (**I**) wird in einer Beschallungskammer mit Schallwellen behandelt u. die dadurch agglomerierten festen oder fl. Teilchen werden abgeführt, wobei man einen Teil derselben kontinuierlich wieder zusammen mit unbehandeltem **I** durch die Kammer leitet, um die Möglichkeit des Aufeinandertreffens u. damit des Abscheidens der **I**-Partikelchen zu vergrößern. (**A. P. 2 535 679** vom 12/9. 1946, ausg. 26/12. 1950.) HEINSEN. 5851

Österreichische Stickstoffwerke Akt.-Ges., Linz, Österreich, *Abtrennung von Bestandteilen aus Gasgemischen durch Diffusion,* unter Benutzung eines die Gasdiffusion durch Erhöhung des Partialdruckgefälles begünstigenden Trennstoßes, z. B. einer Fl., der kein Absorbens für einen der zu trennenden Gasbestandteile sein muß. Die Zufuhr des Trennstoffes in den Prozeß erfolgt durch Verdunstung bei der dem gewünschten Partialdruck des Trennstoffes entsprechenden Verdunstungstemp. aus der fl. Phase. Der Trennstoff wird entlang einer einem Diaphragma gegenüberliegenden, gegebenenfalls beheizbaren Wand als Flüssigkeitsfilm durch die Trennvorr. geführt. (**Oe. P. 174 052** vom 14/6. 1951, ausg. 25/2. 1953.) WITTHOLZ. 5853

Arthur F. Barry, Conroe, Tex., V. St. A., *Abtrennung von flüssigen Kohlenwasserstoffen und Wasser* aus einem Hochdruckgasstrom. Die vorhandenen fl. Stoffe werden zuerst entfernt, dann wird das Gas plötzlich so weit entspannt, daß durch die Abkühlung die noch in Dampfform vorhandenen KW-stoffe u. das W. sich teils gefroren abscheiden. Das Kondensat u. die festen Teile werden abgetrennt u. dann erwärmt, so daß sich eine fließfähige M. bildet, wobei das entstandene Gas abgezogen wird. — Vorr., 4 Zeichnungen. (**A. P. 2 528 028** vom 20/3. 1950, ausg. 31/10. 1950.) KRAUSS. 5855

Hermann Ost und **Berthold Rassow,** Lehrbuch der chemischen Technologie. 25. durchges. Aufl. Leipzig: Barth. 1953. (XV + 1259 S. m. 453 Abb. im Text u. 19 Taf.) 8°. DM 29,70.

II. Feuerschutz. Rettungswesen.

E. A. Allcut, *Lufthygiene.* Es wird berichtet, wie die Verunreinigungen der Luft von Industriestädten zusammengesetzt sein können, u. ihr Einfl. auf Gesundheit, Pflanzenwuchs usw. diskutiert. Die Meßmethoden, die zulässigen Grenzen der Verunreinigungen, die verschied. Faktoren, die die Verteilung beeinflussen u. die Möglichkeiten zur Verminderung u. Kontrolle der Verunreinigungen werden beschrieben. (Engng. J. **34.** 664—71. Juli 1951. Toronto, Ont., Univ., Dep. of Mechan. Engng.) BRAUKMANN. 5930

Pravdomil Tykal, *Der Rauch, sein Einfluß und die Rauchbekämpfung.* Begriff. Zusammensetzung. Rauchschäden. Rauchbekämpfung. (Sborník Masarykovy Akad. Práce **25.** 394—407. 1951.) STEINER. 5930

Franz Scheuch, *Großbrand in der Verbandsmühle Feldkirch verhütet. Die Lehre daraus zur Nutzanwendung für die Müller.* Ausführlicher Bericht über die Verhütung eines Großbrandes in einer Mühle u. Hinweis auf die für die Entstehung eines Brandes in einer Mühle bes. in Frage kommenden Betriebsteile. (Müllerei **3.** 156—58. 18/3. 1950.) BRAUKMANN. 5930

—, *Sicherheitsbedingungen zur Verhütung von Staubexplosionen in der Kunststoffindustrie.* Tabelle der Entzündungstempp. der in der Kunststoffindustrie hergestellten oder benutzten pulverigen Materialien mit Angabe der Mindestkonz., bei der eine Explosion stattfindet. Vorschriften über Fabrikationsanlage, Konstruktion der Gebäude, Transport der Pulver u. Angabe spezieller Anordnungen zur Verhinderung von Explosionen, sowie Vorschriften zur Verhinderung von Bränden. (Rev. Plásticos **2.** 39—41. Jan./Febr. 83—84. März/April. 133—36. Mai/Juni 1951.) RUMPF. 5936

Dierichs, *Brandschutz in Teerdestillationen und Mineralölbetrieben.* Zur Bekämpfung von Steinkohlenteerbränden wird empfohlen: Neben umfangreichem vorbeugendem Brandschutz die Brandbekämpfung durch Sprühstrahlrohre. Behälter u. Pechkühlhallen sollen mit stationären Berieselungsanlagen ausgerüstet sein. Zur Bekämpfung von Bränden in der Erdölindustrie haben sich Schaumlöschgeräte gut bewährt. Die Bedingungen für die Herst. eines guten Schaumes werden skizziert. (Bergakademie, Freiberger Forschungsh., Ausg. A **1952.** Nr. 14. 25. Freiberg.) BRAUKMANN. 5936

H. Hennig, *Verhalten der Gaswolken bei Schadensfällen.* Aus Anlaß des Zerknallens eines 15 t fl. Cl_2 enthaltenden Kessels, der 7 Tote u. 200 Gasverletzte forderte, wird auf die Faktoren hingewiesen, die für das Ausmaß eines derartigen Unglücksfalles von Bedeutung sind. Über 3 weitere, ähnlich gelagerte Schadensfälle (durch Phosgen, nitrose Gase, NH_3) wird auszugsweise berichtet. Die Verhaltungsmaßregeln für solche Unglücksfälle werden kurz zusammengefaßt. (Chemiker-Ztg. **76.** 256—59. 25/4. 1952. Isny, Allgäu.) BRAUKMANN. 5936

Maurice Lecoustey, *Mechanismus der Erzeugung statischer elektrischer Ladungen beim Umgang mit brennbaren Lösungsmitteln. Die durch diese Ladungen sich ergebenden Gefahren und die zur Behebung geeigneten Mittel.* Ausführungen über die generellen Möglichkeiten der elektr. Aufladung von Körpern; Hinweis auf die durch Reibung entstehende elektr. Aufladung beim Umgießen von Fll. bzw. beim Fließen von Fll. in Leitungen u. die damit verbundene Gefahr der Entzündung leicht brennbarer Lösungsmittel durch Funkenbldg., wenn durch fehlenden Stromabfluß u. -ausgleich starke Aufladung erfolgt. Diese Gefahr wird durch Erdung beseitigt; als Beispiel für solche Möglichkeiten wird die Industrie der chem. (trockenen) Reinigung angeführt. (Teintex **18.** 22—31. 15/1. 1953. Paris, Conservatoire Nat. des Arts-et-Métiers, Labor. d'Électricité Industrielle.) TÄUFEL. 5936

Herbert Sievers, *Automatisch einsetzende Brandbekämpfung.* Als automat. wirkende Feuerlöschanlage wird für Mühlen mit ihrer erhöhten Brandgefahr eine Sprinkleranlage bzw. eine stationäre Kohlensäurelöschanlage vorgeschlagen. Die Wirkungsweise sowie Vor- u. Nachteile der beiden Verff. werden kurz umrissen. (Müllerei **3.** 108—09. 25/2. 1950.) BRAUKMANN. 5944

III. Elektrotechnik.

J. Sommer, *Neue technische Kaltleiter.* Es werden 2 techn. Kaltleiter beschrieben, welche von den Firmen RADIUM ELEKTRIZITÄTS GMBH., Wipperfürth, u. WANDEL & GOLTERMANN, Reutlingen, entwickelt wurden. Die nach Art einer Glühlampe aufgebauten Kaltleiter besitzen als Widerstand eine Wendel aus sehr dünnem W-Draht, die einen Kaltwiderstand von 50 bzw. 100 Ω, einen Verdopplungsstrom von je 5 mA u. einen Strom im Glühpunkt (600°) von 9 bzw. 10 mA aufweisen. Die Gesamtkapazität u. die Induktivität der Wendel sind $\leqq 3$ pF u. $\leqq 0{,}2$ bzw. $\leqq 0{,}4$ μH. Der Widerstand erreicht im Glühpunkt ca. den 3,5fachen Wert des Kaltwiderstandes. Bei Stromfrequenzen von über 1 Hz wird der Kaltleiterwiderstand von der Frequenz unabhängig u. nimmt einen dem effektiven Strom entsprechenden Wert an. (Funk u. Ton **6.** 520—26. Okt. 1952. Reutlingen, Wandel & Goltermann, Labor.) WERNER SCHULZ. 5952

Tihomil Marković, *Über eine kristallisierte Substanz, die sich auf Graphitanodenstäben abgeschieden hatte.* Nach mehrmonatiger Elektrolyse von Alkalichlorid wurden in der weißen krist. M. am unteren Graphitstabende qualitativ nachgewiesen: Na^+, K^+, Ca^{2+}, Mg^{2+}, Fe^{2+}, Cl^-, ClO^-, ClO_2^-, SO_4^{2-}, ClO_3^-, ClO_4^-. Bemerkenswert ist die

Ggw. von ClO_2^- u. ClO_4^-. Quantitativ wurden NaCl, NaClO, $NaClO_2$, $NaClO_3$ u. $NaClO_4$ (nach LUNGE-BERL) bestimmt. (Гласник Хемиског Друштва Београд [Ber. chem. Ges. Belgrad] **15.** 253—54. 1950. Jajze, „Elektrobossna".) V. WILPERT. 5952

T. H. Elmer, *Chemische und physikalische Untersuchungen an Siliciumcarbid-Heizelementen, ihre Entwicklung und Verwendung.* Es wird die Entw. der SiC-Heizelemente mit einer ausführlichen Literaturübersicht beschrieben. Es werden chem. u. physikal. Unterss. an Widerständen, die im wesentlichen aus rekrist. SiC bestanden, mitgeteilt. Es wird eine Erklärung darüber abgegeben, warum SiC-Heizelemente bei hohen Tempp. versagen. (Amer. ceram. Soc. Bull. **32.** 23—25. Jan. 1953.) K. SEIDEL. 5954

B. A. Bovee, *Diskussion von T. H. Elmers Arbeit: Chemische und physikalische Untersuchungen an Siliciumcarbid-Heizelementen, ihre Entwicklung und Verwendung.* (Vgl. vorst. Ref.) Bekanntgabe zusätzlicher Versuchsergebnisse. (Amer. ceram. Soc. Bull. **32.** 26—27. Jan. 1953. Niagara Falls, N. Y., Carborundum Co., Globar Div.) K. SEIDEL. 5954

Jose Huguet Homs, *Die elektrischen Eigenschaften von Phenolkunstharzen.* Bericht über die elektr. Eigg. von Phenolharzen vom Novolacktyp in Substanz u. der damit getränkten Papiere. (Rev. Plásticos **1.** 148—51. Nov./Dez. 1950.) RUMPF. 5956

Kiyoshi Mase, *Adhäsion eines Emailfilmes auf dem metallischen Leitungsdraht.* 1. u. 2. Mitt. Auf Grund der Arbeiten von WOLFF u. POHLER wird die Frequenz n_x der Cu-Drahtverdrehungen bis zum Abblättern des isolierenden Emailfilms mittels einer Spezialapp. (Abb.) bestimmt u. die Adhäsion N in Abhängigkeit von n_x, dem Durchmesser d_x u. der Länge l_x des Drahts sowie von der Dicke a_x u. der Härte H_x des Films berechnet (nach WOLFF: $N = k \frac{n_x d_x}{l_x a_x H_x}$) u. die Teilergebnisse in Tabellen u. Kurven dargestellt u. im einzelnen erörtert. (J. chem. Soc. Japan, ind. Chem. Sect. [Kōgyō Kwagaku Zasshi] **54.** 347—51. Juni 1951. Hitachi Drahtwerke. [Orig.: japan.]) SCHULER. 5956

A. Engel, H. Welker und **H. F. Mataré,** *Detektorkristalle und ihre Anwendung in der Hochfrequenztechnik.* Zusammenfassender Bericht über halbleitende Kristalle, die Theorien über deren Leitfähigkeit u. ihre Anwendung auf lichtelektr. u. thermoelektr. Gebiet. Kristalldioden u. -trioden. (Bull. Soc. franç. Électriciens [6] **10.** 379—96. Aug. 1950.) REUSSE. 5974

H. C. A. Holleman, *Fluorescierende Stoffe in elektrischen Lampen und Röhren.* Übersicht über Anwendung u. Herst. fluorescierender Stoffe für Lampen u. Röhren in den letzten 20 Jahren. (Chem. Weekbl. **46.** 33—37. 21/1. 1950.) FREE. 5974

W. Steckelmacher und **S. Van der Meer,** *Automatische Regulierung von Thermionenemission.* Es wird ein Schaltschema beschrieben, das es gestattet, automat. die Thermionenemission für große Änderungen der Emissionscharakteristiken zu kontrollieren; das Schema ist unabhängig von großen Hauptspannungsschwankungen. (J. sci. Instruments **27.** 189—91. Juli 1950. Delft, Techn. Univ.) GOTTFRIED. 5978

Western Electric Co., Inc., New York, N. Y., V. St. A., *Herstellung von Quecksilberkontakten.* Kontakte aus Fe-Legierungen (**I**) werden oberflächlich mit capillaren Kanälen versehen, indem man z. B. **I** erhitzt, bis sich große Kristalle ausgebildet haben, u. die M. zwischen den Kristallen, z. B. mittels eines Sandstrahlgebläses, entfernt, worauf ein Überzug mit einem durch Hg benetzbaren Metall, bes. Pt, Rh oder Ni, erfolgt, u. die **I** in ein Hg-Bad getaucht wird. (**E. P. 682 815** vom 9/8. 1950, ausg. 19/11. 1952. A. Prior. 9/8. 1949.) LÜTTGEN. 5953

Ateliers de Construction Oerlikon, Schweiz, *Elektrische Widerstände* aus Halbleitern für Blitzschutz. Man verwendet SiC, das mit Bindemitteln, wie Wasserglas, ZnO, auch unter Zusatz von Ton, die mit einer feuchtigkeitsschützenden M., wie Asphalt, Paraffin, S oder Öl oder Gießharz, überzogen sein können, agglomeriert wird. (**F. P. 1 009 521** vom 30/1. 1950, ausg. 30/5. 1952. Schwz. Prior. 24/2. 1949.) PANKOW. 5955

Nikolaus Lutz, Nürnberg, *Keramische Halbleiter* mit negativem Temperaturkoeff. des Widerstands. Einem Grundstoff oder keram. Gerüstträger, z. B. TiO_2, wird Fe_2O_3 zugesetzt, wobei dieses mit einem Acceptorhalbleiterstoff, z. B. MnO_2 oder NiO, versehen wird. Dem Grundstoff werden Stoffe beigemischt, die bei höherer Temp. als Temperaturhalbleiter wirken, z. B. WO_3. — Beispiele: 300 (Teile) Fe_3O_4, 165 MnO_2, 5 WO_3, 4 TiO_2, 5 NiO; oder 200 Fe_3O_4, 100 MnO_2, 6 WO_3, 50 TiO_2, 25 NiO. (**D. B. P. 863 382** Kl. 21c vom 5/6. 1951, ausg. 15/1. 1953.) KESSEL. 5953

Siemens-Schuckertwerke Akt.-Ges., Berlin und Erlangen, *Isolierkörper* für elektr. Schalter bestehen aus Hartgewebe, das mindestens zum Teil aus Glas- u./oder Cellulosefasergewebe mit Kunstharz warm gepreßt ist. (**Schwz. P. 283 541** vom 28/8. 1950, ausg. 1/10. 1952. D. Prior. 17/10. 1949.) KESSEL. 5957

Connollys (Blackley) Ltd., Manchester, England (Erfinder: **W. Travis**), *Isolierter elektrischer Leiter.* Die Isolierung besteht aus einer Wicklung aus Naturseide, deren Windungen durch den darin enthaltenen *Sericingummi* miteinander verklebt sind. (**Schwed. P. 135 443** vom 15/8. 1949, ausg. 29/4. 1952. E. Prior. 16/8. 1948.) JÜRGEN SCHMIDT. 5957

Dussek Brothers & Co. Ltd., Grayford, England (Erfinder: **A. W. Thompson** und **J. H. Howe**), *Herstellung von Massen für die Imprägnierung von Papierisolierungen für Kabel und Kondensatoren.* Man löst oder dispergiert *Polyisobuten* mit einem Mol.-Gew. $>$20000 in einem flüchtigen, organ. Lösungsm. (I), versetzt die Lsg. oder Dispersion mit einem Öl, das sich zur Isolierung von Kabeln oder Kondensatoren eignet, u. entfernt dann I aus der Masse. Als I wendet man bes. aliphat. KW-stoffe, die sich bei $<$200° abdest. lassen, an. Man kann auch Aromaten, wie Toluol oder Xylol, oder deren Chlorierungsprodd. verwenden, oder auch Trichloräthylen. Die Endlsg. des Öles soll ca. 0,25—3% Polyisobuten enthalten. Als Mineralöl kann man ein Öl mit einer Viscosität von 17,8—22 cP bei 60° verwenden. (**Schwed. P. 135 698** vom 19/1. 1949, ausg. 13/5. 1952. E. Prior. 5/8. 1948.) JÜRGEN SCHMIDT. 5957

Jácques Gourevitch, Seine-et-Oise, Frankreich, *Magnetkern.* Ferrite des Fe, Co, Mn oder Ni werden fein gepulvert u. mit einem metall. Pulver, z. B. Eisen, vermischt. Das Gemenge wird mit einem Bindemittel, z. B. einem synthet. Harz, Polyamid oder Bleiborat, versetzt u. durch Pressen u. Erwärmen verfestigt. Die Prodd. haben eine große therm. Stabilität u. geringe Hysteresisverluste. (**F. P. 995 635** vom 27/7. 1949, ausg. 5/12. 1951.) REINHART. 5959

Philips Electrical Industries Ltd., London, England, *Magnetische Massekerne*, bes. für Hochfrequenztransformatoren, enthalten einen gesinterten Mn-Ferrit (I) mit einem CURIE-Punkt oberhalb 250° u. einem mol. Verhältnis Fe : Mn zwischen 4,0 u. 1,5. I kann aus reinem Mn-Ferrit oder einem Mn–Zn-Ferrit bestehen. Eine prakt. Zus. ist $(1-x)M^{II}O \cdot x\,M_2^{III}O_3$, wo M^{II} u. M^{III} die 2- u. 3-wertigen Metallionen bedeuten u. x zwischen 0,50 u. 0,53 liegt. (**E. P. 669 571** vom 24/3. 1949, ausg. 2/4. 1952. Holl. Prior. 27/3. 1948.) KESSEL. 5959

United States of America, übert. von: **Adolph Fischbach**, Loch Arbour, N. J., V. St. A., *Herstellung von negativen Cadmiumelektroden für Primär- und Sekundärelemente.* In ein Metallnetz, z. B. aus Ag, Ni, Al, Cu oder dgl., wird eine Paste aus CdO u. W. eingestrichen, gepreßt, getrocknet u. in KOH-Lsg. der Elektrolyse unterworfen, wobei metall., schwammiges Cd entsteht. — Die Elektrode ist für Entladungen bei tiefen Tempp. — unter —70° F — bestimmt u. ergibt mit einer NiO-Gegenelektrode einen alkal. Akkumulator oder mit einer PbO_2-Gegenelektrode u. saurem Elektrolyten eine Primärzelle. (**A. P. 2 616 939** vom 2/5. 1951, ausg. 4/11. 1952.) LAASS. 5971

Owens-Corning Fiberglas Corp., Del., übert. von: **Howard E. Walker**, Newark, O., V. St. A., *Herstellung von Separatoren für Akkumulatoren.* Glasgewebe oder -gespinst wird mit einer M., z. B. aus 20 (Teilen) einer 3%ig. Gelatinelsg., 15 einer wss. 40%ig. Neopren–Latex-Lsg., 14 Diatomeenerde (I) u. 0,5 Dibutylphenol-Na-disulfonat als Netzmittel, überzogen, wobei gleichzeitig Rippen aus obiger M. gebildet werden. Darauf wird ein sehr dünnes Glasgespinst gebracht, welches auf den Rippen aufliegt. Das Ganze wird dann im Ofen gehärtet u. verklebt. — An Stelle von I können Quarz-, Sand-, Al-Silicatteilchen mit einem Durchmesser von ca. 10—80 μ verwendet werden. (**A. P. 2 607 810** vom 22/3. 1950, ausg. 19/8. 1952.) LAASS. 5971

Lumalampan Aktiebolag, Stockholm, Schweden (Erfinder: **G. E. V. Siljeholm**), *Elektrode für elektrische Entladungsröhren*, bestehend aus einem metall. Träger, bes. Wolfram. Auf dem Träger ist ein akt. Belag aus Oxyden von Ca, Th u. Mg sowie aus BaO u./oder SrO angebracht. Der Belag soll zunächst aus einer Grundschicht von CaO u. darüber einer 2. Schicht aus BaO u./oder SrO u. einer obersten Schicht aus ThO_2 u. MgO in Mischung bestehen. Man kann die Oxyde als solche auftragen; man kann aber auch zu Oxyden zersetzbare Salze verwenden u. die Zers. nach Auftragen aller oder einzelner Schichten vornehmen. Die oberste Schicht kann außer MgO auch noch B_2O_3 enthalten. (**Schwed. P. 135 584** vom 6/4. 1949, ausg. 6/5. 1952.) JÜRGEN SCHMIDT. 5975

IV. Wasser. Abwasser.

G. Gad und **Käte Naumann**, *Vermeidung von Bleivergiftungen durch neu verlegte Bleirohre.* Laboratoriumsverss. an blankgebeizten Pb-Rohren zeigten, daß eine Schutzschichtbldg. aus in SiO_2-Teilchen eingebettetem $PbSiO_3$ durch 48std. Füllung mit

4,2%ig. Natronwasserglaslsg. (I) die Aufnahme von Pb in CO_2-haltigem dest. W. fast völlig verhindert u. eine gute Unterlage für die aus Gleichgewichtswässern sich bildende Schutzschicht aus $PbCO_3$ u. $CaCO_3$ ist. Na_3PO_4-Lsg. hatte keine, Na_2HPO_4 allein oder gemischt mit I schlechtere Wirkung. (Gesundheits-Ing. **74.** 85—87. März 1953. Berlin-Dahlem, Inst. für W., Boden- u. Lufthyg.) MÜHLMEISTER. 6010

E. A. Doré, C. H. Joiner, J. L. Putman, S. Jefferson und **J. F. Cameron,** *Künstlich radioaktive Isotope zum Auffinden von undichten Verbindungsstellen in Hauptleitungen.* Vff. beschreiben eine Meth. zum Auffinden undichter Verbindungsstellen in Wasserhauptleitungen unter Verwendung des radioakt. ^{24}Na in Form des Na_2CO_3. Dabei wird der zu untersuchende Rohrabschnitt mit der im W. gelösten radioakt. Substanz gefüllt u. für 30 Min. unter Prüfdruck gehalten. Danach können entweder aus der Umgebung des Rohres entnommene, wasserhaltige Bodenproben auf ihre Aktivität untersucht werden, oder besser, die Umgebung des Rohrabschnittes wird unmittelbar mit einem GEIGER-Zähler abgemessen, nachdem das radioakt. W. in den nächsten Rohrabschnitt weitergedrückt worden ist. (J. Instn. Water Engr. **7.** 160—66. März 1953.) NIEMITZ. 6010

Herbert H. Uhlig, *Korrosionsschutz in Wassersystemen.* Zusammenfassender Überblick (18 Literaturzitate) über die verschied. Ursachen der Korrosion durch W. u. die einzelnen Mittel zur Verhütung derselben (Wasseraufbereitung. kathod. Schutz, Metallüberzüge, organ. Kunststoffschutzschichten, Schutzanstriche, Inhibitoren u. Anwendung verschied. Metalle u. Legierungen), sowie Ausblick auf die künftige Entw. des Korrosionsschutzes, die neben steigender Anwendung des kathod. Schutzes in einer Verbesserung u. Verbilligung der Schutzanstriche u. der organ. Kunststoffschutzschichten, sowie vor allem in einer mit sinkendem Preis stark zunehmenden Verwendung von Ti bestehen wird. (Ind. Engng. Chem. **44.** 1736—40. Aug. 1952. Cambridge, Mass., Inst. of Technol.) NIEMITZ. 6010

Norman E. Jackson, *Erfahrungen mit der Planung und Ausführung der Fluorierung im Columbia-Distrikt.* Erfahrungen bei zweijährigem Betrieb einer Fluorzusatzanlage für Trinkwasser u. die daraufhin vorgenommenen Verbesserungen bei der Verwendung von Na_2SiF_6 (Auswahl des Chemikals, seine Adsorption durch Alaunausflockung, Transport, Förderung im Werk, Speicherung, Dosierung, Lsg., die verwendeten Apparate u. Rohrleitungen u. deren Werkstoffe, Arbeiterschutz, Kosten). (J. Amer. Water Works Assoc. **45.** 275—80. März 1953. Washington, V. St. A., Water Supply Div.) MÜHLMEISTER. 6014

Władysław Olczakowski, *Enthärtung von sehr hartem Wasser mit dem Kationenaustauscher Escarbo.* In Verss. mit sehr hartem W. wird Escarbo (poln. Kationenaustauscher) auf seine Austausch- u. Regenerierfähigkeit untersucht u. die Dauer der Verwendbarkeit bis zu notwendig werdender Regeneration untersucht. Der Einfl. der Sättigung mit $Na^{\cdot}$ auf die Enthärtungswrkg. wird geprüft. (Prace badawcze Głównego Inst. Górnictwa, Komunikat **1952.** Nr. 115. 3—34. Kraków, Główny Inst. Górnictwa, Zakł. energomechaniczny.) R. K. MÜLLER. 6020

Etienne Kint, *Die Enteisenung von Trinkwasser.* Übersicht über die theoret. Grundlagen u. die prakt. Ausführung. (Fermentatio [Gand] **1952.** 163—87. Tussengemeentelijke Maatschappij der Vlaanderen voor Waterbedeling.) WESLY. 6024

P. F. Woronin, *Über die dechlorierenden Eigenschaften von Torf und Holzspänen.* Zerkleinerter, von Mineralbestandteilen befreiter u. 30 Min. mit W. ausgekochter Torf weist gegenüber Cl_2 aus überchlortem W. ca. 37% des Sorptionsvermögens von akt. Kohle auf. Erheblich weniger wirksam sind Holzspäne, darunter am besten Erlenholz. (Гигиена и Санитария [Hyg. u. Sanitätswes.] **1953.** Nr. 1. 44. Jan.) R. K. MÜLLER. 6024

J. E. G. Ralph, *Einige Erfahrungen mit im Kesselspeisewasser gelöstem Sauerstoff.* Vf. berichtet über eine einfache Meth. zur Prüfung der Wirksamkeit der O_2-Entfernung aus Kesselspeisewasser u. vergleicht damit die mechan. O_2-Entfernung, sowie die chem. mit $Na_2S_2O_3$ (ohne u. mit Katalysator) u. mit Na_2CrO_4. Als wirksamste Kombination wird mechan. Entlüftung u. anschließende Behandlung mit $Na_2S_2O_3$ ohne Katalysatorverwendung empfohlen. (Wld. Paper Trade Rev. **139.** 334—45. 29/1. 1953.) NIEMITZ. 6030

Je. W. Dianowa und **A. A. Woroschilowa,** *Gesetzmäßigkeiten der Entwicklung saprophyter Bakterien beim Prozeß der Selbstreinigung verunreinigter Flüsse.* Auf Grund eigenen u. Literaturmaterials wird festgestellt, daß die Geschwindigkeit der Bakterienentw. entscheidend von der Temp. beeinflußt wird. Sowohl unter Versuchsbedingungen als auch im natürlichen W. wird die Geschwindigkeit der Bakterienvermehrung je

10° um das 2–3fache erhöht. (Микробиология [Mikrobiologie] **21.** 311–20. Mai/Juni 1952. Zentr. Wiss. Sanit. Erisman-Forschungsinst.) LEBTAG. 6038

R. Sijderius, *Bestimmung des Nitratgehaltes von Wasser mit „Phenolschwefelsäure" mit dem photoelektrischen Colorimeter.* Cl-Ionen in einer Konz. bis zu 20 mg/Liter beeinflussen die Färbung, die *„Phenolschwefelsäure"* (*Phenoldisulfonsäure*) (**I**) mit NO_3-Ion ergibt, nicht, sofern **I** vor dem Eindampfen zugesetzt wird. Die Extinktionsmessung von Gehh. unter 0,1 mg NO_3^- (**II**)/Liter entspricht nicht mehr dem BEERschen Gesetz. Man gibt in diesem Falle u. ebenso bei zu hohem Cl^--Geh. so viel **II** zu, daß die lineare Beziehung zwischen **II**-Konz. u. Extinktion wiederhergestellt wird, u. zieht die zugesetzte **II**-Menge ab. (Chem. Weekbl. **48.** 518–21. 12/7. 1952. Rotterdam, Labor. Drinkwaterleiding.) WESLY. 6060

V. Anorganische Industrie.

Eugene L. Combs, *Die Fabrikation der Chromsäure.* Beschreibung des seit 25 Jahren ausgeführten u. verbesserten Verf., bei dem Chromiterz mit NaOH oxydierend geröstet, das Röstgut mit W. ausgelaugt, aus der Na_2CrO_4 u. $NaAlO_2$ enthaltenden Lauge $Al(OH)_3$ ausgefällt, die verbleibende Lsg. mit H_2SO_4 versetzt u. aus ihr erst Na-Sulfat, dann $Na_2Cr_2O_7 \cdot 2\,H_2O$ auskrist. wird. Bei der Umsetzung des letzten mit H_2SO_4 (66° Bé), wonach noch W. abzudampfen ist, oder mit rauchender H_2SO_4 ist die Heizung des Kessels auf 197° u. die Trennung der Schmelze in die leichtere $NaHSO_4$- u. die schwerere CrO_3 (**I**)-Schicht wichtig, um die obere möglichst vollständig zu entfernen. Hinweise auf industrielle Verwendungsmöglichkeiten der Chromsäure. (Plating **40.** 369–72. 377. April 1953. Diamond Alkali Co.) METZENER. H 335

Imperial Chemical Industries Ltd., London, **Alfred John Rudge, Harold Hill,** Runcorn, **William Norman Howell,** Widnes, England, *Gewinnung von Fluor durch Elektrolyse* von Fluoriden. Man benutzt eine Stabanode, die oben dünner ist u. deren dicker Teil von der Kathode u. deren dünner Teil von einer Hülle umgeben ist, die etwas in den Elektrolyten taucht. Das F_2 wird ausschließlich oben an der Anode entwickelt u. kann durch Absaugen aus dem Zwischenraum zwischen der Hülle u. der Anode gewonnen werden. Explosionen werden so ohne Anwendung von Diaphragmen vermieden. — Vorr., Abbildung. (**E. P. 675 209** vom 2/8. 1949, ausg. 9/7. 1952.) ZÜRN. H 246

Novadel-Agene Corp., Belleville, N. J., V. St. A. (Erfinder: **Henry Clay Marks** und **Vincent George Sarli**), *Herstellung von ClO_2.* SO_2 u. eine wss. Lsg. eines Chlorates werden im Gegenstrom durch einen Füllkörperturm geleitet. Die Konz. des SO_2 soll <20 Vol.-% betragen, die des Chlorats >2 Mol/Liter. Das Gewichtsverhältnis von SO_2 : Chlorat ist $>0{,}3:1$. Die Temp. muß so hoch sein, daß das Chlorat sich nicht ausscheidet. — Abbildung. (**E. P. 675 054** vom 14/4. 1950, ausg. 2/7. 1952.) ZÜRN. H 247

Novadel-Agene Corp., Belleville, N. J., V. St. A., *Herstellung von ClO_2* durch Rk. von verd. NO_2 mit einem festen, lösl., feinzerteilten Chlorat in Ggw. von Feuchtigkeit. Vor der Rk. wird die Oberfläche der Chloratteilchen mit HNO_3 befeuchtet. — Man bewegt die Chloratteilchen während der Rk., z. B. durch Rühren oder indem man sie durch den Reaktionsraum fallen läßt. — Abbildung. (**E. PP. 675 541** u. **675 542** vom 23/3. 1950, ausg. 9/7. 1952. Beide A. Prior. 1/4. 1949.) ZÜRN. H 247

Viktor Gaertner, Wien, Österreich, *Elektrolytische Oxydation von Chlorverbindungen,* bes. Herst. von *Chloraten* u. *Hypochloriten.* Die Elektrolyse wird im Innenraum der die Gefäßelektroden bildenden Anoden, vorzugsweise aus Magnetit, unter Verwendung von im Innenraum der Anode angeordneten Kathoden, z. B. aus Eisen oder Stahl, durchgeführt. Der Elektrolyt, z. B. NaCl, wird fortlaufend durch eine Kolonne aus mehreren bzgl. der elektr. Schaltung parallel geschalteten, hinsichtlich der Flüssigkeitsbewegung hintereinander, z. B. in Kaskaden, geschalteten, als Anoden wirkenden Gefäßelektroden geleitet. Die Anode besitzt eine äußere Schutzhülle aus therm. u. elektr. isolierendem Material, wie Asbest, Kieselgur, Schlackenwolle u. dgl., um sie gegen mechan. u. therm. Beanspruchung zu schützen. — Abbildung. (**Oe. P. 173 467** vom 13/4. 1951, ausg. 27/12. 1952.) WITTHOLZ. H 247

Consolidated Mining & Smelting Co. of Canada Ltd., Montreal, Quebec, Can., *Röstofen für Sulfiderze.* Für die Röstung von Sulfiderzen in Form einer Gassuspension verwendet man eine senkrechte, hohe Verbrennungskammer mit einem darunterliegenden Sammelherd u. mindestens einem Trockenherd, wobei sich der Trockenherd unterhalb des untersten Sammelherdes befindet u. eine Trockenkammer getrennt von Sammelherd u. Trockenherd vorgesehen ist. — Zeichnungen. (**N. P. 79 369** vom 19/5. 1948, ausg. 12/11. 1951. A. Prior. 28/10. 1947.) JÜRGEN SCHMIDT. H 253

E. I. du Pont de Nemours & Co., Wilmington, Del., übert. von: **Edward C. Broge**, Cecil County, Md., V. St. A., *Gewinnung von wasserlöslichem Kaliumpolymetaphosphat.* Man mischt eine wss. Suspension von K-Polymetaphosphat (I) mit H_2O_2 bei p_H 6—10 unter kräftigem Rühren, gegebenenfalls unter Erhitzen. Dann versetzt man die Lsg. mit Aceton oder erhitzt im Vakuum. (**A. P. 2 619 429** vom 15/11. 1950, ausg. 25/11. 1952.) NEBELSIEK. H 264

Comp. Géologique et Minière des Ingénieurs et Industriels Belges „Geomines", Soc. p. A. à r. l., Manono, Belgisch-Kongo, *Gewinnung von Lithiumverbindungen aus Lithiummineralien.* Feingemahlene Li-Mineralien, bes. *Spodumen* (Al-Li-Metasilicat), werden mit ca. 5—20% CaO, $Ca(OH)_2$, $CaCO_3$, Kalkstein, Dolomit, MgO, $CaSO_4$, Na_2CO_3 oder Na_2SO_4 innig vermischt, worauf die M. unter Zusatz von ca. 6—10% Brennstoff bei 1000—1300° calciniert, abgeschreckt u. zerkleinert wird. Die M. wird dann in wss., ca. 39—40%ig. Lsgg. von NaCl, Na_2SO_4, $NaNO_3$ oder $Ca(NO_3)_2$ suspendiert, auf 100—400° bei ca. 16—90 at erhitzt, unter Rühren gekühlt, filtriert, das Filtrat mit Na_2CO_3-Lsg. gefällt u. $LiCO_3$ abgetrennt; aus der Lsg. werden die Salze wiedergewonnen. (**E. P. 678 978** vom 5/5. 1950, ausg. 10/9. 1952. Belg. Priorr. 7/5. 1949 u. 6/4. 1950.) KARST. H 273

Vulcan Chemical Co. Ltd., Cleckheaton, York, England, *Herstellung von Soda oder Natriumbicarbonat aus Natriumsulfit.* Na_2SO_3 wird mit NH_4HCO_3- oder $(NH_4)_2CO_3$-Lsgg. bzw. NH_3 u. CO_2 bei 25—40° unter n. Druck oder Überdruck im Autoklaven in solchen Mengen zur Rk. gebracht, daß Umsetzungen nach den Gleichungen: $Na_2SO_3 + 2\,NH_4HCO_3 = 2\,NaHCO_3 + (NH_4)_2SO_3$ oder $Na_2SO_3 + (NH_4)_2CO_3 = Na_2CO_3 + (NH_4)_2SO_3$ eintreten. Das ausgefallene $NaHCO_3$ oder Na_2CO_3 wird abfiltriert, getrocknet u. mit $Ca(OH)_2$ kaustifiziert. Aus dem Filtrat wird $NH_4Na_2H(SO_3)_2 \cdot 4\,H_2O$ durch Kühlung, Kristallisieren u. Filtrieren gewonnen. Na-Salze aromat. Sulfonsäuren können nach dem Verf. mit NaOH geschmolzen werden, wobei das Na_2SO_3-Nebenprod. mit NH_3 u. CO_2 zur Rk. gebracht u. NaOH wiedergewonnen wird. (**E. P. 675 193** vom 6/12. 1948, ausg. 9/7. 1952.) KARST. H 274

Joseph Bertrand, Seine-et-Oise, **Charles Levoy** et **Soc. An. de Matériel de Construction**, Seine, Frankreich, *Herstellung von extraleichtem Ca-Carbonat* durch Behandeln einer $Ca(HS)_2$-Lsg. mit einer Lsg. aus Alkalicarbonat. $Ca(HS)_2 + Na_2CO_3 = CaCO_3 + 2\,NaHS$. In die nach Gewinnung des Ca-Carbonats verbleibende Restlsg. leitet man CO_2 ein, um wieder eine Na_2CO_3-Lsg. zu erhalten, die zur Wiederverwendung konz. wird. Der entweichende H_2S wird in eine Vorr. abgeleitet, in der sich Kalk in Suspension in W. befindet, u. man erhält eine neue gebrauchsfähige $Ca(HS)_2$-Lösung. (**F. P. 972 778** vom 21/4. 1941, ausg. 2/2. 1951.) BEWERSDORF. H 283

Ancor Corp., New York, N. Y., übert. von: **Frederick Ratcliffe Archibald**, St. George, S. C., V. St. A., *Al_2O_3-Extraktion.* Ein Sinter aus Dicalciumsilicat u. Ca-Aluminat wird mit einer Alkalicarbonatlsg. gelaugt u. in Ggw. von 4% Festbestandteilen, die durch Zusatz von Alkalisulfat zu der Aluminatlsg. entstanden sind, bis nahe an den Kp. der Lsg. erhitzt. — Vorrichtung. (**A. P. 2 604 379** vom 23/1. 1947, ausg. 22/7. 1952.) NEBELSIEK. H 294

Bror Eliasson, Eskiltuna, Schweden, *Gewinnung von feinkristallinem Al_2O_3.* Zu feingemahlenem, nach Möglichkeit alkalifreiem Bauxit fügt man H_3PO_4, P_2O_5 oder ein Ammonphosphat, mahlt das Gemisch u. calciniert es 1—5 Std. bei 1000—1300°. (**A. P. 2 610 110** vom 28/4. 1949, ausg. 9/9. 1952. Schwed. Prior. 30/4. 1948.) NEBELSIEK. H 294

Vereinigte Aluminium-Werke Akt.-Ges., Bonn, und **Th. Goldschmidt Akt.-Ges.**, Essen (Erfinder: **Wilhelm Fulda**, Jugoslawien, und **Heinrich Logemann**, Leverkusen), *Gewinnung von Tonerde* aus bas. Al-Sulfit, das durch hydrolyt. Ausfällung aus einer durch den Aufschluß von SiO_2-haltigen Tonerdemineralien mittels H_2SO_3 erhaltenen Al-Sulfitlsg. gewonnen ist, durch Erhitzen in Ggw. von W. oder Salzlsgg. auf Tempp. über 100° in der Weise, daß man die H_2SO_3 unter Druck langsam abdest. läßt. (**D. R. P. 767 605** Kl. 12m vom 29/11. 1936, ausg. 8/12. 1952.) NEBELSIEK. H 294

Gustav Newton Kirsebom und **Erik Einar Sjöstrand**, Stockholm, Schweden, *Aluminiumoxyd*, bes. für die Herst. von metall. Al geeignet, wird aus Al-Sulfid oder solches enthaltendem Material oder einer Mischung beider durch Erhitzen auf hohe Temp. in Ggw. von Luft erhalten. Das Al-Sulfid dest. u. verbrennt über dem Schmelzbad zu einem feinen Pulver von Aluminiumoxyd. (**Oe. P. 172 656** vom 26/4. 1951, ausg. 10/10. 1952. Schwed. Priorr. 27/4. 1950 u. 9/3. 1951.) WITTHOLZ. H 294

Unilever Ltd., Port Sunlight, England, *Gewinnung von Al_2O_3*, das bes. als Adsorptionsmittel verwendet wird. Man erhitzt krist. γ-$Al_2O_3 \cdot 3\,H_2O$ so lange auf über 500°, bis das W. ausgetrieben ist, aber doch nicht so hoch u. so lange, daß sich die inerte α-Form bildet. (**Schwz. P. 283 048** vom 18/11. 1948, ausg. 1/9. 1952. E. Prior. 19/11. 1947.) NEBELSIEK. H 294

Alexandre Folliet und **Nicolas Sainderichin**, Frankreich, *Aktivieren von plastischen Tonen und tonigen Erden für die Entfärbung von pflanzlichen und Mineralölen.* Das tonhaltige Ausgangsmaterial wird durch Waschen von kalk- u. eisenhaltigen Stoffen sowie von Kies u. Sand befreit u. danach in Pastenform mit 45—60 Gew.-% konz. arsenfreier H_2SO_4, auf Trockenton berechnet, ca. 24—72 Std. erhitzt. Danach wird das Gut gewaschen, getrocknet u. gemahlen. Man erhält ein stark poröses u. leichtes Produkt. (**F. P. 971 399** vom 15/5. 1940, ausg. 16/1. 1951.) M. F. MÜLLER. 6157

Fritz Serowy, Verarbeitungsmethoden der Kalirohsalze. Einführung und Überblick. Halle/Saale: Knapp. 1952. (VII + 212 S. m. 61 Abb.) 8°. DM 14,—.

VI. Silicatchemie. Baustoffe.

R. J. Callow, *Der Einfluß von Al_2O_3, ZnO u. K_2O auf die Trübung von Fluoridtrübgläsern.* In ein Glas mit 71% SiO_2, 17% Na_2O u. 12% CaO wurden zusätzlich 7,5% Fluorid eingeführt. Bei Ersatz von bis zu 6% CaO durch ZnO stieg die Trübung stark an. Einen viel geringeren Einfl. zeigte der Ersatz von SiO_2 durch Al_2O_3, sowie der Ersatz von Na_2O durch K_2O. Dieser von der Konz. abhängige Einfl. ist in Ggw. von 6% ZnO unbedeutend. Die Anwesenheit von Al_2O_3 erscheint in fluoridgetrübten Gläsern unnötig. (J. Amer. ceram. Soc. **35**. 120—22. Mai 1952. St. Helens, Lancs., Res. Labor. Pilkington Brothers; Pasadena, Calif., Inst. of Technol.) FROST. 6174

Mirko Lhota, *Die Rolle des Magnesiums im Glas.* Vf. stellte 2 Reihen von Versuchsgläsern her (Reihe I: 75% SiO_2, 12% CaO + MgO, 13% Na_2O, Reihe II: 72% SiO_2, 12% CaO + MgO, 16% Na_2O), wobei der MgO-Geh. von 0 auf 12% anstieg, u. bestimmte einige physikal. Daten. Durch deren Auswertung kommt er zu folgenden Schlüssen: Mg-Ionen oder Mg-Atome sind nicht fähig, mit O-Atomen eine feste Glasstruktur herbeizuführen (im Sinne der Theorie von ZACHARIASEN). In Ca–Mg-Gläsern können aber Mg-Ionen oder Mg-Atome, bes. bei niedrigem SiO_2-Geh., eine Verfestigung der aus SiO_2-Tetraedern bestehenden Gläser erleichtern, da sie vermutlich mit den O-Atomen strukturelle Ketten zu bilden vermögen. Weiter erörtert Vf. eigene Ansichten über Auswertung in der Literatur verstreuter physikal. Daten der Ca–Mg-Gläser. Ferner werden Vorschläge zur Erhöhung der Wasserbeständigkeit der Ca–Mg-Gläser gegeben. (Zprávy českoslov. keram. Sklářské Společnosti [Trans. czechoslov. ceram. Glass Soc.] **26**. 194—227. 1950. Praha, Ústav Sklářství Keram. Technol. Zkouš. Staviv.) STEINER. 6200

Miroslav Čáp, *Gläser der Zusammensetzung B_2O_3—Al_2O_3—Li_2O und ihre Struktur.* Die physikal. Erforschung der SiO_2-freien, leicht schmelzbaren Gläser des Syst. B_2O_3–Al_2O_3–Li_2O gestattet Rückschlüsse auf den innern Aufbau. Bes. wurde festgestellt: Li^+ bewirkt innerhalb des Glasbereichs keine Kontraktion. Entglasung tritt hauptsächlich im Unterbrechungsbereich auf. Die auskrist. Bestandteile sind $LiBO_2$, $Li_2B_4O_7$ u. $9\,Al_2O_3 \cdot 2\,B_2O_3$. Zugabe von Al_2O_3 erniedrigt bei einem Verhältnis $Li_2O : 4\,B_2O_3$ das Wärmeleitvermögen, aber nur bis zum Umwandlungspunkt. Transformations- u. Erweichungspunkt erreichen ein Maximum bei $Li_2O : 2\,B_2O_3$ u. bis zu 10% Al_2O_3. Der durch therm. Analyse bestimmte Transformations- u. Erweichungspunkt stimmen mit den Ergebnissen der dilatometr. Best. überein. Die Abhängigkeit der elektr. Leitfähigkeit von der Temp. folgt dem RASCH-HINRICHSENschen Gesetz. Der Wärmefaktor der elektr. Leitfähigkeit ist innerhalb des Sättigungsbereichs größer als innerhalb des Unterbrechungsbereichs. (Zprávy českoslov. keram. Sklářské Společnosti [Trans. czechoslov. ceram. Glass Soc.] **26**. 159—93. 1950. Praha, Vys. Uč. techn., Ústav Sklářství Keram. Technol. a Zkouš. Staviv.) STEINER. 6200

Čeněk Macháček, *Über die Korngröße und ihren Einfluß auf die Eigenschaften des Quarzes.* Bei der Auswertung der Kurve der Korngrößenzus. $f(x) = (x/x_0)^\alpha$ (x_0 = maximale Korngröße, x = Korngröße eines bestimmten Anteils, α = Verhältnis der Anteile) ergab sich, daß SiO_2-Massen von hohem x_0 u. α schwer verarbeitbar sind. Der optimale Wert von α liegt bei 0,4—0,45. Die Volumenvergrößerung wächst mit x_0 u. α. Die Volumengewichte von SiO_2-Massen verschied. Korngröße bleiben zwar beim Brennen ungefähr gleich, ändern aber die Porigkeit. Die mechan. Festigkeit ist dem x_0 u. α umgekehrt proportional. Die Massen mit gröbstem Korn weisen die geringste Festigkeit auf, was mit der Abnahme an SiO_2 bei steigendem x_0 u. α zusammenhängt. (Zprávy českoslov. keram. Sklářské Společnosti [Trans. czechoslov. ceram. Glass Soc.] **26.** 139—58. 1950.) STEINER. 6208

Artur Zwetsch, *Untersuchungen an Kaolinen der deutschen Westzonen.* Ergänzende Mitt. (Vgl. C. **1951.** II. 1949. **3081.**) Vf. bespricht die physikal. u. physikal. chem. Eigg. oberpfälz. Kaoline. Die oft ungenügende Plastizität soll nach PFEFFERKORN durch Zusatz einer wss. Aufschlämmung von Rohbraunkohle in Mengen bis 4% oder nach JAKOBY durch Alkalizugabe (0,5% NaOH) verbessert werden können. Außerdem wird auf die Bedeutung der Komplexsättigung für die Beurteilung der Plastizität u. die Möglichkeit der Verflüssigung zu Gießmassen durch NaOH, Na_2CO_3, Na_2SiO_3 verwiesen. Elektronenmkr. Unterss. von EITEL haben gezeigt, daß der Schnaittacher Kaolin (Fraktionen $<1\ \mu$) aus reinem Kaolin besteht. Bei sukzessivem Erhitzen zeigen die oberpfälz. Kaoline bzgl. Schwindung u. Wasserabgabe untereinander ähnliches Verhalten. Die Brennschwindung liegt in Abhängigkeit von der Temp. zwischen 7 u. 14,5%, während die Feuerfestigkeit einheitlich zwischen SK 34/35 gefunden wird. Die Brennfarbe ist überwiegend weiß, mit geringen Ausnahmen schwach rosa bzw. elfenbeinfarben. Trockenfestigkeit u. Plastizität der Massen ist gering. (Tonind.-Ztg. keram. Rdsch. **74.** 283—90. Nov. 1950. Mettlach/Saar.) ANIKA. 6216

D. A. Holdridge, *Einige Anwendungen der Kolloidwissenschaft in der keramischen Industrie.* Nach kurzer Betrachtung der Konst. der für keram. Zwecke verwendeten Tone u. der in diesen vorhandenen Menge an koll. Teilchen geht Vf. an Hand der Literatur auf die Bedeutung der letzteren für die Eigg. der Tone u. die prakt. Nutzanwendung der erkannten Einflüsse ein. Diese Teilchen sind weitgehend verantwortlich für den Ionenaustausch bei der Hydratation der Tone u. die Absorption u. Hydratation selbst in W. oder Elektrolyten sowie für die Ausbldg. der „elektr. Doppelschichten". Die Plastizität u. Viscosität der Tone selbst u. bes. die Viscosität von wss. Tonsuspensionen werden erörtert. Abschließend bespricht Vf. die Wrkg. von austauschbaren Ionen auf die physikal. Eigg. u. die mögliche Verwendung der letzteren auf Grund dieses Effektes, sowie die Eigg. der alkal. Gießschlicker u. gibt einige Hinweise für die Praxis. (Chem. and Ind. **1952.** 94—97. 2/2. Stoke-on-Trent, Brit. Ceramic Res. Assoc.) DICKHAUT. 6216

O. Kallauner, *Über die wichtigsten technologischen Eigenschaften von unglasierten Steingut- und Halbsteingutverkleidungen.* Bericht. (Stavivo **30.** 55—56. 1952.) STEINER. 6216

N. Je. Filonenko und **I. W. Lawrow,** *Zur Frage des Schmelzens von Mullit.* Das Gemisch aus Na_2O, Al_2O_3 u. SiO_2 (I) wurde wiederholt im elektr. Flammenbogen nach jeweiliger Zerkleinerung geschmolzen. Die erhaltenen Kugeln von ca. 0,2 g wurden chem. u. mkr. untersucht. Die Kugeln bestanden aus kleinen, in Glas getauchten Mullit (II)-Prismen. Durch 30 Min. langes Erhitzen auf 1830° wurde die chem. Zus. der Kugeln nicht verändert. In Übereinstimmung mit der mkr. Unters. industrieller Elektrokorunde zeigte sich, daß **II** beim Schmelzen in Korund u. **I**-reiche Schmelze zerlegt wird. Der Befund von TOROPOW u. GALACHOW (vgl. C. **1952.** 6025) wurde nicht bestätigt, wonach **II** bei 1870° ohne Zers. geschmolzen wird. (Доклады Академии Наук СССР [Ber. Akad. Wiss. UdSSR] [N. S.] **89.** 141—54. 1/3. 1953. Allunions Wiss. Forschungsinst. für Schleifmittel u. Schleifen.) LEBTAG. 6218

Friedrich Reinhart, *Steatit.* Übersicht über den neuesten Stand der Patentliteratur auf dem Gebiete des Steatits, seiner Rohstoffe u. seiner Gewinnung. (Sprechsaal Keramik, Glas, Email **85.** 432—35. 20/9. 1952.) SCHÜTZ. 6220

Wolfgang Czernin, *Portlandzement gestern und heute.* Es wird festgestellt, daß die Verss., die Eigg. des Betons aus der chem. Zus. der Zemente zu erklären, nur in wenigen Fällen erfolgreich waren. Es scheint so, als ob die Ansätze, die zur Erforschung der Zementphysik u. Betonphysik gemacht worden sind, einmal dazu führen können, die Vorherrschaft der Empirie zu brechen. (Tonind.-Ztg. keram. Rdsch. **75.** 357—59. 2/12. 1951. K. SEIDEL. 6222

Renato Bucchi, *Die Abbindeverzögerung von Portlandzementmörteln in Abhängigkeit der Reaktionsgeschwindigkeit der löslichen Sulfate. Methode zur Unterscheidung von Schnellbindern.* Zur Ermittlung des Einfl. von Anhydrit, $CaSO_4 \cdot 0,5\ H_2O$ u. $CaSO_4 \cdot 2\ H_2O$ (I) auf das Abbindevermögen von Portlandzement unterschiedlicher chem. u. granulometr. Zus. stellt Vf. verschied. Portlandzementgemische mit wechselnden Mengen u. Verhältnissen der 3 Calciumsulfate (**II**) durch Zugabe nach dem Vermahlen der Klinker her. Die Unterss. zeigen die chem. Vorgänge — die gelösten Sulfate reagieren teilweise unter Bldg. von $C_3A \cdot CaSO_4 \cdot 12\ H_2O$ u. $C_3A \cdot Ca(OH)_2 \cdot 13\ H_2O$ (**III**) — u. die Wrkg. der **II** als Abbinderegler. Es wird deutlich, daß der Einfl. der **II** einmal von der chem. Zus. des Klinkers abhängt, zum anderen, daß bei den untersuchten Fällen geringe Mengen I, in Ggw. von $CaSO_4$ als Kristallisationskeim wirkend, beschleunigenden Einfl. auf das Abbinden haben. Es wird in Abhängigkeit der Klinkerzus. eine „krit. SO_4^{2-}-Konz." als lineare Funktion der gelösten Sulfatmenge (Δ = **III** in g aus % SO_4^{2-} des Mörtels berechnet) ermittelt. Für die Fabrikation wird die Forderung aufgestellt, beim Mahlen des Klinkers Tempp. zwischen 70 u. 80° zu halten u. den Gipszusatz so zu bemessen, daß er ein wenig $>\Delta$ ist. (Ind. ital. Cemento **22.** 170—79. Juli/Aug. 1952.) ANIKA. 6222

—, *Hebel-Gasbeton. Gegenwärtiger Stand der Entwicklung.* Angaben über Raumgewicht, Festigkeiten, Wärmeschutz u. Verh. gegen Feuchtigkeit des HEBEL-Gasbetons. (Betonstein-Ztg. **18.** 409—13. Nov. 1952.) K. SEIDEL. 6224

Wilhelm Hartig, *Die Verwendung von Hartformgipsen für Dachziegelformen.* Die bei der Verwendung von Hartformgips gesammelten Erfahrungen bei der Herst. von Dachziegelformen werden mitgeteilt. (Tonind.-Ztg. keram. Rdsch. **75.** 363—65. 2/12. 1951.) K. SEIDEL. 6228

D. Croney, J. D. Coleman und **Pamela M. Bridge,** *Das Ansaugen der im Boden und in anderen porösen Materialien festgehaltenen Feuchtigkeit.* Um die Faktoren kennenzulernen, welche die Bewegung u. die Verteilungen des W. im Boden beherrschen, sind Methoden erforderlich, um die Saugkraft oder den verminderten Druck zu messen, die die Feuchtigkeit im Boden oder ähnlich porösem Material festhalten u. die Unterss. erlauben zur Feststellung der Beziehungen zwischen Saugkraft u. Feuchtigkeitsgehalt. Wegen Hysterese u. aus anderen Gründen sind die letzten Beziehungen nicht ganz eindeutig feststellbar. Doch diese Saugkraft wächst, je trockner das Material wird, von 0 at bei vollständiger Sättigung bis zu mehreren 1000 at in ofentrocknem Zustand. Keine der beschriebenen Methoden ist imstande, den weiten Meßbereich zu erfassen. Lediglich elektr. Methoden könnten für einen Bereich von $1-10^4$ at benutzt werden, doch ist ihre Genauigkeit begrenzt. (Dep. sci. ind. Res., Road Res. techn. Pap. **1952.** 1—42.) BÄR. 6230

Giovanni Berrino, *Amianth.* Nach einführenden Betrachtungen über die Grobstruktur der Serpentine u. Amphibole bespricht Vf. allg., grundlegende verfahrenstechn. Gesichtspunkte der Asbestgewinnung u. -verarbeitung u. Prüfung der Fertigerzeugnisse. Da das kanad. Testverf., nach dem die Güte auf Grund der Länge u. Filtrierbarkeit der Faser ermittelt wird, nach Ansicht des Vf. nicht genügt, den unterschiedlichen Anforderungen der Verwendungstechnik gerecht zu werden, wird die Gütebest. auf Grund der Zerreißfestigkeit der Faser u. durch Ermitteln des nicht faserigen Anteils des aufgearbeiteten Materials (maximal 1—2% Gesteins-, Sand- u. Staubreste) vorgeschlagen. Besprechung der Verwendungsmöglichkeiten von Asbest. (Ind. mineraria **3.** 299—306. Aug. 1952.) ANIKA. 6234

Siegfried Buchner, *Die Abhängigkeit der Schleifscheibenhärte von der Bindungsmenge.* Darst. des Abnutzungsvorganges für Schleifkorn u. Bindung u. der Änderung der Eigg. für verschied. Korngrößen, verschied. Härten u. verschied. Bindungsprozentsätze. (Tonind.-Ztg. keram. Rdsch. **75.** 360—61. 2/12. 1951.) K. SEIDEL. 6238

C. L. Ford, *Direkte Bestimmung von Al_2O_3 in Portlandzement. Eine chemische Methode.* Vff. prüfen die Brauchbarkeit der in der Literatur angegebenen Trennungen des Al als Oxychinolat von Fe, Ti u. P u. seine Best. als Oxyd für die direkte Best. im Portlandzement. Zur Vorbereitung der Fällung mit 8-Oxychinolin wird der im Analysengang des Zementes (0,5 g Einwaage) erhaltene NH_4OH-Nd. der Oxyde nach Veraschung im Pt-Tiegel erhitzt (1050—1100°, 10 Min.). Danach wird mit 5 g $KHSO_4$ aufgeschlossen u. die Schmelze in 50 ml W. + 5 ml H_2SO_4 (1 : 1) aufgelöst, annähernd neutralisiert (10%ig. NaOH), bis nahe zum Sieden erhitzt u. in 100 ml 10%ig. NaOH unter Rühren eingegossen. Nach Sieden (2—3 Min.) wird auf dem Wasserbad absitzen gelassen, filtriert u. mit NaOH nachgewaschen. Zu dem Filtrat u. Waschwasser (ca. 275 ml) wird, nach Zugabe von Methylrot, HCl (1,18) bis zur Rotfärbung zugesetzt, erhitzt u. verd. NH_3 (1 : 1) zugefügt (gelb). Dann wird wieder HCl (1 : 1) bis zur Rotfärbung u. bis $Al(OH)_3$ gerade aufgelöst ist, zugesetzt. Nach Zugabe von 5 ml CH_3COOH (1 : 1) wird mit 15 ml Oxychinolinlsg. (2,5%ig in verd. CH_3COOH) wie üblich gefällt. Vff. beschreiben weiter 3 von ihnen geprüfte Methoden zur Best. des Al im Oxychinolin-Nd.: 1. Der Nd. wird getrocknet (120—140°) bis zur Gewichtskonstanz u. auf Al_2O_3 berechnet, 2. Titration nach Lösen des Nd. in HCl mit $KBrO_3$–KBr-Lsg. u. 3. der Nd. wird mit H_2SO_4/HNO_3 zers., Al als $Al(OH)_3$ gefällt, geglüht zu Oxyd, gewogen u. auf Spuren von SiO_2 korrigiert. Die Brauchbarkeit der Methoden wurde an einer Lsg. mit Al, Ti u. P u. an 5 Portlandzementen bestätigt. Weitere Verss. zeigten die Vollständigkeit der Trennung des Al_2O_3 von SiO_2, P_2O_5 u. TiO_2. (Analytic. Chem. **24**. 1934—41. Dez. 1952. Chicago, Ill., Portland Cement Assoc., Res. and Developm. Div., Analyt. Labor.) DICKHAUT. 6252

W. Kronsbein, *Ein Beitrag zur Prüfung und Beurteilung von Branntkalk.* Auf Grund von Verss. wurde festgestellt, daß bei der Best. des wasserlösl. CaO das Löschverh. der jeweiligen Probe berücksichtigt werden u. diese so durchgeführt werden muß, daß sämtlicher freier Kalk erfaßt wird. Auch bei der Behandlung des Kalkes mit HCl verschied. Normalität muß so verfahren werden, daß auch der schwerlösl. Kalk vor der Rücktitration der nicht verbrauchten HCl gelöst ist. Die so erhaltenen Werte ermöglichen in Verbindung mit der Best. des Glühverlusts eine näherungsweise Beurteilung der Aktivität bzw. Wirksamkeit eines Kalkes. Bei der Best. des Löschverh. von Branntkalk mit Hilfe des Dewar-Gefäßes ist es zweckmäßig, das Verhältnis Kalk : W. mit ca. 4 : 1 zu wählen u. bei mäßig schnell löschenden Kalken auch mit höheren Wassertempp. zu arbeiten, da der Löschvorgang dann mehr den prakt. Verhältnissen entspricht u. die dabei entwickelten Tempp. die Löschgeschwindigkeit u. auch die Ergiebigkeit des Kalkes beeinflussen. (Zement-Kalk-Gips **6** (**42**). 42—46. Febr. 1953. Stade.) K. SEIDEL. 6254

J. A. Schedling, *Über die Differentialthermoanalyse quarzhaltiger Stäube.* Vf. entwickelte eine näher beschriebene App. für die Differentialthermoanalyse (DTA), bei der der Probehalter aus zunderfestem Stahl mit 4 zylindr. Bohrungen besteht, in die die Analysen- u. Vergleichsproben eingefüllt werden u. mit einem Specksteindeckel verschlossen werden. Die Zuführung der Thermoelemente aus Ni–NiCr erfolgt von unten durch Keramikrohre, während die Heizung durch einen übergestülpten Tiegelofen vorgenommen wird. An der Best. des Quarzgeh. von Al_2O_3 u. Talk wird die Brauchbarkeit des Verf. durch Aufnahme der DTA-Kurve der α-β-Umwandlung des Quarzes gezeigt. Der Einfl. der Abkühlungsgeschwindigkeit auf die DTA-Diagramme sowie die Schwierigkeiten in der quantitativen Auswertung werden eingehend diskutiert. (Ber. dtsch. keram. Ges. e. V. Ver. dtsch. Emailfachleute e. V. **30.** 14—18. Jan. 1953.) WEITBRECHT. 6260

Soc. An. des Manufactures des Glaces et Produits Chimiques de Saint-Gobain, Chauny & Cirey Seine, Frankreich, *Herstellung von Glas.* Die Glasrohmischung wird zuerst nur mittels Flammen einem Zusammensintern zwischen 300—800° ausgesetzt, sodann erst erfolgt das Schmelzen, wobei zur vollständigen Schmelzung, Homogenisierung u. Läuterung noch ein elektr. Strom durch die M. geleitet wird. (**F. P. 992 663** vom 27/7. 1944, ausg. 22/10. 1951.) BEWERSDORF. 6175

General Electric Co., übert. von: **Robert L. Green,** Schenectady, N. Y., V. St. A., *Aufschmelzglas.* Um die elektr. Leitfähigkeit von Glasgegenständen herabzusetzen, werden diese mit einem gepulverten Glas überzogen, welches 25—75 (Gewichtsteile) PbO u. 75—25 Sb_2O_3 u./oder Bi_2O_3 enthält; die überzogenen Glasgegenstände werden ca. ½ Std. in reduzierender Atmosphäre auf die Schmelztemp. des Überzuges (308 bis 395°) erhitzt. (**A. P. 2 588 920** vom 29/1. 1947, ausg. 11/3. 1952.) HANS HOFFMANN. 6201

Dow Corning Corp., übert. von: **Arthur John Barry,** Midland, Mich., V. St. A., *Verminderung der Reibung von Glasoberflächen durch Schmieren.* Die Oberfläche einer Glasplatte wird mit einer organ. Si-Verb. (I) behandelt. I enthält ein H-Atom u. 1 oder mehrere organ. Reste oder 1 oder mehrere hydrolysierbare Reste u. einen KW-stoffrest. — Beispiele für I: Dichloräthylsilan, Monoalkyldichlorsilan oder Hydrolyseprodd. der Silane. (**E. P. 636 359** vom 15/8. 1947, ausg. 26/4. 1950. A. Prior. 22/8. 1946.) NEBELSIEK. 6201

Johnson, Matthey & Co. Ltd., London, übert. von: **Frank Enoch Kerridge,** London, England, *Rhodiumspiegel.* Auf einer nichtmetall., hitzebeständigen Unterlage (Glas) wird ein festhaftender, glänzender Film eines Edelmetalls (Au, Ag, Pt u. dgl.) mit einem galvan. Rh-Überzug versehen. Das Edelmetall wird als Resinat in Öl aufgetragen u. die organ. Stoffe werden weggebrannt. (**Can. P. 481 075** vom 20/3. 1945, ausg. 12/2. 1952. E. Prior. 18/4. 1944.) HOLM. 6203

Lawndale Enameling Co., Chicago, übert. von: **Arthur M. Sander,** Park Ridge, Ill., V. St. A., *Entemaillieren.* Die Teile werden in einer Lsg. von NaOH u. Na_2SiF_6 auf 280—350° F (138—177° C) erhitzt. Der auf der Oberfläche verbleibende Schlamm wird mit dem Sandstrahlgebläse mit einem Druck von 40—60 lbs. (18—27 kg) entfernt. Das Verf. arbeitet mit geringem Metallverlust u. ohne die Oberfläche zu deformieren. (**A. P. 2 584 031** vom 25/1. 1950, ausg. 29/1. 1952.) MARKHOFF. 6213

E. I. du Pont de Nemours & Co., Wilmington, Del., V. St. A., *Emaillieren von aluminiumreichen Legierungen.* Die zu emaillierende Oberfläche wird mit einer alkal.

Alkalichromatlsg. behandelt, dann einer Wärmebehandlung bei Tempp. von 400—550° unterzogen u. schließlich mit einem Email mit F. unter 510°, z. B. folgender Zus. überzogen: 10—18 (Mol-%) PbO, 38—65 SiO_2, 5—12 Li_2O, 0—22 Na_2O, 0—20 K_2O u. 0—11 TiO_2. (**E. P. 642 228** vom 1/7. 1948, ausg. 30/8. 1950. A. Prior. 1/7. 1947.) MARKHOFF. 6213

Schwelmer Eisenwerk Müller & Co. G. m. b. H. (Erfinder: **Erich Oswald Primbsch**), Schwelm, Westf., *Herstellung von Überzügen für Verzinkungsbehälter.* Die Behälter werden mit einer Emailschicht überzogen, deren Deckschicht mindestens einen ZnO-Geh. von 4% aufweist. Solche Emails sind gegenüber fl. Zn bei Tempp. von ca. 450° im Dauerbetrieb korrosionsbeständig. — Beispiel für ein Deckemail: 58 (%) SiO_2, 3,4 Al_2O_3, 6 TiO_2, 2,8 CaO, 6 ZnO, 17,5 Na_2O u. 6,3 K_2O. (**D. B. P. 858 347** Kl. 48c vom 27/2. 1951, ausg. 4/12. 1952.) MARKHOFF. 6213

Soc. An. Comp. Générale d'Électro-Céramique, Seine, Frankreich, *Selbstemaillierende keramische Körper,* bestehend aus 45—60(%) SiO_2, 9—15 MgO, 0,30—45 Al_2O_3 < 2 Na_2O oder K_2O oder < 5 CaO u. < 5 Farbstoffe. Dem entspricht ein Ansatz von 30—36 Steatit, 40—50 Ton, 20—25 Al_2O_3, Rest Stoffe, wie Alkalien usw. Als Farbstoffe kommen Metalloxyde von Au, Cu, Cd, V, Cr, Mo, Se, Mn, Fe, Co oder Ni in Frage. Es können Körper durch Trocken- oder Feuchtpressung oder Gießen hergestellt werden, die dann gebrannt werden. Sie besitzen dann eine farbig glänzende Oberfläche. Die M. kann auch als Glasur für andere keram. Körper dienen. (**F. P. 1 000 124** vom 4/11. 1949, ausg. 8/2. 1952.) BEWERSDORF. 6213

Oskar Stauss, Zürich, Schweiz, *Flüssigkeit für Porzellanmalerei,* bestehend aus 73,91(%) Copaivabalsam, 8,69 Birkenteer, 6,52 Lavendelöl, 6,52 Bergamotteöl u. 4,34 Nelkenöl. (**Schwz. P. 285 777** vom 5/7. 1950, ausg. 5/1. 1953.) LÜTTGEN. 6215

Comp. Générale de Télégraphie sans Fil, Seine, Frankreich (Erfinder: **Lecuir**), *Herstellung keramischer Körper.* Als Plastiziermittel für die Tonerde verwendet man lamellenartige organ. Stoffe, wie Öl-, Palmitin-, Stearinsäure, die beim Brennen der keram. Körper sich ohne Rückstand verflüchtigen, auch zusammen mit Benetzungsmitteln, wie Triäthanolamin, Diäthylaminoäthyloläthylamin, Glycerin, Fettalkoholsulfonatderivv. u. Bindemitteln, wie Leim oder Dextrin. — Man erhitzt 500 cm^3 Triäthanolamin mit 590 g Stearin, rührt 225 g des Prod. in 280 cm^3 W. u. mischt mit 1000 g calc. Tonerde. (**F. P. 1 006 244** vom 10/12. 1947, ausg. 21/4. 1952.) PANKOW. 6217

Soc. des Recherches et d'Entreprises Industrielles et Chimiques, Paris, Frankreich, *Gewinnung von MgO-haltigen, feuerfesten Materialien* durch reduzierendes Sintern von reinem Mg unter Zuschlag von SiO_2, CaO u. Schwermetalloxyden oder von unreinem, obige Verunreinigungen bereits enthaltendem MgO bei 1300—1500°. (**E. P. 637 794** vom 17/10. 1946, ausg. 24/5. 1950. F. Prior. 10/11. 1945.) NEBELSIEK. 6219

Max-Planck-Institut für Eisenforschung, Düsseldorf, *Herstellung hochfeuerfester Silicamassen unter Zugabe von Phosphorsäure.* Der vornehmlich aus Quarziten bestehenden M. wird so viel Phosphorsäure zugesetzt, daß sämtlich in der M. enthaltende Tonerde zu Orthophosphat abgebunden wird. Man kann z. B. den **Zusatz** bes. in der Form von Ammoniumphosphat vornehmen. Wesentlich ist dabei, daß dadurch eine merkliche Verdichtung des Scherbens eintritt. Auch muß sich eine glasurartige Oberfläche auf den gebrannten Teilen bilden. Die so hergestellten Körper sind äußerst feuerfest. (**Oe. P. 171 888** vom 19/8. 1949, ausg. 10/7. 1952.) BEWERSDORF. 6219

Western Electric Co., Inc., New York, N. Y., übert. von: **Walter J. Scott,** Hinsdale, und **Charles C. Veale,** West Chicago, Ill., V. St. A., *Herstellen keramischer Gegenstände.* Um keram. Stoffe von verschied. D., wie Talk, Kaolin, $MgCO_3$ u. $BaCO_3$, zu homogenen Massen zu verarbeiten, werden sie zunächst mit einem organ. Bindemittel, wie chloriertem Naphthalin, in der Wärme gemischt u. zu dichten Brocken verpreßt. Diese Brocken werden wieder zu einer für keram. Massen brauchbaren Korngröße zerkleinert, mit einem temporären Bindemittel vermischt, geformt u. gebrannt. (**A. P. 2 577 923** vom 28/12. 1950, ausg. 11/12. 1951.) REINHART. 6221

Dunlop Rubber Co. Ltd., London, **Frank Brown** und **Walter Saul,** Erdington, Birmingham, England, *Zementmischung.* Zwecks Herst. von Fußboden- oder dgl. Belagmassen wird Zement mit einer Dispersion eines natürlichen oder synthet., hochmol. Polymeren, wie Polyvinylacetat (I) oder Latex, vermischt, die durch alkal. abgebautes Casein stabilisiert ist. Bei Verwendung von I wird zweckmäßig ein Plastifizierungsmittel zugesetzt. (**E. P. 645 291** vom 9/3. 1948, ausg. 25/10. 1950.) HANS HOFFMANN. 6223

Heinrich Koppers G. m. b. H. (Erfinder: **Elisabeth Lux**), Essen, *Hydraulisch erhärtende Stampf- und Gießmassen für erhöhte Temperaturen.* Eine Festigkeitsverminderung beim Erhitzen auf 500—1000° tritt nur in geringem Grade auf, wenn man hydraul.

Zemente, die für feuerfeste Massen benutzt werden, mit einer kleinen Menge Benton versetzt. Selbst bei Portlandzement wird beim Erhitzen freiwerdender Kalk, der sonst Körper, die bei 1000° gebrannt werden, zum Ablöschen u. Zerbröckeln bringt, durch Bentonit soweit neutralisiert, daß die Körper eine gute Festigkeit erhalten. Es wird z. B. einer Mischung von 70—80(%) Magerkorn mit 20—30 hydraul. Zement, ca. 4 Bentonit, zugefügt. (**D. R. P. 752 151** Kl. 80b vom 24/8. 1940, ausg. 22/12. 1952.) REINHART. 6223

Dr. Rosin Industrial Research Co. Ltd. und **Leander Grumberg,** London, England, *Schaumbeton,* bestehend aus 85% einer Mischung aus Magnesia u. Asbest (I) oder Kieselgur, I u. Ton u. $(NH_4)_2CO_3$. (**E. P. 640 547** vom 23/1. 1948, ausg. 19/7. 1950.) LÜTTGEN. 6225

G. Walter, Perroy, Schweiz, *Hydraulisches Bindemittel für Beton mit hoher Anfangsfestigkeit.* Man vermischt Zement mit einem Klinkerkorn mit einem Korndurchmesser über 0,2 mm. Man verwendet nur ein solches Klinkerkorn, dessen Quellung höchstens gleich der Quellung des Zementes ist, der aus dem gleichen Klinker gemahlen wird, wenn man das fragliche Klinkerkorn in Ggw. von einem die Quellung befördernden Mittel so lange behandelt, daß keine weitere Volumenänderung mehr erfolgt u. dabei mindestens die Hauptmenge der scharfen Klinkerkörnerkanten entfernt wurde. Bes. verwendet man einen Klinker, dessen Korn 72 Std. im W. bei 100° oder mit Dampf behandelt wurde. Die M. soll etwas mehr als 15% grobes Korn aufweisen. (**Schwed. P. 134 796** vom 27/8. 1942, ausg. 4/3. 1952. Schwz. Priorr. 27/8. 1941 u. 19/6. 1944.) JÜRGEN SCHMIDT. 6225

Manchester Oil Refinery Ltd., London, England, *Gipsmischung.* Zur Herabsetzung der zum Anmachen von Gips erforderlichen Wassermenge, sowie zur Erhöhung der Plastizität u. Verarbeitbarkeit von Gipsmörtel wird ein Zusatz von Säureschlamm verwendet, der bei der Reinigung von Mineralölen durch H_2SO_4 anfällt. Dieser stellt eine wss. koll. Lsg. dar, die in Mengen von 0,01—1%, bezogen auf das Gewicht des Anmachewassers, diesem oder dem Gips vor oder nach dem Anmachen zugesetzt wird. (**E. P. 645 821** vom 24/5. 1944, ausg. 8/11. 1950.) HANS HOFFMANN. 6227

Roseland Estates Ltd., Newquay, Cornwall, England, *Leichtbaustoff.* Hobelspäne, Sägemehl oder dgl. pflanzliche Faserstoffe werden in einer wss. Na_2CO_3-Lsg. oder einer $Ca(OH)_2$-Aufschlämmung ca. 2 Std. gekocht u. mindestens 2 Wochen gelagert. Sie werden dann unter Zusatz von Zement, $CaCl_2$ u. W. zu einer plast. M. angemacht, die zu Steinen, Platten oder dgl. verformt werden kann. (**E. P. 662 670** vom 29/4. u. 27/6. 1949, ausg. 12/12. 1951.) HANS HOFFMANN. 6229

Dunlop Rubber Co. Ltd., London, **Wilfred Henry Chapman** und **Manfred Goldstaub,** Birmingham, England, *Bauplatten aus härtbarem Harz.* Ein vorkondensierter, 80% Festteile enthaltender Phenol–CH_2O-Sirup (Viscosität 1000 cp) wird in einen Vorratsbehälter filtriert u. mit 16 % $CaCO_3$ bei konstanter Temp. verrührt. In einem Mischer wird HCl als Härtemittel zugegeben u. die M. unter Blasenbldg. in eine mehrfach durch Glasplatten unterteilte Form gedrückt u. 5 Min. auf 70° erwärmt. — Zeichnung. (**E. P. 643 845** vom 1/5. 1946, ausg. 27/9. 1950.) SALZMANN. 6229

Carborundum Co., Niagara Falls, N. Y., V. St. A., *Schleifmittel,* z. B. Sandpapier u. Schleifscheiben, werden aus Gewebe oder Natronpapier hergestellt, das mit einer 60%ig. wss. Suspension von Harnstoffharz, Sulfaminsäure (Härter) u. einer 70%ig. Lsg. eines Esters aus Maleinsäure u. Triäthanolamin (Weichmacher) imprägniert u. mit einem den Schleifkörper sowie 20% (des Bindemittels) mit überhitztem Dampf unter Druck aufgeschlossenes Walnußschalen-, Mandelkern- oder Aprikosenkernmehl enthaltenden fl. Harz überzogen u. getrocknet wird. Schließlich wird ein Schlußstrich von dem gleichen fl. Harz aufgebracht. (**E. P. 637 728** vom 9/12. 1946, ausg. 24/5. 1950.) SALZMANN. 6239

W. I. Panassjuk, Chemische Kontrolle der Glasherstellung. Moskau: Gislegprom. 1952. (284 S.) 10 Rbl. 75 Kop. [russ.]

VII. Agrikulturchemie. Schädlingsbekämpfung.

I. A. Geller, *Über den Einfluß der Kulturpflanzen auf die Redoxverhältnisse des Bodens.* Es wurde festgestellt, daß das Redoxpotential in einem bearbeiteten Boden (Schwarzbrache, Zwischenräume zwischen den Rübenreihen) höher ist als bei Getreide (Winterweizen) u. mehrjährigen Gräsern, bes. in deren Rhizosphäre. Dies liegt an den organ. Ausscheidungen der Wurzeln u. an den absterbenden Wurzeln. Die Ergebnisse wurden durch mikrobiol. Unterss. bestätigt, die ergaben, daß bei mehrjährigen Gräsern die Menge an nitrifizierenden Bakterien scharf fällt, an denitrifizierenden dagegen steigt (Почвоведение [Bodenkunde] **1952.** 920—26. Okt. Kiew, Allunions Wiss. Forschungsinst. für Zuckerrüben.) LINTER. 6304

A. Demolon und **P. Boischot,** *Reaktion der Böden auf die Zuführung von Phosphorsäure und Einfluß derselben auf die Düngerfixierung.* Ein Teil des dem Boden zugefügten P_2O_5 wird, zumindest zeitweilig, von den verschied. Bestandteilen des Bodens (CaO, Fe, Ton) gebunden. Der für die Pflanzenernährung verfügbare Geh. des Bodens an lösl. P_2O_5 ist also nicht nur von der Menge an zugegebenem P_2O_5, sondern auch von der Zus. des Bodens abhängig. (Chim. et Ind. **68.** 53—54. Juli 1952.) WINIKER. 6304

E. G. Williams, *Phosphatfixierung und -ausnutzung.* (Vgl. C. **1950.** I. 604.) Wenn auch Superphosphat im n. Ackerboden ziemlich schnell festgelegt wird, so ist die Ausnutzung durch die Pflanzen doch relativ hoch. Es wird empfohlen, zur Steigerung der Ausnutzung das Superphosphat in der Hauptsache als Kopfdünger zu geben. (J. sci. Food Agric. **1.** 244—48. Aug. 1950. Aberdeen.) GRIMME. 6304

Sven A. Holmberg, *Züchtung und Veredelung von Sojabohnen in Nordamerika. Beobachtungen während einer Studienreise Juni–Juli 1951.* Wegen der Empfindlichkeit der Sojabohnen gegen 2.4-D u. ähnliche chem. Mittel sind bei der Unkrautbekämpfung nur mechan. Maßnahmen anzuwenden. Düngung wird meist nicht während der Vegetationsperiode, sondern vor oder während der Saatzeit gegeben. Ein wesentlicher Einfl. von K_2O oder P_2O_5 auf die Ernte wird nicht festgestellt, jedoch scheint der verfügbare N-Vorrat des Bodens wichtig zu sein. Auf durchschnittlichem Prärieboden deckt die Sojabohne nur 25—27% ihre N-Bedarfes aus der Luft. Manchmal wird Einführung von Knöllchenbakterien empfohlen. Auch genügende Kalkzufuhr ist zu beachten. (Kungl. Lantbruksakad. Tidskr. **91.** 116—31. 1952.) R. K. MÜLLER. 6304

Srimathy Vanamala Sathe, T. A. Venkatasubrahamanian und **S. S. De,** *Der Einfluß von Düngemitteln auf den Thiamingehalt von Reis.* Einseitige Düngung mit N erhöht den Thiamingeh. (I), u. zwar scheint zwischen der Höhe der N-Zufuhr u. I eine direkte Beziehung zu bestehen. Düngung mit K allein hat keine Wrkg. auf I, Düngung mit N u. P_2O_5 bewirkt die stärkste Erhöhung, Zusatz von K zu N u. P steigert diese Wrkg. nicht. (Sci. and Cult. **17.** 134—35. Sept. 1951. Bangalore, Indian Inst of Sci., Ford Technol. Labor.) A. JACOB. 6304

Olof Tedin und **Olov E. V. Gelin,** *Kombinierte Sorten- und Mangandüngeversuche mit Hafer und Kartoffeln.* Mn-Zufuhr (1000 Liter 1%ig. $MnSO_4$-Lsg./ha, 2mal) ist bei 4 von 6 Verss. mit Hafer u. bei 7 von 11 Verss. mit Kartoffeln deutlich wirksam. Bei Hafer wird die Kornernte stärker beeinflußt als die Strohernte. Bei Kartoffeln bewirkt Mn-Zufuhr wahrscheinlich eine geringe Zunahme des Stärkegeh., aber anscheinend keine Änderung des Geh. an Vitamin C oder der Helligkeit der Fleischfärbung nach dem Kochen, u. ist ohne Einfl. auf die Rostfleckenkrankheit. (Kungl. Lantbruksakad. Tidskr. **91.** 158—78. 1952.) R. K. MÜLLER. 6304

H. E. Fernando, *Bemerkungen über Systeminsekticide.* Kurze Übersicht über ihre Wirkungsweise u. die sich hieraus ergebenden Gefahren für Mensch u. Tier. (Trop. Agriculturist **108.** 125—26. April/Juni 1952.) RANG. 6312

B. Planeta, *Emulsionen und Suspensionen von Insektenbekämpfungsmitteln.* Überblick über die verschied. Typen von Emulsionen (I), die Verff. zu ihrer Herst., die dazu erforderlichen Einrichtungen, die Beständigkeit der I, die Emulgatoren u. die Untersuchungsverff. für I im Hinblick auf ihre Eignung für die Herst. von Insektenbekämpfungsmitteln. Die Suspensionen werden nur ganz kurz behandelt. (Przemysł chem. **7** (**30**). 643—47. Nov. 1951.) v. WILPERT. 6312

B. G. Coombe, *Korinthenauspflanzung mit Wachstumssubstanzen.* Bericht über die Verwendung der verschiedensten synthet. Heteroauxine. Die besten Resultate wurden mit *2.4-D* u. *PCPA* (p-Chlorphenoxyessigsäure) als Spritzmittel erzielt. (J. Dep. Agric. South Australia **56.** 186—88. Nov. 1952.) GRIMME. 6312

T. G. Grigorjewa, *Die Wirkung von in den Boden eingebrachtem Hexachloran auf die Bodenfauna.* Die Gesamtzahl der Lebewesen stieg auf den mit Hexachloran behandelten Parzellen im 1., mehr im 2. u. auch noch im 3. Jahr an. Nach 3 Jahren war die Zahl der Regenwürmer größer als auf den Kontrollparzellen. (Доклады Всесоюзной ордена ленина Академии Сельскохозяйственных Наук имени В. И. Ленина [Ber. Allunions landwirtsch. (Lenin-Orden) Lenin-Akad.] **17.** Nr. 12. 16—20. Dez 1952. Allunions Wiss. Forschungsinst. für Pflanzenschutz.) A. JACOB. 6312

M. A. Klimenko, *Untersuchung über die Anwendung von Hexachloran.* Aus der Unters. der Wrkg. von *DDT* u. *Metachloran* (I) gegen Maikäferschäden in verschied. Forstanlagen wird geschlossen, daß die Zumischung von I-Staub zum Jauche–Lehm-Gemisch die Wurzeln der Setzlinge verkittet, bes. in trockenen Jahren. Zu empfehlen ist die Bestäubung der Wurzeln mit I. Bei sehr starkem Schädlingsbefall ist der I-Staub vor der Anpflanzung 15—18 cm tief unterzupflügen. (Лесное Хозяйство [Forstwirtsch.] **5.** Nr. 12. 72—74. Dez. 1952.) A. JACOB. 6312

—, *Die Kleeseide (Cuscuta trifolii Bab.)*. Von chem. Bekämpfungsmitteln bietet $NaClO_3$ den Nachteil der Nachwrkg. auf die kommende Kleesaat u. der Vergiftungsgefahr für Weidetiere; Hormonderivv. sind unwirksam, sie greifen den Klee stärker an als die Kleeseide. Es wird die Bekämpfung durch Abbrennen empfohlen. (Statens Växtskyddsanst., Flygbl. Nr. **97.** 4 Seiten. 1952.) R. K. MÜLLER. 6312

A. Johnson, *Krauseminze in Nordwest (Salvia reflexa).* Zur Vernichtung wird die Weidenbehandlung mit dem *Na-Salz von 2.4-D* (0,5—1 lbs./1 acre) empfohlen. (Agric. Gaz. New South Wales **63.** 453—56. 504. Sept. 1952.) GRIMME. 6312

O. M. Minjajewa, *Über die Verbreitung der Anthraknose des Klees durch die Samen.* Da bei der Krankheit, die zu einer Verkümmerung der Samen führt, der Pilz hauptsächlich an der Oberfläche sitzt, läßt sich durch Sortierung u. Beizung das Saatgut verbessern. (Бюллетень Московского Общества Испытателей Природы, Отдел Биологический [Bull. Moskauer Ges. Naturforscher, biol. Abt.] **122.** [N. S.] **56.** Nr. 5. 91—95. 1951.) A. JACOB. 6312

D. D. Werderewski und **A. T. Makruschina,** *Ersatzpräparate für Kupferkalkbrühe.* Verss. zeigten, daß *Dinitrorhodanbenzol* mit Erfolg zur Bekämpfung des Mehltaues der Weinrebe verwendet werden kann. (Виноделие и Виноградарство СССР [Weinbereit. Weinbau UdSSR] **12.** Nr. 11. 47—48. Nov. 1952. Allunions Inst. für Pflanzenschutz, Stat. Moldau.) ECKE. 6312

J. Kostiha, *Die Feinde der Weinrebe und ihre Bekämpfung.* Allg. Ausführungen. (Vinařský Obzor **43.** 79—81. Juni 1950. Bzenec.) STEINER. 6312

L. F. Myers, *Die Toxizität von Ölherbiciden für Paspalum dilatatum Poir.: Wirkung der Ölzusammensetzung.* Eine Anzahl von KW-stoffölen (**I**) mit variierendem Kp.-Bereich u. %-Geh. an aromat. Fraktion wurden auf ihre Toxizität gegen Paspalum dilatatum Poir. in Feld- u. Gewächshausverss. (Spritzen mit 300 gallons/acre) untersucht. Kontaktschaden u. Endtoxizität (gemessen am Nachwuchs) sind getrennte Erscheinungen u. werden durch verschied. Faktoren begrenzt. Die Stärke der Kontaktwrkg. von **I** hängt von ihrem Anteil an Aromaten ab. Der zur Erzeugung schneller Kontaktschäden erforderliche minimale %-Geh. an Aromaten steigt mit dem mittleren Kp. des Öles an. Dieser ist ein wichtiger Faktor zur Best. der Öltoxizität, die mit ihm zunimmt. Auf dem Feld nimmt die Toxizität mit steigendem Geh. an Aromaten ab, im Gewächshaus zu. (Austral. J. agric. Res. **3.** 372—84. Okt. 1952. Canberra, A. C. T., C. S. I. R. O., Div. of Plant Ind.) RANG. 6312

J. P. Corkins und **H. N. Metcalf,** *Gewächshausprüfung eines Trialkylthiophosphatinsekticides.* Bei den durchgeführten Gewächshausverss. erwies sich das verwendete Trialkylthiophosphat als wirksamer Schutz gegen die verschiedensten saugenden u. fressenden Insekten auf blühenden u. grünen Zierpflanzen. (J. econ. Entomol. **45.** 326—29. April 1952.) GRIMME. 6312

D. Ashdown und **H. B. Cordner,** *Einige Wirkungen eines als Spritzmittel, Samenbeizmittel oder Bodenbehandlungsmittel angewandten Systeminsekticides auf die Insektenbekämpfung und die Pflanzen.* Schädlingsbekämpfungsverss. bei Erbsen mit dem *O.O-Diäthylthiophosphorsäureester des 2-Äthylmercaptoäthanols* als Boden- u. Saatgutdesinfiziens u. als Spritzmittel, einzeln oder kombiniert. Die Saatkeimkraft wird nicht beeinflußt, der Blattlausbefall geht rapide zurück, die Ernte wird beschleunigt. Boden- u. Saatgutbehandlung schützte bis zu 80 Tagen, Pflanzenspritzung bis zu 40 Tagen. (J. econ. Entomol. **45.** 302—07. April 1952. Stillwater, Okla.) GRIMME. 6312

J. E. Wille, *Erfahrungen mit organischen Insekticiden in der Bekämpfung von Baumwollschädlingen in Peru.* Auf Grund mehrjähriger Erfahrungen mit organ. Kontaktinsekticiden im Bereich peruan. Baumwollpflanzungen kommt Vf. zum Schluß, daß nur die biol. Bekämpfungsmeth. — zusammen mit entsprechenden landwirtschaftl. Maßnahmen — u. eine mäßige Anwendung der alten anorgan. Insekticide die Schadinsekten niederzuhalten vermag. (Z. angew. Entomol. **33.** 341—48. Nov. 1951. Lima, Peru, Entomol. Abt. der Landw. Hochschule, u. Nat. Landwirtsch. Forschungs- u. Versuchszentrale in La Molina.) LÜPNITZ. 6312

L. A. Hetrick, *Relative Giftigkeit einiger organischer Insekticide als Bodengifte für Termiten.* Bei den über 5 Jahre lang durchgeführten Verss. mit Termiten (Reticulitermes flavipes Kollar) zeigte sich die beträchtliche Überlegenheit von *HCH* u. *Chlordan* gegenüber *Pentachlorphenol* (u. dessen Na-Salz), *Toxaphene* u. *DDT*. (J. econ. Entomol. **45.** 235—37. April 1952. Gainesville, Fla., Univ. of Florida, Coll. of Agricult.) GRIMME. 6312

P. Delanoue, *Aus einem Versuch zur Bekämpfung von Aphis rumicis L. auf Bohnen in einem Trockenjahr zu ziehende Lehren.* Bei den Bekämpfungsverss. zeitigte *Thio-*

phosphat gute Ergebnisse, erreichte jedoch nicht die Wrkg. von HCH. (C. R. hebd. Séances Acad. Agric. France **38.** 145—48. 1952.) Grimme. 6312

R. H. Burrage und **George G. Gyrisco,** *Bekämpfung von Amphimallon majalis R. auf Weiden.* Stäubungen mit Aldrin oder Dialdrin in Gaben von 1 lbs./1 acre bzw. DDT 5 lbs./acre vernichteten Amphimallon majalis R. („European chafer") fast völlig. (J. econ. Entomol. **45.** 313—15. April 1952. Ithaca, N. Y., Cornell Univ.) Grimme.6312

Gilberte Guennelon-Aubanel und **Pierre Grison,** *Erscheinungen von Toleranz und Resistenz gegenüber Bleiarsenat beim Rüsselkäfer Rhynchites coerluleus de Geer.* Käfer wurden vor der Überwinterung mit Blättern gefüttert, die mit zweibas. Bleiarsenat (20% As) eingestäubt waren. Es wurde individuelle Toleranz u. Abschreckung beobachtet. (C. R. hebd. Séances Acad. Sci. **232.** 755—56. 19/2. 1951.) Lüpnitz. 6312

Kenneth E. Frick, *Der Wert einiger organischer Phosphatinsekticide für die Bekämpfung des „grape mealy bug".* Verss. zur Bekämpfung von Pseudococcus maritimus Ehrhorn mit *Parathion* (I) *EPN* u. *Compound 4049* [*S-(1.2-dicarbäthoxyäthyl)-O.O-dimethyldithiophosphat*] wirkte am sichersten bei Spritzungen, die beiden anderen Mittel fielen dagegen merklich ab. (J. econ. Entomol. **45.** 340—41. April **1952.** Pullman, Wash., Washington Agric. Exp. Stat.) Grimme. 6312

T. W. Kerr jr., *Weitere Untersuchungen über Insekticide zur Bekämpfung von Insekten auf Zierblumen und -sträuchern.* Auf Grund vergleichender Verss. werden die geeigneten Konzz. von *DDT, Lindane* u. *Nicotinsulfat,* einzeln u. gemischt, zur Bekämpfung der wichtigsten in den USA auftretenden Pflanzenschädlinge mitgeteilt. (J. econ. Entomol. **45.** 209—12. April 1952. Kingston, R. I., Univ. of Rhode Island.) Grimme. 6312

Joseph N. Tenhet und **Clarence O. Bare,** *Lindane als Insekticid zur Bekämpfung der Heumotte und des kleinen Tabakkäfers.* Bericht über Gewächshausverss. mit 2%ig. Lindane-Öl-Sprays zur Bekämpfung der Heumotte (Ephestia elutella Hon.) u. des kleinen Tabakkäfers (Lasioderma serricorne F.), Dosis 100 ml/1000 Kubikfuß. Abtötung 84%, bei Anwendung 3%ig. Lsg. 95%. Auch bei öfterer Wiederholung der Spritzung wurden Qualität u. Aroma des Tabaks nur unwesentlich beeinflußt. (J. econ. Entomol. **45.** 218—22. April 1952.) Grimme. 6312

E. H. Fisher und **K. C. Berger,** *Die Beeinflussung der Alfalfasaatgewinnung durch Insekticide und Düngung.* Bekämpfung von Insekten mittels *DDT* u. Zugabe von *Borax* steigerte die Samenausbeute von 40 auf 77%. Betroffen werden bes. Lygus oblineatus Say, Adelphocoris lineolatus Goeze, A. rapidus Say u. Empoasca fabae Harr. (J. econ. Entomol. **44.** 113—14. Febr. 1951. Madison, Wis., Wisconsin Agricult. Exp. Stat.) Liebner. 6312

—, *Calandra oryzae (common grain weevil).* Beste Erfolge durch Besprühung der Getreidehaufen mit CS_2. (Agric. Gaz. New South Wales **63.** 599—603. Nov. 1952.) Grimme. 6312

—, *Noctuidae (cutworms).* Empfohlen zur Bekämpfung werden Köder u. Stäubungen mit *BCH-Parisergrün-Mischungen.* (Agric. Gaz. New South Wales **63.** 37—38. 1/1. 1952.) Grimme. 6312

C. R. Weaver, *Spritzanwendung von Insekticiden zur Bekämpfung der Nymphen von Philaenus leucophthalmus L.* In Nordohio durchgeführte Verss. zeigten, daß bei Anwendung von 1—2 lbs./1 acre DDT im September der Schädling restlos abgetötet wurde. (J. econ. Entomol. **45.** 238—41. April 1952. Wooster, O., Agricult. Exp. Stat.) Grimme. 6312

Franz Groschke, *Nonnenbekämpfung mit neuzeitlichen Mitteln.* Anwendung von *DDT* (Stäubeverf. mit Mitteln mit 5% Wirkstoffgeh., eine Vernebelung mit 10%ig. Öl) führte bei Raupen des II. Stadiums zu 100%ig. Abtötung. Raupen des III.—V. Stadiums wurden durch die Vernebelung zu 95% abgetötet. (Z. angew. Entomol. **33.** 359—68. Nov. 1951. München, Inst. für angew. Zool.) Lüpnitz. 6312

H. Thiem, *Die San-José-Schildlausgefahr und ihre Überwindung.* Umfassender Bericht über die Lebensbedingungen u. Schadwirkungen des Schädlings im Obstbau, Maßnahmen zur wirksamen Bekämpfung, Merksätze für Obstbauern, Verzeichnis der Wirtspflanzen. (Agrarwiss. u. Agrarpolitik Heft 15. 1—87. 1951.) Grimme. 6312

John W. Kilpatrick und **Richard W. Fay,** *DDT-Resistenzversuche an Xenopsylla cheopis Roth.* Bei den Verss. wurde mit 5%ig. DDT-Staub (Pyrophyllit) gearbeitet. Bereits in der 3. Generation zeigte sich eine Resistenz von 4 Min., die in der 7. Generation bis auf 8 Min. anstieg. (J. econ. Entomol. **45.** 284—88. April 1952. Savannah, Ga.) Grimme. 6312

Charles H. Brett und **William J. Eitel,** *Vergleich von Dialdrin und Aldrin mit anderen Mitteln als Heuschreckengifte.* In den Verss. wurden *Dialdrin, Aldrin, Hepta-*

chlor, *TM-1* (= *EPN 300*; 25% Äthyl-p-nitrophenylthionobenzolphosphat enthaltendes Stäubemittel) u. *TM-2* (= *Compound 1189*; 2.3.3a.4.5.6.7.7a.8.8-Dekachlor-3a.4.7.7a-tetrahydro-4.7-methanoinden-1) bzgl. ihrer Wrkg. auf verschied. Heuschreckenarten verglichen. Alle Mittel zeigten erhebliche Wrkg. sowohl als Kontakt- wie als Fraßgift. Aldrin bewährte sich am besten. (J.econ. Entomol. **45.** 346—47. April 1952. Stillwater, Okla., Agric. Exp. Stat.) GRIMME. 6312

K. H. Applewhite und **H. F. Cross,** *Weitere Untersuchungen von Abwehrmitteln in Alaska.* Gegen Moskitos, bes. Aedes communis Deg., Aedes excrucians Walk. u. Aedes pionips Dyar u. gegen Culicoides tristiatulus Hoffmann (sand fly) erwiesen sich von 13 untersuchten Mitteln als bes. wirksam: Dimethylcarbamat u. Propyl-N.N-diäthylsuccinamat. (J. econ. Entomol. **44.** 19—22. Febr. 1951. Agr. Res. Edm., Bureau of Entomol. and Plant Quarantine.) LIEBNER. 6312

Loren F. Steiner, *Methyleugenol als Anlockmittel für die orientalische Fruchtfliege.* Methyleugenol übt auf die oriental. Fruchtfliege, Davus dorsalis Hendel, eine weit stärkere Anziehungskraft aus als Methylisoeugenol u. Isoeugenol. (J. econ. Entomol. **45.** 241—48. April 1952.) GRIMME. 6312

Sergio Bettini und **Mario Boccacci,** *Halogenalkyle als Kontaktinsekticide gegen resistente Fliegen.* Vff. untersuchten *Jodessigsäure*, *Chloressigsäure* sowie deren *Phenyl-*, *Benzhydryl-*, *Lauryl-*, *Triglyceryl-* u. *Pentachlorphenylester* auf ihre Wrkg. als Kontaktinsekticid gegen Hausfliegen, die gegenüber *DDT*, *Chlordan* u. anderen üblichen Insekticiden resistent waren. Sie fanden, daß die Verbb. mit 2 g/m^2 innerhalb 20—60 Min. tödlich wirksam sind. Nach Ansicht der Vff. sollen diese Verbb. mit —SH-Gruppen die Enzyme mit Thiolgruppen blockieren. (Rend. Ist. super. Sanità **15.** 609—11. 1952. Roma, Ist. Sup. di Sanità, Labor. di Parassitol.) H. SCHEURLEN. 6312

—, *Silberfischchen* (*Thysanura*). Gute Erfolge wurden erzielt mit Pyrethrum-Methylsalicylat-Weißöl-Sprays u. DDT-Stäuben. (Agric. Gaz. New South Wales **63.** 316—17. 2/6. 1952.) GRIMME. 6312

A. Bojanowska, *Neue Nagerbekämpfungsmittel.* Es werden Wrkg., Anwendung, tödliche Dosen für Menschen u. Tiere für einige der folgenden Nagerbekämpfungsmittel beschrieben: *Antu* (= *α-Naphthylthioharnstoff*), *Verbindung „1080“* (*Na-Monofluoracetat*), *Castrix* (*2-Chlor-4-dimethylamino-6-methylpyrimidin*), dessen Gegengift *Nembutal* (*Na-Salz der Methyl-1-butyläthylbarbitursäure*), *Muritan* (*p-Chlorphenyldiazothioharnstoff*), die Verb. $p\text{-}(CH_3)_2N\text{—}C_6H_4\text{—}N{=}N\text{—}SO_3Na$, *Fanyline* (*Fluoracetophenylhydrazid*), *Thiosemicarbazid*, *Victoria-* u. *Martiusgelb*, endlich ausführlich die bes. zu empfehlende *Verbindung „42“* = *Warfarin* (*3-[α-Phenyl-β-acetyläthyl]-4-oxycumarin*) — sämtlich Freßködergifte. (Przemysł chem. **7** (**30**). 454—59. Juli/Aug. 1951.) v. WILPERT. 6312

W. A. Bykowski, *Die Behandlung der Eicheln vor der Aussaat mit Zinkphosphid zum Schutz gegen Zieselmaus und andere Nagetiere.* Behandlung der Eicheln vor der Aussaat mit Zinkphosphid erwies sich als wirksames Schutzmittel gegen die Zieselmaus. Während auf den Kontrollparzellen sämtliche Eicheln vernichtet wurden, blieben auf den Versuchsfeldern 29% erhalten. (Доклады Всесоюзной ордена Ленина Академии Сельскохозяйственных Наук имени В. И. Ленина [Ber. Allunions landwirtsch. (Lenin-Orden) Lenin-Akad.] **17.** Nr. 12. 21—23. Dez. 1952. Allunions Wiss. Forschungsinst. für Pflanzenschutz.) A. JACOB. 6312

T. B. Gaines und **W. J. Hayes jr.,** *Köderscheu gegen Antu bei wilden Wanderratten.* Unter labormäßigen Bedingungen u. bei freier Futterwahl behalten Wanderratten drei Monate lang Köderscheu gegen *Antu* nach einer einzigen Dosis von 5 mg/kg. Unter entsprechenden Feldbedingungen zeigt sich nach der letzten Antu-Gabe die Köderscheu 4 Monate lang. Trotzdem zeigte Antu den Vorteil der Sicherheit u., erstmalig gegen Wanderratten verwendet, den der Wirksamkeit. (Publ. Health Rep. **67.** 306—11. März 1952. Savannah, Ga., Public Health Service.) LIEBNER. 6312

János Sarkadi, *Einige kleinere Laboratoriumsneuheiten.* Beschreibung u. Abb. eines einfachen Bodenextraktors mit aufwärts durch das Untersuchungsgut gerichtetem Flüssigkeitsstrom. — Bei der Titration des $NaHCO_3$ wird statt Phenolphthalein ein Mischindicator, bei der Formoltitration Bromthymolblau, empfohlen. Gute Endpunktsbest. bei der Titration von $K_2Cr_2O_7$ mit $FeSO_4$ durch Ferroin als Redoxindicator. (Agrokémia és Talajtan [Agrochem. u. Bodenkunde] **1.** 111—114. Nov. 1951. Budapest, Agrokém. Kutató Int., Humusz oszt.) v. PILINSZKY. 6320

T. M. B. Payne und **P. H. H. Gray,** *Modifikation eines Bodenperkolationsapparates für Böden mit hohem Gehalt an organischer Substanz.* Um eine Ausdehnung des Bodens während der Perkolation zu ermöglichen, wird ein ERLENMEYER-Kolben benutzt, in dessen Boden ein Glasrohr von 3 cm Durchmesser eingeschmolzen ist. (Nature [London] **170**. 325. 23/8. 1952. MacGill-Univ., Macdonald Coll., Dep. of Agricult. Bacter.) A. JACOB. 6324

F. Conrad und **E. Cremer,** *Über die Bestimmung der Haftkraft von Verstäubungsmitteln.* Zur Messung wird der Neigungswinkel herangezogen, bei dem das in gleichmäßiger Schicht aufgetragene Stäubemittel von einer gegen die Horizontale geneigten Unterlage abgleitet. Anleitung zur Auswertung der Ergebnisse. (Pflanzenschutzberichte [Wien] **7**. 190—95. Dez. 1951. Innsbruck, Univ., Physikal.-chem. Inst.) GRIMME. 6328

Wendell F. Phillips, *Colorimetrische Bestimmung von zurückbleibendem Hexachlorcyclohexan.* Vf. beschreibt eine Meth. zur Analyse kleiner Mengen des Insekticides Hexachlorcyclohexan (I), die auf behandelten Pflanzenteilen zurückbleiben. Wenn **I** mit überschüssigem Anilin am Rückfluß erhitzt wird, bildet sich eine Mischung, die wahrscheinlich Diphenylamin u. Dichlordiphenylamin enthält. Dieses Reaktionsprod. ergibt nach Oxydation mit V_2O_5 in 50%ig. H_2SO_4 eine violette Farbe mit einem Absorptionsmaximum bei 510 mμ. Die Best. folgt dem BEERschen Gesetz von 2—120 μg des γ-**I**. Die anderen Isomeren des **I** geben unter denselben Reaktionsbedingungen eine abweichende Farbintensität. ε-I ergibt 110%, α 90%, δ 40%, β 5% u. techn. **I** 80% der Farbstärke von γ-**I**. Als Störung können größere Mengen von *Toxaphene* (**II**) oder *Chlordan* (**III**) auftreten, die ähnliche Farben mit Anilin bilden (825 μg **II**, 675 μg γ-**III** bzw. 450 μg techn. **III** entsprechen 50 μg γ-**I**). Ein genauer Analysengang für die Best. von **I** in Erdnüssen u. Erdnußprodukten ist angegeben. Da die Reaktionsprodd. je nach der Menge des zu analysierenden **I** verschieden sind, müssen Standardkurven mit Proben von bekanntem **I**-Geh. aufgestellt werden. (Analytic. Chem. **24**. 1976—79. Dez. 1952. Canajoharie, N. Y., Beech-Nut Peacking Co.) KNÖPKE. 6328

Office National Industriel de l'Azote, Toulouse, Frankreich, *Gewinnung von Düngesalzen.* Um aus konz. Düngesalzlsgg. Düngesalze in Kugelform zu gewinnen, verstäubt man die Lsgg. mit Hilfe einer horizontal gelagerten Walze in Luft. (**N. P. 79 980** vom 11/2. 1949, ausg. 31/3. 1952.) JÜRGEN SCHMIDT. 6275

Soc. de Produits Chimiques et Engrais d'Auby, Frankreich, *Nichthygroskopischer ternärer Phosphatdünger* mit in W. u. NH_4-Citrat lösl. H_3PO_4 wird durch Umwandlung von Rohphosphat in H_3PO_4 u. Ca-Nitrat durch HNO_3 erhalten u. die H_3PO_4 mit NH_3 als Bicalciumphosphat gefällt, gleichzeitig erhält man eine Lsg. von NH_4NO_3 u. Ca·$(NO_3)_2$, aus der man durch CO_2 das $CaCO_3$ durch Dekantieren entfernt. (**F. P. 997 268** vom 29/6. 1945, ausg. 3/1. 1952.) WITTHOLZ. 6283

Office National Industriel de l'Azote (Erfinder: **Robert Guillet** und **André Sicart**), Frankreich, *Flüssiger Dünger.* In eine Na-Nitratlsg. (D. 1,7) wird nach u. nach gasförmiges NH_3 bei ca. 15° eingepumpt. Die D. der fertigen Lsg., die 405 (g) $Ca(NO_3)_2$ u. 435 NH_3 enthält, fällt auf 1,115. An Stelle eines Nitrates können auch Gemische, z. B. $Ca(NO_3)_2$ u. $Mg(NO_3)_2$, sowie andere Salzgemische, wie KNO_3 u. $(NH_4)_2HPO_4$, verwendet werden. Auch Spurenelemente können diesem Dünger beigegeben werden. (**F. P. 998 763** vom 10/10. 1949, ausg. 23/1. 1952.) WITTHOLZ. 6285

Dorr Co., Stamford, übert. von: **William A. Lutz,** Westport, Conn., V. St. A., *Herstellung von Düngemitteln.* Wss. Mineralsäuren, bes. H_2SO_4 von 60%, HNO_3 von 55% oder H_3PO_4, werden in einem Bett von festen Düngesalzen mit einem aufwärts durch das Bett strömenden NH_3-Gasstrom derart behandelt, daß eine dichte verflüssigte Suspension entsteht, wobei durch die Reaktionswärme das W. verdampft wird u. körnige Düngesalze erhalten werden, von denen das Unterkorn kontinuierlich in das Bett aus festen Salzen zurückgeführt wird. (**A. P. 2 600 253** vom 21/1. 1949, ausg. 10/6. 1952.) KARST. 6291

Swift & Co., Chicago, Ill., übert. von: **Charles H. Davenport,** El Dorado, Ark., V. St. A., *Herstellung von Düngemitteln.* Feste, sauer reagierende Düngemittel, z. B. Superphosphat, Triplephosphat, KCl, Dolomit u. dgl., werden kontinuierlich mit Harnstoff (I) u. H_2SO_4 in eine Mischvorr. eingetragen u. dort unter Einleiten von hocherhitztem Dampf mit NH_3 u. CH_2O oder NH_3, NH_4NO_3 u. CH_2O (**II**) in solchen Mengen umgesetzt, daß die sauren Stoffe völlig neutralisiert werden u. **I** mit **II** kondensiert wird. Das Verhältnis von **I**:**II** soll 1:1 bis 2:1 betragen. Man erhält Düngemittel, deren N-Geh. im Boden nicht ausgewaschen wird u. die nicht zusammenbacken. (**A. P. 2 618 546** vom 11/4. 1949, ausg. 18/11. 1952.) KARST. 6291

Swift & Co., Chicago, Ill., übert. von: **Charles H. Davenport,** El Dorado, Ark., und **Walter R. Horn,** Agricola, Fla., V. St. A., *Herstellung von Mischdüngemitteln.* Feste, sauer reagierende Düngemittel, z. B. Superphosphat, Triplephosphat, KCl, Dolomit u. dgl., werden kontinuierlich mit H_2SO_4 oder H_3PO_4 in eine Mischvorr. eingetragen u. dort mit solchen Mengen freiem NH_3 oder NH_4NO_3, NH_3 u. W. enthaltenden Lsgg.

unter Einleiten von hocherhitztem Dampf umgesetzt, daß die sauren Stoffe völlig neutralisiert u. homogene, granulierte, trockene Prodd. erhalten werden. (**A. P. 2 618 547** vom 25/1. 1950, ausg. 18/11. 1952.) KARST. 6291

Soc. An. des Usines Dior, Frankreich, *Mischdünger*. Der durch Aufschluß von Rohphosphat mit HNO_3 erhaltenen Mischung wird so viel freie H_3PO_4 zugesetzt, daß ein mol. Gleichgewicht mit dem $Ca(NO_3)_2$ erreicht ist, worauf nach Zufügen von NH_3 das gesamte $Ca(NO_3)_2$ unter Bldg. von Calciumphosphat u. NH_4NO_3 umgesetzt wird. Dadurch wird die Bldg. sehr hygroskop. Doppelsalze von NH_4- u. Ca-Nitrat in Mischdünger vermieden. Zweckmäßig kann noch K_2SO_4 zugegeben werden. (**F. P. 998 511** vom 17/10. 1945, ausg. 21/1. 1952.) WITTHOLZ. 6291

Ruhrchemie Akt.-Ges., Deutschland, *Phosphatmischdünger*. Rohphosphat wird durch Behandeln mit HNO_3 aufgeschlossen, weiter wird KCl mit $(NH_4)_2SO_4$ zu K_2SO_4 u. NH_4Cl unter Sublimation des letzteren umgesetzt. Man mischt das aufgeschlossene Ca-Phosphat mit K_2SO_4 u. läßt durch die Mischung NH_3 streichen, das aus sublimiertem NH_4Cl u. $Ca(OH)_2$ erhalten wird. Auf diese Weise wird ein stets trockenbleibender Mischdünger mit 10% P_2O_5, 10% N u. 15% K_2O erhalten. (**F. P. 999 066** vom 10/11. 1949, ausg. 28/2. 1952. D. Prior. 28/2. 1949.) WITTHOLZ. 6291

Office National Industriel de l'Azote, Frankreich, *Löslichmachen von Naturphosphat und Herstellung von Mischdünger*. Das Rohphosphat wird mit HNO_3 von 36° Bé u. der aus früheren Chargen stammenden Ablauge behandelt, bis eine vollständige Emulsion erhalten wird. Alsdann wird zentrifugiert, so daß die Ablauge ca. 5—10% Schlamm enthält, der bei der nächsten Charge aufgenommen wird. (**F. P. 1 001 278** vom 8/4. 1946, ausg. 21/2. 1952.) WITTHOLZ. 6291

Soc. An. des Manufactures des Glaces et Produits Chimiques de Saint-Gobain, Chauny & Cirey, Paris, Frankreich, *Herstellung von Düngemitteln aus Dicalciumphosphat und Ammonnitrat*. Rohphosphate werden mit 250—1000 g einer Al-Verb., z. B. Bauxit oder Al-Sulfat, auf 100 kg Ausgangsmaterial innig vermischt, mit HNO_3 u. H_2SO_4 u./oder H_3PO_4 aufgeschlossen, die M. mit NH_3 behandelt, konz., mit Feinmaterial u. Kalisalzen vermischt u. granuliert. Die Al-Verb. kann auch in der Aufschlußsäure gelöst werden. Ammonisierung, Konz. u. Körnung der M. werden erleichtert. (**Schwz. P. 281 447** vom 14/7. 1949, ausg. 1/7. 1952. F. Prior. 21/7. 1948.) KARST. 6291

Leon Derome, Frankreich, *Organische Düngemittel*. Man mischt Zuckerrübenschlempe 10—95 (kg) mit Alkali 0—80, NH_4- oder K-Phosphat 5—60, H_3PO_4 0—60, KCl oder K_2SO_4 0—60 u. Na-, K- oder NH_4NO_3 0—60. Zum Gebrauch verd. man 500 g bis 2 kg des Düngers auf 1000 Liter Wasser. Auch andere Konzz., z. B. 1—25 kg auf 100 Liter W., können je nach dem Verwendungszweck, z. B. zum Jauchen, ohne Schaden für die Pflanzen angewendet werden. (**F. P. 1 000 846** vom 24/11. 1949, ausg. 18/2. 1952.) WITTHOLZ. 6291

Gebr. Borchers Akt.-Ges., Goslar (Erfinder: **Hermann Reisener,** Oker), Harz, *Trocknen von im Pflanzenschutz als Winter- und Sommerspritzmittel verwendbarer Schwefelkalkbrühe*. Eine mäßig konz. Schwefelkalkbrühe wird mit Schutzstoffen (ca. 2%), z. B. Methylcellulose oder Dextrin in Verbindung mit Xanthogensäure, vermischt u. die Mischung in Ggw. O_2-armer Luft oder chem. inakt. Gase in Zerstäubungstrocknern behandelt. Die M. enthält unzers., wiederauflösbares *Ca-Polysulfid* u. ist lagerbeständig. (**D. B. P. 880 965** Kl. 451 vom 8/2. 1944, ausg. 25/6. 1953.) KARST. 6313

Chipman Chemical Co., Bound Brook, N. J., V. St. A., *Unkrautvernichtungsmittel*, bestehend aus einem Gemisch (I) aus einem Alkalichlorat u. einem Alkalipolyborat der allg. Formel $M_2O \cdot (B_2O_3)_x$, worin x eine Zahl von 4,16—7 ist. — Beispiel für I: ca. 40—50(%) $NaClO_3$ u. ca. 50—40 $Na_2B_{10}O_{16} \cdot 10\, H_2O$. (**E. P. 675 740** vom 1/2. 1951, ausg. 16/7. 1952. A. Prior. 2/2. 1950.) NEBELSIEK. 6313

Monsanto Chemical Co., St. Louis, Mo., übert. von: **Arthur H. Schlesinger** und **David F. Mowry,** Dayton, O., V. St. A., *Herbicide Mittel*. Die Mittel enthalten als akt. Stoffe *Fumarsäurenitril*, *Chlorfumarsäurenitril* oder *Dichlorfumarsäurenitril* im Gemisch mit Trägerstoffen oder in Form von wss. Suspensionen. Konz. 0,1—20%. Emulgatoren, oberflächenakt. Stoffe u. Lösungsmittel, bes. Cyclohexanon, können zugesetzt werden. Bes. zur Vernichtung von Unkräutern in Parkplätzen u. Bahnanlagen geeignet. (**A. P. 2 617 721** vom 26/9. 1950, ausg. 11/11. 1952.) KARST. 6313

R. T. Vanderbilt Co., Inc., New York, übert. von: **Albert A. Somerville,** Carmel, N. Y., V. St. A., *Fungicide Mittel* enthalten als akt. Stoffe 75—99(%) *Na-Dimethyldithiocarbamat* u. 1—25 *Na-Salz des 2-Mercaptobenzothiazols*. Das Gemisch wird mit W. zu Spritzmitteln u. mit Kalk, Bentonit, Talkum, Pyrophyllit, Gips, SiO_2 usw. zu Stäubemitteln verarbeitet. Bekämpfung von *Fusarium oxysporum var. cubense* u. *Chalara quercina*. (**A. P. 2 614 957** vom 25/10. 1951, ausg. 21/10. 1952.) KARST. 6313

Farbenfabriken Bayer (Erfinder: **Wilhelm Bonrath,** Leverkusen, **Walter Kimpel** und **Karl Hamann,** Krefeld), Leverkusen, *Saatgutbeizmittel,* bestehend aus oder enthaltend *ω-Nitrostyrole* (I), die in der Seitenkette Halogen als Substituenten oder addiert enthalten u. im Kern substituiert sein können. — Beispiele für I: ω-Chlor-ω-nitrostyrol, o-Chlor-ω-nitro-ω-chlorstyrol, m-Chlor-ω-nitro-ω-chlorstyrol u. andere. (**D. B. P. 877 511** Kl. 45l vom 28/4. 1951, ausg. 26/5. 1953.) NEBELSIEK. 6313

Farbenfabriken Bayer (Erfinder: **Ferdinand Grewe,** Köln, **Walter Kimpel** und **Karl Hamann,** Krefeld), Leverkusen, *Mittel zur Bekämpfung von pilzlichen Erkrankungen an grünen Pflanzen,* bestehend aus oder enthaltend *ω-Nitrostyrole* (I), die in der Seitenkette Halogen als Substituenten oder addiert enthalten u. im Kern, bes. durch Halogen u./oder Nitrogruppen, substituiert sein können. — Beispiele für I: ω-Chlor-ω-nitrostyrol, o-Chlor-ω-nitro-ω-chlorstyrol, ω-Nitrostyroldichlorid, m-ω-Dinitrostyroldichlorid, ω-Nitrostyroldibromid u. andere. (**D. B. P. 877 682** Kl. 45l vom 28/4. 1951, ausg. 26/5. 1953.) NEBELSIEK. 6313

Dr. Alexander Wacker Gesellschaft für elektrochemische Industrie G. m. b. H. (Erfinder: **Franz Xaver Schwaebel** und **Gustav Obermayer**), München, *Bekämpfung von Pilzkrankheiten an Pflanzen* durch Verwendung von *bas. Acetaten* der *Leichtmetalle,* bes. des *Al* u. *Mg,* in Pulverform, die vor, während oder nach der Herst. mit Zellpech u. gegebenenfalls mit anderen Pflanzenschutzmitteln versetzt u. dann bis zur Trockne eingedampft werden können. Durch Anrühren mit W. wird eine feinflockige Spritzbrühe erhalten, die auf den Pflanzen guthaftende Beläge bildet, die vom Regen schwer abgewaschen werden. Bes. wirksam gegen *Peronospora* bei *Hopfen* u. *Weinreben.* (**D. B. P. 879 033** Kl. 45l vom 15/8. 1951, ausg. 8/6. 1953.) KARST. 6313

Dow Chemical Co., Midland, Mich., V. St. A., *Insekticides und fungicides Mittel,* bestehend aus einem Diamidothiophosphat der nebenst. Formel I, worin eines der Symbole R_1, R_2, R_3 oder R_4 für einen Alkyl- oder Cycloalkylrest u. die restlichen für H, einen Alkyl- oder einen Cycloalkylrest, das eine x für NO_2 u. das andere für H stehen, im Gemisch mit einem inerten Verdünnungsmittel oder einem bekannten Dispergier-, Netz- oder Emulgiermittel. — Beispiele für I: O-(4-Nitrophenyl)-N-äthyldiamidothiophosphat, O-(4-Nitrophenyl)-N-äthyl-N[1]-methyldiamidothiophosphat oder O-(4-Nitrophenyl)-N-cyclohexyldiamidothiophosphat. (**E. P. 666 928** vom 16/9. 1949, ausg. 20/2. 1952. A. Prior. 15/10. 1948.) NEBELSIEK. 6313

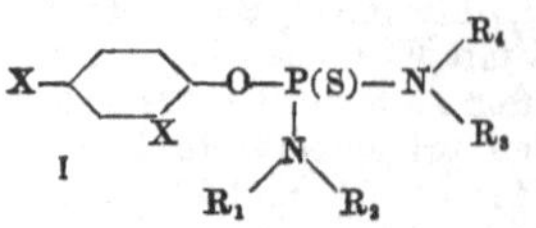

I

Jean Jameau und **Robert D. Lance,** Frankreich, *Herstellung von insekticiden Mitteln* unter Verwendung von koll. Al-Silicaten u. natürlichen Entfärbungserden als Trägerstoffe für chem. wirksame Stoffe, wie Ba-Fluorsilicat, Rotenon u. preuß. Blau, As–Pb-Verbb., $KMnO_4$. — Die Mittel werden verwendet bei Meltau, Oidium u. gegen Insekten. (**F. P. 972 024** vom 28/12. 1940, ausg. 24/1. 1951.) M. F. MÜLLER. 6313

C. H. Boehringer Sohn (Erfinder: **Wilhelm Konz**), Ingelheim/Rh., *Schädlingsbekämpfungsmittel* mit fungicider, acaricider u. aphicider Wrkg., bestehend aus oder enthaltend *Dihydro-1.3.5-dithiazine,* z. B. *N-n-Butyl-2.4.6-trimethyldihydro-* u. *2.4.6-Trimethyldihydro-1.3.5-dithiazin.* Konz. ca. 0,015—0,5%. Für Warmblüter nicht tox. u. bes. wirksam gegen *rote Spinne.* (**D. B. P. 878 877** Kl. 45l vom 13/7. 1951, ausg. 8/6. 1953.) KARST. 6313

Dow Chemical Co., Midland, Mich., V. St. A., *Insekticides Mittel,* bestehend aus Di-(monochlorphenoxy)-methan, bes. Di-(4-chlorphenoxy)-methan (I), im Gemisch mit einem üblichen Trägerstoff, dem man noch bekannte Gifte, wie Pyrethrum oder Rotenon, zusetzen kann. Bei Verwendung einer Suspension setzt man Netz-, Emulgier- u. Dispergiermittel zu. Herst. von I: Rk. von Na mit 4-Chlorphenol in absol. A. u. Behandlung der erhaltenen alkoh. Dispersion unter Druck bei 80—150° mit der 1½-fachen Menge Dichlormethan. (**E. P. 640 371** vom 20/6. 1947, ausg. 19/7. 1950. A. Prior. 1/5. 1942.) NEBELSIEK. 6313

Hercules Powder Co., übert. von: **Robert S. Voris,** Wilmington, Del., V. St. A., *1.1.1-Trichlor-2.2-di-(p-chlorphenyl)-äthan (DDT)* (I) erhält man durch folgende Maßnahmen: Man chloriert A. zu Chloralkoholat, löst es in Chlorbenzol (**II**), versetzt mit H_2SO_4 von 60—102 Gew.-% u. gewinnt freies Chloral. Man setzt weitere Mengen **II** zu u. schichtet, versetzt die Chloral-**II**-Lsg. mit H_2SO_4 von 95—104 Gew.-% bei 0—60°. Man setzt dem Prod. ein Lösungsm. für I, z. B. Hexan, zu u. scheidet die saure Lsg. ab. Die warme Lsg. wird mit W., anschließend mit $NaHCO_3$ u. wieder mit W. neutral gewaschen. Man kühlt u. gewinnt I als Kristalle, F. 102°. (**A. P. 2 580 335** vom 8/1. 1945, ausg. 25/12. 1951.) G. KÖNIG. 6313

Hinson Wu, Hongkong, China, *Räuchermittel,* bes. gegen Moskitos, bestehend aus einer Mischung von 10 (Gew.-%) DDT u. 90 chines. Pflanzenprodd., z. B. 10 Achillea sibirica, 25 Cryptomeria japonica u. 55 Almus japonica (weißer Gummi). Die Mischung wird mit W. zu einem Brei angerührt u. zu einer Rolle verformt. (**E. P. 681 519** vom 18/12. 1950, ausg. 22/10. 1952.) NEBELSIEK. 6313

Joseph Carl Dawson, Ferguson, Mo., V. St. A., *Räuchermittel.* Die von Insekten befallenen Materialien werden mit einem verdampften Gemisch aus ca. 5—95(%) Äthylendibromid, $C_2H_4Br_2$, u. 5—95 CH_3Br behandelt. Das Gemisch ist bes. zur Vergasung von Getreidesilos, Mühlen, Lagerhäusern u. dgl. sowie zur Ausräucherung von landwirtschaftlichen Kulturböden geeignet. Bes. Erfolge bei Bekämpfung von *Sitophilus granarius (L.), Sitotroga cerealella Oliv.* u. *Tribolium confusum.* Das Gemisch kann auch in Petroleumfraktionen gelöst werden. (**A. P. 2 606 857** vom 11/1. 1951, ausg. 12/8. 1952.) KARST. 6313

Chemische Werke Albert (Erfinder: **Kurt Hultzsch**), Wiesbaden, *Herstellung von ohne Geschmacks- und Geruchsbeeinträchtigung des Erntegutes anwendbaren Schädlingsbekämpfungsmitteln auf der Grundlage von Hexachlorcyclohexan.* Die schädlichen Geruchs- u. Geschmacksstoffe werden durch einen bleibenden Zusatz von geringen Mengen *A-Kohle* gebunden. Das Inlösunggehen der schädlichen Begleitstoffe in W. wird vermieden. (**D. B. P. 878 876** Kl. 451 vom 19/5. 1949, ausg. 8/6. 1953.) KARST. 6313

Dow Chemical Co., Midland, Mich., V. St. A., *Hexachlorcyclohexan* (**I**) erhält man durch additive Chlorierung einer Mischung aus 4—99(%) Bzl. u. 96—1 Methylenchlorid, -bromid, -chlorbromid, Äthylidenchlorid, Äthylenchlorid oder -chlorbromid, allein oder im Gemisch, mit gasförmigem Cl_2, in An- oder Abwesenheit eines katalyt. wirkenden organ. Peroxydes (**II**). Durch die Verwendung der genannten Lösungsmittel, gegebenenfalls unter Zusatz eines **II**, erhält man ein **I** mit höherem γ-Geh., z. B. 19,7%. Vgl. Tabellen. (**E. P. 653 364** vom 20/9. 1948, ausg. 16/5. 1951. A. Prior. 12/3. 1948.) KRAUSS. 6313

Harvel Corp., Irvington, N. J., V. St. A., *Insekticides Mittel,* bestehend aus einem pyrethrumhaltigen Material (**I**), das teilweise durch rotenonhaltiges Material ersetzt sein kann, einem Petrolöl (**II**), z. B. Kerosin oder Gasolin, u. einem Phenolaldehydharz (**III**), das in **II** lösl. ist u. das **I** löst. Zur Herst. von **III** werden Phenole verwendet, die einen langkettigen KW-stoffsubstituenten von 4—26 C-Atomen an ihrem Kern aufweisen. Solche kommen in Pflanzensäften, z. B. im Japanlack, vor (Urushiol). Als Aldehyde werden CH_2O, Paraldehyd, Acetaldehyd, Furfurol u. a. verwendet. (**E. P. 635 846** vom 30/7. 1947, ausg. 19/4. 1950. A. Prior. 15/5. 1940.) NEBELSIEK. 6313

Gebr. Borchers Akt.-Ges., Goslar (Erfinder: **Hermann Reisener,** Okter/Harz), *Schädlingsbekämpfung.* Trockenes vermahlenes *Dinitro-o-kresol* wird mit einem Überschuß an feinvermahlenem, wasserfreiem Na_3PO_4 vermengt. Dem Gemisch können noch Na_2SO_4 oder $(NH_4)_2SO_4$ u. Netzmittel zugefügt werden. Hohe Durchdringungsfähigkeit der wss. Lsgg. durch Chitinhäute, Baumrinde u. dergleichen. (**D. B. P. 879 032** Kl. 451 vom 7/5. 1943, ausg. 8/6. 1953.) KARST. 6313

Deutsche Hydrierwerke Akt.-Ges., Düsseldorf, *Schädlingsbekämpfung.* Man verwendet Gemische aus tox. wirksamen Oxyverbb., z. B. *Phenole, Kresole* u. deren Halogensubstitutionsprodd., u. wasserlösl. Salzen von *Äthercarbonsäuren,* wie Alkali- u. Triäthanolaminsalze der *Butyloxyessigsäure, Isoamyl-, Octyl-, Dodecyloxyessigsäure* oder dgl., zur Bekämpfung von Parasiten an Tieren u. Menschen. Große Eindringtiefe u. keine korrodierende Wrkg. auf Metalle. Anwendung in wss. Lsg. oder im Gemisch mit Füllstoffen als Formstücke. Konz. ca. 0,1—10%. (**D. B. P. 880 966** Kl. 451 vom 12/4. 1942, ausg. 25/6. 1953.) KARST. 6313

J. R. Geigy Soc. An., Basel, Schweiz, *Schädlingsbekämpfungsmittel,* bestehend aus einem Trägerstoff u. einem Dihydroresorcinester der Carbaminsäure der allg. Formel I, worin R_1 u. R_2 für H- oder CH_3 u. R_3 u. R_4 für aliphat. KW-stoffreste mit 1—5 C-Atomen stehen. I gewinnt man durch Rk. eines Salzes des Dihydroresorcins mit einem Deriv. der Carbaminsäure, worin R_1—R_4 obige Bedeutung haben. — Beispiele. (**E. P. 672 971** vom 15/12. 1948, ausg. 28/5. 1952.) NEBELSIEK. 631

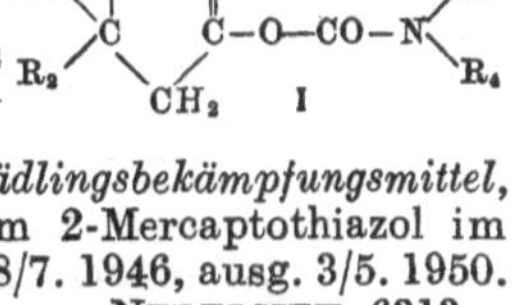

B. F. Goodrich Co., New York, N. Y., V. St. A., *Schädlingsbekämpfungsmittel,* bestehend aus einem Reaktionsprod. von CH_2O mit einem 2-Mercaptothiazol im Gemisch mit einem üblichen Trägerstoff. (**E. P. 636 459** vom 18/7. 1946, ausg. 3/5. 1950. A. Prior. 31/7. 1945.) NEBELSIEK. 6313

Koppers Co., Inc., Pittsburgh, übert. von: **Hubert G. Guy,** Mount Lebanon, Pa., V. St. A., *Pesticide Mittel.* N-Vinylcarbazol u. Tetraäthylpyrophosphat werden in aromat. Lösungsmitteln, z. B. Methylnaphthalin, Toluol, Tetralin, Dekalin u. dgl., gelöst u. die M. unter Zusatz von Emulgatoren zu wss. Dispersionen verarbeitet. Sie dienen zur Bekämpfung der *Roten Spinne*, von *Milben* u. *Acaridae-Spezies*. (**A. P. 2 606 139** vom 26/5. 1948, ausg. 5/8. 1952.) Karst. 6313

Scientific Oil Compounding Co., Inc., Chicago, Ill., V. St. A., *Herstellung eines Schädlingsbekämpfungsmittels*. Man erhitzt eine wasserunlösl. Seife eines Erdalkalis, eines Schwermetalles oder von Al, z. B. Zn-Oleat, mit Erdalkali-, Schwermetall- oder Al-Salz des Oxychinolins, in dem die OH-Gruppen am Benzolkern sitzen, z. B. Cu-8-Chinolinolat, auf 200° F bis zur Zersetzungstemp. der Reaktionsteilnehmer. (**E. P. 648 518** vom 5/11. 1948, ausg. 3/1. 1950. A. Priorr. 15/11. 1947 u. 6/4. 1948.) Nebelsiek. 6313

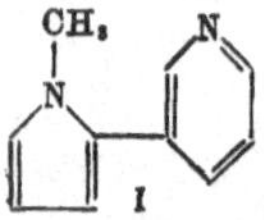
I

United States of America, übert. von: **Marshall Gates,** Bryn Mawr, Pa., V. St. A., *Insektenabwehrmittel*, bestehend aus einer heterocycl. Verb. der Formel **I**, das sowohl auf die menschliche Haut als auch auf die Kleidung gebracht werden kann. (**A. P. 2 555 330** vom 10/1. 1949, ausg. 5/6. 1951.) E. Petersen. 6313

United States of America, übert. von: **Melvin S. Newman,** Columbus, O., V. St. A., *Insektenabwehrmittel*, bestehend aus 3.4-Dihydro-5.8-dimethylnaphthalinon-(4) in einem inerten Lösungsm., z. B. A., Ae., Petroleum. (**A. P. 2 564 714** vom 29/12. 1948, ausg. 21/8. 1951.) E. Petersen. 6313

Robert Brockmann, Köln, *Fischköder zur Bekämpfung tierischer Schädlinge*, bes. *Ratten*. Man verwendet an sich bekannte Fraßgifte, z. B. auf Cumarinbasis, in einer allseitig geschlossenen, freßbaren Umhüllung, bes. aus Gebäck. (**D. B. P. 876 781** Kl. 451 vom 1/11. 1951, ausg. 18/5. 1953.) Nebelsiek. 6313

Henry A. Lepper, *Official Methods of Analysis of the Association of Official Agricultural Chemists*. 7. Ed. Washington, D. C.: Association of Official Agricultural Chemists. 1950. (XV + 910 S. u. 73 Abb. $ 10,—.

Gegenüber den früheren Auflagen ist eine wesentliche Erweiterung erfolgt, indem neben den gewöhnlichen analyt. Aufgaben der Agrikulturchemie im weitesten Umfange die Analyse von Pflanzen, pflanzlichen u. tier. Prodd., Insekticiden u. Fungiciden, Arznei- u. kosmet. Mitteln, Metallen (soweit in Nahrungsmitteln enthalten), Vitaminen mit berücksichtigt ist, wobei unterschieden ist zwischen Methoden, die noch zur Diskussion stehen, u. offiziellen. Die Formulierung der Verfahrensweise ist klar u. trotz größter Knappheit ausreichend für den Laborgebrauch: ein Standardwerk der analyt. Praxis. Mothes. 6320

VIII. Metallurgie. Metallographie. Metallverarbeitung.

W. Wiederholt, *Wiedergewinnung von Trümmermetallen durch chemische Behandlung*. Übersicht der Beanspruchungs- u. Schadensarten u. der Beseitigungsmöglichkeit der Schäden an Metallen, die infolge der Kriegseinww. im innigen Gemenge mit nichtmetall. Baustoffen liegen. Bes. für Stahlteile werden die Verff. zur Entfettung, Entrostung, Passivierung, Rostumwandlung u. Schraubenlockerung aufgeführt. (Dechema Monogr. **15.** 207—17. 1950. Berlin-Dahlem, Materialprüfungsamt.) Metzener. 6350

Adolf Lincke, *Allgemeines über Kernbinder*. (Metallurgie u. Giessereitechn. **2.** 192—93. Juni 1952. Magdeburg.) Winiker. 6382

Rudolf Leo, *Über die chemische Prüfung von Kernbindern*. Überblick über Probenahme, allg. äußere Kennzeichen, makroskop. Voruntors., mkr. Unters., qualitative u. quantitative Prüfung. — 55 Literaturhinweise. (Metallurgie u. Giessereitechn. **2.** 187—92. Juni 1952. Leipzig.) Winiker. 6382

F. Roll und **A. Brust,** *Beitrag zur Trocknung von Kernen*. 1. Mitt. Die sauerstofftrocknenden Öle sind chem. Trockner. Sie bestehen aus verschied. Rohstoffen, wobei schnell-, halb- u. nichttrocknende Öle zu unterscheiden sind. Zu den ersteren gehören u. a. Öl-, Linol- u. Linolensäure. Das Prinzip des Trocknens entspricht der Bldg. großer Moll. (Polymerisation). Bei Temperaturerhöhung bilden sich weitere ungesätt., konjugierte Systeme. In Abhängigkeit von der Temp. fällt die Jodzahl. Verschied. Gase haben bei unterschiedlicher Strömungsgeschwindigkeit eine besondere Charakteristik der Trocknung. Inerte Gase beeinflussen die Trocknung dabei nicht. (Giesserei **39.** 678—81. 25/12. 1952. Duisburg u. München) Hochstein. 6382

Reinhart Grochalski, *Der chemische Aufbau und die Eigenschaften von Kernbinderrohstoffen*. Die Binder müssen eine bestimmte Molekularstruktur haben, um sich selbst zu verfestigen u. um an der Silicatfläche haften zu können. Bes. bei Ölbindern ist eine vollständige Belegung der Quarzsandoberfläche mit einer möglichst dünnen Haut erforderlich. Bei empfindlichen Faserstrukturmoll. kann ein zu langes Mischen schädlich sein, weil durch die scharfen Quarzkörnchen die langen Molekülketten zerschlagen werden u. der Binder an Festigkeit einbüßt. Die Backtempp. u. -zeiten sind für jeden neuen Binder zu ermitteln. Wesentlich ist das Verhältnis von Grenzhaftung u. Massenbindung, d. h. von Trockenfestigkeit zur Grünstandfestigkeit. (Metallurgie u. Giessereitechn. **2.** 273–79. Aug. 1952. Leipzig, Inst. für Gießereitechnik.) HOCHSTEIN. 6382

Fritz Richter, *Über das Vergießen von Lagermetallen.* (Werkstatt u. Betrieb **83.** 443–45. Okt. 1950. Frankfurt/M.) HABBEL. 6382

W. Rietzscher, *Elektrische Trichterbeheizung bei schweren Stahlgußstücken.* Im elektr. beheizten Stahlformgußstücken wird die Lunkermenge u. die Erstarrungsgeschwindigkeit ermittelt. Der die einwandfreie Erstarrung hemmende Einfl. der Seigerung wird beschrieben, u. Verhinderungsmaßnahmen hierfür werden angegeben. (Giesserei **39.** 553–58. 16/10. 1952. Neuß.) HOCHSTEIN. 6382

H. Kalpers, *Zylinderlaufbüchsen aus Schleuderguß.* Für günstige Laufzeiten u. hohe Verschleißfestigkeit der Laufbüchsen kommt es darauf an, die chem. Zus. u. das Kleingefüge des Gusses so zu beeinflussen, daß die Grundmasse ferritfrei ist. (Werkstatt u. Betrieb **83.** 151–52. April 1950. Refrath bei Köln.) HABBEL. 6382

P. P. Budnikow, D. P. Bogatzki, A. A. Lebedkow und **J. L. Rosenblit,** *Möglichkeiten zur Erhöhung der Haltbarkeit von Martin-Öfen und zur Verbesserung ihrer Schmelzleistung.* Die ungenügende Haltbarkeit des Dinassteines wird auf die hohe Arbeitstemp. u. die Verschlackung durch Fe-Oxyde der Ofengase zurückgeführt. Anwendung von temperaturwechselbeständigen Chrom–Magnesit-Steinen wird empfohlen. Zus., Feuerfestigkeit, Haltbarkeit verschied. Ofenteile aus Dinas, Magnesit, Chrommagnesit, Dolomit u. einem Cr-haltigen Stein. Vorteile des bas. Hängegewölbes u. seine Ausführung, Zahlentafeln, Schaubilder. (Известия Академии Наук [Nachr. Akad. Wiss. UdSSR] Nr. **6.** [1951.] 901–13; referiert nach Metallurgie u. Giessereitechn. **1.** 325 bis 930. Nov. 1951.) K. STEIN. 6402

Wilhelm Brenner, *Der Schürmann-Kupolofen.* Betriebserfahrungen u. Betriebsdaten. (Metallurgie u. Giessereitechn. **2.** 183–86. Juni 1952. Gröditz.) WINIKER. 6402

G. L. Cox, *Eigenschaften und Verwendung von duktilem Eisen.* Vf. berichtet über zweijährige Erfahrungen mit duktilem Eisen der Zus. nach A. PP. 2 485 760, 2 485 761 u. 2 516 524; C. **1951.** I. **113**). Physikal. u. Festigkeitseigg., Einfl. der Glühtemp., die Wandstärkenempfindlichkeit, Oberflächenausbldg., Kerbschlagzähigkeit, auch bei tiefen Tempp., Dämpfungsfähigkeit, Bearbeitbarkeit, Verschleißfestigkeit, Oberflächenhärtung, Ermüdung, Schweißbarkeit, Korrosionsfestigkeit. — Gefügebilder, Abbildungen, Tabellen, Literaturangabe, Diskussion. (Iron Steel Engr. **28.** Nr. 12. 75–84. Dez. 1951. Rochester, N. Y., International Nickel Co.) K. STEIN. 6402

Josef Schorr, *Dehnbarer Grauguß.* Überblick mit Literaturangaben. (Montan-Ztg. **66.** 111–12. Aug. 1950. Wien.) PAHL. 6404

W. Küntscher und **K. Steinheisser,** *Über Versuche zur Stahlbehandlung zwischen Ofen und Pfanne.* Weicher beruhigter u. unberuhigter Stahl aus dem SIEMENS-MARTIN-Ofen wird durch die n. u. die verlängerte Abstichrinne nach STEINHEISSER abgestochen. In der verbesserten (abgedeckten) STEINHEISSER-Rinne wird der Stahl durch Kohlensteine raffiniert. Dadurch sinkt der N-Geh. des Stahles um einige Tausendstel Prozent. Die Stähle zeigen u. a. geringere Alterungsanfälligkeit. — Zahlentafeln. (Metallurgie u. Giessereitechn. **1.** 40–43. Febr. 1951. Stahl- und Walzwerk Henningsdorf.) K. STEIN. 6408

Wolfgang Küntscher, *Der heutige Stand der Fertigung von Thomas-Stahl.* Überblick mit 25 Schrifttumsangaben. (Metallurgie u. Giessereitechn. **3.** 2–9. Jan. 1953. Hennigsdorf.) HOCHSTEIN. 6408

H. Harris, *Begleitelemente im Stahl.* Beschrieben wird die Rißbldg. beim Verarbeiten u. Warmbiegen bei Tempp. von 950–1100° durch *Sn*, *Cu* u. *S*. Oberflächenrisse werden mit der Bldg. einer niedrigschm. Legierung erklärt, die zwischen die Korngrenzen an der Oberfläche des Stahles eindringt u. den Zusammenhalt beim Verformen zerstört. — Diskussion. (J. West Scotland Iron Steel Inst. **57.** 221–41. 1949/1950. Babcock & Wilcox Ltd.) K. STEIN. 6408

Friedrich Franz, *Herstellung und Verwendungsmöglichkeit beruhigter, halbberuhigter und unberuhigter Stähle.* (Metallurgie u. Giessereitechn. **2.** 393–98. Nov. 1952. Brandenburg.) HOCHSTEIN. 6408

L. W. Sanders, *Neue Erfahrung mit basischem und saurem Elektrostahl.* Durch Umstellung eines Stahlschmelzbetriebes von einem *Tropenas*-Konverter auf einen sauerzugestellten Elektroofen wurde eine gleichmäßige Stahlanlieferung erzielt. Metallurg. Schwierigkeiten traten bei der Herst. des sauren Stahles nicht auf. Seine Festigkeitseigg. sind gleich oder annähernd gleich denen eines bas. Elektrostahles. Sauerstoffeinblasen ergab außer einem vergrößerten Durchsatz keinen besseren Stahl. (Foundry Trade J. **93.** 611—16. 27/11. 1952.) HOCHSTEIN. 6408

Herbert Buchholtz und **Richard Pusch,** *Ursachen feiner Oberflächenfehler bei der Warmverarbeitung von unlegiertem Stahl.* Metallograph. u. spektralanalyt. Unterss. an warmverarbeiteten Rohrproben zeigten, daß mit steigender Temp., bes. über 1200°, bei zu langer Haltezeit u. bei Verbrennung des Ferngases unter Luftmangel eine zunehmende Anreicherung der im Stahl enthaltenen Beimengungen von Cu u. Ni in der unter dem Zunder liegenden äußersten Randzone des Stahles eintrat. Auch konnte mitunter eine S-Anreicherung in Form von Fe_2S u. eutekt. angereicherten Sulfiden beobachtet werden. Gleichzeitig mit der Cu- u. Ni-Anreicherung tritt eine bevorzugte Oxydation der Korngrenzen ein. Infolge dieser Anreicherungen traten, bes. bei mehrachsiger Beanspruchung der Oberfläche, Heißbrucherscheinungen auf, die von den verzunderten Korngrenzen ausgingen. Bei ungünstigen Glühbedingungen in ferngasbeheizten Öfen u. hoher Zugbeanspruchung der Oberfläche liegt der krit. Geh. der Beimengungen von Cu oder Ni im Stahl bei ca. 0,15%. (Stahl u. Eisen **73.** 204—12. 12/2. 1953. Duisburg-Huckingen.) HOCHSTEIN. 6408

Erich Theis, *Untersuchungen über zweckmäßige Stähle für die Zwischenstufenvergütung.* Die Verss. zeigten, daß *Cr, Mn, Si, Ti* u. *V* sich bei der Zwischenstufenvergütung sehr günstig auf die Erhöhung der Kerbschlagzähigkeit auswirken. Die Cr-, Mn- u. Si-Gehh. sollen je 1,2% nicht überschreiten. Zweckmäßig wird das Verhältnis von Cr zu Mn wie 2:1 gehalten. Ti- u. V-Gehh. über 0,15—0,2% führen zu nicht tragbaren Haltezeiten im Zwischenbad. Sie verbessern die Kerbschlagzähigkeit bes. stark, wenn gleichzeitig ein höherer Si-Geh. von ca. 1% vorliegt. Am zweckmäßigsten sind Stähle mit ca. 0,45(%) C, 1 Si, 1,2 Cr u. 0,1 V oder mit 0,45 C, 1,0 Si, 1,2 Mn, 0,6 Cr u. 0,1 V. Die günstigste Haltedauer im Zwischenbad liegt zwischen 30—60 Minuten. Längere Zeiten führen zu einem Abfall der Kerbschlagzähigkeit durch Versprödung. Stähle, die bei n. Vergütung stark verspröden, verspröden auch bei Zwischenstufenvergütung, wenn die Zwischenbadtemp. im Versprödungsgebiet liegt. Bes. anfällig hierfür sind Stähle mit Cr- u. Mn-Gehh. über je 1%. Die Abschrecktemp. soll höchstens 30—50° über dem Ac_3-Punkt liegen. (Stahl u. Eisen **73.** 347—60. 12/3. 1953. Witten, Gußstahlwerk A. G.) HOCHSTEIN. 6410

P. Leckie-Ewing, *Höchstleistungsschnellstähle.* Überblick über Zus. u. Eigenschaften. (Iron Age **166.** Nr. 23. 115—18. 7/12. 1950.) BOENISCH. 6410

L. F. Yntema und **Wilfred R. Bekebrede,** *Weniger gebräuchliche Metalle.* Schrifttumsübersicht aus dem letzten Jahre betreffend *Ta, Ti, Zr, Mo* u. die *Edelmetalle* sowie Legierungen dieser Metalle als Konstruktionswerkstoffe. — 148 Literaturstellen. (Ind. Engng. Chem. **44.** 2364—70. Okt. 1952. North Chicago, Ill., Fansteel Metallurgical Corp.) MEYER-WILDHAGEN. 6420

R. A. Heindl, *Lebensdauer von Schmelztiegeln.* Vergleichende Untersuchungen über die Haltbarkeit von Graphittiegeln für NE-Metallgießereien. Vf. kommt zu dem Ergebnis, daß die Herkunft des Graphits (Madagaskar, Alabama oder Pennsylvanien) keinen Einfl. hat. Bei Verwendung von C als Teer oder Pech als Bindemittel war die Lebensdauer doppelt so hoch als bei Ton. (Amer. Foundryman **22.** 40—43. Sept. 1952. Nat. Bur. Standards, Refractories Sect.) HAUG. 6420

Edmund R. Thews, *Zur Verwendung alkalischer Salzmischungen, Chlorgas, Chloride usw. bei der Raffinierung der weißen Metalle und Legierungen.* Überblick mit Schrifttumsangaben. (Metallurgie u. Giessereitechn. **2.** 298—304. Sept. 1952. Berlin.) HOCHSTEIN. 6420

—, *Reine Metalle durch das Amalgamverfahren. Neuere Arbeiten in Deutschland.* Es wird bes. auf das Verf. von KUSS (C. **1953.** 6346) zur Gewinnung von reinstem *Zn* (99,9—99,99%) aus Kiesabbränden durch Zinkamalgamelektrolyse eingegangen. (Chem. Age **64.** 21—25. 6/1. 1951.) SCHLEGEL. 6426

F. Richter, *Ursachen und Behebung von Gußfehlern in Zinkdruckgußteilen.* Größere Poren beeinträchtigen die Festigkeit der Gußstücke stark. Feine Poren an der Oberfläche von Zinkgußteilen, die einer nachträglichen galvan. Behandlung unterworfen werden sollen, wirken sich nachteilig aus. Durch Formenbau- u. Anschnittechnik sollen daher möglichst wenig Lufteinschlüsse im Gußstück auftreten. Von Bedeutung hierbei ist auch die Art u. Weise des Schlichtens der Druckgußformen. Rückstände u. Gase bildende Schlichten verursachen Fehler. Es wird ein in W. gelöster koll. *Graphit* zur Verwendung als Formenschlichte empfohlen. Durch falsche Schmelzbehandlung tritt eine Vergasung des Einsatzes ein u. die Gase lassen sich dann nur schwer aus der

Schmelze wieder entfernen. Beim Wiedereinschmelzen galvanisierter Ausschlußteile muß die Schmelze genügend lange abstehen, damit die von den galvan. Überzügen herrührenden metall. Verunreinigungen an die Badoberfläche steigen u. sich in der Krätze ansammeln können. Sollen Ausschußteile, welche Anhaftungen von fremdmetall. Einsätzen oder Lötstellen besitzen, wieder eingeschmolzen werden, so müssen diese vor dem Niederschmelzen sorgfältig mechan. entfernt werden. (Giesserei **39.** 625—30. 27/11. 1952. Frankfurt/M.) HOCHSTEIN. 6426

Johannes Gerber, *Gefahren bei der Herstellung von Zinkdruckgußteilen aus Zinkschrott.* Beim Druckgußverf. wirken sich geringe Verunreinigungen der handelsüblichen Zn-Legierungen an *Pb, Cd, Sn, Bi* u. *Tl* ungünstig aus, da sie interkristalline Korrosion hervorrufen. *Mn* u. *Fe* über 0,075% bedingen eine Versprödung. *Mg* über 0,06% verschlechtert die Gießeig. u. erhöht die Warmbrüchigkeit. Es werden die zulässigen Höhen der Verunreinigungen angegeben. Für die Herst. von Zn-Druckgußlegierungen ist unbedingt Feinzink mit mindestens 99,99% Zn-Geh. erforderlich. (Metallurgie u. Giessereitechn. **2.** 289—91. Aug. 1952. Dresden.) HOCHSTEIN. 6426

A. H. F. Goederitz und **Rolf Erich Bartuska,** *Schmelz- und legierungstechnische Behandlung von Zinkbasis-Werkstoffen.* Überblick unter besonderer Berücksichtigung der Erschmelzung von Ätzzink. — Schrifttumsangaben. (Metallurgie u. Giessereitechn. **2.** 307—12. Sept. 1952. Eisleben Warktl/Traifentale.) HOCHSTEIN. 6426

C. W. Roberts und **B. Walters,** *Das Walzen von Zink und zinkreichen Legierungen.* Erörtert werden die metallurg. Probleme bei der Durchführung des Walzens sowie der Einfl. des Walzens auf die Festigkeitseigg. des Fertigproduktes. — Schrifttumsangaben. Diskussion. (J. Inst. Metals **76.** 557—80. 764—79. Jan. 1950. Avonmouth, Imperial Smelting Corp., Ltd.) HOCHSTEIN 6426

L. H. Bock, *Die Warmverarbeitung von Blei und bleireichen Legierungen.* Die Herst. von Pb-Rohren, Pb-Blechen u. zusammenfaltbaren Pb-Röhren wird besprochen u. der Einfl. der beiden Warmverarbeitungverff. auf die Eigg. der Pb-Legierungen angegeben. — Diskussion. (J. Inst. Metals **76.** 541—56. 764—79. Jan. 1950. London, British Non-Ferrous Metals Res. Assoc.) HOCHSTEIN. 6430

—, *Antimon-Blei-Legierungen.* Überblick über die jüngste Entw. mit Schrifttumsangaben. (Metal Ind. [London] **82.** 268. 3/4. 304. 17/4. 1953.) PAHL. 6430

Giovanni Porro, *Das Kupfer.* Überblick über Lagerstätten, Gewinnung u. Eigenschaften. (Ind. mineraria **3.** 345—70. Sept. 1952.) WINIKER. 6432

Otto Schulz, *Die elektrolytische Rückgewinnung von Metallen aus Beizsäuren und von plattiertem Material.* Das aus der Beize von Elektrolytkupfer zurückgewonnene *Cu* ist so rein, daß es für elektrochem. Sonderzwecke oder zur Herst. von Sonderlegierungen verwendet werden kann. Das aus der Beize von Legierungen u. minderwertigem Cu gewonnene Cu ist n. Elektrolytkupfer gleichwertig. Die entkupferte Beizsäure ist O_2-gesätt. u. greift beim Beizen besser an. Beim elektrolyt. Entplattieren von Schrott werden sehr reines Cu bzw. bei Messing- oder Tombakplattierung die Plattierlegierungen in ihrer ursprünglichen Zus. abgeschieden. (Demag-Nachr. **1952.** Nr. 130. 8—11. Karlsruhe.) PAHL. 6432

Mario Pieri, *Das Manganmineral von Canneto Pisano und das Nossenverfahren.* Auf Grund von Laboratoriumsverss. mit 10 verschied. natürlichen oder angereicherten Mineralien oder Verarbeitungsrückständen, die näher charakterisiert werden u. Mn teils als Oxyde, teils als Silicate enthalten, wird die Eignung des NOSSEN-Verf. (vgl. C. **1953.** 438) durch reduzierende Röstung, Extraktion mit verd. HNO_3 u. therm. Zers. der $Mn(NO_3)_2$-Lsg. geprüft u. Errichtung einer Versuchsanlage empfohlen. (Chimica [Milano] [N. S.] **29** (**8**). 6—11. Febr. 1953. Pisa, Univ., u. Apuania-Carrara.) METZENER. 6436

Junius D. Edwards, *Fortschritte in der Aluminiumindustrie.* Als neue Al-Legierungen mit *Al, Zn, Mg* u. *Cu* als Hauptbestandteilen werden genannt „*Alcoa 75 S*" u. „*XA 78 S*" (keine Gehaltsangaben; der Ref.). Letztere hat eine um 10% höhere Festigkeit. Verwendung für Bleche, Platten, Strangguß u. Schmiedestücke, bes. im Flugzeugbau. (Metal Progr. **63.** Nr. 1. 94—98. Jan. 1953. New Kensington, Pa., Aluminium Co. of America.) PAHL. 6442

—, *Die japanische Aluminiumindustrie.* Entw. der Al-Industrie von 1933 bis 1945. Beschreibung der Verff. der Herst. von Rein- u. Reinst-Al (99,99%). Das Ausgangsmaterial bildete *Bauxit* aus Formosa u. Al-haltiger Schiefer in der Mandschurei. (Annales Mines **139.** Nr. 8. 53—61. 1950.) GERHARD SCHMIDT. 6442

Elemér Papp, *Neuere Untersuchungsmethoden in der Tonerde- und Aluminiumindustrie.* Übersicht über einige Untersuchungsmethoden der ungar. Tonerde- u. Al-Industrie. (Természet és Technika **110.** 431—33. Juli 1951.) V. PILINSZKY. 6442

H. T. Protheroe, *Probeblöcke von Stahlguß.* Eine krit. Betrachtung der Ergebnisse von Proben verschied. Probeblöcke ergibt, daß getrennt gegossene Probestücke eine bessere Beurteilung der Stahlqualität ermöglichen als Probestücke, die von den Gußstücken abgeschnitten werden. Es folgen Angaben über bes. geeignete Formung d r Probestücke. (Iron and Steel **23.** 79–84. März 1950.) HAUG. 6480

R. Mitsche, *Ein einheitliches Härteprüfverfahren (Eindringhärte) mit Hartmetallprüfkörpern.* Unter vergleichender Betrachtung werden die 3 gebräuchlichsten Verff. nach BRINELL, LUDWIK-ROCKWELL u. VICKERS behandelt. Als Ergebnis zahlreicher Messungen an weichen u. härtesten Werkstoffen wird die einheitliche Eindringhärteprüfung als LUDWIK-Härte H_L bezeichnet; sie erfolgt als Vorlasthärteprüfung mit 10 kg Vorlast u. 140 kg Zusatzhauptlast. Für dünne Teile kann das Verf. mit 1 kg Vorlast u. 14 kg Hauptlast durchgeführt werden. Diese Härte wird dann als $H_L/10$ bezeichnet. Als Prüfkörper dient die VICKERS-Pyramide, gegebenenfalls auch aus Hartmetall. — 7 Diagramme. (1. Plansee Seminar „De re metallica": Pulvermetallurgie **1952.** 27–38. Juni 1953.) GIETH. 6480

W. D. Manley, *Irrtum in der Poissonschen Zahl.* Verss. ergaben, daß der Elastizitätsmodul von warmgewalztem *Stahl* 28000000 u. der Schubmodul 11000000 betragen. Die hieraus berechnete POISSONsche Zahl liegt demnach näher an 0,25 als an 0,30. (Iron Age **171.** Nr. 17. 148–50. 23/4. 1953. Oak Ridge, Tenn., National Labor.) HOCHSTEIN. 6480

I. F. Reed und **E. D. Gordon,** *Bestimmung des relativen Verschleißwiderstandes von Metallen.* Methoden zur Best. des Verschleißwiderstandes von Metallen für Bodenbearbeitungswerkzeuge. (Agric. Engng. **32.** 98–100. Febr. 1951.) SCHAAL. 6480

Paul Stein, *Kernzähler.* Kurzer Überblick über die Arbeitsweise der Zählrohre sowie über Geräte zum Betrieb derselben vom einfachsten tragbaren Batteriegerät bis zum Gerät mit Untersetzer, Zählwerk, Lautsprecher, Alarmsignal u. Mittelwertanzeige. Für geolog. Zwecke erstreckt sich der Anwendungsbereich auf den Nachw. von radioakt. Lagerstätten, Öladern unter Berücksichtigung von Reflexion u. Absorption von radioakt. Strahlung. Für die techn. Anwendung ist in erster Linie die Dickenmessung u. Füllstandsmessung zu nennen. Ferner ist auf eine Reihe von Spezialanwendung in der Metallurgie eingegangen. (Mining Mag. **85.** 75–80. Aug. 1951.) SCHAAL. 6484

Leslie Thomas, *Entwicklung der Drahtherstellungsverfahren vom 17. Jahrhundert bis zur Gegenwart.* (Wire Ind. **17.** 737–43. Sept. 823–27. Okt. 903–08. Nov. 1950.) PAHL. 6490

F. C. Thompson, *Einige Untersuchungen über das Drahtziehen.* Erörtert werden bes. Einflußgrößen, der metall. Fluß, mechan. Eigg. des gezogenen Drahtes, bes. innere Spannungen, u. mathemat. Beziehungen. — Schrifttum. (Berg- u. hüttenmänn. Mh. montan. Hochschule Leoben **98.** 21–31. Febr. 1953. Manchester, Univ.) PAHL. 6490

F. C. Thompson, J. B. Carroll und **E. Bevitt,** *Das Ziehen von Stahldraht bei erhöhten und unter Normaltemperaturen.* Als bestes Ziehmittel bei erhöhten Tempp. bis zu 625° verhielt sich eine Dispersion von halbkoll. Graphit in reinem Spiritus. Ein bei 625° gezogener Stahldraht war noch federhart; eine vollständige Rekristallisation lag nicht vor. Es wurde ein günstiger Einfl. des Ziehens bei erhöhten Tempp. auf die Reibung u. den Verformungsvorgang in der Ziehdüse festgestellt. Zum Ziehen des Drahtes bei Tempp. unter 0° verhielten sich als Ziehmittel die Ziehseifen am wirksamsten. Hierbei trat eine Verbesserung der Zugfestigkeitseigg. des gezogenen Drahtes nicht ein; ein Kaltziehen bei Tempp. von —70° kann ohne Schwierigkeiten ausgeführt werden. — Schrifttumsangaben. (J. Iron Steel Inst. **173.** 36–51. Jan. 1953. Manchester, Univ.) HOCHSTEIN. 6490

Hans Bühler, *Eigenspannungen durch Kaltverarbeitung und Maßnahmen zu ihrer Verminderung.* Die Entstehung von Eigenspannungszuständen in metall. Werkstoffen wird an Hand theoret. Betrachtungen erläutert u. durch prakt. Messungen nachgeprüft. Zur Verminderung der Eigenspannungen werden die Wirkungen von Zwischenglühungen u. nachträglichem Anlassen untersucht u. geeignete Verff. angegeben. — Schrifttum. (Werkstatt u. Betrieb **84.** 84–90. März. 133–39. April 1951. Saarbrücken.) HABBEL. 6490

H. Bühler und **E. H. Schulz,** *Über die Verminderung der beim Kaltziehen in Metallstangen entstehenden Eigenspannungen durch Nachziehen.* Inhaltlich ident. mit C. **1952.** 1397. (Metall **5.** 195–98. Mai 1951. Saarbrücken bzw. Dortmund.) HABBEL. 6490

Edward A. Loria, *Einfluß des Gefüges auf die Bearbeitbarkeit von dünnwandigem Grauguß.* Bei der Fertigbearbeitung von dünnwandigen Gußstücken ist zwar die abzuarbeitende Materialmenge gering, doch ist die Arbeit wegen der hohen Tonnenzahlen erheblich. Die Unters. von Gußstücken in Form von Ringen betraf nur den Einfl. des Impfens von üblichem Grauguß mit Siliciumcarbid. Die Bearbeitbarkeit wurde an der Abnutzung des Werkzeuges aus Carboloy Güte 44 A gemessen u. war bei günstiger Schnittgeschwindigkeit u. Spantiefe um ca. 20% besser. Entscheidend für die Bearbeitbarkeit ist die Graphitausbldg., bes. in der Gußhaut. (Materials and Methods **35.** Nr. 2. 99—100. Febr. 1952. Niagara Falls, N. Y.) DEUTSCH. 6490

Jon Ruhlman und **B. E. Nye,** *Selbsttätiges Flachnahtschweißen von Stählen mit hoher Härtbarkeit.* Erfahrungsbericht. (Iron Age **168.** Nr. 25. 95—99. 20/12. 1951. Cleveland, O., Cleveland Pneumatic Tool Co.) HAUG. 6506

Ss. K. Jewenko, *Erfahrung mit der Lichtbogenschweißung von Aluminium.* Angaben über Lichtbogenschweißungen von *Al* unter Verwendung von Al-Elektroden aus dem gleichen **Material.** Die fertige Schweißnaht muß mit heißem W. gereinigt, mit einer 5%ig. HNO_3-Lsg. gebeizt, darauf nochmals ausgewaschen u. durch Anblasen mit Luft getrocknet werden. (Автогенное Дело [Autogene Ind.] **24.** Nr. 1. 28—31. Jan. 1953.) HOCHSTEIN. 6506

K. W. Ljubawski und **N. M. Nowoshilow,** *Schweißen mit Schmelzelektroden in einer Schutzgasatmosphäre.* Durch Lichtbogenschweißen von Stählen mit niedrigem C-Geh., von niedrig- u. hochlegierten Stählen unter Verwendung entsprechend zusammengesetzter nackter Elektroden u. von CO_2 u. dessen Mischungen mit anderen Gasen als Schutzgas wurden dichte Schweißnähte hergestellt. Es wird empfohlen, dem aus CO_2 bestehenden Schutzgas solche inerte oder reduzierende Gase zuzusetzen, deren Geh. an H_2 u. N_2 sehr gering ist. (Автогенное Дело [Autogene Ind.] **24.** Nr. 1. 4—8. Jan. 1953.) HOCHSTEIN. 6506

Harry E. Kennedy, *Verwendung der Acetylen-Sauerstoff-Flamme zur Verminderung von Schweißspannungen.* (Canad. Metals **13.** 36—38. Nov. 1950.) KREITZ. 6506

E. Raub, *Glänzende galvanische Metallniederschläge.* Glänzende Metall-Ndd. entstehen durch eine unter der Einw. fremder Stoffe erzwungene oder gelenkte elektrolyt. Kristallisation. Die Stoffe, die dies bewirken, können gleichzeitig mit dem betreffenden Metall entladene andere Kationen unter Einschluß des H_2 sein. Sie können aber auch aus anorgan. oder organ. Verbb. bestehen, die an der Kathodenoberfläche adsorptiv gebunden u. in den Nd. eingebaut werden. Das Kristallgitter solcher Ndd. ist mehr oder weniger gestört. — Abbildungen, Diagramme u. Schrifttumsangaben. (Metalloberfläche Ausg. B **5.** 17—25. Febr. 1953.) MARKHOFF. 6514

E. Raub, *Galvanische Legierungsniederschläge.* Für die elektrolyt. Abscheidung von Legierungen ist die Lage der Abscheidungspotentiale der betreffenden Metalle zueinander maßgebend. Diese ist außer vom Metall selbst von der Zus. des Elektrolyten u. den übrigen Abscheidungsbedingungen abhängig. Bei der elektrolyt. Abscheidung kristallisieren die Metalle als Mischkristalle oder als intermediäre Phasen. In galvan. abgeschiedenen Legierungen treten stets nur die von den Zustandsdiagrammen her bekannten Phasen auf. Die Phasengrenzen können gegenüber rekristallisierten Legierungen stark verschoben sein. Von Interesse ist die Bldg. oder das Fehlen von Mischkristallen bei Elektrolytlegierungen, unabhängig vom Aussehen des Zustandsdiagrammes. Die Legierungen befinden sich meist nicht im thermodynam. Gleichgewicht, können aber leicht durch Wärmebehandlung ins Gleichgewicht gebracht werden. In den technolog. Eigg. weichen sie stark von den rekrist. oder gegossenen Legierungen ab. Die besonderen Eigg. der elektrolyt. abgeschiedenen, oft stark übersätt. Mischkristalle werden nicht unmittelbar durch die Mischkristallbldg. veranlaßt, sondern sind auf Gitterstörungen zurückzuführen, welche durch Mitabscheidung nichtmetall. Fremdstoffe entstehen. Zwischen Struktur der Legierungen u. den elektrochem. Bedingungen bei der Kristallisation bestehen einfache Zusammenhänge. — Schrifttumsangaben, Abbildungen u. Diagramme. (Metalloberfläche, Ausg. A **7.** 17—27. Febr. 1953.) MARKHOFF. 6514

G. Wörwag, *Legierungsbildung durch Diffusion bei elektrolytisch abgeschiedenen Metallen.* Nach einem Hinweis auf die Abhängigkeit der Diffusion (I) vom Zustandsdiagramm wird über den Einfl. von Temp. u. Zeit auf die I berichtet. Bei tiefschm. Metallen ist I schon bei Raumtemp. zu beachten. Die Korngrenzen-I ist für die Praxis ungeeignet. Die I-Vorgänge bei verchromtem *Stahl* werden eingehend erörtert. — Abbildungen u. Schrifttumsangaben. (Metalloberfläche, Ausg. B **5.** 29—32. Febr. 1953.) MARKHOFF. 6516

R. A. Schaus, *Kritische Untersuchung der Metallüberzüge.* Krit. Überblick über die schmelzfl. u. elektrolyt. Metallüberzüge. — Abbildungen. (Western Metals **10.** Nr. 6. 56—59. Juni 1952. U. S. Steel Corp., Columbia-Geneva Steel Div.) MARKHOFF. 6516

M. Werner und **W. Ruttmann,** *Korrosion an metallischen Werkstoffen.* Als maßgebend für den Korrosionsschutz werden die sich bildenden Schutzschichten u. für das Versagen die Zerstörung dieser Schutzschichten erörtert. Dazu werden die aus der Natur des Werkstoffes sich ergebenden Korrosionsursachen, wie die interkristalline, selektive u. Spannungskorrosion, ferner andere Korrosionsarten, wie O_2-Korrosion, behandelt. Nach einer Darst. der verschied. Arten einer künstlichen Schutzschichtbldg. einschließlich der Plattierung werden die einzelnen Metallgruppen, wie reines *Fe* u. *Stahl, Ferrosilicium,* säurefester Guß, *Pb, Al, Ni, Cu* u. *Cu*-Legierungen, *Ag, Ta, Ti, Zn* u. *Mg,* u. die Gründe für ihre Verwendungsmöglichkeit bzw. ihr Versagen in den verschied. Agentien erörtert. — Schrifttumsangaben. (Z. Ver. dtsch. Ing. **94.** 1113—21. 1/12. 1952. Leverkusen.) HOCHSTEIN. 6538

H. H. Symonds, *Korrodierte Aluminiumkessel.* Auf dem Seeweg nach Australien u. Indien korrodierte Al-Kessel wurden nach dem Grund ihrer Korrosion untersucht. Hierbei zeigte sich, daß diese durch bestimmte Temp. u. Feuchtigkeitsbedingungen, aber nicht durch das Verpackungsmaterial hervorgerufen war. (Metal Ind. [London] **80.** 5—6. 4/1. 1952. Midland Labor. Guild.) HOCHSTEIN. 6538

P. A. Brill, *Kathodischer Rostschutz von Metallbehältern.* Zur Verhütung der Korrosion bei Heißwasserbehältern u. ähnlich leicht korrodierbaren Geräten bewährte sich der Einbau von Mg-Anoden. (Leder **3.** 108—11. Mai 1952. Marblehead, Mass.) WINIKER. 6538

John A. Temmerman und **Aaron Sterlin,** *Korrosion durch Salz, das für die Enteisung von Straßen verwendet wird.* Durch das Salz werden an den Unterteilen von Autos schwere Korrosionsschäden hervorgerufen. Als Korrosionsverhinderer ist ein Zusatz zu Kochsalz gefunden worden, der Polyphosphat–Nitrit u. ein Sr-Salz enthält u. unter dem Namen *Nalco Nr. 818-C* bekannt ist. Es genügt eine Konz. von 2% zur Salzlsg., um die Korrosion ganz zu verhindern. In einer Salzlauge von 25% NaCl verringern schon 0,5% Inhibitor den Angriff um 90%. In einer Diskussion wird mehrfach auf die günstige Wrkg. der Chromate als Inhibitoren hingewiesen. Die Giftigkeit dieses Salzes für diesen Zweck wird bestritten. (Corrosion [Houston] **6.** 391—94. Dez. 1950.) J. FISCHER. 6538

Klöckner-Humboldt-Deutz Akt.-Ges., Köln (Erfinder: **Otto Diettrich,** Köln-Braunsfeld), *Verhütten von Erzen.* Eine brikettierte Mischung aus Erz, bes. *Fe*-Erz, Brennstoff u. einem Bindemittel wird unter Einhaltung einer Beschickungshöhe von 1,5—3 m über der Düsenebene in einem als Spurofen mit beheiztem Vorherd zugestellten Schachtofen bei einem Abstand bis zu 2 m zwischen gegenüberliegende Düsen eingeschmolzen. Zum Erschmelzen von Roheisen im sauren u. halbsauren Betrieb wird in die Rinne zwischen Ofen u. Vorherd Na_2CO_3 oder feinkörniges CaO ununterbrochen eingeführt. — Abbildung. (**D. B. P. 870 480** Kl. 40a vom 20/10. 1948, ausg. 12/3. 1953.) HANS HOFFMANN. 6381

F. L. Smidth & Co. A/S (Erfinder: **Marius Hansen**), Kopenhagen, Dänemark, *Arbeitselemente für Zerkleinerungs- und Vermahlungsmaschinen* bestehen aus weißem Gußeisen mit einem C-Geh. von 2,0—2,8%, der bereits im Gußzustand u. auch im Gebrauchszustand der Gegenstände an das Eisen als Fe_3C vollständig gebunden ist. Außerdem kann das weiße Gußeisen noch bis 0,6(%) *P*, bis 2 *Si*, n. Geh. an *Mn* u. *S* sowie gegebenenfalls 2 *Cr* enthalten. (**D. B. P. 875 207** Kl. 18d vom 20/3. 1943, ausg. 30/4. 1953. Dän. Prior. 27/3. 1943.) HOCHSTEIN. 6403

Victor Moritz, Seine, und **Paul Moritz,** Seine-et-Oise, Frankreich, *Wärmebehandlung und Korrosionsschutz von Federn.* Die Spiralstahlfedern werden in einem Bad aus einer fl. Legierung von ca. 250—275° abgeschreckt. Es werden niedrigschm. Legierungen von Pb, Sn, Bi, Sb u. dgl. verwendet. Zur Erhöhung der Haftbarkeit der Legierung am Stahlfederdraht wird dieser entweder vor, während oder nach dem Drahtziehen galvan. verzinkt. Auch können die Federn in einem Bad abgeschreckt werden, das aus einer Lsg. oder Emulsion einer gummiartigen (Latex) oder unvollkommen polymerisierten plast. M. besteht, die ein vorzugsweise in feinverteilter Form befindliches Material, wie Glimmerpuder, Asbestpuder oder -fasern, Calciumcarbonat oder dgl., enthält. Nach Abtropfenlassen werden die Federn in einen auf 175—250° erhitzten Ofen zum Trocknen oder Polymerisieren der verwendeten M. eingebracht. (**F. P. 982 222** vom 18/1. 1949, ausg. 7/6. 1951.) HOCHSTEIN. 4609

Bethlehem Steel Co., Bethlehem, Pa. (Erfinder: **Samuel Epstein,** Bethlehem, und **Herbert J. Cutler,** Buffalo, N. Y.), V. St. A., *Stahlblechherstellung.* Ein Rohling aus V enthaltendem unberuhigtem Stahl wird warm verwalzt u. das so hergestellte Blech oder Band langsam abgekühlt. Zweckmäßig wird ein das Warmwalzwerk verlassendes

Band mit einer geringeren Geschwindigkeit abgekühlt, z. B. durch Bandaufrollung bei einer Temp. von ca. 760—927°, als das Band normalerweise in Luft abkühlen würde. Vorteilhaft enthält der Stahl ca. 0,01—0,15 V. Das so behandelte Tiefziehblech oder -band besitzt nur eine geringe Neigung zur Alterung. (**D. B. P. 849 566** Kl. 18c vom 28/1. 1950, ausg. 15/9. 1952. **F. P. 985 237** vom 26/4. 1949, ausg. 16/7. 1951. **E. P. 659 348** vom 29/4. 1949, ausg. 24/10. 1951. Sämtlich A. Prior. 4/5.1948.) HOCHSTEIN. 6409

A. G. E. Hultgren, Djursholm, Schweden, *Aufkohlen von Stahl und Stahllegierungen.* Man verwendet als Aufkohlungsmittel ein Gemisch als Holzkohle oder Koks oder beiden mit der Restmasse einer vorausgehenden Aufkohlung, die in Ggw. eines Aktivierungsmittels, z. B. $BaCO_3$, durchgeführt wurde. (**Schwed. P. 133 603** vom 2/11. 1948, ausg. 20/11. 1951.) JÜRGEN SCHMIDT. 6493

Gebr. Böhler & Co. Akt.-Ges., Wien, Österreich, *Stickstoffhaltige Chromstähle für Warmarbeits- und Schneidwerkzeuge.* Die Stähle enthalten zur Erhöhung der Warmfestigkeit geringe Mengen von schwerlösl. Nitriden als teilweisen oder gänzlichen Ersatz des bisher hierfür verwendeten *Mo* u./oder *W*. Die geringen Mengen an schwerlösl. Nitriden rühren zweckmäßig von der Bindung des N_2-Geh. der Stähle durch geringe Zusätze von *Ti*, *Zr* u. dgl. her. Vorzugsweise beträgt der in den schwerlösl. Nitriden gebundene N_2-Geh. 0,02—0,1%. (**D. B. P. 874 011** Kl. 18d vom 23/5. 1944, ausg. 20/4. 1953.) HOCHSTEIN. 6411

Gebr. Böhler & Co. Akt.-Ges., Wien, Österreich, *Schnelldrehstähle mit erhöhter Warmfestigkeit und Schneidhaltigkeit* enthalten geringe Mengen von schwerlösl. Nitriden, z. B. des *Ti* oder *Zr*. Zur Nitridbldg. kommen N_2-Gehh. von 0,02—0,1% in Betracht. (**D. B. P. 874 012** Kl. 18d vom 23/5. 1944, ausg. 20/4. 1953.) HOCHSTEIN. 6411

N. V. Philips' Gloeilampenfabrieken (Erfinder: **Antonius de Graaff**), Eindhoven, Holland, *Eisenlegierung für durch elektrischen Stromdurchgang zu erhitzende Glühkörper in einer geschlossenen Hülle.* Der Glühkörper besteht aus Eisen, dem ein Legierungselement zugesetzt ist, welches das γ-Gebiet verkleinert. Zweckmäßig enthält das Eisen eines oder mehrere Elemente *Be*, *Al*, *Ti*, *Zr*, *Sn*, *P*, *V*, *Cr*, *Mo*, *W* oder *Ag*. Vorzugsweise wird ein Eisen mit ca. 0,5 At.-% W verwendet. (**D. B. P. 871 015** Kl. 18d vom 22/7. 1942, ausg. 19/3. 1953. Holl. Prior. 24/7. 1941.) HOCHSTEIN. 6411

Hackethal-Draht- und Kabelwerke Akt.-Ges. (Erfinder: **Hermann Brandes** und **Fritz Glander**), Hannover, *Herstellung von Bleikabelmänteln.* Den zu verwendenden *Pb*-Legierungen mit *Sb*-, *Te*- oder anderen härtenden Zusätzen wird zur Erhöhung der Korrosions- u. Dauerfestigkeit vor dem Verpressen *Na* in Mengen von höchstens 10% des Geh. an Sb oder Te zugesetzt. Solche Legierungen können mit der gleichen Geschwindigkeit verpreßt werden wie Reinblei. (**D. B. P. 858 900** Kl. 40b vom 11/4. 1942, ausg. 11/12. 1952.) GÖTZE. 6431

Kurt Dies, Frankfurt/M., *Gleitlager.* Als Stützschale wird eine aushärtbare *Cu*-Legierung, z. B. nach Art der bekannten Cu–Ni-Silicide verwendet, während der Lagerwerkstoff aus einem nichtaushärtbaren Gleitwerkstoff auf Cu-Basis, z. B. aus Cu–Cu_2O in eutekt. Zus., besteht. (**D. B. P. 858 899** Kl. 40b vom 2/2. 1950, ausg. 11/12. 1952.) GÖTZE. 6433

Anton Martin Gronningsaeter, New York, N. Y., V. St. A., *Feinreinigung von Nickelelektrolyt.* Zum Entfernen der letzten Reste von Verunreinigungen, bes. an *Pb*, *As* u. *Cu*, wird frisch gefälltes $Fe(OH)_3$ in nassem Zustand dem vorgereinigten Elektrolyten zugesetzt u. der Nd. von der Lsg. getrennt. (**Oe. P. 173 227** vom 17/2. 1949, ausg. 25/11. 1952. A. Prior. 29/9. 1939.) MARKHOFF. 6435

Deutsche Gold- und Silberscheideanstalt vormals Roessler, Frankfurt/M. (Erfinder: **August Barthel,** Hanau/M.), *Harte korrosionsbeständige Legierungen* bestehen aus 5—50(%) eines oder mehrerer der Metalle *Ta*, *V*, *Nb*, 1—30 *W* u./oder *Mo*, bis 2 *Si*, *B*, *Be*, *Al*, *Ga*, *Ge* einzeln oder zu mehreren, 1—20 *Co*, Rest 40—70 *Cr* mit der Maßgabe, daß die Summe der Gehh. an Cr u. V, Nb u./oder Ta mindestens 50 beträgt. Das W oder Mo kann ganz oder teilweise durch eines oder mehrere der Metalle *Ru*, *Rh*, *Pd*, *Os*, *Ir*, *Pt* ersetzt sein. Die Legierungen eignen sich für Schreibfederspitzen, Kompaßspinnen, Spitzenlager u. dgl. harte u. säurefeste Gegenstände. (**D. B. P. 872 122** Kl. 40b vom 1/1. 1949, ausg. 30/3. 1953.) GÖTZE. 6437

Vereinigte Aluminium-Werke Akt.-Ges., Deutschland, *Aluminiumherstellung.* Bei der Herst. von Al unter Verwendung von Al-Halogeniden wird die Zirkulationsgeschwindigkeit der Dämpfe u. das Temperaturgefälle in der Kondensationskammer so geregelt, daß die von dem Reaktionsgas aus dem Reaktionsraum mitgerissenen Metalle, bes. Zn, getrennt von dem Al abgeschieden werden. Zweckmäßig wird der Reaktionsraum diskontinuierlich gefüllt u. entleert, wobei die zuerst abgehende Fraktion, die reich an Fremdmetallen ist, in einer ersten Kammer abgeschieden wird, während die darauffolgende Fraktion, die reines Al enthält, in einer zweiten Kammer kondensiert wird. (**F. P. 995 085** vom 20/7. 1949, ausg. 27/11. 1951.) HANS HOFFMANN. 6443

International Alloys Ltd., Aylesbury, Buckinghamshire, England, *Destillieren von Aluminium und Aluminiumlegierungen.* Man läßt Al mit $AlCl_3$ reagieren, wobei das gebildete Al-Chlorid abdestilliert. Bei der Kondensation der Gase gewinnt man reines Al unter Rückbldg. von $AlCl_3$ zurück. Hierbei läßt man das geschmolzene Al feinverteilt durch eine Kammer fallen, durch die bei niedrigem Druck $AlCl_3$ oder ein anderes Halogenid strömt. Das nichtverdampfte Al wird im Kreislauf geführt. — Zeichnung. (**N. P. 79 370** vom 13/8. 1949, ausg. 12/11. 1951. E. Prior. 18/8. 1948.) JÜRGEN SCHMIDT. 6443

Bernhard Klein (Vereinigte Aluminium-Werke Akt.-Ges.), Österreich, *Aluminiumlegierungen* bestehen aus 1,2—1,9(%) *Cu*, 0,5—1,5 *Mg*, 1,55—2,95 *Si*, 0,2—1,5 *Mn*, bis 0,9 *Fe*, bis 1,5 *Zn*, Rest *Al*. Die Legierungen sind gieß- u. schmiedbar, lassen sich gut elektrolyt. oxydieren u. eignen sich bes. für dekorative Gegenstände. (**F. P. 996 376** vom 29/9. 1949, ausg. 18/12. 1951. Oe. Prior. 2/10. 1948.) GÖTZE. 6443

Siemens & Halske Akt.-Ges., Berlin und München (Erfinder: **Otto Berenstecher** und **Günther Ritzau**, Berlin), *Gut zerspanbare Aluminiumlegierungen* bestehen aus 0,4 bis 2(%) *Si*, 0,4—2 *Mg*, 0,2—2 *Mn*, 0,5—5 *Pb*, 0,2—2 *Sb*, Rest *Al*, die außerdem noch für besondere Fälle 0,2—2 *Bi* enthalten können. (**D. R. P. 758 066** Kl. 40b vom 29/3. 1938, ausg. 23/3. 1953.) GÖTZE. 6443

Dow Chemical Co., übert. von: **William M. Yates** und **Harry E. Swayze**, Midland, Mich., V. St. A., *Herstellung einer Ofenbeschickung zur carbothermischen Erzeugung von Magnesium.* Es wird ein Gemisch hergestellt, das aus feinverteiltem MgO, C, wenigstens 15 Gew.-% Pech u. 1—5% KW-stofföl besteht. Das Gemisch wird bei einer Temp. hergestellt, bei der das Pech plast. ist. Der Ölzusatz dient zur Unterdrückung der Neigung der M. zur Pastenbildung. Das Gemisch wird brikettiert u. die Briketts in Abwesenheit von Luft bei wenigstens 400° zur Verkohlung des Peches erhitzt. Zweckmäßig wird als C Petroleumkoks u. als Pech ein Kohlenteerpech verwendet. Die Zus. der M. beträgt vorzugsweise 70—73 Gewichtsanteile MgO, 9—10 Teile Petroleumkoks, 18—20 Teile Kohlenteerpech u. 1—5 Teile KW-stofföl. (**A. P. 2 508 878** vom 24/3. 1945, ausg. 23/5. 1950.) HOCHSTEIN. 6445

Werner Lott, Leipzig, *Schmelzen und Raffinieren bzw. Regenerieren von Magnesium und dessen Legierungen, sowie von Metallen, die im flüssigen Zustande von absetzbaren Verunreinigungen zu trennen sind*, dad. gek., daß die durch Zusatz von Stoffen hervorgerufene Sedimentation der Verunreinigungen durch ein herbeigeführtes Temperaturgefälle begünstigt u. die unbeabsichtigte Auftriebsmöglichkeit verhindert wird, so daß das Metall unter Trennung von gereinigter Schmelze u. abgesetzten Verunreinigungen ohne Orts- u. Lageveränderung des Tiegels vergossen werden kann. — Zeichnung. (**D. P. [DDR] 212** Kl. 40a vom 8/2. 1949, ausg. 22/3. 1952 [Wirtschaftspatent].) M. F. MÜLLER. 6445

William Justin Kroll, Corvallis, Oreg., V. St. A., *Trocknen und Reinigen von Chloriden* der Metalle Zr, Hf, Th, V, Nb, Ta, Cr u. U u. Herst. von Legierungen dieser Metalle mit Ti. Fügt man zu den nahezu wasserfreien Chloriden der genannten Metalle $TiCl_4$, so reagiert dieses mit dem W. unter Bldg. von TiO_2, das alle Oxyde mitreißt. Nach deren Abtrennung trennt man die Chloride wieder oder red. ihr Gemisch mit Hilfe von geschmolzenem Erdalkalimetall, bes. Mg, unter einem inerten Gas zu einer Legierung, die man vom überschüssigen Mg u. dem $MgCl_2$ trennt u. sintert. (**E. P. 672 480** vom 16/6. 1950, ausg. 21/5. 1952.) ZÜRN. 6449

Th. Goldschmidt Akt.-Ges., Deutschland, *Feuersteine* bestehen aus einer *Ce–Fe*-Legierung mit einem Fe-Geh. unter 40(%). Zur Kornverfeinerung erhalten sie bis 1 *Zr*, außerdem können sie zur Härtesteigerung noch *Sn*, *Mg*, *Cd* oder *Zn* enthalten. Die Steine werden mit der Strangpresse hergestellt u. erhalten für eine bessere Lagerfähigkeit einen Überzug von Öl oder einen solchen aus Al, der zugleich beim Strangpressen aufgebracht wird. (**F. P. 996 237** vom 24/9. 1949, ausg. 17/12. 1951. Holl. Prior. 28/9. 1948.) GÖTZE. 6449

Deutsche Gold- und Silberscheideanstalt vormals Roessler (Erfinder: **Johannes Schatz**), Frankfurt/M., *Gold–Kupfer-Legierungen* bestehen aus 5—75(%) *Au*, 0,5 bis bis 6,5 *P*, Rest 18,5—90 *Cu*, wobei auf ein Teil P mindestens 13 Teile Cu entfallen. Das Au kann bis 15 durch *Ag* ersetzt sein, wobei aber mindestens 5 Au vorhanden sein müssen. Die Legierungen liefern kornfreie Güsse, sind gut verformbar u. eignen sich für Schmuckwaren, Kontakte, Thermobimetalle u. Lote, bes. für die Hochvakuumtechnik. (**D. B. P. 858 897** Kl. 40b vom 2/9. 1942, ausg. 11/12. 1952.) GÖTZE. 6459

Aktiebolaget Glissa, Stockholm, Schweden (Erfinder: **J. F. Heuberger** und **T. Svensson**), *Selbstschmierende Gleitlager.* Zur Erzielung von größeren zusammenhängenden Kanälen im Innern von Gleitlagern aus porösen oder gesinterten Metallen werden in die einzelnen Teile bei ihrer Herst. entsprechende Formkörper aus Stoffen eingebettet, die nachher entfernt werden können. Hierzu eignen sich Formkörper aus Wachs, Naphthalin, CO_2-Eis oder -Schnee. Man erhält Gleitlager, die ein ganz erheblich größeres Ölfassungsvermögen besitzen. — Zeichnungen. (**Schwed. P. 133 556** vom 9/11. 1945, ausg. 6/11. 1951.) Jürgen Schmidt. 6475

Cleveland Graphite Bronze Co., Cleveland (Erfinder: **Ralph A. Schaefer**, Cleveland, **Joseph F. Cerness**, East Cleveland, **Wilbert H. Morrison**, Cleveland Heights), O., V. St. A., *Herstellung von Verbundmetall.* Ein Stahlband, -blech oder dgl. wird mit einer bes. galvan. fest verbundenen Schicht aus Ni, Co oder deren Legierungen überzogen. Darauf wird eine verhältnismäßig dicke Schicht, ca. 0,5 mm, von geschmolzenem Al aufgegossen u. so schnell abgekühlt, daß das Al ohne stärkere Rk. mit dem Ni mit diesem fest verbunden wird. (**D. B. P. 862 651** Kl. 31c vom 31/3. 1951, ausg. 12/1. 1953. A. Prior. 20/8. 1947.) Bültmann. 6479

Johannes Haag, Tegernsee, Obb., *Herstellung von Verbundwerkstücken aus Flußeisen und Stahl.* Auf einen als Stab, Voll- oder Hohlkörper ausgebildeten Kern werden durch wiederholtes Tauchen oder Übergießen u. Erstarrenlassen lagenweise Schichten aus Flußeisen oder Stahl aufgebracht u. verschweißt. Es kann auch zusätzlich fl. Schlacke verwendet werden, die nach Art der Schweißschlacke zur Schichtbldg. oder als Desoxydationsschlacke zum Reinigen dient. (**D. B. P. 862 346** Kl. 31c vom 7/6. 1942, ausg. 8/1. 1953.) Bültmann. 6479

Metallwerk Plansee Ges. m. b. H., Reutte/Tirol, *Verbundwerkstoff für Heizelemente* besteht aus einer Carbidphase mit über 40 (%) bis höchstens 74 einer zunderfesten Legierung. Die Carbidphase enthält mindestens 50 *TiC* u. als Rest spezif. leichtere Carbide, wie *VC*, *ZrC* u./oder Cr_3C_2. Als zunderfeste Legierungen kommen bes. *Ni–Cr-* u. *Co–Cr*-Legierungen in Frage. Der Stoff eignet sich wegen seiner ausgezeichneten Warm- u. Zunderfestigkeit für Heizstäbe, Glühbehälter, Turbinenschaufeln u. dergleichen. (**Oe. P. 170 248** vom 28/10. 1949, ausg. 25/1. 1952.) Götze. 6479

W. G. **Agejenkow** und I. A. **Kakowski**, Elektrometallurgie der wäßrigen Lösungen. Berlin: Verl. Technik. 1952. (167 S. m. graph. Darst.) 8°. DM 13,—.

Jean **Moreau**, Recherches sur l'oxydation des alliages binaires fer-nickel et fer-chrome aux températures élevées. Paris: Centre de documentation sidérurgique. 1953. (65 S. m. Abb. Pl.) 4°.

I. A. **Oding** und Mitarbeiter, Neue Verfahren zur Prüfung der Metalle auf Kriechfestigkeit und Erholung. (Übers. aus dem Russ.: Heinrich Behrens.) Berlin: Verl. Technik. 1952. (73 S. m. Abb.) 8° = Wissenschaftliche Berichte. Bd. 33. DM 4,—.

IX. Organische Industrie.

Philip H. Groggins und **Samuel B. Detwiler jr.**, *Friedel-Crafts-Reaktionen.* (Vgl. C. **1952.** 7089.) Es wird eine kurze Literaturübersicht der moderneren Arbeiten über den Mechanismus, die Katalysatoren, Acylierungs-Rkk. u. einige neuere präparative Methoden der Friedel-Craftsschen Rk. gegeben. — 28 Literaturzitate. (Ind. Engng. Chem. **44.** 2012—15. Sept. 1952. Washington, National Prod. Authority, u. U. S. Dep. of Agricult., Bur. of Agricult. and Ind. Chem.) Zimmer. 6598

W. W. Ssigow und **Je. W. Korelskaja**, *Vergrößerung der Ausbeute an Methanol bei periodisch wirkenden Alkoholdestillationsapparaten.* Bei einer Anlage mit einem kontinuierlichen Methanolablauf von 325 Liter/Std. ändern Vff. die Arbeitsweise dahingehend ab, daß 50—60% des vorhandenen reinen *Methanols* bei einer Geschwindigkeit von 420 Liter/Std. aufgefangen werden. Darauf wird bis zum Temperaturanstieg u. bis zur Verschlechterung des Destillationsprod. langsamer dest.; schließlich arbeitet man am Rückfluß, dest. wieder bei 80—100 Liter/Std. weiter, unterbricht wieder, um schließlich bei 50—70 Liter/Std. bis zur Verschlechterung des Destillates zu arbeiten. Es wird eine Ausbeutesteigerung von 5—7% erreicht. (Деревоперерабатывающая и Лесохимическая Промышленность [Holzverarb. holzchem. Ind.] **2.** Nr. 3. 24. März 1953. Aschiner Holzchem. Kombinat.) Ulmann. H 560

Antonio Luis und **Gabriel Palomo**, *Neues Verfahren zur Herstellung von Amiden und Hydraziden aus Ureiden.* Die Herst. von Amiden u. Hydraziden (I) gelingt mit guten Ausbeuten durch die Einw. von Harnstoff auf Säuren bei erhöhten Tempp. (160—220°). Bei niederen Tempp. bilden sich I durch Einw. von Natriumhypochlorit in Anwesenheit von kaust. Soda auf Ureide, wenn man die entstandenen Urethane nochmals auf 80—95° erhitzt. (Afinidad [3] **39.** 405—09. Mai/Juni 1952.) Heinrichs. H 800

Paul Wertheimer, *Die Stearate und ihre technische Verwendung.* Übersicht über Herst., Eigg. u. Verwendungsmöglichkeiten der wichtigsten Stearate. (Prakt. Chem. [Wien] **1951.** 23—24. 20/2.) Fiedler. H 810

Gaston-Victor-Clément Lapessé, Eure, Frankreich, *Herstellung neuer Katalysatoren.* Die zur Hydrierung von Gasen, Ölen, Fetten usw. dienenden katalyt. wirksamen Stoffe werden im geschmolzenen Zustand mittels Lötrohr, Acetylengebläse oder elektr. Lichtbogen auf Träger (Aktivkohle, feuerfeste Steine, Zement, Porzellan, Metalle) aufgebracht, mit Luft bzw. Wasserdampf oxydiert, z. B. 4—5 Std. bei 350—400°, u. dann mit H_2 reduziert. (**F. P. 977 108** vom 25/6. 1942, ausg. 28/3. 1951.) NOUVEL. 6585

Comp. Française de Raffinage (Soc. An.), Seine, Frankreich, *Herstellung von Katalysatoren.* Den Legierungen aus Cu u. Al oder aus Ni u. Al werden Cu- oder Cu–Zn-Chromite einverleibt, worauf nach dem Verf. von RANEY oder BAG das Al mit NaOH entfernt wird. Statt der Chromite kann man Verbb. verwenden, in denen das Cr durch Mn, Mo, W oder U ersetzt ist. Die erhaltenen Katalysatoren dienen zur Herst. von Alkoholen aus Fettsäuren oder zur Hydrierung von Kolophonium bzw. Furfurol. (**F. P. 993 855** vom 18/10. 1944, ausg. 8/11. 1951.) NOUVEL. 6585

Phrix-Werke Akt.-Ges., Hamburg (Erfinder: **Otto Moldenhauer**, Hamburg-Volksdorf, und **Günther Trautmann**, Mölln), *Herstellung von halogenierten, aliphatischen Verbindungen* aus Verbb. mit Polymethylenoxydringen, dad. gek., daß diese mit $COCl_2$ bei erhöhter Temp. umgesetzt werden. Katalysatoren, wie $ZnCl_2$, können anwesend sein. Man kann bei n. oder erhöhtem Druck im Autoklaven arbeiten. — Tetrahydrofuran in Ggw. von $ZnCl_2$ mit $COCl_2$ bei 0° versetzt u. anschließend 5 Std. bei 70° im Autoklaven erhitzt, ergibt neben 1.4-Dichlorbutan, Kp. 140—145°, δ-δ'-Dichlorbutyläther, $Kp._{0,3}$ 82—86°. — Aus Tetrahydrofurylpropionsäureäthylester erhält man *ε-Chlor-γ-oxyönanthsäurelacton*, $Kp._{0,05}$ 115—117°, farblose ölige Substanz. Zwischenprodd., bes. zur Herst. von ε-Aminocapronsäure oder Hexamethylendiamin. (**D. B. P. 857 352** Kl. 12o vom 11/4. 1951, ausg. 27/11. 1952.) G. KÖNIG. H 500

N. V. de Bataafsche Petroleum Mij., Holland, *Trennung der Kohlenwasserstoffe von ihren sauerstoffhaltigen Abkömmlingen.* Ein bei der FISCHER-TROPSCH-Synth. entstehendes Gemisch von KW-stoffen (8—10 C-Atome) u. O-haltigen Verbb. (Butanol, Hexanol, Diäthylketon, Methylisobutylketon, Diisobutylketon) wird bei —25° mit 2 Lösungsmitteln im Gegenstrom behandelt. In den ersten Stufen verwendet man aromatenfreies fl. Paraffin oder Heptan, wodurch die KW-stoffe extrahiert werden, u. in der letzten Stufe fl. SO_2, das die O-haltigen Stoffe löst. (**F. P. 981 841** vom 28/2. 1949, ausg. 31/5. 1951. Holl. Prior. 18/3. 1948.) NOUVEL. H 510

Badische Anilin-& Soda-Fabrik, Ludwigshafen/Rh., *Olefine* erhält man durch Dehydrierung von bei n. Temp. u. n. Druck gasförmigen Methanhomologen oder deren Gemischen, gegebenenfalls in Ggw. von O_2 bei erhöhter Temp. u. Cr-Oxyd mit einem Zusatz von Alkali- oder Erdalkalihalogeniden als Katalysator. — Ein in einer Kugelmühle mit wenig W. vermahlenes Cr_2O_3 wird mit $MgCl_2 \cdot 6\,H_2O$ zu einer Paste angeteigt u. nach dem Trocknen bei 90° zu 6 mm-Pillen verformt. In Ggw. dieses Katalysators entsteht bei 600° aus Isobutan in 80 %ig. Ausbeute *Isobutylen.* In weiteren Beispielen wird zur Aktivierung des Katalysators $BaCl_2$, CaJ_2, $SrCl_2$ verwendet. — Propan → *Propylen.* — Äthan → *Äthylen.* (**D. B. P. 869 059** Kl. 12o vom 10/6. 1936, ausg. 2/3. 1953.) KRAUSS. H 520

Badische Anilin- & Soda-Fabrik (Erfinder: **Hubert Corr, Hans Joachim Waldmann**, Ludwigshafen/Rh., und **Hans Bähr**, Herne-Sodingen), *Olefine und Diolefine.* Ein Gemisch gesätt. KW-stoffe mit geringen Mengen Olefinen wird nach dem raschen Mischen in der Kälte oder bei mäßig erhöhter Temp. mit Halogen, bes. Cl_2, in der Gasphase schnell auf 250—550° erhitzt. Aus den gebildeten Halogen-KW-stoffen wird Halogenwasserstoff abgespalten; die nicht umgesetzten KW-stoffe werden in den Kreislauf zurückgeführt. — Eine Mischung aus n-Butan, Butadien u. n-Butylen wird nach dem Mischen mit Cl_2 mit 30—35 m/Sek. bei 40—70° auf 400—450° mit einer Verweilzeit von 0,12 Sek. erhitzt. Das nach dem Abkühlen aus den fl. KW-stoffen u. durch fraktionierte Dest. gewonnene Monochlorbutan (neben Butenylchlorid, Dichlorbutan, Dichlorbutylen) gibt nach dem Erhitzen auf 550° in einer Eisenschlange *Butylen.* Aus Dichlorbutan entsteht *Butadien.* (**D. B. P. 877 452** Kl. 12o vom 16/1. 1942, ausg. 26/5. 1953.) KRAUSS. H 520

Badische Anilin- & Soda-Fabrik (Erfinder: **Hans Häuber**), Ludwigshafen/Rh., *Entfernung von geringen Mengen Dienkohlenwasserstoffen aus Olefine und H_2 enthaltenden Gasgemischen* durch Behandeln mit Katalysatoren, die aus Cr- u. Ni-Verbb. hergestellt werden u. bes. Cr-Oxyd enthalten, unterhalb 250°. — Ein Gemisch aus 25 (Vol.-%) Olefine, ca. 27 H_2, ca. 47 gesätt. KW-stoffen u. ca. 1 Butadien ist nach dem Überleiten über einen 5 % Ni enthaltenden Cr-Oxydkatalysator bei 180—200° butadienfrei. Der Katalysator wird durch Eindampfen einer wss. Lsg. von CrO_3 u. $Ni(NO_3)_2$, Calcinieren u. Behandeln des verformten Trockenrückstandes mit H_2 bei ca. 350° hergestellt. (**D. B. P. 867 690** Kl. 12o vom 6/3. 1941, ausg. 19/2. 1953.) KRAUSS. H 520

Badische Anilin- & Soda-Fabrik (Erfinder: **Walter Reppe**, Ludwigshafen/Rh., und **Herbert Friederich**, Worms), *Äthylene* erhält man durch partielle Hydrierung von Acetylenen in Ggw. von Fe-Katalysatoren, die durch Elektrolyse oder therm. Zers. von Fe-Carbonyl erhalten wurden. — Butin-(2)-diol-(1.4) gibt bei 50° u. 100 at mit H_2 in Ggw. von Carbonyl-Fe-Pulver *Buten-(2)-diol-(1.4)*, Kp.$_3$ 116—121°, in 90%ig. Ausbeute. — Propargylalkohol → *Allylalkohol.* — Butin-(3)-ol-(2) → *Vinylmethylcarbinol.* — Acetylen → *Äthylen.* — Hexin-(3)-diol-(2.5) → *Hexen-(3)-diol-(2.5)*, Kp.$_6$ 109 bis 111°. — Hexadiin-(2.4)-diol-(1.6) → *Hexadien-(2.4)-diol-(1.6)*, Kp.$_2$ 118—120°. — Octadiin-(3.5)-diol-(2.7) → *Octadien-(3.5)-diol-(2.7)*, Kp.$_4$ bis 126°. (**D. B. P. 873 545** Kl. 12o vom 25/3. 1941, ausg. 16/4. 1953.) KRAUSS. H 520

Badische Anilin- & Soda-Fabrik, Ludwigshafen/Rh., *Herstellung von Äthylen* erfolgt durch partielle Hydrierung von Acetylen in Ggw. fest angeordneter Katalysatoren der Nichtedelmetalle der 1. u. 8. Gruppe des Period. Syst. (allein oder in Mischung miteinander) u. von organ. Lösungsmitteln, bes. KW-stoffen mit mehr als 2 C-Atomen (Propan, Butylen, Bzn., Bzl., Cyclohexan, Tetralin). — Acetylen wird z. B. in Ggw. von Methylcyclohexan u. eines Katalysators aus Kieselgel mit 4 (%) Ni u. 1 Ag bei 330° mit H_2 in 70—80%ig. Ausbeute zu Äthylen hydriert. (**D. B. P. 875 197** Kl. 12o vom 10/12. 1942, ausg. 30/4. 1953.) KRAUSS. H 520

Donau Chemie Akt.-Ges., Wien (Erfinder: **Otto Fruhwirth,** Brückl), Österreich, *Herstellung von Perchloräthylen* (I), *gegebenenfalls im Gemisch mit Hexachloräthan* (II), aus KW-stoffen mit 2 C-Atomen u. Cl_2 dad. gek., daß man gasförmige Gemische aus C_2H_6 oder C_2H_4 oder H-haltige Chlorderivv. derselben mit mindestens der theoret. Menge Cl_2 unter Flammenerscheinung verbrennt. Wenn man die Flammengase rasch abkühlt, erhält man fast II-freies I. Um eine fortlaufende Verbrennung unter Flammenerscheinung zu sichern, fügt man dem Gasgemisch ungesätt. KW-stoffe, wie C_2H_2, zu. (**D. B. P. 870 839** Kl. 12o vom 26/9. 1941, ausg. 16/3. 1953.) G. KÖNIG. H 520

Kali-Chemie Akt.-Ges., Sehnde (Erfinder: **Hans Werner Schmidt,** Berlin), *Perchloräthylen.* Man leitet Tetrachloräthan in der Dampfphase in Ggw. von stöchiometr. oder überschüssigem O_2 oder O_2-haltigen Gasen über Katalysatoren, die HCl zu Cl_2 zu oxydieren vermögen (z. B. Cu-Salze auf Trägern). Ausbeute 90—95%. (**D. R. P. 757 142** Kl. 12o vom 28/7. 1939, ausg. 16/3. 1953.) KRAUSS. H 520

Minnesota Mining & Mfg. Co., St. Paul, Minn., V. St. A., *Tetrafluoräthylen*, $CF_2{=}CF_2$, erhält man beim Erhitzen eines wasserfreien Gemisches von CF_3COONa u. NaOH auf 200°, wobei man die exotherm verlaufende Rk., wenn sie in Gang gekommen ist, sich selbst überläßt. (**E. P. 692 835** vom 4/5. 1951, ausg. 17/6. 1953. A. Prior. 8/5. 1950.) BRÖSAMLE. H 520

Badische Anilin- & Soda-Fabrik, Ludwigshafen/Rh. (Erfinder: **Josef Nowotny,** Wesseling, und **Franz Strätz,** Dortmund), *Dehydrierung oder Spaltung von Kohlenwasserstoffen* durch Erhitzen in Ggw. von Katalysatoren, die während oder nach der period. Wiederbelebung getrocknet werden, so daß der Wassergeh. unter 0,5 (%), bes. unter 0,3, sinkt, da ein zu hoher Wassergeh. bei der Dehydrierung oder Spaltung stören kann. Die Trocknung kann z. B. in einem Trockenofen bei 490° mit Luft, deren Wassergeh. nur 0,05 Vol.-% beträgt, erfolgen. — n-Butan → *Butylen.* (**D. B. P. 874 307** Kl. 12o vom 18/6. 1944, ausg. 23/4. 1953.) KRAUSS. H 520

Badische Anilin- & Soda-Fabrik, Ludwigshafen/Rh. (Erfinder: **Emil Keunecke,** Witten/Ruhr), *Herstellung von unter gewöhnlichen Umständen flüssigen Polymerisationsprodukten* von niedrigem Polymerisationsgrad aus Olefinen, dad. gek., daß man die Polymerisation bei Tempp. zwischen 160—500° in Ggw. von Gemischen von AlF_3 mit Schwermetallen, bes. Cu oder deren Oxyden oder Salzen, ausführt. — Beispiel: *Diisobutylen* aus Isobutylen. (**D. B. P. 870 246** Kl. 12o vom 17/3. 1938, ausg. 12/3. 1953.) G. KÖNIG. H 520

Badische Anilin- & Soda-Fabrik, Ludwigshafen/Rh. (Erfinder: **Otto Berg,** Leverkusen), *Verschieben der Doppelbindung in olefinischen Kohlenwasserstoffen* mit mindestens 4 geradkettigen C-Atomen durch deren Behandlung mit z. B. 0,1—5 (%) Metallcarbonylen (Co-, Fe-, Ni-Carbonyl) bei erhöhter Temp., zweckmäßig in Ggw. von CO. — n-Dodecylen-(1) gibt nach 1 Std. bei 150° u. 100 at CO in Ggw. von 2 $Co(CO)_4$ 8,1 *Dodecylen-(1)*, 27 *Dodecylen-(2)*, 23 *Dodecylen-(3)*, 18,1 *Dodecylen-(4)*, 13,3 *Dodecylen-(5)* u. 10,3 *Dodecylen-(6)*. (**D. B. P. 869 206** Kl. 12o vom 13/9. 1942, ausg. 2/3. 1953.) KRAUSS. H 520

Badische Anilin- & Soda-Fabrik, Ludwigshafen/Rh. (Erfinder: **Franz Broich,** Marl, **Otto Dorrer,** Frankfurt/M.-Höchst, **Otto Grosskinsky,** Dortmund-Eving, **Ulrich Hoffmann,** Frankfurt/M., **Friedrich Moll,** Berlin-Südende, **Ernst Roell †,** Burgkirchen/Alz, und **Carl Wulff,** Düsseldorf), *Butadien* erhält man durch katalyt. Wasserabspaltung aus 1.3-Butylenglykol in einem Ofensyst., das aus einem Vorofen mit großer Heizfläche u. kleinem Katalysatorinhalt u. einem Nachofen mit großem Katalysatorinhalt u. verhältnismäßig kleiner Heizfläche besteht. Zweckmäßig verwendet man zwei parallel geschaltete Voröfen. Ausbeute 86—87 %. — Vorr., Zeichnung. (**D. B. P. 873 544** Kl. 12o vom 10/10. 1940, ausg. 16/4. 1953.) KRAUSS. H 520

United States Rubber Co., V. St. A., *Enthalogenierung von Polyhalogenmethylverbindungen.* Man leitet die Dämpfe der Ausgangsstoffe über auf 300—450° erhitzte Katalysatoren aus Bimsstein, der mit $FeCl_3$ oder $ZnCl_2$ imprägniert ist. Auf diese Weise sind z. B. folgende Verbb. erhältlich (n = n_D^{20}): *1.1.3-Trichlorpropen-(1)*, $Kp._{760}$ 130°, n 1,4961, aus 1.1.1.3-Tetrachlorpropan (Nebenprod. *1.1-Dichlorallen*); *1.1-Dichlorbutadien-(1.3)*, $Kp._{99}$ 46,4—46,7°, n 1,5028, $D.^{20}{}_{20}$ 1,1697, aus 1.1.1.3-Tetrachlorbutan [Nebenprod. *1.1.1-Trichlorbuten-(2)* oder *4.4.4-Trichlorbuten-(1)*, $Kp._{103}$ 79,8—80,3°, n 1,4830, $D.^{20}{}_4$ 1,2851]; *4.4.4-Trichlor-2-methylbuten-(1)*, $Kp._{103}$ 89,5—89,9°, n 1,4747, aus 1.1.1.3-Tetrachlor-3-methylbutan [Nebenprod. *1.1-Dichlor-3-methylbutadien-(1.3)*, $Kp._{40}$ 47—48°, n 1,5014, $D.^{20}{}_{20}$ 1,674]; *3-Brom-1.1-dichlorbutadien-(1.3)*, $Kp._{2,3}$ 38 bis 38,9°, n 1,5755, u. *1.1.4-Trichlorbutadien-(1.3)*, $Kp._{40}$ 70—71,6°, n 1,5474, aus 3-Brom-1.1.1.4-tetrachlorbutan [Nebenprod. *1.1.1.4-Tetrachlorbuten-(2)*, $Kp._{19}$ 80—81°, n 1,5152]. (**F. P. 981 730** vom 24/2. 1949, ausg. 30/5. 1951. A. Prior. 30/4. 1948.) NOUVEL. H 520

Deutsche Gold- & Silberscheideanstalt vormals Roessler, Frankfurt/M. (Erfinder: **Günther Woltersdorf,** Hamburg), *Acetylen* erhält man durch Behandlung von fl. KW-stoffen im elektr. Lichtbogen in Ggw. von H_2 u. unter getrennter Zuführung der beiden durch Hohlelektroden, wobei die fl. KW-stoffe durch eine sich trichterförmig verengende Hohlelektrode, in der z. B. durch eine Schraube oder Schnecke den fl. KW-stoffen eine Wirbelbewegung erteilt wird, u. der H_2 durch ein in der Mitte der Hohlelektrode angeordnetes Längsrohr gegen die kegelförmig bzw. trichterförmig ausgebildete Gegenelektrode geleitet wird. In den Beispielen werden als fl. KW-stoffe Braunkohlenteer, Steinkohlenteer (beide durch Tieftemperaturschwelung nach dem Spülgasverf. gewonnen) u. ein nach FISCHER-TROPSCH erhaltenes Paraffin-KW-stofföl verwendet. — Vorr., Zeichnung. (**D. B. P. 871 001** Kl. 12o vom 26/3. 1939, ausg. 19/3. 1953.) KRAUSS. H 530

Badische Anilin- & Soda-Fabrik, Ludwigshafen/Rh. (Erfinder: **Hans Sachsse,** Kelheim), *Acetylen* erhält man durch unvollständige Verbrennung von KW-stoffen oder solche enthaltenden Gasgemischen, bes. Methan u. dessen Homologen, mit O_2 oder Luft, wobei man dem weitgehend laminar strömenden Gemisch aus KW-stoff u. O_2 oder Luft nach der Zündung durch die Flamme eine gleiche oder kleinere Geschwindigkeit als die Flammenfortpflanzungsgeschwindigkeit erteilt. — Ein Gemisch aus 58,6 (Vol.-%) CH_4, 4 N_2 u. 37,4 O_2 gibt nach der Verbrennung ein Endgas aus 3 CO_2, 8,2 C_2H_2, 0,7 O_2, 23,4 CO, 55,4 H_2, 6 CH_4 u. 3,3 N_2. Die Volumenzunahme des Endgases beträgt 18 % gegenüber dem ursprünglichen Gemisch. — Vorr., 4 Zeichnungen. (**D. B. P. 875 198** Kl. 12o vom 7/3. 1936, ausg. 30/4. 1953.) KRAUSS. H 530

Hans Fritz August Friedrich, Saarland, *Herstellung und Erhaltung von Acetylen im flüssigen Zustande.* Die Verflüssigung des C_2H_2 u. die Stabilisierung des fl. Prod. wird wesentlich erleichtert, wenn man dem Gas ein anderes Gas (CO_2, Propan) oder den Dampf einer Fl. (Aceton, Chlf., CS_2) in geringer Menge zusetzt. Um die Sicherheit der Aufbewahrung des fl. C_2H_2 zu erhöhen, können der Fl. auch feste poröse Stoffe (Glaswolle, Quarzsand, Kapok, Sägespäne, Holzkohle) als Füllstoffe zugegeben werden. (**F. P. 982 678** vom 21/1. 1949, ausg. 13/6. 1951.) NOUVEL. H 530

Badische Anilin- & Soda-Fabrik, Ludwigshafen/Rh. (Erfinder: **Robert Stadler,** Heidelberg, und **Albert Auerhahn,** Neckargemünd), *Regenerierung der zur Herstellung von Vinylacetylen* aus Acetylen als Katalysator verwendeten CuCl-Lösungen. Man erhitzt die Lsgg. mit konz. HCl u. trennt die unlösl. Bestandteile ab. (**D. B. P. 869 948** Kl. 12o vom 26/1. 1939, ausg. 9/3. 1953.) KRAUSS. H 530

Badische Anilin- & Soda-Fabrik, Ludwigshafen/Rh. (Erfinder: **Daniel Kästner,** Marl), *Di- oder Polyacetylene* erhält man durch Behandeln von Acetylenen, die ein an ein Acetylen-C-Atom gebundenes H enthalten, mit Cu(II)-Verbb. u. Abtrennung der Reaktionsprodukte. Die entstandenen Cu(I)-Verbb. werden mit Oxydationsmitteln wieder in Cu(II)-Verbb. übergeführt. — Aus Propargylalkohol erhält man durch Behandeln mit einer konz. ammoniakal. $CuCl_2$-Lsg. in 30%ig. Ausbeute *Hexadiin-(2.4)-diol-(1.6)*, F. 113,5°. — Propiolsäure → *Diacetylendicarbonsäure-(1.4)* → *Diacetylenmonocarbonsäure.* — Phenylacetylen → *1.4-Diphenyldiacetylen,* F. 86°. — Vinylacetylen → *1.4-Divinyldiacetylen.* — N.N-Dimethyl-3-minopropin-(1) → *N.N'-Tetramethyl-1.6-diaminohexadiin-(2.4)*, $Kp._{20}$ 134—135°; F. 33,2—33,8°. Weitere Ausgangsstoffe sind: Dialkylpropargylamine, Propiolsäurenitril, -amid, -ester, Dimethylaminopentadiin-(2.4), Diacetylenmonocarbonsäure. Zur Regenerierung der Cu(I)-Verbb. sind geeignet: O_2, O_2-haltige Gase, H_2O_2, $KMnO_4$. (**D. B. P. 870 845** Kl. 12o vom 19/8. 1942, ausg. 16/3. 1953.) KRAUSS. H 530

Standard Oil Development Co., Del., übert. von: **Carl S. Carlson,** Elizabeth, und **Paul V. Smith jr.,** Westfield, N. J., V. St. A., *Kontinuierliche Trennung von Äthanol von Isopropanol* (**I**) durch Extraktion des Dampfgemisches in einer Fraktionierkolonne mit *Sulfolan* (**II**), wobei ein Alkoholgemisch übergeht u. als Extrakt eine Lsg. von **I** in **II** am Boden der Kolonne abgezogen wird. — Auch n-Propanol u. sek.-Butanol (**III**) lassen sich so trennen, wobei **III** in **II** gelöst am Kolonnenboden abgezogen wird. — Reaktionsschema. (**A. P. 2 570 205** vom 12/3. 1948, ausg. 9/10. 1951.) MÖLLERING. H 560

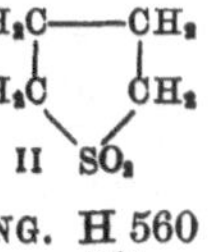
II

Soc. à Responsabilité Limitée Bruay-Progil, Seine, Frankreich, *Herstellung von Chlorhydrinen.* In ein mit W. nicht ganz gefülltes Gefäß, das durch eine senkrechte Zwischenwand in zwei Teile geteilt ist u. in dem eine dauernde Zirkulation der Fl. stattfindet, leitet man von unten Cl_2 u. von oben ein Olefin ein. Dadurch wird die Ausbeute an Chlorhydrinen erhöht u. die von Alkylenchloriden zurückgedrängt. Beschrieben ist die Herst. von *Äthylenchlorhydrin* u. von *Propylenchlorhydrin.* — Zeichnung. (**F. PP. 982 969** vom 9/8. 1943, ausg. 18/6. 1951 u. **983 910** vom 27/8. 1943, ausg. 29/6. 1951.) NOUVEL. H 560

Badische Anilin- & Soda-Fabrik, Ludwigshafen/Rh. (Erfinder: **Hugo Kröper,** Heidelberg), *Herstellung von 1.4-Dichlorbutan und 4.4'-Dichlordibutyläther,* dad. gek., daß man Tetrahydrofuran mit wss., konz. HCl in Ggw. von H_2SO_4 oder anderen Katalysatoren unter erhöhtem Druck auf mindestens 110° erhitzt, z. B. solchen, die eine Bldg. von Chlor-KW-stoffen aus Olefinen u. HCl begünstigen, wie Chloriden des Fe, Bi, Hg, Zn, J, akt. Kohle oder Kieselgel. (**D. B. P. 859 884** Kl. 12o vom 11/8. 1939, ausg. 5/2. 1953.) G. KÖNIG. H 560

Union Chimique Belge, S. A., Belgien, *Herstellung von Flüssigkeiten, die Kieselsäureester enthalten.* Man versetzt Kieselsäureester (Äthylsilicat, Tetrakresylsilicat)mit höchstens 5% einer anorgan. Verb., die eine oder mehrere NH_2-Gruppen enthält ($NaNH_2$, KNH_2, Hydrazinhydrat). Es entstehen haltbare Lsgg., die auf Zusatz von 1,5 Mol W. pro 1 Mol Ester zu einem filmbildenden Gel hydrolysiert werden. — Verwendung der Fll. als Bindemittel, Textilhilfsmittel oder zur Herst. von feuerfesten Überzügen. (**F. P. 984 900** vom 21/4. 1949, ausg. 11/7. 1951.) NOUVEL. H 590

Badische Anilin- & Soda-Fabrik, Ludwigshafen/Rh., *Höhermolekulare Alkylmercaptane* erhält man durch Behandeln höhermol., bes. durch Sulfochlorierung langkettiger Paraffin-KW-stoffe gewonnener Alkylsulfochloride mit in niedermol., gegebenenfalls wss. Alkanolen gelösten oder aufgeschlämmten Alkaliformiaten. — Ein 46%ig. Paraffinsulfochlorid (aus Paraffin-KW-stoffen mit Kp. 230—320°) gibt mit Na-Formiat in Methanol nach 6—10std. Erhitzen ein Mercaptangemisch, das nur wenig Disulfid enthält. (**D. B. P. 871 447** Kl. 12o vom 18/4. 1943, ausg. 23/3. 1953.) KRAUSS. H 600

Inventa Akt.-Ges. für Forschung und Patentverwertung, Luzern, Schweiz, *Herstellung von Oximen* durch Oxydation prim. Amine mit H_2O_2 in Ggw. eines Salzes einer Säure des W, Mo bzw. U als Katalysator. — Aus Isopropylamin erhält man z. B. in Ggw. von Na-Wolframat *Acetoxim,* F. 60°. — Butylamin → *Butyraldoxim,* Kp. 152°; Benzylamin → *Benzaldoxim*; Cyclohexylamin → *Cyclohexanonoxim,* F. 88°. (**Schwz. P. 288 168** vom 27/11. 1951, ausg. 1/5. 1953.) BRÖSAMLE. H 650

Standard Oil Development Co., V. St. A., *Wiedergewinnung des Katalysators bei der Oxosynthese.* Die bei der Umsetzung von Olefinen mit CO u. H_2 über einem Co-Katalysator erhaltenen Reaktionsprodd. (*Aldehyde*), die gelöstes Co-Carbonyl enthalten, werden in einer Destillationszone bei 38—200° unter 0,07—1,75 at Druck mit Wasserdampf destilliert. Dabei bleibt der Katalysator zurück, während die überdest. Aldehyde anschließend zu *Alkoholen* red. werden können. — Zeichnung. (**F. P. 981 728** vom 24/2. 1949, ausg. 30/5. 1951. A. Prior. 11/8. 1948.) NOUVEL. H 670

Usines de Melle, Deux-Sèvres, Frankreich (Erfinder: **Maurice Mention** und **André Valet**), *Herstellung von Ketonen aus Carbonsäuren.* Man leitet Carbonsäuren bzw. deren Gemische im fl. oder besser im dampfförmigen Zustande in eine über 400° sd. inerte Fl. (natürliche oder synthet. Mineralöle, Diphenyl oder Trikresylphosphat) ein, die auf 300—400° erhitzt ist u. in der sich ein Katalysator (Mn-Acetat, Mn_2O_3, MnO_2, Fe-Oxyd) befindet. Dabei erfolgt die Pyrolyse in fl. Phase mit Ausbeuten von 95—98%. Beschrieben ist die Umwandlung von Essigsäure (**I**) in *Aceton,* von Buttersäure (**II**) in *Heptanon-(4),* von einem Gemisch aus **I** u. **II** in ein Gemisch aus Aceton, *Pentanon-(2)* u. Heptanon-(4), sowie von einem Gemisch aus **I** u. Benzoesäure in ein Gemisch aus Aceton, *Acetophenon* u. *Benzophenon.* (**F. P. 994 850** vom 8/2. 1945, ausg. 22/11. 1951.) NOUVEL. H 710

Paul Walter und **Soc. d'Études Techniques et Industrielles (S. E. T. I.),** Seine, Frankreich, *Herstellung von Fettsäuren aus Kohlenwasserstoffen.* Die Oxydation der geschmolzenen, gelösten oder suspendierten KW-stoffe erfolgt durch Einleiten von oxydierend wirkenden Gasen oder deren Gemischen (O_2, O_3, Cl_2, Cl_2O_6, nitrose Gase), die im Kreislauf geführt werden. Gegebenenfalls arbeitet man bei erhöhter Temp., unter Druck, in Ggw. eines Katalysators oder unter Bestrahlung mit UV-Licht. (**F. P. 992 539** vom 30/6. 1944, ausg. 19/10. 1951.) NOUVEL. H 810

E. I. du Pont de Nemours & Co., V. St. A. (Erfinder: **Joseph Gray Dinwiddie**), *Herstellung von Estern.* Man läßt C_2H_2 auf Essigsäure (Eisessig, Essigsäureanhydrid) in Ggw. einer Sulfonsäure (Methantrisulfonsäure, Sulfoessigsäure) u. einer Hg-Verb. (Sulfat, Acetat) unter Zusatz von 0,001—0,1% einer Zn-, Cd- oder Pb-Verb. (Zn-Acetat, ZnO, $CdCO_3$, Bleiglätte), die die Ausbeute erhöht, bei 40—110° unter geringem Überdruck einwirken. Man erhält als Hauptprod. *Äthylidendiacetat* u. außerdem *Vinylacetat.* (**F. P. 985 302** vom 28/4. 1949, ausg. 17/7. 1951. A. Prior. 23/7. 1948.) NOUVEL. H 810

Märkische Seifen-Industrie o. H. G., Witten/Ruhr, und **Karl-Heinz Imhausen** (Erfinder: **Arthur Imhausen** und **Karl-Heinz Imhausen**), Witten/Ruhr, *Ungesättigte Fettsäuren.* Die KW-stoffe werden so oxydiert, daß wenigstens 25% Oxysäuren mit $>$2 O-Atomen gebildet werden. Aus diesen wird dann unter Druck bei höherer Temp., bes. in Ggw. von Metallverbb., W. abgespalten. — Die durch Oxydation von Paraffin gewonnene Fettsäure (VZ. 220, JZ. 18) wird bei 150° mit Luft weiteroxydiert. Das 50%ig. unlösl. Verbb. enthaltende Prod. wird ca. 3 Std. auf ca. 270° erhitzt; man erhält durch Dest. eine ungesätt. Fettsäure; $Kp._{3-4}$ 180—220°, VZ. 210, JZ. 75. (**D. B. P. 871 008** Kl. 12o vom 28/7. 1937, ausg. 19/3. 1953.) KRAUSS. H 810

Soc. Nobel Française, Seine, Frankreich, *Herstellung organischer Säuren.* Leicht polymerisierbare organ. Säuren, wie *Acryl-* oder *Methacrylsäure,* die durch Einw. von H_2SO_4 auf die entsprechenden Cyanhydrine erhalten sind, werden aus ihren wss. Lsgg. mit einem Gemisch aus Bzl. u. Äthylacetat extrahiert, worauf der Extrakt, zweckmäßig nach Zusatz von etwas Cu-Acetat u. Hydrochinon, bis 100° dest. wird. Dabei geht das Lösungsmittelgemisch azeotrop bei 70° über, u. es hinterbleibt eine 95%ig. monomere Säure. Diese kann gegebenenfalls noch im Vakuum dest. werden. (**F. P. 976 043** vom 25/3. 1942, ausg. 13/3. 1951.) NOUVEL. H 810

Koppers Co., Inc., Pittsburgh, Pa., V. St. A., *Thioharnstoff* (**I**). Man führt in bekannter Weise NH_4SCN (**II**) durch Erhitzen in **I** über, behandelt das Reaktionsgemisch mit W. (wobei **I** zurückbleibt), konz. die nicht umgesetztes **II** enthaltende wss. Lsg. im Vakuum u. setzt der konz. Lsg. zur Entfernung des restlichen W. Xylol zu, das dann mit dem restlichen W. abdest. wird. Das so wiedergewonnene **II** wird in den Prozeß zurückgeführt. — Man kann auch durch Ansäuern der wss. Lsg. die freie HSCN gewinnen u. diese mit NH_3 zu **II** umsetzen, das dann in **I** übergeführt wird. (**E. PP. 645 701** u. **645 702** vom 15/7. 1947, ausg. 8/11. 1950. Beide A. Prior. 13/9. 1946.) BRÖSAMLE. H 880

Badische Anilin- & Soda-Fabrik (Erfinder: **Otto von Schickh**), Ludwigshafen/Rh., *n-Propylamin* entsteht aus Acrylsäurenitril, H_2 u. RANEY-Ni bei 80° u. 50 at. (**D. B. P. 870 419** Kl. 12q vom 25/12. 1941, ausg. 12/3. 1953.) LANGER. H 910

Badische Anilin- & Soda-Fabrik, Ludwigshafen/Rh. (Erfinder: **Paul Schlack,** Bobingen), *Dioxydiaminoverbindungen* entstehen, wenn man Glyoxal bzw. dessen lösl. Polymere in Ggw. alkal. Katalysatoren auf Nitroparaffine, die in α-Stellung zur NO_2-Gruppe ein austauschfähiges H-Atom enthalten, einwirken läßt u. das Reaktionsprod. reduziert. — *1.4-Diamino-2.3-dioxybutan.* Man setzt 1 (Mol) Glyoxal mit 6 Nitromethan in Ggw. von wenig Piperidin in $KHCO_3$-Lsg. bei anfänglich 0° um, isoliert das Reaktionsprod. u. red. in Dioxan mit H_2 u. RANEY-Ni bei 40—80° u. 200 at. *Hydrochlorid,* F. 185°; *Bis-phthalylverb.,* F. 286°. (**D. B. P. 874 449** Kl. 12q vom 5/11. 1943, ausg. 23/4. 1953.) LANGER. H 920

Badische Anilin- & Soda-Fabrik (Erfinder: **Erwin Bauer †**), Ludwigshafen/Rh., *Ätheramine* entstehen aus Äthern des α-Oxypropionsäurenitrils durch Red. mit H_2 u. Katalysatoren. — *β-Äthoxypropylamin* (**I**) u. *β.β'-Diäthoxy-α.α'-dipropylamin* entstehen gemeinsam, wenn man α-Äthoxypropionsäurenitril mit H_2, NH_3 u. RANEY-Co in methanol. Paste im Rollautoklaven bei 220° u. 300 at behandelt. Bei 100° u. 200 at entsteht fast ausschließlich **I.** (**D. B. P. 875 203** Kl. 12q vom 9/10. 1941, ausg. 30/4. 1953.) LANGER. H 920

Adolf Christian Joseph Opfermann, Bergisch-Gladbach, *Aminocarbonsäuren* entstehen, wenn man Lactone der Formel I, worin R' eine substituierte C-Kette u. X = H oder einen KW-stoffrest bedeuten, mit Carbonsäureamiden erwärmt u. die Reaktionsprodd. verseift. — *α.γ-Diaminobuttersäure.* Man erhitzt α-Amino-γ-butyrolacton mit Formamid auf 180° u. verseift die entstandene *α-Amino-γ-formylaminobuttersäure* mit HCl. — Analog: *α-Brom-*

I

γ-Formylaminobuttersäure, Kp.$_5$ 123°. — *α-Brom-γ-aminobuttersäure*. (**D. B. P. 875 360** Kl. 12q vom 18/9. 1951, ausg. 30/4. 1953.) LANGER. H 950

Distillers Co. Ltd., übert. von: **Thomas Bewley** und **Frederick J. Wilkins**, Edinburgh, Schottland, *Herstellung von Phenol* durch Oxydation von Isopropylbenzol zu Isopropylbenzolhydroperoxyd. Dieses wird zers. unter Bldg. von Phenol, welches mit W. von 50—100° extrahiert wird. Aus dem wss. Extrakt wird das Phenol mit einem organ. Lösungsm. aufgenommen u. danach durch Dest. gewonnen. — Zeichnung. (**Can. P. 477 823** vom 9/4. 1949, ausg. 16/10. 1951. E. Prior. 20/4. 1948.) M. F. MÜLLER. H 1060

Distillers Co. Ltd., übert. von: **Godfrey P. Armstrong, Frederick J. Bellringer, Peter L. Bramwyche, Thomas Bewley, Geoffrey W. Jackson** und **Frederick J. Wilkins**, Edinburgh, Schottland, *Gewinnung von Phenol* durch Zers. von Isopropylbenzolperoxyd in Ggw. eines sauren Katalysators. Das Peroxyd wird zu diesem Zweck in Isopropylbenzol gelöst. — Vgl. vorst. Referat. (**Can. P. 477 824** vom 30/5. 1950, ausg. 16/10. 1951. E. Prior. 8/6. 1945.) M. F. MÜLLER. H 1060

Socony-Vacuum Oil Co., Inc., New York, N. Y., V. St. A., *Herstellung von Phenol.* Eine Mischung aus Benzoldampf, O_2-haltigem Gas u. einem geringen Anteil (0,2 bis 0,3 Vol.-%, bezogen auf Bzl.) einer H-haltigen organ. Verb., die unter den Reaktionsbedingungen leichter H_2 abgibt als Bzl., wird bei 500 lbs./sq.in. u. 650—1000° F durch eine Reaktionszone geleitet, die frei von festem Katalysator ist u. eine metall. Oberfläche hat. Es eignen sich Cyclohexan, Cyclohexanon, Cyclohexanol, Cyclohexen, Tetrahydronaphthalin oder auch Octaldehyd, Anilin, Terpentin, n-Hexen, n-Hexan, Ae., 2-Äthyl-3-propylacrolein. Durch den Zusatz einer solchen Verb. wird die Phenolausbeute verbessert. Bei kontinuierlichem Arbeiten wird unverändertes Bzl. von Phenol u. den anderen Oxydationsprodd. abgetrennt, ergänzt u. zurückgeführt. — Vorrichtung. (**E. P. 641 662** vom 25/7. 1947, ausg. 16/8. 1950. A. Prior. 24/5. 1941.) MATTHAES. H 1060

E. I. du Pont de Nemours & Co., übert. von: **Frank S. Fawcett** und **Benjamin W. Howk**, Wilmington, Del., V. St. A., *Alkylieren aromatischer Verbindungen* mittels eines Olefins bei 50—500° in Ggw. eines Molybdits, dessen Metallion (Cu, Ni, Co) in überschüssigem wss. NH_3 lösl. ist. Die Rk. wird meistens unter autogenem Druck ausgeführt. Die Katalysatoren können Beschleuniger, wie Cd, Ba, Cr, Co, Zn, Cu enthalten u. auf Träger (Al_2O_3, SiO_2) aufgebracht sein. Regenerierung erfolgt mittels O_2, Luft bei 500° u. Red. des gebildeten Molybdats zu Molybdit. — Bzl. u. C_3H_6 werden 5 Std. auf 200° in Ggw. von $NiMoO_2$ im geschlossenen Gefäß erhitzt u. ergeben eine Mischung von *Isopropyl-* u. *Diisopropylbenzol.* Mit Toluol erhält man *Isopropyltoluol*, Kp. 160—181°, n_D^{25} 1,4912—1,4940. Auf gleiche Weise werden hergestellt: *sek.-Butyltoluol*, Kp. 120°, n_D^{25} 1,48990. *Mono-* u. *Diisopropylphenol*, *p-tert.-Butylphenol*, F. (aus W.) 98—99°. *Octylphenol*, Kp.$_{11}$ 148—152°, n_D^{25} 1,5038—1,5044. *p-Octylphenol* = *p-(α.α.γ.γ-Tetramethylbutyl)-phenol*, F. 85—86°. *Octylresorcin*, $C_{14}H_{22}O_2$, n_D^{25} 1,5171 bis 1,5178. *p-Isopropylanisol*, $C_{12}H_{14}O$, Kp.$_{19}$ 90—96°, n_D^{25} 1,5030. *Diisopropylanisol*, Kp.$_{19}$ 112—119°, n_D^{25} 1,4982. *Isopropylresorcindimethyläther*, $C_{11}H_{16}O_2$, Kp.$_{11}$ 112 bis 119°, n_D^{25} 1,5103—1,5131. *2.5-Di-tert.-butyl-1.4-hydrochinon*, F. 207—210°. (**A. P. 2 572 019** vom 30/6. 1950, ausg. 23/10. 1951.) G. KÖNIG. H 1060

N. V. de Bataafsche Petroleum Mij., Holland (Erfinder: **Daniel B. Luten jr.** und **Aldo de Benetictis**), *Abkömmlinge aromatischer Verbindungen.* Man versetzt ein Xylenolgemisch, das 55—60% *2.4-Xylenol* (I) u. außerdem 2.3-, 2.5-, 2.6- u. 3.5-Xylenol enthält, mit *2.4-Dimethyl-6-tert.-butylphenol* (II), wobei 1 Mol I auf 1 Mol II entfallen soll. Beim Abkühlen scheidet sich ein *Additionsprod.* aus I u. II ab, das aus Isooctan umkrist. werden kann, F. 45,7°. Es kann durch Dest. in seine Komponenten zerlegt oder durch Erhitzen mit Isobutylen in Ggw. von H_2SO_4 in reines II übergeführt werden. Auch aus I u. *Cineol* erhält man ein Additionsprodukt. Ganz allg. lassen sich aus aromat. Verbb., die eine OH-, NH_2-, CN- oder COOH-Gruppe enthalten, durch Zusatz von Alkylderivv. dieser Verbb. Additionsprodd. herstellen. (**F. P. 974 518** vom 3/11. 1948, ausg. 23/2. 1951. A. Prior. 3/11. 1947.) NOUVEL. H 1060

General Mills, Inc., übert. von: **David Aelony**, Minneapolis, Minn., V. St. A., *Ester von Oxyalkylarylsulfonamiden* der allg. Formel $RSO_2N\langle^{R'_{(2-n)}}_{(R''OOCR''')_n}$ (R = Aryl, Naphthyl, Thienyl, R' = H, Alkyl, Aryl, Alkanol, R'' = Alkylen oder dessen Substitutionsprodd., R''' = Alkyl, Aryl, Aralkyl, n = 1 oder 2) erhält man durch Kondensation eines Arylsulfonylhalogenids mit einem Alkanolamin. Das gebildete Oxyalkylarylsulfonamid kann dann mit acylierenden Mitteln verestert werden. — Benzolsulfonylchlorid wird mit Diäthanolamin in Ggw. von Na_2CO_3 1 Std. erhitzt. Das entstandene N.N-Di-β-oxyäthylbenzolsulfonamid, n_D^{30} 1,5457, wird mit Stearinsäure in Xylol in Ggw. von p-Toluolsulfonsäure zu *N.N-Di-β-oxyäthylbenzolsulfonamiddistearat* verestert, F. 75,6°. Eine 25%ig. Lsg. in Terpentinöl kann als *Poliermittel* für *Schuhe, Möbel, Wagen* verwendet werden. — *N-β-Oxyäthylbenzolsulfonamid* → *N-β-Oxyäthylbenzolsulfonamidstearat*, F. 79—79,5°. — *N-β-Oxyäthyl-p-toluolsulfonamid*, $Kp._{40}$ 208°, → *N-β-Oxyäthyl-p-toluolsulfonamidstearat*. — *N.N-Di-β-oxyäthyl-p-toluolsulfonamid*, F. 101,5—103,5°, → *N.N-Di-β-oxyäthyl-p-toluolsulfonamiddistearat*, F. 68,5—69,5°. — *N.N-Di-β-oxyäthyl-p-toluolsulfonamiddiacetat*, n_D^{30} 1,5103. — *N.N-Di-β-oxyäthyl-p-toluolsulfonamiddibutyrat*, $Kp._{0,4}$ 238°; n_D^{30} 1,5002. — *N.N-Di-β-oxyäthyl-β-naphthalinsulfonamid*, F. 92,4°, → *N.N-Di-β-oxyäthyl-β-naphthalinsulfonamiddistearat*, F. 78,5 bis 80°. — *N-Äthyl-N-β-oxyäthylbenzolsulfonamidacetat*, $Kp._{150}$ 184°; n_D^{30} 1,5133. — *N-Äthyl-N-β-oxyäthylbenzolsulfonamidbutyrat*, $Kp._{100}$ 180°; n_D^{25} 1,5080. — *N-Äthyl-N-β-oxyäthylbenzolsulfonamidcaprylat*, $Kp._{40}$ 177—182°; n_D^{25} 1,4987. — *N-Äthyl-N-β-oxyäthylbenzolsulfonamidcaprinat*, $Kp._{200}$ 225°; n_D^{25} 1,4964. — *N-Äthyl-N-oxymethylbenzolsulfonamidlaurat*, $Kp._{30}$ 215—220°; n_D^{25} 1,4918. — *N-Äthyl-N-β-oxyäthylbenzolsulfonamidmyristat*, $Kp._{50}$ 240°; n_D^{24} 1,4915. — *N-Äthyl-N-β-oxyäthylbenzolsulfonamidstearat*, $Kp._{40}$ 242°. — *N-Butyl-N-β-oxyäthylbenzolsulfonamidacetat*, $Kp._{8}$ 153,4°; n_D^{30} 1,5075. — *N-Butyl-N-β-oxyäthylbenzolsulfonamidbutyrat*, $Kp._{10-30}$ 155—170°; n_D^{25} 1,5025. — *N-Butyl-N-β-oxyäthylbenzolsulfonamidcaprylat*, $Kp._{10}$ 184—192°; n_D^{25} 1,4945. — *N-Butyl-N-β-oxyäthylbenzolsulfonamidcaprinat*, $Kp._{30}$ 209—211°; n_D^{25} 1,4927. — *N.N-Di-β-oxyäthyl-p-toluolsulfonamiddiacetat*, n_D^{30} 1,5103. — *N.N-Di-β-oxyäthyl-p-toluolsulfonamiddicrotonat*, n_D^{30} 1,5232. — *N.N-Di-β-oxyäthyl-p-dichlorbenzolsulfonamiddiacetat*, $Kp._{12}$ 185 bis 193°. — *N.N-Di-β-oxyäthyl-p-dichlorbenzolsulfonamiddicaprylat*, $Kp._{10}$ 227—232°; n_D^{25} 1,5035. — *N.N-Di-β-oxyäthylthiophensulfonamiddiacetat*, $Kp._{50-70}$ 192—205°; n_D^{30} 1,5153. — *N-β-oxyäthyl-N-phenylbenzolsulfonamidacetat*, $Kp._{30}$ 185—188°, n_D^{25} 1,5570. — Verwendung als *Weichmacher* für *Polyvinylharze* u. als *Poliermittel*. (**A. PP. 2 496 650** vom 26/1. 1946 u. **2 496 651** vom 15/5. 1947, beide ausg. 7/2. 1950.) KRAUSS. H 1090

Monsanto Chemical Co., St. Louis, Mo., übert. von: **Collis C. Bryan**, Seattle, Wash., V. St. A., *Vanillin* gewinnt man aus rohen Vanillinkonzentraten durch Dest. mit einem fl. aliphat. KW-stoff oder einem halogenierten KW-stoff als Schlepper, wobei bevorzugt im Vakuum von 2—15 mm Hg unterhalb 165° gearbeitet wird. Der Schlepper soll bei n. Druck zwischen 220 u. 320° sieden. (**A. P. 2 506 540** vom 29/5. 1948, ausg. 2/5. 1950.) G. KÖNIG. H 1140

Gas Light & Coke Co., London, England, *Terephthalsäure* (**VI**) erhält man durch Rk. von Toluol (**I**) mit Paraformaldehyd (**II**) in Ggw. von trockenem HCl (**III**) u. Oxydation des dabei erhaltenen p-Xylylchlorids (**IV**) oder des daraus durch Hydrolyse gebildeten Carbinols mit alkal. $KMnO_4$-Lsg. (**V**) in fl. oder mit Luft in Gasphase. — 140 g **IV**, erhalten aus 1,45 (Mol) **I** u. 1 **II** bei 50° in Ggw. von $ZnCl_2$ unter Durchleiten von **III**, erhitzt man z. B. mit 1 Liter 4%ig. **V**, die 40 g NaOH enthält. Nach 30 Min. behandelt man die Reaktionslsg. mit SO_2 u. gewinnt die unlösl. **VI**. — Oder man oxydiert p-Xylylcarbinol mit Luft in Ggw. von Sn-Vanadat, das 40 Std. im Luftstrom auf 260° erhitzt wurde, bei 280°. (**E. P. 644 707** vom 6/10. 1947, ausg. 18/10. 1950.) MÜLLER-MEININGEN. H 1220

Otto Bayer und **Ernst Cauer**, *Herstellung von Sulfoderivaten des Harnstoffs oder Thioharnstoffs.* Verbb., die die Gruppe $SO_2—NH_2$ enthalten, werden in NaOH-Lsg. mit Isocyanaten oder Isothiocyanaten, gegebenenfalls in Ggw. eines organ. Lösungsm. (Aceton), bei 20—60° umgesetzt. Es entstehen Prodd. der Formel $R—SO_2—NH—CX—NH—R'$ (R = organ. Rest oder NH_2, X = O oder S, R' = organ. Rest). — Z. B. erhält man folgende Verbb.: *N-Methansulfo-N'-phenylharnstoff*, F. 168°, nach vorheriger Sinterung bei 162°, aus Methansulfamid (**I**) u. Phenylisocyanat (**II**); *N-Benzolsulfo-N'-phenylharnstoff*, F. 157—158°, aus Benzolsulfamid (**III**) u. **II**; *ω.ω'-Dibenzolsulfohexamethylendiharnstoff*, F. 182°, aus **III** u. Hexamethylendiisocyanat; *N-(4-Carbäthoxyaminobenzolsulfo)-N'-ω-chlorhexylharnstoff*, F. 139—141°, aus 4-Carbäthoxyaminobenzolsulfamid u. ω-Chlorhexylisocyanat; *N-Amidosulfo-N'-phenylharnstoff*, F. 151°, aus Sulfamid u. **II**; *N-(Phenylcarbamylaminobenzolsulfo)-N'-phenylharnstoff*, F. 208—210°, aus 1 Mol 4-Aminobenzolsulfamid u. 2 Mol **II**; *N-Methansulfo-N'-phenylthioharnstoff*, F. 164—166°, aus **I** u. Phenylisothiocyanat; *N-(3-Nitrobenzolsulfo)-N'-allylthioharnstoff*, F. 126—127°, aus 3-Nitrobenzolsulfamid u. Allylisothiocyanat. Andere geeignete Ausgangsstoffe sind Chlormethan-, p-Methylbenzol-, p-Chlorbenzol- u. p-Acetylaminobenzolsulfamid sowie ω-Chloräthyl-, 4-Nitrophenyl-, 4-Chlorphenyl-, 3.4-Dichlorphenylisocyanat u. Benzylisothiocyanat. — Zwischenprodd. zur Herst. von Farbstoffen, pharmazeut. Präpp., Pflanzenschutzmitteln u. Gerbstoffen. (**F. P. 993 465** vom 28/6. 1949, ausg. 31/10. 1951.) NOUVEL. H 1280

E. I. du Pont de Nemours & Co., V. St. A. (Erfinder: **Richard H. Braunlich** und **Winford B. Johnson**), *Herstellung von Diarylaminen.* Man erhitzt Anilin mit 0,3—3,0% $AlCl_3$ unter 7—21 at Druck 3 Std. auf 304—357°. Unter Abspaltung von NH_3 entsteht *Diphenylamin* in 50—60%ig. Ausbeute. Analog werden andere Diarylamine aus Monoarylaminen hergestellt. (**F. P. 967 799** vom 17/6. 1948, ausg. 10/11. 1950.) NOUVEL. H 1310

Badische Anilin- & Soda-Fabrik, Ludwigshafen/Rh., *Styrol oder seine Homologen* erhält man durch katalyt. Dehydrierung von Äthylbenzol oder seinen Homologen bei 500—700° in Ggw. von soviel O_2, wie zur Verbrennung von mindestens der Hälfte des abgespaltenen H erforderlich ist. Der Katalysator wird entweder in dünner Schicht oder in geringer Menge angewendet. Die 1std. Durchsatzmenge soll mindestens das Dreifache des Katalysatorgewichts betragen. Nach dem andern Verf. verwendet man soviel O_2, daß die Reaktionstemp. ohne Wärmezufuhr von außen aufrechterhalten wird. — Aus Äthylbenzol entstehen in Ggw. von Wasserdampf, Luft u. einem Ag-Katalysator bei der durch die Verbrennung des abgespaltenen H entstehenden Temp. von 615—625° 13% Styrol. Vgl. D. R. P. 550 055. (**D. B. PP. 869 207** Kl. 12o vom 31/7. 1943 u. **869 208** Kl. 12o vom 30/6. 1942, beide ausg. 2/3. 1953.) KRAUSS. H 1410

—, Forschungsstelle für Acetylen, Dortmund. Untersuchungen über Aceton als Lösungsmittel für Acetylen. Als Ms. gedr. Köln, Opladen: Westdeutscher Verl. 1952. (57 S. m. Abb. u. graph. Darst.) 4° = Forschungsberichte d. Wirtschafts- u. Verkehrsministerien Nordrhein-Westfalen. Nr. 14. DM 16,75.

X. Färberei. Organische Farbstoffe.

H. Haas, *Farbwanderung beim Trocknen von Geweben.* Vf. weist auf den ungleichmäßigen Ausfall von Färbungen hin, der nicht auf den Färbeprozeß als solchen zurückzuführen ist. Zur Erklärung der Ursachen zieht er Veröffentlichungen in der Literatur heran, die sich mit der Holztrocknung beschäftigen u. überträgt die sich hieraus ergebenden Erkenntnisse auf das Trocknen gefärbter Gewebe. (Melliand Textilber. **34.** 67—68. Jan. 139—40. Febr. 1953.) P. ECKERT. 7002

Joachim Müller, *Kritische Bemerkungen über neuzeitliche Kontinue-Färbeverfahren für Küpenfarbstoffe.* Vergleichende Übersicht über die verschied. Verfahren. (De Tex **12.** 150—57. 15/2. 1953.) WESLY. 7020

F. Gund, *Erfahrungen in der Kontinuefärberei.* An Hand von Beispielen berichtet Vf. über das Dampffixieren von mit Direktfarbstoffen geklotzter Ware sowie über die kontinuierliche Diazotierung u. Entw. von Diazotierungsfarbstoffen. (Melliand Textilber. **34.** 51—53. Jan. 130—32. Febr. 1953.) P. ECKERT. 7020

—, *Die Technik des Färbens bei hoher Temperatur.* Zum Färben bes. vollsynthet. Fasern bei hoher Temp. (über 100°) eignet sich eine geschlossene, zylindr., drehbare Färbevorr., die im einzelnen beschrieben wird. Zur Steigerung der Quellung wird der Flotte, bei vollsynthet. Fasern, p-Phenylphenol zugesetzt. Kurze theoret. Hinweise bzgl. des Quellungsvorganges werden gegeben. Fragen, die sich mit gegebenenfalls vorkommenden Schädigungen der Textilien oder Schrumpfung beschäftigen, werden erörtert. Besprochen wird die Verwendung von Färbereihilfsmitteln sowie von Farbstoffmischungen. Als besonderer Vorteil des Verf. wird u. a. das schnelle Aufziehen angeführt. (Textile Mercury Argus **128.** 25—26. 29. 2/1. 1953.) P. ECKERT. 7020

—, *Das Färben von Reyon auf der Haspel.* Behandelt wird das Färben von Reyontextilien auf der Haspelkufe. Besprochen werden die Vorbehandlung des Materials, die Auswahl geeigneter Farbstoffe sowie der Färbeprozeß. (Textile Mercury Argus **127.** 1160—61. 26/12. 1952.) P. ECKERT. 7020

R. Hünlich, *Ungleiche und streifige Ausfärbungen auf Reyongeweben.* Um ein gleichmäßiges Ziehen der Farbstoffe zu erzielen, muß das Gewebe vorher gut gereinigt werden. Farbstoffe mit polydisperser Teilchengröße verursachen eher streifige Ausfärbungen als solche mit gleichmäßigerer Teilchengröße. Eine gleichmäßige Ausfärbung wird begünstigt, wenn man die Gewebe einer Vorbehandlung mit Hydrosulfitalkali unterzieht. Bequemer ist die Anwendung von Direktfarbstoffen, von denen eine größere Anzahl aufgeführt wird. Viscoseseide färbt man zunächst bei niedriger Temp. u. steigert diese langsam. Cu-Seide wird bei niedriger Temp. ausgefärbt. Für beide Kunstseidearten empfiehlt sich die Anwendung von Hilfsmitteln, die den Dispersitätsgrad regeln; statt Soda verwendet man Na-Borat oder -Phosphat. Mehrere gut egalisierende Farbstoffe werden genannt. Acetatseide soll aus homogenen Partien bestehen, gründlich vorbereitet sein u. mit gut egalisierenden Farbstoffen unter Anwendung zweckmäßiger Verff., wenn nötig, mit Hilfe von Egalisiermitteln, gefärbt werden. (De Tex **12.** 157. 15/2. 1953.) WESLY. 7020

—, *Das Färben von „Terylene“.* Kurze zusammenfassende Übersicht. (Textile Weekly **50.** 1050. 1052. 1054. 17/10. 1322. 1324. 14/11. 1528. 1531. 5/12. 1952; **51.** 105. 9/1. 172. 174. 16/1. 1953.) P. ECKERT. 7020

—, *Das Zimmer-Filmdruckverfahren.* Es werden die Bauart, die Arbeitsweise u. die Vorteile der vertikal angeordneten Filmdruckmaschine beschrieben. Der Druck erfolgt gleichzeitig auf beiden Seiten des Textilgutes. — Abbildungen. (Textile Mercury Argus **127.** 1148—49. 26/12. 1952.) P. ECKERT. 7022

Dorothy Ashton und **M. E. Probert,** *Eine einfache Arbeitsweise zur Feststellung der Wirkung von Feuchtigkeit auf das Ausbleichen und den Abbau gefärbter Gewebe im Sonnenlicht sowie einige Beobachtungen an gefärbter Baumwolle.* Zur Lichtechtheitsprüfung gefärbter Gewebe in Ggw. von Luft bekannter Feuchte dienten Konservengläser, in deren Schraubdeckel eine Scheibe Photoplattenglas, darunter das Prüfgewebe eingesetzt wird. Die Feuchtigkeit wird mit 80 ml H_2SO_4 eingestellt. Das Luftvol. beträgt 400 ml. Die im Bereich relativer Feuchten 0—100% belichteten Gewebe wurden auf photochem. Abbau durch Fluiditätsmessungen sowie auf Ausbleichen geprüft. Der photochem. Abbau bas. gefärbter Gewebe nimmt mit der Feuchtigkeit zu, während bei Küpenfärbungen bei einer Feuchte von 50% der Abbau ein Minimum durchläuft. Das Ausbleichen nimmt mit zunehmender Feuchte laufend zu. Vergleichsverss. an 46 verschied. Küpenfärbungen bei 10 u. 90% relativer Feuchte zeigen erhebliche Unterschiede in der Feuchtigkeitsabhängigkeit des Ausbleichens u. des photochem. Abbaus. Bzgl. des umfangreichen Zahlenmaterials wird auf das Original verwiesen. (J. Textile Inst., Trans. **44.** T1—11. Jan. 1953. Manchester, Didsbury, Shirley Inst., Brit. Cotton Ind. Res. Assoc.) ZAHN. 7028

Soc. An. Manufactures de Produits Chimiques du Nord Établissements Kuhlmann, Soc. An. des Matières Colorantes et Produits Chimiques de Saint Denis und **Comp. Française de Produits Chimiques et Industrielles du Sud-Est** (Erfinder: **Robert Lantz**), Paris, Frankreich, *Entwicklung von in Wasser unlöslichen Azofarbstoffen auf der Faser* (**I**). Man bringt auf die **I** zunächst lösl. Azofarbstoffe, die eine sek. Aminogruppe besitzen, deren an N gebundenes H-Atom durch eine Sulfogruppe (**II**) ersetzt ist u. die keine andere lösl. machende Gruppe enthalten, u. unterzieht anschließend die **I** einer sauren, die Abspaltung der **II** bewirkenden Behandlung. (**D. B. P. 868 288** Kl. 8m vom 14/9. 1950, ausg. 23/2. 1953. F. Prior. 2/2. 1945.) v. SCHILLER. 7021

Ciba Akt.-Ges., Basel, Schweiz, *Azofarbstoff.* 8,1 (Teile) 2-Amino-1-benzyloxy-4-tert.-amylbenzol werden diazotiert u. mit einer Lsg. von 16 des Di-Na-Salzes der 1-p-Toluolsulfoylamino-8-oxynaphthalin-3.6-disulfosäure + 10 Na_2CO_3 in 100 W. bei 0° gekuppelt. Blaurotes Pulver, das Wolle in essigsaurem Bade blaurot färbt. (**Schwz. P. 268 842** vom 30/7. 1942, ausg. 16/9. 1950.) KALIX. 7053

J. R. Geigy Akt.-Ges., Basel, Schweiz, *Chromierbare Monoazofarbstoffe.* Diazotierte 6-Nitro-4-alkyl-(oder cycloalkyl)-2-aminophenole mit 5—8 C-Atomen im Alkyl- oder Cycloalkylrest werden mit 1-(3′-Chlorphenyl)-5-pyrazolon-3-carbonsäure (oder mit ihren Alkalisalzen) nach üblichen Methoden gekuppelt. Dunkle, meist wenig wasserlösl. Pulver, die sich bes. gut für das Einbadchromierverf. eignen u. dabei Wolle in orangegelben Tönen färben. (**Schwz. P. 284 076** vom 9/6. 1950, ausg. 1/11. 1952.) KALIX. 7053

E. I. du Pont de Nemours & Co., Wilmington, Del., übert. von: **Boyce Galloway Carson,** Mission, Kans., V. St. A., *Monoazofarbstoffe* **I**, worin R ein Phenyl- u. Chlorphenylrest ist, in dem die COOH-Gruppe in o-Stellung zur NH-Gruppe steht, erhalten durch Diazotieren u. Kuppeln eines o-Aminophenols (**II**), worin X H oder Cl bedeutet, mit 1.3-Isochinolindiol, läßt sich ohne oder nur mit wenig Zers. chromieren oder auf Wolle nachchromieren. Licht-, wasch- u. walkbeständig. (**A. P. 2 535 121** vom 12/4. 1949, ausg. 26/12. 1950.) HARDER. 705

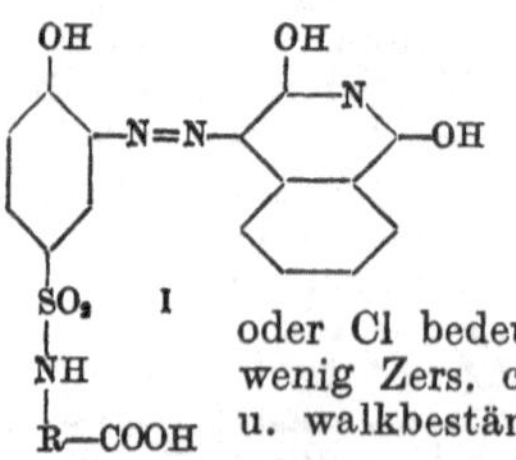
I

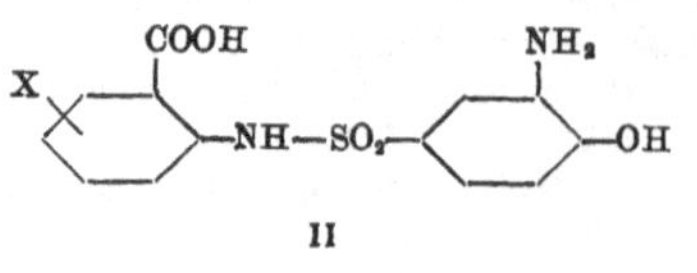
II

Visking Corp., übert. von: **Marvin H. Gold** und **Harold H. Levine,** Chicago, Ill., V. St. A., *Löslicher Azofarbstoff* wird erhalten durch Kuppeln eines diazotierten oder polydiazotierten aromat. Amins mit einem in W. lösl. Sulfonat, das eine aktivierte $=CH_2$- oder $\equiv CH$-Gruppe enthält, z. B. Sulfonaten von β-Nitroalkanen, wobei die aktivierende Nitrogruppe direkt an das C-Atom der CH_2- oder CH-Gruppe gebunden ist. So entsteht durch Kuppeln von diazotiertem p-Nitranilin mit 2-Nitropropan-

1-sulfonat (**I**) ein kanariengelber, in W. lösl. u. Seide gelb färbender Farbstoff der Formel $p\text{-}NO_2\text{—}C_6H_4\text{—}N\text{=}N\text{—}C(NO_2)(CH_3)\text{—}CH_2SO_3Na$, aus diazotiertem Benzidin mit **I** 2 Frak-

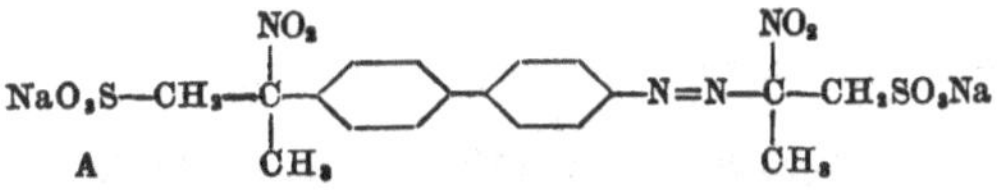
A

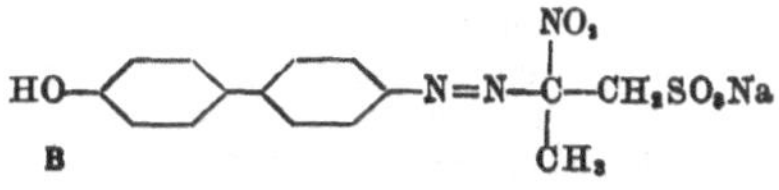
B

tionen **A** u. **B**, in W. lösl. orangebraune Substanzen, die Seide gelborange färben. (**A. P. 2 526 218** vom 20/12. 1946, ausg. 17/10. 1950.) HARDER. 7053

General Aniline & Film Corp., New York, übert. von: **William Henry von Glahn**, Loudenville, N. Y., V. St. A., *Wasserunlösliche Azofarbstoffe* der allg. Formel **I** erhält man durch Kupplung der Diazoverb. eines Amins der Formel **II** mit einem Arylamid einer o-Oxycarbonsäure (R = Arylamid einer o-Oxycarbonsäure mit

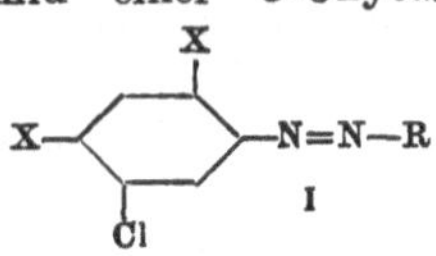
I

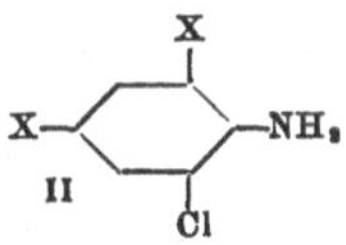
II

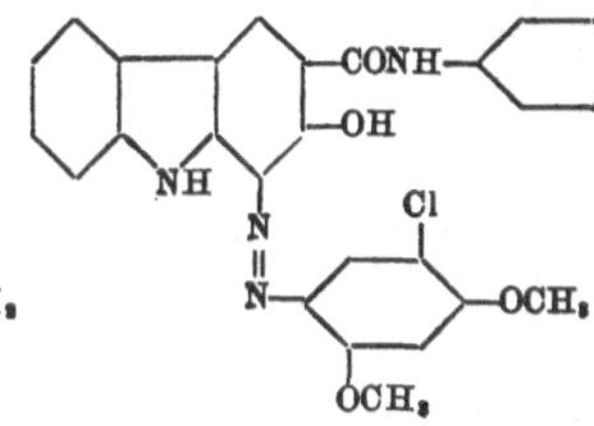
III

mehr als 2 annelierten Ringen, wovon mindestens einer aromat. u. heterocycl. u. der andere aromat. ist, X = Methoxy oder Äthoxy). Die Farbstoffe können auch auf der Faser (Baumwolle, Reyon) erzeugt werden, die Komponenten sollen keine wasserlöslichmachenden SO_3H u. COOH-Gruppen enthalten. 5-Chlor-2.4-dimethoxyanilin (**IV**) wird bei -5^0 diazotiert u. mit einer gepufferten alkal. Lsg. von 2-Oxycarbazol-3-carbonsäure-p-chloranilid gekuppelt zu einem *braunen Pigment* (**III**). Das gleiche Pigment erhält man mit dem entsprechenden Diäthoxyanilin. — **IV** + 3-Oxyanthracen-2-carbonsäure-o-toluidid (**V**) → grünschwarzes Pigment. — **IV** + Bz-2-Oxybenzocarbazol-Bz-3-carbonsäure-p-anisidid → *rotviolettes* Pigment. — 5-Chlor-2-äthoxy-4-methoxyanilin + **V** → *grünschwarzes* Pigment. — **IV** + 2-Oxydibenzofuran-3-carbonsäure-2′.5′-dimethoxyanilid. (**A. P. 2 496 255** vom 2/4. 1946, ausg. 31/1. 1950.) KRAUSS. 7053

I. G. Farbenindustrie Akt.-Ges., Frankfurt/M. (Erfinder: **Adolf Diebold**, Ludwigshafen/Rh.), *Herstellung von Tetrakisazofarbstoffen*, indem man tetrazotierte Diamine von der Formel I, worin X die Diphenylbindung oder eine Brücke u. Y freie, verätherte oder veresterte Oxygruppen darstellen, mit 2 Mol einer Aminooxynaphthalinsulfonsäure vereinigt, die in o-Stellung zu einer Oxygruppe

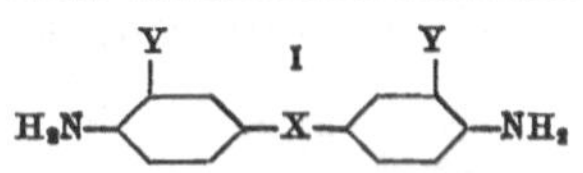

kupplungsfähig u. durch eine Azobrücke mit dem Rest einer aromat. o-Oxycarbonsäure verbunden ist. — Z. B. kuppelt man tetrazotiertes 4.4′-Diamino-3.3′-dimethoxydiphenyl mit dem Monoazofarbstoff aus diazotierter 1-Amino-2-oxybenzol-3-carbonsäure-5-sulfonsäure u. 2-Amino-5-oxynaphthalin-7-sulfonsäure. Der erhaltene Farbstoff färbt Baumwolle oder Viscosekunstseide in blauen Tönen. Nachbehandlung mit Cu- oder Cr-Salzen verbessert Waschechtheit. (**D. R. P. 752 164** Kl. 22a vom 8/6. 1941, ausg. 23/2. 1953.) GRÄGER. 7055

I. G. Farbenindustrie Akt.-Ges., Frankfurt/M. (Erfinder: **Ernst Fellmer**, Leverkusen), *Disazofarbstoffe*. 1 Mol einer diazotierten 1-Amino-2-oxy-(oder 2-Amino-1-oxy-) naphthalinsulfosäure wird mit 1 Mol eines mindestens zweimal kuppelnden 1.3-Dioxybenzols gekuppelt, der so erhaltene Monoazofarbstoff mit 1 Mol einer Diazoverb. der Benzol- oder Naphthalinreihe weitergekuppelt, die in o-Stellung zu N_2 eine metallkomplexbildende u. gegebenenfalls noch wasserlösl. machende Gruppen enthält, u. das Prod. chromiert. Die Prodd. färben Leder u. tier. Fasern dunkelblau bis schwarzblau. — Beispiel: Der Monoazofarbstoff aus 1-Amino-2-oxynaphthalin-4-sulfonsäure u. 1.3-Dioxybenzol wird mit 2-Aminophenoxyessigsäure gekuppelt u. das Prod. chromiert. (**D. R. P. 760 951** Kl. 22a vom 29/8. 1941, ausg. 30/3. 1953.) KALIX. 7055

Cassella Farbwerke Mainkur (Erfinder: **Richard Fleischhauer**), Frankfurt/M.-Fechenheim, *Herstellung von Tetrakisazofarbstoffen*, indem man die Diazoverbb. von Aminotrisazofarbstoffen der allg. Formel $A\text{—}N\text{=}N\text{—}B\text{—}N\text{=}N\text{—}C\text{—}N\text{=}N\text{—}D\text{—}NH_2$, worin A einen Rest der Benzolreihe bedeutet, der eine Carboxylgruppe trägt u. noch weiter substituiert sein kann, B, C u. D Reste der Benzol- oder Naphthalinreihe, die noch weitere Substituenten enthalten können, darstellen, mit solchen Kupplungskomponenten vereinigt, die in m-Stellung zueinander Oxy- oder Aminogruppen enthalten, u. die Komponenten so wählt, daß die Tetrakisazofarbstoffe mindestens 2 Sulfonsäuregruppen enthalten, z. B. mit 1.3-Diaminobenzol, 1.3-Diamino-4-methyl- oder -4-methoxy- oder -4-chlor- oder -4-nitrobenzol, 1-Amino-3-oxybenzol, 1.3-Dioxybenzol, 1-Methylamino- oder 1-Dimethylamino-3-aminobenzol, 1-Methyl-2-äthylamino-4-aminobenzol, 1-Oxyäthylamino-3-aminobenzol, 3-Oxydiphenylamin, 2.4.4'-Triaminodiphenyl, 3'-Aminophenylaminoessigsäure, 3.5-Diaminobenzol-1-carbonsäure oder 3'-Aminophenylaminoäthansulfonsäure. Die Farbstoffe färben pflanzliche Fasern in blauen, grauen, schwarzen bis olivgrünen Tönen. Durch Nachbehandlung mit CH_2O u./oder Metallsalzen, wie Cu- oder Cr-Salzen, wird Waschechtheit erhöht. (**D. B. P. 866703** Kl. 22a vom 13/8. 1942, ausg. 12/2. 1953.) Gräger. 7055

Farbenfabriken Bayer (Erfinder: **Ernst Fellmer**), Leverkusen, *Komplexe Chromverbindungen von Disazofarbstoffen.* 1 (Mol) einer diazotierten 1-Amino-2-oxy-(oder 2-Amino-1-oxy)-naphthalinsulfosäure wird mit 1 eines mindestens zweimal kuppelnden 1.3-Dioxybenzols vereinigt, der so erhaltene Monoazofarbstoff mit 1 einer alkylsubstituierten Diazoverb. der Benzol- oder Naphthalinreihe gekuppelt u. der so erhaltene Disazofarbstoff chromiert. — Beispiel: 2-Amino-1-oxynaphthalin-4-sulfosäure → 1.3-Dioxybenzol → 1-Amino-2-oxy-5-methylbenzol. Der Disazofarbstoff wird chromiert, bis eine doppelte Cr-Komplexverb. entstanden ist. Die Farbstoffe färben Leder dunkelblau bis schwarzblau. Ähnliche Farbstoffe erhält man, wenn an zweiter Stelle statt mit alkylsubstituierten mit halogensubstituierten Diazoverbb. gekuppelt wird, z. B. mit 1-Amino-2-oxy-5-chlorbenzol oder der 3-Sulfonsäure hiervon. (**D. B. PP. 855141** u. **855142** Kl. 22a vom 29/8. 1941, ausg. 10/11. 1952.) Kalix. 7055

Imperial Chemical Industries Ltd., London, England (Erfinder: **S. Coffey, N. H. Haddock, F. Lodge, J. Wardleworth** und **C. Wood**), *Löslichmachen von Küpenfarbstoffen der Anthrachinonreihe.* Farbstoffe dieser Reihe, die keine Carboxyl- oder Sulfonsäuregruppen, aber eine Chlormethyl- oder Brommethylgruppe am Kern enthalten, werden so behandelt, daß die Chlormethyl- oder Brommethylgruppen durch quaternäre oder tern. Salzgruppen ersetzt werden, z. B. durch tern. Sulfonsäuregruppen, Isothioharnstoffgruppen oder quaternäre Ammoniumgruppen. (**Schwed. P. 134470** vom 2/7. 1947, ausg. 5/2. 1952. E. Prior. 3/7. 1946.) Jürgen Schmidt. 7059

I. G. Farbenindustrie Akt.-Ges., Frankfurt/M. (Erfinder: **Heinrich Neresheimer,** Ludwigshafen/Rh., und **Ernst Anton,** Gendorf, Post Burgkirchen/Alz), *Leukoschwefelsäureester der Isodibenzanthronreihe.* Der Di-(β-äthoxyäthyl)-äther des Bz 2.Bz 2'-Dioxyisodibenzanthrons wird in an sich bekannter Weise, z. B. durch Behandlung in Pyridin mit $Cl\cdot SO_3H$ in Ggw. von feinverteiltem Fe, in seinen Leukoschwefelsäureester übergeführt. — Der Ester ist sehr farbstark u. gibt auf Mischgeweben aus Baumwolle u. umgefällter Cellulose blaue, farbtongleiche Färbungen u. Drucke. (**D. R. P. 752538** Kl. 22b vom 16/2. 1940, ausg. 26/5. 1953.) Roick. 7059

Eastman Kodak Co., übert. von: **Charles F. H. Allen** und **Charles V. Wilson,** Rochester, N. Y., V. St. A., *1.4.5.8-Tetraaminoanthrachinonverbindungen* der allg. Zus. **I,** worin R_1, R_2, R_3 u. R_4 Alkyl, Oxalkyl, Alkoxalkyl, N.N-Dialkylaminoalkyl, eine Alkylsulfonsäuregruppe oder Alkylcarbonsäuregruppe, Aralkyl oder Cycloalkyl bedeutet, erhält man durch Umsetzen der entsprechenden Amine mit der Leukoform

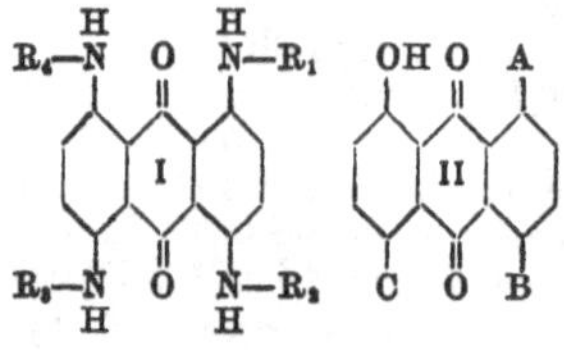

einer Oxyanthrachinonverb. der allg. Zus. **II,** worin A, B u. C OH oder eine —N—R-Gruppe bedeutet, u. zwar muß die Rk. unter absol. Luftabschluß, gegebenenfalls in inerten Gasen, durchgeführt werden. — Die erhaltenen Farbstoffe dienen zum Färben von *Gasolin* u. sind verwendbar als *Filterfarbstoffe* zum Absorbieren von Infrarotstrahlen. — 11 (Gewichtsteile) Leuko-1.4.5.8-tetraoxyanthrachinon, 50 β-Äthanolamin u. 90 W. erhitzt man auf dem Dampfbad 24 Std. unter Rückfluß u. unter N_2 12—16 Std. u. dann zur Oxydation der Leukoverb. 48 Std. in einem Luftstrom. In 98%ig. Ausbeute erhält man 1.4.5.8-Tetra-β-oxäthylaminoanthrachinon, Kristalle aus Benzylalkohol, F. 316—320°. In ähnlicher Weise können Anthrachinonfarbstoffe erhalten werden, die in 1-, 4-, 5- u. 8-Stellung enthalten den Rest von: n-Amylamin, Kristalle aus n-Butanol, F. 154 bis 157°; Cyclohexylamin, Kristalle aus Methanol, F. 200—205°; β-Methoxyäthylamin, glänzende violette Blättchen aus Bzl., F. 198—200°; n-Laurylamin, Kristalle aus Pyridin, F. 121—122°; n-Octadecylamin, Kristalle aus Pyridin, F. 115°; 3.5.5-Trimethylhexylamin, dunkelblaues kristallines Pulver aus A. u. nach mehrmaligen Kristallisationen aus Aceton goldglänzende dunkelblaue Nadeln, F. 140°; N.N-γ-Dimethylaminopropylamin, Nd. nach dem Einengen aus Aceton, F. 119—122°; Glycin (erhalten wird 1.4.5.8-Tetra-[carboxymethylamino]-anthrachinon als Na-Salz); Valin (erhalten wird 1.4.5.8-Tetra- 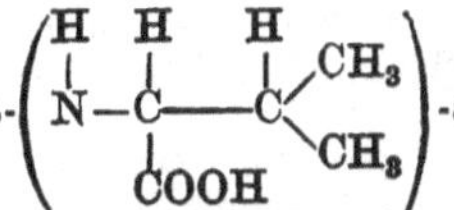 -anthrachinon); β-Alanin; Glutaminsäure (erhalten wird 1.4.5.8-Tetra-[α.γ-dicarboxypropylamino]-anthrachinon als dunkelblaues Pulver, leicht lösl. in W., Essigsäure u. Äthylenglykol mit grünstichigblauer Farbe, prakt. unlösl. in allen anderen üblichen Lösungsmitteln); β-Phenyläthylamin, blaue Nadeln aus Aceton, F. 178°; Taurin (erhalten wird das Na-Salz des 1.4.5.8-Tetra-[β-sulfoäthylamino]-anthrachinons). (**A. P. 2 611 772** vom 30/12. 1950, ausg. 23/9. 1952.) Roick. 7059

Ilford Ltd., übert. von: **George Frank Duffin** und **John David Hendall,** Ilford, England, *Pigmentfarbstoffe.* Die im A. P. 2 513 923 (C. **1951.** I. 1668) beschriebenen Farbstoffe aus S-(Thiazolyl-2)-, S-(Thiazolinyl-2)- u. S-(Benzthiazolyl-2)-thioglykolsäuren u. Verbb. der allg. Formel I werden in wss. ammoniakal. oder ätzalkal. Lsg. durch Zugabe von wasserlösl. Salzen von Ag, Cu, Au, Mn, Hg, Pb, Cr, Fe, Co, Ni, Mo, Wo, Sn, Mg, Cd, Tl, Bi u. von Seltenen Erden in die entsprechenden Metallsalze umgewandelt, die gutdeckende Pigmente in allen Farbtönen bilden. — Die in den Farbstoffen vorhandenen freien OH-Gruppen können auch nach bekannten Verff. leicht veräthert werden. Vorzugsweise behandelt man sie in alkal. Lsg. mit Alkyl-, Aralkyl- oder Alkylenhalogeniden. Die entstehenden Pigmentfarbstoffe sind in den üblichen anorgan. u. organ. Lösungsmitteln vollkommen unlöslich. (**A. PP. 2 556 526** u. **2 556 527** vom 17/11. 1949, ausg. 12/6. 1951. Beide E. Prior. 23/11. 1948.) Kalix. 7063

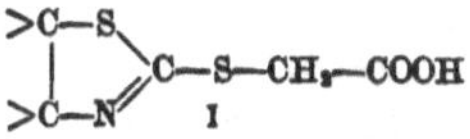

I

Imperial Chemical Industries Ltd., London, und **Robert William Gunn Preston,** Manchester, England, *Pigmentfarbstoffe* der allg. Zus. I (X = H, Cl oder Br) erhält man durch Erhitzen von 2.5-Bis-(4'-diphenylylamino)-1.4-benzochinon oder 2.5-Bis-(4'-diphenylylamino)-3.6-dichlor- oder dibrom-1.4-benzochinon in einem organ. fl. Mittel. — Die violetten Pigmente der erhaltenen *2.9-Diphenyltriphendioxazine* zeichnen sich durch bes. gute Lichtechtheit u. geringe Löslichkeit in Ölen u. Lösungsmitteln aus. — Beispiel: Durch $2^1/_2$ std. Erhitzen von 40 (Gewichtsteilen) 2.5-Bis-(4'-diphenylamino)-3.6-dichlor-1.4-benzochinon (aus 4-Aminodiphenyl u. Chloranil) mit 10 m-Nitrobenzolsulfonylchlorid in 600 Chlornaphthalin bei 250° erhält man 2.9-Diphenyl-6.13-dichlortriphendioxazin. (**E. P. 646 099** vom 12/5. 1948, ausg. 15/11. 1950.) Roick. 7063

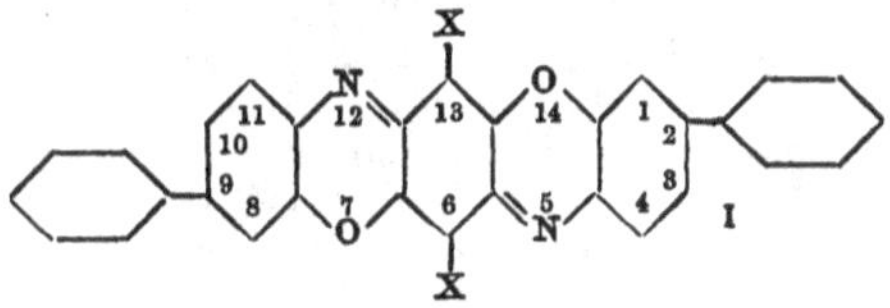

I

E. I. du Pont de Nemours & Co., Wilmington, Del., übert. von: **Gordon Bradbury Robbins,** Pennsgrove, N. J., V. St. A., *Schwefelfarben.* S- u. Cl-haltige Farbstoffe, erhalten durch Einw. von $AlCl_3 \cdot 2\,S_2Cl_2$ auf eine in W. unlösl. Verb. der Formel I,

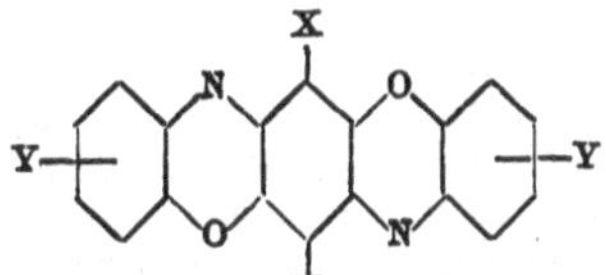

I

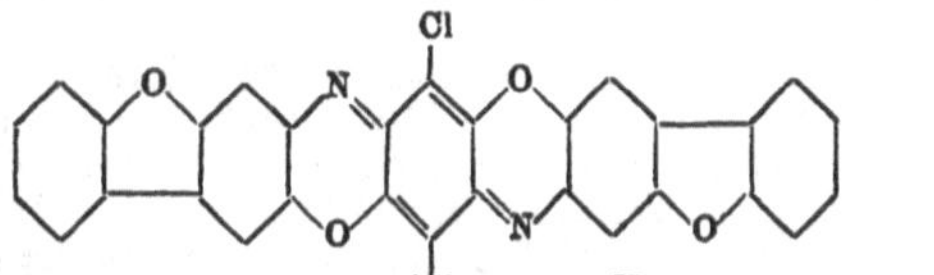

II

worin X H, Halogen u. CH_3; Y H, Halogen, Alkyl, Alkyloxy, Aryl, Aroyl u. Aryloxy bedeutet, bei 60—140° u. Behandlung des Reaktionsprod. mit Alkalihydroxyd zwecks Entfernung von überschüssigem S u. Al, färben Baumwolle im Natriumsulfidbad violett bis rot, z. B. der durch Rk. von 2.9-Diphenyl-6.13-dichlortriphendioxazin erhaltene Farbstoff rötlichviolett, der aus 3.10-Diphenyl-6.13-dichlortriphendioxazin gebildete leuchtend rot, der durch Rk. von II gebildete blauviolett. (**A. P. 2 504 153** vom 7/10. 1948, ausg. 18/4. 1950.) Harder. 7071

Kaiser Aluminium & Chemical Corp., übert. von: **John L. Porter,** Palo Alto, Calif., V. St. A., *Magnesium-Phthalocyanin.* Phthalsäureanhydrid, Phthalimid oder Phthalamid einerseits werden mit Mg-Nitrid, -Imid oder -Amid andererseits in feinverteiltem Zustande gemischt, u. das Gemisch wird unter dauerndem Rühren in einer Kugelmühle bis zum F. der Komponente mit dem niedrigsten F. erhitzt. Die Rk. läuft dann von selbst weiter, wobei man die Temp. unter 300° hält. Wenn die M. verfestigt ist, ist die Rk. beendet, u. das Reaktionsgemisch wird durch Auswaschen erst mit 5nKOH, dann mit verd. Säure von den nicht umgesetzten Ausgangsprodd. befreit. Die Rk. kann auch in Ggw. eines polaren Lösungsm., wie Nitrobenzol, ausgeführt werden. Sie ergibt einen blauen Pigmentfarbstoff. (**A. P. 2 502 748** vom 2/1. 1947, ausg. 4/4. 1950.) KALIX. 7073

Otto Syreeni, Helsingfors, Finnland, *Mischungen zur Bestimmung von Farben.* Für die photometr. Messung von Farben werden als Vergleichsfarben Gemische verwendet, die jeweils gleiche Gewichtsteile von einheitlich roten, gelben u. blauen Farbstoffen oder gefärbten Teilen enthalten, wobei die einzelnen Teile nur jeweils eine Farbkomponente aufweisen sollen. (**Finn. P. 26 128** vom 29/3. 1950, Auszug veröff. 31/12. 1952.) JÜRGEN SCHMIDT. 7087

XIa. Farben. Anstriche. Lacke. Naturharze.

S. A. Ray, *Ursprung und Entwicklung der Titanpigmente.* Übersicht über Geschichte u. Herst. von TiO_2 in Form von Anatas u. Rutil als Pigment, Kristallstruktur dieser beiden Formen, Verh. von Mischungen von TiO_2 u. ZnO u. Einfl. des Verhältnisses von Pigment zum Bindemittel auf den Glanzverlust. (Verfkroniek **26**. 46—51. Febr. 1953.) WESLY. 7092

F. H. W. Wachholtz, *Bleititanat.* (Verfkroniek **26**. 52—57. Febr. 1953. Haarlem, Chem. Techn. Adv. Bureau Rinse u. Dorst. — C. **1953**. 5419.) WESLY. 7092

Franz Kunstmann, *Anorganische Luminescenzstoffe und ihre Verwendung.* Allg. Ausführungen. (Chemiker-Ztg. verein. dtsch. Chemiker-Ztg. **74**. 360—62. 6/7. 1950. Seelze, Hannover, Riedel de Häen.) SCHEIFELE. 7092

L. J. Venuto, *Die Gasruße in der Lackindustrie.* Überblick über Geschichte, Herst. u. wichtigste Eigg. der Gasruße. (Ind. Vernice **7**. 49—52. 1953. New York, Binney & Smith, International Inc.) SCHEIFELE. 7092

D. Cannegieter, *Die Verwendung von Siliconen in der Farbenindustrie.* Zusammenfassender Vortrag über die Entw. der Siliconindustrie, die Eigg. der Silicone u. die Vorteile der Siliconöle u. -harze als Farbstoffträger in der Mal- u. Anstrichtechnik. (Verfkroniek **26**. 112—17. April 1953.) R. K. MÜLLER. 7096

Ir. J. van Loon, *Über die Struktur der polymerisierten Bestandteile von Holzöl-Standöl und ihren Einfluß auf dessen Eigenschaften.* Die Unters. des Einfl. der bei der Polymerisation von chines. Holzöl angewandten Temp. auf die Zus. des erhaltenen Standöles zeigt, daß die Umwandlung von α- (**I**) in β-Eläostearinsäure (**II**) dabei eine wichtige Rolle spielt. Die Bldg. von **II** fördert die Entstehung eines Polymerisates, das in geringerem Maße als ein aus **I** entstandenes Polymerisat zur Gelatinierung des Standöles führt. Infolgedessen führt die bei höherer Temp. stattfindende, spontane Umwandlung von **I** in **II** zu einem Standöl, das nicht mehr Polymere als ein bei niedrigerer Temp. entstandenes Standöl gleicher Eindickung enthält, weil die **I**-**II**-Umlagerung bei niedrigerer Temp. langsamer verläuft u. das Standöl daher infolge mehr oder weniger starker Bldg. von **I**-Polymeren rascher gelatiniert. Experimentell wird an einem künstlich zur **II**-Form isomerisierten Holzöl gezeigt, daß dieses auch bei niedriger Temp. (170°) ein Standöl gibt, das bzgl. seiner Zus. einem auf 280° erhitzten, aus nichtisomerisiertem Holzöl hergestellten Standöl entspricht. (Verfkroniek **26**. 61—64. Febr. 1953.) WESLY. 7096

A. J. Seavell und **J. J. Sleightholme**, *Faktoren, welche die Wärmeverdickung von Leinöl beeinflussen.* Beim Erhitzen von Leinöl unter verschied. Bedingungen wird die Polymerisationsgeschwindigkeit vor allem durch Zutritt von Luft-O_2 beeinflußt, welcher das Eindicken beschleunigt u. die Farbe des Öles dunkler macht. Das rasche Verdicken beim Erhitzen im offenen Kessel kann bei geschlossenem Kessel durch Durchleiten von Luft erzielt werden. Vakuum u. inertes Gas haben keinen merklichen Einfl. auf die Polymerisationsgeschwindigkeit. Im geschlossenen Kessel resultieren Standöle von hellerer Farbe, jedoch höherer SZ.; letztere kann durch Vakuum oder Blasen mit inertem Gas verringert werden. Die Entfernung der flüchtigeren Anteile allein bewirkt keine merkliche Beschleunigung der Wärmepolymerisation. (Off. Digest Federat. Paint Varnish Product. Clubs **1952**. 789—94. Nov.) SCHEIFELE. 7096

Yoshiyuki Toyama und **Yukinobu Iwamoto**, *Öl für Ölfarben aus Ricinusöl durch Dehydratisierung.* Als Katalysatoren für die Dehydratisierung wurden verglichen: *2-Naphthol-6-sulfonsäure* (**I**), *Naphthalinsulfonsäure-(2)*, *p-Toluolsulfonsäure* u. *$NaHSO_4$*. Das mit $NaHSO_4$ erhaltene Öl von niedriger Viscosität u. SZ. sowie blasser Farbe zeugt für die Überlegenheit des $NaHSO_4$ für die Dehydratisierung von *Ricinusöl*. Im Vgl. zu Leinöl sind die Trocknungseigg. des mit **I** behandelten Öles (Standöl) schlechter, die Farbe dunkel, das mit $NaHSO_4$ erhaltene Prod. (Firnis) ist dem Tungöl ähnlich u., abgesehen von Runzelbldg. im getrockneten Film, für Malerfarben verwendbar. (J. chem. Soc. Japan, ind. Chem. Sect. [Kógyó Kagaku Zassi] **54**. 190—92. Febr. 1951. Nagoya, Univ. [Orig.: japan.].) SCHULER. 7096

Charles N. Beck, *Einfluß der Öl- und Harzacidität in Aluminiumbindemitteln.* Zwei Normaltypen von schwimmender Al-Bronze wurden in Harz–Öl-Lacken, die mit Harzen u. Ölen verschied. SZ. hergestellt worden waren, auf Schwimmfähigkeit u. Gasbldg. untersucht. Resultate: Al-Bindemittel mit hochsauren Leinölen (SZ. 1705) ergeben schlechte Schwimmfähigkeit für die Al-Bronze. Die Schwimmfähigkeit wird durch die Acidität der Harzkomponente nicht wesentlich beeinflußt. Die Acidität der Öl- u. Harzkomponente verursacht keine Gasbldg. in fertig gemischten Al-Farben. (Off. Digest Federat. Paint Varnish Product. Clubs **1952.** 726—30. Nov.) SCHEIFELE. 7096

M. Reeves, *Herstellung von Farbüberzügen durch Tauchen und Spritzen.* Überblick. (Metal Ind. [London] **81.** 404—05. 21/11. 1952.) PAHL. 7106

—, *Schrumpfung bei Holzlacken.* Allg. Ausführungen. (Decorator **51.** Nr. 606. 97. Okt. 1952.) SCHEIFELE. 7106

J. F. H. van Eijnsbergen, *Der Schutz von Metallen durch Anstrich.* Übersicht über die Bedingungen, unter denen die Farbschicht auf die vorbehandelte Metallschicht gebracht wird, die Zus. der Anstrichschicht, die Art der Anstrichauftragung u. die Beurteilung der techn. Eigg. des Anstriches. (Verfkroniek **26.** 64—67. Febr. 1953.) WESLY. 7106

R. W. Spears, *Stahlkorrosion.* Ausführungen über Reinigungsmethoden sowie Wahl der Grund- u. Deckanstriche. (Canad. Paint Varnish Mag. **26.** Nr. 11. 38. 56. Nov. 1952. Canadian Industries Ltd., Paint & Varnish Div.) SCHEIFELE. 7106

E. F. M. Waterman-Schrijver, *Der Nachweis von Aluminiumverbindungen in weißen Pigmentmischungen.* Man bringt 1 Tropfen der neutralen oder schwachsauren Lsg. des zu untersuchenden Gemisches auf Papier, das mit $K_4Fe(CN)_6$ getränkt ist, u. nach einigen Augenblicken 1 Tropfen W. in die Mitte des Flecks, danach 1 Tropfen einer gesätt. alkoh. Alizarinlsg. an den Rand des Flecks, hält das Papier über eine konz. NH_3–W.-Lsg., bis das Alizarin violett geworden ist, trocknet bei 100° im Trockenschrank, wodurch die Violettfärbung verschwindet, u. erhält bei Ggw. von Al eine Rotfärbung am Berührungspunkt. Ti stört u. wird entfernt, indem man die Pigmentmischung in HCl löst, mit KOH alkal. macht, kocht, filtriert, schwach ansäuert u. 1 Tropfen dieser schwachsauren Lsg. zur Unters. verwendet. (Verfkroniek **26.** 57. Febr. 1953.) WESLY. 7152

F. Petke, *Rasche qualitative Teste zum Nachweis der charakteristischen Komponenten von Lackbindemitteln und Kunstharzen.* Zum Nachw. von Harnstoff- u. Melaminharz wird 0,5 g Substanz mit ca. 2 g Na-Kalk vermischt, im Reagensrohr mit 1 g Natronkalk überschichtet u. stark erhitzt, wobei freiwerdendes NH_3 mit rotem Lackmus nachgewiesen wird. Auch sind diese Harze wärmehärtbar u. weisen meist Butanolgeruch auf. Chlorierte Harze geben beim Erhitzen auf ausgeglühtem Cu-Draht Grünfärbung der Flamme (Cu_2Cl_2). Alkydharze geben bei Sublimation im KJELDAHL-Kolben weiße Kristalle von Phthalsäureanhydrid, dessen Identität weiter durch den Fluoresceintest (Erhitzen mit Resorcin u. $ZnCl_2$) bestätigt wird. Nitrocellulose wird nachgewiesen durch Spreiten von einigen Tropfen 0,5% Diphenylamin in 90% H_2SO_4 auf dem Lackfilm, wobei tiefblaue Färbung eintritt. Als Kriterium für einige neuere Lackharze dient die Verseifungszahl. Zum Nachw. organ. Katalysatoren, z. B. Methylanthrachinon, in fetten Ölen werden 0,5 cm^3 Öl mit Zn-Staub, 0,5 cm^3 10%ig. NaOH u. 5 cm^3 W. erhitzt, wobei eine kirschrote Färbung auftritt. (Off. Digest Federat. Paint Varnish Product. Clubs **1952.** 731—35. Nov.) SCHEIFELE. 7154

J. N. Hitchin, *Untersuchung von Aminoharzen für Einbrennlacke.* Die Unters. der Aminoharze erstreckt sich auf Aussehen (Farbe, Klarheit, Fremdstoffe, Homogenität), Nichtflüchtiges bei 120°, Viscosität bei 25° mit Blasenviscosimeter, Benzinverträglichkeit durch Titration mit Lackbenzin bis zur Trübung bzw. Unleserlichkeit von untergelegtem Druck, SZ., Viscositätsstabilität bis zu 6 Wochen Lagerung bei 55°, Lagerprobe von Aminoharz + Alkydharzmischungen in Xylol–Butanol (4:1) bei 55°. Klare u. pigmentierte Amino–Alkydharz-Lacke werden eingebrannt u. auf Filmaussehen, Härte mittels SWARD-Schaukel, Ritzhärte, Biegeelastizität, Haftfestigkeit, Wasserbeständigkeit, Alkoholfestigkeit, Petroleumbeständigkeit, Säureresistenz, Alkaliresistenz, Seifen- u. Fettbeständigkeit u. Witterungsbeständigkeit untersucht. (Off. Digest Federat. Paint Varnish Product. Clubs. **1952.** 755—58. Nov.) SCHEIFELE. 7158

Heinz Lauterbach, *Erprobung der Osram–Xenon-Hochdrucklampe XBO 162 als künstliche Tageslichtquelle beim Ausmischen und Nuancieren von Farbtönen in der Farben- und Lackfabrik.* Beschreibung des Geräts u. Bericht über gute Ergebnisse bei Ausmusterung u. Nuancierarbeiten. (Dtsch. Farben-Z. **7.** 218—20. Juni 1953. Berlin-Spandau.) WINIKER. 7158

Universal Oil Products Co., Chicago, übert. von: **Edward M. Geiser,** Downers Grove, Ill., V. St. A., *Harzartige elastische Produkte als Zusätze für Lacke, Filme usw.* 1—3 (Mol) eines trocknenden Esters von ungesätt. Fettsäuren werden im Gemisch von 1 eines trocknenden, polyolefin. KW-stofföles mit 0,1—3 eines Aldehydes oder Ketons kondensiert. — Der bei der Polymerisation von Butylen u. Propylen in Ggw. von wss. HF-Lsg. anfallende Säureschlamm enthält noch ein hellfarbiges, trocknendes Öl des Siedebereiches 160—400° mit einem mittleren Mol.-Gew. 263. Ein Gemisch aus 1 (Teil) dieses Öls mit 3 Leinöl wird in Ggw. von 0,1% Oxalsäure mit dem Mol-Äquivalent Trioxymethylen bei 90° kondensiert. Ein Ansatz aus trocknendem Öl u. dem Prod. gibt harte, elast. Filme. — Weiteres Beispiel. (**A. P. 2 565 654** vom 17/3. 1948, ausg. 28/8. 1951.) MÖLLERING. 7097

Badische Anilin- & Soda-Fabrik, Ludwigshafen/Rh. (Erfinder: **Werner Trimborn,** Ludwigshafen/Rh., und **Guido Schultze,** Heidelberg), *Effektlacke* aus trocknenden Ölen u. ölverträglichen Mischpolymerisaten des Vinylchlorids (**I**) enthalten auf 1 (Teil) des **I** mindestens 2, bes. aber 3—4, Holzöl oder eines ähnlichen Öls, wie Oiticicaöl oder Perillaöl, u. gegebenenfalls weitere bekannte öllösl. Harze. Sammet-, Kräusel- bis Eisblumeneffekte. (**D. B. P. 870 002** Kl. 22h vom 20/4. 1951, ausg. 9/3. 1953.) GRÄGER. 7107

George Stuart Adlington, Horby, England, *Hitzeabweisende Anstriche, Zemente usw.*, bestehend aus einer Mischung einer Alkalisilicatlsg. mit Fe_2O_3 u. einem inerten Füllmittel. — Z. B. wird eine Paste hergestellt aus 50 (Teilen) Fe_2O_3, 50 Talkum, 1 Na_2SiO_4 u. 3 Wasser. Das Mittel kann außerdem CaF_2, ZnO oder Feldspat enthalten. Anwendbar bei Herden, Hochöfen u. sonstigen Feuerstellen. (**E. P. 643 345** vom 15/8. 1947, ausg. 20/9. 1950.) GRÄGER. 7107

Soc. des Usines Chimiques Rhône-Poulenc, Paris, Frankreich, *Herstellung von Methylsiloxanen.* Methylsilylacetate werden durch Hydrolyse polymerisiert. — Zu 100 (Teilen) sd. W. setzt man 17 Dimethylsilyldiacetat hinzu u. kühlt sofort. Das sich abscheidende ölige Siloxan wird durch Dest. bei 200° im Vakuum gereinigt. — 250 (Teile) Methylsilyltriacetat (**I**) werden in 900 CH_3OH unter Rückfluß einen Tag erhitzt. Die Lsg. wird von Methylacetat befreit u. dient unmittelbar als *Lack.* — Ein Mischgewebe aus Baumwolle u. Polyvinylchloridfäden wird mit einer 4%ig. Lsg. von **I** in Bzl. imprägniert, in feuchter Luft getrocknet u. gelagert. Nach 12 Tagen ist das Gewebe wasserabweisend. (**E. P. 645 389** vom 15/6. 1948, ausg. 1/11. 1950. F. Prior. 8/8. 1947.) MÖLLERING. 7107

Louis Lumière, Var, Frankreich, *Durch totale Reflexion stark leuchtende Überzüge* auf dünnen, durchsichtigen Trägern. Man versieht eine Cellulosederivatfolie mit einem Überzug aus einem hart u. spröde auftrocknenden *Lack*, z. B. aus *Sandarak*, u. zieht sie nach dem Trocknen des Überzuges über die schmale Kante, z. B. eines Lineales oder anderen messerartigen Gerätes. Dabei entstehen in der Lackschicht eine Unzahl mkr. feiner, orientierter Risse, an denen, bei geeigneter Lage zu einer Lichtquelle, von dieser kommende Lichtstrahlen total reflektiert werden. Die Orientierung der bei der Behandlung der Lackschicht erzeugten Risse kann auch nach verschied. Richtungen vorgenommen werden. — Geeignet zur Herst. leuchtender Flächen, Buchstaben usw., sowie, in passender Weise auf Fensterscheiben aufgebracht, zum Erhellen dunkler Räume. (**F. P. 990 185** vom 14/3. 1944, ausg. 18/9. 1951.) ASMUS. 7107

Soc. des Produits Chimiques de l'Ariège, Ariège, Frankreich, *Emaillelack.* Man löst ein thermoplast. sowie ein hitzehärtbares synthet. Harz in einem KW-stoffgemisch, gibt ein Plastifizierungsmittel u. ca. 1% eines höhermol. Ketons zu der Mischung, stellt das p_H derselben, je nach dem Verwendungszweck des herzustellenden Lackes, auf 4—7 ein u. erhält einen Lack, der bei 110—120° in ca. 30 Min. härtet. Er liefert Überzüge, die gegen die Einw. von Säure, Laugen u. organ. Lösungsmitteln beständig sind. Dem Lack können Pigmente, wie z. B. Ti-Oxyd, Talkum oder Marmormehl, u. Farbstoffe zugesetzt werden. Er kann z. B. aus 40 (Teilen) Melaminformaldehydharz, 15 Glycerin-Phthalsäureharz, 29 Xylol, 6 Keton u. 10 Pigment bestehen u. ist zum Emaillieren von Papier, Gewebe, Holz, Metall, Stein oder Faserzement geeignet. (**F. P. 996 184** vom 16/8. 1949, ausg. 14/12. 1951.) ASMUS. 7107

Raytheon Mfg. Co., Newton, übert. von: **Carl W. Becker,** Arlington, Mass., V. St. A., *Kathodische Überzüge.* Zum kathod. Überziehen werden *Amylacetatcelluloselacke* mit einem Gemisch von Erdalkalicarbonat u. $BaO_2H_2O_2$, z. B. 75 $CaCO_3$ u. 25 $BaO_2H_2O_2$, verwendet. (**Can. P. 476 548** vom 3/3. 1945, ausg. 28/8. 1951.) HOLM. 7107

Dunlop Rubber Co. Ltd., London, übert. von: **Harry Dallow** und **Albert Arthur Round,** Erdington, England, *Schutzmittel* gegen Korrosion u. andere Oberflächenschäden. Zur Herst. eines geeigneten Überzugsmittels werden bei einer Temp. von 150—250° Äthylcellulose (26%), ein pflanzliches Öl, wie Ricinusöl (7%), ein KW-stoff als Weichmacher, wie Mineralöl bzw. Zylinderöl (50%), u. ein Harz, wie Cumaronharz (16,75%), mit einem Antioxydationsmittel, wie Diphenylamin (0,25%), zusammengeschmolzen. Bis zu 1% können Farbpigmente, wie TiO_2, Fe_2O_3 oder Lampenruß, zugesetzt werden. (**E. P. 640 603** vom 28/4. 1948, ausg. 26/7. 1950.) GRÄGER. 7107

McGraw Electric Co., Elgin, Ill., übert. von: **Clark M. Osterheld**, Stoughton, Wis., V. St. A., *Schutzüberzug für Wasserbehälter aus Eisen.* Die Fe-Oberfläche wird zunächst auf schmelzfl. Wege verzinkt, dann nacheinander mit einem Al- u. einem Mg-Lackanstrich versehen. Der Gesamtüberzug schützt die Fe-Oberfläche gegen den Korrosionsangriff durch leicht saures, alkal. oder salzhaltiges warmes Trinkwasser. — Zeichnung. (**A. P. 2 566 138** vom 20/11. 1944, ausg. 28/8. 1951.) MARKHOFF. 7107

Herbert Görlich, Bochum, *Herstellung eines Oberflächenschutzes an Metallkörpern*, z. B. an metall. Behältern gegen aggressive Gase oder Flüssigkeiten. Die Oberfläche wird nach dem Überziehen mit einem zunderbeständigen Drahtgeflecht der künstlichen Oxydation unterworfen, bis dieses in der Oxydschicht eingebettet ist. Die Oberfläche kann vor dem Überziehen mit einer metall. oder nichtmetall. Zwischenlage versehen werden. (**D. B. P. 868 720** Kl. 75c vom 22/4. 1951, ausg. 26/2. 1953.) LAASS. 7107

Konr. Friedr. Müller, Magdeburg (Erfinder: **Wilhelm Huntenburg**, Eberswalde), *Herstellung von Brauerpech* aus Kolophonium (I) u. weichmachenden Zusätzen, bes. Destillat aus Altbrauerpech, dad. gek., daß ein I verwendet wird, das mit Hilfe von wasserunlösl. Lösungsmitteln, wie Lackbenzin, Bzl., CCl_4, z. B. durch Abkühlenlassen der heißen Lsg. oder durch deren Behandlung mit Raffinationsmitteln, wie konz. H_2SO_4 oder HCl, u./oder Adsorptionsmitteln, wie Bleicherde, von sauerstoffreicheren u. höhermol. Verbb. befreit ist. Zweckmäßig verwendet man gereinigtes Fichtenkolophonium. (**D. R. P. 765 084** Kl. 22h vom 23/4. 1938, ausg. 16/2. 1953.) GRÄGER. 7141

XIb. Plaste (Kunstharze. Plastische Massen).

J. H. Gisolf, *Kunststoffschaum.* Man unterscheidet Nieder- u. Hochdruckkunststoffschäume, je nachdem der Kunststoff sich vorwiegend in fl. oder festem Zustand aufgebläht hat. Hochdruckschaum, wie Schaum-PVC, besteht aus geschlossenen, vielflächigen Zellen. Die Struktur von Niederdruckschäumen entspricht einem durch dünne Häutchen miteinander verbundenen Stabgerüst; diese Schäume enthalten oft Zellen. Anwendungsgebiete für Niederdruckschäume sind Kissen, Polster u. Matratzen; Hochdruckschäume eignen sich für wasserfeste Isoliermassen u. Schwimmkörper. (Plastica [Delft] **6.** 56—60. Febr. 1953. Amsterdam, N. V. Hollandse Draad- en Kabelfabriek, Labor.) WESLY. 7170

S. Terol Alonso, *Elektrochemische Metallisation von Kunststoffen.* Beschreibung der verschied. Arbeitsgänge (Mattieren, Entfetten, Sensibilisieren, chem. Metallisation, elektrochem. Metallisation u. elektrochem. Endbehandlung). Das Problem der Haftfestigkeit der Metalle auf den Kunststoffen wird eingehend beschrieben. (Rev. Plásticos **3.** 257—62. Juli/Aug. 1952.) HEINRICHS. 7170

J. A. Jupa, *Trifluorchloräthylen.* Kurzer Überblick über Eigg. u. Verarbeitung (durch Pressen) von *Kel-F.* (Mod. Plastics **28.** 84—85. Dez. 1950. M. W. Kellogg Co., Chem. Mfg. Div.) WINIKER. 7172

D. B. Hanson, *Tetrafluoräthylen.* Kurzer Überblick über Eigg. u. Verarbeitung (durch Pressen) von *Teflon.* (Mod. Plastics **28.** 88. 151—52. Dez. 1950. E. I. du Pont de Nemours & Co., Inc., Polychem. Dep.) WINIKER. 7172

—, *Prägeverfahren schafft neue Effekte.* Behandelt wird das Prägen von PVC-Folien. (Mod. Plastics **28.** 72—73. Dez. 1950.) WINIKER. 7172

A. Blake, *Verklebung von weichgemachtem PVC mit Metall.* Kurze Beschreibung einiger Methoden. — 2 Skizzen. (Brit. Plastics **26.** 160. Mai 1953. London, Tottenham, Gestetner Ltd.) WINIKER. 7172

Kurt Brandenburger, *Das Verschweißen von Polystyrol.* (Plastverarbeiter **4.** 170—72. Juni 1953.) WINIKER. 7172

J. R. A. Ludert, *Polyester, eine wichtige Gruppe makromolekularer Stoffe.* Übersicht über Begriff, Herst. u. Anwendung von Polyesterharzen, von denen mehrere als Alkydharze bekannt sind. (Plastica [Delft] **6.** 68—70. Febr. 1953. Zaandam, Honig's Kunsthars Industrie N. V.) WESLY. 7176

Albert Ducrocq, *Die Silicone.* Überblick über Herst. u. Eigenschaften. (Électronique **1953.** Nr. 76. 17—18. 23. März.) METZENER. 7188

—, *Neues Verfahren zur Herstellung von Flaschen aus Polythen.* Kurze Beschreibung der Herst. von Quetschflaschen. — 7 Abbildungen. (Brit. Plastics **26.** 150—52. Mai 1953.) WINIKER. 7204

R. S. Spencer und **G. D. Gilmore,** *In Polystyrol-Spritzgußformlingen zurückbleibende Spannungen.* Überblick über Art u. Bedeutung von in Spritzgußformlingen zurückbleibenden Spannungen, nebst prakt. Hinweisen zu ihrer Vermeidung bzw. Verminderung. (Mod. Plastics **28.** 97—98. 100. 102. 104. 106. 108. 155. Dez. 1950. Midland, Mich., Dow Chemical Co., E. L. Kropscott, Plastics Techn. Serv.) WINIKER. 7204

F. J. Parmenter, *Spannungsfreimachen von Polystyrol.* Nach einem Überblick über Art u. Entstehung von Spannungen in Polystyrolspritzgußformlingen werden Methoden zum Nachw. derselben u. Maßnahmen zu ihrer Verhütung besprochen. — 7 Literaturhinweise. (Brit. Plastics **26.** 154—59. Mai 1953. Monsanto Chemicals Ltd.) WINIKER. 7204

—, *Neues Verfahren zur Herstellung von Schichtstoffen.* Es wird die Herst. von Gehäusen für photoelektr. Graviermaschinen aus Glasfaser–Polyesterharz-Schichtstoffen beschrieben. (Mod. Plastics **28.** 89—92. Dez. 1950.) WINIKER. 7204

—, *Alkydharze mit mineralischen Füllstoffen.* Kurze Hinweise zur Verarbeitung (Pressen). (Mod. Plastics **28.** 85—86. Dez. 1950.) WINIKER. 7204

Winslow A. Ward, *Melaminharze mit mineralischen Füllstoffen.* Kurze Hinweise zur Verarbeitung (Pressen). (Mod. Plastics **28.** 86—88. Dez. 1950. American Cyanamid Co.) WINIKER. 7204

J. K. Hyde, *Der derzeitige Stand der Entwicklung auf dem Gebiet der Glasfaser-Silicon-Schichtstoffe.* (Brit. Plastics **26.** 174—76. Mai 1953. St. Helens, Lancashire, Ashdowns Ltd., Eccleston Works, Laminated Dep.) WINIKER. 7204

J. M. Schouten und **W. J. Nijveld,** *Qualitative Reaktionen auf Phenolharze.* Die bekannten qualitativen Rkk. auf Phenolharze werden krit. geprüft. Am brauchbarsten sind die Farb-Rkk. mit Dibromchinonchlorimid u. mit H_2SO_4–H_2O_2–HNO_3. (Verfkroniek **26.** 58—60. Febr. 1953. Zaandam, Pieter Schoon & Zoon, N. V., Cent. Labor.) WESLY. 7210

Farbwerke Hoechst, vormals Meister Lucius & Brüning, Frankfurt/M. (Erfinder: **Kurt Billig,** Adelsberg, Chemnitz), *Polymerisationsprodukte* erhält man durch Mischpolymerisation von Allylhalogeniden oder ihren höheren Homologen mit für sich polymerisationsfähigen, ungesätt., halogenfreien Verbb. in Ggw. von Katalysatoren. Als Ausgangsstoffe sind z. B. genannt: Acrylsäuremethylester u. Allylchlorid (**I**), Vinylacetat u. **I**, Styrol u. **I**, Acrylnitril u. **I**. (**D. B. P. 875 726** Kl. 39c vom 6/7. 1943, ausg. 7/5. 1953.) SCHINDLER. 7171

Petrocarbon Ltd., Herbert Steiner, Herbert Stanislaus Boyd-Barrett und **James Ronald Holker,** London, England, *Plastische Massen* aus Vinylharzen oder Cellulosederivv. werden unter Verwendung von Dialkylestern, z. B. dem Di-n-butylester der Diphensäure als Weichmacher hergestellt. Reißfestigkeit einer Folie 151 kg/cm^2, Bruchdehnung 230%. (**E. P. 641 832** vom 28/1. 1948, ausg. 23/8. 1950.) SALZMANN. 7171

Monsanto Chemical Co., St. Louis, Mo., übert. von: **Joachim Dazzi,** Dayton, O., V. St. A., *Weichmacher für Polyvinylkunststoffe.* Als solche eignen sich Triester aus einem aliphat. Alkohol mit 1—8 C-Atomen u. einer Tricarbonsäure bzw. einem Tricarbonsäuremonoalkylester, die durch Umsetzung von Undecylensäure bzw. einem Alkylester dieser mit Maleinsäureanhydrid erhältlich sind. Es handelt sich hierbei wahrscheinlich um *Trialkylester der Dodecen-(4)-tricarbonsäure-(1.2.12)*, wie z. B. um den *Tri-n-butylester derselben.* Diese Weichmacher können auf Polyvinylchlorid sowie Mischpolymerisate aus Vinylchlorid u. Vinylacetat bzw. Vinylidenchlorid oder Methacrylsäuremethylester oder Acrylnitril zur Anwendung gelangen, u. zwar in einer Menge von 5—50% des zu behandelnden Kunststoffes. Sie üben zugleich eine gute stabilisierende Wrkg. gegen Wärmeeinw. auf den Kunststoff aus. (**A. P. 2 569 405** vom 15/2. 1950, ausg. 25/9. 1951.) HERBST. 7173

Monsanto Chemical Co., übert. von: **Harry R. Gamrath,** St. Louis, Miss., V. St. A., *Weichmacher für Polyvinylchlorid,* bestehend aus Monoalkyldiarylphosphaten der Formel (RO)(R'O)(R''O)P:O, in der R ein Alkylrest mit 6—12 C-Atomen oder eine Alkoxyäthylgruppe mit 4—12 C-Atomen in der Alkylgruppe, R' Phenyl u. R'' Kresyl bedeutet. Beispiel: Hexyl-, 2-Methylpentyl-, 2-Methylpentoxyäthyl-, Octyl-, Lauryl-, Butoxyäthylphenylkresylphosphat. (**E. P. 661 380** vom 12/5. 1948, ausg. 21/11. 1951. A. Prior. 5/6. 1947.) SALZMANN. 7173

B. F. Goodrich Co., V. St. A., *Acylierte Ester von aliphatischen Oxycarbonsäuren mit 18 C-Atomen.* Man läßt vorgewärmtes Ricinusöl von oben in ein senkrecht stehendes Reaktionsrohr einströmen, in das von unten dampfförmiges Essigsäureanhydrid eingeleitet wird u. in dem eine Temp. von ca. 190° herrscht. Unter ständiger Abdest. von Essigsäure entsteht *acetyliertes Ricinusöl,* VZ. 298, in 98%ig. Ausbeute. Analog können andere Ester der Ricinolsäure sowie Ester der 12-Oxystearinsäure acyliert werden. — *Weichmacher*, z. B. für Polyvinylchlorid. (**F. P. 988 435** vom 26/7. 1947, ausg. 27/8. 1951.) NOUVEL. 7173

Lech-Chemie Gersthofen, Gersthofen bei Augsburg, *Stabilisieren von halogenhaltigen hochmolekularen Verbindungen*, z. B. *Polyvinylchlorid* oder *Chlorkautschuk* unter Zusatz von festen, gelösten oder suspendierten bas. oder amphoteren Verbb., welche die Atomgruppierung $-C\langle{}^{N-}_{X-}$ enthalten, in welcher X = O, S oder NR sein kann, wie Amidine, Amidoxime, Imidazoline, Imidazole, Imidoäther, Imidothioäther, Oxazole, Oxazoline, Thiazole, Thiazoline oder Pyrimidine. (**D. B. P. 869 864** Kl. 39b vom 6/8. 1944, ausg. 9/3. 1953.) SALZMANN. 7173

Boothby & Thompson Ltd., Stephen Szekely und **Cyril Aubrey Redfarn**, London, England, *Hochelastisches Polyvinylchlorid* für Gießformen erhält man durch Schmelzen einer Mischung aus z. B. 100 (Teilen) Polyvinylchlorid, 75 hochsd. KW-stoffen (EDELEANU-Extrakt), 10 Pb-Silicat u. 30 Äthylpalmitat (bzw. Ricinusöl oder Paraffin). (**E. P. 645 712** vom 18/12. 1947, ausg. 8/11. 1950.) SALZMANN. 7173

British Thomson-Houston Co. Ltd., London, England, *Plastische Masse aus Polyvinylchlorid* für Isolierungen von Cu-Leitern. Als Weichmacher dient ein Ester aus Propylenglykol u. Adipinsäure mit einem Zusatz von 15% Isooctylalkohol, der das Kettenwachstum an beiden Enden des Polyesters bremst. (**E. P. 677 369** vom 18/5. 1940, ausg. 13/8. 1952. A. Prior. 28/5. 1949.) SALZMANN. 7173

B. F. Goodrich Co., New York, N. Y., V. St. A., *Mischpolymerisate* mit erhöhter Löslichkeit erhält man aus einem Gemisch von Vinylchlorid u. nicht mehr als 15% Vinylidenchlorid durch Emulsionspolymerisation bei 40—50° in Ggw. von Katalysatoren, wie Benzoylperoxyd. (**E. P. 647 896** vom 28/7. 1947, ausg. 28/12. 1950. A. Prior. 22/12. 1938.) MÖLLERING. 7173

British Thomson-Houston Co. Ltd., London, England, *Polymerisate von Vinylmethylnaphthalin* sind thermoplast., können in Formen gepreßt oder gespritzt werden u. haben einen höheren Erweichungspunkt u. bessere elektr. Eigg. als Polystyrolharze. Man polymerisiert in Ggw. von BF_3 in Benzollsg. oder in wss. Emulsion bei Ggw. von $K_2S_2O_8$ unter Verwendung von z. B. Dioctyl-Na-sulfosuccinat. (**E. P. 649 041** vom 21/1. 1948, ausg. 17/1. 1951. A. Prior. 21/7. 1947.) MÖLLERING. 7173

Dow Chemical Co., Midland, Mich., V. St. A., *Ternäre Mischpolymerisate* erhält man in neutraler oder saurer wss. Lsg. aus 10—60 (%) Vinylidenchlorid, 10—60 α-Methylstyrol u. 30—80 Acrylnitril. Die Prodd. eignen sich zur Herst. von Fäden, Überzügen u. Formkörpern. Katalysatoren sind Perverbb., wie $K_2S_2O_8$. (**E. P. 661 619** vom 3/6. 1949, ausg. 21/11. 1951.) MÖLLERING. 7173

General Tire & Rubber Co., Akron (Erfinder: **Guido Hermann Stempel jr.**, Cuyahoga Falls), O., V. St. A., *α-Alkyl-3.4-dichlorstyrol*. o-Dichlorbenzol (I) wird in bekannter Weise mit mindestens 3 C-Atome enthaltenden Alkylen (Propylen, Isopropanol, Isopropylchlorid) in Ggw. eines säurebildenden Katalysators (wasserfreies $AlCl_3$) umgesetzt u. die gebildeten 3.4-Dichlorisoalkylbenzole auf erhöhte Temp., bes. 400—800°, in Ggw. gebräuchlicher Dehydrierungskatalysatoren (ZnO, ZnO + Al_2O_3), bes. in Ggw. von überhitztem Wasserdampf, erhitzt. — I gibt mit Propylen bei 20—25° in Ggw. von $AlCl_3$ *3.4-Dichlorcumol*, Kp. 230—236°; dieses liefert beim Behandeln mit überhitztem Wasserdampf bei 560° in Ggw. von 80 (Teilen) ZnO, 10 Al_2O_3, 5 MgO, 1,5 Cr-Oxyd u. 2 KOH *3.4-Dichlorisopropenylbenzol* in 95%ig. Reinheit. Das nichtdehydrierte Dichlorcumol wird in den Kreislauf zurückgegeben. — Die Styrole bilden mit *Dienen Mischpolymerisate*. (**D. B. P. 869 063** Kl. 12o vom 21/1. 1949, ausg. 2/3. 1953. A. Priorr. 6/11. 1946 u. 9/10. 1947.) KRAUSS. 7173

Dunlop Rubber Co. Ltd., London, **Frederick Arthur Jones, Wilfred Cooper** und **Ronald Horace Shrimpton**, Erdington, England, *Herstellung von Mischpolymerisaten*. In wss. Emulsion unter Verwendung üblicher Emulgiermittel u. in Ggw. von Peroxyden als Katalysator wird ein Gemisch aus Alkylacrylaten mit bis 3 C-Atomen im Alkylrest, Alkylacrylaten mit mindestens 4 C-Atomen im Alkylrest u. eine polymerisierbare Verb. mit 2 konjugierten Doppelbindungen unter Rückfluß oder Erwärmen auf 90° polymerisiert. Geeignet sind z. B. Mischungen aus Methyl-, Butyl- u. Allylacrylat oder Methyl- u. Butylacrylat sowie Vinylcrotonat. Man erhält hellfarbige durchsichtige Mischpolymerisate, die mit anderen Kunstharzen oder -kautschuk mischbar bzw. vulkanisierbar sind. (**E. P. 651 355** vom 15/7. 1949, ausg. 14/3. 1951.) MÖLLERING. 7173

Röhm & Haas G. m. b. H. (Erfinder: **Klaus Tessmar**), Darmstadt, *Lösungs- und Weichmachungsmittel für Polymerisate und Mischpolymerisate des Acrylnitrils*, bestehend aus Aminoacetonitril bzw. seinen N-substituierten Derivaten. (**D. B. P. 850 226** Kl. 39b vom 2/10. 1948, ausg. 4/5. 1953.) SALZMANN. 7173

I. G. Farbenindustrie Akt.-Ges., Frankfurt/M. (Erfinder: **Hans Wassenegger**, Dessau, **Robert Grießbach**, Wolfen, und **Walther Sütterlin**, Bitterfeld), *Steigerung der Kationaustauschfähigkeit von Phenolaldehydharzen*, die in W. u. Alkalien unlösl. sind, dad. gek., daß man die Harze mit wss. Lsgg. von Sulfiten bzw. Bisulfiten u. gegebenenfalls Aldehyden bei Tempp. bis zum Kp. der Mischung behandelt, ohne die Wasserunlöslichkeit der Prodd. prakt. zu verändern. — Z. B. werden 150 (Teile) eines alkal. kondensierten, in W. u. Alkalien unlösl. Resorcin–CH_2O-Harzes mit 1000 einer 10%ig. Na_2SO_3-Lsg. 8 Std. auf 100° erhitzt, das Harz abgetrennt, ausgewaschen u. mit HCl in einen Wasserstoffionenaustauscher übergeführt. (**D. R. P. 755 119** Kl. 39c vom 15/7. **1936**, ausg. 16/2. 1953.) HERBST. 7177

Harvel Research Corp., Irvington, N. J., V. St. A., übert. von: **Mortimer Thomas Harvey**, *Kondensationsprodukte aus Furfurylalkohol* (**I**). Bei $p_H > 1$ werden eine saure Mischung von CH_2O (**II**) oder **II**-Polymerisat u. ein fl. oder schmelzbares festes **I**-Kondensat zu einem vergütbaren Zwischenpolymerisat umgesetzt. — 500 (g) **I** u. 25 Milchsäure werden 1 Std. auf 95—110° unter Wasserabspaltung erhitzt, wobei man ein visсoses Vorkondensat erhält. 50 (Teile) hiervon werden mit 30 Paraformaldehyd unter Rückfluß auf 108° erwärmt, wobei man ein bei 95° härtbares Harz erhält. (**E. P. 650 324** vom 16/1. 1948, ausg. 21/2. 1951. A. Prior. 24/2. 1943.) MÖLLERING. 7177

N. V. de Bataafsche Petroleum Mij., Den Haag, Holland (Erfinder: **Richard Roy Whetstone** und **Seaver Ames Ballard**, Emeryville, Calif., V. St. A.), *Herstellung harzartiger Kondensationsprodukte*. Dihydropyranaldehyde, bei denen die Doppelbindung des Pyranringes dem Ringsauerstoffatom benachbart ist, wie 2.5-Dichlor-3.4-dihydro-1.2-pyran-2-aldehyd, 3.4-Dihydro-1.2-pyran-2-aldehyd (**I**), 4-Butenyl-3.4-dihydro-1.2-pyran-2-aldehyd, 2.4.6-Trimethyl-3.4-dihydro-1.2-pyran-2-aldehyd oder 3.4-Diäthyl-3.4-dihydro-1.2-pyran-2-aldehyd, werden mit organ. OH-haltigen Verbb., wie 1- oder mehrwertigen aliphat. oder aromat. Alkoholen bzw. Phenolen mit zweckmäßig bis zu 10 C-Atomen oder Teiläthern, Teilestern oder Teilätherestern dieser Alkohole oder Phenole, in Ggw. eines sauren Kondensationsmittels kondensiert u. die erhaltenen Prodd. gegebenenfalls in an sich bekannter Weise gehärtet. Das Molverhältnis zwischen dem Dihydropyranaldehyd u. der OH-haltigen Verb. liegt zweckmäßig zwischen 5:1 u. 1:5. Als Kondensationmittel sind zweckmäßig Säuren, wie p-Toluolsulfonsäure oder Oxalsäure (**II**) zu verwenden. Die Härtung erfolgt unter Wrkg. von Wärme oder Licht oder Katalysatoren, u. zwar bei einer Temp. zwischen 60 u. 100°. — Z. B. werden ca. 28 (Teile) **I** mit 16,5 Resorcin in Ggw. von 0,5% **II** 113 Std. auf 65° erwärmt; nach Beendigung der Rk. werden so 44,5 eines weichen Stoffes mit ausgezeichneten *Klebeeigg.* erhalten. Des weiteren eignen sich die Verfahrensprodd. zur *Herst. modifizierter trocknender Öle, von Überzugsmassen* u. *gegossenen* bzw. *geformten Gegenständen*. (**D. B. P. 868 352** Kl. 39c vom 28/9. 1950, ausg. 23/2. 1953. A. Prior. 11/9. 1948.) HERBST. 7177

I. G. Farbenindustrie Akt.-Ges., Frankfurt/M. (Erfinder: **Karl Vierling** und **Wilhelm Münster**, Ludwigshafen/Rh.), *Kondensationsprodukte*, die sich bes. als *Weichmacher* für *Harnstoff-* u. *Melamin–CH_2O-Harze* eignen, erhält man durch Einw. von Äthylenoxyd auf das trimere ringförmige Reaktionsprod. von Monoäthanolamin u. CH_2O. (**D. R. P. 761 644** Kl. 12p vom 5/12. 1941, ausg. 15/6. 1953.) BRÖSAMLE. 7181

Badische Anilin- & Soda-Fabrik (Erfinder: **Gustav Steinbrunn**), Ludwigshafen/Rh., *Stabilisieren von Polyalkyleniminen* in Lsg. u. Regeln der Polymerisation durch Zusatz alkal. wirkender Mittel, z. B. Alkali- oder Erdalkalihydroxyde, -acetate, -alkoholate, -phenolate oder -glykolate, Alkalisalze von Aminocarbonsäuren. (**D. B. P. 872 269** Kl. 39c vom 5/9. 1944, ausg. 30/3. 1953.) SCHINDLER. 7181

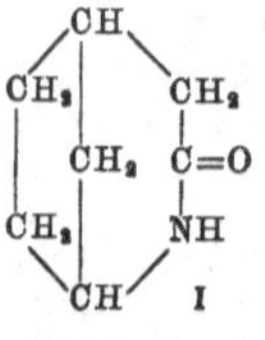
I

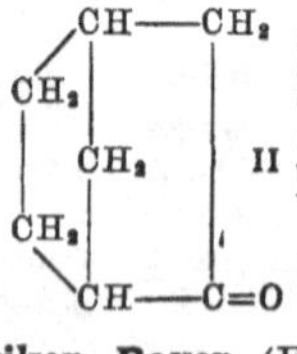
II

Inventa Akt.-Ges. für Forschung und Patentverwertung Luzern, Luzern, Schweiz, *Herstellung eines polyamidbildenden bicyclischen Lactams* der Formel **I**. Man setzt das Bicycloheptanon der Formel **II** mit NH_2OH um u. lagert das gebildete Oxim mit konz. H_2SO_4, PCl_5 oder Toluolsulfochlorid zu **I**, $Kp._{12}$ 152—154°, um. (**Schwz. P. 287 863** vom 20/8. 1949, ausg. 16/4. 1953.) BRÖSAMLE. 7181

Farbenfabriken Bayer (Erfinder: **Wilhelm Hechelhammer** und **Karl Hamann**), Krefeld, *Kondensationsprodukte der Polyamide* erhält man durch Kondensation von Polyamiden mit N-Alkoxymethylcarbonsäureamiden, z. B. den Methoxy- bzw. Äthoxymethylamiden der Essigsäure, Buttersäure, Adipinsäure, Sebacinsäure. Herst. von Fasern, Filmen u. Klebstoffen. (**D. B. P. 878 851** Kl. 39b vom 11/10. 1950, ausg. 8/6. 1953.) SALZMANN. 7181

Soc. Rhodiaceta, Paris (Erfinder: **François Marie Ecochard,** Lyon), Frankreich, *Verbesserung von Superpolyamiderzeugnissen* aus solchen Polymeren, die vorerst mit CH_2O behandelt wurden u. dadurch biegsamer u. löslicher wurden, dad. gek., daß man diese verarbeiteten Gegenstände in wss. Medium einer 2. Einw. von CH_2O oder solches abgebenden Substanzen unterwirft, wobei der p_H-Wert des Mediums zwischen 2 u. 3 gehalten wird, u. sie anschließend einer therm. Behandlung unterzieht, so daß im Endeffekt die Beibehaltung der Biegsamkeit u. eine Verminderung der Löslichkeit erzielt wird. — Z. B. wird ein Film aus formalisiertem Polyhexamethylenadipamid 24 Std. bei 50° in eine 30%ig. CH_2O-Lsg. mit H_2SO_4 auf p_H 3 eingestellt, getaucht, danach 1 Std. mit W. gespült, getrocknet u. schließlich 4 Std. einer Wärmebehandlung bei 80° ausgesetzt. Der Film ist danach biegsam u. gegen Wärme, Lösungsmittel u. W. beständig. (**D. B. P. 869 863** Kl. 39b vom 5/7. 1950, ausg. 9/3. 1953. F. Prior. 21/7. 1947.) HERBST. 7181

Rohm & Haas Co., V. St. A. (Erfinder: **Newman M. Bortnick** und **Vincent C. Meunier**), *Herstellung von Ketodiguanaminen.* 1 Mol eines Ketons (Methyläthylketon, Mesityloxyd, Methylhexylketon) wird mit 2 Mol Acrylonitril in Ggw. eines Katalysators (KOH, K-Butylat, Benzyltrimethylammoniumhydroxyd) u. eines organ. Lösungsm. (Bzl., tert.-Butanol) 1—5 Std. auf 25—40° erwärmt. Es entstehen *γ-Alkyl-γ-acetylpimelinsäuredinitrile,* bei denen die Alkylreste folgende Bedeutung haben: *Methyl,* $Kp._1$ 184—195°; *Isopropenyl,* F. 116—118°; *Pentyl,* $Kp._1$ 195—200°. — 1 Mol dieser Verbb. wird mit 2 Mol Dicyandiamid in Ggw. eines der oben angegebenen Katalysatoren u. eines organ. Lösungsm. (Toluol, Butanol, Methylisobutylcarbinol) 6—12 Std. auf 100—120° erhitzt. Man erhält *3-Alkyl-3-acetyl-1.5-bis-[2'.4'-diamino-1'.3'.5'-triazinyl-(6')]-pentane,* bei denen die Alkylreste folgende Bedeutung haben: *Methyl,* $C_{14}H_{22}ON_{10}$, F. 284°; *Isopropenyl,* F. 299°; *Pentyl,* Pulver. — 1 Mol dieser Verbb. wird mit 4—8 Mol eines Aldehyds (Form-, Acet-, Butyr-, Benzaldehyd, Furfurol) in Ggw. von Basen oder Säuren gekocht. Es entstehen härtbare *Harze,* die den Phenoplasten mehr ähneln als den Aminoplasten. (**F. P. 985 891** vom 11/5. 1949, ausg. 24/7. 1951. A. Priorr. 19/5., 22/9. 1948 u. 21/1. 1949.) NOUVEL. 7181

Zipperling, Kessler & Co. (Erfinder: **Richard Gärtner**), Hamburg, *Kunstmassen* aus den durch alkal. Aufschluß von Holz verbleibenden Rückständen u. dem aus der gleichzeitig gewonnenen Lauge mit Säuren ausgefällten *Lignin,* dad. gek., daß ausgebrauchte Gerberlohe dem alkal. Druckaufschluß unterworfen, das Lignin in Ggw. der holzartigen Rückstände mit verd. Säure ausgefällt u. das so erhaltene Gemisch in bekannter Weise verformt u. verpreßt wird. (**D. B. P. 878 441** Kl. 39b vom 22/8. 1941, ausg. 1/6. 1953.) SALZMANN. 7199

Allgemeine Elektricitäts-Gesellschaft, Berlin-Grunewald (Erfinder: **Max Pfender,** Berlin-Wannsee), *Verbesserung der mechanischen Eigenschaften von Körpern aus nichthärtenden Preßmassen.* An den kerbempfindlichen Stellen werden nichtmetall. weniger kerbempfindliche Stoffe, wie z. B. Hartgewebe, Hartpapier, eingepreßt oder aufgelegt, deren Elastizitätsmodul größer ist als der der nichthärtenden Preßmasse. (**D. B. P. 873 137** Kl. 39a vom 20/2. 1942, ausg. 9/4. 1953.) SCHLITT. 7205

Hamburger Galvanoplastik G. m. b. H. (Erfinder: **Hermann Lorentz** und **Rudolf Pierret,** Hamburg), *Matrize aus Kunststoff.* Die Matrize aus Phenolharz besteht aus 2 Schichten, von denen die Bildschicht ein Resitol (I) u. die Grundschicht ein Resol (II) enthält. Saugfähiges Papier oder dgl. wird mit fl. **II**, das mit A. verd. sein kann, getränkt, u. darauf das pulverförmige **I**, welches in A. unter Zusatz von 10% Novolak fein verteilt wird, zerstäubt. Das Matrizenmaterial wird z. B. mit einer Strichätzung oder Autotypie zusammengepreßt u. bei ca. 150° in 30 Min. ausgehärtet. (**D. B. P. 872 209** Kl. 15b vom 2/3. 1951, ausg. 30/3. 1953.) LAASS. 7205

Chemische Werke Albert (Erfinder: **Joseph Schmitz**), Wiesbaden, *Herstellen von Preßkörpern mit erhöhter Festigkeit aus Kunstharzpreßmassen.* Die M. wird unter Vakuum vorgewärmt u. ohne Unterbrechung des Vakuums gepreßt. Eine Preßmasse aus 64 (Gewichtsteilen) Zellstoffasern, 34,5 Phenolformaldehyd, 1,2 Gleitmittel u. 0,3 Farbstoffen wird vor dem Einbringen in die Form 15 Min. lang bei 75° unter Vakuum vorgewärmt u. in einer evakuierten Flachstabpreßform verpreßt. Ermittelte Zerreißfestigkeit: 760 kg/cm², gegenüber nur 585 kg/cm² nach dem Verpressen ohne Vakuum. (**D. B. P. 875 091** Kl. 39a vom 23/1. 1942, ausg. 30/4. 1953.) SCHLITT. 7205

Bakelite G. m. b. H., Frankfurt/M. (Erfinder: **Fritz Seebach,** Erkner), *Hitzehärtbare Preßmasse.* Man verwalzt ein Gemisch eines *Phenolharzes* mit freiem Tetraoxymethyldiarylolmethan (Tetraoxymethyldioxyphenylmethan) u. 5—10% Phenol, das als Füllstoff Holzmehl oder Glaswolle enthält. (**D. B. P. 875 566** Kl. 39b vom 7/2. 1941, ausg. 4/5. 1953.) SALZMANN. 7205

Stoka-Holzfaserplatten G. m. b. H., Kufstein (Erfinder: **Friedrich Stops,** Rattenberg), Tirol, Österreich, *Herstellung von Formkörpern,* bes. Platten, aus Holzabfällen sowie aus Torf, Rinde, Stroh oder sonstigen verholzten Einjahrespflanzen. Als Bindemittel verwendet man eine Cellulosexanthogenatmasse aus Cellulose, NaOH u. CS_2 (ca. 2:1:1), Kalkhydrat (40—80% der trockenen Cellulose) u. W., die nach Mischung mit den Holzabfällen bei 105—180° u. ca. 15 at geformt wird. Der Kalkhydratzusatz gibt der Platte eine erhöhte Biegefestigkeit, geringere Wasseraufnahme; andere Ca-Verbb. oder andere Erdalkali- oder Schwermetallverbb. geben diesen Effekt im Bindemittel nicht. (**Oe. P. 174 476** vom 24/7. 1951, ausg. 10/4. 1953.) PANKOW. 7205

Camille Aigreault, Seine-et-Oise, Frankreich, *Gegenstände aus Torf oder Ligniten.* Man trocknet Torf bis zu einem Feuchtigkeitsgrad von 30—40% u. preßt ihn dann bei 120—160° u. 50—60 kg/cm² für Wand- u. Bodenelemente oder Röhren. (**F. P. 990 827** vom 11/5. 1949, ausg. 26/9. 1951.) PANKOW. 7205

XII. Kautschuk. Guttapercha. Balata.

H. J. Stern, *Kautschuk und synthetische Harze. Neuere Entwicklung.* Kurze Besprechung der Entw. auf dem Kautschuk- u. Kunststoffgebiet (Acrylnitrilkautschuke, Styrolpolymere, Emulsionsfarben). (India Rubber J. **123.** Nr. 23. 20—22. 6/12. 1952.) SCHÄFF. 7224

P. C. Servais und **D. C. Youngs,** *Siliconkautschuk.* Kurzer Überblick über die Verarbeitung (durch Pressen). (Mod. Plastics **28.** 83—84. Dez. 1950. Dow Corning Corp.) WINIKER. 7224

J. S. Hunter, *Die neuere Entwicklungsrichtung auf dem Gebiet chemischer Mischungszuschläge in der Kautschukindustrie.* Übersicht über Vulkanisationsmittel, Verzögerer, Peptisiermittel, Alterungsschutzmittel u. die Tablettierung dieser Zuschläge. (India Rubber J. **123.** Nr. 23. 28—31. 6/12. 1952.) SCHÄFF. 7226

S. H. Morrell und **Jan Stern,** *Kristallisation und Zugfestigkeit von vulkanisierten Kautschukmischungen.* Der Einfl. verschied. Vernetzungsgrade auf die Kristallisation gedehnter Naturkautschukproben wurde durch Dichtebestimmungen an einer Reihe von mit Peroxyd vulkanisierten Mischungen untersucht. Dabei wurde gefunden, daß bei jeder Dehnung die Kristallisation mit steigendem Vernetzungsgrad zunächst zu- u. dann abnimmt. Die Bedeutung dieses Maximums u. die Beziehung zwischen Kristallisation u. Zugfestigkeit werden erörtert. (Trans. Instn. Rubber Ind. **28.** 269—77. Okt. 1952.) SCHÄFF. 7228

P. Braber und **G. van Raamsdonk,** *Neues Koagulierungsmittel für das Latextauchverfahren.* Beim Latextauchverf. bewährt sich eine Lsg. von 20 (%) *$CaCl_2$*, 2 *Schellack* oder *Kunstharz AFS* (BAYER) u. 0,1 *Netzmittel Brij 30* (ATLAS) in 96%ig. CH_3OH. (India Rubber J. **124.** Nr. 23. 6—9. 6/6. 1953.) WINIKER. 7230

Max Tryon, *Ein verbesserter Apparat zur Bestimmung der Feuchtigkeit in Gummi durch Destillation mit Toluol.* Beschreibung des App. (Skizze); Angabe der eingehaltenen Arbeitsweise u. krit. Unters. der Meßgenauigkeit. (J. Res. nat. Bur. Standards **45.** 362—65. Nov. 1950.) DIETL. 7248

J. R. Scott, *Kautschukprüfmethoden: Fortschritt beim I.S.O.-Meeting 1951.* Kurze Erörterung der Kautschukteste u. der als Normvorschläge angenommenen Prüfmethoden für Härte, Zugspannung/Dehnung, Einreißfestigkeit, Gewebehaftung u. Abrieb. (Trans. Instn. Rubber Ind. **28.** 249—55. Okt. 1952.) SCHÄFF. 7248

A. Schallamach, *Abriebmuster von Kautschuk.* Beschreibung der bei Abriebverss. mit Kautschuk erhaltenen Oberflächenstrukturen mit nahezu paralleler, senkrecht zur Abriebrichtung ausgebildeter Riffelung u. der Auswertung dieser „Muster" von Autoreifen. (Trans. Instn. Rubber Ind. **28.** 256—68. Okt. 1952.) SCHÄFF. 7248

I. G. Farbenindustrie Akt.-Ges., Frankfurt/M. (Erfinder: **Helmuth Meis,** Marl, und **Richard Ludwig,** Leverkusen), *Kontinuierliches Fällverfahren.* Bei der kontinuierlichen Fällung strömender wss. Dispersionen von Hochpolymeren, bes. von natürlichem oder synthet. Kautschuk, mit einem strömenden Fällungsmittel werden die ausgefällten Teilchen sofort aus der Fällungszone entfernt u. im Weiterströmen mit W. angeschlämmt auf ein Filter gespült u. dort abgetrennt. (**D. R. P. 761 636** Kl. 39b vom 7/4. 1939, ausg. 1/6. 1953.) OVERBECK. 7225

Dow Corning Corp., Midland, Mich., übert. von: **Earl L. Warrick,** Pittsburgh, Pa., V. St. A., *Siloxanelastomere* erhält man durch Mischen von benzollösl. Diorganopolysiloxanen (**I**) mit 20—50 (Gew.-%) eines Silicatfüllers (**II**), z. B. Diatomeenerde, u. 1,5—6 eines Vulkanisiermittels, wie Benzoylperoxyd oder tert.-Butylperbenzoat (**III**).

In I ist R in der R_2SiO-Einheit CH_3, C_6H_5 oder „Siliconeopentyl", $[(CH_3)_3Si \cdot CH_2-]$, jedoch entfallen mindestens 90% von R auf CH_3. — Beispiel: 1000 (g) Oktamethylcyclotetrasiloxan werden auf 165° erhitzt, unter Rühren 0,14 einer Komplexverb. $[(CH_3)_2 \cdot CH \cdot OH]_x \cdot KOH$ (die man aus Isopropanol (**IV**) u. KOH nach Entfernen von W. u. Überschuß an **IV** als festes Prod. erhält) zugesetzt, weitere 25 Min. erhitzt u. in einer Schale nochmals 3 Std. auf 150° gehalten. Benzollösl. *Dimethylpolysiloxan* (Penetrometerwert 190 in 30 Sek./25°) wird mit 35 (Teilen) **II** (Porenvol. 5,66 cm^3/g, Benetzungswärme 0,74 cal/cm^3 Porenvol.) u. 4 **III** vermahlen u. unter Druck in 5 Min. bei 150° vulkanisiert. — Weitere Beispiele. — Kunstkautschuk. (**A. P. 2 541 137** vom 7/4. 1949, ausg. 13/2. 1951.) MÜLLER-MEININGEN. 7225

Corning Glass Works, Corning, N. Y., übert. von: **Earl Leathen Warrick,** Pittsburgh, Pa., V. St. A., *Kautschukartige Mischsilicone.* Dimethylsilicon wird mit Phenyläthylsilicon in Ggw. von auf $CaSO_4$ niedergeschlagenem Benzoylperoxyd (I) bei 150° polymerisiert. Das elast., klebrige Gel wird mit 25% Asbest u. I bei 150° zu einem wärmebeständigen gummiartigen Prod. vulkanisiert. Herst. von Rohren, Dichtungen, Überzügen, Wärmeschutzgriffen u. Verwendung als Klebmittel. (**A. P. 2 560 498** vom 17/8. 1948, ausg. 10/7. 1951.) SALZMANN. 7225

Willy Lautsch, Berlin, *Zusatz zu Kautschukmischungen,* bes. mit einem Geh. an hellen Füllstoffen, bestehend aus Diketopiperazinen. (**D. B. P. 875 407** Kl. 39b vom 29/10. 1949, ausg. 4/5. 1953.) OVERBECK. 7227

Zellstoffabrik Waldhof (Erfinder: **August Wilhelm Sohn**), Mannheim, *Mischungszusatz* für natürlichen u. synthet. Kautschuk u. plast. Massen, bestehend aus Ligninsulfonsäurebestandteilen von vergorenen oder unvergorenen Sulfitcelluloseablaugen, die unter solchen Bedingungen zugemischt werden, daß die Ligninsulfonsäuremasse eine Konsistenz besitzt, bei der sie wenigstens 10—30% solcher Fll. enthält, die die Ligninsulfonsäure mol. oder koll. lösen. Lösende Fll. sind W., niedere Alkohole, Glycerin, Glykol oder Formamid, gegebenenfalls zusammen mit wss. Säuren, wie Phosphor-, Schwefel- oder organ. Säure, ferner auch sauren Salzen, z. B. $Al_2(SO_4)_3$. Es können ferner Stoffe zugesetzt werden, die mit der Ligninsulfonsäure bei Vulkanisationstemp. nach vorheriger Mol.-Vergrößerung unter Kondensation reagieren. Ca-freie Ligninsulfonsäuremasse kann auch in Kautschukmilch eingemischt u. mit dieser koaguliert werden. (**D. B. P. 877 669** Kl. 39b vom 15/3. 1951, ausg. 26/5. 1953.) OVERBECK. 7227

Thomas Adam Clayton, London, England, *Kondensationsprodukt aus Diphenylamin und Aceton.* Man erhitzt die beiden Reaktionsteilnehmer im Mol.-Verhältnis 1:2 im Autoklaven in Ggw. von Br_2 oder J_2 als Katalysator auf 275—310° u. erhält so ein fl. Kondensationsprod. mit einer Viscosität von 1—100 Poises bei 30°. — *Antioxydans* für *Kautschuk.* (**E. P. 687 233** vom 21/3. 1951, ausg. 11/2. 1953.) BRÖSAMLE. 7227

United States Rubber Co., New York, N. Y., V. St. A., *p.p'-Oxy-bis-(benzolsulfonylhydrazid)* erhält man durch Rk. von p.p'-Oxy-bis-benzolsulfonylchlorid) mit Hydrazin in Ggw. von Äthanol, F. 161° (Zers.). — Verwendung zur Herst. von *Schwammkautschuk.* (**E. P. 689 438** vom 29/6. 1951, ausg. 25/3. 1953. A. Prior. 1/8. 1950.) BRÖSAMLE. 7227

N. V. Onderzoekingsinstituut Research, Arnhem, Holland, *Herstellung eines Diaphragmas mit Hilfe von Kautschuklatex für elektrolytische Zellen,* in denen Säure an der Anode gebildet wird, dad. gek., daß ein säurefestes Gewebe, z. B. ein Gewebe aus Fäden oder Fasern von Asbest, Glas oder Polyvinylderivv., mit Kautschuklatex imprägniert wird, worauf der Latex gelatiniert wird. — Das Gewebe aus stark absorbierenden oder koagulierendem Material, z. B. aus säurefestem Asbest, wird vor der Tränkung mit Latex mit verd. NaOH- oder NH_3-Lsg. behandelt. — Als Gelatinierungsmittel wird verd. Essigsäure, z. B. von 3—6%, benutzt. — Das Gewebe wird z. B. einige Male mit Kautschuklatex imprägniert, der Latex wird nach jeder Tränkung gelatiniert u. danach das Gelatinierungsmittel nach jeder Tränkung ausgewaschen oder neutralisiert. — Das erhaltene Diaphragma wird bes. in einer Elektrolysezelle für die Elektrolyse von Alkalisalzen benutzt. (**Oe. P. 168 595** vom 9/11. 1949, ausg. 25/6. 1951. Holl. Prior. 27/12. 1948.) M. F. MÜLLER. 7231

E. I. du Pont de Nemours & Co., übert. von: **Charles J. Mighton,** Wilmington, Del., V. St. A., *Klebmittel,* bes. für die Vereinigung von *Geweben* mit *Kautschuk* (**I**) oder Polymerisaten, bestehend aus einer Emulsion von 100 (Teilen) Butadien–α-Vinylpyridin (75:25), 100 W., 80 einer 25%ig. wss. Resorcin–CH_2O-Resollsg. u. 0,6 10%ig. NaOH. Der noch nicht vulkanisierte **I** wird mit dem imprägnierten Gewebe bei 140° verpreßt. Herst. von Schläuchen u. Planen; auch Metall, Holz, Papier, Glas, Leder u. dgl. kann auf diese Weise mit **I** verklebt werden. (**A. P. 2 561 215** vom 1/11. 1945, ausg. 17/7. 1951. Can. Prior. 11/6. 1945.) SALZMANN. 7231

Continental Gummi-Werke Akt.-Ges., Hannover (Erfinder: **Richard Behrens**, Peine, und **Helmut Prante**, Hannover), *Glasfaser-Kautschuk-Bindung*. Die Bindefestigkeit zwischen Glasfasern oder natürlichen oder künstlichen Textilien u. Kautschuk oder dessen Austauschstoffen wird durch eine Vorbehandlung der Fasern mit Gemischen oder Teilgemischen aus hochsd. Mineralölen, aromat. KW-stoffen, Phenolkunstharzen u. Polyisocyanaten verbessert, z. B. durch ein 1:1-Gemisch von Spindelöl u. Toluol, die halbe Menge einer 10%ig. organ. Kunstharzlsg. u. $\geqq$3% einer 20%ig. Polyisocyanatlösung. Es kann auch die Faser mit dem Spindelöl–Toluol–Kunstharz-Gemisch u. der Kautschuk mit dem Isocyanat behandelt werden. Verwendung für Verbundkörper, wie Platten, Riemen, Förderbänder usw. (**D. B. P. 875 409** Kl. 39b vom 4/9. 1951, ausg. 4/5. 1953.) OVERBECK. 7231

XV. Gärungsindustrie.

Jaroslav Prokop und **Jaroslav Hummel**, *Die Reinheit der Hefen und schädliche Mikroorganismen in Brauereien*. Besprechung der Vor- u. Nachteile der Hefewäsche. (Pivovarský Sladařský Časopis Kvas **78.** 152—54. 12/5. 1950.) FREYTAG. 7506

Anna Kocková-Kratochvilová, *Aufbewahrung von Brauereihefen*. Verss. zur Aufbewahrung von *Pseudomonas aeruginosa* (früher Bact. pyocyaneum), *Serratia marcescens* (früher Bact. prodigiosum) u. *Flavobacterium fulvum* durch Übergießen mit sterilem Paraffinöl zeigten, daß diese Meth. für die Laboratoriumspraxis in Brauereien geeignet zu sein scheint. (Pivovarský Sladařský Časopis Kvas **78.** 5—6. 6/1. 1950.) FREYTAG. 7506

N. G. Larsen, *Das mexikanische Nationalgetränk Pulque*. Pulque wird aus dem Pflanzensaft („agumiel") der Magueypflanze, der ca. 10% Zucker enthält, durch Vergären unter Zusatz von „semilla", dem Bodensatz aus einer früheren Gärung, als süßes oder säuerliches Getränk von milchähnlichem Aussehen mit 4% A. gewonnen. Die Destillate daraus, „Tequila" u. „Mezcal", werden als starker Likör gehandelt. (Brygmesteren **9.** 163—66. Juni 1952. Monterrey, Mexico.) R. K. MÜLLER. 7536

P. Devos, *Kontinuierliche Gärung und Vernichten des Schaumes beim Destillieren*. Vf. gibt ein Schema für kontinuierliche Gärung des Diffusionssaftes der Zuckerrübe an u. ein solches für Schaumzerstörung durch Zerstäuben des Saftes in geschlossenen Gärbottichen unter CO_2-Atmosphäre. (Ind. agricoles aliment. **68.** 479—81. Sept./Okt. 1951.) GRAU. 7536

L. Narziß, *Die Malze der Ernte 1952 und ihre Verarbeitung*. Bericht über Eigg. u. Verarbeitung von Malzen aus deutschen Gersten des Jahres 1952, die charakterist. waren durch Eiweißreichtum, Extraktarmut u. geringen Enzymgehalt. (Brauwelt, Ausg. B **1953.** 451—55. 8/5. Nürnberg, Bayer. Landesgewerbeanstalt, Versuchsanstalt für Bierbrauerei.) WINIKER. 7540

Sven Brohult, *Einige Forschungsaufgaben in der Brauerei*. Vortrag über die Bedeutung der Proteine u. Polypeptide für die Brauerei. — 42 Literaturhinweise. (Chim. et Ind. **68.** 35—43. Juli 1952. Äppelviken, Schweden, LKB, Forskningslabor.) WINIKER. 7544

Wilhelm Nowak, *Betriebserfahrungen mit Metallstab-Anschwemmfiltern*. Bericht über Erfahrungen bei der Klarfiltration von Bier. (Brauwelt, Ausg. B **1953.** 166—68. 20/2.) WINIKER. 7550

Peter Nick, *Haltbarkeit des Bieres einst und jetzt in der Praxis*. Allg. Ausführungen. (Brauwelt, Ausg. B **1953.** 159—61. 20/2.) WINIKER. 7550

František Vršecký, *Fässer aus Buchenholz*. Buchenholz enthält keine Stoffe, die schädlichen Einfl. auf Qualität, Charakter u. biol. Reinheit des Bieres haben könnten. Lagerverss. ergaben, daß Buchenholz besser zur Herst. von Bierfässern geeignet ist als Eichenholz. (Pivovarský Sladařský Časopis Kvas **78.** 133—34. 28/4. 1950.) FREYTAG. 7550

P. Böhringer, *Umrechnung der Gewichtsverhältnisse: ϱ 20°/20°, ϱ 20°/4°, ϱ 15°/4° und ϱ 15°/15° in ϱ 20°/20° für Wein, Alkohol–Wasser-Mischungen und Extraktlösungen*. (Z. Lebensmittel-Unters. u. -Forsch. **95.** 441—45. Dez. 1952. Neustadt/Weinstraße, Landesanst. für Wein-, Obst- u. Gartenbau.) WINIKER. 7554

Poul Gjertsen, *Die Chromatographie und ihre Anwendung in der Brauereichemie*. Überblick über Entw., Theorie u. qualitative u. quantitative Anwendung. Als für die Brauereichemie wichtige Anwendungsformen werden besprochen: Isolierung u. Analyse von Hopfenbitterstoffen, Best. von Zuckerarten u. Aminosäureanalysen. — 17 Literaturhinweise. (Brygmesteren **9.** 210—24. Aug. 1952. Kopenhagen, Carlsberg Brygg. Fors.-Labor.) R. K. MÜLLER. 7590

Farbenfabriken Bayer (Erfinder: **Karl Brodersen,** Wolfen, Kr. Bitterfeld, und **Mathieu Quaedvlieg**), Leverkusen, *Entschäumungsmittel,* gek. durch einen Geh. an solchen Sulfamiden, Sulfacylamiden oder Disulfimiden, die aus den Sulfochloriden von Paraffin-KW-stoffen mit einer unteren Siedegrenze von 300° u. nachfolgende Behandlung mit NH_3 oder dessen organ. Derivv. gewonnen werden. — Verwendung z. B. bei *Melassevergärung.* (**D. B. P. 869 183** Kl. 6a vom 8/10. 1943, ausg. 2/3. 1953.)
KETTNER. 7507

Monsanto Chemical Co., St. Louis, Mo. (Erfinder: **Henry V. Moss** und **Roy E. Morse,** Anniston, Ala.), V. St. A., *Mittel zum Beseitigen des Schaumes beim Züchten von Mikroorganismen,* bestehend aus einem Kondensationsprod. aus 0,76—6 (Mol) Äthylenoxyd mit 1 Abietinsäure oder einem diese Säure in der gleichen Menge enthaltenden Stoff, z. B. 1—5 Äthylenoxyd, 1 Abietinsäure oder Tallöl. (**D. B. P. 871 734** Kl. 6a vom 15/3. 1951, ausg. 26/3. 1953. A. Prior. 14/7. 1950.) KETTNER. 7507

Holstein & Kappert Maschinenfabrik „Phönix" G. m. b. H. (Erfinder: **Karl Fehrmann**), Dortmund, *Erzeugung eines Caramelgeschmackes beim Pasteurisieren von Malzbier oder dergleichen* mittels Plattenapparaten, dad. gek., daß der Temperaturunterschied zwischen dem Malzbier u. dem Heizmittel auf 10—40° erhöht u. der Druck in der eigentlichen Pasteurisierzone vorzugsweise niedriger als der Kohlensäuresättigungsdruck gehalten wird. (**D. B. P. 879 082** Kl. 6d vom 4/3. 1941, ausg. 11/6. 1953.)
KETTNER. 7551

Union Starch & Refining Co., Columbus, Ind. (Erfinder: **Joseph B. Longenecker,** Granite City, Ill.), V. St. A., *Herstellung von Zuckercouleur,* die gegen Säuren u. andere koagulierende Stoffe beständig u. lagerfähig ist, dad. gek., daß ein Kohlenhydratsirup mit einem Geh. an reduzierenden Zuckern (I) von 60—100% (als Dextrose berechnet) durch Zusatz von Säure auf p_H 0,2—4,0 eingestellt u. der angesäuerte Sirup auf 93 bis 121° erhitzt wird, bis der Geh. an **I** um 20—60 (%) erniedrigt u. damit auf einen Geh. von 30—60 gebracht ist, u. daß sodann ein alkal. Reagens, wie NH_3 oder NH_4-Verbb., dem Reaktionsgut zugesetzt u. dadurch dessen p_H auf 3,0—7,5 gebracht wird, worauf der Sirup karamelisiert wird. — **Geeignet zum Färben von gesäuerten, moussierenden Getränken.** (**D. B. P. 877 135** Kl. 6b vom 6/12. 1951, ausg. 21/5. 1953.)
KETTNER. 7579

Henkel & Cie. G. m. b. H. (Erfinder: **Helmut Damm**), Düsseldorf, *Erzeugung von Fett durch Vergärung* C-haltiger Verbb. in Ggw. an sich bekannter Nährstoffe unter zeitweiliger oder dauernder Belüftung u./oder Rühren mit Pilzen der Fusariumgruppe im Bottichverf., dad. gek., daß durch Zusatz alkalisierender oder säuernder N-Verbb. der p_H-Wert der Nährlsg. zwischen 2 u. 4,5, bes. 2,2 u. 3,9 gehalten wird. (**D. B. P. 869 787** Kl. 6b vom 1/11. 1940, ausg. 9/3. 1953.) KETTNER. 7579

Hans Heinrich Schlubach, Hamburg, *Gewinnung von Mannit* aus Topinamburknollen durch Vergärung. Es werden Knollen verwandt, in denen das Inulin vollständig in Synanthrin umgewandelt ist, u. die Vergärung unter Luftabschluß bei Tempp. von 15—20° u. bei einem p_H von 6,0—4,0 durchgeführt. (**D. B. P. 871 736** Kl. 6b vom 25/10. 1951, ausg. 26/3. 1953.) KETTNER. 7579

XVI. Nahrungs-, Genuß- und Futtermittel.

Pierre Hemardinquer, *Elektronenbehandlung der Nahrungsmittel.* Darlegung der Grundlagen der Wärmezufuhr mittels eines Hochfrequenzwechselfeldes innerhalb der gesamten zu behandelnden M., Abhängigkeit des Effekts von Anordnung u. Eigg. des Materials u. den elektron. Bedingungen. Beschreibung der verschied. Elektronenöfen u. ihrer Anwendung zu allen Küchenoperationen, zum Sterilisieren u. Konservieren. Hinweise auf Vor- u. Nachteile. (Électronique **1953.** Nr. 76. 11—16. März.)
METZENER. 7630

A. Fleisch, *Aluminium und Vitamine.* Verss. über den Einfl. des Kochgeschirrmaterials (Al, Cu, Email, Glas u. Ton) auf den Vitamin-C-Geh. des Kochgutes ergaben, daß bei Verwendung von Al die Zerstörung von Vitamin C am geringsten ist, u. zwar um so weniger je schneller erhitzt bzw. je kürzer gekocht wird. (Aluminium Suisse **1951.** 114. Juli.) KATZ. 7630

M. Rohrlich, *Beiträge zur Kenntnis der Biologie und Biochemie der Sauerteiggärung.* 1. Mitt. *Die Mikroorganismen des Sauerteiges und ihre Bedeutung für die Teiggärung.* Überblick über die Mikroorganismen des Sauerteigs, ihre Isolierung u. Bedeutung für die Roggenbrotherstellung. — 18 Literaturhinweise. (Z. Lebensmittel-Unters. u. -Forsch. **95.** 433—41. Dez. 1952. Berlin, Versuchsanst. für Getreideverwertung.) F. HEINRICH. 7674

J. R. Winston und **G. A. Meckstroth,** *Bekämpfung des Verderbs von Apfelsinen mit Pyrrolidin allein und in Mischung mit 2-Aminopyridin.* Verss. mit Florida-Apfelsinen ergaben, daß die bei diesen Früchten auftretenden Fäulnisarten am wirksamsten bekämpft werden durch 2 Min. dauerndes Eintauchen der Apfelsinen in eine Lsg. mit 5% *Pyrrolidin* (**I**) u. 5% *2-Aminopyridin*, welche Kombination in ihrer Wrkg. das *Dowicide-A-Hexamin* (**II**)-Gemisch noch übertrifft. Zusatz von **II** zu **I** hatte schwere Beschädigung der Fruchtschale zur Folge, ohne fäulnisverhütend zu wirken. (Citrus Ind. **34.** Nr. 3. 8—10. 15. März 1953. Orlando, Fla.) KRUSEN. 7688

Paul L. Harding, *Geschmacksbewertung bei Florida-Citrusfrüchten.* 4 Jahre lang durchgeführte Unterss. des Geschmacks von Apfelsinen, Grapefruits u. Mandarinen ergaben bestimmte (nicht näher mitgeteilte) Zusammenhänge zwischen Säuregeh., Trockenmasse u. geschmacklicher Qualität. (Citrus Ind. **34.** Nr. 3. 5—6. 16. März 1953. Orlando, Fla., USDA, Bur. of Plant Ind., Soils and Agric. Engng.) KRUSEN. 7688

H. E. Magee, *Einige Tatsachen über Obst und Obstsäfte.* Allg. über den Nährwert u. den therapeut. Wert von Obst u. Obstsäften u. bes. eine Aufstellung über den Calorienwert, den Geh. an Na, K, Ca u. Mg sowie an Carotin, Vitamin B_1 u. C einiger Früchte u. deren Säfte. (Pharmac. J. [4] **167.** 113. 380—82. 24/11. 1951.) LIEBNER. 7688

Miguel Cardelús Carrera, *Industrielle Verarbeitung saurer Fruchtsäfte.* Überblick über amerikan. Verarbeitungsmethoden (Sammlung u. Behandlung frischer Früchte, Gewinnung von Natursäften u. ihre Konservierung, Herst. von Saftkonzentraten u. Trockensäften). (Afinidad [3] **39.** 389—94. Mai/Juni 1952.) HEINRICHS. 7688

Sante Mattson, Erik Åkerberg, Erik Eriksson, Elisabeth Kautler-Andersson und **Karel Vahtras,** *Faktoren, welche die Zusammensetzung und Kochbarkeit von Erbsen beeinflussen.* Phosphate steigern den Phytin (**I**)-Geh. u. verbessern dadurch die Kochbarkeit. Neutralsalze steigern die Phosphataufnahme. Auf Böden, welche reich an lösl. P_2O_5 sind, steigt der **I**-Geh. an. Je höher der **I**-Geh., desto besser die Kochbarkeit. Unreife Erbsen kochen süß schlechter als reife. Während der Lagerung geht der **I**-Geh. infolge hydrolyt. Spaltung durch Phytase (bes. bei hoher Feuchtigkeit) stark zurück, dementsprechend verschlechtert sich die Kochbarkeit. (Acta Agric. scand. **1.** 40—61. 1950. Uppsala, Schweden.) GRIMME. 7690

W. Birch, *Marmeladen.* Sammelbericht über die Zus. der wichtigsten Konservenfrüchte mit besonderer Berücksichtigung ihres Vitamin-C-Gehaltes. Zur Marmeladenherst. sollen nur vollreife, gesunde Früchte verarbeitet werden, (Chem. and Ind. **1951.** 364—66. 12/5. London.) GRIMME. 7702

Robert Krone, *Verwendung ätherischer Öle in Zuckerwaren.* Kurze Hinweise auf die Verwendung von Agrumen-, Pfefferminz-, Anis-, Zimt-, Nelken-, Birkenrinden-, Wintergrün- u. Sassafrasöl. (Amer. Perfumer essent. Oil Rev. **61.** 69—71. Jan. 1953. New York, N. Y., Fritzsche Broth., Inc.) MÜHLMEISTER. 7704

William H. Hill, *Pfeffer, seine Geschichte und chemische Untersuchung.* Geschichte, Herkunft, Zus., Verfälschungen von schwarzem u. weißem Pfeffer. (Amer. Perfumer essent. Oil Rev. **61.** 43—44. Jan. 1953.) MÜHLMEISTER. 7714

Howard Fox, *Der Cryovac-Prozeß.* Bei dem sogenannten CRYOVAC-Prozeß werden die gefrorenen Lebensmittel, bes. Fleisch u. Geflügel, in einen Beutel aus Saranfilm getan, welcher evakuiert, versiegelt u. dann mit dem Inhalt kurz in heißes W. getaucht wird, wodurch er auf ca. $^1/_3$ seiner Größe zusammenschrumpft u. den Inhalt hautähnlich umgibt. Das Material ist wasser-, gas- u. dampfundurchlässig; die natürlichen Aromastoffe des Fleisches bleiben erhalten, Austrocknen wird verhindert. Verss. mit geräucherten Fleischstücken ergaben, daß bei Anwendung des Prozesses das Fleisch noch nach 2 Wochen völlig einwandfrei war. (Food **22.** 160—62. April 1953.) KRUSEN. 7750

R. Børresen, *Die Trocknungsprobleme im Räucherprozeß. Über die grundlegenden Verhältnisse für Trocknung an der Luft und praktische Anwendungen für die Analyse.* Vf. untersucht die einzelnen Faktoren, die den Trocknungsprozeß in der Fischräucherung beeinflussen. (Tidsskr. Hermetikind. **38.** 303—06. 309—12. 315—18. 321—22. 325—26. Juni. 353—56. 359—60, 363—65. Juli 1952.) R. K. MÜLLER. 7752

Marius Jensen, *Aluminiumemballage in der dänischen Fleischkonservenindustrie. Einige Untersuchungen über die Haltbarkeit verschiedener Produkte in Aluminiumemballage.* Die Haltbarkeit von unbehandeltem Al ist nur bei wenig aggressiven Fleischwaren (Schweinesülze, Leberpastete, Kalbfleisch in eigenem Saft) auf einige Zeit genügend. Eloxiestes Al kann auch bei stark aggressiven Waren (Rippenspeer, Labskaus) bis zu 2 Jahren ohne Bombage verwendet werden, noch besser sind eloxierte u. lackierte Dosen. Ein Vorzug gegenüber Weißblech besteht darin, daß Al-Dosen nicht schwarz werden. (Tidsskr. Hermetikind. **37.** 255—60. Mai 1951. København, Kgl. Vet.-og Landbohøjskole, Slagertilavor.) R. K. MÜLLER. 7752

A. F. M. G. Luypen, D. A. A. Mossel und **C. J. H. van den Broek,** *Bakteriologische Untersuchung eines Falles von Rotverfärbung von holländischen gesalzenen Sommerherin-*

gen. Kulturverss. in einem Magermilch–Fisch-Medium, das 10, 16 u. 23% NaCl enthielt, zeigten, daß rote halophile Bakterien ausschließlich bei einem Geh. von 23% NaCl unter aeroben Bedingungen bei 37° nach 1 Monat wuchsen. Bei 15° wurde kein Wachstum mehr festgestellt. Fässer mit roten u. Fässer mit unverdorbenen Heringen enthielten die gleiche Menge von ca. 100 roten, halophilen Sarcinen in 1 cm^3, also 10mal mehr, als sowohl in den n. als auch verfärbten Geweben vorkommen. Die beanstandete Rotverfärbung war also nicht von roten halophilen Bakterien verursacht worden. (Antonie van Leeuwenhoek **19.** 78—82. 1953. Utrecht, Central Inst. for Nutrit. Res. T. N. O.) RUTKOWSKI. 7752

K. Plock, *Milchgewinnung und Milchbearbeitung in USA und ihre Nutzanwendung für Deutschland.* Bebilderter Bericht über eine Studienreise. (Kieler milchwirtsch. Forschungsber. **5.** 335—66. 1953. Kiel, Bundes-Versuchs- u. Forschungsanst. für Milchwirtschaft, Inst. für Maschinenwesen.) FRESENIUS. 7756

K. G. Weckel, *Geschmack und Qualitätserhaltung von vitaminierter Magermilch.* Behandelt wird die Herst. qualitativ hochwertiger vitaminierter Magermilch bes. der Zusatz von 0,5—0,75% Fett u. die Anwendung bestimmter, je nach der Zus. der Milch schwankender Pasteurisierungstemperaturen. — 11 Literaturhinweise. (Milk Dealer **41.** Nr. 11. 56—58. 60. Aug. 1952. Madison, Wis., Univ., Dep. of Dairy and Food Ind.) KRUSEN. 7756

Trendtel, *Untersuchungen über Tropenfähigkeit von Trockenmilch.* Unterss. an handelsüblichen Trockenmilchpräpp. ergaben, daß dieselben im trop. Klima bei einwandfreiem Transport u. guter Lagerung für die Säuglingsernährung bis zu 6 Monaten geeignet erscheinen. (Molkerei-Ztg. **5.** 545—46. 24/5. 1951. Hannover.) WINIKER. 7756

F. Trendtel, *Untersuchungen über die Tropenfähigkeit von evaporierter Milch und Trockenmilchpräparaten.* 2. Mitt. *Untersuchungen über die Tropenfähigkeit von ungesüßter kondensierter Milch unter besonderer Berücksichtigung ihrer Eignung für die Säuglingsernährung.* (Vgl. vorst. Ref.) Ungesüßte, kondensierte Milch scheint selbst nach Einw. von Tempp. bis zu 50° für die Säuglingsernährung geeignet zu sein. (Molkerei-Ztg. **5.** 789—90. 19/7. 1951. Hannover, Gesundheitsamt.) HÜCKSTÄDT. 7756

H. Laxminarayana und **K. K. Iya,** *Untersuchungen über Dahi.* 1. Mitt. *Einleitung und geschichtlicher Überblick.* Überblick über die fermentierten Milcherzeugnisse. Zus. u. Mikrobiologie von Dahi. (Indian J. veterin. Sci. animal Husbandry **22.** 1—12. März 1952. Bangalore, Indian Dairy Res. Inst.) FRESENIUS. 7756

H. Laxminarayana, V. K. N. Nambudripad, N. V. Lakshmi, S. N. Anantaramaiah und **V. Sreenivasamurthy,** *Untersuchungen über Dahi.* 2. Mitt. *Allgemeiner Überblick über die Qualität von handelsüblichem Dahi.* (1. vgl. vorst. Ref.) 1000 Proben Dahi aus verschied. Bezugsquellen u. Gegenden Indiens werden nach Gefüge, Aroma, titrierbarer Säure, Art der Mikroflora, Bakteriengeh., sowie Geh. an Fett, Protein u. Asche verglichen. Die Unterschiede sind sehr groß. Soweit sie in der geograph. Herkunft in Erscheinung treten, werden sie auf die ursprüngliche Milchqualität, Art des verwendeten Starters, Technik der Herst. u. atmosphär. Einflüsse zurückgeführt. (Indian J. veterin. Sci. animal Husbandry **22.** 13—25. März 1952.) FRESENIUS. 7756

H. Laxminarayana, V. K. N. Nambudripad, V. Lakshminarasim, S. N. Anantaramiah, V. Sreenivasamurthy und **K. K. Iya,** *Untersuchungen über Dahi.* 3. Mitt. *Klassifizierung der Milchsäurebakterien des Dahi.* (2. vgl. vorst. Ref.) Aufgefunden u. erkannt wurden Streptococcus thermophilus, lactis, faecalis, fextranicum, liquefaciens; Lactobacillus bulgaricus, lactis, helveticus, casei, plantarum, fermenti. Am häufigsten treten auf S. thermophilus u. faecalis sowie L. bulgaricus. (Indian J. veterin. Sci. animal Husbandry **22.** 27—49. März 1952.) FRESENIUS. 7756

W. I. Bukanowa, *Antibiotische Eigenschaften einiger Sauermilchprodukte.* In Schalenverss. werden bei *Kefir* u. *Kumys* bakterieide Eigg. nachgewiesen (gegenüber Staphylococcus aureus, Bac. subtilis u. Bac. coli), die auf die antibiot. Wrkg. der Milchsäurebakterien (Bact. bulgaricum, Streptococcus lactis) zurückgeführt werden. Neben diesen liegen in den Prodd. auch Hefepilze (Torula) vor. Reinkulturen von Oidium lactis u. Torula sind weniger wirksam als die Bakterien in ihrer Symbiose. Mehrtägiges Stehen beeinträchtigt die antiobiot. Wirksamkeit, wobei jedoch Verss. bei 0 u. bei 30° keine nennenswerten Unterschiede zeigen. (Гигиена и Санитария [Hyg. u. Sanitätswes.] **1952.** Nr. 8. 32—36. Aug.) R. K. MÜLLER. 7756

D. W. Crisman, *Herstellung von Buttermilch und Startern.* Besprechung der Maßnahmen, die zur Herst. qualitativ hochwertiger Buttermilch u. einwandfrei arbeitender Starter durchzuführen sind. (Milk Dealer **42.** Nr. 6. 68. 70. 72—74. März 1953. Philadelphia, Pa., Dairy Labor.) KRUSEN. 7756

Alois Chudoba, *Beurteilung der Eigenschaften von Sahneneiscreme.* Besprechung der Beurteilung von Sahneneiscreme nach Punkten in chem. u. bakteriolog. Hinsicht. (Mlékařské Listy **42.** 23—25. 18/2. 1950.) FREYTAG. 7756

K. Schneider, *Neue Standardapparatur zur Prüfung von Schlagrahm nach Mohr und Baur.* Kurze Beschreibung des Geräts (Abb.) u. seiner Handhabung. (Schweiz. Milchztg. **79.** 368—69. 10/7. 1953. Kiel, Physikal. Inst. der Bundes-, Versuchs- u. Forschungsanst. für Milchwirtsch.) WINIKER. 7756

F. Hofmann und **H. Wüthrich,** *Versuche und Erfahrungen mit walzenlosen Kleinbutterfertigern aus nichtrostendem Stahl in schweizerischen Käsereien.* (Schweiz. Milchztg. **1953.** 5—6. 2/1. ETH, Milchtechn. Inst., u. Rütti, Molkereischule.) WINIKER. 7758

Mulder, *Nachhärtung und Temperaturbehandlung von fertiger Butter.* Soll bes. im Sommer feste Butter erzielt werden, so ist nach dem Pasteurisieren nicht tiefzukühlen. Dadurch bleibt unterkühltes Butterfett erhalten, welches noch nachhärten kann. Außerdem soll die Butter bald u. endgültig verpackt werden, da durch Umpacken das Kristallgerüst zerstört wird. Dagegen wird Winterbutter zur Erhöhung der Streichfähigkeit besser umgepackt. — Das Nachhärten wird begünstigt durch Tempp. von 13 bis 16°, durch niedrigere gehemmt. (Molkerei-Ztg. **4.** 923—24. 10/8. 1950. Wageningen, Holland, Landw. Hochsch., Inst. für Molkereiwirtsch. u. Milchkunde.) HÜCKSTÄDT. 7758

Oltrogge, *Zur Farbe der Maienbutter.* Allg. Ausführungen. (Molkerei-Ztg. **7.** 569—70. 21/5. 1953. Hameln, MLUA.) KRUSEN. 7758

W. Mohr und **K. Koenen,** *Störung der Sauerrahmbutterherstellung aus Milch mit Penicillin geimpfter Kühe.* Am ersten Tage nach einer Penicillinbehandlung der Kuh ist das Säuerungsvermögen der Milch selbst bei Zusatz von 4% Säuerungskultur stark gehemmt. Letztere wird am zweiten Tage wirksam. In Rohmilch verläuft die natürliche Säuerung erst am siebenten Tage normal. Es wird gefordert, daß solche Milch frühestens am dritten Tage nach der Penicillinbehandlung an die Meierei ausgeliefert werden darf. (Molkerei-Ztg. **4.** 1035—36. 7/9. 1950. Kiel, Phys. Inst. der Forsch.-Anst. für Milchwirtschaft.) HÜCKSTÄDT. 7758

F. Engel, *Lab und seine Herstellung.* Eingehende Besprechung der *Lab*-Technologie (Extrakt, Pulver). Beschreibung der Best. der Labstärke. (Seifen-Öle-Fette-Wachse **77.** 507—10. 10/10. 531—32. 24/10. 1951.) FREYTAG. 7760

Erkki Peltola und **Matti Antila,** *Der Einfluß von zum Bruch zugesetztem Lab auf die Reifung von Käse.* Nach Verss. erscheint es möglich, die Reifung von Käse zu beschleunigen, wenn man dem Bruch unmittelbar vor dem Formen eine reichlichere Menge Lab zusetzt. Die bessere Reifung u. der kräftigere Geschmack solcher Käse wird u. a. auf die durch Vermehrung der flüchtigen Aldehydaminosäuren bedingte Erhöhung des lösl. N zurückgeführt. (Karjantuote **33.** 44—47. 27/1. 1950.) BECKMANN. 7760

R. Bruncke, *Mindesttrockenmasse und Höchstwassergehalt im Labkäse.* Es werden die die Trockenmasse von Schnitt- u. Weichkäse beeinflussenden Faktoren, wie Trockenmassegeh. der Milch, Fettgeh. der Molke u. des Käses, besprochen u. die 1951/52 gemachten Feststellungen in tabellar. Form wiedergegeben. (Lebensmittel-Ind., Ausg. B **5.** 90—94. April 1953. Güstrow, Inst. für Milchwirtsch.) KRUSEN. 7760

M. E. Schulz, *Die Käsestruktur als qualitätsbestimmender Faktor.* Besprechung der bakteriellen Gärungsarten im Käse u. der Ursachen verschiedenartiger Löcherbldg. (**L.**). Für die **L.** sind Gallertstruktur, Bruchkornstruktur, Hohlraumstruktur u. Käserindenstruktur von Bedeutung. Chem. Mittel, wie Salpeter, $KBrO_3$ oder $KClO_3$, zur Beeinflussung der **L.** sind abzulehnen. Zunächst muß, gegebenenfalls auf Grund chem.-bakteriolog. Kontrollen, über die Herstellungstechnik die Beeinflussung der **L.** versucht werden. Nennung der Maßnahmen, um die Propionsäuregärung zu beeinflussen u. die Zahl der Gärungslöcher zu regulieren. (Kieler milchwirtsch. Forschungsber. **5.** 379—95. 1953. Kiel, Bundes-, Versuchs- u. Forschungsanst. für Milchwirtschaft, Chem. Inst.) FRESENIUS. 7760

Josef Šiman, *Der bakteriologische Wert der Rohstoffe als Qualitäts- und Haltbarkeitsmaß von Schmelzkäse.* Die bakteriolog. Unters. ergab, daß die Prodd. im Winter hinsichtlich der Ggw. sporenbildender Bakterien wesentlich reiner sind als die des Frühjahrs u. diese reiner als jene im Sommer. Allg. Hinweise auf Maßnahmen zur Erzielung guter Qualität von Schmelzkäse. (Mlékařské Listy **42.** 134—36. 20/9. 1950.) FREYTAG. 7760

J. Jacquet, J. Delacroix und **H. Gondouin,** *Vorbeugung von Fabrikationsschäden bei der Camembertherstellung infolge Gegenwart von Penicillin in der Milch durch Verwendung von Penicillinase.* Eine Beigabe von Penicillinase, eine aus Bacillus subtilis isolierte Diastase, vermag weitgehend die Käseschäden bei der Verwendung von mit Penicillin sterilisierter Milch auszuschalten. (C. R. hebd. Séances Acad. Agric. France **37.** 465—70. 1951.) GRIMME. 7760

Lauri Paloheimo, *Was ist Rohfaser?* Bei den üblichen Rohfaserbestimmungen gehen fast $^1/_4$ der Cellulose u. ein großer Teil der Hemicellulosen u. des Lignins in Lösung. Die Rohfaserwerte geben daher nur sehr grobe Anhaltspunkte für den Wert eines Futtermittels. Bei reiner Futtercellulose wurden Rohfaserwerte von ca. 78% erhalten. Bessere Ergebnisse werden erzielt bei der Best. der gesamten pflanzlichen Gerüststoffe, die aber sehr zeitraubend ist. Völlig wertlos u. oft irreführend für die Beurteilung eines Futtermittels ist die Angabe der N-freien Extraktstoffe. (Karjatalous **26.** 69—73. 17/2. 1950.) BECKMANN. 7780

Ilmari Poijärvi, *Über die Veränderungen im Nährwert von Heu bei überjähriger Lagerung.* Der Gesamtnährstoffverlust guten Heus betrug bei 1½jähriger Scheunenlagerung nur 3,3%. Am stärksten nahmen hierbei die N-freien Extraktstoffe ab, während die Eiweißstoffe fast konstant blieben. Die Verdaulichkeit der Trockensubstanz nahm um 3,2 Einheiten ab. (Valtion Maatalouskoetoiminnan, Tiedonantoja **1950.** Nr. 222. 1 bis 16. Tikkurila, Finnland.) GRIMME. 7782

Walter Deckenbrock, *Zur Frage des Futterwertes von Schlempe aus Pilzmalzmaischen.* Beim Vgl. von Schlempe aus Maischen, die entweder mit 6% Pilzmalz oder 10% Gerstendarrmalz hergestellt wurden, ergibt sich, daß hinsichtlich der Eiweißbestandteile keine Unterschiede festzustellen sind. (Branntweinwirtschaft **4.** 343—45. 25/11. 1950. Lüdinghausen, Fachlabor. für Spiritusindustrie.) HAEVECKER. 7786

Jan Buliček, *Soll die Molke in die Abwässer oder verfüttert werden?* Allg. Darlegungen über die Zus. der *Molke* u. ihren Nährwert mit der Empfehlung, sie als zusätzliches Schweinefuttermittel zu verwenden. (Mlékařské Listy **42.** 9—12. 20/1. 1950. Prag, Staatl. Hydrolog. Inst.) FREYTAG. 7786

Ilmari Poijärvi, Johannes Partanen und **Sirkka Pakarinen,** *Über den Nährwert von Molken bei der Schweinefütterung.* Frische Molken enthalten ca. 5,8% Trockenmasse. Sie eignen sich sehr gut zur Schweinefütterung u. können ca. 40—70% des Gesamtfutters bei der Mast ersetzen. (Valtion Maatalouskoetoiminnan, Julkaisuja **1950.** Nr. 133. 1—18. Tikkurila, Finnland.) GRIMME. 7786

H. Kringstad und **O. Ulvesli,** *Silierung von Maische (Trebern).* Bei der Silierung von Maische sind die Verluste bei Zusatz von 5 Liter 1 : 6 verd. A.I.V.-Säure auf 100 kg geringer als bei Zusatz von 3 Litern, aber das Prod. ist als Futter zu sauer (p_H 2,3). Ohne Zusatz sind die Verluste an Trockensubstanz zu hoch (17,5 gegenüber 6,4 bzw. 11,6%). Es wird prakt. keine Buttersäure u. nur sehr wenig NH_3 gebildet. (Brygmesteren **9.** 151—56. Juni 1952.) R. K. MÜLLER. 7786

J. A. Lovern und **W. Godden,** *Die mögliche Verwendung von Fischeingeweiden als Tierfutter.* 0,4 Gew.-% Formaldehyd genügen zur Konservierung der Eingeweide; $NaNO_2$ ist weniger wirksam. Mehl aus mit HCHO konservierten Eingeweiden ist (im Gegensatz zu Algenmehl) schmackhaft; es zeigt auch keine Giftwirkung. Ergebnisse von Verss. mit verschied. Mengen Konservierungsmitteln hinsichtlich des Eintrittes der Fäulnis der Eingeweide, über Analysenergebnisse des Fischmehles u. den N_2-Umsatz bei Schweinen. (J. Sci. Food Agric. **1.** 314—16. Okt. 1950. Aberdeen, Torry Res. Stat., und Rowett Res. Inst.) LIEBNER. 7786

G. F. Combs, *Algen (Chlorella) als eine Quelle von Nährstoffen für Küken.* Getrocknete Chlorella wurde auf den Geh. an Aminosäuren u. an Vitaminen untersucht. Abgesehen von dem niedrigen Methioningeh. ist die Zus. des Algenproteins im Vgl. zu Sojabohnenprotein als günstig zu beurteilen. Der Geh. an Vitaminen, bes. an Carotin wie auch an B-Vitaminen, liegt relativ hoch. In Kükenverss. wurden bei Zusatz von getrockneter Chlorella die Zunahmen gegenüber dem Grundfutter günstig beeinflußt. Die Wrkg. wird auf eine Verbesserung der Vitaminzufuhr zurückgeführt. Bei einem in bezug auf Vitamine ausgeglichenen Futter bewirkte die Beifütterung von Chlorella einen mäßigen Rückgang in den Zunahmen; dies wird mit der hygroskop. Natur von Chlorella in Verbindung gebracht. (Science [Washington] **116.** 453—54. 24/10. 1952. College Park, Md., Univ. of Maryland, Poultry Dep.) NEHRING. 7786

L. Rosenthaler und **L. Capuano,** *Über die Mohlersche Reaktion.* 1. Mitt. *Die Reaktion der Benzoesäure.* MOHLERsche Rk.: Mit HNO_3–H_2SO_4 heiß nitrierte *Benzoesäure* (**I**) gibt nach Kochen mit W. u. NH_3-Fl. (Entfernung von NH_4NO_2) nach dem Abkühlen u. nach Zugabe von Ammoniumsulfid (oder NH_2OH) eine rotbraune Färbung. Anwendung zum Nachw. von **I** in der Lebensmittelchemie. In Übereinstimmung mit DESHUSSES (Pharmac. Acta. Helvetiae **21.** [1946.] 183) wurde durch Synth. der *2.5-Dinitrobenzoesäure* (**II**) (F. 177°) aus *o-Toluidin* über *Acetotoluidin* u. *5-Nitro-2-aminotoluol* festgestellt, daß **II** die Trägerin der Rk. ist, daß sie unter Wrkg. von Reduktionsmitteln (im Vers. *Ascorbinsäure*) in ein Salz der *5-Nitro-2-nitrosobenzoesäure* (F. der freien Säure 160°, ab 130° Schwarzfärbung, Salze nicht isolierbar) u. diese wieder bei scharfer Red. in die *5-Nitro-2-aminobenzoesäure*, F. 263°, übergeht. (Z. Lebensmittel-Unters. u. -Forsch. **92.** 13—16. Jan. 1951. Istanbul, Univ., Galen. Inst.) M. D. LAUBSCHAT. 7790

Franz Meyer, *Feuchtigkeitsbestimmung des Getreides.* Kurze Beschreibung eines Geräts zur Feuchtigkeitsbest. des Getreides mittels infraroter Strahlen. — 1 Abbildung. (Mitt. dtsch. Landwirtschafts-Ges. **67.** 485—86. 5/7. 1952. Bad Sassendorf.) WINIKER. 7796

H. Hadorn, R. Jungkunz und **K. W. Biefer,** *Über einheimische Konfitüren des Handels, ihre Analyse und Beurteilung.* Zusammenstellung bekannter Methoden zur Unters. u. Beurteilung von Konfitüren, die von Vff. überprüft u. zum Teil modifiziert wurden. Unters. verschied. Früchte, die der Selbstherst. von Konfitüren dienten, u. der selbst hergestellten Konfitüren sowie von Konfitüren des Handels, in denen verschiedentlich 5—22% Stärkezucker festgestellt wurden. — 33 Schrifttumshinweise. (Mitt. Gebiete Lebensmittelunters. Hyg. [Bern] **41.** 340—71. 1950. Basel, Labor. V. S. K.) LIEBNER. 7814

Th. v. Fellenberg, *Schweflige Säure in Süßmost und alkoholfreiem Traubensaft.* In einem vom Vf. hergestellten Süßmost sowie je 2 Süßmosten u. A.-freien Traubensäften des Handels wurden nach der Dest. das Destillat mit J-Lsg. titriert u. nephelometr. etwa entstandene H_2SO_4 bestimmt. In dem eigenen Most ließ sich kein SO_2 nachweisen. Bei den Handelsproben waren nur kleinste Mengen SO_2 nachweisbar, die durch Gerätschaften eingeschleppt zu sein scheinen. Da kleine Mengen J verbrauchender Stoffe, wie Aldehyde u. Aromastoffe, SO_2 vortäuschen oder etwaigen SO_2-Geh. erhöhen können, ist bei kleinsten Mengen SO_2 die nephelometr. Meth. vorzuziehen. Auf jeden Fall aber empfiehlt sich das Arbeiten nach dem Destillationsverfahren. (Mitt. Gebiete Lebensmittelunters. Hyg. **41.** 385—88. 1950. Muri bei Bern.) LIEBNER. 7818

Frank V. Kosikowsky, *Die Wirksamkeit des Cornell-Phosphatasetestes für Milchprodukte.* Ausführliche Beschreibung eines bereits früher (Science [New York] **110.** [1949.] 751) mitgeteilten *Phosphatase*-Testes für alle Milchprodd., bei dem das Gut mit einem Na_2CO_3–$NaHCO_3$-Puffer (p_H 9,5—9,7) behandelt u. anschließend mit Trichloressigsäure–HCl gefällt wird. Im mit Na_2CO_3 alkal. gemachten Filtrat wird mit 2.6-Dibromchinonchlorimin die Farbe entwickelt, die je nach Variierung der Meth. nach 10 Min. 1 Std. u. 18 Std. gemessen werden kann. Vf. weist darauf hin, daß genaue Ergebnisse nur nach 18std. Reaktionszeit erhalten werden. (J. Dairy Sci. **34.** 1151—58. Dez. 1951. Ithaca, N. Y., Cornell Univ., Dep. of Dairy Ind.) KRUSEN. 7856

Thomas E. Gilmore und **Walter V. Price,** *Titrationstest für Casein zum Gebrauch in der Käserei.* Die von WALKER angegebene Formoltitration wird beschrieben u. zur *Casein* (I)-Best. in Milch empfohlen. Vgll. mit der KJELDAHL-Meth. ergaben, daß durch die Titration im Mittel 0,045% I mehr gefunden werden. Es sollen 0,02 oder 0,05 ml-graduierte Büretten verwendet u. Doppel- oder Dreifachbestimmungen durchgeführt werden. Zeit u. Temp. der Titration beeinflussen das Ergebnis nicht. Das Verf. eignet sich in Verbindung mit dem BABCOCK-Test gut zur Einstellung des I- u. Fettgeh. in Käsereimilch. (Butter, Cheese Milk Products J. **44.** Nr. 3. 28—29. März 1953. 61—64. Madison, Wis., Univ.) KRUSEN. 7856

Lincoln M. Lampert, *Bemerkung zur Temperaturmessung in der Babcock-Testzentrifuge.* Vf. empfiehlt Verwendung zweier gewöhnlicher 6 Zoll-Hg-Thermometer von 0—220° F, die einander gegenüberliegend angebracht werden sollen. (J. Milk Food Technol. **14.** 137. Juli/Aug. 1951. Sacramento, Calif., Dep. of Agric.) KRUSEN. 7856

M. E. Schulz, E. Voß, G. Mrowetz, K. H. Leder und **E. Warnecke,** *Anpassung der Formoltitration an die Bedürfnisse der Molkereibetriebskontrolle.* Das Verf. der Formoltitration nach BANNENBERG u. V. D. HOEK (Nederl. Melk- en Zuiveltijdschr. **3.** [1949.] 162) wird vereinfacht u. genauer gestaltet. Die Einsatzmenge an Milch wird auf die Hälfte (25 cm^3) red., ebenso das Formalin (5 cm^3). Die Laugenkonz. wird auf 0,143 n festgesetzt, wobei die abgelesenen cm^3 den % Gesamteiweiß entsprechen. Die Vergleichslsg. wird statt mit Fuchsin mit $CoSO_4 \cdot 7\,H_2O$ hergestellt. Es wird vorgeschlagen, nicht mehr von der Best. des Eiweißgeh. der Milch zu sprechen, sondern von der Eiweißrandgruppenformoltitration u. der Eiweißtiterbestimmung. Bericht über den Einsatz des Verf. im Molkereibetrieb. (Kieler milchwirtsch. Forschungsber. **5.** 273—95. 1953. Kiel, Bundes-Versuchs- u. Forschungsanst. für Milchwirtsch., Chem. Inst.) FRESENIUS. 7856

W. Mohr, E. Weinert und K.-H. Peters, *Prüfung von Reinigungsmitteln für die Reinigung von Milchkannen und milchwirtschaftlichen Geräten mit Bürsten von Hand.* Die Verss. erfolgen nach 2 Methoden: 1. Leistungsversuch. Hierbei werden die Kannen mit saurer Magermilch u. saurer Sahne verunreinigt. Gereinigt wird in einer Ausrollapp. bei 40° u. 40 Umdrehungen/Minute. Bestimmt wird die für die Reinigung benötigte

Zeit. 2. Dauerversuch. Bestimmt wird der Nutzwert von 10 Litern Reinigungslsg., d. h., wie oft dieselbe Lsg. verwendet werden kann, bis sie keine einwandfreie Reinigung mehr bewirkt. Als Chemikalien dienen Na_2CO_3, Na_2SiO_3 u. verschied. Spezialmittel. (Kieler milchwirtsch. Forschungsber. **5**. 261—72. 1953. Kiel, Bundes-Versuchs- u. Forschungsanst. für Milchwirtsch., Physik. Inst.) FRESENIUS. 7856

Siemens-Schuckertwerke Akt.-Ges., Berlin und Erlangen (Erfinder: **Eugen Sauter**), *Inaktivieren von Enzymen,* bes. in pflanzlichen Lebensmitteln mit einem fl. oder dampfförmigen Heizmittel. Das die Enzyme enthaltende Gut wird zusätzlich der Einw. eines elektromagnet. Hochfrequenzfeldes, bes. eines Ultrakurzwellenfeldes, ausgesetzt. (**D. B. P. 831 490** Kl. 53c vom 5/11. 1949, ausg. 14/2. 1952.) MAASS. 7635

Aktieselskabet Asiatic Yeast Works Ltd., Kopenhagen, Dänemark, *Herstellung von Trockenprodukten aus Hefe.* Beim Trocknen von Hefe, gegebenenfalls unter Zusatz von Glycerin, mit einem Luftstrom oder im Vakuum setzt man der Preßhefe vor dem Trocknen Eidotter oder auch ganze Eier zu. Das Gemisch wird vor dem Trocknen auf p_H ca. 5,5 eingestellt. Man erhält eine *Trockenhefe,* die sehr gut haltbar ist u. ausgezeichnete Backergebnisse zeitigt. (**Dän. P. 73 786** vom 30/1. 1948, ausg. 18/2. 1952.) JÜRGEN SCHMIDT. 7675

Fritz Lieken, Bremen, *Roggenbrotherstellung.* Die unter Verwendung der gesamten Schrot- bzw. Mehlmenge ohne Zusatz von Sauerteig oder einem anderen Säuerungsmittel bei ca. 20° angesetzten Grund- u. Nebenteige werden einer Ruhezeit von mindestens 6 bis höchstens 16 Std. unterworfen, wobei der Nebenteig bei erhöhter Raumtemp. von z. B. 30° lagert. Nach Erwärmung auf Gärtemp. werden die Teige, gegebenenfalls nach Zusatz von Hefe, zum Hauptteig vereinigt. (**D. B. P. 846 232** Kl. 2c vom 17/1. 1950, ausg. 11/8. 1952.) KRANZ. 7675

Harold A. Skinner, New Carlisle, O., V. St. A., *Puffmaisherstellung.* Die Körner werden bei einem Feuchtigkeitsgeh. von ca. 14—14,5% in Ggw. von Fett oder Öl in einem geschlossenen Behälter auf 450—500° F. erhitzt u. dann sofort einem Vakuum ausgesetzt. — Vorrichtung. (**A. P. 2 577 666** vom 6/4. 1950, ausg. 4/12. 1951.) KRANZ. 7687

Pierre-Marie-Joseph-Charles Teyssonneau, Frankreich, *Einmachen von Früchten durch Kälte,* dad. gek., daß die abgewellten Früchte in einem Kühlraum bei ca. 1° mit einem konz. Zuckersirup von ca. 20° Bé übergossen werden. Nachdem sich zwischen dem Sirup u. den Früchten das osmot. Gleichgewicht eingestellt hat, wobei der Sirup an D. verliert (1—2° Bé), läßt man mittels einer Röhre, die bis auf den Boden des die Früchte enthaltenden Gefäßes reicht, solange Zuckersirup von 20° Bé zufließen, bis die verd. Lsg. völlig verdrängt ist u. die Früchte ganz mit der konz. Siruplsg. durchtränkt sind. Sie sind nunmehr auch bei 20° gegen Gärung geschützt. (**F. P. 955 884** vom 21/11. 1947, ausg. 20/1. 1950.) HEYNE. 7689

Dag Torsten Berglund, Stockholm, Schweden, *Rübenpektingewinnung.* Die Hydrolyse wird, z. B. mit 1,5% HCl bei 60°, unter laufender Kontrolle des Geh. an Acetyl- u. Methylgruppen so geführt, daß im Endprod. die Zahl der Acetylgruppen <10, die der Methylgruppen >30, bezogen auf 100 Galakturonsäuregruppen, beträgt. (**E. P. 651 907** vom 20/5. 1948, ausg. 11/4. 1951. Schwed. Prior. 27/6. 1947.) KRANZ. 7703

Pomosin-Werke G. m. b. H., Frankfurt/M. (Erfinder: **Hansfriedel Gudjons,** Raunheim), *Herstellung entfärbter Pektinstoffe.* Die zuvor vom Eiweiß befreiten Fabrikationsdünnsäfte bzw. mehr oder weniger weitgehend eingedickten Pektinextrakte werden mit bas. u. saure Grundbestandteile aufweisenden Mischkunstharzen, z. B. „Asmith 173", in Kontaktadsorptions-Rk. gebracht. (**D. B. P. 863 167** Kl. 53k vom 13/10. 1951, ausg. 15/1. 1953.) KRANZ. 7703

Kobenhavens Pektinfabrik ved Karl Pedersen, Kopenhagen, Dänemark, *Herstellung von backfesten gelatinösen Formmassen.* Man stellt die Formmassen, z. B. künstliche Früchte oder Beeren, aus Zuckerlsgg., Glucose u. 1—2% Pektin mit niedriger Methoxylzahl her. Die Massen werden nach der Verformung in einer Lsg., die mehrwertige Metallionen, bes. Ca-Ionen, enthält, gehärtet. Die Ca-Ionenkonz. soll in der Härtelsg. 2—3% betragen. (**Dän. P. 73 222** vom 3/5. 1949, ausg. 15/10. 1951.) JÜRGEN SCHMIDT. 7703

John Walderhaug, Ålesund, Norwegen, *Herstellung von Honigteig für Backwerk.* Man dampft Molke im Vakuum bis auf ca. 65% Milchzuckergeh. ein, kühlt das Konzentrat schnell auf einem Trommelkühler ab, so daß der bittere α-Zucker in der Milch in den süßeren β-Zucker übergeht. Anschließend versetzt man dieses Prod. mit den üblichen Ingredientien, wie Sirup, Eiern, Mehl u. Gewürzen, wobei der Teig durchgeknetet u. mindestens 4 Wochen im Kühlraum vor dem Gebrauch gelagert wird. (**N. P. 79 128** vom 6/5. 1949, ausg. 8/10. 1951.) JÜRGEN SCHMIDT. 7705

Texsun Citrus Exchange, übert. von: **Everette M. Burdick,** Weslaco, und **James S. Allen,** McAllen, Tex., V. St. A., *Konzentrieren von Citrussaft* (**I**). Der durch Zugabe von $Ca(OH)_2$ auf p_H 8—10 eingestellte **I** wird durch direktes Einleiten einer Flamme in die Fl. ca. 20—30 Min. auf 80—88° erhitzt, wobei unlösl. Stoffe, wie Citrate u. Pektinate, ausfallen. Der vom Nd. befreite **I** wird in üblicher Weise weiter eingedampft. (**A. P. 2 563 705** vom 13/4. 1948, ausg. 7/8. 1951.) KRANZ. 7707

Neuerburg Obsterei K.-G., Deutschland, *Konservierung von Fruchtsäften,* dad. gek., daß den in bekannter Weise durch Ausfrieren gewonnenen Fruchtsaftkonzentraten, welche eine für die Konservierung ungenügende Menge Zucker enthalten, dieser nicht als leicht kristallisierende Saccharose, sondern als schwer kristallisierbare Hexose in Form von Fructose, Glucose oder Invertzucker in solchen Mengen zugesetzt wird, daß die Konservierung gesichert ist. (**F. P. 990 093** vom 5/7. 1949, ausg. 17/9. 1951.) HEYNE. 7707

John Bartels, Dobbs Ferry, N. Y., V. St. A., *Aromatisieren von Fruchtsäften.* Kurz nach der Ernte wird die Rinde von z. B. Citrusfrüchten aus der Pulpe abgetrennt, vermahlen, mit Zucker im Verhältnis 1 : 1 gemischt u. dem Fruchtsaft beigegeben. Der Saft wird schnell gefroren u. verpackt. (**A. P. 2 578 915** vom 8/10. 1949, ausg. 18/12. 1951.) KRANZ. 7707

Lever Brothers & Unilever N. V., Holland, *Verhinderung der Verflüchtigung und Veränderung von Aromen und Vitaminen in Lebensmitteln beim Lagern,* dad. gek., daß die Aromen bzw. die Vitaminpräpp. in einem Fixierungsmittel dispergiert werden, das imstande ist, bei n. Temp. eine mehr oder weniger feste M. zu bilden u. die empfindlichen Stoffe zu umhüllen. Die M. kann zu kleinen Plättchen u. Flitterchen geformt werden, deren Größe nicht unter 0,1 mm liegen soll. Diese Präpp. werden solchen Lebensmitteln zugesetzt, die bei der Zubereitung mit W. versetzt u. erwärmt werden müssen. Als Fixierungsmittel eignen sich: Gelatine, Agar-Agar, Gummi arabicum, denen man Zucker oder Glycerin zugeben kann, ferner Fette, sehr konz. Zuckersirup u. andere. — In einer Mischung von 0,25 (kg) Gelatine, 0,5 Zucker u. 1 W. dispergiert man 0,75 Bananenessenz. Die wss. M. wird z. B. mittels eines mit Löchern von 1 mm Durchmesser versehenen Rohres in Puddingpulver getröpfelt. Die Tropfen erstarren in dem Pulver zu kleinen Körnchen. (**F. P. 974 659** vom 4/11. 1948, ausg. 23/2. 1951.) HEYNE. 7711

Latovo Akt.-Ges., Zürich, Schweiz, *Puddingpulver für Kaltansatz.* Eine Mischung von Magermilch mit einer kleineren Gewichtsmenge Molke u. Stärke wird auf 75—85° unter dauerndem Rühren erhizt u. sprühgetrocknet. (**E. P. 634 158** vom 30/4. 1946, ausg. 15/3. 1950. Schwz. Prior. 30/4. 1945.) KRANZ. 7711

Molkerei Josef Anton Meggle, Wasserburg/Inn (Erfinder: **Franz Mauracher,** Reitmehring), *Krokant- und Carameltrockenaroma.* Eiweißangereicherter Milchzucker wird mit Mandeln, Nüssen u. Zucker vermischt u. im Trockenschrank bei schwacher Ventilation auf 140—160° erhitzt, sofort gekühlt u. vermahlen. (**D. B. P. 876 502** Kl. 53k vom 9/5. 1951, ausg. 15/5. 1953.) KRANZ. 7715

Afico Akt.-Ges., Lausanne (Erfinder: **Albert Kaehr,** Vevey), Schweiz, *Kartoffelstärkeprodukt,* bes. geeignet als *Kindernahrung.* Kartoffelstärke (**I**) wird in W. unter Zugabe von H_2O_2 u. Na-Silicat aufgeschlämmt u. die Aufschlämmung mindestens 2 Std. bei 30—55° gehalten. Man läßt **I** sich absetzen u. wäscht sie mit W. von 20—40°, dann mit schwach angesäuertem W. aus. Die mit kaltem W. gespülte **I** wird im Vakuum bei $<60°$ getrocknet. (**D. B. P. 864 043** Kl. 53k vom 3/7. 1951, ausg. 22/1. 1953. Schwz. Prior. 5/5. 1944.) KRANZ. 7743

Svenska Mjölkprodukter Aktiebolag, Stockholm, Schweden (Erfinder: **T. Lindewald**), *Trockener Ersatz für Hühnereigelb.* Man dampft Magermilch, z. B. 3300 (Liter) auf 820 ein, homogenisiert unter Zusatz von 3,3 kg Cholesterin u. 6,6 kg Sojalecithin, mischt mit 105 Liter saurer Molke, trocknet dann auf Walzen, unter Zumischung von ca. 15 (kg) Johannisbrotfruchtmehl u. gegebenenfalls 1,32 Benzoesäure u. 1,65 Na-Benzoat als Konservierungsmittel. Der p_H-Wert des Endprod. soll nicht $<5{,}4$, bes. zwischen 5,4 u. 6,6, liegen. (**Schwed. P. 133 378** vom 2/1. 1943, ausg. 23/10. 1951. **Zusatz zu Schwed. P. 131 461; C. 1952. 4859.**) JÜRGEN SCHMIDT. 7755

Josef Mösle, Kempten, Allgäu, *Herstellung von Käse, besonders Emmentaler Käse,* indem zur Ausschaltung bzw. Steuerung der Buttersäuregärung Kulturen von Mikrokokken als die Buttersäurebakterien an der Vermehrung hinderndes Enzym verwendet werden. (**D. B. P. 866 447** Kl. 53e vom 25/12. 1946, ausg. 9/2. 1953.) MAASS. 7761

Napco Chemical Co., Harrison (Erfinder: **Melvin Hochberg,** North Arlington, N. J., und **Melvin I. Macmillan,** Newark), V. St. A., *Vitaminhaltige Trockenpräparate, besonders für Futtermittel.* Ein wachsartiger fester Stoff mit F. $<45°$, z. B. Espartowachs, wird mit einem fettlösl. Vitamin enthaltenden Stoff u. einem verdaulichen oberflächenakt. Stoff, z. B. Polyoxyäthylensorbitanmonopalmitat, gegebenenfalls unter Zusatz eines eßbaren Oxydationsschutzmittels, wie Propylgallat, u. eines Mehles, gemischt. Das Gemisch wird geschmolzen u. in kleine, feste, tropfen- bis kugelförmige Teilchen übergeführt. (**D. B. P. 876 033** Kl. 53g vom 14/6. 1950, ausg. 7/5. 1953. A. Prior. 14/6. 1949.) KRANZ. 7787

Rolf Ulrich, Der Kaffee und das Coffein. Stuttgart: Thieme. 1953. (68 S.) 8°. DM 2,70.

XVII. Fette. Seifen. Wasch- u. Reinigungsmittel. Wachse. Bohnermassen usw.

Georges N. Catravas, *Über die Reaktivität der konjugierten Äthylenbindungen gegenüber Wasserstoff bei der katalytischen Hydrierung von Fetten.* Im Verlaufe der katalyt. Hydrierung von Fetten zeigte sich, daß der dem Ni–Kieselgur-Katalysator zugefügte S die Hydrierung beeinflussen kann u. daß er die Verschiebung von isolierten Doppelbindungen in die Konjugation begünstigt (vgl. C. **1952**. 6589). Vf. versucht, diese Erscheinungen zu klären, indem er die Verss. unter CO_2-Atmosphäre durchführt. Als Katalysator wurde 0,2% Ni auf Kieselgur verwendet, der 1% S vor seiner Red. enthielt. Der Verlauf der Rk. wurde durch Aufnahme von UV-Spektren in zeitlichen Abständen verfolgt. Bei deren Auswertung zeigte es sich, daß die Gesamtmenge der konjugierten Verbb. nach 30 Min. 9,3% erreicht, etwa so viel (9,8%), wie man auch in Ggw. von H_2 bei gleicher Reaktionsdauer erhält. Die UV-Spektren zeigen jedoch, daß sich in Abwesenheit von H_2 Triene (1,5%) u. sogar Tetraene (0,5%) bilden, während unter H_2 die Triene nur schwach vertreten sind u. Tetraene nicht gefunden werden. Diese charakterist. Abwesenheit von konjugierten Polyenen läßt sich durch die Annahme erklären, daß die im Verlaufe der katalyt. Hydrierung sich bildenden Triene u. Tetraene den H_2 schneller aufnehmen als die Diene, wodurch sich die Gesamtmenge der gebildeten Diene vergrößert. (C. R. hebd. Séances Acad. Sci. **236**. 935—37. 2/3. 1953.) FECHTER. 7880

M. A. Minassjan und **Je. S. Pljuschkina**, *Verarbeitung von Baumwollsamenöl nach dem Schema einmaliges Pressen–kontinuierliche Extraktion.* Wiedergabe von Betriebserfahrungen mit einer Arbeitsweise, bei der die nicht konditionierten Samen geschält, auf Walzen zerkleinert, bei 90—100° gepreßt u. in einer Kolonne kontinuierlich mit Bzn. extrahiert werden. Der größte Teil des *Gossypols* befindet sich unverändert im Öl aus den Vorpressen. (Маслобойно-Жировая Промышленность [Öl- u. Fett-Ind.] **18**. Nr. 3. 7—9. März 1953. Krasnodar, Fett- u. Öltrust.) SCHMEISS. 7894

—, *Hydriertes Palmöl in der Lebensmittelherstellung.* Die selektive Hydrierung, Darst. der Katalysatoren, Einfl. von Eisenseifen u. Eigg. des hydrierten Palmöls werden besprochen. (Food Manufact. **28**. 107—08. 1/3. 1953.) FRESENIUS. 7894

E. Klenk und **W. Bongard**, *Über die Konstitution der in den Leberölen von Seefischen (Dorsch und Glattrochen) vorkommenden Polyensäuren.* Eingehender Literaturüberblick über die in den Lipoiden auftretenden Polyenfettsäuren, die bei pflanzlichen Fetten, bei den Glycerophosphatiden der Säugetierorgane (C_{20}- u. C_{22}-Säuren) prakt. ausschließlich dem Divinylmethantypus —CH : CH·CH_2—CH : CH— angehören; Hinweis darauf, daß die Polyenfettsäuren der Seetieröle außerdem Vertreter von der Divinyläthangruppierung enthalten sollen. Nachprüfung dieser Anschauung durch Unters. eines Dorschlebertrans (**I**) (Handelsware) u. eines engl. Glattrochenlebertrans (blue skate) (**II**). Um Isomerisierung der polyolefin. Säuren durch Alkali (Konjugierung) zu vermeiden, werden die Verss. auf dem Wege der oxydativen Ozonidspaltung nach KLENK u. BONGARD vorgenommen, wobei der Divinylmethantypus zu Malon-, der Divinyläthantypus zu Bernsteinsäure führt. Experimentelle Einzelheiten vgl. Original. Die Unters. des entsprechend behandelten wss. Auszuges der Reaktionsmischung (fraktionierte Methylesterdest., papierchromatograph. Nachw.) läßt für beide Leberöle die Ggw. von Malonsäure eindeutig erkennen; in **I** ist Bernsteinsäure nicht, in **II** nur spurenweise nachweisbar. — Die im Ozonisierungsreaktionsgemisch enthaltenen, durch Abbau entstandenen Monocarbonsäuren werden als Methylester fraktioniert dest.; für **II** ergibt sich folgende Zus.: Propion- (14,6%), Capron- (9,8%), Önanth- (23,3%), Pelargon- (42,0%), Undecansäure (10,3%). — Es wird festgestellt, daß im Gegensatz zur bisherigen Anschauung auch die Polyenfettsäuren der vorliegenden beiden Fischtrane dem Divinylmethantypus angehören; vermutlich gilt dies auch für die anderen Fischtrane. (Hoppe-Seyler's Z. physiol. Chem. **292**. 51—58. 23/3. 1953. Köln, Univ., Physiolog.-chem. Inst.) TÄUFEL. 7898

Ss. Ssafonow, *Technisches Fett aus Abwässern.* Übersicht über Gewinnungsmaßnahmen in Schlachthöfen. (Мясная Индустрия СССР [Fleisch-Ind. UdSSR] **23**. Nr. 6. 44—45. Nov./Dez. 1952.) SCHMEISS 7904

I. W. Moltschanow, *Über ein Schema der Fetthydrolyse.* Allg. über die Druckspaltung. (Маслобойно-Жировая Промышленность [Öl- u. Fett-Ind.] **18.** Nr. 3. 16—18. März 1953. Krasnodar, Inst. für Lebensmittelind.) SCHMEISS. 7906

S. I. Kenigsberg, L. A. Klepikow und **F. W. Newolin,** *Die Bleichung von Soapstoks des Baumwollsamenöls durch Wasserstoffsuperoxyd.* Die Soapstoks aus dunklem Baumwollsamenöl werden verseift, ausgesalzen, mit W. zu einem Geh. von ca. 48% Fettsäure u. 0,2—0,3% freiem Alkali verd. u. bei 20—90°, optimal 70°, mit Perhydrol (I) hellbraun gebleicht, das in kleinen Anteilen durch eine im unteren Behälterteil befindliche Schlange zugegeben wird. Der I-Zusatz wird so berechnet, daß der I-Geh. 1,5—2,0% der Fettsubstanz ausmacht. (Маслобойно-Жировая Промышленность [Öl- u. Fett-Ind.] **17.** Nr. 11. 17—18. Nov. 1952.) SCHMEISS. 7910

St. Krauze, *Invertseifen.* Beschreibung der chem., physikal., biol. u. bactericiden Eigg. bes. von *quaternären Ammoniumbasen.* Unterscheidung anion-, kationakt., nichtionogener u. amphoterer Verbindungen. (Acta polon. pharmac. **7.** 212—27. 1950.) FREYTAG. 7910

R. C. Tarring, *Oberflächenaktive Mittel zur Metallreinigung.* Oberflächenakt. Mittel (I), sowohl vom anion. u. kation. als auch nichtionogenen Typ, können mit Vorteil in der Reinigung von Metalloberflächen u. im Galvanisierprozeß verwendet werden. Bei der mit Alkalien (NaOH, Na_2CO_3, Na-Silicat, Na-Metasilicat u. Trinatriumphosphat) erfolgten Reinigung erhöht ein Zusatz von I den innigen Kontakt zwischen Reinigungslsg. u. Metall. Fette u. Mineralöle lassen sich so wesentlich leichter entfernen; hierbei genügen Zusätze von 0,1—0,5% I. Beim Entstehen von Schaum ist Zugabe von schaumred. Stoffen zweckmäßig. Die Wahl des alkal. Reinigungsmittels richtet sich nach dem Verh. des Metalls gegenüber dem Mittel. Hier vermag ein Zusatz von I die Reinigungszeit erheblich zu verkürzen. Entfernung von Rost bzw. Hammerschlag oder anderer Metalloxyde durch Säuren kann durch Zugabe von I unterstützt werden. Der Angriff der Säure kann ohne hemmende I narbenbildend wirken. I verhindern durch schnelles Eindringen der Säure u. durch Schaumbldg. die unerwünschte Korrosion. Gleichzeitig ermöglicht Ggw. von I ein schnelles Auswaschen der Säure. Schließlich dienen I dazu, beim Galvanisieren einen innigen Kontakt von Lsg. u. Metall u. so eine glatte Oberfläche u. verringerte Blasenbldg. zu erzielen. (Int. chem. Engng. Process Ind. **31.** 412—14. Sept. 1950. Shell Chemical Ltd.) GRAU. 7916

H. P. Kaufmann, *Gemeinschaftsarbeiten der DGF.* 18. Mitt. *Aktuelle Fragen auf dem Wachsgebiet.* (17. vgl. C. **1951. II.** 1221.) Den natürlichen Wachsen, die als Gemische von Estern von hochmol. Fettsäuren u. Alkoholen mit einem mehr oder minder großen Anteil an freien Fettsäuren definiert sind, sind von seiten der synthet. Chemie zahlreiche Prodd. gegenübergestellt worden, die im technolog. Sinne zwar Wachscharakter besitzen, der klass. Definition aber nicht entsprechen. Um Verwirrungen zu vermeiden, spricht man wohl von Paraffin-, Ozokeritwachsen usw. Es wird als notwendig hingestellt, eine zweckmäßige, zweifelsfreie Definition des Begriffes „Wachs" unter Berücksichtigung des Standes der Kenntnisse festzulegen. (Fette Seifen einschl. Anstrichmittel **52.** 729. Dez. 1950.) TÄUFEL. 7924

H. P. Kaufmann und **R. Neu,** *Gemeinschaftsarbeiten der DGF.* 19. Mitt. *Neubearbeitung der „Einheitlichen Untersuchungsmethoden für die Fett- und Wachsindustrie".* 9. Mitt. *Glycerinanalyse, 2. Teil.* (18. vgl. vorst. Ref.) Unter Hinweis auf die Mängel der Glycerinbest. nach der Acetin- bzw. der Dichromatmeth. (17. vgl. l. c.) werden die von der Amer. Oil Chem. Soc. probeweise vorgeschlagenen Verff. der Cerat- sowie der Perjodatmeth. zur Diskussion gestellt. Beide Verff. werden ausführlich beschrieben hinsichtlich Reaktionschemismus, erforderlicher Reagentien u. Gerätschaften, Vorbereitung der Proben, Durchführung der Analyse, einzuhaltender Voraussetzungen, Berechnung der Ergebnisse. (Fette Seifen einschl. Anstrichmittel **53.** 28—31. Jan. 1951. Münster/Westf.) TÄUFEL. 7932

H. P. Kaufmann und **J. Baltes,** *Gemeinschaftsarbeiten der DGF.* 20. Mitt. *Neubearbeitung der „Einheitlichen Untersuchungsmethoden für die Fett- und Wachsindustrie".* 10. Mitt. *Physikalische Prüfungen.* (19. vgl. vorst. Ref.) Es wird der Entwurf der Neubearbeitung der physikal. Prüfungen zur Diskussion gestellt. In genormter Form für App. u. Arbeitsweise werden behandelt: D., Schmelzverh. (F., Schmelzintervall, Steig-, Fließ-, Klarschmelzpunkt, Tropfpunkt, E. [auf den Ausdruck „Titer" wird verzichtet]), Farbmessung (Jodfarbzahl, LOVIBOND-Farbzahl, GARDNER-Farbzahl, Verseifungsfarbzahl), Brechungsindex (ABBE-Refraktometer, Butterrefraktometer, Eintauchrefraktometer, PULFRICH-Refraktometer), Lichtabsorption (Spektrograph, Spektrometer) zur Identifizierung von Konjuenfettsäuren vor u. nach der Alkaliisomerisierung, ferner Flammpunkt, Brennpunkt, Siebanalyse. Die Aufnahme von Vorschriften für Ermittlung von Viscosität, Grenzflächenspannung u. p_H-Messung wird zur Diskussion gestellt. (Fette Seifen einschl. Anstrichmittel **53.** 445—55. Aug. 1951. Münster/Westf.) TÄUFEL. 7932

H. P. Kaufmann und **R. Neu,** *Gemeinschaftsarbeit der DGF.* 21. Mitt. *Neubearbeitung der „Einheitlichen Untersuchungsmethoden für die Fett- und Wachsindustrie“.* 11. Mitt. *Seifenanalyse, Bestimmung von Tetranatriumpyrophosphat.* (20. vgl. vorst. Ref.) Es werden die Verff. der AOCS u. die von BELL, sowie von WURZSCHMITT u. SCHUHKNECHT zur Diskussion gestellt. Anschließend machen Vff. einige Vorschläge zur Verbesserung dieser Verfahren. (Fette Seifen einschl. Anstrichmittel **53.** 690—92. Nov. 1951. Münster/Westf.) ROSENDAHL. 7938

Swift & Co., übert. von: **Guy W. Phelps** und **Howard C. Black,** Chicago, Ill., V. St. A., *Stabilisieren von Fettstoffen,* bes. Desodorisieren von nichtflüchtigen Fettstoffen in Form von Fettsäureestern durch Wasserdampfbehandlung unter Vakuum bei 200 bis 300° F in Ggw. von 0,5—5,0% hydriertem raffiniertem Soja- oder Sesamöl, welches einen F. von mindestens 100° F besitzt. — Vgl. Can. P. 470 080; C. **1951.** II. 465. (**Can. P. 482 059** vom 6/11. 1942, ausg. 25/3. 1952. A. Prior. 10/11. 1941.) M. F. MÜLLER. 7877

Sherwin-Williams Co., Cleveland, übert. von: **James V. Hunn,** Aron Lake, und **Michael W. Pascal,** Shaker Heights, O., V. St. A., *Extraktionsverfahren.* Zerkleinerte Saat wird mit W. u. einem hydrophilen Lösungsm. für Öl, z. B. A., zu einem fließbaren Brei angeteigt u. im Gegenstrom mit einem aliphat. Lösungsm., z. B. Heptan, extrahiert. Der Brei muß genügend W. enthalten, um mit dem Extraktionsmittel nicht mischbar zu sein, aber so wenig W., daß das Öl in dem ersten Lösungsm. noch lösl. bleibt. — Zeichnung. (**A. P. 2 605 271** vom 22/4. 1949, ausg. 29/7. 1952.) LÜTTGEN. 7895

Lewis Berger & Sons Ltd., London, England, *Dehydratisieren von Ricinusöl.* Das Verf. wird unter Erhitzen in Ggw. von konz., z. B. in A. gelöster H_2SO_4 u. gegebenenfalls von Antioxydantien durchgeführt. (**E. P. 646 049** vom 14/1. 1948, ausg. 15/11.1950. A. Prior. 19/9. 1945.) LÜTTGEN. 7895

Eilif Fredrik Heyerdahl, Oslo, Norwegen, *Gewinnung von Tran aus Walknochen,* Knochen von Walen u. anderen Seesäugetieren, die beim Entfetten durch Auskochen einen alkal. Rückstand hinterlassen, werden in Ggw. solcher Mengen Rückstände aus den Walteilen, die beim Entfetten saure Rückstände hinterlassen, behandelt, daß der resultierende Rückstand neutral oder leicht sauer ist. Man vermeidet hierdurch Emulsionsbildung. (**E. P. 685 122** vom 18/8. 1949, ausg. 31/12. 1952. N. Prior. 19/8. 1948.) LÜTTGEN. 7899

René Jean Benjamin Elissabide, Mauléon-Soule, Frankreich, *Seifenstück,* dad. gek. daß es aus 2 Seifen besteht, die in W. eine exotherme Rk. gebende Verbb. enthalten, z. B. Na_2CO_3 u. H_2SO_4. (**E. P. 643 493** vom 27/8. 1947, ausg. 20/9. 1950. F. Prior. 13/12. 1945.) LÜTTGEN. 7907

Établissements Fournier-Ferrier, Frankreich, *Hydrolytische Spaltung von Ölen und Fetten* mit W. in Abwesenheit von Katalysatoren bei 240—295° unter einem Druck von 110—180 at in zwei getrennten Arbeitsgängen. Das im zweiten Arbeitsgang erhaltene Glycerinwasser wird zur Hydrolyse im ersten Arbeitsgang verwendet u. danach aufgearbeitet. — Zeichnung. (**F. P. 1 007 213** vom 8/3. 1948, ausg. 5/5. 1952.) M. F. MÜLLER. 7909

James Garvey, Arthur Garvey und **John Maslin Garvey,** Vancouver, Britisch Columbia, Can., *Toiletteseife.* Durch entsprechende Einsätze in die Strangpresse werden die aus der Siebplatte austretenden Seifenfäden in eine zum Seifenstrang rechtwinklige u. spiralförmige Richtung gebracht. Die Stücke reißen beim Gebrauch nicht auf. Löslichkeit u. Quellbarkeit der Seife sind verbessert. — Zeichnung. (**E. P. 642 759** vom 19/9. 1946, ausg. 13/9. 1950.) LÜTTGEN. 7911

Ruhrchemie Akt.-Ges., Oberhausen-Holten, *Neutralisation von Sulfonsäuren und Schwefelsäureestern,* dad. gek., daß man Sulfonsäuren u./oder Schwefelsäureester mit trockenen, festen u. wasserfreien Alkalihydroxyden u./oder Alkalicarbonaten unter inniger gegenseitiger Vermischung u. gegebenenfalls unter Zusatz von geringen Wassermengen, die sich auf höchstens 10—15% der Reaktionsmischung belaufen, umsetzt. Das aus der Reaktionskammer austretende Material wird nach einer Lagerzeit von 30—120 Min. in einem Walzenstuhl homogenisiert u. anschließend durch Heißluft völlig getrocknet. (**Oe. P. 173 690** vom 9/2. 1951, ausg. 10/1. 1953. D. Priorr. 13/2. u. 23/2. 1950.) M. F. MÜLLER. 7913

Max-Jean Conseil, Frankreich, *Reinigungsmittel,* bes. zum Entfernen von Fett. Es besteht aus folgender Mischung: 90 (g) Walkerde, 9 Talg, 1 Natronlauge, 5 Wasserstoffsuperoxyd, 5 konz. Seifenwurzellösung. Das Mittel kann kalt angewandt werden u. eignet sich zum Reinigen der Hände von Fett, zum Reinigen stark mit Öl oder Fett beschmutzter Kleidung, zum Entfetten von Metallen usw. (**F. P. 997 378** vom 24/7. 1945, ausg. 4/1. 1952.) HEYNE. 7917

Canadian Safety Fuse Co. Ltd., übert. von: **David E. Pearsall**, Montreal, Quebec, Can., *Hartes, wasserfestes, hochschmelzendes Kunstwachs*, enthaltend 30—60 (%) hydriertes Ricinusöl, 30—60 Estergummi, 5—25 Paraffinwachs, 2—25 Petroleumasphalt. — In einem Beispiel ist z. B. ein Ersatz für Montanwachs beschrieben. (**Can. P. 483 183** vom 7/2. 1944, ausg. 13/5. 1952.) M. F. MÜLLER. 7925

XVIII a. Holz. Cellulose. Zellstoff. Papier. Papierdruck. Celluloid. Linoleum.

W. A. Moggio, *Forschungen über Abfälle aus Kraftzellstoff-Fabriken.* Wo andere Oxydationsverff. nicht anwendbar sind, kann die Ablauge schnell durch ein beschleunigtes aerobes biol. Verf. unter Anwendung von komprimierter Luft von Geruchs- u. Giftstoffen befreit werden. Diese Lauge kann dann im Klärer mit unbehandelter Ablauge gemischt werden; dadurch verkürzt sich die Klärzeit von 12—20 auf 3—5 Tage. In anderen Verss. wird die Ablauge mit $Ca(OH)_2$ entfärbt. Der Schlamm ist aber sehr voluminös u. läßt sich schlecht weiterverarbeiten. In einem Mehrstufenverf. wird er daher mit Weiß-, Grün- oder Schwarzlauge behandelt, wobei sich eine lösl. organ, Na-Verb. bildet u. $Ca(OH)_2$ oder $CaCO_3$ zurückbleibt. Auch durch Einleiten von CO_2 bei $p_H > 9$ bildet sich eine lösl. organ. Verbindung. Die organ. Verbb. können konz. u. verbrannt werden, $CaCO_3$ wird nach Brennen wieder eingesetzt. (Paper Trade J. **136**. Nr. 9. 28—31. 27/2. 1953. Louisiana State Univ.) H. BECKER. 7958

Jouko Saarnio und **Charley Gustafsson**, *Über Auflösung und Abbau der Kohlenhydrate bei der Sulfatkochung.* Nadelholz enthält über 62% u. Birkenholz über 65% Kohlenhydrate; bei der Sulfatkochung werden aber nur 40—45% bzw. 47—58% Zellstoff erhalten. Während bei der Sulfitkochung die gelösten Hexosane (**I**) zu Monosacchariden (**II**) abgebaut werden u. diese dann in der Ablauge zu finden sind, werden bei der Sulfatkochung durch das heiße Alkali Oligosaccharide u. **II** schnell abgebaut. Die Pentosane, bes. Xylosan, sind beständiger als **I**; nach 6 Std. Kochen bei 173° sind sie aber auch weitgehend zerstört. (Paperi ja Puu **35**. 65—66. 16/3. 1953. Helsinki, Res. Inst. of Finnish Pulp and Paper Ind.) H. BECKER. 7960

Vance P. Edwardes, *Mit dem Sammeln, Eindampfen und Verbrennen von Sulfitablauge verbundene Probleme.* Sulfitablauge läßt sich bis zu 75%, bei besonderem Waschverf. bis 90%, rationell sammeln. Vorteilhaft ist die Verwendung höher konz. Kochlauge, so daß man eine Ablauge mit ca. 20% Festkörper erhält. Beim Eindampfen bilden sich in der App. leicht Krusten. Man versucht dieses zu verhindern, indem man die Ablauge über Ca-Salze leitet, wo sich $CaSO_4$ u. $CaSO_3$ niederschlagen bevor sie verkrusten, oder man erzeugt ein elektromagnet. Feld mit 220 V Wechselstrom von 50 Hertz. Wird die Ablauge völlig entwässert, so muß sie vor dem Verbrennen fein gemahlen werden. Asche u. unverbranntes Material setzen sich leicht am Kessel ab. Die Ablauge wird meist bei einer Konz. von 55—57% Festkörper allein oder mit Kohlenstaub oder Heizöl gemischt mit Sprühbrennern verbrannt; zum Erreichen einer günstigen Konsistenz wird sie auf 100—140° vorgewärmt. Die Asche (7—9% auf Zellstoff) besteht aus totgebranntem Gips u. Kalk, die Abgase enthalten 0,5—0,8% SO_2. Bei der Herst. von Zellstoff mit Ammonbisulfit läßt sich das SO_2 beim Verbrennen der Ablauge leicht zurückgewinnen. Zur Rückgewinnung des NH_3 kann diese Ablauge mit MgO oder Sulfatablauge vor dem Eindampfen versetzt werden. (Paper Trade J. **136**. Nr. 9. 14—19. 27/2. 1953. Corinth, N. Y.) H. BECKER. 7962

Dj. Maširević, *Halbcellulose aus Maisstroh und ihre Verwendung in der Papierfabrikation.* Bei mildem Aufschluß kann aus Maisstroh ein besseres Prod. mit höherer Ausbeute gewonnen werden, als bei gewöhnlichem Aufschluß. Dieses kann zur Herst. von billigem Papier u. Pappe Anwendung finden. Die Eigg. des Prod. aus unteren, mittleren u. oberen Teilen des Stengels sind verschieden. Der Einfl. der NaOH-Konz. u. der Kochzeit auf Ausbeute u. mechan. Eigg. wurde untersucht. (Гласник Хемиског Друштва Београд [Ber. chem. Ges. Belgrad] **15**. 219—51. 1950. Ljubljana-Vevce, Inst. der Generaldirekt. für Papierind.) v. SCHROEDER. 7964

Anton W. Rick, *Dachpappen und dachpappenartige Stoffe. Einteilung, Eigenschaften, Normen, Charakteristik.* (Bitumen, Teere, Asphalte, Peche verwandte Stoffe **3**. 149—51. Juni 1952. Bad Godesberg.) F. C. MÜLLER. 7992

Albert Z. Conner und **Robert W. Eyler**, *Analyse von Natriumcarboxymethylcellulose. Kupfersalzfällungsverfahren zur Bestimmung von Reinheits- und Substitutionsgrad.* Das Cu-Salz der Carboxymethylcellulose (**I**) wird gefällt, gewogen u. das Cu darin jodometr. bestimmt. Aus dem Gewicht des Nd. u. dem Cu-Geh. wird der Geh. an Na-**I** (Reinheitsgrad) u. der Substitutionsgrad berechnet. Mit Ausnahme von Phosphaten stören Verunreinigungen durch Salze nicht. Bei gereinigtem, handelsüblichem Material wurden Ausbeuten von durchschnittlich 98% u. mehr erhalten. Der Substitutionsgrad (durchschnittliche Anzahl substituierter Na-I-Gruppen/Einheit Glucoseanhydrid) wird mit einer Genauigkeit von 0,03 Einheiten erfaßt. — a) Fällung von Cu-I. 0,25 g der bei 100—105° getrockneten Probe werden im 125er ERLENMEYER (Glasstopfen) mit CH_3OH durchfeuchtet u. 5 Min. stehengelassen. 50 cm³ dest. W. portionsweise zugeben u. jedesmal durchschütteln. Mit ca. 3 cm³ 0,5n NaOH unter Schütteln in Lsg. bringen. Nach Zusatz von 2 Tropfen Methylrot mit konz. HCl neutralisieren u. mit 2—3 Tropfen Säureüberschuß schwach ansäuern. In ein 400er Becherglas mit 75 cm³ 1%ig. $CuSO_4 \cdot 5 H_2O$-Lsg. + 25 cm³ absol. CH_3OH + 2 Tropfen konz. HCl Probe langsam unter Rühren eingießen, wobei ein p_H von ca. 2,5 erreicht werden soll. Nach Klarwerden der Mischung p_H mit 3%ig. NH_3 auf 4—4,1 bringen, entstehenden Nd. 30 Min. absitzen lassen, durch Filtriertiegel filtrieren, mit 50%ig., dann mit absol. CH_3OH waschen, bis Nd. leicht grün ist. Bei 100—105° trocknen u. wägen. b) Best. des Substitutionsgrades. Die nach a) erhaltene Cu-I in 150er Becherglas mit 15 cm³ heißer konz. HNO_3 lösen. Lsg. in 250er ERLENMEYER bringen, 10 cm³ konz. H_2SO_4 zugeben, abrauchen u. mit 50 cm³ W. verdünnen. 60—70 cm³ 30%ig. NH_3 u. 5 cm³ Eisessig zugeben. Die Lsg. soll jetzt p_H 3,5—4 haben. Nach Zugabe von 4—7 g KJ in 10 cm³ W. mit 0,02n $Na_2S_2O_3$ bis eben zum Verschwinden der Gelbfärbung titrieren, dann mit 2 g KCNS in 10 cm³ W. 15 Sek. schütteln u. unter Stärkezusatz zu Ende titrieren. Berechnung: Cu-Geh. (C) = cm³ $Na_2S_2O_3$·Cu-Titer/g Cu-I. Substitutionsgrad (S.G.) = 162·C/(32—89 C). %Na-I (Reinheitsgrad) = g Cu-I (Na-I/Cu-I)·100/Einwage, worin Na-I/Cu-I = 162+80 (S.G.)/(162+89 [S.G]) (Analytic. Chem. **22.** 1129—32. Sept. 1950. Wilmington, Del., Hercules Exp. Stat., Hercules Powder Comp.) FREE. 8008

D. Tollenaa, *Das Eindringen von Flüssigkeiten in Papier.* Ein neues Gerät zur Best. des in Papier eingedrungenen Flüssigkeitsvol. wird beschrieben. Man klemmt das Papier in eine Vorr., bringt auf die Papieroberfläche einen Öltropfen bekannter Viscosität u. Oberflächenspannung u. mißt die Zeit, die der Tropfen braucht, um in einer Capillare vorwärtszuwandern. (Ingenieur ['s-Gravenhage] **62.** Mk. 115—18. 15/12. 1950.) WESLY. 8010

Georg von Alfthan, *Ein neuer Apparat zur Bestimmung der Naßfestigkeit von Papier.* Mit dem App. wird der Berstdruck von nassem Papier mit komprimierter Luft gemessen. Als Membrane dient das Papier selbst; die Luftdurchlässigkeit wird durch ein großes Vol. der Druckkammer ausgeglichen, der Druck wird mit W. erzeugt. Die Ergebnisse bleiben bei Druckanstiegen von 40—60 mm/Sek. gleich. Der App. ist geeignet für Drucke bis 1000 mm Wassersäule u. für Holzschliff enthaltende Papiere mit 13—25% Trockenstoffgehalt. (Paperi ja Puu **35.** 68—72. 16/3. 1953. Helsinki, Res. Inst. of Finnish Pulp and Paper Ind.) H. BECKER. 8010

Chicago Mill and Lumber Co., Chicago, Ill., V. St. A., *Herstellung von Schichtprodukten aus Papier und Furnierhölzern.* Man befeuchtet Papier, läßt dieses sich dehnen, bringt zwischen Papier u. Furnierholz (>30% Feuchtigkeit) ein Klebemittel an, z. B. eine wss. Lsg. von Sojabohnenleim, u. preßt die Schichten von Papier u. Furnierholz zusammen, trocknet bis auf einen Feuchtigkeitsgeh. des Holzes von < 30%. In einer 2. Trocknungperiode wird dann auf einen Feuchtigkeitsgeh. zwischen 6 u. 12% getrocknet. Papier u. Leim halten hierbei das Holz in dem ausgebreiteten Zustand. Man kann nach N. P. 79 995 dieses Verf. auch zum Trocknen einer einzelnen Furnierschicht verwenden, wobei ebenfalls von frischem, >30% W. enthaltenden Furnierholz ausgegangen wird, dieses mit Papier beklebt u. dann getrocknet wird. Das aufgeklebte Papier verhindert ein Schrumpfen der Furnierschicht beim Trocknen. Die Trockentempp. liegen zwischen ca. 49 u. 83°. (**N. PP. 79 994** vom 16/3. 1948 u. **79 995** vom 2/6. 1948, beide ausg. 31/3. 1952.) JÜRGEN SCHMIDT. 7953

K. J. H. Nordlander, Gunnilse, Schweden, *Behandeln von Holz.* Zur Herst. von Holz mit fossilem Aussehen, bes. für Musikinstrumente, wird dieses in eine Fl. getaucht, die Nährstoffe für Fäulnisbakterien enthält, z. B. Tischlerleimlsg., zweckmäßig unter Ausschluß von Licht. Hierbei treten Amine u. NH_3 aus der eintretenden Fäulnis auf u. bilden mit den ebenfalls entstehenden Säuren im Holz Schutzstoffe, die weitere Veränderung verhindern. Das fertige Holz ist sehr hart u. leicht u. leicht spaltbar unter Bldg. von hochfettglänzenden Spaltflächen. (**Schwed. P. 132 166** vom 18/2. 1949, ausg. 3/7. 1951.) JÜRGEN SCHMIDT. 7953

Lucien Rouzet und **Soc. des Laboratories de Recherches pour Application Industrielle,** *Holzschutzmittel* (I). Schwach wirksame I, wie Kreosot- u. Anthracenöl, werden durch Zusatz geringer Mengen (0,2—0,5%) hochakt. halogenierter Phenole, Kresole, Naphthaline u. dgl., bes. von p-Chlor-m-kresol, Trichlorphenolkresol, Pentachlorphenol u.

Hexachlorcyclohexan in ihrer Wrkg. wesentlich gesteigert. (**E. P. 663 039** vom 19/12. 1947, ausg. 12/12. 1951.) E. PETERSEN. 7953

Thüringisches Kunstfaserwerk „Wilhelm Pieck" Schwarza VEB (Erfinder: **Kurt Preiss**), Rudolstadt, Thür., *Herstellung von Zellstoff mit hohem Reinheitsgrad* nach dem Sulfitverf., dad. gek., daß zum Aufschließen des cellulosehaltigen Ausgangsstoffes eine Kochlauge verwendet wird, die einen niedrigen Basengeh. sowie einen hohen Geh. an freier SO_2 besitzt, u. daß die Kochung nach dem Erreichen einer Temp. von 100—110° für eine längere Zeit unterbrochen wird, worauf der Aufschluß bei Tempp. von 120—130° vollendet wird. Vor dem endgültigen Aufschließen werden mehrere Ruhepausen, gegebenenfalls bei verschied. Tempp., eingeschaltet. (**D. P. [DDR] 925** Kl. 55b vom 31/10. 1942, ausg. 17/8. 1952 [Wirtschaftspatent].) M. F. MÜLLER. 7963

Jean Charles Seailles, Paris, Frankreich, *Gewinnung von Zellstoff für Papier und von Zuckerlösungen* aus Holz, Stroh, Alfagras usw. Das zerkleinerte Material wird bei 160—210° mit z. B. der 2—4fachen Menge W. gekocht, u. zwar über 2 Std. bei 160° u. bis 1 Std. bei 210°. Die Lsg. enthält gewöhnlich 2—5% organ. Stoffe. Die gebildeten sauren Gase werden abgeblasen oder durch Einhängen eines Behälters mit Alkali (Kalk, Soda) in den freien oberen Teil des Kochers absorbiert. Die Zunahme der Acidität der Koch-Fl. wird durch überwachten Zusatz von Alkali verhindert. Das Prod. erfordert beim Bleichen oder bei alkal. Nachbehandlung weniger Chemikalien als halbchem. Stoffe. (**E. P. 638 496** vom 28/8. 1946, ausg. 7/6. 1950. F. Priorr. 4/2. u. 10/10. 1941.) G. VOGEL. 7965

British Celanese Ltd., übert. von: **John Edward Jones** und **Reginald Richard Stott,** Spondon bei Derby, England, *Herabsetzung des Pentosangehaltes von Zellstoff.* Gekochter Stoff wird in wss.-alkal. Lsg. verteilt, die Temp. der M., z. B. mehrere Std., auf unter —4° gesenkt. Nach dem Auftauen wird mit Alkalihydroxyd heiß veredelt. — Beispiele. Der Pentosangeh. fiel beim Holzstoff von 2,4 (%) auf 0,94 u. bei Strohstoff von 5,5—6,5 auf 1,36. (**E. P. 640 543** vom 12/1. 1949, ausg. 19/7. 1950.) G. VOGEL. 7965

British Celanese Ltd., übert. von: **Stanley Charles Bate,** Spondon bei Derby, England, *Reinigen von Cellulose.* Zwecks Herst. von Cellulosederivv., z. B. aus Holz- oder Strohzellstoff (α-Cellulosegeh. $>$85%; Pentosangeh. $<$3,5%), wird das Material mit wss. 15—22%ig. Lsg. eines Ätzalkalis bei 40—60° behandelt. — Beispiel: 1 (Teil) Holzzellstoff wird mit 10 einer 18%ig. NaOH-Lsg. 1 Std. bei 50—55° gerührt, nach Abfiltern der Fl. mit W. von 80—90°, kaltem, angesäuertem u. säurefreiem W. gewaschen, getrocknet u. auf *Celluloseacetat* verarbeitet. (**E. P. 640 490** vom 10/3. 1948, ausg. 19/7. 1950.) G. VOGEL. 7971

British Celanese Ltd., übert. von: **Merlyn Herbert Wilcox, John Downing** und **James Gordon Napier Drewitt,** Spondon bei Derby, England, *Herstellung von Alkalicellulose* für die Weiterverarbeitung auf Celluloseäther. Zerkleinerter Zellstoff von bestimmtem Schüttvol. wird mit festem NaOH (**I**) gemischt, gegebenenfalls in Ggw. eines Ätheralkohols, z. B. $CH_3\cdot O(C_2H_2)_2OH$. **I** kann auch ganz oder teilweise durch wenigstens 70%ig. wss. NaOH-Lsg. ersetzt werden. (**E. P. 637 133** vom 17/10. 1947, ausg. 10/5. 1950.) FABEL. 7971

Courtaulds Ltd., London, übert. von: **James Hutchinson Macgregor,** Bocking, England, *Herstellung wasserlöslicher Cellulosemischäther,* die $—O\cdot CH_2CH_2CN$-Gruppen enthalten. Man löst einen in W. unlösl. Celluloseäther (Methyl- oder Oxyäthylcellulose), der pro $C_6H_{10}O_5$-Einheit nicht $>$1 Äthergruppe aufweist, in verd. wss. NaOH (höchstens 6%ig.) u. setzt mit $CH_2{=}CH—CN$ um (0,1—2,5 Mol pro $C_6H_{10}O_5$). (**E. P. 636 295** vom 18/2. 1948, ausg. 26/4. 1950.) FABEL. 7971

Dow Corning Corp., übert. von: **Melvin J. Hunter,** Midland, Mich., V. St. A., *Organosiliciumderivate der Cellulose* (**I**). Man setzt Triorganosiliciumhalogenide mit partiell verätherter oder veresterter **I** um. Aus $(C_6H_5)_3SiCl$ (**II**) u. Methylcellulose, die 1,7 $—OCH_3$-Gruppen pro Glucoseeinheit aufweist, wird (in Pyridin) ein in Bzl. lösl. Prod. erhalten, das nach dem Verdunsten des Bzl. einen zähen, biegsamen Film liefert. Weitere Beispiele mit Äthylcellulose u. $(C_6H_5)_2C_2H_5SiCl$, Celluloseacetat u. **II**, Methylcellulose u. $(C_6H_5)_2CH_3SiCl$. Man erhält Prodd., die sich bes. durch ausgeprägte *dielektr. Eigg.* auszeichnen. (**A. P. 2 532 622** vom 23/2. 1949, ausg. 5/12. 1950.) BRÖSAMLE. 7971

Hercules Powder Co., übert. von: **Earl Stanley Fenelon jr.,** Elroy, Wis., und **Edwin C. Howard,** Wilmington, Del., V. St. A., *Trockenharzmischung* für *Papierleimung,* Klebezwecke u. dergleichen. 420 (Teile) Nadelholzharz u. 180 Petroleumharz (Petroleumdestillationsrückstände nach Ausfällen des Asphalts mit Propan; im Handel als „Asphalt Compounding Material" Type C-Weichharz) werden bei 182° verschmolzen u. mit 103,2 47%ig. NaOH im Autoklaven bei 5 at behandelt. Nach Zugabe von 134 W.

u. Verdoppelung des Druckes wird die M. im Trockenturm (135°) versprüht. Das Prod. läßt sich leicht in W. dispergieren. (**A. P. 2 534 703** vom 18/10. 1947, ausg. 19/12. 1950.) SALZMANN. 7979

Imperial Chemical Industries Ltd., London, **Harold Gilbert Cook** und **Victor Grayson Morgan**, Blackley, Manchester, England, *Erhöhung des Weißgehaltes von Papier*. Dem Stoff wird eine wss. Lsg. einer blau fluorescierenden Substanz der allg. Formel I (R_1 = Cl oder p-Acetylaminoanilino-, R_2 = Äthanolamino- oder Diäthanolaminorest), bes. 0,1 bis 1% 4.4'-Bis-[2''-chlor-4''-äthanolamino-1''.3''.5''-triazyl-(6'')-amino]-stilben-2.2'-disulfonsäure, zugesetzt. (**E. P. 637769** vom 26/5. 1948, ausg. 24/5. 1950.) G. VOGEL. 7979

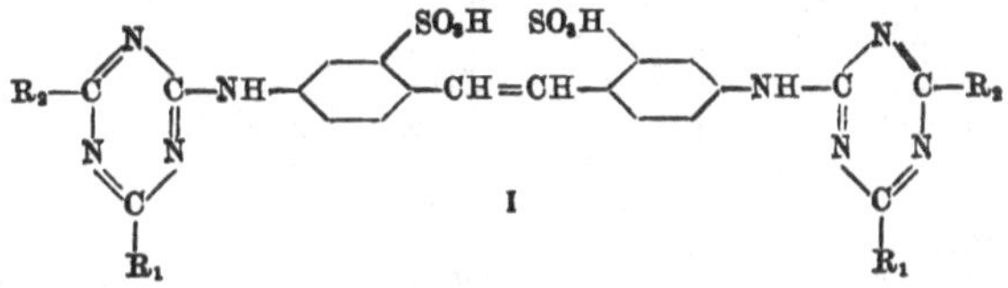

I

Hans Diepold, Bad Reichenhall, *Herstellung von Sicherheits-, Banknoten- und Scheckpapier*. Dem Stoff oder der Bahn in der Papiermaschine wird paramagnet. Metallpulver, z. B. pulverisierter Magnetit (Fe_3O_4), feinstes Fe-, Ni- oder Mn-Pulver zugesetzt. (**D. B. P. 875 301** Kl. 55f vom 14/7. 1949, ausg. 30/4. 1953.) G. VOGEL. 7985

Continental Can Co., Inc., New York, N. Y., V. St. A., *Undurchlässigmachen von Papier*. Zu A. P. 2 412 592; C. **1947.** 1145 ist nachzutragen: Der Lacküberzug enthält außerdem 1—5% (auf Harz + Weichmacher bezogen) eines fein verteilten Erdöl-KW-stoffes (Erweichungspunkt 32—74°). — Beispiel für die Zus. des Lacküberzuges: 15,3 (Teile) Vinylchloridacetatharz, 1,7 Maleinsäureanhydridglycerinharzester, 37,35 Methyläthylketon, 8,3 Methylisobutylketon, 37,35 Toluol, 3,06 Dibutoxyäthylphthalat u. 0,51 Petrolatum (gereinigter KW-stoff; Erweichungspunkt 45—46°). (**E. P. 644 297** vom 13/11. 1946, ausg. 11/10. 1950. A. Prior. 18/2. 1946.) G. VOGEL. 7987

XVIIIb. Textilfasern.

Hillary Robinette, *Nichtionogene oberflächenaktive Verbindungen, ihre Chemie und Benutzung in der Textilindustrie*. Übersicht über die Herst., Eigg. u. Verwendung der nichtionogenen, oberflächenakt. Verbb. in der Textilindustrie. (Amer. Dyestuff Reporter **39.** P888—90. 11/12. 1950.) A. v. KÖNIG. 8028

Gösta Silén, *Das Spinnöl und seine Auswaschbarkeit*. Mineralöl mit Zusatz eines Emulgators vom Typ *Emulphor A* ist als Spinnöl dem Olein gleichwertig, aber schwerer auswaschbar. Auf Grund von Verss. zur Ermittlung der günstigsten Bedingungen für die Auswaschung des Mineralöls wird eine Lsg. von 3% Olein- oder Tallölseife, 3,5% NaCl u. 2,0% calcinierter Soda in W., das gegebenenfalls durch Hexametaphosphat enthärtet wird, empfohlen. Es wird in „kurzer" Flotte gearbeitet, d. h. Gewebe: Flotte = 1:3 bis höchstens 1:4. Mit dem Verf. wird ein Restölgeh. von 0,3% im gewaschenen Gewebe erreicht. (Tekn. Fören. Finland Förh. **72.** 33—38. Febr. 1952. Helsingfors.) BECKMANN. 8028

F. N. McLaren, *Öle für die Textilindustrie*. Allg. gehaltene Ausführungen über die Verwendung von Textilhilfsmitteln, bes. von Ölen, bei der Verarbeitung von Textilfasern. (Textile Weekly **50.** 1448. 1450. 28/11. 1532. 5/12. 1598. 1600. 1602. 12/12. 1952.) P. ECKERT. 8028

—, *Natriumperborat und -percarbonat*. Besprochen werden die chem. Eigg. sowie das chem. Verh. von Na-Perborat u. Na-Percarbonat. Ferner wird die Verwendung dieser Verbb. als Bleichmittel in der Textilindustrie u. als Oxydationsmittel in der Küpenfärberei behandelt. (Textile Weekly **50.** 1586. 12/12. 1952.) P. ECKERT. 8032

A. Motorin, *Das Bleichen von buntem Zephir*. Beim Bleichen buntgewebter Baumwollgewebe bereitet die Entfernung der an Lignin reichen Samenreste, die als braune oder schwarze Punkte sichtbar sind, gewisse Schwierigkeiten. Nach eingehenden Verss. empfiehlt Vf. drei geeignete Bleichverfahren. 1. Sengen, 10—18std. Einweichen bei 60°, Auswaschen mit heißem u. kaltem W., Einweichen in einer Lsg., die NaOH (25 g/Liter) u. NaClO (2—3 g/Liter akt. Cl) enthält u. 6—12 Std. Lagern in der Ablage; Auswaschen mit heißem (60°) u. kaltem W.; erste Behandlung mit NaClO (1—1,5 g/Liter) bei 20°, Lagern 2 Std., Auswaschen mit kaltem W., Abquetschen, Mercerisieren, 2maliges Auswaschen, Säuern mit H_2SO_4 (4 g/Liter) bei 40°, 2 Std. Lagern, 2maliges Auswaschen mit kaltem W., 2. Behandlung mit NaClO (0,5 g/Liter) bei 35°; Lagern 2 Std.; 3. Behandlung mit NaClO (0,5 g/Liter) bei 35°, Lagern 2 Std.; 2—3mal Auswaschen mit kaltem W., Abquetschen. Gesamtdauer (Lagerzeit) 24—38 Stunden. — 2. Sengen, Kochen bei 100°, Auswaschen mit heißem u. kaltem W., Einweichen in einer Lsg. von 25 g/Liter

NaOH u. 3 g/Liter NaClO bei 60°, Lagern 6—12 Std., Auswaschen mit heißem u. kaltem W.; weiter wie oben. Gesamtdauer 14—20 Stunden. — 3. Sengen, Einweichen in W. u. Lagern 8—10 Std., Auswaschen mit heißem u. kaltem W., Einweichen in H_2SO_4-Lsg. (4 g/Liter) bei 60—70°, Lagern 4 Std., 2maliges kaltes Auswaschen, Einweichen in Lsg. mit 25 g/Liter NaOH u. NaClO (2 g/Liter akt. Cl), Lagern 6—8 Std., Auswaschen heiß (60°) u. kalt, weiter wie oben. Gesamtdauer 26—30 Stunden. — Derart gebleichte Gewebe sollen so gut wie völlig frei von Samenresten sein. (Текстильная Промышленность [Textil-Ind.] **10.** Nr. 6. 29—31. Juli 1950. Leningrad, Kirow-Textilinst., Lehrstuhl für chem. Technol. der Faserstoffe.) STSCHERBINA. 8032

S. P. Hersh und **D. J. Montgomery,** *Messungen des elektrischen Widerstandes an Fasern und Faserpackungen.* Mit einem App. zur Messung des elektr. Widerstandes von Fasern im Bereich 10^8—10^{16} Ohm bei festgelegten Tempp. u. Feuchtigkeiten wurden Messungen an Baumwolle, Wolle, Seide, Haar, Caseinfasern, Nylon, verseifte Acetatfaser, Acetat, Viscosereyon u. Cuprammoniumreyon bei 30° u. Feuchtigkeiten zwischen 52 u. 85% durchgeführt. Die genannten Faserstoffe verhielten sich ohm. u. waren frei von Polarisationseffekten. Der Zusammenhang zwischen elektr. Widerstand u. Feuchtigkeit ist eine umgekehrte Funktion der 7.—13. Potenz. Bei Nylon erfolgt die Leitung innerhalb des Faservol., die Oberflächenleitung kann vernachlässigt werden. Beziehungen zwischen Gewebe- bzw. Garnaufbau u. Einzelfasern hinsichtlich der Leitfähigkeit werden behandelt. (Textile Res. J. **22.** 805—18. Dez. 1952. Princeton, N. J., Textil Res. Inst. and Frick Chem. Labor.) ZAHN. 8040

G. W. Graham, *Statische Elektrizität bei Textilien.* Die Bldg. stat. Elektrizität erfolgt im allg. durch gleitende Berührung zwischen Faser u. Metall. Die Aufgabe eines antistat. wirkenden Mittels beruht auf der Bldg. einer elektrostat. Schutzschicht zwischen Faser u. Metall, um das Kontaktpotential zu verringern. Als Antistaticum eignen sich bes. oberflächenakt. Stoffe. Verss. in dieser Richtung werden beschrieben, u. es wird eine Kurve aufgestellt, aus der die Abhängigkeit der Spannung von der Menge des angewandten oberflächenakt. Stoffes ersichtlich ist. (Textile Mercury Argus **128.** 16. 19—20. 23. 2/1. 1953.) P. ECKERT. 8040

L. K. Fitzgerald, *Baumwolle.* Zunächst werden die verschied. Probleme, die mit der Schaffung der künstlichen Fasern entstanden sind, besprochen. In diesem Zusammenhang wird darauf hingewiesen, daß die möglichen Verbesserungen an Baumwollgeweben durch Mischung mit künstlichen Fasern in erster Linie preislich bedingt sind. Zum Schluß wird auf die Verbesserungen hingewiesen, die durch die Forschungen u. Spezialbehandlung an Baumwolle u. Reyon in den letzten Jahren erreicht wurden u. zu einer weiteren Verbesserung dieser Fasern beigetragen haben. (Ind. Engng. Chem. **44.** 2164—66. Sept. 1952. Danville, Va., Dan River Mills.) H. G. FRÖHLICH. 8044

Walther Wegener und **Roland Questel,** *Mikrobielle Schädigung an Leinengarnen und -geweben.* Untersucht wurde die mikrobielle Schädigung in Abhängigkeit von der Vorbehandlung bzw. der Ausrüstung von Leinengarnen- u. geweben. Die Versuchsbedingungen werden angeführt u. die Ergebnisse eingehend besprochen. (Melliand Textilber. **34.** 12—16. Jan. 100—02. Febr. 171—78. März 1953.) P. ECKERT. 8050

M. le Chanoine Pinte, *Über unsere gegenwärtigen Kenntnisse der Struktur der Seide, die Ursachen und den Vorgang ihrer Veränderung.* Im Rahmen eines eingehenden Ref. über Feinbau, Konst. u. chem. Veränderungen des Seidenfibroins werden Fluiditätsmessungen an verschied. beschwerten u. gealterten Crêpe de Chine beschrieben. Das Vergilben von Seide steht in keinem direkten Zusammenhang zum chem. Abbau. (Teintex **17.** 607—26. 15/10. 1952. Lyon, Centre de Recherches de la Soierie.) ZAHN. 8068

J. R. Coley, *Der Einfluß des Polymerisationsgrades auf die Festigkeitseigenschaften von regenerierter Cellulosefaser.* Aus verschieden lange gereiften Alkalicellulosen (19 bis 163 Std.) wurden Reyonfasern mit verschied. Streckungsgrad gesponnen u. untersucht. Der DP-Grad der erhaltenen Reyonfasern lag zwischen 570 u. 222. Die erhaltenen Ergebnisse zeigen, daß mit steigendem Verstreckungsgrad die Reißfestigkeit zunimmt (wobei die Verstreckung nicht übertrieben werden darf). Auf der anderen Seite wurde beobachtet, daß eine Erhöhung des DP-Grades über 375—425 zu keiner weiteren Verbesserung der Festigkeitseigg. führt. Aus diesem Grunde wird empfohlen, den DP-Grad der Reyonfasern nicht über diesen Wert zu erhöhen. Die Herst. der Reyonfasern wird genau beschrieben. (Textile Res. J. **23.** 34—36. Jan. 1953. Whiting, Ind., Res. Dep., Standard Oil Comp. [Indiana].) H. G. FRÖHLICH. 8074

Ashton M. Tenney, *Acetatfaser.* Nach einem kurzen wirtschaftlichen Überblick werden die Eigg. u. die Vorteile der Acetatfaser beschrieben u. ihre Verarbeitung auch mit anderen Faserstoffen behandelt. (Ind. Engng. Chem. **44.** 2171—75. Sept. 1952. New York, N. Y., A. M. Tenney Ass., Inc.) P. ECKERT. 8076

S. Leonard Dart und **L. E. Peterson,** *Ein verbessertes Vibroskop.* Zur Messung der Feinheit von Einzelfasern kennt man als neue Meth. die vibroskop. Technik, welche rascher u. genauer als die mkr. Meth. arbeitet. Auf dem Prinzip der schwingenden Saite beruhend, läßt sich aus der Länge des schwingenden Teiles, der Spannung u. der Frequenz die lineare D. oder bei Fasern als Schwinger das Denier leicht berechnen. Das genau beschriebene Gerät hält die Länge u. Frequenz konstant u. variiert die Spannung. Die Feinheit in Denier kann direkt abgelesen werden. Anwendungen werden beschrieben: Gleichmäßigkeit von Garnen, Feinheitsmessung an Einzelfasern vor der Aufnahme einer zugelast. Kurve usw. (Textile Res. J. **22.** 819—22. Dez. 1952. Marcus Hook, Pa., American Viscose Corp., Chem. Res. Dep.) ZAHN. 8096

Wolsey Ltd., Peter Alexander und **Christopher Earland,** Leicester, England, *Bleichverfahren für Textilfasern.* Das Material wird so kurz in eine verd., nicht $> 50^0$ heiße Lsg. von H_2O_2 in 1wertigen Alkoholen mit 3—5 C-Atomen getaucht, daß nur eine Benetzung u. keine Bleichung erfolgt; dann wird von der überschüssigen Lsg. befreit u. durch Erhitzen auf $< 100^0$ gebleicht. (**E. P. 637 140** vom 17/3. u. 18/11. 1948, ausg. 10/5. 1950.) LÜTTGEN. 8027

L. B. Holliday & Co. Ltd., Huddersfield, England, *Behandlung von Textilien zur Erhöhung ihres Weißgehaltes.* Man behandelt Textilien mit einer Lsg. oder Suspension von Stoffen, die sich von substituierten Dihydrokollidinen ableiten. Geeignet sind z. B. Dihydrokollidindicarbonsäurediäthylester, bes. 2.4.6-Trimethyl-1.4-dihydropyridindicarbonsäurediäthylester-(3.5), 2.4.6-Trimethyl-1.4-dihydropyridindicarbonsäuredimethylester-(3.5),2.4.6-Trimethyl-1.4-dihydropyridindicarbonsäure-3-methyl-5-äthylester u. die Dibenzylester; weiter 2.6-Dimethyl-4-äthyl-1.2-dihydropyridindicarbonsäurediäthylester-(3.5) u. 2.6-Dimethyl-4-phenyl-1.4-dihydropyridindicarbonsäurediäthylester (3.5). Die Behandlung der Textilien kann gleichzeitig mit der Färbung oder anschließend erfolgen. Man kann außer Wolle auch andere Textilien, wie Nylongewebe, Celluloseacetatseide u. dgl. behandeln. (**N. P. 79765** vom 9/11. 1949, ausg. 25/2. 1952. E. Prior. 17/11. 1948.) JÜRGEN SCHMIDT. 8027

Ciba Akt.-Ges., Basel, Schweiz, *Optische Bleichmittel.* Zur Herst. eines neuen Deriv. der *4.4'-Diaminostilbendisulfonsäure-(2.2')* setzt man 1 (Mol) des Dinatriumsalzes der 4.4'-Bis-(2''-methylamino-4''-chlor-1''.3''.5''-triazyl-(6'')-amino]-stilbendisulfonsäure-(2.2') mit 2 o-Chloranilin um. Das erhaltene Na-Salz ist in W. lösl. u. wird zum opt. Bleichen von Baumwolle verwendet. — Ähnliche Prodd. erhält man durch Rk. von 1 4-[2''.4''-Dichlor-1''.3''.5''-triazyl-(6'')-amino]-4'-[2'''.4'''-bis-(bis-{β-oxyäthyl}-amino)-1'''.3'''.5'''-triazyl-(6''')-amino]-stilbendisulfonsäure-(2.2') mit 1 Morpholin; oder von 1 4-[2''.4''-Dichlor-1''.3''.5''-triazyl-(6'')-amino]-4'-[2'''.4'''-di-(o-anisidino)-1'''.3'''.5'''-triazyl-(6''')-amino]-stilbendisulfonsäure-(2.2') mit 1 Diäthanolamin; oder von 1 4.4'-Bis-[2''-äthylamino-4''-chlor-1''.3''.5''-triazyl-(6'')-amino]-stilbendisulfonsäure-(2.2') (**I**) mit 2 o-Chloranilin; oder von 1 **I** mit 2 o-Anisidin; oder von 1 **I** mit 2 o-Toluidin; oder von 1 Cyanurchlorid mit 1 4-[2''-Äthylamino-4''-(o-anisidino)-1''.3''.5''-triazyl-(6'')-amino]-4'-aminostilbendisulfonsäure-(2.2'), 1 Methylamin u. 1 Äthanolamin (**II**); oder von 1 4-[2''.4''-Dichlor-1''.3''.5''-triazyl-(6'')-amino]-4'-[2'''-methylamino-4'''-(β-oxyäthyl-amino)-1'''.3'''.5'''-triazyl-(6''')-amino]-stilbendisulfonsäure-(2.2') mit 1 **II**; oder von 1 4.4'-Bis-[2''.4''-dichlor-1''.3''.5''-triazyl-(6'')-amino]-stilbendisulfonsäure-(2.2') mit 2 **II**; oder von 1 4-[2''.4''-Dichlor-1''.3''.5''-triazyl-(6'')-amino]-4'-[2'''-morpholino-4'''-(o-anisidino)-1'''.3'''.5'''-triazyl-(6''')-amino]-stilbendisulfonsäure-(2.2') mit 1 Isopropylamin; oder von 1 4-[2''.4''-Dichlor-1''.3''.5''-triazyl-(6'')-amino]-4'-[2'''-äthylamino-4'''-(o-anisidino)-1'''.3'''.5'''-triazyl-(6''')-amino]-stilbendisulfonsäure-(2.2') mit 1 **II**. (**Schwz. PP. 283 976, 283 977, 283 978, 283 979, 283 980, 283 981, 283 982** vom 18/10. 1949, ausg. 17/11. 1952 u. **285 348, 285 349, 285 350** u. **285 351** vom 18/10. 1949, ausg. 16/1. 1953. **Zusätze zu Schwz. P. 281 107; C. 1953. 3172.)** BRÖSAMLE. 8027

Interchemical Corp., New York, N. Y., übert. von: **Olive-Sue Linkletter,** Englewood, und **Joyce L. Johnson,** Fair Lawn, N. J., V. St. A., *Alkydharze* erhält man durch Rk. eines Teilesters (**I**) aus 0,55—0,8 (Mol) Pentaerythrit (**II**) mit 1 einer ungesätt. Fettsäure (**III**) C_{16}—C_{20} mit 2 Doppelbindungen, z. B. dehydratisierter Castoröl-**III** (**VIII**), eines Addukts einer α-ungesätt. Dicarbonsäure (**IV**), z. B. Maleinsäure (**V**), an ein Terpen (**VI**) u. eine Trimethylol (**VII**)-Verb., z. B. 1.1.1-**VII**-äthan oder -propan (**IX**) (Molverhältnis **IV—VI**:**I** = 0,6—1:1). Reaktionsprod. enthält 1—3% freie OH-Gruppen, SZ. maximal 25, Härtungszeit bei 190° 25 Sekunden. — Beispiel: 81,5 (Teile) **II** u. 282 **VIII** werden solange auf 220—230° erhitzt, bis die SZ. des **I** unter 5 beträgt. — 356 **I**, 208 **V—VI** („Petrex"-Säure), 48 techn. **IX** u. 5,64 Ca-Naphthenat werden allmählich auf 200° erhitzt, 1 Std. dort gehalten, dann solange auf 220—230° erhitzt, bis die Härtungszeit einer Probe 20 Sek. bei 190° beträgt [insgesamt 4 Std.]. SZ. 22—26, OH ca. 1,5%; zu 50% lösl. in Lösungsbenzol vom Kp. 139—209° F. Gute Wasser-in-Öl-emulgierende Eigg., Verwendung der haltbaren Emulsionen u. a. zum *Alkalifestmachen von Textilien.* (**A. P. 2 533 270** vom 26/11. 1946, ausg. 12/12. 1950.) MÜLLER-MEININGEN. 8029

Sharples Chemicals, Inc., übert. von: **John B. Davidson** und **John F. Olin,** Grosse Ile, Mich., V. St. A., *Glykolthioäther.* Eine Mischung aus einem Mercaptan mit 6—24 C-Atomen, einem Alkali als Katalysator (Alkalioxyde, -hydroxyde, -alkoholate, -mercaptide) u. wenigstens 0,5 Mol Äthylenoxyd werden in einer Reaktionszone auf $<75°$ erwärmt, so daß die Kondensation beginnt. Dann wird die Reaktionsmischung mit weiterem Äthylenoxyd in einer 2. Reaktionszone auf 85—150° erhitzt. — Na-Methylat wird mit tert. Dodecylmercaptan im Vakuum auf 65—75° erhitzt. Die Mischung, welche Na-Dodecylmercaptid enthält, wird dann mit Äthylenoxyd unter weiterem Zusatz von Na-Alkoholat auf 100° erhitzt, wobei man *tert.-Dodecyloktaglykolthioäther* erhält. — *tert.-Hexadecyldodekaglykolthioäther.* — *tert.-Nonylpentaglykolthioäther.* — *tert.-Dodecylpentadekaglykolthioäther.* — *sek.-Octyloktaglykolthioäther.* — *tert.-Dodecyltetraglykolthioäther.* — *tert.-Eikosyldodekaglykolthioäther.* — *tert.-Dodecyldodekaglykolthioäther.* — *tert.-Dodecyl-β-oxäthylsulfid.* — Verwendung als *oberflächenakt. Mittel.* — Vorr., Zeichnung. (**A. P. 2 494 610** vom 6/2. 1947, ausg. 17/1. 1950.) KRAUSS. 8029

Monsanto Chemical Co., St. Louis, Mo., V. St. A., *Herstellung von wässerigen Solen von Kieselsäure und von Oxyden des W, V und Mo.* Eine wss. Lsg. von Kieselsäuresol, die bis 4,5% an Alkali gebundene Kieselsäure, bezogen auf den Wassergeh., enthält, wird durch einen H-Austauscher geschickt, bis der p_H-Wert der Lsg. etwas unter 7 liegt. Dann wird sie wieder schwach alkal. gemacht u. bei Überdruck erhitzt. wodurch sich die Teilchengröße der aus dem Alkalisilicat freigesetzten Kieselsäure erhöht. Zu einem Teil des entstandenen Sols setzt man wieder Alkalisilicat u. wiederholt das Verfahren. Die SiO_2-Sole sind bes. geeignet zum *Behandeln von Woll- u. Baumwollfasern vor dem Verspinnen.* (**E. P. 663 013** vom 27/7. 1949, ausg. 12/12. 1951. A. Prior. 30/7. 1948.) ZÜRN. 8031

Cluett, Peabody & Co., Inc., Troy, N. Y., V. St. A. (Erfinder: **E. C. Pfeffer jr.** und **J. Epelberg**), *Behandlung von Textilgut.* Um ein Schrumpfen bei wiederholtem Waschen zu verhindern, werden Textilien, die überwiegend aus regenerierter Cellulose bestehen, mit einer bis 7,5 Gew.-% *Glyoxal* enthaltenden Lsg. behandelt, die außerdem einen sauren Katalysator enthält, u. zwar 1,0—2,5 Gew.-% Säure, bes. Oxalsäure, oder 10—3% saure Salze, bes. Al-Salze. Schließlich kann auch eine geringe Menge in der Wärme erhärtendes Aminoaldehydharz in der Lsg. dispergiert sein. (**Schwed. P. 132 101** vom 10/7. 1947, ausg. 3/7. 1951.) JÜRGEN SCHMIDT. 8033

Sayles Finishing Plants, Inc., Saylesville, R. I., V. St. A., *Spitzenartig gemusterte Gewebe.* Ein aus Cellulosegarn u. Nylongarn hergestelltes Gewebe wird mit einer, mit Dextrin oder Stärke verdickten, $Al_2(SO_4)_3$-, $AlCl_3$- oder $MgCl_2$-Lsg. enthaltenden Paste bedruckt. Anschließend wird 10 Min. bei 135° carbonisiert u. das zerstörte Cellulosegarn durch Klopfen oder Reiben entfernt. Man kann auch mit einer Paraffinemulsion reservieren, dann mit einer Lsg. der oben genannten Salze imprägnieren u. carbonisieren. (**E. P. 635 157** vom 8/8. 1947, ausg. 5/4. 1950. A. Prior. 21/11. 1944.) MÖLLERING. 8033

Henry A. De Phillips, Belleville, N. J., V. St. A., *Wasserundurchlässige, Wasserdampf durchlassende Schichten* erhält man z. B. aus einem Baumwollgrundgewebe, auf das beiderseitig eine M. (I) aus 14,47 (%) eines Mischpolymerisats (**II**), 3,5 Farbpigment (**III**), 0,92 $Ca(CO_3)_2$, 72,62 Aceton, 4,58 Bleicherde u. 3,9 Trikresylphosphat gestrichen wird. Die eine Seite wird dann mit einer dickeren Schicht aus 38,1 **I** mit 11,4 Methoxyglykolacetylricinoleat, 13,5 **II**, 12 Butoxyglykolphthalat u. 25 Tonerde, u. schließlich werden beide Seiten nochmals mit einer dünnen Schicht der M. **I** überzogen. (**A. P. 2 527 299** vom 31/10. 1946, ausg. 24/10. 1950.) SALZMANN. 8037

Heberlein Patent Corp., New York, N. Y., V. St. A., übert. von: **Ernst Weiss,** Bunt, Wattwil, Schweiz, *Transparentierung von Textilien.* Zu Schwed. PP. 119 902 u. 127 025, C. **1951.** I. 949 ist nachzutragen: Man verwendet Harnstoff–Formaldehydbutyläther-Harze bzw. Melamin–Formaldehydbutyläther-Harze, deren Ätherrest höchstens 7 C-Atome enthält, wobei 15—45 Gew.-% dieses Harzes, bezogen auf das Textilmaterial, verwendet werden. (**A. P. 2 510 919** vom 16/12. 1948, ausg. 6/6. 1950. Schwz. Prior. 26/10. 1942.) KRAUSS. 8037

British Brush Manufacturers' Research Assoc. Ltd., Denis Emmott und **Charles Smalley Whewell,** London, England, *Verminderung der Sprödigkeit von Borsten.* Naturborsten, wie Cocosfasern oder Fasern von Africa Bass, werden mit einer alkal. Lsg., gegebenenfalls mit einem Zusatz an Oxydationsmitteln, wie NaOCl, geweicht u. dann mit kunstharzbildenden Komponenten, z. B. Harnstoff u. CH_2O, imprägniert, worauf der Überzug durch Erwärmen ausgehärtet wird. (**E. P. 640 985** vom 24/1. 1947, ausg. 2/8. 1950.) MÖLLERING. 8043

Wolsey Ltd., Peter Alexander und **Christopher Earland,** Leicester, England, *Bleichen von Wollfasern* erfolgt durch Benetzen der Fasern mit einer wss. H_2O_2-Lsg. (0,5 bis 6 Gew.-%) vom p_H 6—10, bei 50° nicht übersteigenden Tempp., anschließendes Entfernen der überschüssigen H_2O_2-Lsg., z. B. durch Schleudern, u. nachfolgendes Bleichen durch Erhitzen auf 70—100°, ohne daß W. verdampft. Noch vorhandenes H_2O_2 wird ausgewaschen. (**E. P. 637 150** vom 12/1. 1949, ausg. 10/5. 1950.) G. KÖNIG. 8061

Stevensons Dyers Ltd., John Leonard Raynes und **Francis Malcolm Stevenson,** Ambergate, England, *Schrumpfbeständige Wolle oder Tierhaare* erhält man durch eine Behandlung mit einer 60° warmen $ZnSO_4$ enthaltenden verd. 1—3%ig. $KMnO_4$-Lsg. vom p_H 5—10 vor oder nach einer Behandlung mit einer reduzierend wirkenden 0,5 bis 10%ig. Alkalisulfit-, -bisulfit-, metabisulfit- oder -hydrosulfitlsg. vom p_H 5—10,5. (**E. P. 638 580** vom 15/8. 1947, ausg. 14/6. 1950.) SALZMANN. 8061

Farbenfabriken Bayer (Erfinder: **Walter Retter**), Leverkusen, *Herstellung von Äthern von Dioxytriphenylmethanen,* z. B. der Verb. **I** oder der entsprechenden 2''- oder 3''-Sulfonsäure, durch Kondensation von substituierten o.o'-Dioxytriphenylmethanen mit Dihalogenmethanen (CH_2Cl_2, CH_2Br_2). In sulfongruppenfreie Äther kann die SO_3H-Gruppe auch nachträglich eingeführt werden. Andere Substituenten sind Halogene, Trifluormethyl-, Alkyl-, Aralkyl-, Alkoxy-, Amino- oder Acylaminogruppen. — Gut lösl., wasch- u. lichtechte *Schutzmittel* für Wolle, Federn, Pelzwerk *gegen Motten.* (**D. B. P. 877 764** Kl. 12q vom 31/5. 1951, ausg. 26/5. 1953.) FABEL. 8063

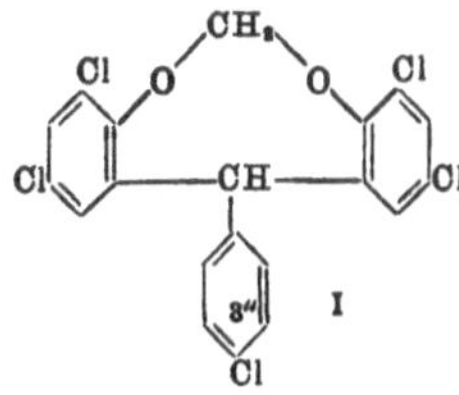

I

Farbenfabriken Bayer (Erfinder: **Hermann Stötter** und **Othmar Drapal**), Leverkusen, *Schützen von organischen Werkstoffen, besonders von Textilien, vor Schädigung durch tierische und pflanzliche Schädlinge.* Man verwendet Arylsulfonsäureamide, ihre Derivv. u. Substitutionsprodd., in denen die H-Atome der Amidgruppe ganz oder teilweise durch Alkyl-, Aryl-, Aralkyl- oder Acylgruppen ersetzt sein können, als pulverförmige Mischungen mit Trägerstoffen, gegebenenfalls im Gemisch mit anderen inerten u./oder wirksamen Stoffen. — Beispiel: Mischung aus 5 (Teilen) 3.4-Dichlorbenzolsulfonamid u. 95 Buchenholzmehl. (**D. B. P. 876 932** Kl. 45 l vom 13/9. 1944, ausg. 18/5. 1953.) NEBELSIEK. 8067

Badische Anilin- & Soda-Fabrik, Deutschland, *Behandeln von Cellulosefasern mit alkalischen Mitteln.* Man behandelt cellulosehaltige Faserstoffe, bes. aus regenerierter Cellulose, mit solchen alkal. Mitteln, die keinen wirksamen O abgeben, in Ggw. von Mg-Salzen, wie $MgCl_2$, $MgSO_4$ oder bes. Mg-Silicat, das man z. B. aus einem lösl. Mg-Salz u. Wasserglas erhält. Das neue Verf. gelangt bes. beim Waschen, Färben, Bedrucken oder Beuchen von Geweben mit den jeweils erforderlichen Mitteln zur Anwendung. Man kann z. B. den Reinigungsmitteln oder Farbstoffpasten bzw. den Waschlaugen oder Farbstofflsgg. die Mg-Salze zusetzen oder man kann die Faserstoffe vor dem Färben oder Bedrucken mit einer wss. Suspension, z. B. von Mg-Silicat, behandeln oder die mit alkal. Lsgg. von z. B. Küpenfarbstoffen imprägnierte Ware vor der Oxydation einer Nachbehandlung mit den Mg-Salzen unterwerfen. Auf diese Weise wird jegliche Beschädigung der Faserstoffe vermieden. (**F. P. 1 001 894** vom 28/6. 1946, ausg. 28/2. 1952.) RAETZ. 8075

Farbwerke Hoechst, vormals Meister Lucius & Brüning (Erfinder: **Helmuth Korte** und **Erich Kayser**), Frankfurt/M., *Bleichen von Cellulose- oder Cellulosederivatkunstfäden oder -fasern.* Die ersponnenen Prodd., auf Stapel geschnitten oder in Bandform, werden in frisch gefälltem oder gewaschenem Zustand mit Cl_2- u. Chloritbädern nacheinander oder gleichzeitig mit diesen Mitteln in einem alkal. Oxydationsmittel (Hypochlorit, Peroxyd, NaOH) enthaltenden Bad vom $p_H < 6$ behandelt. Das das Gut enthaltende Chlorit- oder saure Cl_2-Chloritbad, wird nach Ausreagieren des freien Cl_2 bis auf 80° erwärmt. (**D. B. P. 879 005** Kl. 29b vom 25/12. 1943, ausg. 8/6. 1953.) SALZMANN. 8075

Badische Anilin- & Soda-Fabrik, Ludwigshafen/Rh. (Erfinder: **Conrad Schöller,** Mannheim), *Präparation von Kunstseide, besonders Zellwolle.* Man verwendet Alkohole (oder deren Gemische oder deren in W. lösl. Derivv.), die durch Anlagerung von CO u. H_2 an Olefine u. gegebenenfalls anschließende Hydrierung erhalten worden sind. — Zellwollflocke wird bei p_H 5—6 mit einer ca. 0,5%ig. wss. Emulsion eines synthet.

Alkoholgemisches (mit durchschnittlich 12—13,5 C-Atomen im Mol) u. des Na-Salzes des Sulfonates hieraus behandelt. (**D. B. P. 864 853** Kl. 8k vom 18/3. 1944, ausg. 29/1. 1953.) MÖLLERING. 8075

Deutsche Hydrierwerke Akt.-Ges., Düsseldorf (Erfinder: **Richard Hueter** und **Heinz-Joachim Engelbrecht**, Dessau), *Weichgriffige und wasserabweisende Fasern, Fäden und Gewebe* erhält man durch Behandlung mit wss. Emulsionen oder Lsgg. von Fett- oder Wachssäuren u. Anhydriden von nichtseifenbildenden organ. Säuren. — Geeignet ist eine Lsg. von 1 (%) techn. Montansäure u. 1 Chloressigsäureanhydrid oder 1 Benzoesäureanhydrid in Bzl. zur Behandlung von *Kunstseidensatin*. (**D. R. P. 761 630** Kl. 8k vom 16/6. 1937, ausg. 27/4. 1953.) MÖLLERING. 8075

Courtaulds Ltd., Leslie Clunn, George Anthony Rathbone Hartley und **Charles Osburne Haughton,** London, England, *Celluloseacetatkunstseide.* Zwecks fortlaufender Aufbereitung des sich mit CH_3COOH (Grundgeh. 15%) (I) anreichernden, 40 (%) CH_3COOK (II) u. 45 W. enthaltenden Fällbades wird es kontinuierlich oder intermittierend abgezogen u. durchläuft folgende Behandlungsstufen: a) Sättigen mit **II**, b) Erwärmen bis zur Lsg. von **II**, c) Kühlen bis zur Ausfällung der Doppelverb. CH_3COOH–CH_3COOK (**III**) u. Abziehen der **I**, d) Abtrennen von **III** von der Mutterlauge, e) Erhitzen von **III** auf 320° u. Abtreiben von **I** (Rückstand **II**). Die Mutterlauge wird geteilt u. der eine Teil so weit verd., daß er wieder dem Fällbad zugeführt werden kann, während der andere in der Stufe e) eingesetzt wird. — Das angereicherte Spinnbad kann auch über einen Vorwärmer (57°) u. auf 88° erhitzten Verdampfer einem auf 297—310° erhitzten Verdampfer zugeleitet werden, in dem sich ein fl. **II**-Sud bildet, während wss. **I** abdestilliert. — Zeichnung. (**E. PP. 679 203** vom 3/11. 1949 u. **679 213** vom 19/1. 1950, beide ausg. 17/9. 1952.) SALZMANN. 8077

Deutsche Rhodiaceta Akt.-Ges. (Erfinder: **Arnulf Sippel**), Freiburg/Br., *Elastische Acetatseidefäden.* Hochgezwirnte Garne aus hochverstreckten Fäden werden vollständig oder nahezu vollständig, z. B. mit konz. NH_4OH-Lsg., verseift. Die Fäden eignen sich bes. für *Autoreifencord* oder Nähgarn. (**D. B. P. 874 288** Kl. 8k vom 8/7. 1941, ausg. 23/4. 1953.) MÖLLERING. 8077

Oskar Lechner, Mechanisch-technologische Untersuchungen der textilen Rohstoffe und Fertigwaren. Leipzig: Fachbuchverl. 1952. (167 S. m. Abb.) 8°. DM 6,—.

XIX. Brennstoffe. Erdöl. Mineralöle.

John Roberts, *Die thermodynamischen Vorgänge in Hilts „Gesetz“.* Erörterungen über die Anwendbarkeit der Theorien von HILT über die thermodynam. Effekte bei geolog. Prozessen auf die Bldg. von Anthrazit. Es wird die Unzulänglichkeit des HILTschen „Gesetzes“ nachgewiesen. (Colliery Guardian **180.** 325—29. 9/3. 1950.) v. MICKWITZ. 8126

Henri Guérin und **Paul Marcel,** *Über die lothringischen Kohlen. Versuche über Wärmebehandlung im Vakuum.* Vff. untersuchen vier verschied. lothring. Kohlen: LA HOUVE, SIMON, GARGAN u. SAINT-CHARLES u. zum Vgl. eine Saarkohle (Reden) u. eine Ruhrkohle (Bergmannsglück). Bei ihren Betrachtungen legten sie weniger Wert auf das Verhältnis von C:H, dafür um so mehr auf den Geh. an O, der bei den Kohlen in der genannten Reihenfolge von 14 auf 4% abnimmt. Dementsprechend war auch der Geh. an $CO + CO_2$ im Gas am höchsten bei der 1. Probe u. am kleinsten bei der letzten. Bei 700° ist die Entgasung beendet u. aller H ausgetreten, die Hauptmenge an Methan war bereits bei 600° abgegeben worden. Während die Ruhrkohle ihren gesamten O in Form von $CO + CO_2$ bereits bei 500° abgegeben hatte, lag dieser Grenzwert für die Saarkohle zwischen 500 u. 600°, während bei den restlichen Kohlen der O erst bei 600° restlos ausgetrieben war. (C. R. hebd. Séances Acad. Sci. **231.** 1502—04. 18/12. 1950.) ROSENDAHL. 8126

Hans Grassmann, *Chemische Untersuchungen an Steinkohlen von Dobrilugk.* Untersucht wurden: Wassergeh., Asche u. Aschebildner, flüchtige Bestandteile von Gesamt- u. Reinkohle, flüchtige Bestandteile in Abhängigkeit von der Teufe der Bohrung, Elementarzus. u. Heizwert. Dabei wurde eine Meth. zur Best. des Hydratwassers entwickelt, die auf der Messung des Gesamtzersetzungswassers in Verbindung mit der Best. der flüchtigen Bestandteile, wofür Vf. ein für kleine Probemengen geeignetes Verf. u. Gerät benutzt, u. Subtraktion des Reaktionswassers beruht. Die Kohle ist durchweg Anthrazit. Die in unmittelbarem Kontakt mit Eruptivgängen angetroffene „verkokte“ Kohle ist bis zum Zustand eines techn. Hochtemperaturkokses umgewandelt. Der Beweis der Gültigkeit der Regel von HILT für die untercarbon. Lagerstätte von Dobrilugk wird auf chem. Wege erbracht. Die Durchschnittsdaten für Reinkohle sind: 5,5% flüchtige Bestandteile, 93,5% C, 2,7% H_2, 2,4% O_2, 0,07% N, 0,7% S, 8370 Cal. Verbrennungswärme. (Geologie **1.** 270—96. 1952. Berlin.) BOYE. 8126

J. Barlot, *Die Schwelung von Orignac-(Hautes-Pyrénées-)Braunkohlen.* Geolog. u. genet. Angaben über das Vork. von Orignac, das bisweilen vollkommen erhaltene Baumstümpfe enthält. Da die Entnahme einer Durchschnittsprobe sehr schwer u. damit die Angabe einer Elementaranalyse ungenau ist, wurde von Vf. eine Probeschwelung durchgeführt.

Versuche: Beschreibung eines Schwelapp. mit Fe-Rohr für eine Probe von 200—300 g (Skizze) mit Absorption in Tetralin u. NaOH-Lsg. u. einem Gasbehälter. Die Schwelung der bei 110° getrockneten Braunkohle (I) geschieht bei Tempp. bis 600°. — Die übliche Analyse der **I** ergibt: W. (bis 110°) 15 (%), flüchtige Bestandteile 31, fixer C 36, Asche 18, Gesamt-S 1,8, Heizwert 4100—4400 cal. Die Schwelung ergibt: Gesamtrohöl 6,5; W. (Verbrennungswert) 16,5, Koks 55,0, Gesamtgas 22,0. — Das Öl ist eine bei 20° schm. dicke M., $D.^{20}{}_4$ 0,890. Pro Tonne trockener **I** werden 73 Liter Öl erhalten, das 13 (Vol.-%) Phenole u. 2 bas. Bestandteile aufweist; S-Geh. 2,5—3,8. — Die Dest. des Gesamt- bzw. entphenolierten Öles (in Klammer) zeigt: Bis 150° 9 (10), bis 200° 16 (38), (Ende 250°), bis 300° 40,5, Ende 390°. — Die Fraktion 120—150° enthält 4,5% S u. besitzt ähnliche pharmakodynam. Wirkungen wie Ichthyol. — Das erhaltene Gas besteht aus ca. 9 H_2S, 37 CO_2, 8 NH_3, 46 H_2 u. KW-stoffe. Nach Entfernung von H_2S u. CO_2 besitzt das Gas (200 m^3/to) einen Heizwert von 4500 cal. (Bull. Soc. chim. France, Mém. [5] **17.** 589—90. Mai/Juni 1950.) ROTTER. 8140

J. Nadziakiewicz, J. Warmuziński und **H. Hoffman,** *Das Problem der Zweckmäßigkeit des Baues doppelter Abzugleitungen an Koksofenbatterien.* In Vergleichsverss. mit einer Abzugsammelleitung, mit gleichzeitigem Abzug durch 2 Leitungen u. mit Verwendung von 2 Leitungen nach NETTLENBUSCH (C. **1943.** I. 1842) werden die Vorteile des Syst. mit 2 Abgängen nachgewiesen, das bes. die Ausbeute an Bzl. u. dessen Qualität verbessert. (Prace badawcze Głównego Inst. Górnictwa, Komunikat **1952.** Nr. 123. 3—19. Kraków, Główn. Inst. Górnictwa, Zakł. chem. Przeróbki Wegla.) R. K. MÜLLER. 8142

Jaromír Jílek, *Einige moderne Verfahren der technischen Vergasung.* Grundzüge, Betrieb u. Betriebsergebnisse der Brennstoffstaubvergasung mit O_2 u. H_2O nach KOPPERS u. der Vergasung von grobstückigem *Lignit* mit O_2 nach LACOTE. (Paliva **32.** 208—12. Sept. 1952.) STEINER. 8148

Friedrich Domann, *Braunkohlengaserzeugung.* Es werden einige Verff. der Gaserzeugung besprochen, von denen das auf restloser Vergasung beruhende PINTSCH-HILLEBRAND-Verf. u. das Schwelverf. der LURGI Eingang in die Praxis gefunden haben. Für dieses wird eine verbesserte App. zur Erwärmung der Spülgase vorgeschlagen. Ein genormtes Stadtgas sollte 65% Wassergas u. 35% Schwelgas enthalten. (Bergbau u. Energiewirtsch. **3.** 357—61. Nov. 1950.) STEINER. 8148

W. J. Gooderham und **F. E. Mills,** *Einige Auswirkungen von Eisencarbonylspuren im Stadtgas.* An einer während längerer Zeit mit Stadtgas in ruhendem Zustand gefüllten Leitung konnte die Zers. von $Fe(CO)_5$ beobachtet werden, indem nachher das Gas verbrannt wurde. Außer der katalyt. Wrkg. des Fe auf die Gasbestandteile, die sich in ungewöhnlichen Flammenfärbungen äußerte, traten auch an verschied. Stellen der Heizgeräte Fe-haltige Ablagerungen auf. Zur Reinigung wurde die Leitung mit SO_2 durchspült, das sofort mit akt. Fe reagiert, worauf im Gas aus der nun ständig durchströmten Leitung auch nach längerer Zeit kein $Fe(CO)_5$ mehr festgestellt wurde. (Gas Wld. **136.** 1359. 29/11. 1952. London, Gas Council, Res. Stat.) H. SCHÖBERL. 8156

Poul Glerup, *Bestimmung der Aktivität von Reinigungsmassen.* Vf. bestimmt an 2 Proben von Raseneisenerz (**I**: 30% W., 40% Fe_2O_3; **II**: 50% W., 26% Fe_2O_3) die O_2-Aufnahme in % der H_2S-Aufnahme u. berechnet die S-Aufnahme in % der nach dem Fe_2O_3-Geh. berechneten theoret. möglichen Aufnahme. **I** ist sowohl nach der Berechnung als auch im prakt. Betrieb erheblich weniger akt. als **II** u. auch schlechter regenerierbar. Bei beiden ist die Aktivität am größten bei hohem Wassergehalt. Infolge seines hohen Fe_2O_3-Geh. ist jedoch das Gesamtaufnahmevermögen von **I** so hoch, daß auf die Volumeneinheit trotz der geringeren Aktivität mehr S aufgenommen wird. (Gasteknikeren **41.** 177—82. 21/5. 195—200. 7/6. 1952. Aalborg, Gasvaerk.) R. K. MÜLLER. 8164

—, *Verwendung des Schwefels aus Koksofengasen.* Beschreibung des BAGLEY-SCHÜTT-Fließdiagrammes, nach welchen aus dem in Koksofengasen vorhandenen H_2S durch Intensivverf. H_2SO_4 hergestellt wird. (Coke and Gas **15.** 32—33. Jan. 1953.) K. O. MÜLLER. 8172

Christian J. Hansen, *Neue Gesichtspunkte bei der Verarbeitung von Schwelteeren* Es werden verschied. Verff. zur Gewinnung von Phenolen bei der Verarbeitung von

Schwelteeren aufgeführt. Wirkliche Qualitätserzeugnisse lassen sich nur auf dem Wege des Natronlaugeverf. herstellen. Der unangenehme Geruch der Schwelteerphenole soll beseitigt worden sein. Während sich die Steinkohlenschwelteerphenole mit CH_2O durchkondensieren lassen, ist dies für Braunkohlenphenole nicht in gleicher Weise der Fall. (Brennstoff-Chem. **34.** 4—6. 21/1. 1953. Bochum, Fa. Dr. C. Otto & Co. G. m. b. H.) F. C. MÜLLER. 8176

László Herédy und **László Ettre,** *Der Einfluß der Gewinnungsmethoden auf die Zusammensetzung des Torfteeres.* Vergleichende Unterss. von Hochtemperaturtorfteer (**I**; Generatorverf.) u. Tieftemperaturtorfteer (**II**; Spülgas-Generator-Verf.) mittels der Destillations- u. Lösungsmittel-Fraktionierungsmethode. Diese kombinierte Meth.vermittelt einen Einblick in die Zus. u. das Verh. des schwerflüchtigen Anteils der Teere. Vff. stellen fest, daß bei der Dest. des **I** keine nennenswerten Abbau-Rkk. zu verzeichnen sind, während bei der Dest. des **II** hochmol. Verbb. verhältnismäßig stark in fl. u. gasförmige KW-stoffe zerfallen. In letzterem Falle konnte jedoch ein Ansteigen des Geh. an Phenol bzw. Pyridin u. Homologe nicht beobachtet werden, was auf die relative Beständigkeit der hochmol. Verbb. der Phenol- u. Pyridinklasse des **II** schließen läßt. (Magyar Kémikusok Lapja [Z. Ver. ung. Chemiker] **8.** 102—09. April 1953. Veszprém, Ungarn, Nehézvegyipari Kutato Int.) v. PILINSZKY. 8178

A. D. Snyder und **D. S. Davies,** *Nomogramm für Gleichgewichtsausbeuten bei Kreislaufverfahren.* Es wird eine allg. gültige, einfache Formel entwickelt, die es gestattet, die mögliche Gleichgewichtsausbeute eines bei einem chem. Prozeß im Kreislauf befindlichen Stoffes zu berechnen. Es ist $S = x/1 - y$ (x = Ausbeute in Bruchteilen je Stufe, y = Bruchteil des im Kreislauf befindlichen Stoffes je Stufe, S = mögliche Gleichgewichtsausbeute des Prod. in Bruchteilen je Stufe). Die erreichbare Gleichgewichtsausbeute von C_2H_4 durch katalyt. Cracken von C_2H_6 bei 820° u. 2,8 Sek. Berührungszeit wird an einem prakt. Beispiel durchgerechnet. Zur Vereinfachung der Rechnung wird ein Nomogramm mitgeteilt. (Petroleum Refiner. **29.** 134. Jan. 1950.) EDLER. 8196

J. E. McCollum, J. M. Cook und **E. W. Kilgren,** *Neu eröffnete Benzingewinnungsanlage nahe Levelland in Hockley County, Texas.* Das Levellandfeld produziert täglich 1 132 000 Nm^3 Erdgas, das 11,4 Mol-% N_2 enthält. In der Anlage können täglich 113 m^3 fl. C_3, 151 m^3 fl. C_4 u. 150—155 t Bzn. gewonnen werden. Das Gas wird zweistufig auf 13,5 at verdichtet, durch Äthanolaminwäsche von H_2S u. CO_2 befreit, dann auf 50 at komprimiert u. geht nach Kühlung zum Adsorber. Das Kondensat der dritten Stufe u. das „süße" Bzn. aus der Gaswäsche wird zusammen teilweise verdampft. Die Dämpfe kommen zur Ansaugleitung der dritten Stufe, der fl. Rückstand in den Hochdruckkondensator. Das Rückstandsgas vom Adsorber wird getrocknet zum Verkauf abgegeben. — Das Reichöl des Adsorbers gelangt in einen Entgasungstank, die hier abgegebenen Dämpfe in die Ansaugleitung der dritten Stufe, nach Erwärmen durch Austausch auf 180° in den zweiten Entgasungstank. Die Dämpfe hiervon kommen oben, das übrig bleibende, dann auf 232° erwärmte Reichöl, etwa in die Mitte der Hochdruckkolonne, der am Boden Abstreifdampf zuströmt. Das teilweise abgestreifte Reichöl wird im unteren Teil der Niederdruckdest. vollkommen abgestreift, im oberen rektifiziert. Das Armöl geht zur Adsorption zurück, das Kopfprod. der Niederdruckkolonne, vereinigt mit dem der Hochdruckdest., durch einen Entgasungstank zum Entäthanisator. Die hier abgetrennten Dämpfe gehen in die Ansaugleitung der dritten Stufe zurück. Das Bodenprod. geht in den Entpropan- u. weiter in den -butanisator. Das während der Verarbeitung an verschied. Stellen des Syst. abgegebene Gas wird im Kreislauf der dritten Stufe des Kompressors wieder zugeführt, um angesichts des hohen N_2-Geh. des Rohgases den erforderlichen Heizwert zu erreichen. — Wegen des hohen Mercaptan-S-Geh. des Bzn. wird das Bodenprod. des Entpropanisators zunächst regenerativ mit wss. NaOH vorgewaschen u. das Bodenprod. des Entbutanisators anschließend mit $CuCl_2$ behandelt. C_3 wird lediglich einer NaOH-Wäsche unterzogen. (Petroleum Refiner. **29.** 139—42. Mai 1950. Tulsa, Okla.) EDLER. 8200

J. J. Swift, S. R. Stiles, E. W. Howard und **M. Tarnpoll,** *Aromatengewinnung durch Hydroforming und Phenolextraktion.* Bebilderter Bericht über die neue in Argentinien errichtete Anlage, in der neben einem für die Nitrierung geeigneten Bzl. u. Toluol auch Fliegerkraftstoff gewonnen wird. Das aus den Hydroformer-Reaktions-Gefäßen anfallende Rohprod. wird mit Phenol extrahiert, um die reinen Aromaten zu erhalten. (Petroleum Processing **8.** 81—87. Jan. 1953. M. W. Kellogg Co.) K. O. MÜLLER. 8200

J. J. Swift, S. R. Stiles, E. W. Howard und **M. Tarnpoll,** *Neue Hydroforming-Anlage erzeugt aus Erdölen chemische Grundstoffe und Fliegerbenzin.* Beschreibung der Planta K-

Anlage in Argentinien, vgl. hierzu vorst. Ref. (Petroleum Refiner **32**. Nr. 2. 105—09. Febr. 1953. New York, M. W. Kellogg Co.) K. O. MÜLLER. 8200

W. Killner, *Seewasseremulsionen in Marineheizölen und ihre Zerstörung.* Eine App. für kontinuierliche Arbeitsweise zum Demulgieren mit *Teepol* als oberflächenakt. Substanz wird beschrieben. (J. Inst. Petroleum **39**. 51—55. Jan. 1953.) SYDOW. 8216

Gutberlet, *Das Bindevermögen der Zuschläge bei bituminösen Oberflächenbehandlungen.* Vf. regt an, das von HANK u. BROWN (Roads and Streets, [1949.] Nov.) vorgeschlagene Prüfverf. über das Haftvermögen zwischen Bindemittel u. Zuschlägen bei Oberflächenbehandlungen in Amerika auch in Deutschland einzuführen. (Bitumen, Teere, Asphalte, Peche verwandte Stoffe **1**. 328—30. 1950.) F. C. MÜLLER. 8236

Westfalia Dinnendahl Gröppel Akt.-Ges. (Erfinder: **Wilhelm Schäfer**), Bochum, *Flotation von Feinkohle.* Die Aufbereitung der Feinkohle 1—10 mm nach dem Schaumschwimmverf. wird in einer Feststoffsuspension durchgeführt, deren spezif. Gewicht innerhalb eines Intervalles von 0,05—0,30 u. gegebenenfalls mehr Einheiten unter dem spezif. Gewicht der abzuscheidenden Reinkohle liegt. Bei der Flotation können Beschwerungsmittel, wie Baryt, Ton, eingedickte Flotationsberge, verwendet werden. Als Schwimmittel dienen hochakt. Flotationsöle, die in W. weitgehend emulgierbar sind u. Sammelwrkg. besitzen. (**D. B. P. 864 382** Kl. 1c vom 22/3. 1949, ausg. 26/1. 1953.) W. HAUSWALD. 8135

Braunkohle-Benzin Akt.-Ges., Berlin, *Klopffeste Treibstoffe.* Die von 60—100°, höchstens 120°, sd. Fraktionen der Gemische der KW-stoffsynth. aus CO u. H_2 werden mit Halogenwasserstoff (HCl), gegebenenfalls in Ggw. von Katalysatoren ($BiCl_3$, $SbCl_3$ oder dgl.), umgesetzt. Die Halogenide werden von den nicht umgesetzten KW-stoffen durch Dest. abgetrennt u. aus ihnen spaltet man katalyt. über Bleicherde oder Erdalkalihalogeniden oder mit Hilfe von wasserfreiem $AlCl_3$ Halogenwasserstoff ab u. dehydriert anschließend. (**D. B. P. 882 885** Kl. 23b vom 23/10. 1942, ausg. 13/7. 1953.) UNGER. 8201

Standard Oil Development Co., übert. von: **Jerry A. Pierce** und **Charles N. Kimberlin jr.**, Baton Rouge, La., V. St. A., *Herstellung und Trocknung harter katalytischer Hydrogelteilchen* bis zu 1 mm Größe, bes. für Fließbett-Katalysatoren zum Spalten, Dehydrieren, Entschwefeln, Isomerisieren u. Alkylieren von KW-stoffen. Aluminiumoxydsol, das auch Borsäure enthalten kann, wird in Mineralöl oder Äthylendichlorid, Acetylentetrabromid, Nitrobenzol, emulgiert u. bei 150—200° F in ein Hydrogel umgewandelt. Das Gel wird dann in dem Dispersionsmittel bei 150—200° durch Einleiten von Luft, N_2, CO_2 entwässert, bis 50% des darin enthaltenen W. entfernt sind. Auf diese Weise können auch Ti-, Fe-, W-, Ni-, Co-Oxydgele oder auch Mischgele hergestellt werden. — Vorrichtung. (**A. P. 2 584 286** vom 11/3. 1944, ausg. 5/2. 1952.) STEIL. 8201

Ruhrchemie Akt.-Ges. (Erfinder: **Herbert Göthel, Felix Kopp** und **Wilhelm Böcker**), Oberhausen-Holten, *Entchloren von Kondensations- und Polymerisationsprodukten von Olefinen,* die durch Spaltung von Kohlenoxydhydrierungsprodd. erhalten werden, dad. gek., daß die Olefine vor der Kondensation u. Polymerisation einer Behandlung mit alkal. wirkenden Mitteln unterworfen u. nach der Kondensation u. Polymerisation in an sich bekannter Weise mit Entchlorungsmitteln, wie Bleicherde u./oder MgO, ZnO oder Zn, behandelt werden. Temp. der Nachbehandlung ca. 180—240°. — *Treibstoffe.* (**D. B. P. 849 546** Kl. 12o vom 8/8. 1944, ausg. 15/9. 1952.) G. KÖNIG. 8201

Badische Anilin- & Soda-Fabrik, Ludwigshafen/Rh. (Erfinder: **Ernst Donath**, Pittsburgh, Pa., V. St. A., **Helmut Nonnenmacher**, Mannheim, und **Ortwin Reitz**, Heidelberg), *Spaltende Druckhydrierung von Schwerölen oder Mittelölen,* bes. schwerölhaltigem Mittelöl, in Ggw. eines Katalysators aus einem anorgan. Träger u. einem Schwermetalloxyd, bes. aus der 5. oder 6. Gruppe des Period. Syst., bei einem Gesamtdruck bis 200 at unter einem H_2-Partialdruck von mehr als 30—150 at u. Tempp. von 420° u. höher u. einem Durchsatz von 0,3—4 kg/Liter Katalysatorraum u. Std., dad. gek., daß der Katalysator unter Anwendung von akt. Tonerde als Träger in feinverteilter Form im Schwebezustand durch den Reaktionsraum geführt wird u. die Reaktionsbedingungen innerhalb der angegebenen Grenzen so gewählt werden, daß ein Erzeugnis entsteht, das mehr Mittelöl als Bzn. enthält, wobei das Mittelöl weniger oder höchstens 3% H_2 mehr enthält als der Ausgangsstoff, worauf das entstandene Mittelöl gegebenenfalls durch Spaltung oder spaltende Druckhydrierung in Bzn. übergeführt wird. Die austretenden Prodd. werden von dem feinverteilten Katalysator mittels Prallplatten u. anschließend durch elektr. Entstaubung gereinigt. (**D. B. P. 864 092** Kl. 12o vom 26/8. 1942, ausg. 22/1. 1953.) G. KÖNIG. 8201

Badische Anilin- & Soda-Fabrik (Erfinder: **Max Schütze**), Ludwigshafen/Rh., *Katalytische Polymerisation von Olefinen,* bes. gasförmigen Olefinen, zu innerhalb des Benzinsiedebereiches sd. KW-stoffen, dad gek., daß man die Rk. bei einer wesentlich tieferen Temp. als derjenigen beginnt, bei welcher die Rk. bevorzugt stattfindet u. die Temp. im Laufe der Rk. bis zu der für die Rk. optimalen Höhe langsam ansteigen läßt, ohne dabei eine Zwischenabscheidung von Reaktionsprodd. zu bewirken. Die im einzelnen Fall anzuwendenden Anfangs- wie Höchsttempp. sind von den Ausgangsstoffen, Katalysatoren, dem Druck, dem Querschnitt des Reaktionsraumes usw. abhängig. (**D. B. P. 864 551** Kl. 12o vom 24/9. 1942, ausg. 26/1. 1953.) G. KÖNIG. 8201

Standard Oil Development Co., Elizabeth, N. J., übert. von: **David C. Walsh jr.** und **Henry G. Schutze,** Baytown, Tex., V. St. A., *Polymerisation niedrigsiedender tertiärer Olefine* allein oder in Mischung mit niedrigsd. konjugierten Diolefinen zu schmierölartigen oder kautschukartigen Prodd. erfolgt in Ggw. eines Katalysators nach FRIEDEL-CRAFTS unter Zusatz von tert. Butylchlorid oder -bromid in Mengen von 6 bis 100 (Teile) auf 10^6 der KW-stoffmenge bei -220^0 bis $+200^0$ F u. Drucken, welche die fl. Phase aufrechterhalten. KW-stoffe u. Katalysator sollen wasserfrei sein. (**A. P. 2 581 154** vom 1/7. 1948, ausg. 1/1. 1952.) G. KÖNIG. 8201

Standard Oil Development Co., Del., V. St. A., *Oxydationsverhinderer für Motortreibstoffe.* Treibstoff, enthaltend $N.N^1$-Di-sek.-butyl-p-phenylendiamin als Oxydationsverhinderer zusammen mit einem Lösungsm. (Dioxan). Das Lösungsm. wird in der 1—4fachen Menge des Oxydationsverhinderers angewendet. (**E. P. 677 720** vom 31/8. 1948, ausg. 20/8. 1952. A. Prior. 6/12. 1947.) UNGER. 8205

Ruhrchemie Akt.-Ges., Oberhausen-Holten (Erfinder: **Nikolaus Geiser,** Duisburg-Hamborn), *Herstellung von hochwertigen Schmierölen* (I), dad. gek., daß Rückstände, die bei der Dechlorierung von chlorierten KW-stoffen, bes. von synthet., vorzugsweise durch katalyt. CO-Hydrierung gewonnenen KW-stoffen mittels Erdalkalihydroxyden u. durch nachfolgende Dest. entstehen, in bekannter Weise, vorzugsweise durch längeres Erhitzen mit $AlCl_3$ auf höhere Tempp. in I umgewandelt werden. Destillationsrückstände werden mit 5—10% $AlCl_3$ vermischt, 1—3 Std. bei 80—120° vorbehandelt u. anschließend 2—4 Std. auf 150—200° erhitzt. Es bilden sich eine obere Schicht, enthaltend hochmol. KW-stoffe, u. eine untere Schicht, die aus Kontaktöl, einer Additionsverb. von KW-stoffen u. $AlCl_3$, besteht. Die obere Schicht wird mittels ZnO u. akt. Bleicherde 2—3 Std. entchloriert u. anschließend im Vakuum destilliert. $AlCl_3$ kann durch das Kontaktöl ersetzt werden. (**D. B. P. 829 163** Kl. 12o vom 2/10. 1948, ausg. 24/1. 1952.) G. KÖNIG. 8221

Socony-Vacuum Oil Co., Inc., New York, N. Y., übert. von: **Ferdinand P. Otto,** Woodbury, und **Robert W. Barrett,** Sewell, N. J., V. St. A., *Zusatzmittel für Schmieröle.* Zur Herabsetzung des Fließpunktes von Mineralschmierölen setzt man diesen 0,1 bis 10% polymere Alkylmetaphosphite zu, die durch Kondensation von Phosphornitrilchlorid, $(PNCl_2)_3$ (I) oder $(PNCl_2)_4$ (II), mit n-Tetradecylalkohol oder einem Gemisch prim., n., gesätt. Alkohole mit mindestens 14 C-Atomen bei Tempp. bis 150° erhalten werden. Der Alkohol wird zweckmäßig zuerst in ein Alkoholat umgewandelt. Die Rk. führt nach: $(PNCl_2)_3 + 6\,C_{14}H_{29}ONa$ zu $[(C_{14}H_{29}O)_2PN]_3$. Das Kondensationsprod. wird bei 200—400° in Ggw. von $AlCl_3$, $ZnCl_2$ oder BF_3 polymerisiert. Das Gemisch von I u. II wird durch Erhitzen von NH_4Cl u. P_2Cl_5 in symm. Tetrachloräthan als Lösungsm. unter Rückfluß u. nach Abdest. des Lösungsm. durch Abkühlen in Eis erhalten. In analoger Weise werden das Lorol B-, Didecyl-, Dodecyl-, Hexadecyl- oder Octadecylmetaphosphimat hergestellt. (**A. P. 2 580 587** vom 14/11. 1949, ausg. 1/1. 1952.) DERSIN. 8221

N. V. de Bataafsche Petroleum Mij., Den Haag (Erfinder: **Carel Marinus van Battum,** Amsterdam), Holland, *Herstellung von Schmierölen* durch Rk. von aus Leuchtpetroleum hergestellten aromat. Extrakten von einem Kp. zwischen 140 u. 160° u. 260 u. 280° in Ggw. von Alkylierungskatalysatoren mit einem Gemisch von Olefinen mit 8—18 C-Atomen, welches durch Spalten von hochmol. paraffin. KW-stoffen erhalten worden ist, dad. gek., daß die aromat. Extrakte in 2 Fraktionen zerlegt werden, wobei das Zerlegen bei einem Kp. zwischen 200 u. 245° erfolgt, das Gemisch von Olefinen in eine C_8—C_n u. eine C_{n+1}—C_{18}-Fraktion zerlegt wird, wobei n eine Zahl aus der Reihe 11 bis 17 bedeutet, — die niedrigersd. Fraktion der aromat. Extrakte mit der höhersd. Fraktion der Olefine in einem Verhältnis von mindestens 2 (Mol.) aromat. Verbb. pro 1 Olefine u. die höhersd. Fraktion der aromat. Extrakte mit der niedrigersd. Fraktion der Olefine in einem Verhältnis von mindestens 2 Olefine pro 1 aromat. Verbb. alkyliert wird, u. die beiden so erhaltenen Alkylierungsprodd. zu einem Gemisch mit einer Viscosität $E_{50} = 6$—18 vermischt werden. — 6 weitere Ansprüche. Die aromat. Extrakte sollen mit fl. SO_2 gewonnen sein, das Gemisch von Olefinen wird durch Spalten von hochmol. Paraffin-KW-stoffen in der Dampfphase erhalten, worauf die am stärksten ungesätt. Bestandteile aus dem Spaltprod. durch Einw. geringer Mengen $AlCl_3$ entfernt werden. Als Alkylierungskatalysator dient $AlCl_3$. Man erhält Schmieröle mit gutem Viscositätsindex u. genügend hohem Flammpunkt. (**D. B. P. 844 035** Kl. 23c vom 13/10. 1950, ausg. 17/7. 1952. Holl. Prior. 13/10. 1949.) DERSIN. 8221

Ruhrchemie Akt.-Ges., Oberhausen/Rhld. (Erfinder: **Herbert Goethal,** Oberhausen, und **Heinrich Tramm,** Mühlheim/Ruhr), *Herstellung hochmolekularer Kohlenwasserstofföle (Schmieröle)* aus den bei der katalyt. CO-Hydrierung erhaltenen KW-stoffen durch Spaltung u. Polymerisation u. Kondensation der Spaltprodd. mit Kondensationsmitteln, wie $AlCl_3$, dad. gek., daß aus den als Ausgangsstoffe benutzten fl. KW-stoffen der katalyt. CO-Hydrierung vor der Spaltung die unterhalb 150° sd. Anteile abgetrennt werden. Bei mehrfacher Verwendung des Kondensationsmittels wird die Temp. von Kondensation zu Kondensation erhöht. (**D. R. P. 763 062** Kl. 12o vom 25/8. 1935, ausg. 24/11. 1952.) G. KÖNIG. 8221

Dow Corning Corp., Midland, Mich. (Erfinder: **Rob Roy McGregor** und **Earl Leathen Warrick,** Pittsburgh, Pa., V. St. A.), *Hydraulik- und Vibrationsdämpfungsöle.* Verwendung von Methylsiloxancopolymerisaten, die durch Hydrolyse u. Kondensation einer Mischung aus 80—85 (Mol-%) $(CH_3)_2SiX_2$ u. 5—20 CH_3SiY_3, worin X u. Y Halogene u./oder Alkoxyreste bedeuten, in Ggw. einer fl. Säure gemäß Patent 842 056 hergestellt sind, für den obengenannten Zweck. (**D. B. P. 864 725** Kl. 23c vom 20/9. 1950, ausg. 26/1. 1953. A. Prior. 26/7. 1943.) DERSIN. 8221

R. M. Hollingshead Corp., Camden, übert. von: **Vito Esposido,** Haddon Heights, N. J., V. St. A., *Hydraulische Flüssigkeit,* bestehend aus 40—50 (Teilen) Glykol, 30 bis 40 W. u. 10—20 eines Reaktionsprod., das durch Einw. von 14—18 (Mol) Alkylenoxyd, z. B. Äthylen- oder Propylenoxyd, auf 1 Tallöl bei 350—450° F u. 2000—3000 lbs./sq. in. erhalten wird. (**A. P. 2 588 970** vom 17/10. 1949, ausg. 11/3. 1952.) DERSIN. 8221

James Calvin Mosteller, Fairfield, O., V. St. A., *Schwer entzündbare hydraulische Flüssigkeit,* bes. für Flugzeuge, bestehend aus 25—35 (Gew.-%) Tetrachlortetrafluorpropan, 15—25 Monochlortrifluoräthylenpolymerisat (Fluorolube FS), 35—45 einer paraffin. Mineralölfraktion (Voltesso 36, Cetane), 7—13 öllösl. Dioctylmethylmethacrylatpolymerisat (Acryloid HF-855), 6—10 weißes Schmieröl (XCT-White-Oil) u. 0,4 2.6-Di-tert.-butyl-4-methylphenol als Korrosionsschutzmittel. (**A. P. 2 583 588** vom 8/6. 1949, ausg. 29/1. 1952.) DERSIN. 8221

Gulf Oil Corp., Pittsburgh, übert. von: **Herschel G. Smith,** Wallingford, und **Troy L. Cantrell,** Lansdowne, Pa., V. St. A., *Schmierölzusätze und -zusammensetzungen.* Man erhitzt ein Schmieröl von vorwiegend paraffin. Grundlage mit wasserfreiem $AlCl_3$ auf 150—300°, entfernt $AlCl_3$ vom Reaktionsprod. u. setzt es mit 10—75 Gew.-% einer Mischung aus einem alkylierten Phenylphosphit u. P_2S_5 bei Tempp. von 450° bis zur unteren Grenze der Spalttemp. um. Dabei wird dem Prod. P u. S einverleibt. Das alkylierte Phenylphosphit enthält 4—8 C-Atome in verzweigter Alkylkette u. 1—5% gebundenen P, z. B. p-Tetramethylbutylphenylphosphit. — Beispiel: 50 (Teile) Schmieröl (mit $AlCl_3$ behandelt), 50 Octylphenylphosphit u. 12,5 P_2S_5 werden gerührt u. auf 490° F 1 Std. erhitzt. Nach 2 Std. ist das Entweichen von H_2S beendet; man steigert die Temp. auf 520° F u. rührt bei dieser Temp. 6 Std., dann wird abgekühlt. S-Geh. 4,6%, P-Geh. 4,8%. (**A. P. 2 603 601** vom 6/7. 1948, ausg. 15/7. 1952.) UNGER. 8221

Metallgesellschaft Akt.-Ges. (Erfinder: **Joseph Nüsslein**), Frankfurt/M., *Auswaschbare Schmieröle.* Verwendung von verseifbaren, tert. Abkömmlingen der H_3PO_4 mit oberflächenakt. Resten (**I**), die keine oder nur eine geringe Hydrophilie aufweisen, allein, in Mischung untereinander oder in Mischung mit Mineralölen, Paraffinen, Fetten, Wachsen u. dgl. als Schmieröl, bes. für den Gebrauch an Textilmaschinen. Man kann ferner noch Emulgatoren u. rosthemmende Stoffe zusetzen. Als **I** eignet sich der Octyl-, Lauryl- oder Octadecylalkohol. (**D. B. P. 865 342** Kl. 23c vom 6/5. 1951, ausg. 2/2. 1953.) DERSIN. 8221

Deutsche Shell Akt.-Ges. (Erfinder: **Hans Seeles** und **Paul Beuerlein**), Hamburg, *Hilfsflüssigkeit für die Metallbearbeitung.* Verwendung von Bohrölemulsionen oder Seifenlsg. mit einem geringen Zusatz von Dialkaliphosphat u./oder Alkalisulfat für den obengenannten Zweck. (**D. B. P. 856 685** Kl. 23c vom 11/8. 1940, ausg. 24/11. 1952.) DERSIN. 8221

Gulf Research & Development Co., Pittsburgh, übert. von: **Albert G. Rocchini,** Springdale, Pa., V. St. A., *Rostschutzöl.* Man setzt Mineralölen geringe Mengen eines wasserunlösl., öllösl. Reaktionsprod. zu, das durch Erhitzen aliphat. alkyl-, aryl- oder alkenylsubstituierter Dicarbonsäureanhydride, deren Substituent 10—12 C-Atome enthält, mit Aminen, z. B. Trimethyl-, Triäthyl-, Triamyl-, Triäthanol-, Tribenzyl- oder Tristearylamin oder Pyridin, erhalten wird. (**A. P. 2 588 412** vom 16/9. 1948, ausg. 11/3. 1952.) DERSIN. 8221

Socony-Vacuum Oil Co., Inc., New York, N. Y., übert. von: **John H. McCracken**, Tulsa, Okla., V. St. A., *Oxydationsschutzmittel für Mineralöle*, bestehend aus Verbb. der allg. Formel **I**, in der X = H oder den 2-Thenylrest u. T einen α- oder β-Naphthyl-, Phenyl- oder Benzylrest bedeutet; z. B. N-(2-Thiophenmethyl)-α- oder -β-naphthylamin, -anilin oder -benzylamin oder N.N-Bis-(2-thiophenmethyl)-α-naphthylamin. Herst. z. B. durch Rk. von Chlormethylthiophen mit α- oder β-Naphthylamin. (**A. P. 2 584 278** vom 28/5. 1947, ausg. 5/2. 1952.) DERSIN. 8221

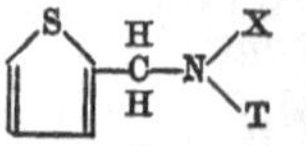

I

Dow Corning Corp. (Erfinder: **Herbert James Fletcher** und **Harry Dale Dingman**), Midland, Mich., V. St. A., *Halogenierung von Aryltrichlorsilanen.* Man halogeniert in Ggw. eines Fe-Katalysators, bes. von $FeCl_3$, bei 0—250°. — $C_6H_5SiCl_3$ → *Monobromphenyltrichlorsilan*, $Kp._{5-6}$ 103—105°. — *Tribromphenyltrichlorsilan.* — *Monochlorphenyltrichlorsilan*, Kp. 230—235°; *Dichlorphenyltrichlorsilan*, $Kp._{12}$ 95—98°; *Trichlorphenyltrichlorsilan*, $Kp._1$ 113°, F. 69—71°. — *Hexachlordiphenylyltrichlorsilan*; *Heptachlordiphenylyltrichlorsilan.* — Die Verfahrensprodd. lassen sich zu ausgezeichneten *Schmierölen* verseifen. (**D. B. P. 861 561** Kl. 12o vom 27/9. 1950, ausg. 5/1. 1953. A. Prior. 14/9. 1949.) BRÖSAMLE. 8221

Heinrich Spodig, Dortmund, *Permanentmagnetische Filter*, gebildet aus einem Magnetstab oder einem Stabbündel mit 2 weichmagnet. Polkappen, dad. gek., daß in dem von den Polkappen gebildeten Hauptkraftfeld koaxial zum Magnetstab abwechselnd weichmagnet. u. antimagnet. Ringplatten eingebaut sind. — Die Filter sollen zur Abscheidung magnetisierbarer u. antimagnet. Verschmutzungen aus dem Öl von Kraftmaschinen dienen. — 8 Zeichnungen. (**D. B. P. 847 943** Kl. 23c vom 21/4. 1949, ausg. 28/8. 1952.) DERSIN. 8221

W. L. Gurwitsch und N. P. Ssossnowski, Selektive Lösungsmittel bei der Verarbeitung von Erdöl. Moskau-Leningrad: Gosstoptechisdat. 1953. (320 S. m. Abb.) 12 Rbl. 90 Kop. [russ.]

XXI. Leder. Gerbstoffe.

F. L. DeBeukelaer, *Verfahren zum Entkoten von grünen Häuten.* Die sorgfältig ausgebreiteten verschmutzten Häute werden in aufeinandergelegtem Zustand in einen mit Radschaufeln versehenen Bottich eingelegt, der zuvor mit Salzwasser (38° Salometer), das 0,8—1% eines nichtionogenen u. eines sulfurierten Netzmittels enthält, aufgefüllt wurde. Das Reinigungsbad wird nur von Zeit zu Zeit (1 Min. Bewegung, 5 Min. Ruhe u. so fort) bewegt, da eine dauernde Bewegung die Oberfläche der Häute zu sehr beschädigen würde. Nachdem aller Schmutz entfernt ist, werden die Häute herausgenommen, abtropfen gelassen u. später eingesalzen bzw. mit Salzlake behandelt. (Leather Manufacturer **64**. Nr. 4. 21—22. April 1953.) H. G. FRÖHLICH. 8334

Walter Freudenberg, *Das Einsalzen von Häuten und Fellen.* Übersicht über Theorie u. Praxis der Konservierung von Häuten u. Fellen durch Einsalzen. (Nederl. Leder-Ind. 64. 138—39. 26/2. 1953.) WESLY. 8334

Kurt Lindner, *Die Entwicklung des Gerbverfahrens mit polymeren anhydrischen Phosphaten* (*Coriagengerbung*). Fortschrittsbericht über Arbeiten, welche die Polyphosphatvorgerbung bei der pflanzlichen u. der Chromgerbung behandeln. Aus der Gesamtheit der Arbeiten können folgende allg. Schlüsse gezogen werden. Im sauren Gebiet findet eine echte Gerbung mit Polymetaphosphorsäure statt, wobei salzartige Bindung an den Amino-N der Hautsubstanz eintritt. Phosphatleder sind widerstandsfähig gegen Fäulnis, erleiden beim Auswaschen keine Säurequellung u. haben Schrumpfungstempp. von 63—65°. Salzzusätze wirken nachteilig auf die Phosphorsäurebindung. Polyphosphatvorgerbung begünstigt die pflanzliche Gerbung. Selbst bei sofortiger Anwendung starker Brühen wird der Narben nicht übergerbt. Polyphosphatvorgerbung bei der Chromgerbung gibt einen festen glatten Narben, hohe Reißfestigkeit u. höheren Cr-Geh. der Leder u. besseres Ausnützen der Cr-Brühen. — 1 Abb., 4 Tabellen. (Leder **1**. 203—06. 15/9. 233—36. 15/10. 1950. Berlin-Lichterfelde-Ost.) ENGEL. 8336

A. Küntzel und **H. Grunewald**, *Adstringenzprobleme bei wasserlöslichen organischen Gerbstoffen.* 1. Mitt. *Einfluß der Teilchengröße von Gerbstoffen auf die Anteilzahlkurve.* Durch Sulfonierung lösl. gemachte gerbend wirkende Phenolnovolake verschied. mittlerer Teilchengröße (hergestellt durch Kondensation von Phenol mit CH_2O in Ggw. von Oxalsäure bzw. β-Naphthalinsulfonsäure) wurden durch Gerbstoffanalyse bei verschied. Konzz. untersucht. Die hieraus abzuleitenden Anteilzahlkurven haben bei den geprüften Prodd. im wesentlichen den gleichen Verlauf. Es ist deshalb zu folgern, daß der abnormale Verlauf der Anteilzahlkurven bei synthet. Gerbstoffen vom untersuchten Typ mit großen Mengen wenig adstringenter Halbgerbstoffe nicht durch überkondensierte Novolakteilchen hervorgerufen wird. — 2 Abbildungen, 1 Tabelle. (Leder 1. 206—10. 15/9. 1950.) O. ENGEL. 8336

A. Küntzel und **H. Grunewald,** *Adstringenzprobleme bei wasserlöslichen organischen Gerbstoffen.* 2. Mitt. *Einfluß der Sulfogruppe auf die Adstringenz von Gerbsulfosäuren aus Phenolnovolaken.* (1. vgl. vorst. Ref.) Nichtsulfonierte Novolake aus Resorcin enthalten keine wenig adstringenten Halbgerbstoffe. Gerbstoffanalysen mit diesen Gerbstoffen bei verschied. Konzz. ergeben die gleiche Anteilzahlkurve wie pflanzliche Gerbstoffe. Entgerbt man Gerbsulfosäuren fraktioniert mit kleinen Hautpulvermengen, so erreicht man eine Trennung in echte Gerbstoffe u. in wenig adstringente Halbgerbstoffe. Die Halbgerbstoffe sind stärker sulfoniert als die echten. — Zur fraktionierten Entgerbung werden 300 ml Gerbstofflsg. (enthaltend 1,75 g Reingerbstoff) 3 Min. mit 3 g schwach chromiertem Hautpulver geschüttelt, dann wird abgesaugt. Die gleiche Behandlung wird bis zur vollständigen Entgerbung fortgesetzt. Aus der Beschaffenheit der Hautpulverkuchen wird auf die Art der Gerbstoffe geschlossen. Je mehr Entgerbungen zur Erschöpfung der Gerbstofflsg. notwendig sind, desto mehr schwach adstringente Gerbstoffanteile enthält ein Gemisch. — 2 Abbildungen. (Leder 1. 259—62. 15/11. 1950.) O. ENGEL. 8336

R. W. Green, *Die Rolle der Amino- und Hydroxylgruppen des Kollagens bei der Chromgerbung.* (Vgl. C. **1953.** 7310.) Vf. beschreibt den Einfl. vorangegangener N- u. O-Acetylierung von Kollagen (I) auf den Verlauf der Chromgerbung. Mit steigendem Acetylgeh. sinkt linear dazu die Menge an vom I gebundenen Cr. Umgekehrten Einfl. hat die Steigerung der Alkalinität der verwendeten bas. Cr(III)-Salzlösung. Verseifung der O-Acetylgruppen durch Einw. von Alkali stellt das ursprüngliche Aufnahmevermögen des nichtacetylierten I annähernd wieder her. (Biochem. J. **54.** 187—91. Mai 1953. Singapore, Univ. of Malaya, Chem. Dep.) MOISAR. 8336

W. Wudich, *Verschiedene Anwendungsmöglichkeiten der Formiatmaskierung bei der Chromgerbung.* Es werden drei Anwendungsbeispiele aus der eigenen gerber. Praxis gegeben, bei denen durch das Mitverwenden von Na-Formiat bei der Cr-Gerbung 1. Narbenzug bei zweibadgegerbter Kapziege nach der Antichlorbehandlung, 2. Narbenplatzen bei der Gerbung von Boxcalf mit melassered. Cr-Brühen u. 3. Losnarbigkeit beim Krispeln von Rindbox zum Verschwinden gebracht werden konnte. (Leder **4.** 82—85. 15/4. 1953.) H. G. FRÖHLICH. 8336

E. Immendörfer, *Sämisch- und Glacégerbung mit „Immergan“.* Eine neuartige Gerbung, die sowohl die Sämisch- wie auch die Glacégerbung ersetzen kann, beruht auf der Kondensation eines Gemisches sulfochlorierter Paraffine mit ca. 15 C-Atomen im Mol. (Mepasinsulfochlorid = *Immergan*) mit der Hautblöße bei milden Tempp. zu festen chem. Verbindungen. Die Blöße wird mit einer schwachen CH_2O-Lsg. oder mit lösl. Kondensationsprodd. von Harnstoff mit CH_2O vorgegerbt. Auch mit Cr, Chinon, Chinhydron (p_H 5 in gepufferter Flotte) sowie Alaun kann vorgegerbt werden; letzteres ergibt festeres Leder. Der Zusatz geringer Mengen bas. Verbb., wie sie in *Bastamol* oder *Soromin*-Marken vorliegen, wirken beschleunigend auf die Reaktion. Der Zusatz von Emulgierungsmitteln ist manchmal erwünscht, z. B. bei der Streichgerbung. Man kann auch Tran der Flotte zusetzen. Mit organ. Verbb., die bewegliche Halogenatome besitzen (Dichlorbuten, Chlorketone) können ähnliche Wirkungen erzielt werden wie mit Säurechloriden. (Mitt. chem. Forsch.-Inst. Wirtsch. Österreichs **5.** 105—07. Dez. 1951.) G. KÖNIG. 8336

H. MacLean und **J. A. F. Gardner,** *Gerbstoffe für die Lederindustrie aus in Seewasser geflößter Westein-Hemlock-Rinde.* Die Eignung der Westein-Hemlock-Rinde (Tsuga heterophylla) von geflößten Stämmen für die Gewinnung von Gerbextrakten wurde geprüft. Durch Liegen der Rinde in Süß- oder in Seewasser gehen pro Monat ca. 5 bis 10% des vorhandenen Gerbstoffes verloren. Frische Rinde hat ca. 15% Gerbstoff mit einer Anteilzahl von 65. In Laboratoriumsverss. ließ sich die Rinde befriedigend extrahieren. Der Geh. des Extraktes an Unlöslichem läßt sich durch Sulfitieren vermindern. Der aus dem Seewasser stammende u. störende Geh. des Extraktes an NaCl konnte durch aufeinanderfolgende Reinigung in Kationen- u. Anionenaustauschern in Laboratoriumsverss. beseitigt werden. Schwierigkeiten bereitet noch die starke Acidität des Extraktes nach Durchlaufen des Kationenaustauschers, weil die Gerbstoffe zum Teil ausgeflockt werden. Laboratoriumsgerbungen lieferten ein brauchbares Bodenleder. Für die Gerbstoffgewinnung ist Entrinden nach dem hydraul. Verf. zweckmäßig, weil eine holzarme Rinde anfällt. — 5 Tabellen. (Canada, Dep. Resourc. Development, Forestry Branch, Mimeogr. **V-1009.** 1—21. März 1950.) O. ENGEL. 8336

F. N. Howes, *Divi-Divi als Gerbmaterial. Eine Untersuchung über Herkunft und Verwendung.* Allg. gehaltene Darst. über Herkunft u. Verwendung. In diesem Zusammenhang wird darauf hingewiesen, daß neben den Ursprungsländern (Südamerika, Zentralamerika, Westindien) Divi-Divi (I) nun auch in Afrika angepflanzt wird. Die zur Gerbstoffgewinnung verwendeten Schoten enthalten 40—50% Gerbstoff, der bereits mit W. extrahierbar ist. Divi-Divi selbst besitzt eine helle Farbe u. ist in seinem gerber. Verh. dem Sumach u. Gambir sehr ähnlich. Daher dient I auch als Ersatz für diese beiden Gerbstoffe. Allein wird I jedoch nicht verwendet. (Leather Trades' Rev. **108.** 17—18. u. 20. 1/4. 1953.) H. G. FRÖHLICH. 8336

F. N. Howes, *Algarrobilla als Gerbmaterial.* Algarrobilla (I) ist ein dem Divi-Divi, gerber. u. chem. gesehen, sehr ähnlicher Gerbstoff, der jedoch ein helleres, festeres u. volleres Leder als Divi-Divi ergibt. Verwendet wird I hauptsächlich als Ersatz für Gambir. Der Gerbstoffgeh. der zur Gerbstoffgewinnung verwendeten I-Schoten liegt zwischen 45 u. 65%. (Leather Trades' Rev. **108.** 137—38. 22/4. 1953.) H. G. FRÖHLICH. 8336

Makoto Shimizu und **Minoru Kubota,** *Untersuchung der Gerbung mit Hirn.* Die Gerbwrkg. von *Rinderhirn* wird der Wrkg. der Phosphatide u. oxydierten Fette des Hirnes zugeschrieben. (J. chem. Soc. Japan, ind. Chem. Sect. [Kōgyō Kagaku Zassi] **54.** 201—02. Febr. 1951. Tokio, TH. [Orig.: japan.]) SCHULER. 8336

Oskar A. Müller und **F. Stalder,** *Beiträge zur Gerbstoffbestimmung in vegetabilen und synthetischen Gerbextrakten.* 1. Mitt. *Über eine vereinfachte Schüttelmethode in Serienversuchen und ihre Anwendung bei Reihenversuchen mit variiertem Hautpulver–Gerbstoff-Verhältnis und verlängerter Entgerbungsdauer.* Reihenmäßige Gerbstoffbestimmungen mit wechselndem Gerbstoff–Hautpulver-Verhältnis zeigten, daß bei synthet. Gerbstoffen erst bei einem erheblichen Hautpulverüberschuß die maximal erreichbaren Gerbstoffhöchstwerte erhalten werden, bei pflanzlichen Gerbstoffen ist ein solcher Überschuß nicht notwendig. Entgerbung unter Anwendung des in der offiziellen Analysenvorschrift festgelegten Gerbstoff–Hautpulver-Verhältnisses zeigte, daß bei synthet. Gerbstoffen eine längere Schütteldauer als vorgeschrieben notwendig ist. Bei pflanzlichen Gerbstoffen ist eine Verlängerung ohne Einfluß. Es wird vorgeschlagen, bei der Berechnung der Analysen nur den organ. Anteil der Nichtgerbstoffe in Rechnung zu stellen, um Fehler, die aus der Abgabe von Mineralstoffen aus dem Hautpulver entstehen können, auszuschalten. Es wird eine vereinfachte Form der Gerbstoffanalyse vorgeschlagen. (Leder **1.** 129—33. 15/6. 1950. Zürich.) O. ENGEL. 8364

Oskar A. Müller und **F. Stalder,** *Beiträge zur Gerbstoffbestimmung in vegetabilen und synthetischen Gerbextrakten.* 2. Mitt. *Vergleich von Filtermethode und Schüttelmethode unter Berücksichtigung der modifizierten Schüttelmethode.* 3. Mitt. *Über die Prüfung der Hautpulverqualität.* (1. vgl. vorst. Ref.) Es wurde an 4 pflanzlichen Gerbextrakten die offizielle Filtermeth., die offizielle Schüttelmeth. u. die Schüttelmeth. der Vff. in verschied. Laborr. verglichen. Die Übereinstimmung zwischen einzelnen Laborr. u. zwischen den beiden Ausführungsformen der Schüttelmeth. war gut, bes. wenn die Summe von Gerbstoff u. Unlöslichem als Vergleichsbasis herangezogen wurde. Es wurde bestätigt, daß die Filtermeth. stets höhere Gerbstoffwerte liefert als die Schüttelmethoden. Auf Grund vergleichender Gerbstoffanalysen mit verschied. Hautpulversorten kommen Vff. zu dem Ergebnis, daß es als Kriterium für die Eignung eines Hautpulvers nicht genügt, daß übereinstimmende Entgerbungsergebnisse erzielt werden. Es erscheint vielmehr notwendig, Reihenverss. mit wechselnden Hautpulvermengen bei sonst gleichen Arbeitsbedingungen vorzunehmen, um über die Eigg. des Hautpulvers Klarheit zu gewinnen. — 2 Abbildungen, 2 Tabellen. (Leder **1.** 159—62. 15/7. 1950. Zürich.) O. ENGEL. 8364

Oskar A. Müller und **F. Stalder,** *Beiträge zur Gerbstoffbestimmung in vegetabilen und synthetischen Gerbextrakten.* 4. Mitt. *Über die Genauigkeit der Filtermethode.* (2. u. 3. vgl. vorst. Ref.) Um die „chromatograph." Wrkg. des Hautpulvers zu untersuchen, haben Vff. dickwandige Glasrohre mit 21 g Hautpulver beschickt u. durch dieses analysenstarke Lsgg. (0,4%ig) von 4 pflanzlichen u. 4 synthet. Gerbstoffen gesaugt. Die entgerbten Lsgg. wurden in Fraktionen von 25 ml aufgefangen u. in jeder 2. die Nichtgerbstoffe bestimmt. Bei Kastanie u. Quebracho waren die Anteilzahlen der mittleren Fraktionen nur wenig verschieden, bei Fichte u. Eiche etwas stärker. Bei allen synthet. Gerbstoffen waren die Anteilzahlen von der 3. Fraktion an kontinuierlich abnehmend. Die Filtermeth. ist nach Ansicht der Vff. fragwürdig, da auch techn. wertlose „Halbgerbstoffe" als Gerbstoffe mitbestimmt werden. — 2 Tabellen. (Leder **1.** 210—13. 15/9. 1950. Zürich.) O. ENGEL. 8364

Hampton Lee, *Bemerkungen über die Salzbestimmung in pflanzlichen Gerbstofflösungen mittels Harzaustauschmethoden.* Vf. bespricht die Fehler, welche bei der Salzbest. in pflanzl. Brühen mittels Harzaustauschmeth. entstehen können. Hierbei wird darauf hingewiesen, daß die Fehler weniger auf der Meth. als solcher beruhen, als auf

nicht richtig ausgeführter Arbeitsweise. So soll bei Verwendung von 15 g Harz als Absorber die Menge der durchlaufenden Flüssigkeit (Gerbstofflsg.) so bemessen sein, daß bei der Titration höchstens 50 cm^3 n/50 NaOH verbraucht werden. Eine weitere Fehlerquelle ist vielfach in einem ungenügenden Nachspülen des Harzes nach erfolgter Gerbstoffeinwrkg. zu suchen. Die 2 cm^3 der zu untersuchenden Gerbstofflsg. müssen auf 100 cm^3 verd. werden u. nach erfolgtem Basenaustausch soll das Harz mit wenigstens 500 cm^3 W. nachgespült werden. Ferner wird darauf hingewiesen, daß neues u. ungebrauchtes Harz weniger Fehler durch Gerbstoffbindung verursacht, wenn dasselbe vor der Verwendung mit einer Gerbstofflsg. gesätt. wird. (J. Soc. Leather Trades' Chemists **34.** 150—151. April 1950. Beverly, Yorkshire, Messrs. Richard Hodgons & Sons, Ltd.)
H. G. FRÖHLICH. 8364

Röhm & Haas G. m. b. H. (Erfinder: **Otto Grimm**), Darmstadt, *Beizen von enthaarten Häuten und Fellen* mittels proteolyt. Enzyme. Man verwendet Rinderpankreastryptase u. Pilztryptase, bes. Schimmelpilztryptase, gemeinsam, u. zwar vorzugsweise im Verhältnis 10:1 bis 1:10, bes. 3:1 bis 1:3. (**D. R. P. 749 830** Kl. 28a vom 10/3. 1942, ausg. 26/1. 1953.) V. SCHILLER. 8335

Laszló Bolgar, Budapest, Ungarn, *Lösliche, synthetische Gerbstoffe* erhält man durch Kondensation einer oder mehrerer aromat. Sulfonsäuren (auch Ligninsulfonsäuren) mit einer Verb. mit einer akt. Methylol- u. NH_2-Gruppe, die aus Harnstoff oder Thioharnstoff u. NH_3 mit einem Aldehyd hergestellt wurde. — 40%ig. CH_2O, $(NH_4)_2SO_4$ u. Harnstoff werden auf 70° erwärmt. Die gebildete, harzartige Verb. $HOH_2CNHCONH-CH_2NHCONHCH_2NH_2$ wird dann mit einer β-Naphthalinsulfonsäure auf ca. 100° erhitzt u. anschließend ganz oder teilweise mit NH_3, NaOH, $Al(OH)_3$ oder $Cr(OH)_3$ neutralisiert. (**E. P. 644 451** vom 19/11. 1947, ausg. 11/10. 1950. Ung. Prior. 5/2. 1946.)
KRAUSS. 8337

Deutsche Gold- und Silberscheideanstalt vormals Roessler, Frankfurt/M. (Erfinder: **Herbert Knoop,** Frankfurt/M., und **Hermann Miedel,** Bad Homburg v. d. Höhe), *Herstellung von Lederersatz.* Bei der Herst. von Lederersatz aus wss. Lederfaserbrei, wss. Emulsionen von natürlichem oder synthet. Kautschuk u. Stoffen, die mit Gerbsäure (I) amorphe oder harzartige Verbb. eingehen, mit I als Fällungsmittel, werden die mit I sich verbindenden Stoffe zuletzt zugegeben, das sind z. B. Leim, Methylcellulose oder Polyäthylenoxyd. (**D. R. P. 756 874** Kl. 39b vom 26/3. 1939, ausg. 16/3. 1953.)
OVERBECK. 8353

Badische Anilin- & Soda-Fabrik, Ludwigshafen/Rh. (Erfinder: **Karl Craemer,** Heidelberg), *Lederaustauschprodukte für Dichtungen und Verpackungen.* Faservliese oder Gewebe werden mit Lsgg. oder Dispersionen hochmol. filmbildender organ. Stoffe imprägniert, wobei vor oder während der Imprägnierung organ. Verbb. mit mindestens 2 Äthyleniminogruppen zur Einw. gebracht werden, z. B. die Reaktionsprodd. aus 1.2-Alkyleniminen u. Di- oder Polycarbonsäuren (Fumar-, Sebacin- oder Diglykolsäure) oder Di- oder Polyisocyanaten (Hexamethylen- oder m-Phenylendiisocyanat) oder Sulfochloriden (Trimethylendisulfochlorid oder Polysulfochlorierungsprodd. von KW-stoffen). Filmbildende Stoffe sind Polymerisate von Vinylchlorid, -äther, Styrol, Butylen, Acrylsäure, Isopren u. Butadien. — Ein Cellulosevlies wird mit einer 30%ig. wss. Dispersion eines aus Acrylsäuremethylat u. Vinylbutyläther erhaltenen Mischpolymerisates unter Zusatz von 3% des Reaktionsprod. aus Äthylenimin u. einem KW-stoffdisulfochlorid imprägniert u. getrocknet. (**D. B. P. 864 856** Kl. 81 vom 11/3. 1944, ausg. 29/1. 1953.) MÖLLERING. 8353

United Shoe Machinery Corp., Boston, Mass., V. St. A., *Behandlung von Sohlen.* Man behandelt die Sohlen, bes. nach Imprägnierung mit Klebmitteln, mit trockenem Wasserdampf bei ca. 60—90°, wobei dem Dampf 50—300 Vol.-% warmer Luft zugefügt werden können. Man erzielt Weichwerden der Sohlen u. Aktivierung der Klebmittel. — Vorr., Zeichnungen. (**Dän. P. 73 332** vom 20/6. 1946, ausg. 5/11. 1951. A. Priorr. 25/1. u. 30/12. 1941, 11/2. 1942 u. 11/5. 1944.) JÜRGEN SCHMIDT. 8359

XXII. Leim. Klebstoffe usw.

Kurt R. Stüdemann, *Etwas über die Hautleimherstellung.* Allg. Ausführungen. (Seifen-Oele-Fette-Wachse **78.** 355—56. 2/7. 379—80. 16/7. 1952.) WINIKER. 8384

L. K. Dalton, J. S. Fitzgerald, G. W. Tack und **N. Tamblyn,** *Die Entwicklung synthetischer Harzleime für veredeltes Holz.* 1. Mitt. *Anilin-Formaldehydharze in Phenolharzleimen.* Bei der Unters. des Einfl. von Anilin-CH_2O-Harz auf therm. härtbare Phenolharze wurde gefunden, daß die Zugabe von Anilinharzen die Haftfestigkeit bei der Verleimung von veredeltem (mit Harz getränktem) Schichtholz deutlich verbessert. (Austral. J. appl. Sci. **2.** 145—57. März 1951. Melbourne, C. S. I. R. O., Div. of Ind. Chem. and Div. of Forest Prod.) SCHÄFF. 8388

L. K. Dalton, J. S. Fitzgerald, G. W. Tack und **N. Tamblyn,** *Die Entwicklung synthetischer Harzleime für veredeltes Holz.* 2. Mitt. *Gießbare Phenolharzleime.* (1. vgl. vorst. Ref.) Der Einfl. von kalt (durch Säure) härtbaren Phenolharzleimen (Art u. Konz. der Säure) auf die Holzverleimung wurde untersucht. Während der Festigkeitsverlust unter wechselnden Bedingungen (Wärme u. Feuchtigkeit) bei Naturholz sehr deutlich ist, war diese Erscheinung bei veredeltem Holz (mit Harz imprägniertem Schichtholz) nicht festzustellen. (Austral. J. appl. Sci. **2.** 158—74. März 1951.) SCHÄFF. 8388

Deutsche Gelatinefabriken (Erfinder: **Karl Kipphan** und **Heinrich Koepff**), Göppingen/Württ., *Sudreifmachen kollagenhaltiger Rohstoffe.* Die Rohstoffe werden in einer wss. Fl., die sauer oder alkal. reagiert u. gelatinefällende, nichtgerbende Stoffe in solcher Konz. enthält, daß die Fl. bei der angewandten Temp. von mindestens 40° Gelatine nicht auflösen kann, so lange u. so hoch erhitzt, bis Sudreife eingetreten ist. (**D. B. P. 825 115** Kl. 22i vom 18/12. 1949, ausg. 17/12. 1951.) LÜTTGEN. 8385

Nashua Gummed and Coated Paper Co., Nashua, übert. von: **Robert L. Smith** und **Marshall A. Wight jr.,** Amherst, N. H., V. St. A., *Gummierleim.* Man setzt dem üblichen Leim flüchtige, wasserunlösl. Lösungsmittel zu, wodurch die Gummierung eine poröse Struktur erhält. (**A. P. 2 577 821** vom 4/3. 1947, ausg. 11/12. 1951.) LÜTTGEN. 8385

Soc. An. La Cellophane, Seine, Frankreich, *Kleben von Kreppapier auf Unterlagen,* wie Holz, Metall, Karton, Gewebe, Fell. Als Klebstoff verwendet man eine wasserarme, viel flüchtige organ. Lösungsmittel, wie A., enthaltende Gelatinelsg., die auch Weichmacher, wie Glycerin oder Äthylenglykol, enthalten kann, oder eine Vinylharzlsg. in Toluol oder dünne Folien aus Gutta oder einem analogen Thermoplasten. (**F. P. 972 447** vom 18/3. 1941, ausg. 30/1. 1951.) PANKOW. 8389

Aero Research Ltd., Duxford, England, *Zusammenkleben von Flächen.* Die zu verklebenden Flächen, von denen mindestens eine aus Metall bestehen soll, werden verbunden, indem man eine Folie aus Polyvinylacetal dazwischenlegt, die auf beiden Seiten mit einem in der Wärme erhärtenden Formaldehyd–Phenol-Kondensationsprod. bestrichen ist. Nach dem Vereinigen aller Teile wird das Harz in der Wärme unter Druck gehärtet. Man kann die Harze auch auf den Metallflächen vor dem Einlegen der Polyvinylacetalfolie auftragen. (**N. P. 79 224** vom 25/4. 1946, ausg. 22/10. 1951. E. Prior. 4/5. 1942.) JÜRGEN SCHMIDT. 8389

André Dawant, Paris, Frankreich, *Isolierband.* Als Klebebelag wird eine Mischung aus plastifiziertem Polystyrol u. der 2—5fachen Menge Tetrachlornaphthalin benutzt. (**E. P. 659 118** vom 30/3. 1949, ausg. 17/10. 1951.) LÜTTGEN. 8389

Röhm & Haas G. m. b. H. (Erfinder: **Carl T. Kautter** und **Ernst Trommsdorff**), Darmstadt, *Klebstoff zum Verkleben von Kunstharzen miteinander oder mit Metallen, Glas usw.,* bestehend aus Lsgg. eines Monomeren, z. B. Methacrylsäuremethylester (**I**), u. eines Polymeren (**II**), z. B. von **I**, einem Beschleuniger, z. B. Dibenzoylperoxyd, u. einem hochbeschleunigend wirkenden Stoff, z. B. einem tert.-Amin oder Jodosobenzol, in einem **II** lösenden, nicht polymerisierbaren, flüchtigen Lösungsmittel. (**D. B. P. 863 115** Kl. 22i vom 17/12. 1941, ausg. 15/1. 1953.) LÜTTGEN. 8389

Minnesota Mining & Mfg. Co., übert. von: **Gordon F. Lindner, James M. McClellan** und **Alfred L. Finn,** St. Paul, Minn., V. St. A., *Klebstoff,* bestehend aus einer Lsg. eines durch Hitze härtbaren, in Bzl. unlösl., in Methyläthylketon lösl. Phenol–CH_2O-Harzes u. eines kautschukähnlichen Copolymeren von Butadien u. Acrylnitril im Verhältnis 1:2 bis 10:1. Das Prod. ermöglicht festhaftende, dichte u. hitzebeständige Verklebung mit glatten Metalloberflächen. (**E. P. 655 873** vom 13/12. 1946, ausg. 8/8. 1951. A. Prior. 24/7. 1945.) LÜTTGEN. 8389

Westinghouse Electric Corp., übert. von: **Fritz J. Nagel,** Pittsburgh, Pa., V. St. A., *Klebstoff,* bestehend aus der Lsg. eines Teilkondensates aus 100 (Teilen) Phenol (**I**), 10—110 Arylamin (**II**) (Anilin, Toluidin, Phenylendiamin, Naphthylamin usw.) u. 1—1,2 Mol CH_2O pro Mol **I** + **II** u. der 0,3—10fachen Menge Polyvinylacetat oder eines ähnlichen thermoplast. Polymeren oder Copolymeren. Das Prod. eignet sich bes. zur Herst. von Verbundmetallen. — Zeichnung. (**A. P. 2 554 262** vom 15/3. 1945, ausg. 22/5. 1951.) LÜTTGEN. 8389

Ciba Akt.-Ges., Basel, Schweiz, *Verkleben von Metallen und anderen Gegenständen,* Man bringt auf die zu verleimenden Flächen ein schmelzbares u. in der Wärme erhärtendes Klebmittel aus mindestens 2 Äthylenoxydgruppen je Phenol enthaltendem Äthylenoxyd–Phenol-Kondensationsprod., zusammen mit einem Härtungsmittel, bes. Anhydriden von Polycarbonsäuren, anorgan. oder organ. Basen, deren Salzen oder Cyanamiden oder deren Polymerisate auf u. erhärtet dann durch Wärme u. Druck. Man kann auch das Äthylenoxyd–Phenol-Kondensationsprod. (bes. von 4.4'-Dioxydiphenyldimethylmethan) bereits mit wenig Härtungsmittel teilweise vorhärten u. beim Verleimen mit der Hauptmenge der Härtungsmittel versetzen. (**Dän. P. 72 073** vom 18/6. 1946, ausg. 29/1. 1951. Schwz. Priorr. 13/7. 1945 u. 28/5. 1946.) JÜRGEN SCHMIDT. 8389

Imperial Chemical Industries Ltd., London, und **Bernard James Balfe**, Stowmarket, England, *Klebstoff*, bestehend aus einer Lsg. von Polyestern oder Polyesteramiden, Terpen–Phenolharz u. einem organ. Diisocyanat. (**E. P. 636 423** vom 17/9. 1947, ausg. 26/4. 1950.) LÜTTGEN. 8389

Helmut Jedlicka, Schwenningen/Neckar, *Leimfolie für Metallverbindungen*. Man benutzt als Träger dünnste Metallfolien, bes. unter 50 μ Stärke, die beiderseits mit Resolharz als Klebstoff überzogen werden. (**D. B. P. 864 427** Kl. 22i vom 6/5. 1950, ausg. 26/1. 1953.) LÜTTGEN. 8389

Minnesota Mining & Mfg. Co. Ltd., Birmingham, England, *Klebstoff mit Selbstklebeeffekt*, bestehend aus Nitrocellulose (**I**), einem Weichmacher (**II**), z. B. Dibutylphthalat, geblasenem Ricinusöl (**IV**), Trikresylphosphat, Weißöl u. einem klebrig machenden Harz (**III**), z. B. einem mit **IV** modifizierten Alkydharz, einem Harz–Glyceryl-Ester oder einem lösl. Phenol–CH_2O-Harz, wobei auf 1 (Teil) **I** mindestens 2 **II** u. $>$1 **III** kommen soll. (**D. B. P. 862 818** Kl. 22i vom 1/1. 1949, ausg. 12/1. 1953. E. Priorr. 27/3. 1943 u. 5/4. 1944.) LÜTTGEN. 8389

Monsanto Chemical Co., St. Louis, Miss., übert. von: **Clarence Francis van Epps**, Lockport, N. Y., V. St. A., *Amino–Aldehyd-Leim* (**I**), bestehend aus Weizenmehl (**II**), Harnstoff- oder Melamin–CH_2O-Leim u. 1—6% (bezogen auf **II**) eines in W. lösl. Bisulfits. p_H-Wert von **I**: 2,5—6. (**E. P. 634 777** vom 3/4. 1946, ausg. 29/3. 1950. A. Prior. 24/4. 1945.) LÜTTGEN. 8389

Svenska Cellulosa Aktiebolaget, Stockholm, Schweden, *Bindemittel*, enthaltend wasserlösl. Salze von Celluloseäthercarbonsäuren u. Ton. Man verwendet als Ton stark quellbare Tonarten vom *Bentonittyp* mit austauschbaren Ionen von Ca, Mg u. Al. (**N. P. 79 955** vom 8/10. 1947, ausg. 24/3. 1952. Schwed. Prior. 26/10. 1946.) JÜRGEN SCHMIDT. 8389

Metallgesellschaft Akt.-Ges., Frankfurt/M. (Erfinder: **Günther Hanke**, Frankfurt/M., und **Karl Wedekind**, Bad Homburg v. d. Höhe), *Befestigen von synthetischem Kautschuk auf anderen Werkstoffen*. Beim Verf. nach dem Hauptpatent werden statt der beim Erhitzen eine fortschreitende Erhärtung erfahrenden Stoffe die Halogenierungsprodd. des Kautschuks verwendet. (**D. B. P. 870 758** Kl. 39b vom 13/6. 1941, ausg. 16/3. 1953. **Zusatz zu D. B. P. 817 524; C. 1953. 162.**) OVERBECK. 8389

XXIV. Photographie.

María Teresa Vigón und **A. Sáenz Bretón**, *Faktoren, die die Form der charakteristischen Kurve einer Emulsion in Abhängigkeit von der spektralen Zusammensetzung der Belichtung bestimmen*. 2. Mitt. *Neue experimentelle Bestätigungen*. (1. vgl. C. **1953**. 4314.) Die in der 1. Mitt. abgeleitete Gleichung $\gamma_s + \gamma_l = K\cdot(1 - c^p_l/(1 - a)p'$ für den γ-Wert einer photograph. Emulsion wird an neuem Material (ANSCO SUPERPAN PRESS) bestätigt, wobei sich für K 2,38, für p 1,24 ergibt. Diese von den früheren abweichenden Werte werden auf unveränderte Versuchsbedingungen zurückgeführt; K hängt von der Art der Entw., p von der Belichtungszeit ab, beide von der Meth. zur Ermittlung der Absorptionsfaktoren. Der Näherungscharakter der Gleichung wird erneut betont. (An. Real Soc. españ. Física Quím., Ser. A **49**. 55—62. Jan./Febr. 1953. Madrid, Inst. de Optica Daza de Valdés.) R. K. MÜLLER. 8604

Hubert O. Ranger, *Die Abänderung von Schutzschichtlacken für photographische Zwecke*. Vf. berichtet über Verss. zur Verbesserung von Schutzlacken für Papierkopien. An einen Schutzlack werden folgende Anforderungen gestellt: die Wasserdampfdurchlässigkeit darf nur gering sein, gegenüber UV-Strahlung muß der Lack eine gute Filterwrkg. zeigen, er muß eine hohe Abriebfestigkeit besitzen, er soll ferner das Papier gegen das Vergilben unter Einw. von UV-Strahlung schützen u. eine gewisse Widerstandsfähigkeit gegen Öl u. Fett aufweisen. Außerdem muß der Lack so beschaffen sein, daß er auf der Unterlage gut haftet. In Mischungen von 30—60% Nitrocellulose, 30—60% Weichmacher u. 10% Harz werden folgende Harze untersucht: *Aroplaz 930* (U. S. INDUSTRIAL CHEMICALS, INC.), *Neolyn 24* (HERCULES POWDER CO.), *Vinylite VYCC*, ein Vinylchlorid–Vinylacetat-Polymerisationsprod. mit 62% Vinylchlorid (BAKELITE DIVISION OF UNION CARBIDE u. CARBON CORP.), *Ester-Gum 8 L* (HERCULES POWDER CO.) u. *Becksol 29 B* (REICHHOLD CHEMICALS, INC.). Die Testmethoden zur Best. der Wasserdampfdurchlässigkeit u. der Vergilbung werden angegeben u. die Resultate im Vgl. zu Nitrocelluloselack ohne Harz graph. dargestellt. Vinylite VYCC ist den anderen Harzen im allg. überlegen. Als Weichmacher eignet sich bes. *Trikresylphosphat.* Zusatz geringer Mengen eines mikrokristallinen Wachses verringert die Durchlässigkeit für Wasserdampf. Als Stabilisator für Vinylite VYCC eignet sich *Triäthanolamin. 2.2'-Dioxybenzophenon* wird als UV-Schutz empfohlen. Ein typ. Schutzlack hat folgende Zus.: 1 Teil Nitrocellulose (zur Erhöhung der Haftfestigkeit), 6,3 Vinylite VYCC (40% in Butylacetat), 2 Trikresylphosphat, 6 Butylacetat, 1 Butanol, 1 Äthylacetat, 1 Äthanol, 15 Toluol, 1,6 Triäthanolamin, 0,1 2.2'-Dioxybenzophenon, 0,3 mikrokrist. Wachs. (PSA J., Sect. B **19.** 23—27. Febr. 1953. Holyoke, Mass., Plastic Coating Corp.) W. GÜNTHER. 8612

W. Vanselow und **T. H. James,** *Der Einfluß von Quartärsalzen auf die photographische Entwicklung und ihre Wirksamkeit als chromatographische Entwickler.* Vff. setzen ihre chromatograph. Unterss. (vgl. C. **1952.** 4873 u. C. **1953.** 478) an Quartärsalzen fort. Sie sind, wie festgestellt wird, dazu befähigt, an AgBr adsorbierte Farbstoffe, z. B. *3.3'-Diäthyloxacarbocyaninchlorid* oder *4-[3-Äthyl-2(3H)-benzthiazolyliden)-äthyliden]-3-methyl-1-phenyl-5-pyrazolon* (**I**) vom AgBr zu verdrängen. Die Verdrängungswrkg. nimmt in folgender Reihenfolge zu: *N-Methylpyridiniummethylsulfat, N-Heptylpyridinium-p-toluolsulfonat, N-Nonylpyridiniumperchlorat, N-Methylchinaldinium-p-toluolsulfonat, N-Decylpyridinium-p-toluolsulfonat, N-Undecylpyridinium-p-toluolsulfonat, N-Dodecylpyridinium-p-toluolsulfonat* (**II**). Die Verdrängungswrkg. der Quartärsalze kann beim Merocyanin **I** wesentlich gesteigert werden, wenn ihre Lsgg. einen Überschuß von Bromid enthalten, woraus zu schließen ist, daß das Bromion die Adsorption des Quartärsalzions erleichtert. Diese Beobachtung steht im Einklang mit der Tatsache, daß Cyaninfarbstoffe — selbst Quartärsalze — in Ggw. eines Überschusses von KBr stärker adsorbiert werden als in Abwesenheit von KBr. — Die Wirksamkeit der untersuchten Quartärsalze als Entwicklungsbeschleuniger nimmt ebenfalls in der genannten Reihenfolge zu. Für Entwicklersubstanzen, die als zwei- oder höherwertig negativ geladene Ionen reagieren, z. B. für das *Natriumsalz der Hydrochinonmonosulfosäure,* ist **II** ein wirksamer Entwicklungsbeschleuniger. Dagegen werden Entwicklungssubstanzen, die als einwertig negativ geladene Ionen reagieren, z. B. *p-Phenylendiamin* oder *Hydroxylamin,* von **II** in ihrer Entwicklungskraft gehemmt. Der Unterschied der Quartärsalze in ihrem Verh. gegenüber ein- u. mehrwertig reagierenden Entwicklersubstanzen wird durch ihre unterschiedliche Adsorbierbarkeit erklärt. (PSA J., Sect B. **19.** 36—39. Febr. 1953. Kodak, Research Labor.) W. GÜNTHER. 8618

J. I. Crabtree, R. W. Henn und **R. F. Edgerton,** *Ein Zweibadverfahren zum Fixieren von Kopien.* Vff. berichten über ihre Verss., den photograph. Fixierprozeß als Zweibadverf. durchzuführen, das gegenüber dem Einbadverf. erhebliche wirtschaftliche Vorteile besitzt. Das zweite Bad, das im Vgl. zum allmählich sich erschöpfenden ersten Bad relativ unverbraucht ist, übernimmt die Aufgabe, die $Ag_2S_2O_3$-Komplexverb., die sich beim Fixieren im ersten Bad gebildet hat, aus der Papierkopie herauszuwaschen. Das Zweitbad tritt nach Erschöpfung des Erstbades als solches an dessen Stelle, während das Zweitbad durch eine frische Fixierlsg. ersetzt wird. Dieser Cyclus kann mehrere Male wiederholt werden. Die hierbei sich abspielenden Vorgänge werden quantitativ untersucht. Die Ag-Anreicherung im Zweitbad ist vom Ag-Geh. der Papieremulsion, von der entwickelten Ag-Menge u. der Anzahl der entwickelten Kopien abhängig. Die Fixierbadmenge, die vom ersten ins zweite Bad verschleppt wird, wird von der Dicke des Papierfilzes u. von der Zeit der Zwischenwässerung beeinflußt (Kurven vgl. Original). Auf die Notwendigkeit einer hinreichenden Acidität der Fixierlsg. zur Neutralisierung des Alkalis aus dem Entwickler bei Nichtverwendung eines Stoppbades wird hingewiesen. Folgende Arbeitsweise wird vorgeschlagen: n. Entw., saures Stoppbad (30 Sek.), Zwischenwässerung (5 Sek.), erstes Fixierbad (3—5 Min.), Zwischenwässerung (5 Sek.), zweites Fixierbad (3—5 Min.), Entwässerung (30 bis 60 Min.). — Nach dem Zweibadverf. läßt sich mit der gleichen Sicherheit für eine gute Haltbarkeit die vierfache Menge an Kopien als nach dem Einbadverf. ausfixieren. (PSA J., Sect. B **19.** 10—16. Febr. 1953. Kodak, Research Labor.) W. GÜNTHER. 8624

Kurt Meyer und **Annelies Bettesch,** *Über das Verhalten einiger Isologen von Agfacolor-Bildfarbstoffen in wässeriger Lösung.* Die Purpurkomponenten der Mehrschichtfarbfilme sind Azomethine, die sich vom *1-Aryl-3-alkylpyrazolon-(5)* ableiten. Sie zeichnen sich durch ein gutes Farbbildungsvermögen aus, sind leicht zugänglich u. lassen sich durch Substitution an verschied. Stellen in ihren chem. Eigg. verändern. Ihre Darst. erfolgt durch Kondensation der entsprechenden *Pyrazolone* mit *p-Nitroso-*

diäthylanilin in absol. A. bei Ggw. von *Triäthylamin* oder *Piperidin*. Die Pyrazolone mit einer Alkylgruppe von sechs u. mehr C-Atomen entsprechen in ihrer Konst. dem Aufbauprinzip der diffusionsfesten Farbkuppler. Vf. untersuchten das Verh. der *1-(4-Sulfophenyl)-5-oxo-4-(4-diäthylaminophenylimino)-3-alkylpyrazoline* (I) mit R = CH_3 bis R = $C_{15}H_{31}$. Die Farbstoffe lösen sich glatt in A., ihre Absorptionskurven sind prakt. völlig ident., sowohl in der Lage des Maximums (520 mμ) als auch in der Kurvenform. Während die alkoh. Lsgg. rein rotviolett sind, erhält man in W. je nach der Länge der aliphat. Kette gelbstichigrote bis fast reinblaue Lösungsfarben. Bei den Azomethinen mit kurzer Alkylgruppe wird in wss. Lsgg. außerdem eine Abhängigkeit der Lösungsfarbe von der Konz. u. Temp. beobachtet: steigende Konz. u. sinkende Temp. verschieben die Farbe hypsochrom. Im allg. verlieren die untersuchten I in wss. Lsg. an Farbintensität. Durch Zusatz von Alkali tritt infolge Hydrolyse bei dem Farbstoff mit R = CH_3 bereits nach kurzer Zeit völlige Entfärbung ein. Je länger die C-Kette R ist, desto weniger empfindlich sind die wss. Lsgg. gegenüber Alkali. Bei R = $C_{15}H_{31}$ ist dagegen keine Beeinflussung mehr festzustellen, eine Eig., die für die Farbfilmentw. in alkal. Bädern von grundlegender Bedeutung ist. Am Farbstoff mit R = $C_{15}H_{31}$ wurde beobachtet, daß er durch Zusatz von Kolloiden eine Farbvertiefung erleidet, z. B. durch steigende Mengen der *4-Sulfosäure* des *α-Oxynaphthoesäure-(p-dodecylanilids)* bzw. der *3-Sulfosäure des 4-Cetylcyanessigsäureanilids*. Die Farbvertiefung läßt sich durch Erhitzen beschleunigen. — Die starke Abhängigkeit der Absorption von der Polarität des Lösungsm. u. der geringe Einfl. von Substituenten im aromat. 1-Rest infolge seiner Lage außerhalb des Resonanzsyst. wird durch mesomere Grenzzustände erklärt. Bei den langkettig substituierten Azomethinen mit R = $C_{15}H_{31}$ ist der polymere Zustand der normale. Als Ursache hierfür wird die langkettige Substitution angesehen, die wie bei den Seifen die Ausbldg. der Kolloidmicellen ermöglicht. (Z. wiss. Photogr., Photophysik Photochem. **45**. 226—33. 1950. Wolfen.) W. GÜNTHER. 8630

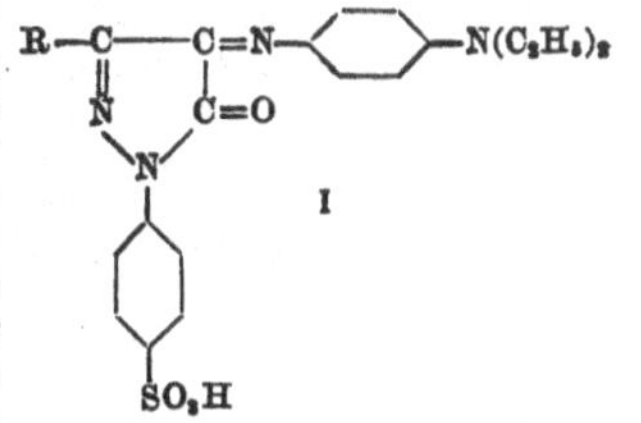

I

General Aniline & Film Corp., New York, N. Y., V. St. A., *Verbesserung der Gleitfähigkeit von photographischen Filmen*, bes. Kino- u. Rollfilmen aus Celluloseacetat oder -butyrat. Sie werden auf einer Seite mit CCl_4, $C_6H_5CH_3$ oder ihrer Mischung befeuchtet, getrocknet u. mit Filz poliert. (**E. P. 650 152** vom 14/9. 1948, ausg. 14/2. 1951. A. Prior. 18/11. 1947.) SALZMANN. 8603

E. I. du Pont de Nemours & Co., Wilmington, Del., übert. von: **Otis Willard Murray**, Fords, N. J., V. St. A., *Schichtbildner für Halogensilberschichten*. Halogensilber wird in Lsgg., Emulsionen oder Dispersionen von polymeren Verbb. mit zahlreichen $-CH_2-$ CHOH-Gruppen ausgefällt, die keine erstarrenden Gele bilden, z. B. Polyvinylalkohole mit Mol.-Gew. von 6500—20000, vollständig oder partiell hydrolysierten Polyvinylestern u. Mischpolymerisaten dieser Verbb. mit ungesätt. Verbb., wie Vinylchlorid, Acrylsäureestern, Monoolefinen usw. Die so hergestellten Halogensilbersuspensionen werden auf Schichtträger gegossen u. die Schichten durch Behandlung mit Lsgg. von Acylacetamiden (I) von aromat. Aminen zur Erstarrung gebracht, die eine unsubstituierte Methylengruppe zwischen 2 CO-Gruppen enthalten, z. B. N-Furoyl-N-benzoylacetbenzidin, Acetoacetanilid oder Dibenzoylacetbenzidin. Vorzugsweise verwendet man solche I, die mit den Oxydationsprodd. des Entwicklers *Azomethinfarbstoffe* oder mit Diazoniumsalzen *Azofarbstoffe* bilden. Gibt man den Schichten außerdem noch andre Farbkuppler zu, so läßt sich bei der Entw. eine sehr große Variation in den Farbtönen u. Farbdichten der Bilder erzielen, außerdem können die verschiedenartigsten Farbstoffmasken mit diesen Schichten erzeugt werden. (**A. P. 2 576 850** vom 26/4. 1945, ausg. 27/11. 1951.) KALIX. 8603

André Polgar und **Charles Halmos**, Seine, Frankreich, *Härten von Polyvinylalkohol* durch Behandeln mit $B(OH)_3$ oder B-Salzen, wie Borax. Das Verf. wird bes. bei der *Photographie* angewandt, indem man z. B. eine auf einem Papierband befindliche Polyvinylalkoholschicht, die als Unterschicht für eine photograph. Schicht dient, in 3%ig. Boraxlsg. führt. Die Polyvinylalkoholschicht wird dabei hart u. chemikalienfest. Man kann die B-Verbb. auch den Fixier- oder Waschbädern oder dem Polyvinylalkohol direkt zusetzen. (**F. P. 984 915** vom 11/10. 1943, auf 12/7. 1951.) PANKOW. 8603

Kodak-Pathé, Frankreich, *Undurchlässiges photographisches Papier*. Auf barytiertes Papier wird beiderseitig ein Acrylsäureharz aufgetragen, wobei das auf der Rückseite des Trägers aufgebrachte Harz noch Wachs, z. B. Carnaubawachs, enthalten kann.

Sodann kommt auf die Vorderseite des Trägers eine gelatinehaltige Acrylharzdispersion. Nach dem Trocknen wird eine Gelatine–Halogensilber-Emulsion aufgebracht. (**F. P. 970 208** vom 6/8. 1947, ausg. 2/1. 1951. A. Prior. 8/6. 1943.) WITTHOLZ. 8603

Kodak-Pathé, Frankreich, *Trocken abziehbarer photographischer Film.* Auf einen permanenten Träger aus Nitrocellulose ist die lichtempfindliche Schicht mit einem Bindemittel haftend aufgetragen auf einem temporären Träger, von dem der lichtempfindliche Film ohne Abweichen oder Anfeuchten zu jeder Zeit entfernt werden kann. Das Bindemittel besteht aus Celluloseacetat, Aceton, Alkohol u. einem schweren Lösungsm., z. B. Benzylalkohol. Der temporäre Träger besteht aus barytiertem oder calandriertem Papier mit einer Haftschicht aus Gelatine, Eisessig, Aceton, Alkohol u. Wasser. Durch geringen Zug am temporären Träger läßt sich dieser von der permanenten Unterlage leicht trennen. (**F. P. 991 701** vom 28/4. 1944, ausg. 9/10. 1951.) WITTHOLZ. 8613

May & Baker Ltd., England, *Photographischer Entwickler.* Man läßt p-Aminodiäthylanilin mit SO_2 in Ggw. von 1 Mol W., gegebenenfalls in einem organ. Lösungsm., reagieren. — Eine kalt gesätt. Lsg. von 0,47 kg wird unter energ. Rühren zu einer Lsg. von 1,09 kg. p-Aminodiäthylanilin in 4,6 Liter Äthylacetal, die 0,12 Liter W. enthält, gegeben. Das Reaktionsprod. fällt unmittelbar aus. Man filtriert, wäscht mit Äthylacetat u. trocknet über Nacht. F. 124—126°; für $C_{10}H_{16}N_2SO_2 + \frac{1}{2} H_2O$. (**F. P. 970 246** vom 6/8. 1948, ausg. 2/1. 1951. E. Priorr. 30/9. 1947 u. 13/4. 1948.) WITTHOLZ. 8619

Eastman Kodak Co., übert. von: **Burt H. Carroll,** Rochester, N. Y., V. St. A., *Latensifizierungsverfahren.* Latente Bilder, die auf Schichten erzeugt worden sind, die hautpsächlich aus AgBr u. etwas AgJ bestehen, werden durch Einw. von wss. Lsgg. von Au–Thiocyanat-Komplexen (**I**) verstärkt. Die **I** werden durch Mischen heißer Lsgg. von Aurisalzen (**II**) mit einer Lsg. der 2—20fachen Menge Thiocyanat (**III**; berechnet auf die Menge von **II**) erhalten. Die so erhaltenen Lsgg. werden so weit für den Gebrauch verd., daß sie 0,0005—0,001% **II** u. 0,0025—0,005% (**III**) enthalten. (**A. P. 2 575 002** vom 21/7. 1948, ausg. 13/11. 1951.) KALIX. 8619

Johannes Albrecht, München, *Lichtempfindliche Schicht zur Herstellung von Druckformen.* Als Schichtbildner wird Polyvinylalkohol benutzt, als lichtempfindliche Substanz die bekannten lichtempfindlichen Diazoverbindungen. Zum Anätzen der entwickelten Platten wird Mandelsäure verwendet. Diese kann auch bereits der Schicht zugesetzt werden. (**D. R. P. 754 015** Kl. 57d vom 25/2. 1940, ausg. 11/5. 1953.) KALIX. 8645

Claude V. Capers, Atlanta, Ga., V. St. A., *Herstellung von Flachdruckformen.* Um Preislisten, Kataloge, Telephonverzeichnisse oder dgl. mit Hilfe des Offsetverf. zu drucken, werden beschriftete Karten zeilengerecht auf eine Grundplatte aufgebracht u. durch einen Rahmen zusammengepreßt. Von der davon hergestellten photograph. Aufnahme wird die Druckplatte in bekannter Weise hergestellt. — Vorrichtung. (**A. P. 2 609 613** vom 29/1. 1947, ausg. 9/9. 1952.) LAASS. 8645

Hans Wienecke, Hannover, *Herstellung von Gerbdruckformen nach Strichzeichnungen.* Auf bekannte Weise hergestellte seitenrichtige, eingefärbte, aber noch nicht entschichtete Folienpositivkopien, bes. sogenannte Folienritzzeichnungen nach dem Verf. des D. R. P. 758 571 (C. **1953.** 324), werden mit der Suspension eines auf Gelatine gerbend wirkenden Metallpulvers, bes. Ag, in einem Lösungsm. für die Folie eingerieben u. diese dann entschichtet. Die Folie wird dann mit einer Lichtdruckschicht in Kontakt gebracht, die K-Bichromat, -Ferricyanid oder -Bromid enthält, worauf die letztere in eine für kleine Auflagen geeignete Flachdruckschicht umgewandelt wird. (**D. B. P. 873 504** Kl. 57d vom 10/10. 1950, ausg. 16/4. 1953.) KALIX. 8645

Gerard Daniel Rieck und Leo Henricus Verbeek, Kunstlicht und Photographie. Eine Abhandlung über künstl. Lichtquellen und ihre Gebrauchsmöglichkeiten in d. Technik d. Photographie. Eindhoven/Holl. Philips' Gloeilampenfabrieken (Hamburg: Dt. Philips G. m. b. H.) 1952. (16, 364 S. m. 180 Abb. 10 Tab. u. d. Reproduktionen von 51 Schwarzweiß-Kunstphotos u. 4 Farbenphotos.) 4° = Philips technische Bibliothek. Licht u. Beleuchtung. DM 29,50.

Herausgeber u. verantwortlich für den Inhalt: Prof. Dr. Maximilian Pflücke, Berlin W 8, Jägerstraße 22/23. Fernsprecher: 200481, 201464. Redaktion: Chefredakteure Dr. Eugen Klever und Prof. Dr. Maximilian Pflücke. Verlag: Akademie-Verlag GmbH, Berlin W 8, Mohrenstraße 39 (Fernsprecher 203096, Postscheckkonto Berlin 35021) u. Verlag Chemie, GmbH, Weinheim/Bergstraße (Postscheckkonto Frankfurt/M. 145314 u. Berlin [West] 7430, Fernsprecher: Weinheim 2017). Bestell- u. Verlags-Nr. dieses Heftes: 1007/124/44. Das Chemische Zentralblatt erscheint wöchentlich.
Satz u. Druck: VEB Leipziger Druckhaus, Leipzig, III/18/203. XI. 53.
Veröffentlicht unter der Lizenznummer 1212 des Amtes für Literatur und Verlagswesen der Deutschen Demokratischen Republik.
Printed in Germany.